“985 工程”

现代冶金与材料过程工程科技创新平台资助

“十二五”国家重点图书出版规划项目
现代冶金与材料过程工程丛书

电渣冶金学

姜周华　董艳伍　耿　鑫　刘福斌　编著

科学出版社
北　京

内 容 简 介

本书在介绍电渣冶金基本理论的基础上，介绍了电渣冶金领域的新技术及近些年来数值模拟技术的应用，主要内容包括：电渣炉渣的物理性质、化学性质及与电渣过程有关的反应，渣的选择与应用，电渣重熔参数的选择与制定，电渣冶金新技术，电渣冶金过程的传输现象，电渣重熔数学模型的新进展以及电渣锭常见质量问题等。

本书可作为高校冶金、材料学科相关专业本科生、研究生的学习教材，也可供相关企业的工程技术人员参考。

图书在版编目(CIP)数据

电渣冶金学/姜周华等编著．—北京：科学出版社，2015

(现代冶金与材料过程工程丛书/赫冀成主编)

"十二五"国家重点图书出版规划项目

ISBN 978-7-03-046799-7

Ⅰ．电…　Ⅱ．姜…　Ⅲ．电渣熔炼　Ⅳ．TF14

中国版本图书馆 CIP 数据核字(2015)第 303751 号

责任编辑：张淑晓　罗　娟/责任校对：付艳萍　张小霞

责任印制：肖　兴/封面设计：蓝正设计

科学出版社 出版

北京东黄城根北街 16 号

邮政编码：100717

http://www.sciencep.com

北京凌奇印刷有限责任公司 印刷

科学出版社发行　各地新华书店经销

*

2015 年 12 月第　一　版　开本：720×1000　1/16

2015 年 12 月第一次印刷　印张：33

字数：635 000

POD定价：　160.00元

《现代冶金与材料过程工程丛书》编委会

《现代冶金与材料过程工程丛书》序

21 世纪世界冶金与材料工业主要面临两大任务：一是开发新一代钢铁材料、高性能有色金属材料及高效低成本的生产工艺技术，以满足新时期相关产业对金属材料性能的要求；二是要最大限度地降低冶金生产过程的资源和能源消耗，减少环境负荷，实现冶金工业的可持续发展。冶金与材料工业是我国发展最迅速的基础工业，钢铁和有色金属冶金工业承载着我国节能减排的重要任务。当前，世界冶金工业正向着高效、低耗、优质和生态化的方向发展。超级钢和超级铝等更高性能的金属材料产品不断涌现，传统的工艺技术不断被完善和更新，铁水炉外处理、连铸技术已经普及，直接还原、近终形连铸、电磁冶金、高温高压溶出、新型阴极结构电解槽等已经开始在工业生产上获得不同程度的应用。工业生态化的客观要求，特别是信息和控制理论与技术的发展及其与过程工业的不断融合，促使冶金与材料过程工程的理论、技术与装备迅速发展。

《现代冶金与材料过程工程丛书》是东北大学在国家“985 工程”科技创新平台的支持下，在冶金与材料领域科学前沿探索和工程技术研发成果的积累和结晶。丛书围绕冶金过程工程，以节能减排为导向，内容涉及钢铁冶金、有色金属冶金、材料加工、冶金工业生态和冶金材料等学科和领域，提出了计算冶金、自蔓延冶金、特殊冶金、电磁冶金等新概念、新方法和新技术。丛书的大部分研究得到了科学技术部“973”、“863”项目，国家自然科学基金重点和面上项目的资助(仅国家自然科学基金项目就达近百项)。特别是在“985 工程”二期建设过程中，得到 1.3 亿元人民币的重点支持，科研经费逾 5 亿元人民币。获得省部级科技成果奖 70 多项，其中国家级奖励 9 项；取得国家发明专利 100 多项。这些科研成果成为丛书编撰和出版的学术思想之源和基本素材之库。

以研发新一代钢铁材料及高效低成本的生产工艺技术为中心任务，王国栋院士率领的创新团队在普碳超级钢、高等级汽车板材以及大型轧机控轧控冷技术等方面取得突破，成果令世人瞩目，为宝钢、首钢和攀钢的技术进步做出了积极的贡献。例如，在低碳铁素体/珠光体钢的超细晶强韧化与控制技术研究过程中，提出适度细晶化(3～5μm)与相变强化相结合的强化方式，开辟了新一代钢铁材料生产的新途径。首次在现有工业条件下用 200MPa 级普碳钢生产出 400MPa 级超级钢，在保证韧性前提下实现了屈服强度翻番。在研究奥氏体再结晶行为时，引入时间轴概念，明确提出低碳钢在变形后短时间内存在奥氏体未在结晶区的现象，为低碳钢的控制轧制提供了理论依据；建立了有关低碳钢应变诱导相变研究的系统而严密的实验方法，解决了低碳钢高温变形后的组织固定问题。适当控制终轧温度和压下量分配，通过控制轧后冷却和卷取温度，利用普通低碳钢生产出铁素体晶粒为 3～5μm、屈服强度大于 400MPa，具有良好综合性能的超级钢，并成功地应用于汽车工业，该成果获得 2004 年国家科技进步奖一等奖。

宝钢高等级汽车板品种、生产及使用技术的研究形成了系列关键技术(例如，超低碳、氮和氧的冶炼控制等)，取得专利 43 项(含发明专利 13 项)。自主开发了 183 个牌号的新产品，在国内首次实现高强度 IF 钢、各向同性钢、热镀锌双相钢和冷轧相变诱发塑性钢的生产。编制了我国汽车板标准体系框架和一批相关的技术标准，引领了我国汽车板业的发展。通过对用户使用技术的研究，与下游汽车厂形成了紧密合作和快速响应的技术链。项目运行期间，替代了至少 50%的进口材料，年均创利润近 15 亿元人民币，年创外汇 600 余万美元。该技术改善了我国冶金行业的产品结构并结束了国外汽车板对国内市场的垄断，获得 2005 年国家科技进步奖一等奖。

提高 C-Mn 钢综合性能的微观组织控制与制造技术的研究以普碳钢和碳锰钢为对象，基于晶粒适度细化和复合强化的技术思路，开发出综合性能优良的 400～500MPa 级节约型钢材。解决了过去采用低温轧制路线生产细晶粒钢时，生产节奏慢、事故率高、产品屈强比高以及厚规格产品组织不均匀等技术难题，获得 10 项发明专利授权，形成工艺、设备、产品一体化的成套技术。该成果在钢铁生产企业得到大规模推广应用，采用该技术生产的节约型钢材产量到 2005 年底超过 400 万 t，到 2006 年年底，国内采用该技术生产低成本高性能钢材累计产量超过 500 万 t。开发的产品用于制造卡车车轮、大梁、横臂及桥梁等结构件。由于节省了合金元素、降低了成本、减少了能源资源消耗，其社会效益巨大。该成果获 2007 年国家技术发明奖二等奖。

首钢 3500mm 中厚板轧机核心轧制技术和关键设备研制，以首钢 3500mm 中厚板轧机工程为对象，开发和集成了中厚板生产急需的高精度厚度控制技术、TMCP 技术、控制冷却技术、平面形状控制技术、板凸度和板形控制技术、组织性能预测与控制技术、人工智能应用技术、中厚板厂全厂自动化与计算机控制技术等一系列具有自主知识产权的关键技术，建立了以 3500mm 强力中厚板轧机和加速冷却设备为核心的整条国产化的中厚板生产线，实现了中厚板轧制技术和重大装备的集成和集成基础上的创新，从而实现了我国轧制技术各个品种之间的全面、协调、可持续发展以及我国中厚板轧机的全面现代化。该成果已经推广到国内 20 余家中厚板企业，为我国中厚板轧机的改造和现代化做出了贡献，创造了巨大的经济效益和社会效益。该成果获 2005 年国家科技进步奖二等奖。

在国产 1450mm 热连轧关键技术及设备的研究与应用过程中，独立自主开发的热连轧自动化控制系统集成技术，实现了热连轧各子系统多种控制器的无隙衔接。特别是在层流冷却控制方面，利用有限元紊流分析方法，研发出带钢宽度方向温度均匀的层冷装置。利用自主开发的冷却过程仿真软件包，确定了多种冷却工艺制度。在终轧和卷取温度控制的基础之上，增加了冷却路径控制方法，提高了控冷能力，生产出了×75 管线钢和具有世界先进水平的厚规格超细晶粒钢。经过多年的潜心研究和持续不断的工程实践，将攀钢国产第一代 1450mm 热连轧机组改造成具有当代国际先进水平的热连轧生产线，经济效益极其显著，提高了国内热连轧技术与装备研发水平和能力，是传统产业技术改造的成功典范。该成果获 2006 年国家科技进步奖二等奖。

以铁水为主原料生产不锈钢的新技术的研发也是值得一提的技术闪光点。该成果建立了 K-OBM-S 冶炼不锈钢的数学模型，提出了铁素体不锈钢脱碳、脱氮的机理和方法，开发了等轴晶控制技术。同时，开发了 K-OBM-S 转炉长寿命技术、高质量超纯铁素体不锈钢的生产技术、无氩冶炼工艺技术和连铸机快速转换技术等关键技术。实现了原料结构、生产效率、品种质量和生产成本的重大突破。主要技术经济指标国际领先，整体技术达到国际先进水平。K-OBM-S 平均冶炼周期为 53min，炉龄最高达到 703 次，铬钢比例达到 58.9%，不锈钢的生产成本降低10%～15%。该生产线成功地解决了我国不锈钢快速发展的关键问题——不锈钢废钢和镍资源短缺，开发了以碳氮含量小于 120ppm 的 409L 为代表的一系列超纯铁素体不锈钢品种，产品进入我国车辆、家电、造币领域，并打入欧美市场。该成果获得 2006 年国家科技进步奖二等奖。

以生产高性能有色金属材料和研发高效低成本生产工艺技术为中心任务，先后研发了高合金化铝合金预拉伸板技术、大尺寸泡沫铝生产技术等，并取得显著进展。高合金化铝合金预拉伸板是我国大飞机等重大发展计划的关键材料，由于合金含量高，液固相线温度宽，铸锭尺寸大，铸造内应力高，所以极易开裂，这是制约该类合金发展的瓶颈，也是世界铝合金发展的前沿问题。与发达国家采用的技术方案不同，该高合金化铝合金预拉伸板技术利用低频电磁场的强贯穿能力，改变了结晶器内熔体的流场，显著地改变了温度场，使液穴深度明显变浅，铸造内应力大幅度降低，同时凝固组织显著细化，合金元素宏观偏析得到改善，铸锭抵抗裂纹的能力显著增强。为我国高合金化大尺寸铸锭的制备提供了高效、经济的新技术，已投入工业生产，为国防某工程提供了高质量的铸锭。该成果作为“铝资源高效利用与高性能铝材制备的理论与技术”的一部分获得了 2007 年的国家科技进步奖一等奖。大尺寸泡沫铝板材制备工艺技术是以共晶铝硅合金(含硅 12.5%)为原料制造大尺寸泡沫铝材料，以 A356 铝合金(含硅 7%)为原料制造泡沫铝材料，以工业纯铝为原料制造高韧性泡沫铝材料的工艺和技术。研究了泡沫铝材料制造过程中泡沫体的凝固机制以及生产气孔均匀、孔壁完整光滑、无裂纹泡沫铝产品的工艺条件；研究了控制泡沫铝材料密度和孔径的方法；研究了无泡层形成原因和抑制措施；研究了泡沫铝大块体中裂纹与大空腔产生原因和控制方法；研究了泡沫铝材料的性能及其影响因素等。泡沫铝材料在国防军工、轨道车辆、航空航天和城市基础建设方面具有十分重要的作用，预计国内市场年需求量在20万t以上，产值100亿元人民币，该成果获2008年辽宁省技术发明奖一等奖。

围绕最大限度地降低冶金生产过程中资源和能源的消耗，减少环境负荷，实现冶金工业的可持续发展的任务，先后研发了新型阴极结构电解槽技术、惰性阳极和低温铝电解技术和大规模低成本消纳赤泥技术。例如，冯乃祥教授的新型阴极结构电解槽的技术发明于2008年9月在重庆天泰铝业公司试验成功，并通过中国有色工业协会鉴定，节能效果显著，达到国际领先水平，被业内誉为“革命性的技术进步”。该技术已广泛应用于国内80%以上的电解铝厂，并获得“国家自然科学基金重点项目”和“国家高技术研究发展计划（‘863’计划）重点项目”支持，该技术作为国家发展和改革委员会“高技术产业化重大专项示范工程”已在华东铝业实施3年，实现了系列化生产，槽平均电压为3.72V，直流电耗12 082kW·h/t Al，吨铝平均节电1123kW·h。目前，新型阴极结构电解槽的国际推广工作正在进行中。初步估计，在4～5年内，全国所有电解铝厂都能将现有电解槽改为新型电解槽，届时全国电解铝厂一年的节电量将超过我国大型水电站——葛洲坝一年的发电量。

在工业生态学研究方面，陆钟武院士是我国最早开始研究的著名学者之一，因其在工业生态学领域的突出贡献获得国家光华工程大奖。他的著作《穿越“环境高山”——工业生态学研究》和《工业生态学概论》，集中反映了这些年来陆钟武院士及其科研团队在工业生态学方面的研究成果。在煤与废塑料共焦化、工业物质循环理论等方面取得长足发展；在废塑料焦化处理、新型球团竖炉与煤高温气化、高温贫氧燃烧一体化系统等方面获多项国家发明专利。

依据热力学第一定律和第二定律，提出钢铁企业燃料（气）系统结构优化，以及“按质用气、热值对口、梯级利用”的科学用能策略，最大限度地提高了煤气资源的能源效率、环境效率及其对企业节能减排的贡献率；确定了宝钢焦炉、高炉、转炉三种煤气资源的最佳回收利用方式和优先使用顺序，对煤气、氧气、蒸气、水等能源介质实施无人化操作、集中管控和经济运行；研究并计算了转炉煤气回收的极限值，转炉煤气的热值、回收量和转炉工序能耗均达到国际先进水平；在国内首先利用低热值纯高炉煤气进行燃气-蒸气联合循环发电。高炉煤气、焦炉煤气实现近“零”排放，为宝钢创建国家环境友好企业做出重要贡献。作为主要参与单位开发的钢铁企业副产煤气利用与减排综合技术获得了2008年国家科技进步奖二等奖。

另外，围绕冶金材料和新技术的研发及节能减排两大中心任务，在电渣冶金、电磁冶金、自蔓延冶金、新型炉外原位脱硫等方面都取得了不同程度的突破和进展。基于钙化-碳化的大规模消纳拜耳赤泥的技术，有望攻克拜耳赤泥这一世界性难题；钢焖渣水除疤循环及吸收二氧化碳技术及装备，使用钢渣循环水吸收多余二氧化碳，大大降低了钢铁工业二氧化碳的排放量。这些研究工作所取得的新方法、新工艺和新技术都会不同程度地体现在丛书中。

总体来讲，《现代冶金与材料过程工程丛书》集中展现了东北大学冶金与材料学科群体多年的学术研究成果，反映了冶金与材料工程最新的研究成果和学术思想。尤其是在“985工程”二期建设过程中，东北大学材料与冶金学院承担了国家Ⅰ类“现代冶金与材料过程工程科技创新平台”的建设任务，平台依托冶金工程和材料科学与工程两个国家一级重点学科、连轧过程与控制国家重点实验室、材料电磁过程教育部重点实验室、材料微结构控制教育部重点实验室、多金属共生矿生态化利用教育部重点实验室、材料先进制备技术教育部工程研究中心、特殊钢工艺与设备教育部工程研究中心、有色金属冶金过程教育部工程研究中心、国家环境与生态工业重点实验室等国家和省部级基地，通过学科方向汇聚了学科与基地的优秀人才，同时也为丛书的编撰提供了人力资源。丛书聘请中国工程院陆钟武院士和王国栋院士担任编委会学术顾问，国内知名学者担任编委，汇聚了优秀的作者队伍，其中有中国工程院院士、国务院学科评议组成员、国家杰出青年科学基金获得者、学科学术带头人等。在此，衷心感谢丛书的编委会成员、各位作者以及所有关心、支持和帮助编辑出版的同志们。

希望丛书的出版能起到积极的交流作用，能为广大冶金和材料科技工作者提供帮助。欢迎读者对丛书提出宝贵的意见和建议。

赫冀成　张廷安

2011年5月

前　　言

2000年年初，东北大学出版社出版了我的专著《电渣冶金的物理化学及传输现象》一书，距今已经接近16年了。在该书的前言中，我预计："在新的世纪里，电渣冶金技术仍将具有强大的生命力。"事实上，在21世纪开始的最近10多年中，电渣冶金技术在国内外得到超乎想象的快速发展。主要表现在：(1)世界各地新建了大量的电渣炉设备，产能迅速扩张，几乎是翻了两番；(2)电渣冶金新技术的开发和推广掀起了一个大的高潮，以熔速控制和气氛保护为主要特征的新一代电渣炉已成为新建电渣炉设备的主流，以导电结晶器为核心技术的各种新的电渣冶金技术不断涌现；(3)电渣炉和电渣产品的大型化已成为最近电渣冶金技术发展的重要特征之一，世界各地陆续新建了100t以上的特大型电渣炉10多台，而10～100t之间的大型电渣炉则更多；(4)电渣产品在国民经济的各个领域得到了大量的推广应用，这主要得益于现代装备制造业，如核电、火电、水电、油气开采、海洋工程、铁路、航空航天等领域对高端材料的需求的不断增加。电渣冶金领域今后的发展将从产量向质量转变，从粗放向精细化转变。可以预计，到21世纪中叶，电渣产品在能源、环保、交通、海洋以及航空航天等高端装备制造中的应用将更加广泛，前景十分广阔。电渣冶金技术的研发动力仍然十分强劲。

最近10多年中，东北大学电冶金实验室在电渣冶金领域也投入了大量的人力物力，进行了新理论、新工艺和新装备的研发和推广。实验室的多名老师和30多名硕士生和博士生参加了电渣冶金领域的科研工作，取得了一系列理论和实际应用成果。为此，在《电渣冶金的物理化学及传输现象》一书的基础上，总结我们实验室这些年最新研究成果和国内外电渣冶金技术的新发展，我组织了我们实验室的几位年轻老师编撰了这本书。书中从电渣冶金基本原理、工艺技术(尤其是电渣冶金新技术)、渣系及其性能、数值模拟技术及常见电渣钢质量问题等多个方面对电渣冶金学进行了比较全面的阐述。作者试图将这些内容融会贯通，使读者不仅可以了解电渣冶金学的相关物理化学及传输现象、电渣冶金的工艺技术及生产过程，而且对电渣冶金新技术有进一步的认识。

《电渣冶金学》共分为9章，系统介绍了电渣熔渣的物理性质；熔渣的化学性质及与电渣过程有关的反应；渣系的选择与应用；电渣重熔参数的选择与制定；电渣冶金新技术；电渣冶金过程的传输现象；电渣重熔过程数学模型的新进展；电渣锭常见质量问题等内容。

本书是东北大学电冶金实验室师生多年科研成果的总结，既重视电渣冶金学的基本原理，又反映电渣重熔技术的最新进展，具有很强的针对性和实用性。本书可作为钢铁冶金、有色冶金、冶金物理化学和材料等相关专业本科生、研究生的学习教材，也可供电渣重熔技术应用、电渣重熔设备制造及使用单位的工程技术人员参考。

本书第 1 章、第 4 章～第 6 章及第 9 章由姜周华撰写，第 2 章和第 3 章由董艳伍撰写，第 7 章由耿鑫撰写，第 8 章由刘福斌撰写。全书由董艳伍统稿，姜周华主审。

本书的出版得到了东北大学“985 工程”现代冶金与材料过程工程科技创新平台的资助。在撰写本书过程中参阅了大量书籍及论文，作者在此谨向文献的作者表示衷心的感谢。

由于作者理论水平及实践经验所限，书中难免存在不妥之处，恳请读者批评指正。

姜周华

2015 年 9 月于东北大学

目　　录

第 1 章　概　　论

1.1　电渣冶金在特种冶金中的地位

图 1.1 是典型特殊钢产品的生产工艺流程图。从图中可以看出，普通的特殊钢产品经过初熔、精炼以及必要的真空处理后采用连铸或者模铸工艺，再经过相应的轧制等工序后即可得到最终产品，而对于一些高端产品，模铸或连铸得到的产品还需要经过特种冶金工序后才能进入后续的锻造和轧制等工序。

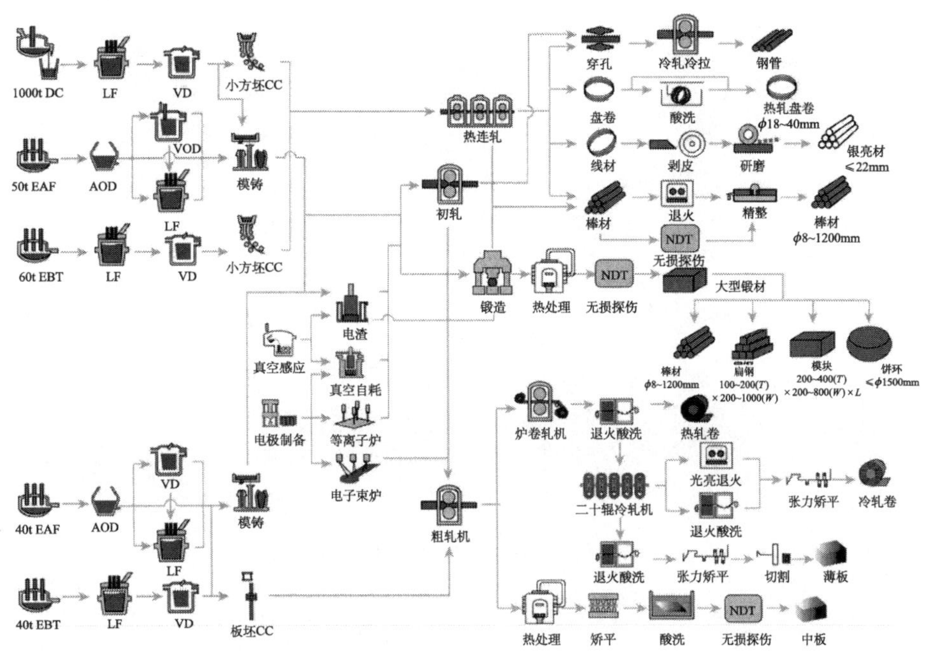

图 1.1　特殊钢的生产工艺流程图

特种冶金是区别于普通金属材料制备工艺过程的一类特殊的金属材料制备技术，特种冶金技术包括真空感应熔炼、电渣重熔、真空电弧重熔、等离子重熔及电子束熔炼等特殊的熔炼手段。一般来说，真空感应熔炼用于初熔并制备出钢锭，钢锭随后要经过必要的二次熔炼，而少部分材料直接经过感应熔炼后得到最终铸锭。电渣重熔是与真空电弧重熔、等离子重熔及电子束重熔同等重要的二次精炼手段。由于电渣重熔在普通大气条件下即可以进行熔炼操作，并且所制备材料具有成分均匀、金属纯净、组织致密、夹杂物细小且弥散分布等特点，所以电渣重熔技术较其他几种真空二次精炼技术应用程度高、应用范围广，目前已经成为制备多种高端材料的终端冶炼工艺。

真空电弧重熔与等离子重熔及电子束重熔相比，其技术难度相对较低，目前在活泼金属材料、气体含量要求高的材料以及一些凝固质量要求非常高的材料方面也具有广泛的应用。

图 1.2 为不同特种冶金工艺的产品和相互之间的关系，从中可以清楚地看出电渣重熔技术在特种冶金中的地位和作用。

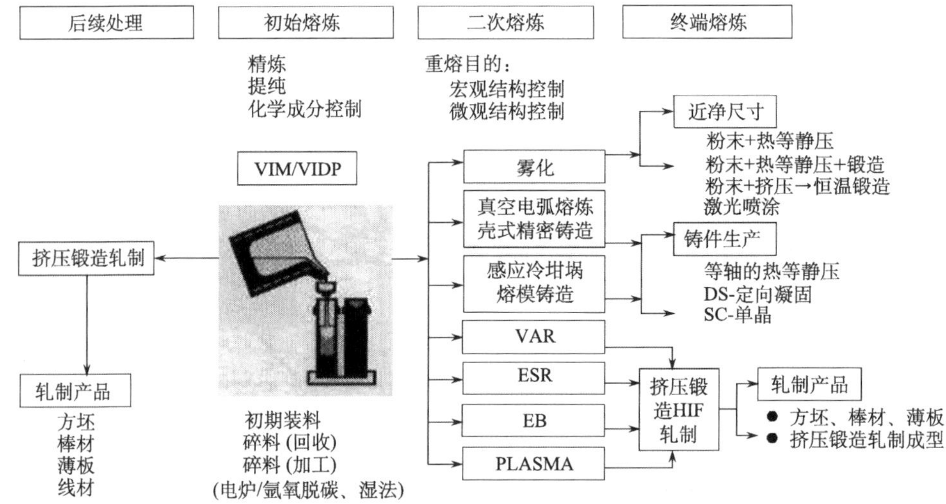

图 1.2 特种冶金流程及其相互关系

1.2 电渣重熔的基本原理

电渣重熔的基本原理如图 1.3 所示，其组成包括自耗电极、熔渣、结晶器、底水箱、短网及电源系统。电渣重熔是靠渣池通过电流时产生的渣阻热熔化和精炼自耗电极金属，得到的液态金属在水冷结晶器中凝固成型的过程。其基本的操作过程是在铜质水冷结晶器中加入固态或液态炉渣，将自耗电极的端部插入其中。当自耗电极、炉渣(固渣启动时，先加少量固态导电渣)和底水箱通过短网与变压器形成供电回路时，便有电流从变压器输出通过液态熔渣。由于在上述供电回路中熔渣的电阻相对较大，占据了变压器二次电压的大部分压降，所以在渣池中产生大量的焦耳热，使其处于高温熔融状态。由于渣池的温度远大于金属的熔点，从而使自耗电极的端部逐渐加热熔化，熔化的金属汇聚成液滴，在重力作用下，金属熔滴从电极端头脱落，穿过渣池后不断富集形成金属熔池，由于水冷结晶器的强制冷却，液态金属逐渐凝固成钢锭。在正常重熔期，电流从电极进入渣池后，要通过金属熔池和凝固钢锭再由底水箱和短网返回变压器。电流的大小是通过调节电极下降速度来控制的。

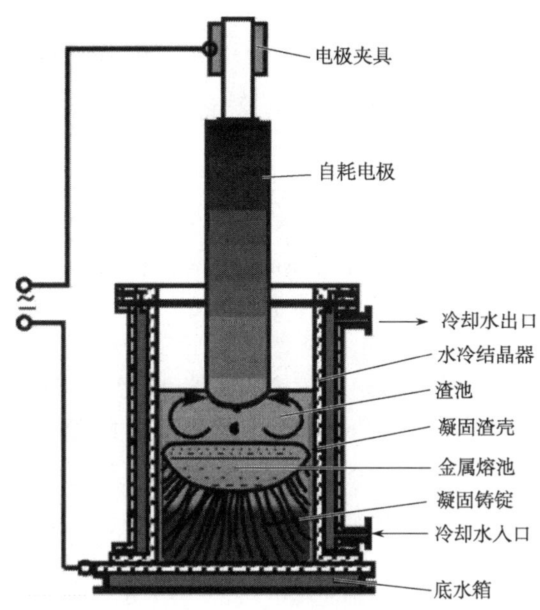

图 1.3 电渣重熔原理图

由于在电极熔化、金属液滴形成和滴落过程中金属熔池内的金属和炉渣之间要发生一系列的物理化学反应，从而可去除金属中的有害杂质元素和非金属夹杂物。钢锭由下而上逐渐凝固，金属熔池和渣池就不断向上移动，上升的渣池在结晶器内壁和钢锭之间形成一层渣壳，它不仅使钢锭表面平滑光洁，而且降低了径向导热，有利于自下而上的顺序结晶，改善钢锭内部的结晶组织。

1.3 电渣重熔的基本特点

电渣重熔属于二次精炼方法，因此也称为电渣精炼。自耗电极是其原料，也是被精炼的对象。自耗电极可由其他冶炼方法(如电弧炉、感应炉、真空感应炉和真空自耗炉等)制备。电渣重熔的目的是在初炼的基础上进一步提纯钢或合金并改善钢锭的结晶组织，从而获得高质量的金属产品。与其他冶金方法相比，电渣重熔有以下特点。

(1) 金属的熔化、浇注和凝固均在一个较纯净的环境中实现。

整个重熔过程始终在液态渣层下进行而与大气隔离，因而最大限度地减轻了大气对钢液的污染，减少了钢水氢、氮的增加量和钢的二次氧化。另外，由于熔化和凝固均在水冷铜质结晶器中完成，因而没有普通冶炼方法耐火材料造成对钢水沾污的缺点。

(2) 具有良好的冶金反应的热力学和动力学条件。

电渣重熔过程中渣池温度通常在1750℃以上，而电极下端至金属熔池中心区域的熔渣温度可达1900℃左右[1]。因此，重熔过程中渣的过热度可达600℃左右，钢液过热度可达450℃左右。高温熔池促进了一系列物理化学反应的进行。

良好的动力学条件还表现在电渣重熔过程中钢渣能充分接触。在电极熔化末端、熔滴滴落过程及金属熔池的三个阶段中钢渣接触面积可达3200mm^2/g以上[1]，反应进行得十分充分。同时在电磁力的作用下渣池被强烈搅拌、不断更新钢渣接触面，强化了冶金反应，促进了有害杂质元素和非金属夹杂物的去除。

(3) 自下而上的凝固条件保证了重熔金属锭结晶组织均匀致密。

在电渣重熔过程中电极的熔化和熔融金属的凝固是同时进行的。钢锭上始终有液态金属熔池和发热的渣池，既保温又有足够的液态金属填充凝固过程中因收缩产生的缩孔，可以有效地消除一般铸锭常见的疏松和缩孔。同时金属液中的气体和夹杂也易于上浮，所以钢锭的组织致密、均匀。

结晶器中的金属受到底部和侧面强制水冷，冷却速度很大，金属的凝固只在很小体积内进行，使得固相和液相中的充分扩散受到抑制，减少了成分偏析并有利于夹杂物的重新分配。同时这种凝固方式可有效控制结晶方向，从而获得趋于轴向的结晶组织。

(4) 在水冷结晶器与钢锭之间形成的薄而均匀的渣壳保证了重熔钢锭的表面光洁。

在电渣重熔过程中，结晶器壁的强制冷却，使渣池侧面形成凝固渣壳。在合理的电渣工艺制度下，金属熔池具有圆柱部分。熔池在上升过程中由于金属液体上升接触到凝固的渣皮时会使部分凝固的渣皮重新熔化，所以渣皮薄而均匀，金属在这层渣皮的包裹中凝固，电渣锭会十分光洁[2,3]。另外，渣皮的存在能减少径向传热，有利于形成轴向结晶条件。

1.4 电渣冶金的分类

电渣冶金是金属及其合金的一种特殊熔炼方法，电流通过熔渣时所产生的渣阻热为熔炼过程提供能量是电渣冶金的一个重要特征。虽然电渣冶金可划分出多种技术方法和应用于不同的领域，但其基本的核心技术是电渣重熔(electroslag remelting，ESR)。

电渣重熔属于冶金专业、特种熔炼学科、重熔精炼的分支[4]。经过几十年的发展，在电渣重熔的基础上，派生了许多新的技术分支，如图1.4所示，统称为电渣冶金。

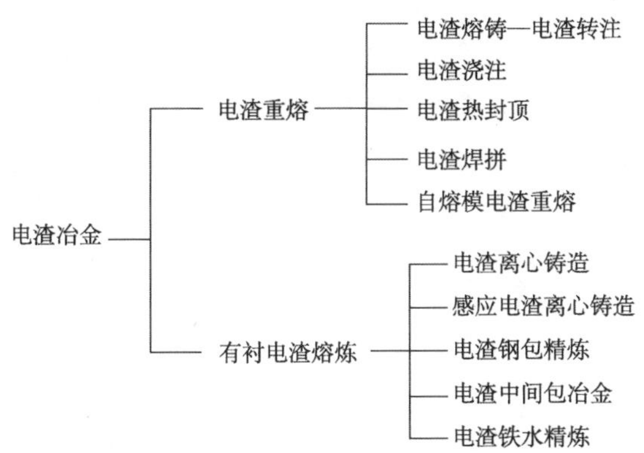

图1.4　电渣冶金的主要技术分支

电渣熔铸是电渣冶金的重要技术分支之一。它起源于电渣重熔，又几乎与电渣重熔同时发展。如图1.5所示，电渣熔铸和电渣重熔的原理、过程基本相同。其主要区别在于电渣熔铸用异型结晶器代替普通结晶器(简单形状)，因而得到的产品是形状接近成品的铸件毛坯而不是钢锭。电渣熔铸的产品虽然是铸件，但其冶金质量和力学性能远远高于一般砂型铸件，而与同钢种变形材(锻、轧)件相媲美。电渣熔铸产品很多，如乌克兰巴顿电焊研究所的电渣熔铸产品：管状法兰盘、管连接件、高压阀体、高压容器、发动机主轴、柴油机曲轴、复合轧辊、轧管机孔型件和穿孔芯棒等[5]。我国典型的熔铸产品有涡轮盘[6]、冷轧辊、曲辊[7]、天然气井用高压阀体[8]、石油裂解炉管[9]、水轮机导叶[10]和复合穿孔顶头[11]等。

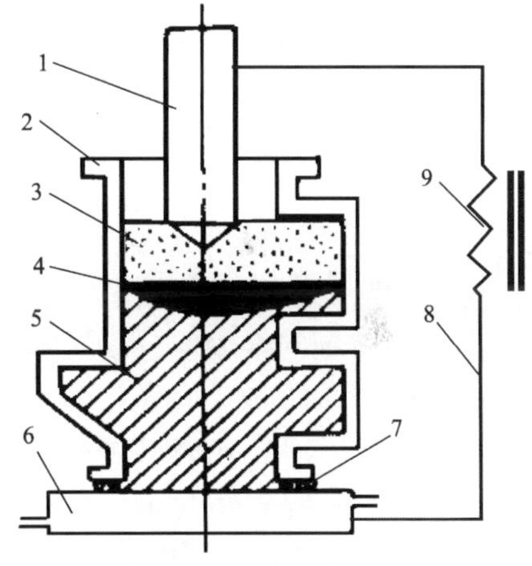

图1.5　电渣熔铸原理图

1-自耗电极；2-水冷异型结晶器；3-渣池；4-金属熔池；5-熔铸件；6-底水箱；7-绝缘；8-短网；9-变压器

电渣转注属于电渣熔铸的一种具体方法，如图1.6所示，其实质是自耗电极熔化的液态金属不是垂直浇注而是向某一侧转移浇注，从而可以用较大

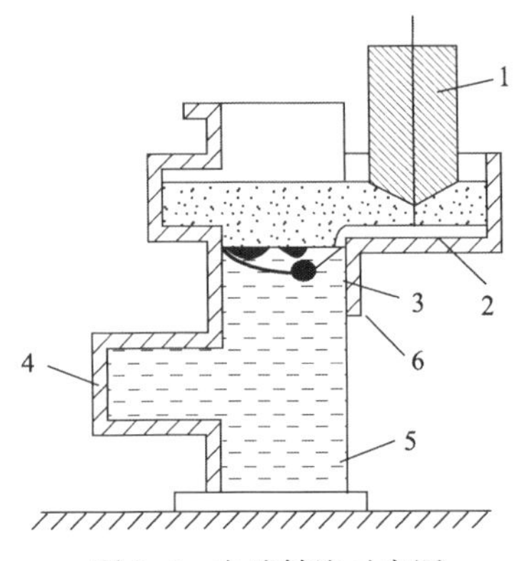

图 1.6 电渣转注示意图
1-自耗电极；2-渣池；3-金属熔池；4-固定式的结晶器；5-铸件；6-运动的熔炼区

尺寸的电极熔铸界面尺寸较小或形状复杂的铸件。

电渣浇注工艺的基本原理是：将液态金属直接注入带有液态精炼渣的结晶器中并用石墨电极或自耗电极或水冷金属非自耗电极来保温和精炼，通过浇注速度来控制金属熔池形态和凝固速度。另外，这种电渣浇注按照锭型大小又采用一次浇注或者多次浇注。由于电渣浇注能改善钢锭表面质量，获得无缩孔的钢锭，因而钢锭的收得率可提高 10%～15%，除补偿电渣浇注费用外尚有剩余，因此成本不高于普通浇注钢锭。

如图 1.7 所示，电渣热封顶实质上是电渣保温帽，就是在普通钢锭浇注方法的基础上，在钢锭中加入液态炉渣并用自耗电极或石墨电极在头部加热进行补缩和保温，以控制钢锭的凝固速度，消除头部缩孔。这种方法适合于生产大型甚至是 100t 以上的钢锭[12]。

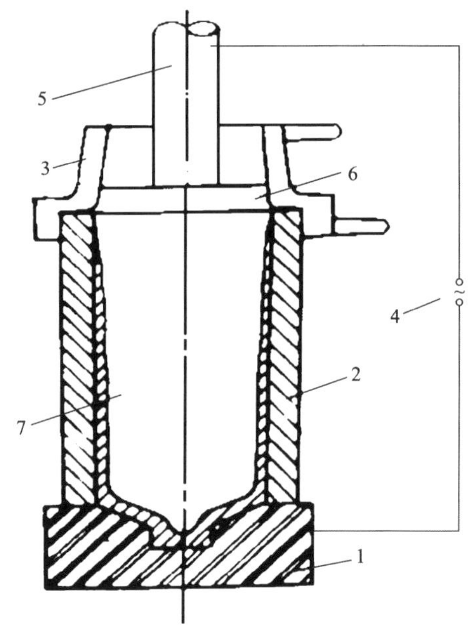

图 1.7 电渣热封顶原理图
1-锭模底座；2-锭模；3-热补缩冒口；4-电源；5-电极；6-渣；7-钢锭

自熔模电渣重熔又称为 MHKW 法，实际是钢锭芯部重熔法[12]。将钢锭浇注到普通钢锭模中，待凝固后用锻造机沿锭子纵向将中心质量不好的部分去除，然后用自耗电极进行电渣重熔，重熔部分的大小为钢锭直径的 1/3～2/3。这种方法也可用于生产 100t 以上的大钢锭，如图 1.8 所示。

有衬电渣熔炼是我国开创的电渣冶金新分支。我国早在 1960 年就采用单相单电极炉底导电式有衬电渣炉冶炼合金钢。随后，又建立了单相双极有衬电渣炉，1961 年又试验成功了三自耗电极三相有衬电渣炉。1962 年，冶金部建筑研究院成功地用凝壳式有衬电渣炉冶炼出超低碳不锈钢。1972 年，改进单相双极有衬电渣炉，采用 Bifilar 供电在炉底接零线，从而解决了双电极熔化不均匀的问题。有衬电渣炉熔炼是在有耐火材料的炉膛内利用电流通过液态渣池产生的

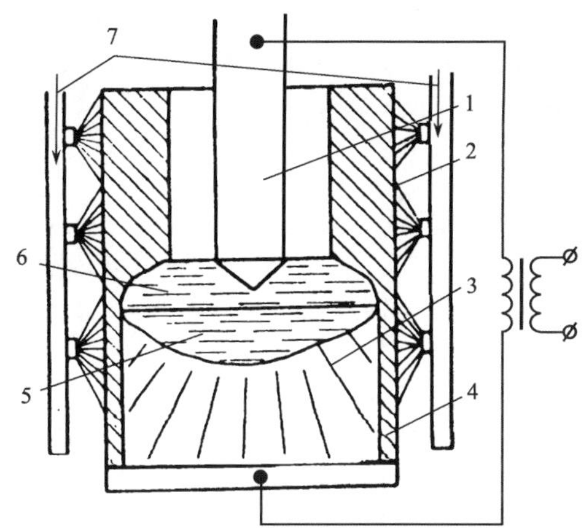

图 1.8 自熔模电渣重熔示意图

1-自耗电；2-自熔模；3-凝固铸坯；4-重熔渣皮；5-金属熔池；6-渣池；7-冷却水

电阻热将金属电极或散装金属料熔化和精炼的一种冶炼方法[13,14]。与电渣重熔不同，金属不是边熔化边结晶，而是以液态逐渐汇集在耐火材料炉膛内，并经调整成分和温度，获得一定数量和质量要求的钢水或金属液。然后通过某种铸造方法铸成锭子或铸件。

电渣离心铸造是有衬电渣炉炼钢和离心铸造两项技术结合的产物。它是利用有衬电渣炉精炼出高质量钢水，然后将钢水和高温熔渣一起倒入模内，随着模子的转动，在模具内表面形成一层均匀的渣壳，由于渣壳的存在提高了铸件表面的质量和模具的寿命。目前用此方法已成功制备了各种异型铸件，如齿轮毛坯、阀体、钢管冷轧机型件、起重机轮等。感应电渣离心铸造是利用感应炉熔炼金属，感应炉上的电极加热熔渣并精炼钢水，再带渣进行离心铸造的方法。采用该项技术生产挤压模具毛坯是比较典型的例子[15]。

电渣钢包精炼和电渣中间包冶金主要是利用电渣冶金的加热和精炼功能对钢水进行炉外加热和精炼，因此是钢水炉外精炼的新方法之一[12,16]。与其他方法相比，电渣加热的主要特点是：电能转换成渣阻热直接输入渣层，因而热效率高，而且钢水温度容易控制；高温熔渣的存在使钢水与大气隔离，从而防止了大气对钢水的污染，而且熔渣可以起到精炼钢水的作用，如脱硫、脱磷、脱气及去除非金属夹杂物，使钢水纯净度显著提高；设备简单灵活，可使用自耗电极，也可使用非自耗电极。图 1.9 和图 1.10 为电渣钢包炉和电渣中间包加热装置示意图。

电渣铁水精炼是利用电渣冶金的加热、脱硫以及电化学反应的功能对铁水进行提温、脱硫和对铸造铁水进行球化变质处理。对小高炉生产的铁水进行预处理脱硫是电渣铁水精炼的一个典型例子，但此项工作目前尚处于实验室研究阶段[17]。采用直流电渣炉反接方式供电对铸造铁水进行精炼，可以在渣-金之间产生电化学反应，使渣中镁、钙和稀土等球化元素的氧化物电解还原进入铁液而使铸铁球化。这项技术已处于工业试验阶段[18,19]。

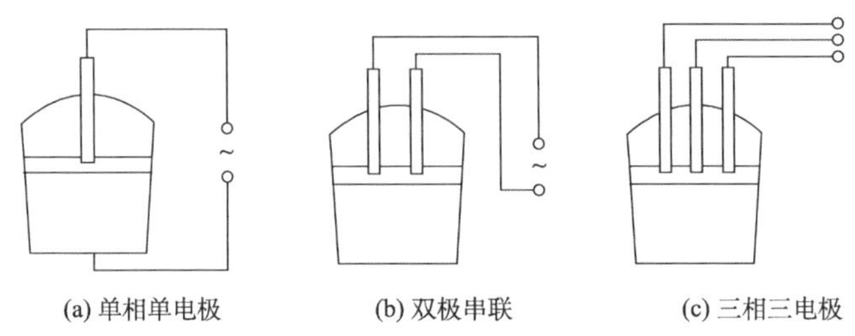

图 1.9 电渣钢包炉三种可能的供电方式与电极布置

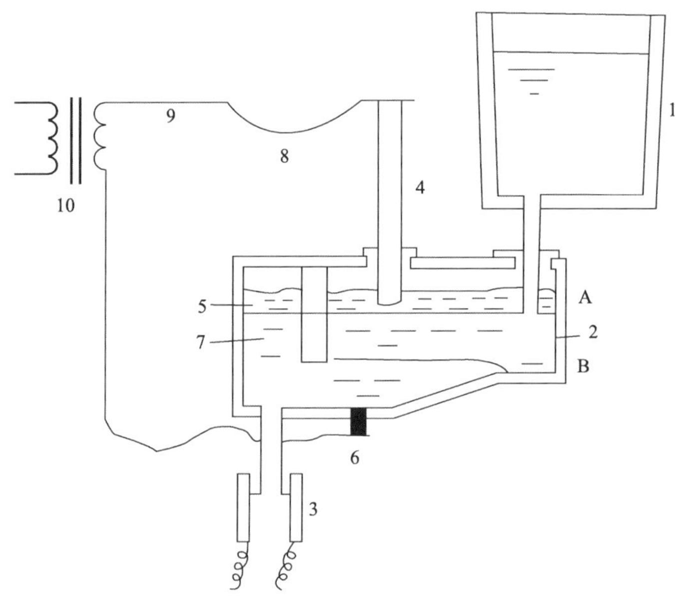

图 1.10 电渣中间包加热系统原理图

A-操作液面；B-初始液面

1-钢水罐；2-中间罐；3-结晶器；4-电极；5-熔渣；

6-水冷底电极；7-钢水；8-软电缆；9-铜排；10-变压器

1.5 电渣冶金技术的发展过程及趋势

1.5.1 国外电渣冶金技术的发展

电渣冶金最初的工作是 1935 年美国霍普金斯(Hopkins)进行的渣中自耗电

极熔化试验[20]，并于1940年获得电渣熔炼专利，Kellogg公司用来生产高速钢及高温合金[4]。直到1959年，Firth-Sterling公司建成三台3.6t电渣炉进行电渣重熔，美国电渣技术才定型。Hopkins作为Kellogg公司技术指导和Firth-Sterling公司副经理，长期垄断这一技术。直到1965年该公司破产并被Vasco公司及Allvae公司兼并，这一技术才逐渐公之于众。但是，Hopkins发明的电渣炉一直是采用直流电源，而且误认为渣中存在"软电弧"，采用直流电可以降低电弧的不稳定性[21]。

前苏联选择的是另一条发展道路。据说是乌克兰巴顿电焊研究所焊接工偶然发现的，当过多的渣液用于埋弧焊时电弧熄灭，导致操作平稳，从而发明了电焊渣。电焊渣就是在两个连接件之间的缝隙处用两个水冷挡块围住，后来又用另外两个水冷挡块取代两个金属连接件，这样就构成了电渣重熔的基本方法[20]。1952年乌克兰巴顿电焊研究所梅多瓦尔(Medovar，1916～2000)和巴顿(Paton)两位年轻科学家(后来均成为前苏联的院士)在实验室试制了第一个不锈钢电渣锭，如图1.11所示[20]。前苏联对这项技术进行了广泛深入的研究，1956～1957年在梅多瓦尔的指导下，乌克兰巴顿电焊研究所设计建成了R-909型500kg中试

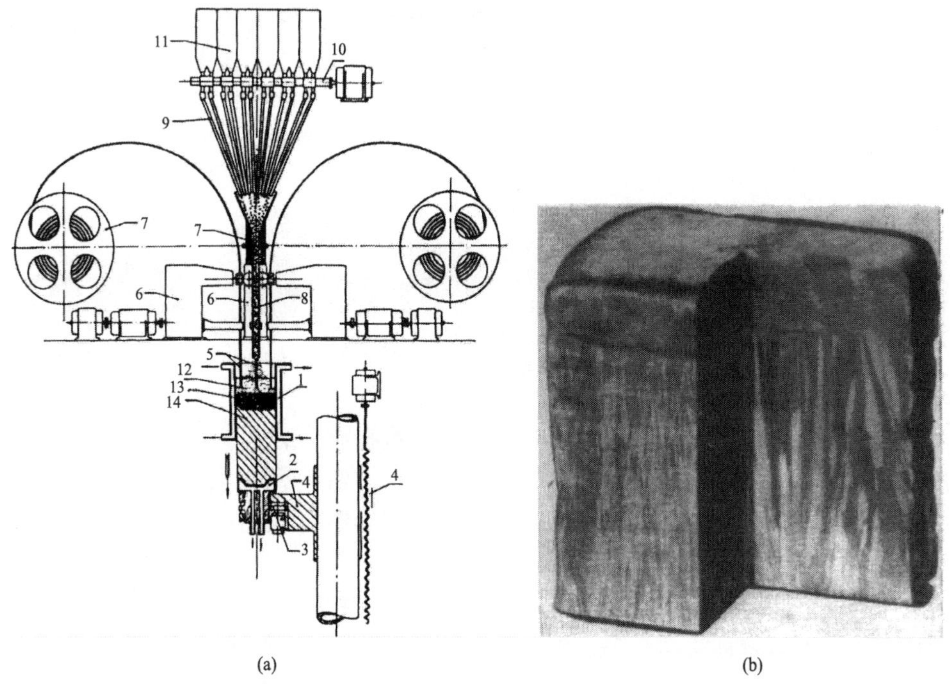

图1.11 世界首个电渣重熔试验装置(a)及其第一个电渣锭(b)

1-结晶器；2-水冷底板；3-抽锭机构；4-丝杠；5-结晶器上法兰；6-熔炼室上部；7-熔剂混合区；8-自耗电极；9-料仓管道；10-阀门；11-料仓；12-熔渣；13-熔池；14-电渣锭

规模的电渣炉，1958 年 5 月相似的电渣炉在乌克兰东南部城市扎波罗热(Zaporozhye)第聂伯特钢厂(Dneprospetsstal)建成并投入工业生产(图 1.12)，并于1959～1960 年建成了世界上第一个电渣重熔车间[20]。这一事件标志着电渣重熔技术工业化的开始。因此，乌克兰是现代电渣冶金技术的发源地。

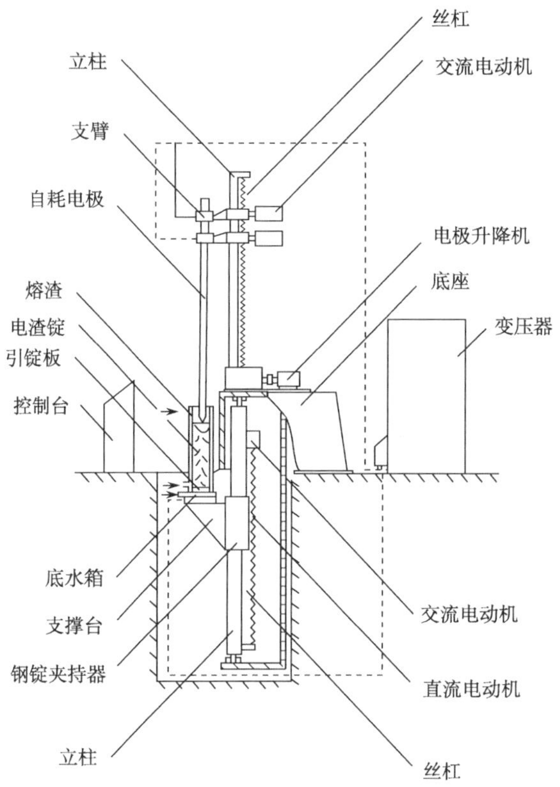

图 1.12　乌克兰巴顿电焊研究所设计的首台工业电渣炉(R-909)

从 20 世纪 60 年代开始，世界各国对电渣冶金技术的认识不断加深：一方面前苏联的大力研究促使电渣技术不断发展；另一方面，西方国家通过电渣重熔与真空电弧重熔的比较认识到电渣重熔不仅设备和操作简单，生产成本低，而且电渣钢的质量除气体含量外，在表面质量、去硫、去除非金属夹杂物及结晶组织等方面优于真空电弧重熔。1963 年法国首先从苏联购买了电渣重熔技术许可，然后西方国家开始发展电渣冶金技术，因而电渣冶金在 60 年代得到飞速发展。当时，除苏联、美国和中国外，还有英国、奥地利、西德和日本均对电渣冶金技术投入了相当的研究力量。1967 年在美国匹兹堡的卡内基-梅隆(Carnegie-Mellon)大学召开了第一届电渣冶金国际会议[22]。之后，几乎平均每两年召开一次电渣冶金或包括电渣冶金在内的国际学术会议。

从20世纪60年代开始，以乌克兰巴顿电焊研究所为代表，开发了一系列电渣冶金技术。在60年代末期和70年代初，开发了电渣熔铸技术，获得的一系列铸件产品的性能可以代替锻件[23-25]。在70年代中期又开发了电渣坩埚熔炼工艺以及电渣离心浇注(centrifugal electroslag casting，CESC)和电渣固定模浇注(electroslag pouring melting casting，EPMC)技术[26]，弧渣重熔技术用于生产高氮不锈钢[27]，并在第聂伯特钢厂建成四台16～20t的扁锭电渣炉用于高质量厚板的生产。90年代又发明了基于导电结晶器的电渣液态浇注技术(ESR LM)用于生产双金属复合轧辊[28]。

英国是较早从事电渣重熔技术研究的西方国家。1961年英钢联(British Iron and Steel Associate，BISRA)对乌克兰巴顿电焊研究所关于电渣重熔技术的报道产生了极大的兴趣，成立了以杰弗里·霍尔(Geoffrey Hoyle)为首的电渣冶金研究小组，开始了电渣技术的研究，并安装了能生产最大直径360mm的交流电渣炉用于实验室研究。美国联合碳化物公司硬合金分公司(Stellite)锻造了由BISRA研制的电渣锭后惊奇地发现，其锻造性能比真空自耗炉生产的钢锭高很多，其材料的力学性能也非常好，于是在1966年向美国当时真空自耗炉(VAR)制造商康萨克(Consarc)公司订购了直径840mm，质量达14t的单相交流电渣炉，最大电流为25000A[29]。这是美国第一台交流单相电渣炉，采用结晶器本身导电形成同轴回路，在1967年建成，在英钢联霍尔先生的指导下热试车获得的结果非常理想。Stellite又很快订购了一台设备。从此美国康萨克公司为美国和欧洲的多家特殊钢企业设计制造了大批电渣炉设备。其中值得一提的是，1969年康萨克公司为德国一家特殊钢厂设计了四根导电回路的同轴布置电渣炉，奠定了现代电渣炉设备的基础，如图1.13所示。1963年奥地利百禄特(Böhler)钢厂由Holzgruber博士负责建成了500kg的实验室电渣炉[30]。1967年百禄特钢厂建成了第一台工业电渣炉。该电渣炉采用结晶器移动，交换电极方式可以生产直径800mm、长度3000mm、质量达12t的电渣锭，如图1.14所示[31]。

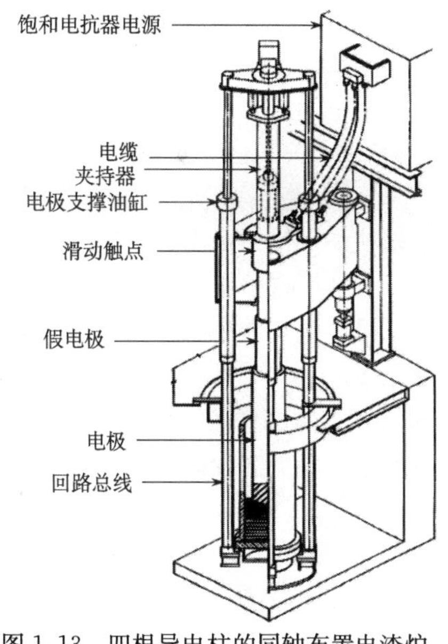

图1.13　四根导电柱的同轴布置电渣炉

从20世纪70年代初到80年代中期是世界各国电渣冶金迅速发展的重要时期，其主要表现为电渣炉的数量、生产能力显著增加，电渣钢品种不断扩大，电渣冶金技术出现了许多新的分支，应用范围明

图 1.14 奥地利百禄特钢厂第一台电渣炉

显扩大，电渣炉的装备水平大幅度提高，并相继建成许多大型的电渣炉。

德国电渣技术的发展和应用值得关注。20 世纪 70 年代德国 Rohling-Burbach 公司生产的 160t 电渣炉[32]，该电渣炉采用低频电源和四个电极，钢锭直径为 2300mm，主要用于生产电站转子等大型锻件用钢锭，这是当时世界上最大的电渣炉。1980 年德国克虏伯公司下属的 Schmiedewerke 公司(现在为 VSG 公司)建成了世界第一台加压电渣炉，工作压力 4.2MPa，可生产直径 1000mm、质量达 14.5t 的高氮钢钢锭。之后又建成了 20t 的加压电渣炉，主要用于生产大型发电机护环钢[33]。在奥地利百禄特钢厂也建有四台 16t 压力为 1.6MPa 的加压电渣炉，主要用于高氮马氏体模具钢的生产。1998 年德国 ALD 公司为英国 FIRTH RIXSON 公司设计制造了首台全密闭的保护气氛电渣炉，容量为 10t，最大直径为 760mm，高度为 2500mm，配有真空泵用于抽气，可用于生产超级合金、不锈钢和轴承钢。之后又设计了最大直径为 1700mm、高度为 5000mm 的抽锭式保护气氛电渣炉，用于生产电站转子和冷轧辊等产品[34]。从此，保护气氛电渣炉在世界上得到了广泛推广和应用。21 世纪发达国家新建的电渣炉普遍采用保护气氛方式。另外，德国还研究了真空电渣炉(VAC-ESR)，在 30kg 实验室研究和 300kg 中试研究基础上，设计制造了两台 20t 的真空电渣炉，分别在德国和日本得到工业应用[35]。

日本电渣重熔技术是在引进基础上发展起来的。20 世纪 70 年代，日本新日铁八幡厂从乌克兰引进了 40t 板坯电渣炉技术，用于生产 5Ni 的高强度舰船用钢[36]。20 世纪 80 年代日本神户制钢公司高砂场引进了的 70t 电渣炉[37]，用于生产电站转子直径为 1800mm 的钢锭等产品，同时生产了直径达 1350mm、19t A-286 高温合金电渣锭，试制先进超超临界火电机组汽轮机转子，是目前为止世界上最大的高温合金电渣锭。日本制钢所(JSW)在 20 世纪 80 年代也引进了美国康萨克 100t 电渣炉，然后改造成 110t 的电渣炉用于生产大型锻件[38]。最近，日本又从奥地利 INTECO 公司引进了一台 145t 的双炉头交换电极抽锭式保护气氛电渣炉，钢锭最大直径为 1900mm，最大高度为 6500mm，已满足高质量大型锻件的需求[39]。日本电渣冶金工作者在炉渣的物理化学性质以及电渣重熔过程的物理化学反应等方面做了许多有益的工作[40～42]。在亚洲其他国家，韩国和印度也广泛应用了电渣重熔技术。韩国斗山重工目前已建成了80t的电渣炉，已生产出120t的9CrMoCoB电渣锭用于生产超超临界汽轮机转子[43]。

进入21世纪后电渣重熔技术推广应用进一步扩大，主要应用是现代装备制造业，如核电、火电、水电、油气开采、海洋工程、航空航天等领域对高端材料的需求不断增加，电渣重熔技术又焕发了青春。欧洲电渣重熔技术和装备的发展是典型的代表。近几年，德国、意大利、法国和英国等国建成了几十台10t以上的大型电渣炉，其中100t以上的特大型电渣炉有五台，最大为意大利FOMAS锻造厂的250t保护气氛电渣炉[44]。

1.5.2 国内电渣冶金技术的发展

我国的电渣冶金技术起步较早，1958年12月9日[45]中国的冶金工作者将铁合金粉末涂在碳钢棒上作为自耗电极，用高炉风管(铜制)作为水冷结晶器，冶炼出合金工具钢，从此开始了电渣重熔技术的研究。1959年4月在衡阳冶金机械厂熔炼出了100kg高速钢锭，除直接冶炼高速钢外，还采用重熔法回收了一批废旧高速钢刀具，同期还成功地应用电渣技术减少了铸钢件冒口。1959年11月北京钢铁学院(现北京科技大学)和冶金部建筑研究院合作，采用电渣重熔法研制成功航空轴承钢。1960年初北京钢铁学院设计了150kg工业性电渣炉，并投入使用。1960年6月冶金部建筑研究院设计了0.5t双电极支臂连续抽锭电渣炉，该设备在重庆特殊钢厂建成，于1960年8月重熔出0.5t优质合金钢锭，此后重庆特殊钢厂、大冶钢厂、大连钢厂、上钢五厂都建立电渣车间，逐渐开始推广电渣冶金技术。1961年11月冶金部在重庆召开了第一届全国电渣冶金会议，标志着我国电渣冶金技术进入了大规模研究和开发阶段。到1964年在重庆召开第二届全国电渣冶金会议时，我国已有工业电渣炉21台，生产钢种54个。

电渣重熔技术诞生以后，为了促进该技术的进步和发展，国内多次召开全国性的电渣冶金技术学术会议。1961年11月冶金部在重庆召开了第1届全国电渣冶金会议，总结了批量生产经验，并推荐双支臂电极交替连续抽锭及单臂固定式两种炉型，成立了全国电渣冶金协调组。1964年6月在重庆召开了第2届全国电渣冶金会议。1965年8月在大连钢厂召开了第3届全国电渣冶金会议，研究了电渣重熔冶金质量问题。我国冶金工作者在1967年开始就掌握了电渣熔铸技术，随后使用电渣熔铸技术生产炮管等产品。1983年在齐齐哈尔钢厂召开了第4届全国电渣冶金会议，研究了电渣重熔进一步降低电耗、提高成材率以及防止环境污染等问题，同时研究了在消化齐齐哈尔钢厂引进德国Loybold-Heraus公司F8502102Ⅱ基础上，吸收同轴导电、有载无级调压及微机控制等技术以改造国内电渣炉。1985年12月在成都无缝钢管厂召开了第5届全国电渣冶金会议。这时，全国特殊钢厂有工业电炉66台，实产优质合金钢及超级合金514万t。1990

年 8 月在潍坊召开了第 6 届全国电渣冶金会议。随后，未见报道有大型的技术交流会。事实上，在 20 世纪 90 年代是我国电渣冶金技术发展相对比较缓慢的时间。原因是当时炼钢炉外精炼技术得到了飞速发展，钢的洁净度水平得到大幅度提高，电渣去除夹杂物的优越性已不再明显。

进入 21 世纪，与世界各国情况类似，随着高端装备制造业对材料性能以及设备大型化的要求不断提高，电渣重熔生产的钢锭，尤其是大型钢锭凝固质量的优越性进一步显现，电渣冶金技术又得到了特殊钢行业的青睐，国内又兴起了大规模建设电渣重熔设备的高潮。在最近 15 年中，不但传统的特殊钢企业普遍扩建电渣车间，而且机械行业，包括很多民营企业，也大规模地建设电渣冶金车间。2005 年，全国电渣冶金学术年会在沈阳成功召开，会议总结了多年来电渣冶金所取得的成果，并对电渣冶金新技术进行了交流与探讨，据当时不完全统计，全国已经拥有电渣炉 500 多台，并且由于生产需要，许多厂家正在组建更多的电渣炉，电渣钢锭产能达到每年 100 多万吨。2008 年 12 月恰逢我国电渣冶金技术诞生 50 周年之际，在太原召开了全国电渣冶金技术学术会议。随后，2010 年在沈阳，2012 年在杭州分别召开了全国电渣冶金技术学术会议，相关会议逐渐形成了两年举办一次的惯例。在这些会议中，全国相关高等院校、研究所、特钢企业、行业相关的公辅设备及售后相关单位均有参加，通过相互交流，从更大的层面上分析了我国电渣冶金的技术进步、现状、存在问题及解决思路，极大地促进了行业发展和相关科研水平的提高。另外，2014 年由特种冶金学术委员会在南京组织召开了全国特种冶金技术学术会议，包括感应熔炼、电渣重熔、真空自耗重熔等特种冶金技术，从而使会议拓展到了整个特种冶金技术领域。

我国冶金工作者在过去的 50 多年工作中，在电渣冶金的许多方面有自己独特的发现和创造。例如：我国在 1960 年就发明了有衬电渣炉，70 年代在全国许多地区得到推广应用，生产出了许多高质量的合金钢锭和铸件。而苏联在 1980 年才报道了类似的技术。1981 年我国建成了世界上最大的 200t 级电渣炉，最大生产能力为 240t，实际已生产出 205t 的钢锭。迄今为止已生产许多大型锻件用钢锭，包括 300MW 核电用大锻件 124 件，300MW 和 600MW 汽轮机高、中、低压转子，560t 加氢反应器电渣钢锻件等产品[46,47]。电渣熔铸涡轮盘、水轮机导叶和石油裂解炉管等产品在国际上处于领先水平。在电渣重熔理论研究方面，夹杂物去除机理[48,49]、工艺参数优化匹配与热平衡计算[50,51]及新渣系的开发等有许多独创性的工作。21 世纪以来，我国又开发了一系列电渣重熔新技术[52, 53]，主要包括熔速控制的保护气氛电渣炉、真空电渣炉、加压电渣重熔设备及高氮钢制备技术、电渣连铸技术、电渣重熔超大扁锭技术、电渣重熔空心钢锭技术、导电结晶器技术及电渣液态浇注技术等，使我国电渣重熔技术始终保持在国际先进行列。初步统计，截至2014年，我国工业电渣炉已经超过600台，年生产能力150万t以上。除了国产电渣炉，我国近年来引进国外独资企业生产的先进电渣炉设备20多台，其中东北特钢引进了100t熔速控制的保护气氛电渣炉。国内目前有100t以上的特大型电渣炉7台，其中上重建设了公称容量为450t的巨型电渣炉。生产的钢种有碳素钢、合金结构钢、轴承钢、工具钢、模具钢、不锈钢、高温合金、精密合金、耐蚀合金和电热合金等400多个钢种。另外，还有有色金属及其合金、铸件的电渣重熔或有衬电渣熔炼，生产的钢锭包括圆锭、方锭、扁锭、空心锭及各种异型铸件。电渣冶金技术在我国仍然方兴未艾。

1.5.3 展望

随着钢铁冶金技术的发展，特别是炉外精炼和连铸技术的发展，电渣冶金的技术和生产受到挑战，但由于电渣冶金具有其他方法不可替代的技术特点，预计在21世纪仍会在以下几个方面保持优势。

电渣重熔克服了普通铸造方法结晶质量差的问题，即基本消除了偏析、疏松、缩孔等缺陷，因此对于结晶质量要求严格的产品，采用电渣冶金方法生产仍是明智的选择。例如，在大型、特大型锻件用钢锭的生产中，普通铸锭铸造方法生产的钢锭质量较差，难以满足质量要求。采用电渣重熔、电渣热封顶等电渣冶金技术可以保证产品的质量和可靠性。这些大锻件包括核电、火电的发电机转子、加氢反应器、大型发电机护环、水电用特厚板、大型板带支承辊及冷轧辊等。

使用条件苛刻和重要用途的优质合金钢仍需由电渣法生产。如高温合金、精密合金、电热合金、航空轴承钢、特殊的工具钢、模具钢(包括具有镜面加工性能的塑料模具钢)等，由于对钢的洁净度和组织的均匀性要求很严，而且产品的批量又较小，难以用大规模的钢铁流程方式生产。

电渣熔铸在生产各种异型铸件方面显示出强劲的生命力。普通铸造方法生产的异型铸件质量差，用锻造方法生产金属成材率很低，制造过程复杂，废品率高，成本高。电渣熔铸方法生产的铸件不仅质量可与锻件相当，而且生产过程简单，金属利用率很高(可生产出近终型毛坯)。因此生产成本低。所以，未来的几十年中电渣熔铸新产品将不断涌现。

电渣冶金由于其具有许多独特的冶金特点，今后将会进一步派生出新的技术分支(如图1.15所示)，电渣重熔具有加热、精炼和顺序结晶三大基本功能。电渣冶金技术的发展和延伸均是以这三大基本功能为基础的。

除了前面已提到的电渣冶金技术分支，目前正在开发或将要开发并有望在不久的将来得到应用的技术可能有以下几种。

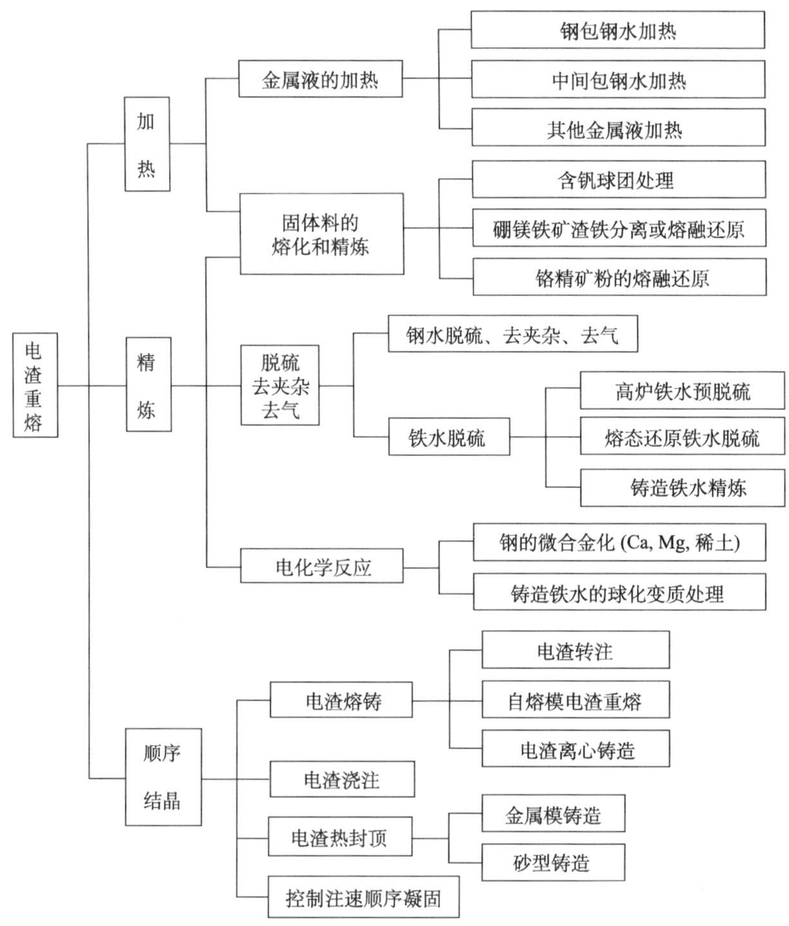

图 1.15　电渣重熔的基本功能及其可能的应用范围

(1) 将电渣的加热和精炼功能用于钢水的炉外精炼。电渣钢包炉将具有热效率高、操作平稳、噪声低、脱硫和去除非金属夹杂物效果好等特点，有可能成为钢包精炼炉的一种新炉型。而采用直流电渣或交直流电渣的方式用电化学方法将渣中某些较稳定的氧化物(CaO、MgO 及稀土氧化物)部分电解而实现钢的微合金化，起到脱氧、脱硫、非金属夹杂物变性及改善钢的力学性能的作用。

(2) 利用电渣的加热和脱硫功能进行铁水预处理脱硫是电渣冶金的新动向。这项技术适用于小高炉铁水脱硫。小高炉铁水温度低，容量小，一般煤粉脱硫方法由于设备投资大，处理过程温降大，难以取得好的效果。采用电渣法温降小，投资少，脱硫率高，有望在工业上应用。另外，熔融还原铁水通常硫含量高，铁水量少，温度偏低，也需要类似的脱硫方法。而铸造铁水的处理，不仅可以脱硫，而且可以利用直流电渣的电化学反应对铁水进行球化变质处理。

(3) 电渣法处理固体料进行熔化和还原，是值得探索的技术。东北大学曾采用有衬电渣炉进行了预还原含钒球团处理及硼镁矿和铬精矿的熔融还原实验室试验，并取得了较好的效果[53,54]。另外，还进行了氧化物(Cr_2O_3、Al_2O_3、ZrO_2)的电熔试验。

(4) 利用电渣重熔顺序凝固的特点对金属凝固过程进行控制，将是重要的研究方向。除了电渣熔铸、电渣离心铸造、热封顶和一般的电渣浇注，在电渣保温下采用控制注速和浸入式水口保护的慢速电渣浇注可有望获得与电渣重熔质量相当的钢锭或铸件(图 1.16)。这种方法适用于断面尺寸变化大，电极难以进入结晶器的形状复杂的铸件生产。而导电结晶器技术的应用将为凝固控制提供新的有效手段，电渣的顺序凝固将向电渣定向凝固转变，将成为电渣冶金技术新的突破，如图 1.17 所示[55,56]。

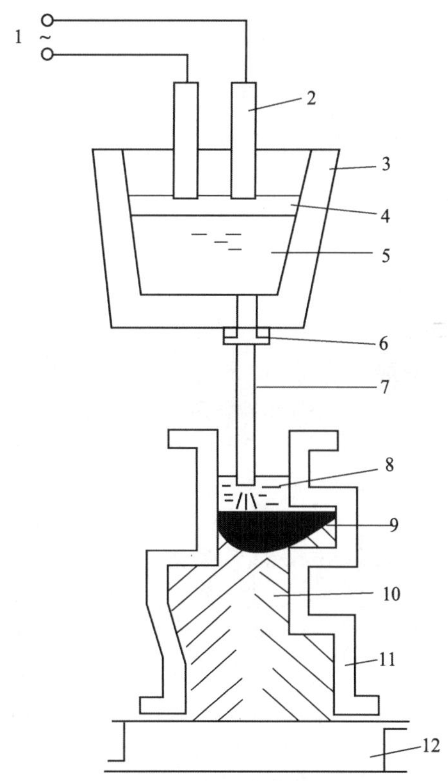

图 1.16 控制凝固速度的慢速电渣浇注原理图

1-电源；2-非自耗电极，3-钢包(或中间包)；4-熔渣；5-钢水；6-滑动水口；7-浸入式水口；8-保护渣；9-金属熔池；10-凝固锭；11-结晶器；12-底水箱

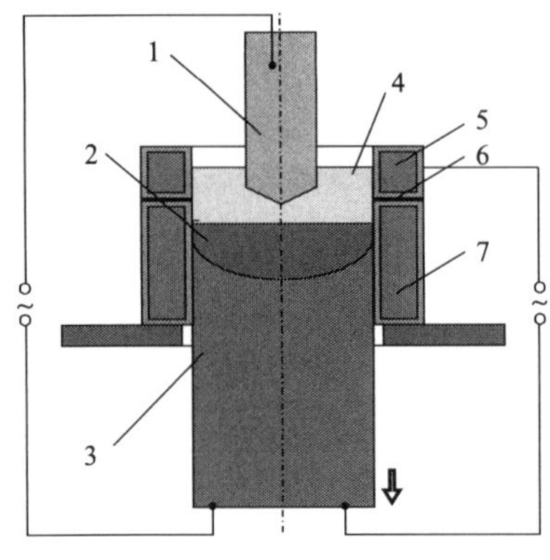

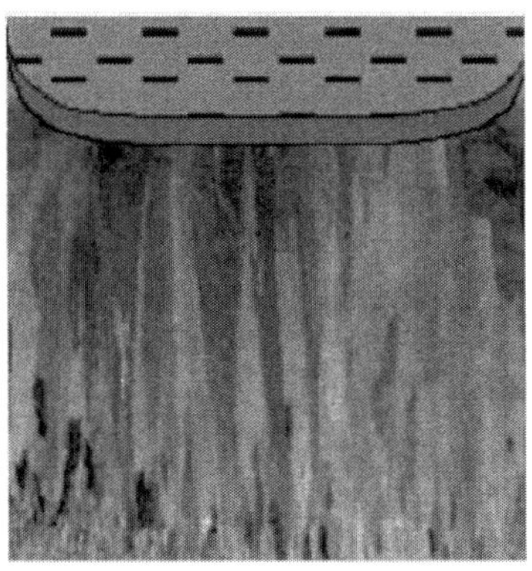

图 1.17 基于导电结晶器双回路的电渣定向凝固技术

1-非自耗电极，2-金属熔池；3-钢锭；4-熔渣；5-结晶器导电部分；6-绝缘环；7-结晶器非导电部分

参 考 文 献

[1] 李正邦，洪彦若，张祖贤，等. 电渣熔铸. 北京：国防工业出版社，1981.

[2] 赵林，金东国，姜周华，等. Mn18Cr18N 护环钢电渣重熔工艺的研究. 大型铸锻件，1997，7(3)：22～27.

[3] 姜周华，刘喜海，赵林，等. Mn18Cr18N 护环钢电渣重熔技术开发. 特殊钢，1999，20(S1)：82～84.

[4] 李正邦. 电渣冶金原理及应用. 北京：冶金工业出版社，1996.

[5] 陶令辉. 电渣熔铸及其在国外的发展//国外电渣熔铸. 冶金部情报标准研究所，1976.

[6] 李正邦，傅杰. 电渣冶金在中国的发展. 特殊钢，1999，20(S1)：1～8.

[7] 姜兴渭，李连智，乔友让. 电渣熔铸耐 H2S 腐蚀的 CQ-350 型闸阀体的研制. 电渣冶金文集(一). 东北工学院，1983：175.

[8] 姜周华，姜兴渭，年来林. 电渣熔铸 InConel 800 石油裂解炉管试验总结. 东北大学，1994.

[9] 胡学军，姜云飞，耿承伟. 电渣熔铸天生桥电站水轮机转轮叶片及导叶的材料与工艺研究. 天生桥水轮机转轮、导叶新材料和新工艺鉴定会研制报告，哈尔滨，1991，7：151～178.

[10] 叶耀武. 电渣熔铸复合穿孔顶头. 特殊钢，1999，20(S1)：64～65.

[11] 姜周华，姜兴渭. 国外电渣冶金技术的发展动向. 国外钢铁，1991，(4)：27～31.

[12] 姜兴渭. 电渣炼钢——有衬电渣炉及其熔炼. 北京：国防工业出版社，1978.

[13] 常鹏北. 有衬电渣冶金. 昆明：云南人民出版社，1979.

[14] 徐卫国，陈希春，傅杰，等. 感应电渣离心浇铸技术在挤压模具毛坯生产中的应用. 特殊钢，1999，20(S1)：80～81.

[15] 姜周华，李晨隽，姜永林，等. 钢水炉外电渣加热的实验研究. 钢铁，1995，30(3)：12～15.

[16] 王静松，薛庆国，苑占民，等. 电渣铁水脱硫过程中铁水熔渣间硫传递的影响. 特殊钢，1999，20(S1)：29～31.

[17] 储少军，陈伯平，吕俊杰. 铸造铁水的电渣精炼和电化学变质处理//首届全国青年冶金学术交流会论文集. 北京：冶金工业出版社，1990：93～96.

[18] 储少军，刘海洪，牛强，等. 电渣气压浇注炉与铁水浇包球化衰退实验. 特殊钢，1999，20(S1)：32～34.

[19] Hoyle G. Electroslag Processes Principle and Practice. London & New York：Applied Science Publishers，1983.

[20] Hopkins R K. Manufacture of alloy ingots. US，3152372. 1964.

[21] Bhat G K. Proceedings of First International Symposium on Electroslag Consumable Electrode Remelting and Casting Technology Carnegie-Mellon Institute，Pittsburgh，Pa：Aug. 9-10，1967.

[22] Paton B E，Medovar B I，Boiko G A. Electroslag Casting. Kiev：Naukova Dumka，1980：192.

[23] Paton B E，Medovar B I. Electroslag Metal. Kiev：Naukova Dumka，1981：680.

[24] Medovar B I，Yu V Saenko，Nagaevsky I D，et al. Electroslag Technology in Machine-building. Soviet Union：Tekhnika，1984：215.

[25] Paton B E，Medovar B I K. Electroslag Crucible Melting and Casting of Metal. Ukraine：Naukova Dumka，1988：216.

[26] Medovar B I，Saenko V Y，Grigorenko G M，et al. Arc-slag Remelting of Steel and Alloys. Moscow：Cambridge International Science Publishing，1996：1～160.

[27] Medovar B I，Medovar L B，Chernets A V，et al. Electroslag surfacing by liquid metal：a new way for HSS rolls manufacturing. 38th MWSP CONF. PROC. ISS，1997，34：83.

[28] Roberts R J. Electroslag remelting（ESR）at consarc. Medovar Memorial Symposium，2001，15～25.

[29] Holzgruber W. Oxygen control in the electroslag refining of steel. First International Symposium on Electroslag Consumable Electrode and Casting Technology，Pittsburgh，Part II，1967.

[30] Holzgruber W，Kroneis M，Schneidhofer A. The production of ingots up to 50，000 pounds in the Böhler ESR unit. Second international symposium on electroslag remelting technology，Pittsburgh，Part I，1969.

[31] Jauch R. Electroslag remelting process at Rochling-Burbach for heave forging ingots of 2300mm diameters. Ironmaking and Steelmaking，1979，6(2)：75～80.

[32] Stein G，Huchlenbroich I. Manufacturing and application of high nitrogen steels. Materials and Manufacturing Processes，2004，19(1)：7～17.

[33] Harald S，Ulrich B，Alok C. Recent development of technology and equipment design of electroslag remelting process. Medovar Memorial Symposium，2001，27～35.

[34] Katsunori S，Naoki I，Hiroshi M. Nucleation control for high density formation of Si-based quantum dots on ultrathin SiO_2. The 4th International Congress on the Science and Technology of Steelmaking，Gifu，Japan，2008，(10)：476.

[35] 広瀬豊，大河平和男，清水高治. ケ. スラブ型 40t ESRにおける精錬効果と品質につい

て. 鉄と鋼，1977，13：2208～2223.
[36] 罔村正義，広瀨和夫，前田光明ち. 最大径1800mmの操業结果. 铁と鋼，1985，71：964.
[37] Roberts R J. Electroslag melting of 100t ingots in static molds. Eleventh International Conference on Vacuum Metallurgy，Antibes，1992.
[38] Holzgruber H. Influence of the frequency of applied AC current on the electroslag remelting process. Proceedings of INTECO Remelting & Forging Symposium，2010，Shanghai，China，2010：26.
[39] 井上道雄，小島康，加藤誠. 冶金物理化学的立場からみたエレクトロスラグ再溶融法の操業上の問題点. 铁と鋼，1975，61(1)：139.
[40] 荻野和巳，原茂太. フッ化カルシラムを主成分とするESR用フラックスの密度，表面張力，电气传导度. 铁と鋼，1977，63(13)：2141.
[41] 草道龙彦，石井照朗，尾上俊雄ら. ユレクトロスラグ溶解法の传热举动におよぼすスラグ成分组成の影響. 铁と鋼，1980，6(12)：1640.
[42] Kim D S，Lee G J，Lee M B，et al. Manufacturing of 9CrMoCoB steel of large ingot with homogeneity by ESR process. Proceedings of LMPC 2015，Leoben，Austria，2015.
[43] Marcello，Colnaghi. Remelting big：Plant technology overview and the new perspectives in the open die forging business. Proceedings of Inteco Remelting & Forging Symposium，Shanghai，China，2010：226.
[44] 李正邦，傅杰. 电渣重熔技术在中国的应用和发展. 特殊钢，1999，4(2)：7～13.
[45] 向大林. 200t电渣炉的技术特点和产品评价. 特殊钢，1999，20(S1)：66～68.
[46] 向大林，王克武，朱孝渭. 600MW汽轮机低压转子180t电渣锭生产. 特殊钢，1999，20(S1)：69～72.
[47] 傅杰，朱觉. GCr15钢电渣重熔的研究//全国电渣冶炼第一届会议论文集，1961.
[48] 李正邦. 电渣重熔去夹杂物机理. 钢铁，1980，15(1)：20.
[49] 姜兴渭. 电渣重熔工艺参数的确定及其诺模图//电渣熔铸汇编. 北京：国防工业出版社，1979：290.
[50] 姜兴渭. 电渣重熔过程热平衡计算公式的推导及其应用. 特钢通讯，1980，(1)：1.
[51] 姜周华，李正邦. 电渣冶金技术的最新发展趋势. 特殊钢，2009，30(6)：10.
[52] 姜周华，董艳伍，李花兵，等. 特殊钢特种冶金技术的新发展. 中国冶金，2011，21(12)：1～4.
[53] 崔泽南. 直流电渣炉冶炼硼铁矿及其综合利用的探索性工艺研究. 沈阳：东北工学院硕士学位论文，1989.
[54] 王伟. 直流电渣炉法利用粉矿冶炼铬铁工艺研究. 沈阳：东北工学院硕士学位论文，1989.
[55] 占礼春，迟宏宵，马党参，等. 电渣重熔连续定向凝固M2高速钢铸态组织的研究. 材料工程，2013，(7)：29～34.
[56] 姜周华，董艳伍，臧喜民，等. 第二代液态电渣冶金技术的发展. 钢铁冶金学报，2013，25 (3)：1～4.

第 2 章　电渣冶金炉渣的物理性质

2.1　熔渣的基本概念

熔渣是由金属原料中元素对应的氧化物以及冶金反应的生成物所组成的一种复杂的熔体。除此之外，熔渣中还可能含有其他类型的化合物，如氟化物、硫化物、氯化物、硫酸盐，甚至金属等。

熔渣广泛存在于各种冶金过程中，不同的冶金过程其熔渣的组分不同，炼铁、炼钢及部分有色金属冶炼过程用熔渣以 CaO 和 SiO_2 为基本组元；此外，Al_2O_3 也是部分熔渣中的基本组元，还包括 FeO、MnO、MgO 等组分。

2.2　电渣冶金用渣系组成、来源及组元的作用

电渣冶金用熔渣与上述熔渣体系有所不同，电渣冶金用熔渣主要以氟化物、CaO 和 Al_2O_3 为主，氟化物常用的为 CaF_2，根据所熔炼产品不同，有时也使用 MgF_2 及 AlF_3 等。通常，电渣冶金用熔渣既含有氟化物也含有氧化物。电渣冶金所用氟化物主要成分为 CaF_2，来源于萤石矿(或氟石矿)。重熔低熔点合金及有色金属时，有时也采用 MgF_2、NaF、BaF_2 等成分。渣系的氧化物组成包括 CaO、Al_2O_3、MgO、SiO_2、TiO_2、BaO、MnO 等，其主要来源为石灰、工业氧化铝粉、镁砂、石英砂、钛白粉等。各种成分在渣系中分别发挥着不同的作用。

氟化物能降低渣的熔点、黏度和表面张力，促进炉渣流动，使渣和金属很好分离，促进冶炼过程脱硫、脱磷。例如，和其他组元相比，CaF_2 的电导率较高，纯 CaF_2 在 1650℃时电导率达 $4.54\Omega^{-1}\cdot cm^{-1}$；渣中 CaF_2 含量较高时，熔炼过程中 CaF_2 会与渣中其他组元发生反应放出有害气体和烟尘，造成环境污染。

$$3CaF_2 + Al_2O_3 = 3CaO + 2AlF_3\uparrow \tag{2.1}$$

$$2CaF_2 + TiO_2 = TiF_4\uparrow + 2CaO \tag{2.2}$$

$$CaF_2 + H_2O = 2HF\uparrow + CaO \tag{2.3}$$

$$4HF + SiO_2 = SiF_4\uparrow + 2H_2O \tag{2.4}$$

$$2CaF_2 + SiO_2 = SiF_4\uparrow + 2CaO \tag{2.5}$$

$$2CaS + CaF_2 + 3Fe_2O_3 = 3CaO + 6FeO + 2SF\uparrow \tag{2.6}$$

MgF_2等氟化物的性能类似 CaF_2，在渣中可作为助剂，以降低渣的液相线温度、黏度、表面张力和电导率。特别是重熔有色金属时，当炉渣的熔点需要降低到比使用 CaF_2时更低时使用 MgF_2。

CaO 是钢铁冶金中最常用的碱性氧化物，渣中加入 CaO 将大大增加渣的碱度，提高脱硫效率，在 CaO 加入量为 40%情况下，脱硫率最高可达到 85%以上；而且 CaO 的加入能够降低渣的电导率。但是 CaO 吸水性强，易带入氢和氧，造成钢增氢增氧。

Al_2O_3 能明显降低渣的电导率，减少电耗，提高生产率。例如，90%CaF_2+10%Al_2O_3，在 1650℃时，电导率降为 $3.34\Omega^{-1}\cdot cm^{-1}$；如果 Al_2O_3 增加到 30%，电导率将降为 $1.75\Omega^{-1}\cdot cm^{-1}$。但是渣中 Al_2O_3 增加，将使渣的熔化温度和黏度升高，并降低渣的脱硫效果，另外会使重熔过程难以建立和稳定。一般 Al_2O_3 的含量不大于 40%。

渣中含有适当的 MgO 将会在渣池表面形成一层半凝固膜，可防止渣池吸氧，并防止渣中变价氧化物向金属熔池传递供氧，从而使铸锭中氧、氢、氮含量降低，同时这层凝固膜可减少渣表面向大气辐射的热损失。但是 MgO 容易使熔渣的黏度提高，所以渣中 MgO 含量一般不超过 15%。

渣中加入少量 SiO_2，可以降低渣的熔点，提高渣的高温塑性，使铸锭表面光洁，对抽锭电渣工艺有利。SiO_2也能降低渣的电导率，减少电耗，提高生产率。SiO_2的加入还可以改变钢中夹杂物的形态，由铝酸盐夹杂变为硅酸盐夹杂，使钢材易于加工变形。但是渣中 SiO_2含量过多，会提高渣的氧化性，对 Al 和 Ti 等易氧化元素有显著的烧损作用。另外，有反应(2.5)发生，造成渣中 CaF_2挥发损失，另外 SiO_2含量高还将使夹杂物中 SiO_2含量增加。

在重熔含 Ti 的钢及合金时，渣中加入一定量的 TiO_2可以抑制钢中钛的烧损；但 TiO_2是变价氧化物，它对金属熔池起传递供氧作用，加入过多的 TiO_2也会对钢的成分产生影响。另外，常采用 CaF_2-TiO_2 型导电渣或者 CaF_2-TiO_2-CaO-SiO_2作为引燃剂。

2.3 炉渣在电渣冶金中的作用

在电渣重熔过程中，结晶器与钢锭的传热过程对于稳定连续的操作和产品质量的提高都是十分重要的。因为电渣重熔过程中钢锭的凝固和传热行为影响了熔池形状，而熔池形状的变化规律直接影响钢锭的结晶形态及质量。炉渣在电渣冶金中起着十分重要的作用，概括起来有以下几个方面。

(1) 发热的作用。

在电渣炉的供电回路中，渣池的电阻是最大的，在串联电路中变压器二次侧输出的电压主要分配在渣池上，因此在电渣炉通电工作时，渣池相当于一个电阻元件，即发热体。变压器输出的电能大部分在渣池中转变成热能，从而使渣池能保持很高的温度导致电极熔化。另外，渣池对钢锭来说又是保温帽，为钢锭凝固创造顺序结晶条件，避免缩孔、气孔和偏析等缺陷产生。为了保持合理的熔化速度和钢锭的内部及表面质量，要求渣池的发热速度和传热速度均在一个合理的范围内变化。这不仅与电参数有关，而且与炉渣的性质密切相关。炉渣的电导率对渣池发热量及发热密度分布有重要影响，炉渣的黏度、导热系数和黑度对渣池的散热影响很大。因此，要求渣的电导率、黏度和导热系数有一个适宜值，或通过调整电参数等其他工艺条件来适应渣性质的变化。

(2) 精炼作用。

在电极熔化末端，熔滴形成和下落，渣池对金属熔池界面上，熔渣与金属液之间要发生一系列的物理化学反应，如脱硫、去气和吸收非金属夹杂物、钢中活泼元素的氧化或某些氧化物的还原等反应，从而对钢的洁净度和化学成分的控制产生重要影响。炉渣的成分及物理化学性质对渣/金之间的各种物理化学反应起决定性作用。例如，炉渣的碱度和流动性对脱硫反应的热力学和动力学有重要影响。夹杂物的去除与炉渣成分和界面性质密切相关。合金元素的氧化则与炉渣的氧化性及组元的活度、炉渣的透气性有不可分割的关系。

(3) 成型作用。

在电渣重熔过程中由于结晶器的强制水冷，在渣池与结晶器的交界处，熔渣被冷却凝固成一个固态渣皮，金属熔池在不断上升过程中虽然又使渣皮部分熔化，但在钢锭和结晶器之间始终存在一个薄而均匀的固态渣皮。这个固态渣皮的存在一方面起到绝缘作用，可有效防止电流由渣池流向结晶器壁再从金属熔池或底水箱流出，从而提高电流效率并防止结晶器壁打弧击穿；另一方面固态渣皮可以减少渣池、熔池和钢锭的径向热损失，使热流和结晶趋于轴向发展，有利于提高钢的结晶质量。电渣锭与结晶器之间渣皮的存在不仅有利于保证钢锭表面光滑，而且能起润滑作用，对于脱锭特别是电渣抽锭工艺十分重要。熔渣黏度和熔化温度对渣皮厚度起决定作用，而固态渣皮的导热系数和电导率对其隔热和绝缘效果有至关重要的影响，渣的黏度和界面性质与钢锭表面质量又密切相关。

(4) 绝缘作用。

电渣重熔过程靠电流通过液态熔渣时所产生的焦耳热提供热源，因此电流路径及电流利用率会影响整个体系的电效率及热效率。结晶器内壁强制水冷所形成的固态渣皮避免了导电的液态熔渣及金属与结晶器直接接触，从而有效防止了分流，在一定程度上提高了体系的电效率及热效率。

(5) 导热作用。

Duckworth [1]在《电渣精炼》一书中强调渣皮的隔热作用，认为渣皮的隔热作用使热流主要向底水箱方向传导，有利于金属结晶趋于轴向。但 Hoyle[2] 等研究表明，当铸锭高度大于锭直径时，主散热方向是径向散热。因此，加强钢锭凝固过程结晶器的径向散热能力、减小两相区宽度、提高凝固前沿温度是减少枝晶间距、改善显微偏析的关键[3]。

由上述讨论可知，炉渣在电渣重熔过程中具有十分重要的作用，对电渣产品的质量、技术经济指标和操作的顺行及安全性影响很大。而这些影响又与炉渣的物理化学性质有关，日本学者荻野和巳[4]总结了电渣重熔过程中和渣有关的现象与炉渣性质的关系，如图 2.1 所示。在电渣冶金技术研究和开发过程中人们一直十分重视熔渣的研究工作[1,2,5~7]。

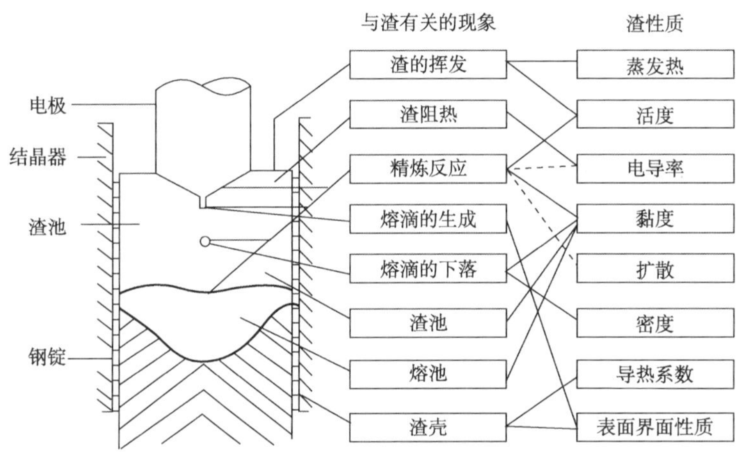

图 2.1 ESR 过程中和渣有关的现象与渣性质的关系

2.4 相 图

电渣按其成分分类可分为：①纯氟化物渣系；②氟化物和氧化物渣系；③氧化物渣系。而电渣重熔中普遍应用氟化物-氧化物渣系。

相图就是用来表示材料相的状态和温度及成分关系的综合图形，其所表示的相的状态是平衡状态。渣系的选择首先以相图为基础。在电渣重熔过程中通常要求渣的熔化温度应比精炼的金属或合金的熔点或液相线低 100～200℃。对于电渣重熔钢和铁，渣的熔化温度应在 1300～1400℃。另外，在实际操作温度下炉渣的化学稳定性也是重要的，因为渣成分的改变将导致其物理化学性质的变化，这种变化对 ESR 过程有好的也有坏的影响。电渣重熔过程中由于固态渣皮的形成，渣池的渣量不断减少，从保证操作过程稳定性的角度考虑，应保持渣的成分及其物理化学性质的稳定，这样其组成首先应选择共晶或同分化合物[8]。如果熔渣成分不在共晶点上，先凝固的渣皮中高熔点组元的含量往往偏高，从而导致炉渣成分不断变化。例如，采用 ANF-6 渣系（70%CaF_2-30%Al_2O_3（质量分数））重熔时渣皮中 Al_2O_3 含量高达 60%以上，而熔渣中的 Al_2O_3 含量随着重熔过程的进行逐渐下降，影响了工艺的稳定性。但是为了解决 ESR 过程中的分流问题，在渣成分设计时有意偏离共晶点，利用渣皮凝固过程选分结晶形成的绝缘渣皮，阻止电流从结晶器壁流过。

在 ESR 过程中组元的挥发或化学反应导致的气体挥发生成更多的 CaO，这也是导致成分变化的原因之一[9,10]。渣成分的变化对其性质及重熔过程的影响也首先要基于相图进行分析。

相图通常用实验测定[11]，有时也可用计算方法[12]。实验测定通常用热分析和示差分析法，有时也用淬冷法或者由热力学数据推测。不同文献中的 ESR 熔渣的相图数据有时差异很大。其原因有以下几个方面。

（1）所用实验方法、实验设备不同。

（2）实验测定时选择的坩埚不同，原则上坩埚材料对被测炉渣应是惰性的，但以 CaF_2 为基的 ESR 很容易与坩埚材料发生反应。例如，采用石墨坩埚时，在熔渣中会生成 CaC_2、Al_4C_3 和游离石墨。

（3）在测试过程中渣中某些组元要挥发，而 CaF_2 要与水或其他氧化物反应生成 CaO 和氟化物气体[参见反应式(2.1)和式(2.3)]。

2.4.1　氟化物单元系

CaF_2 是 ESR 熔渣最常见的组元，有时根据情况也使用其他氟化物，如 MgF_2、BaF_2 和 NaF 等。

纯 CaF_2 属等轴晶系，呈立方体、八面体或者十二面体。无色结晶或白色粉末，低毒，极难溶于水。可溶于浓无机酸（盐酸、氢氟酸、硫酸、硝酸）和铵盐溶液，不溶于丙酮。溶于铝盐和铁盐溶液时形成络合物，与热的浓硫酸作用生成氢氟酸。氟化钙跟浓硫酸在铅制容器中反应可制得氟化氢。能与多种金属氧化物形成低共熔物。天然矿石中含有杂质，略带绿色或紫色。加热时发光。密度 3.18g/cm^3，折光率 1.434，熔点 1422℃[13,14]，沸点 2500℃左右。其他文献提供的测量结果低于此值的原因是测量的原材料测量纯度不够高，混有 CaO 和 SiO_2 杂质成分。萤石中含有 0.5%CaO（质量分数）就可使其液相线温度降低至 1380℃。因此工业萤石的熔点往往较低。

固态 CaF_2 的结构是：Ca^{2+} 排列在面心立方的点阵上，而 F^- 则排列在与此相连接的 8 个小立方体中心。因此，每个 Ca^{2+} 以 8 个 F^- 为近邻，而每个 F^- 又以 4 个 Ca^{2+} 为近邻。在 CaF_2 熔体中，以 Ca^{2+} 和 F^- 结构占优势。

萤石可在电渣炉、电弧炉或感应炉内用石墨坩埚精炼，以去除水分、硫和部分硅，从而提高萤石的质量。除氢过程中可使 CaO 增加 2%，甚至是 5%，其脱氢反应见式(2.3)。

上述高温水解反应中所形成的 CaO 可以增加渣的脱硫能力。

由于 CaF_2的比电阻小，一般不宜单纯使用。在电渣重熔温度为 1650℃时，其比电阻在 0.23～0.27Ω·cm。当只采用单一氟化物渣系时，氟化钙还是较为合适的，因其比电阻在氟化物中是最高的一种。

MgF_2为金红石型晶格。微有紫色荧光。极微溶于水和稀酸。相对密度为 3.18g/cm^3，有刺激性，属于有毒物质，操作人员应穿戴必要的防护用品，中毒后，应饮用大量蛋清并送医。MgF_2 具有比 CaF_2 高的蒸气压和稍低的熔点(1263℃)，热稳定性差，导电性不合适，故不能单独使用。渣系中 MgF_2 含量通常不得超过 20%～30%。MgF_2 中一般含有结晶水 10%，使用前需将其去除。MgF_2 去除结晶水将带来 MgO，它比 CaO 的脱硫能力差，因此当重熔需要保硫的材料时，可采用 MgF_2-CaF_2渣系。

BaF_2比 CaF_2和 MgF_2的蒸气压大，熔点与 MgF_2相近，为 1290℃。一般由碳化钡和水调成的浆液与氢氟酸进行反应，经过滤、干燥、粉碎得到成品。因其价格昂贵，在水中溶解度大，易水解且有毒性，所以电渣重熔中较少应用。适当加入 BaF_2在 ESR 中可起稳定电流的作用。

NaF 相对于前几种氟化物蒸气压更大，熔点更低，为 996℃[14]，该组元常在重熔低熔点合金时使用。因此实际使用场合较少。

AlF_3 为无色三斜晶系。外观为白色粉末或很大的斜方晶系六面结晶体，密度为 3.00g/cm^3。熔点 1040℃。略溶于冷水，溶于热水。难溶于酸及碱溶液，不溶于大部分有机溶剂，也不溶于氢氟酸及液化氟化氢。与液氨或浓硫酸共加热，或者与氢氧化钾共熔均无反应。不被氢还原，强热不分解但升华，性质非常稳定。加热到 300～400℃能被水蒸气部分分解为氟化氢和氧化铝。

2.4.2 二元系

1. CaF_2-Al_2O_3 系

这是电渣重熔最常用的渣系。对于该二元系的相图，不同研究者测定的结果相差甚远，如图 2.2 所示[15]，不同的线型代表不同的测定结果。产生这种矛盾结果的原因主要有两方面：一是使用的原料纯度不同；二是在测量过程中化学反应使渣系的成分发生变化。后者是最主要的因素。因为在高温下要发生如前所述的反应(2.1)和反应(2.2)而生成少量的 CaO 和气体，从而使得被测体系由二元变成了三元系(CaF_2-Al_2O_3-CaO)。Tovmachenko 等[9]用质谱仪测量表明，在

70%CaF_2-30%Al_2O_3 熔体上方的气相中有 $AlF_{3(g)}$、$CaF_{2(g)}$、$Al_2O_{3(g)}$、$Ca_{(g)}$ 和 $Al_{(g)}$存在，其中 AlF_3占优势。严格地说，该体系相图的测定只能在双密封的容器中进行，但有些研究者则在敞口容器中进行。对实验过程控制水平的差异必然造成结果的差异。

Mills[5,14]认为图中实线表示的数据是可靠的，这是基于 Zhmoidin 和 Gatteri 的测量结果，即以 2.5%Al_2O_3 为低共晶点，温度为 1395℃。我国电渣工作者[6]认为由郭祝昆和严东生测定的结果比较可靠，低共熔点的成分为 8.8%Al_2O_3，温度为(1290±5)℃，目前来看这组数据相对比较可靠和符合实际。

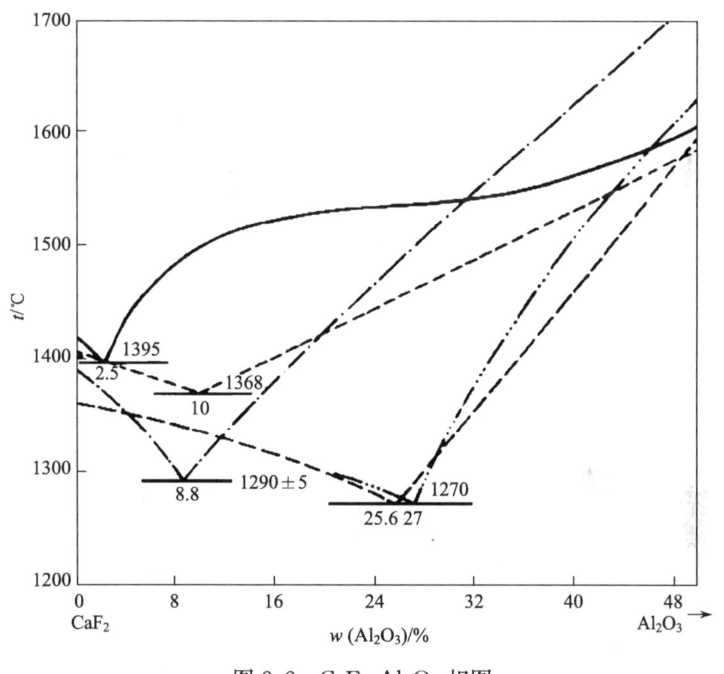

图 2.2　CaF_2-Al_2O_3 相图

电渣重熔最初确定的渣系为 70%CaF_2-30%Al_2O_3，即 ANF-6 渣，而且一直到今天仍广泛应用。当初确定成分的依据是该渣系的低共熔点组成在 27%Al_2O_3 处，共晶温度为 1270℃[1,16]。而事实上其低共熔点组成十分靠近 CaF_2侧。如果以郭祝昆等测得的相图为依据，当 ANF-6 渣从高温冷却至约 1540℃时，固态 Al_2O_3 开始析出，继续冷却时液相中的 Al_2O_3 含量不断减少，当温度达到(1290±5)℃，即低共熔点时，开始析出 CaF_2和 Al_2O_3 共晶体。从这个意义上讲，采用 ANF-6 渣进行电渣重熔时，钢锭表面形成的渣皮中 Al_2O_3 含量一定高于 30%。陈艳梅等[17]在现场调研的结果恰好说明了这一点，现场使用三七渣重熔 GH136 前后炉渣成分变化如表 2.1 所示。重熔后渣中出现了一定量的 CaO。从生产实

践中发现渣皮中的 Al_2O_3 含量通常在 60%以上，这一事实证明了低共熔点靠近 CaF_2侧的事实。但 Al_2O_3 含量是渣皮中的平均含量，熔渣在凝固过程中也会发生类似金属凝固时的偏析现象。尧军平等[18]曾对经典三七渣重熔后的渣皮进行研究，结果如表 2.2 和图 2.3 所示。

表 2.1　电渣冶金过程炉渣成分变化

渣系	渣别	化学组成/%					生产钢种
		CaF_2	Al_2O_3	CaO	SiO_2	MgO	
AH-6	原始组成	70.00	30.00				GH136
	电渣头组成 1	61.03	19.64	8.96	5.91	1.27	
	电渣头组成 2	60.21	21.35	7.82	7.10	1.66	

表 2.2　渣皮断面不同部位的化学组分分析

熔渣	渣皮的组成/%				
	CaF_2	Al_2O_3	CaO	SiO_2	总量
1	21.46	75.62	1.23	0.83	99.14
2	43.73	54.16	0.84	1.03	99.76
3	81.06	15.84	1.37	0.71	99.98
4	43.18	55.66	0.56	0.52	99.92
5	28.36	69.24	0.92	0.58	99.10

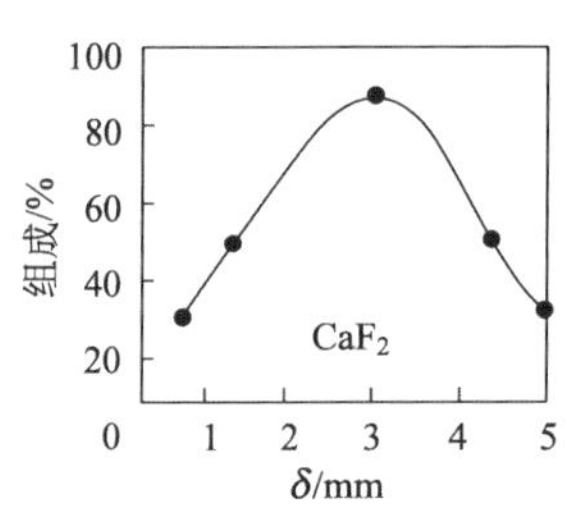

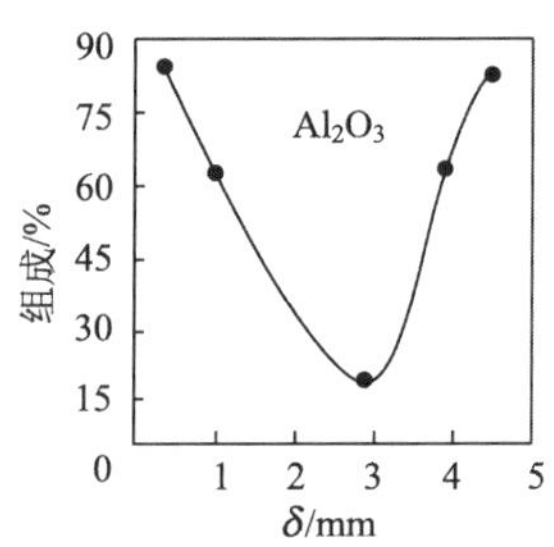

图 2.3　电渣锭渣皮逐层取样主要组成的变化

由于实际电渣重熔过程中渣皮的凝固属于非平衡结晶，因而渣皮成分会随着渣池温度、渣量和冷却条件等工艺因素的变化而变化。但是，选分结晶的存在必然导致重熔过程炉渣性质乃至工艺条件的变化。

X 射线衍射分析结果表明，在渣皮靠近钢锭表面一侧及靠近结晶器一侧均以高熔点相长条状刚玉(α-Al_2O_3，2080℃)为主体，少量玻璃相填充在上述高熔点相之间，中间层则以低熔点相萤石(CaF_2，1360℃)为主体，少量细长条状六铝酸钙镶嵌在萤石主体上，而且渣皮两侧的析出矿物相有明显的取向性，这种取向结构在一定程度上反映出渣皮凝固过程中的热流方向，即由钢锭表面向结晶器内释放熔渣凝固潜热，典型的渣皮结晶后分层现象如图 2.4 所示。

图 2.4　渣系分层形貌

因此，从保持重熔过程中炉渣成分和性质稳定性的角度出发，渣系的成分最好选择在低共熔点。但是如果渣中 Al_2O_3 含量过低将导致渣的电导率过大、黏度过小、电极熔化速度下降、渣池散热增加。且生产中由于 CaF_2 与 H_2O 及 SiO_2 等的作用而产生一定量的 CaO 和气体，必然引起液相线的移动。因此，渣系的选择还需要从多方面因素考虑。

2. CaF_2-CaO 系

该渣系也属于简单的低共熔二元相图，如图 2.5 所示。基于上述同样的原因，不同作者测得的液相位置差别较大。但低共熔点温度均为 1360℃，低共熔成分在 14.5%～18%，相对于 CaF_2-Al_2O_3 二元系来说数据是比较接近的。另外，CaF_2 一侧的液相线也差异较小。该二元系典型的渣系是 ANF-7，即含 20% 的 CaO。由于该成分比较接近低共熔点，所以，渣皮凝固时的偏析现象不明显。含有 15%～20% CaO 的渣具有最低的液相线温度。CaF_2 中只要加入 0.5% 的 CaO，就可以将它的液相线温度从 1418℃降到 1380℃。

CaF_2-CaO 渣系是用于电渣重熔最重要的渣子，其主要优点是它们的成本低，脱硫效果十分优异，但 CaO 极易吸水，在使用前必须在高温下(≥700℃)长

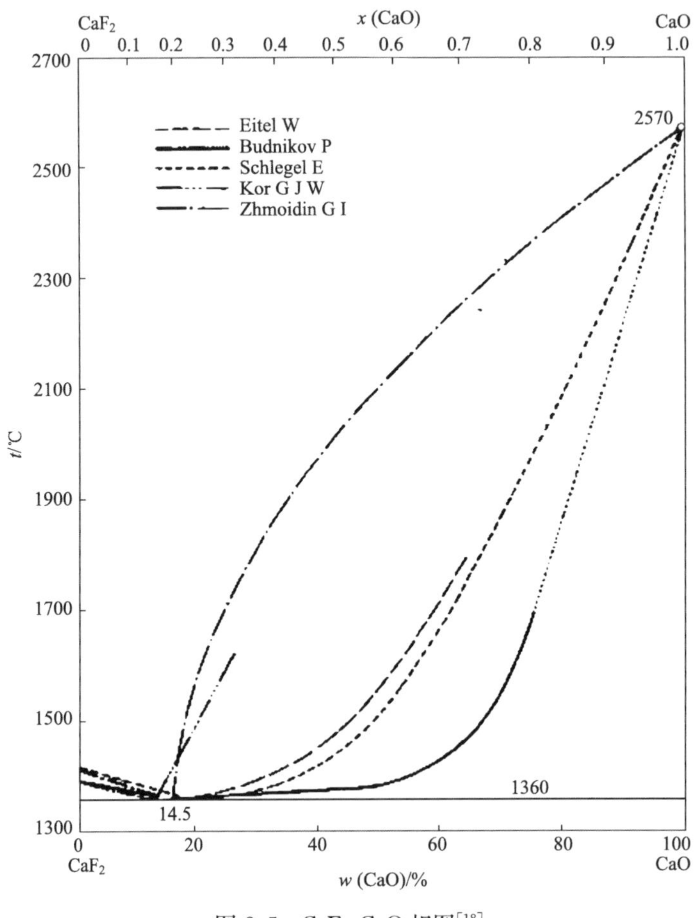

图 2.5 CaF_2-CaO 相图[18]

时间烘烤并在未冷却到室温(≥200℃)时使用，否则容易使钢中增氢。另外，如果渣中含有水分，则 CaF_2 极易与水分发生反应生成 CaO 和 HF，而使渣系的成分发生变化。

CaF_2-CaO 渣系的电阻与 CaF_2 的电阻类似，因而在电渣精炼过程中，它们的行为是很接近的。由于它们的电阻较低，因而可以有较低的工作温度，这就降低了熔速，有利于钢锭凝固质量的控制，但电耗相对较高。另外，CaF_2 电阻较小，会使熔炼状态变得不稳定。

3. CaO-Al_2O_3 系

这是一个生成化合物的二元系，如图 2.6 所示。在此系统中有 5 个化合物——$12CaO\cdot7Al_2O_3$、$CaO\cdot Al_2O_3$、$CaO\cdot2Al_2O_3$、$3CaO\cdot Al_2O_3$ 及 $CaO\cdot6Al_2O_3$，前 3 个为同分熔点化合物，后 2 个为异分熔点化合物。$12CaO\cdot7Al_2O_3$ 的熔点为 1455℃，$CaO\cdot Al_2O_3$ 的熔点为 1605℃，$CaO\cdot2Al_2O_3$ 的熔点为 1780℃，$3CaO\cdot Al_2O_3$ 在 1539℃分解，$CaO\cdot6Al_2O_3$ 在约 1903℃分解。或者说冷却过程到达以下温度时发生包晶反应。

1539℃时：熔体$_1$＋$CaO_{(s)}$══$3CaO\cdot Al_2O_{3(s)}$＋熔体$_2$；

1903℃时：熔体$_1$＋$Al_2O_{3(s)}$══$CaO\cdot6Al_2O_{3(s)}$＋熔体$_2$。

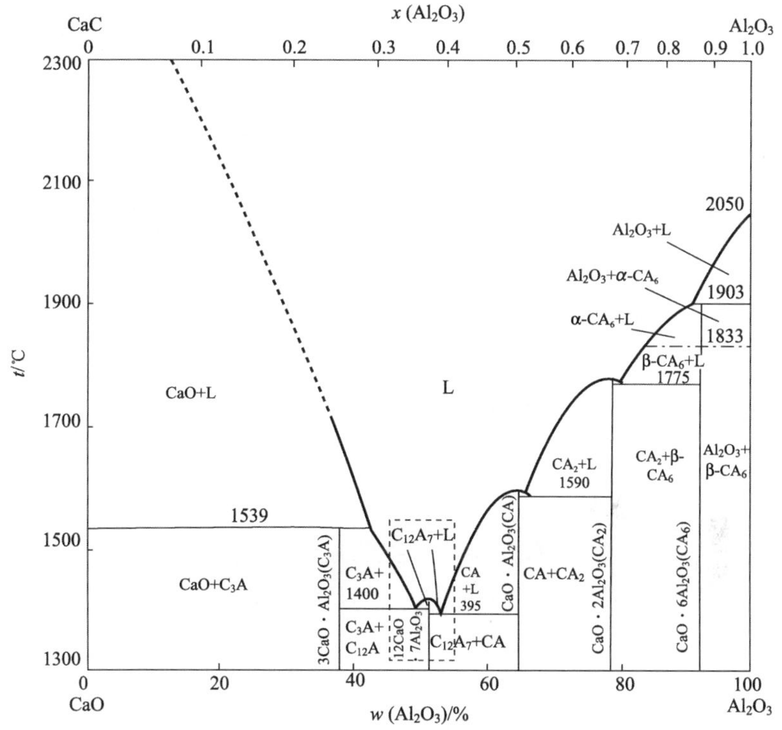

图 2.6　$CaO-Al_2O_3$ 相图[15]

由于 $CaO\cdot Al_2O_3$ 体系中有化合物存在，在讨论 $CaO-Al_2O_3-CaF_2$ 三元系时，为简便起见，常将 CaO 和 Al_2O_3 的化合物作为一个组元，CaF_2 为另一个组元的准二元系来讨论它们的性质与组成的关系。

$CaO-Al_2O_3$ 二元系也是常用的一个渣系，它的优点是比电阻大和碱度高，重熔电耗低且没有氟化物的污染；缺点是熔点较高，黏度大，重熔表面质量较差。最低共熔温度 $3CaO\cdot Al_2O_3$ 与 $12CaO\cdot7Al_2O_3$ 的低共熔点是 1400℃；$12CaO\cdot7Al_2O_3$ 与 $CaO\cdot Al_2O_3$ 的低共熔点是 1395℃。所以该渣系的组成选在 45％或 55％Al_2O_3 附近是适宜的。在这区间渣的组成也比较稳定，这就是本渣系选取 55% Al_2O_3-45% CaO 的理论依据。成田贵一等[19]选用 50% CaO -50% Al_2O_3 作为电渣重熔渣系取得了较好的效果。

4. CaF_2-TiO_2 系

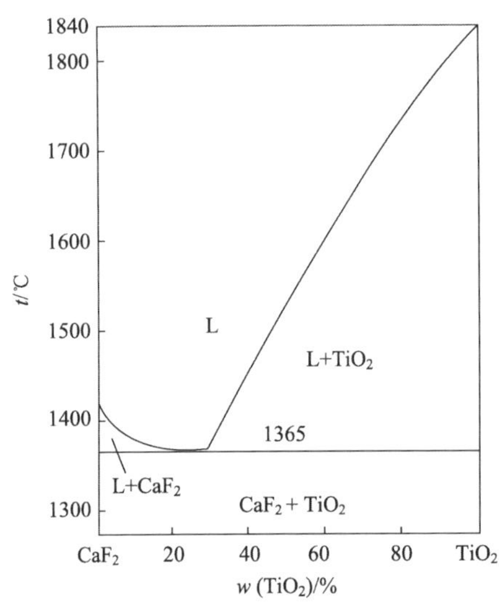

图 2.7 CaF_2-TiO_2 相图[20]

图 2.7 给出该体系的相图，此体系也属于简单二元低共熔相图。该图是由 Hillert[20] 在密封和半密封的坩埚中用淬冷法测得的。在该相图测定时必须在密闭条件下才能得到真正的二元系，否则 CaF_2 要与 TiO_2 和 H_2O 发生反应(2.2)和反应(2.3)而生成 CaO 和氟化物气体，而 CaO 还能以反应(2.7)的方式与 TiO_2 生成 $CaTiO_3$。

$$CaO + TiO_2 = CaTiO_3 \quad (2.7)$$

由于反应产物为气体，所以在闭口体系反应是不可逆的。因此在测量时一方面要使坩埚密封，另一方面渣料要尽量干燥。

CaF_2-TiO_2 渣系通常作为电渣重熔引弧时的固态导电渣使用，典型的成分是 50%CaF_2-50%TiO_2。另外，在重熔含 Ti 钢时为减少钢中 Ti 的烧损，通常也加入 3%～15%的 TiO_2。过多加入 TiO_2 会使渣太黏而使钢锭成型性不好。

5. CaF_2-MgF_2 系

从相图 2.8 中可看出，二元系的低共熔温度为 945℃，低共熔成分为 51% MgF_2 和 49%CaF_2。利用此渣系按其低共熔成分分配渣重熔有色金属，如铜和铜合金。由于上述 MgF_2 的热稳定性差，效果是不令人满意的，故一般配比中 MgF_2 不超过 20%～30%，在黑色金属重熔时不用这种渣系。

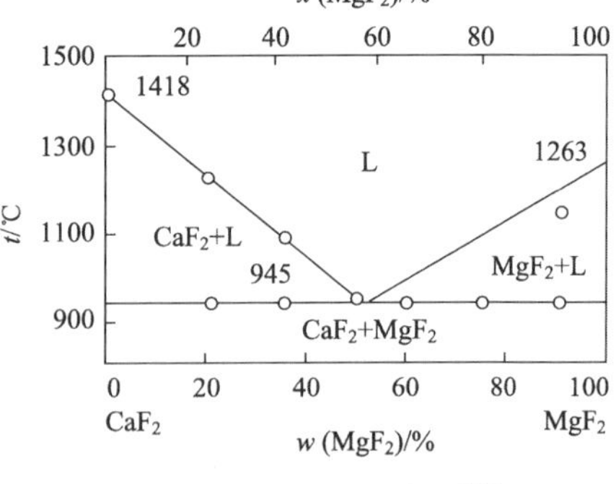

图 2.8 CaF_2-MgF_2 相图[1]

6. 其他 CaF_2 基二元系

其他以 CaF_2 为基的二元系包括 CaF_2-MgO、CaF_2-SiO_2 和 CaF_2-Li_2O 等。这

些渣系虽然很少作为独立渣系在电渣冶金中使用，但通常在三元渣系中用到。图 2.9～图 2.11 分别给出了这三个体系的相图。还有一些二元系，如图 2.12 和图 2.13 中 CaF_2-BaO 相图和 CaF_2-NaF 相图，则较少使用。

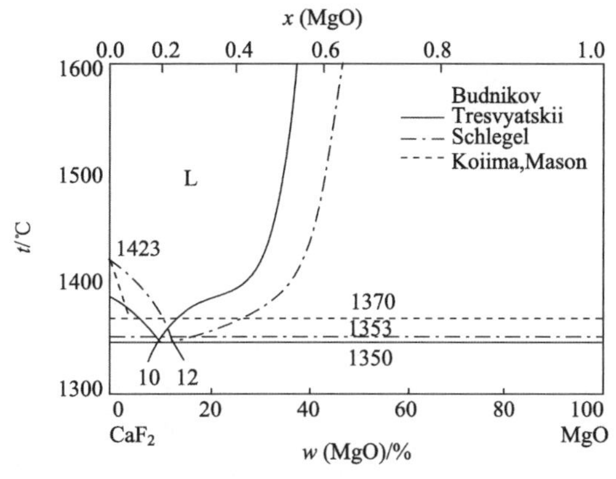

图 2.9　CaF_2-MgO 相图[14]

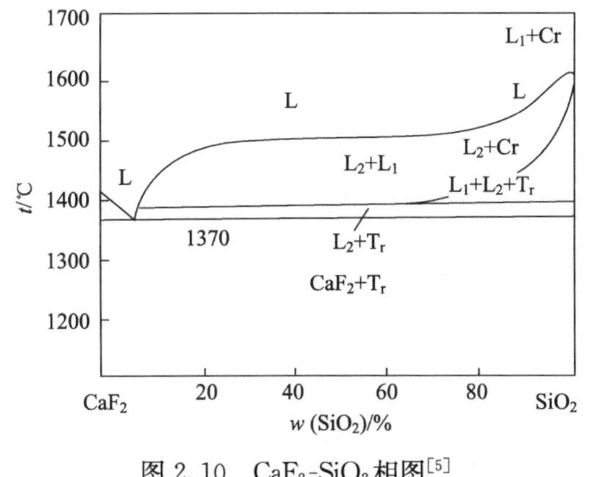

图 2.10　CaF_2-SiO_2 相图[5]

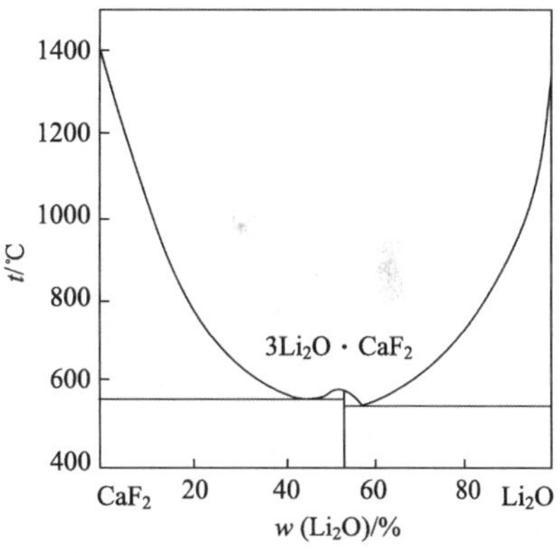

图 2.11　CaF_2-Li_2O 相图[5]

2.4.3　三元系

1. CaF_2-Al_2O_3-CaO 系

这是电渣重熔最常用的渣系之一，Mills[5] 在总结大量以往研究工作的基础上推荐了如图 2.14 所示的相图，初晶区如图 2.15 所示。在这个体系中有 7 种化合物：$CaO \cdot 6Al_2O_3$（CA_6，异分熔点为 1860℃），$CaO \cdot Al_2O_3$（CA，同分熔点为 1602℃），$3CaO \cdot Al_2O_3$（C_3A 异分熔点为 1535℃），$12CaO \cdot 7Al_2O_3$（$C_{12}A_7$，

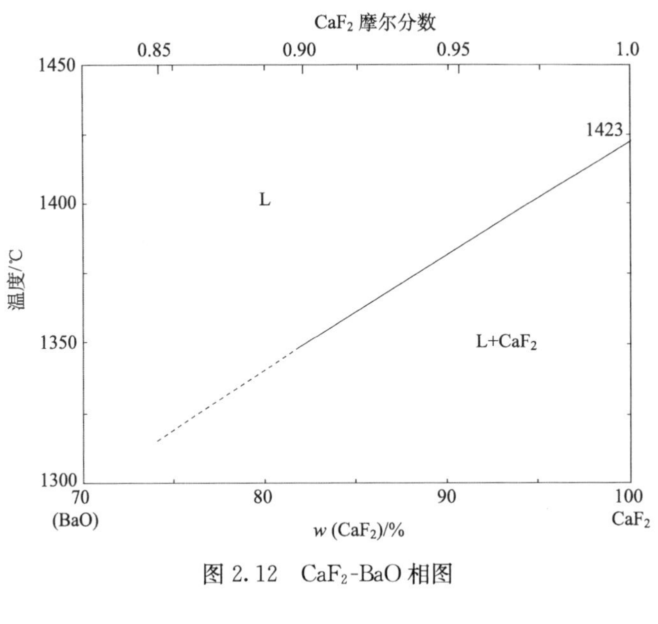

图 2.12 CaF_2-BaO 相图

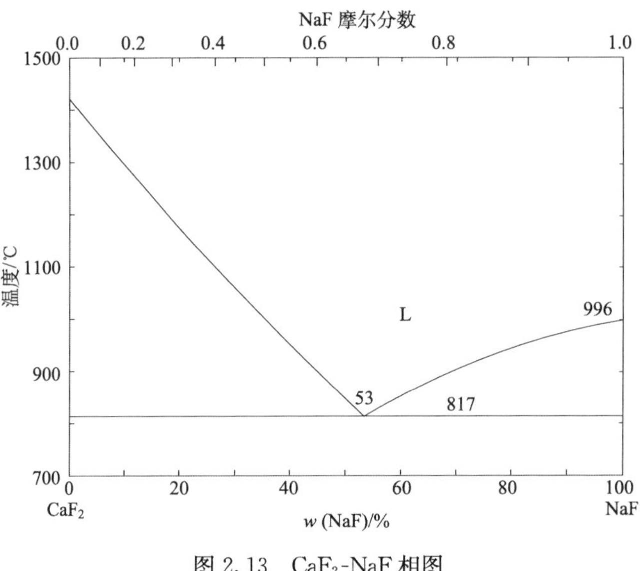

图 2.13 CaF_2-NaF 相图

同分熔点为 1415℃)，11 CaO · 7 Al_2O_3 · CaF_2($C_{11}A_7F_1$，同分熔点为 1577℃)和 3 CaO · 3 Al_2O_3 · CaF_2(同分熔点为 1507℃)。另外，还存在一个不互溶的液液两相共存区。

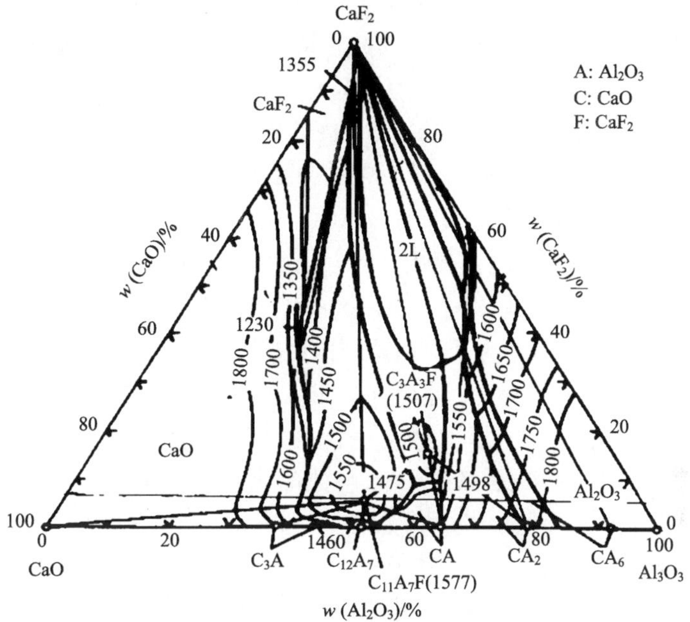

图 2.14　CaF_2-Al_2O_3-CaO 相图

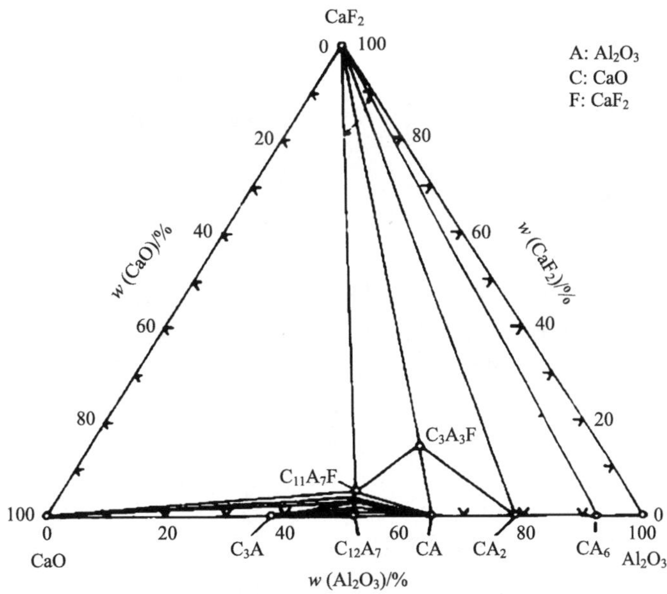

图 2.15　CaF_2-Al_2O_3-CaO 体系的初晶面

在此三元系中，CaF_2 和 $C_{12}A_7$ 直线附近的液相线温度较低，通常低于 1500℃，而且越靠近 CaF_2 方向液相线温度越低，初晶成分在靠近 CaF_2 侧以 CaF_2 为主，靠近 $C_{12}A_7$ 侧以 $C_{11}A_7F_1$ 为主，这两个初晶化合物熔点均较低。由于这条线附近 $CaO:Al_2O_3=1:1$(质量比)，所以大多按此原则设计三元渣系。如早期苏联的 ANF-8 渣，成分为 60%CaF_2-20%CaO-20%Al_2O_3(熔点 1240～1260℃)[6]；美国重熔高碳工具钢采用 80%CaF_2-10%Al_2O_3-10%CaO 及 70%CaF_2-15%Al_2O_3-15%CaO[21,22]；另外，英国渣系有 50%CaF_2-25%Al_2O_3-25%CaO、40%CaF_2-30% Al_2O_3-30CaO、20% CaF_2-40Al_2O_3-40% CaO[1]；德国则采用 1/3CaF_2-1/3Al_2O_3-1/3CaO。而日本为了提高炉渣的脱硫和脱氧能力，在渣系设计上选择 $CaO/Al_2O_3>1$(质量比，本书其他提及 CaO/Al_2O_3 时均指质量比)的配比。

由于组成与其他物理化学性质有一定的关系，所以在生产中渣系的选择除保证必要的液相线温度外还必须考虑其他的因素。例如，在某给定的输入功率，如果需要提高重熔速度和工作温度，可以增加渣中的 Al_2O_3 含量，用提高电阻的方法来解决。例如，60%CaF_2-20%CaO-20%Al_2O_3 渣系在 1650℃电阻率约为 0.5Ω·cm，而高品位的萤石(98%CaF_2)在同温度下电阻率仅约为 0.2Ω·cm。为了使渣的液相线温度低于钢的液相线温度，渣的成分配比应从低温区选择。Al_2O_3 的含量可通过增加 CaO 的含量来提高，而渣的成分仍处在低温区。如果把渣子的电阻提高太高，那么虽可提高熔速，降低比电耗，但是会使金属熔池加深，凝固方向更倾向于径向，会造成中心疏松或缩孔，并使锭子纯度变差。同时使用富 Al_2O_3 渣的另一个不利之处是焙烧过的 Al_2O_3 成本太高。

2. CaF_2-Al_2O_3-MgO 体系

该三元系相图是由 CaF_2-MgO-$MgAl_2O_4$(尖晶石)和 CaF_2-$MgAl_2O_4$-Al_2O_3 两个三元系组成的，它们全是有简单的三元低共熔点的三元系，如图 2.16 所示。由图可见，其低共熔点的组成分别为 84% CaF_2、7%MgO、9% Al_2O_3 和 73% CaF_2、1%MgO、26% Al_2O_3，其低共熔温度分别为 1280℃和 1250℃。

在生产上冶炼含钛和铝的合金时，建议采用下列组成的渣系：CaF_2/0/MgO/ Al_2O_3 为 85F/0/5/10，80F/0/5/15，80F/0/10/10，70F/0/10/20，60F/0/10/30，其液相线温度均低于 1300℃。

英国电渣精炼技术经验表明：当该系统的渣子成分中 Al_2O_3 和 MgO 的含量分别超过 50%和 20%时，操作起来相当困难。一般来说，最好能把渣子成分范围控制在 CaF_2 为 50%～100%，MgO 为 0～15%，Al_2O_3 为 0～50%(表 2.3)。

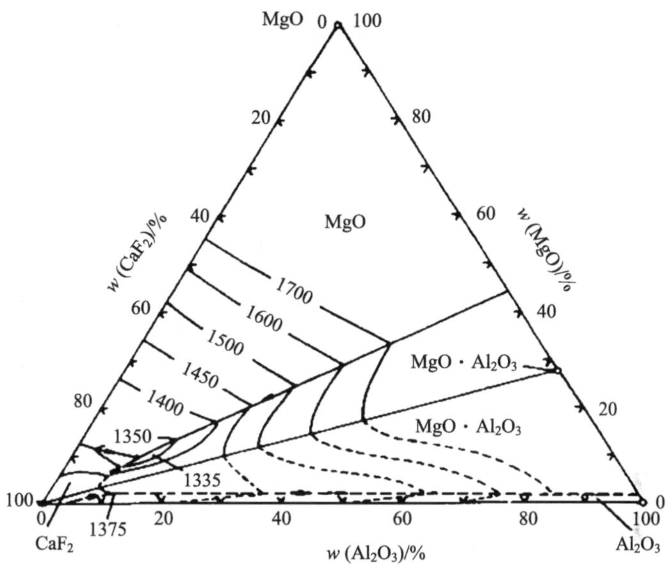

图 2.16　CaF_2-MgO-Al_2O_3 三元相图[14]

表 2.3　CaF_2-MgO-Al_2O_3 渣系典型成分

英国电渣精炼研究成分	Hopkings 成分
(85%CaF_2-5%MgO-10%Al_2O_3)	
(80%CaF_2-5%MgO-15%Al_2O_3)①	
(80%CaF_2-10%MgO-10%Al_2O_3)①	40%CaF_2-10%MgO-50%Al_2O_3
(70%CaF_2-10%MgO-20%Al_2O_3)	
(60%CaF_2-10%MgO-30%Al_2O_3)	

①液相线温度低于 1300℃

3. CaF_2-Al_2O_3-SiO_2及 CaF_2-Al_2O_3-TiO_2体系

有关这两个三元系的相图数据很不完整，而且由于测定过程很容易发生组元之间的化学反应，数据的测定也十分困难。Mills 提供了有关这两个相图的一些结果[5]。

4. CaF_2-CaO-MgO 体系

该三元系相图如图 2.17 所示[14]。在体系中有一低共熔点，其成分为 75% CaF_2-15% CaO-10%MgO(熔点约为 1343℃)。

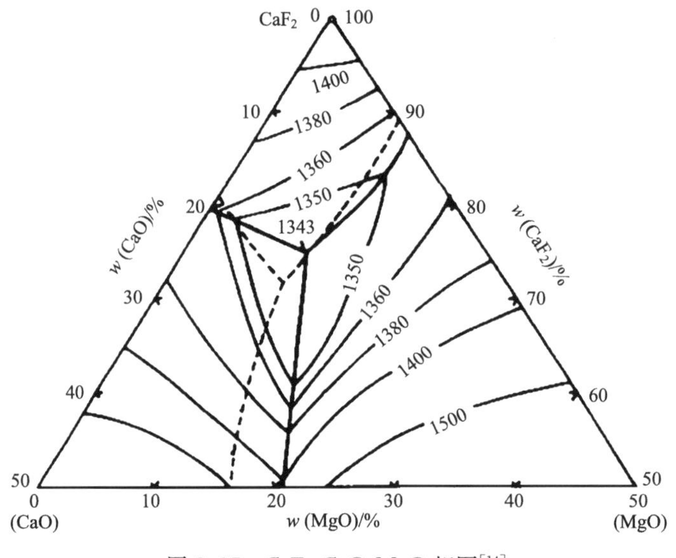

图 2.17　CaF_2-CaO-MgO 相图[14]

5. CaF_2-CaO-SiO_2 体系

这个体系的研究测定工作较多。Mills[5]推荐的相图如图 2.18 所示。其中存在以下化合物：CS(同分熔点为 1544℃)，C_3S_2(异分熔点为 1464℃)，C_2S(同分熔点为 2130℃)，C_3S(异分熔体存在于 1250～2070℃温度范围内)，CS_2F(不能

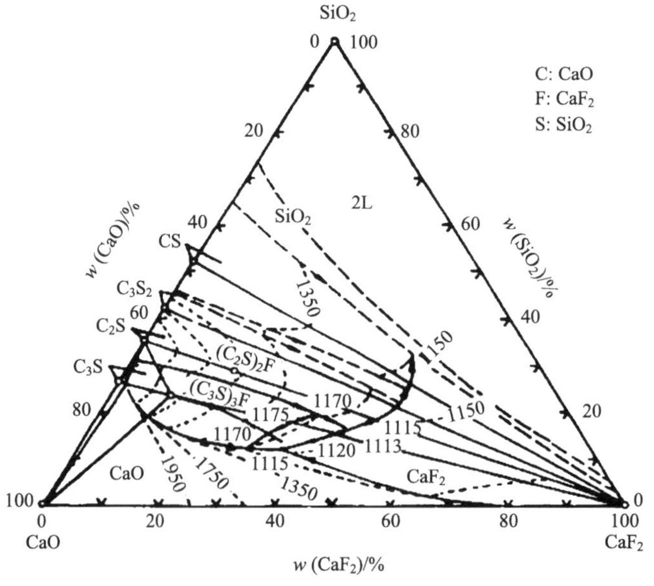

图 2.18　CaF_2-CaO-SiO_2 相图[5]

从熔体中直接形成)，C_4S_2F(在 1040℃下分解)，C_9S_3F(在 1130～1175℃存在)。

6. CaF_2-CaO-TiO_2体系

该体系的相图如图 2.19 所示。其中的化合物有：CaO · TiO_2(CT)熔点为 1989℃；4CaO · 3TiO_2(C_4T_3)是异分熔体，熔点为 1755℃；3CaO · 4 TiO_2(C_3T_4)也为异分熔体，熔点为 1740℃。该体系的共晶点约为 30% CaF_2-32% CaO-38% TiO_2，熔点约为 1300 ℃。

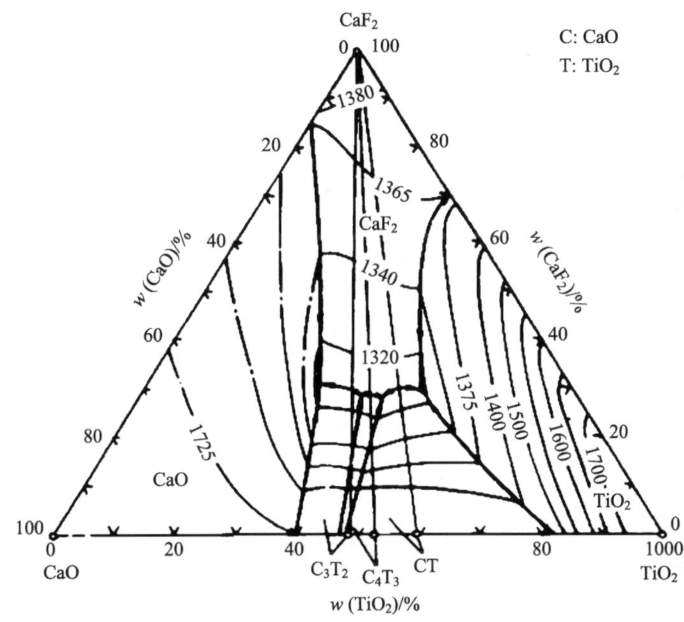

图 2.19　CaF_2-CaO-TiO_2体系的相图[5]

7. CaF_2-MgO-SiO_2体系

Mills[7]推荐的该三元系相图如图 2.20 所示。但是这个相图的准确值是有待商榷的。

8. CaF_2-AlF_3-NaF 体系

这个三元渣系的熔化温度较低，可以用于重熔低熔点金属或者合金，相图(图 2.21)中存在共晶及转熔区，在选择时应优先选择共晶位置的成分配比。

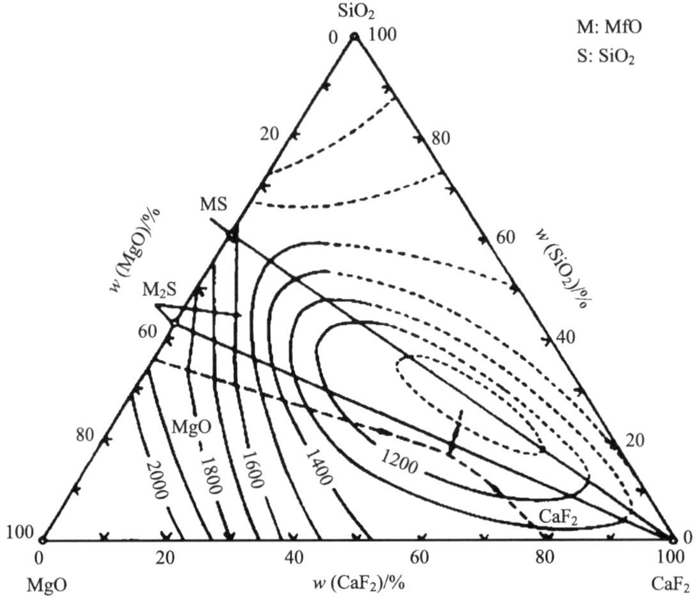

图 2.20　CaF_2-MgO-SiO_2体系的相图[5]

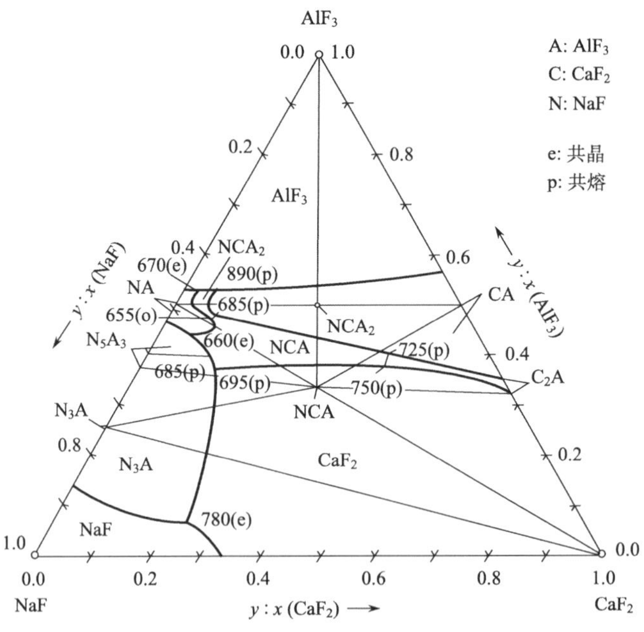

图 2.21　CaF_2-AlF_3-NaF 体系的相图

9. $CaO-Al_2O_3-SiO_2$ 体系

传统的以 CaF_2 为基的渣系由于存在氟对环境的污染问题，因而无氟的氧化物渣系一直是电渣冶金工作者的研究对象。$CaO-Al_2O_3-SiO_2$ 三元系在硅酸盐工业中有广泛的应用[23]，也是高炉渣、转炉和电炉炼钢渣的主要组成[24]，因此该相图的研究相对比较充分。这个三元系的相图如图 2.22 所示。其中有 10 个二元化合物和 2 个三元化合物，其名称和熔点如表 2.4 所示。另外，图中有 15 个组成点对应 15 个初晶区，有 15 个分三角形对应 15 个三元无变量点。它们的对应关系、性质及组成如表 2.5 和表 2.6 所示[23]。

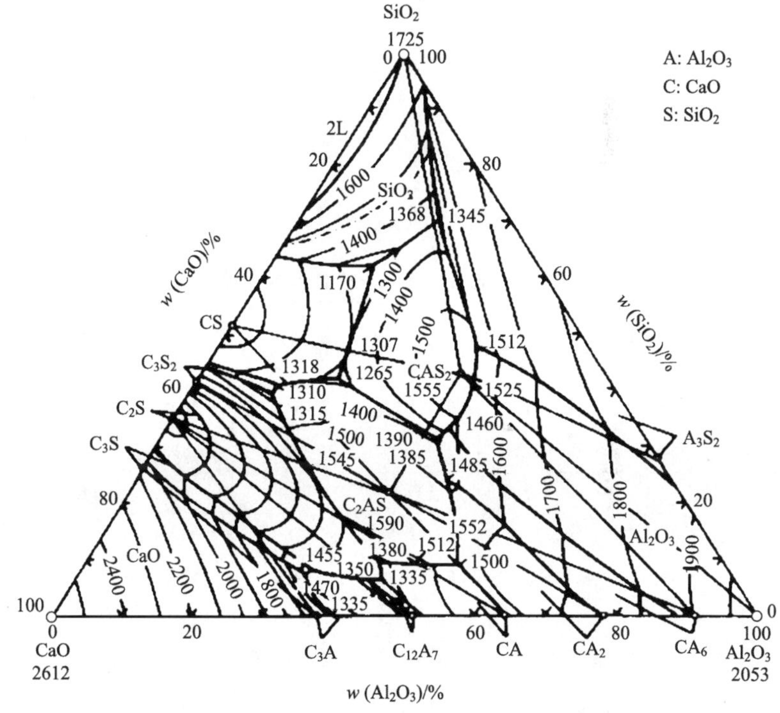

图 2.22　$CaO-Al_2O_3-SiO_2$ 体系的相图[14]

表 2.4　C-A-S 系统的化合物

化合物	熔点或分解点/℃	化合物	熔点或分解点/℃
钙斜长石　CAS_2	1553	二铝酸钙　CA_2	1750
铝方柱石　C_2AS	1590	莫来石　A_3S_2	1910
假硅灰石　α-CS	1540	铝酸三钙　C_3A	1535 分解

续表

化合物	熔点或分解点/℃	化合物	熔点或分解点/℃
硅酸二钙　C_2S	2130	硅酸三钙　C_3S	～2070 分解
七铝酸十二钙　$C_{12}A_7$(或 C_5A_3)	1415	二硅酸三钙　C_3S_2	1475 分解
铝酸钙　CA	1600	六铝酸钙　CA_6	1850 分解

表 2.5　C-A-S 系统无变量点及分三角形

无变量点	对应分三角形	无变量点	对应分三角形
1	$\triangle S\text{-}CAS_2\text{-}A_3S_2$	9	$\triangle C_2AS\text{-}CA_2\text{-}CA_6$
2	$\triangle S\text{-}CS\text{-}CAS_2$	10	$\triangle C_2AS\text{-}CA\text{-}CA_2$
3	$\triangle C_3S_2\text{-}C_2AS\text{-}C_2S$	11	$\triangle C_2S\text{-}C_2AS\text{-}CA$
4	$\triangle CAS_2\text{-}C_2AS\text{-}CS$	12	$\triangle C_2S\text{-}CA\text{-}C_{12}A_7$
5	$\triangle C_2AS\text{-}C_3S_2\text{-}CS$	13	$\triangle C_2S\text{-}C_3A\text{-}C_{12}A_7$
6	$\triangle CAS_2\text{-}C_2AS\text{-}CA_6$	14	$\triangle C_3S\text{-}C_2S\text{-}C_3A$
7	$\triangle A\text{-}CAS_2\text{-}A_3S_2$	15	$\triangle C\text{-}C_3S\text{-}C_3A$
8	$\triangle A\text{-}CAS_2\text{-}CA_6$		

表 2.6　C-A-S 系统无变量点的性质

无变量点	相平衡关系	性质	温度/℃	$w_{组成}$/%		
				CaO	Al_2O_3	SiO_2
1	$L \Longleftrightarrow CAS_2+A_3S_2+S$	低共熔点	1345	9.8	19.8	70.4
2	$L \Longleftrightarrow CAS_2+S+\alpha\text{-}CS$	低共熔点	1170	23.3	14.7	62.2
3	$L+\alpha'\text{-}C_2S \Longleftrightarrow C_3S_2+C_2AS$	双升点	1335	48.2	11.9	39.2
4	$L \Longleftrightarrow CAS_2+C_2AS+\alpha\text{-}CS$	低共熔点	1265	38.0	20.0	42.0
5	$L \Longleftrightarrow C_2AS+C_3S_s+\alpha\text{-}CS$	低共熔点	1310	47.2	11.8	41.0
6	$L \Longleftrightarrow CAS_2+C_2AS+CA_6$	低共熔点	1380	29.2	39.0	31.8
7	$L+A \Longleftrightarrow CAS_2+A_3S_2$	双升点	1512	48.2	42.0	9.7
8	$L+A \Longleftrightarrow CAS_2+CA_6$	双升点	1495	23.0	41.0	36.0
9	$L+CA_2 \Longleftrightarrow C_2AS+CA_6$	双升点	1475	31.2	44.5	24.3
10	$L \Longleftrightarrow C_2AS+CA+CA_2$	低共熔点	1505	37.5	53.2	9.3
11	$L+C_2AS \Longleftrightarrow CA+\alpha'\text{-}C_2S$	双升点	1380	48.3	42.0	9.7
12	$L \Longleftrightarrow C_3A+C_{12}A_7+\alpha'\text{-}C_2S$	低共熔点	1335	49.5	43.7	6.8
13	$L \Longleftrightarrow CA+C_{12}A_7+\alpha'\text{-}C_2S$	低共熔点	1335	52.0	41.2	6.8
14	$L+C_3S \Longleftrightarrow C_3A+\alpha\text{-}C_2S$	双升点	1455	58.3	33.0	8.7
15	$L+CaO \Longleftrightarrow C_3A+C_3S$	双升点	1470	59.7	32.8	7.5

梁连科等对 $CaO-Al_2O_3-SiO_2$ 三元系做了研究。认为 49.5%CaO-43.7% Al_2O_3-6.8%SiO_2 和 52.0%CaO-41.2%Al_2O_3-6.8%SiO_2 两种共晶组成适用于电渣重熔。较 ANF-6 渣的电耗减少了 30%，并且从根本上消除了氟化物的污染。

2.4.4　四元系

对 CaF_2 为基的四元系相图研究较少，其主要原因是多元系相图测定十分困难，为此研究四元渣系时通常以三元系相图为基础再进行性质的测定。目前以 CaF_2 为基的四元系相图有 $CaF_2-Al_2O_3-CaO-MgO$[25]、$CaF_2-Al_2O_3-CaO-SiO_2$、$CaF_2-Al_2O_3-MgO-SiO_2$ 和 $CaF_2-CaO-FeO_x-SiO_2$ 等[14]，而无氟渣的四元系由于硅酸盐等其他学科的需要，其资料相对较多。这些四元系包括 $CaO-MgO-Al_2O_3-SiO_2$、$CaO-Al_2O_3-SiO_2-TiO_2$ 和 $CaO-Al_2O_3-SiO_2-Na_2O$ 等[17,28]。四元相图的表述通常是在固定某个组元百分含量的前提下，以其他三个组元的伪三元系形式画出的。图 2.23 给出了含 10%MgO 的 $CaO-Al_2O_3-SiO_2-MgO$ 相图[15,26]。给出不同的 Al_2O_3 含量即可得到不同的 $CaF_2-Al_2O_3-CaO-MgO$ 四元相图，图 2.24～图 2.26分别为含 10%Al_2O_3、20%Al_2O_3 和 40%Al_2O_3 的 $CaF_2-Al_2O_3-CaO-MgO$ 四元相图。图 2.27 为含 10%Al_2O_3 的 $CaF_2-Al_2O_3-CaO-SiO_2$ 相图，从图中可以根据钢种情况为合理的渣系选择提供参考[27]。

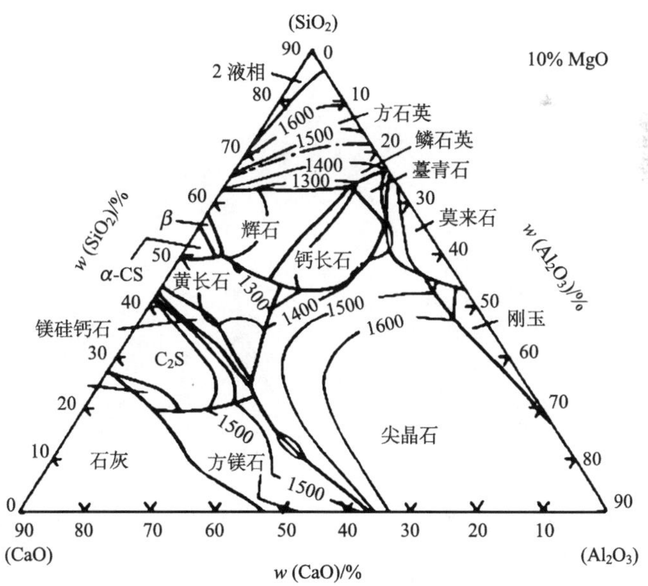

图 2.23　含 10%MgO 的 $CaO-Al_2O_3-SiO_2-MgO$ 相图[15]

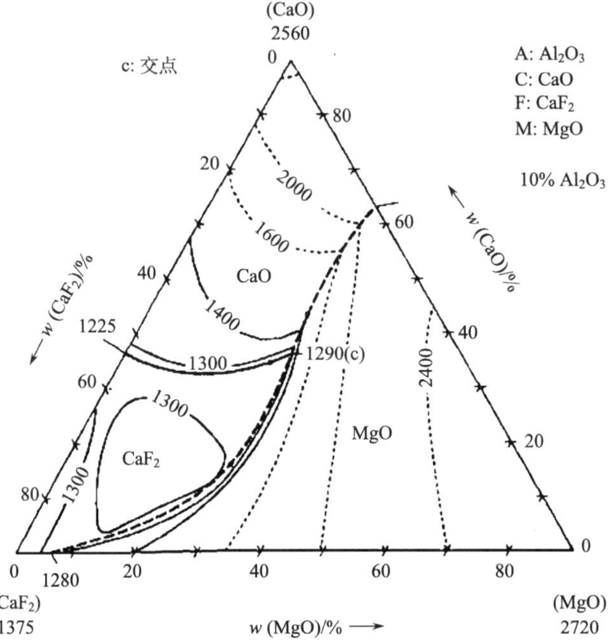

图 2.24　含 10%Al_2O_3 的 CaF_2-Al_2O_3-CaO-MgO 相图

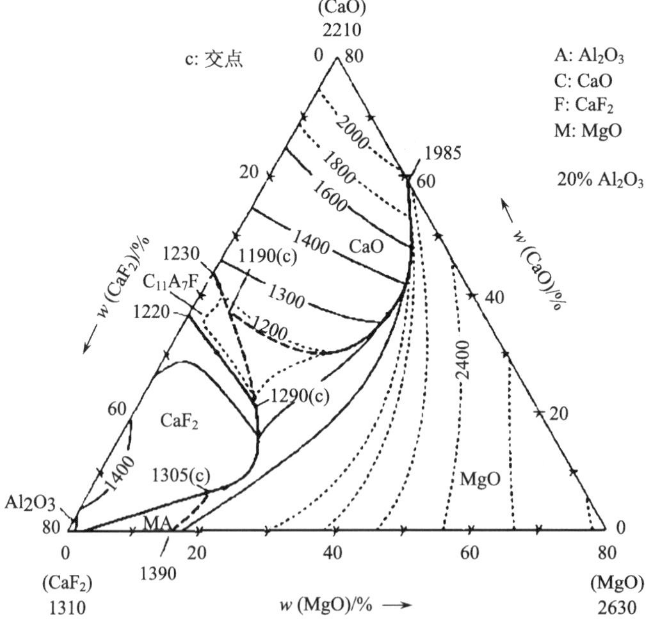

图 2.25　含 20%Al_2O_3 的 CaF_2-Al_2O_3-CaO-MgO 相图

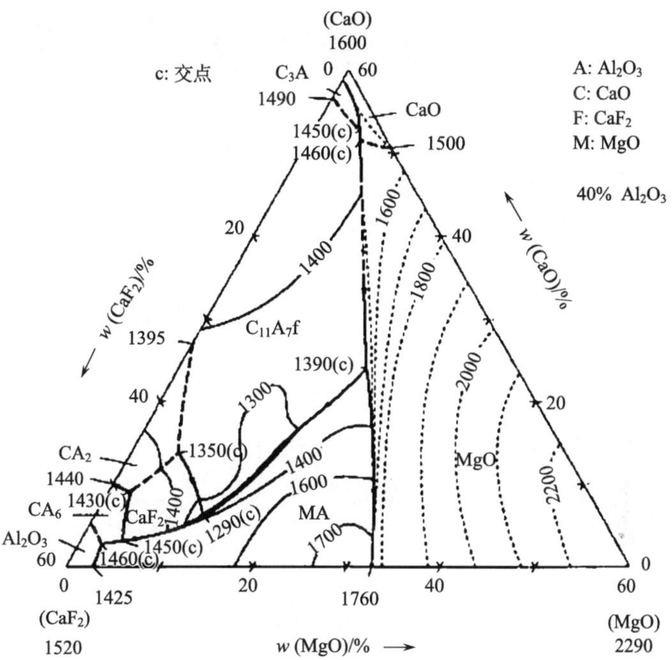

图 2.26　含 40%Al_2O_3 的 CaF_2-Al_2O_3-CaO-MgO 相图

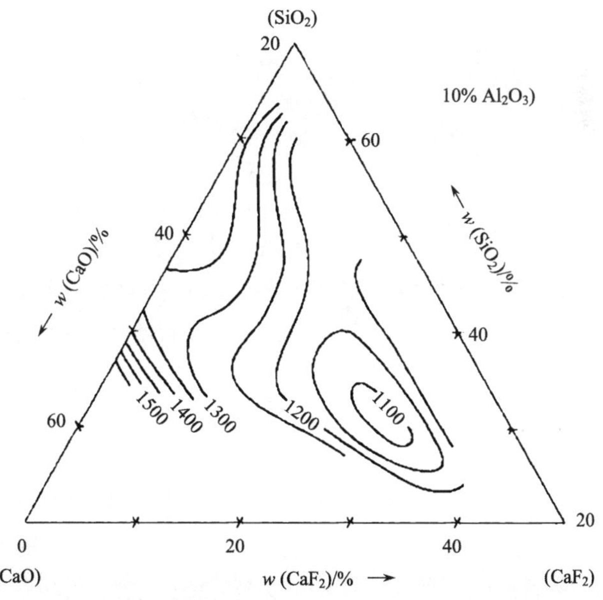

图 2.27　含 10%Al_2O_3 的 CaF_2-Al_2O_3-CaO-SiO_2 相图

2.5 电 导 率

2.5.1 基本概念

电渣重熔过程中电极熔化依靠渣池的电阻热，因此熔池的导电性质对 ESR 过程产品质量和电耗有十分重要的影响。通常物质的导电性质是用电导或电导率来表示的。

电导和电导率的定义：当一稳恒电流通过一个导体时，其电流和施于导体两端的电压成正比，即

$$I = GU \tag{2.8}$$

比例常数 G 与温度、压力及导体的性质和形状有关，称为该物质的电导，它的单位是 Ω^{-1}。上述公式即为欧姆定律的一种表达方式。如果写成微分形式，则有

$$j = \kappa E \tag{2.9}$$

式中：E 为电场强度，V/cm；j 为电流密度，A/cm^2；κ 为该物质的电导率，$\Omega^{-1} \cdot cm^{-1}$。

物质的电导和电导率的关系为

$$G = \kappa \cdot \frac{1}{\int_l \frac{dl}{S}} \tag{2.10}$$

对等截面导体有

$$G = \kappa \cdot \frac{S}{l} \tag{2.11}$$

式中：S 为导体的截面积，cm^2；l 为导体的长度，cm。

因此，电导率是单位面积单位长度导体所具有的电导。它表示物质导电能力的大小。根据上述定义，在 ESR 过程中重熔电流与熔渣电导率之间有以下关系：

$$I = \frac{US\kappa}{l} \tag{2.12}$$

式中：U 为渣池两端的电压降，V；S 为渣池的有效导电面积，cm^2；κ 为熔池的电导率，$\Omega^{-1} \cdot cm^{-1}$；$l$ 为电极与金属熔池的间距，简称极间距，cm。

从式(2.12)可知，当 I、U、S 一定的条件下，极间距 l 的大小与熔渣的电导率成正比。电导率越小，极间距越小，则电极下方熔渣的发热密度越大，熔渣温度也越高，电极的熔化速度也越快，生产率提高，电耗降低。但过小的极间距会导致金属熔滴滴落过程发生瞬间短路，使重熔过程不稳定，而且会导致熔池深

度加大，影响结晶质量。但如果熔渣电导率太高，会使极间距太大，不仅渣池温度低，渣池侧面热损失加大，而且导致电极离开渣池表面形成明弧现象。因此，为了满足电渣重熔过程的操作稳定性和产品质量要求，熔渣的电导率要有一个适宜的范围。另外，为了保持适当的极间距，电参数的选择要与熔渣的电导率相匹配，即电导率小的熔渣要适当增加重熔电压；反之，则降低电压，增加电流。

熔渣属于离子导体，其导电离子主要依靠其中的简单阴阳离子，如 Ca^{2+}、Mg^{2+}、F^-、O^{2-}等。当温度恒定时，熔渣的电导率基本取决于渣中所能提供电荷的阳离子的浓度和这些离子的活动能力。阴、阳离子结合越牢固，它们的活动能力就越低。CaF_2渣中加入 CaO 会降低渣子的电导率。氧离子和氟离子的半径基本相等，但是 O^{2-} 所带的电荷量要比 F^- 多一倍，因而 Ca^{2+} 和 O^{2-} 的结合比 Ca^{2+} 和 F^- 的结合更牢固。因此，向渣系中以 CaO 的方式加入 O^{2-} 会降低 Ca^{2+} 的活动能力，从而降低渣系的电导率。CaF_2 中加入 Al_2O_3 之后，由于 Ca^{2+} 浓度的降低和 Al^{3+} 浓度的增加，会显著地降低渣系的电导率。带有两个电荷的 Ca^{2+} 的活动能力要大于带有三个电荷的 Al^{3+}。另外，有 Al_2O_3 存在，会形成像 AlO_3^{3-} 和 $Al_3O_7^{5-}$ 那样的阴离子，因而也就降低了载荷阳离子的总浓度。表 2.7 给出了 ESR 熔渣常见的离子种类及其半径。

表 2.7　ESR 熔渣中常见的离子及其半径

阳离子		阴离子	
种类	离子半径/Å	种类	离子半径/Å
Ca^{2+}	0.99	O^{2-}	1.32
Al^{3+}	0.58	F^-	1.33
Mg^{2+}	0.80	$AlO_3{}^{3-}$	—
Fe^{2+}	0.82	$Al_2O_5^{4-}$	—
Fe^{3+}	0.68	S^{2-}	1.75
Mn^{2+}	0.72	SiO_4^{4-}	—
Mn^{3+}	0.52	OH^-	—
Si^{4+}	0.40	NO^-	—
Ti^{4+}	—	TiO^{4-}	—
Ti^{2+}	—	$Ti_XO_Y^{Z-}$	—

当温度升高时，离子的动能增加，单位体积内导电离子数目增加，而且黏度下降，因此离子迁移的阻力减小，电导率增加。电导率与温度的关系可表示为

$$\kappa = \kappa_0 \exp\left(-\frac{\Delta E_\kappa}{RT}\right) \tag{2.13}$$

式中：ΔE_{κ} 为电导激活能，kJ/mol；T 为热力学温度，K；R 为摩尔气体常数；κ_0 为常数。

2.5.2　电导率的测量方法

熔渣电导率的测量有电表法和电桥法(交流单电桥、交流双电桥、感应比例壁电桥)及旋转磁场法等[11]。由于熔渣电导率的测量温度高达1600℃以上，再加上炉渣对坩埚和电极的侵蚀作用，精确测定其值是十分困难的工作。东北大学特冶教研室在电表法基础上参照荻野和巳等提出的交流四探针方法[28]，设计了体积小、性能稳定的DC-1型电导仪和交流四探针方法，对ESR炉渣的电导率进行了测定[29,30]，并探索了四个电极采用正方形排列的Van der Pauw法[29]。以下简要介绍交流四探针法测定炉渣电导率的原理及实验方法[29]。

1. 交流四探针法原理

1）测试原理

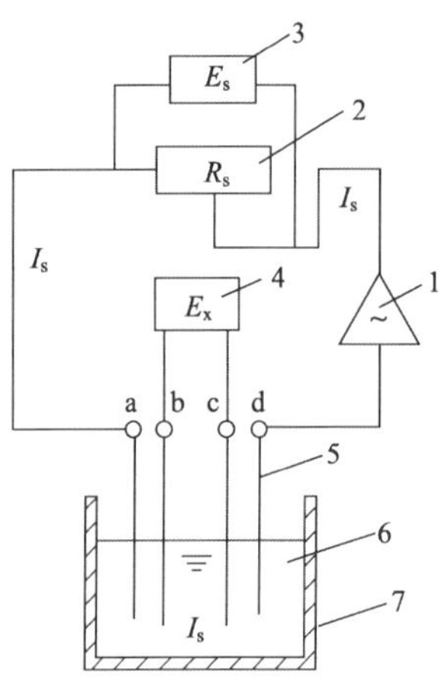

图 2.28　交流四探针原理图

1-高频电源；2-标准电阻；3-标准电阻电压降；4-b、c极间熔渣引起电压降；5-Mo(或 W)探针；6-待测熔渣；7-坩埚

测试原理如图 2.28 所示。a、b、c 和 d 为四根探针(或称电极)，其电流 I_s通过 a 和 b 探针接入被测熔体，用 b 和 c 探针测取其间电压降 E_x时，按欧姆定律，b 和 c 探针间熔体的电阻 R_x为

$$R_x = \frac{E_x}{I_s} \tag{2.14}$$

而

$$I_s = \frac{E_s}{R_s} \tag{2.15}$$

故

$$R_x = \frac{E_x}{E_s} \cdot R_s \tag{2.16}$$

由(2.16)可知，在给定 R_s下，只要准确测出 R_x和 E_x，便可计算出待测熔体的体电阻 R_x。但要得到该熔体的电阻率 ρ(或电导率 κ)，则必须知此四探针的电导池常数 c。

2）电导池常数 c 的测定

已知电阻率 ρ_0(或电导率 κ_0)的溶液或熔体，称为标准溶液。按图 2.28 所示的电路将待用的四探针插入标准溶液中，准确地控制温度和探针间尺寸，精确地测定探针的插入深度，测得的标准溶液的电阻 R_0有如下关系：

$$R_0 = \rho_0 \frac{l}{S} \tag{2.17}$$

式中：l 为标准溶液被测定部分的长度；S 为标准溶液被测定部分的截面积。

因为在一定探针结构和插入深度下，l/S 为常数，称此比值为电导池常数，以 c 表示，代入式(2.17)整理得

$$c = R_0/\rho_0 \tag{2.18}$$

在探针使用之前，用标准溶液对不同插入深度探针的电导池常数 c 进行测定。通常 KCl 为标准溶液，在 15～25℃下进行电导池常数 c 的测定，把这种探针用在高温时，因其 c 值的改变，难免要发生变形。本书采用已知电阻率的高温熔渣进行 c 值的测定。

3）待测熔渣电导率的测定

严格保持用上述方法测定电导池常数时四探针的几何尺寸和插入深度，测取待测熔渣的电阻为 R_x，而

$$R_x = \rho_x c$$

或

$$R_x = \frac{1}{\kappa_x} \cdot c \tag{2.19}$$

式中：ρ_x 为待测熔渣的电阻率；κ_x 为待测熔渣的电导率。

代入对应的 c 值便可计算 ρ_x 或电导率 κ_x。

2. 实验装置和方法

实验装置如图 2.29 所示，包括以下组成部分。

(1) 加热和温控系统。采用三相可控硅供电的 50kW 碳管炉，用 ZK-1 和 XCT-191 来实现炉温的调节和控制 。用钨铼热电偶配合 UJ-36 型电位计进行温度的测量(其精度为±1℃)。炉子等温带长度为 80mm[(1443±4)℃]。

(2) 电极结构。选用对 CaF_2基渣为惰性的材料 Mo(或 W)丝为探针，直径为 Φ1mm。为了使四根探针和钨铼热电偶间良好绝缘，特制了六孔的氧化铝圆棒。电极各部的尺寸如图 2.30 所示。将电极固定在升降机构上，以手动机构来控制电极插入深度，其插入深度的测量精度为±0.02 mm。为了准确测定熔渣的真实温度，将钨铼热电偶也固定在氧化铝圆棒的其余两个孔中，以便与四根探针一起插入被测熔渣中。四根探针呈一字形排列。

(3) 新型电导仪。根据测试要求，设计并制造了新型电导仪：它由音频信号发生器、输入电压调节器、稳压器、功率放大器、标准电阻组、交直流转换器等组成。电压(E_s和 E_x)信号用数字电压表记取。该仪器体积小、性能稳定、操作方便。

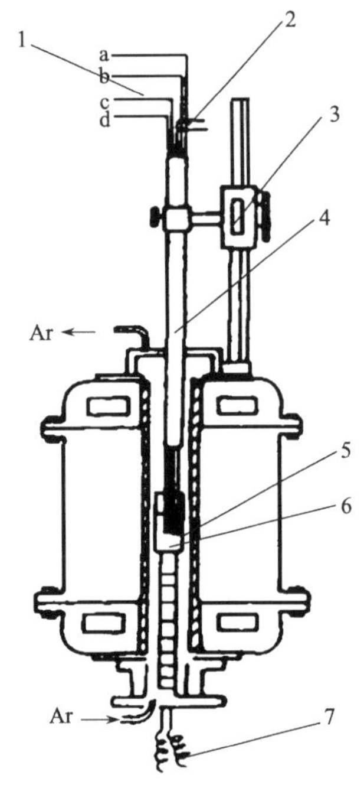

图 2.29　实验装置总图

1-四探针引线，接电导仪；2-测温热电偶；3-升降机构；4-电极架；5-石墨-钼坩埚；6-熔渣；7-控温热电偶

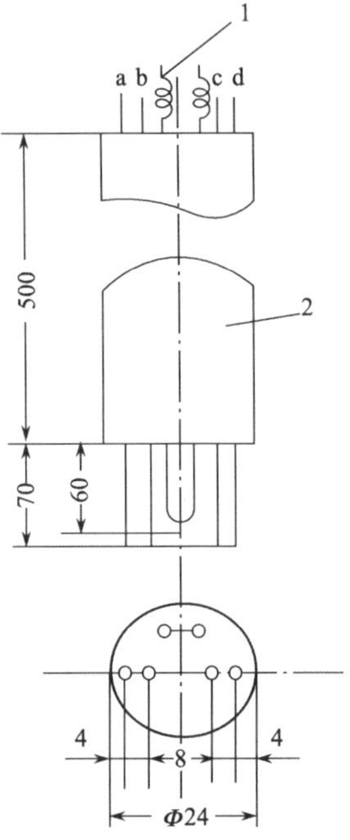

图 2.30　电极结构

1-测温热电偶；2-氧化铝棒；a、b、c、d-四根 Mo 探针(Φ1mm)

(4) 气体保护系统。为了防止 Mo 探针、钨铼热电偶等被氧化，自炉底和炉口通入瓶装 99.99%纯度的氩气，并用针型阀和转子流量计来控制和测量氩气流量。

(5) 实验用坩埚。实验均采用内衬钼片和石墨坩埚，以防渗碳作用，克服了用钼坩埚时价钱昂贵的缺点。其尺寸为：内径 60mm，外径 70mm，高 110mm，底厚 10mm。

3. 电极材料的要求

测量液态炉渣电导率经常会碰到的问题是如何选择适宜的电极材料。因为这种电极材料必须满足几种苛刻的条件。选择电极材料的三个重要条件如下。

(1) 必须有低的比电阻；

(2) 在实验温度下必须不发生变化，例如，在实验温度范围内，不应当发生固-液相变；

(3) 与被研究的熔渣之间不应有物理或化学黏附作用，而且不溶于熔渣。

许多材料能满足前两个条件。然而，温度高于 1500℃时含氟渣的侵蚀性很强，完全稳定的材料还没有发现。

原则上讲可以使用固相也可以用液相作为电极。例如，$CaO\text{-}SiO_2$渣的电解实验时，曾经使用液态银作为电极。在测量 $CaF_2\text{-}CaO\text{-}Al_2O_3$ 渣系的电导率时采用钼、铂、钨或石墨制成的固体电极。

4. 测试条件的确定

为了使测试结果具有良好的准确性和重现性，必须严格选取合理可靠的测试条件。为此，以 KCl 水溶液为对象，研究了电流频率(ω)、电极插入深度(h)、溶液深度(H)、电极偏心度(Δx 和 Δy)对测试结果的影响。

(1) 电流频率 ω 的影响。为了消除电极极化作用引起的附加电阻的影响，通常选用适当频率的电流。

实验结果如图 2.31 所示。频率在 50～2000Hz，随着频率的增加其 R_x亦增大；而在 2～10kHz 范围内，R_x是恒定的。在获野和巳等的工作中则指出，ω＝1～10kHz 范围内 R_x保持不变，并推荐实验用 ω＝1kHz 对本测试条件是不合理的，故选用 ω＝5kHz。

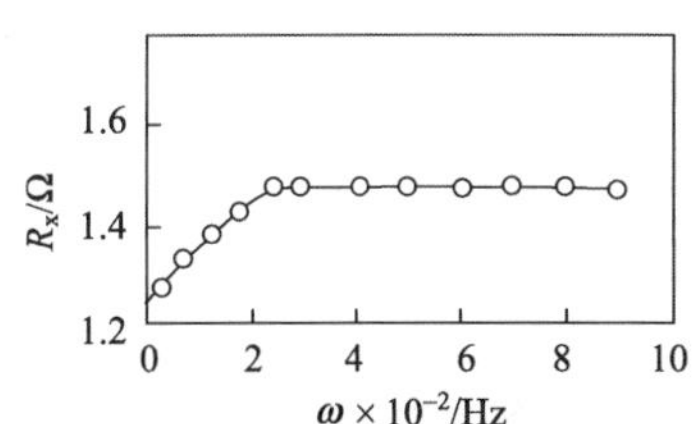

图 2.31　输入频率与被测电阻的关系

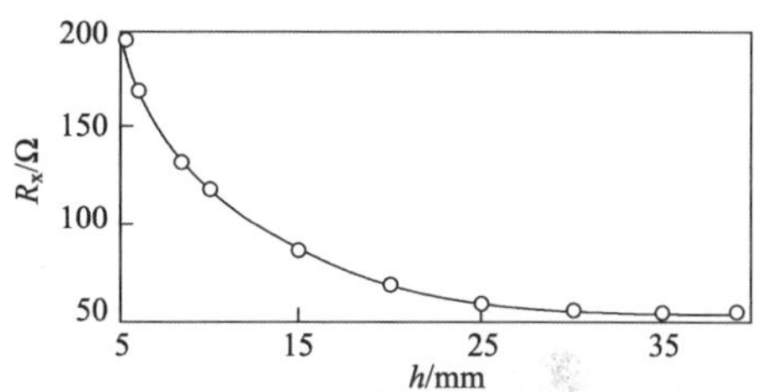

图 2.32　探针插入深度与被测电阻的关系

(2) 探针插入深度 h 的影响。为了确定探针插入深度的影响，将探针插入深度从 5mm 增加到 38mm，其插入深度对体电阻 R_x的影响如图 2.32 所示。实验结果表明，当探针插入深度 h＞20mm 时，h 对 R_x的影响变弱。考虑到插入深度过深易发生探针与坩埚底的短路，故本实验选用 h＝20mm、25mm、30mm 三个深度，而不能选用获野和巳等推荐的 h＝15mm、20mm、25mm。

(3) 溶液深度 H 的影响。考虑到熔渣中的电场分布与溶液深度 H 有关，则考查了 H 对 R_x的影响，其结果如图 2.33 所示。从图 2.33 可以明显看出，当 H＞35mm 时，H 对 R_x无影响。故本实验均选用熔渣深度 H＝40mm，这与获野和巳等的工作相一致。

(4) 探针与坩埚偏心度 Δx、Δy 的影响。研究了 x 方向和 y 方向偏心度 Δx 和 Δy 对 R_x的影响，其结果如图 2.34 所示。实验结果表明，当探针在 x 和 y 方向上偏心度小于 5mm 时，对 R_x的测量无影响。

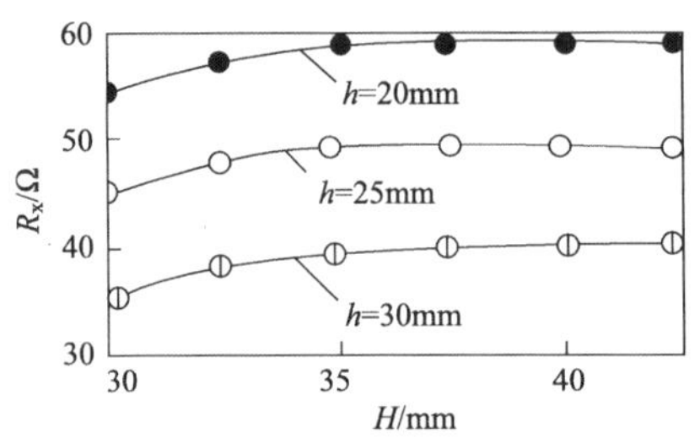

图 2.33　溶液深度与被测电阻关系

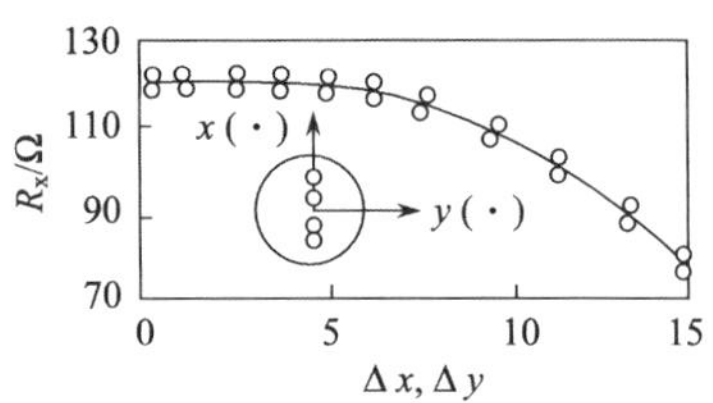

图 2.34　探针偏心度与被测电阻关系

5. 电导池常数 c 的测定

电导池常数 c 的准确测定是电导率测量的关键。通常多用已知电导率的 KCl 水溶液为标准液进行测定。本研究考虑到高温下可能导致探针变形，故采用 20%CaF_2-40%CaO-40%Al_2O_3 渣为标准渣。其电导率 κ_0 与温度的关系如表 2.8 所示。电导池常数 c 的测定条件是：ω＝5kHz；H＝40mm；h＝20mm、25mm、30mm；标准电阻选用 R_s＝0.1Ω。将测得的 R_x 与温度 t 的数据，用最小二乘法处理得 R_x 与温度和 h 关系式如表 2.9 所示。

表 2.8　20%CaF_2-40%CaO-40%Al_2O_3 渣电导率与温度的关系

t/℃	1500	1600	1700
$\kappa_0/(\Omega^{-1}\cdot cm^{-1})$	0.86	1.21	1.43

表 2.9　20%CaF_2-40%CaO-40%Al_2O_3 渣电阻 R_x 与温度 t 和插入深度 h 的关系

h/mm	R_x 与 t 的关系式
20	$\ln R_x = -9.62 + 1.22\times 10^4/t$
25	$\ln R_x = -11.01 + 1.45\times 10^4/t$
30	$\ln R_x = -10.06 + 1.25\times 10^4/t$

利用表 2.9 的关系式，计算出 1500℃、1600℃和 1650℃下的 R_x 值，再由 R_x 转化为 κ_x 值代入式(2.19)，便计算出 h＝20mm、25mm、30mm 时的 c 值。其结果如表 2.10 所示。

6. 结果与讨论

1) 方法的可靠性

本书选用了荻野和巳等测定过的 30%CaF_2-35%CaO-35%Al_2O_3 渣的电导率，在 1600 ℃下其 κ＝1.53 $\Omega^{-1}\cdot cm^{-1}$。用上述的测试方法和条件，对这个渣

表 2.10　电导池常数 c 与 h 和温度 t 的关系

c/cm^{-1} h/mm t/℃	20	25	30
1500	0.056655	0.050479	0.042297
1600	0.055840	0.045904	0.040842
1700	0.054982	0.044363	0.040579

系电导率进行了测定，其结果为：1601℃时，$\kappa=1.61\ \Omega^{-1}\cdot cm^{-1}$；1599 ℃时，$\kappa=1.58\ \Omega^{-1}\cdot cm^{-1}$。其平均值：即在 1600℃时，$\bar{\kappa}=1.60\Omega^{-1}\cdot cm^{-1}$。可见两个结果十分相近，这说明本研究的设备和方法是可靠的。

2) L_4渣电导率测定结果

所谓L_4渣，其化学组成为 15%CaF_2-30%CaO-50%Al_2O_3-5%MgO。该渣系在国内广泛用于 ESR 工艺，节电效果很好。但是，这个渣系的电导率结果在国内外文献中尚未见报道。为此，本研究在 1230～1650 ℃测定了该渣系在液态和固态时的电导率。

液态L_4渣电导率：测试条件为频率 $\omega=5kHz$，标准电阻 $R_s=0.1\Omega$，其他条件如上所述。将所得电阻 R_x与温度 t 数据用最小二乘法处理成表 2.11 所示的关系式。用表 2.11 所给出的关系式，计算出不同温度和不同插入深度的体电阻 R_x 的平均值，将此值和对应的表 2.10 所示的 c 值代入式(2.19)，即可计算出不同温度下的电导率。再用最小二乘法将温度和电导率处理得

$$\kappa_L=3.09\times10^3 e^{\frac{-1.65\times10^4}{t}} \tag{2.20}$$

固态L_4渣电导率：因为固态渣与 ESR 过程中渣壳的绝缘性能直接相关，为此测定了其固态渣的电导率，其测试条件与液态渣相同。将测得的结果用最小二乘法进行处理，其固态L_4渣的电导率 κ_s与温度 t 的关系为

$$\kappa_s=2.12\times10^6 e^{\frac{-2.72\times10^4}{t}} \tag{2.21}$$

表 2.11　L_4渣电阻 R_x与温度 t 的关系

探针插入深度 h/mm	回归方程
20	$\ln R_x=-11.61+1.77\times10^4/t$
25	$\ln R_x=-11.62+1.74\times10^4/t$
30	$\ln R_x=-12.60+1.91\times10^4/t$

由于熔渣电导率的测温高达1600℃以上，再加上炉渣对坩埚和电极的侵蚀作用，精确测量十分困难。对于熔渣电导率的测算，国内外有很多研究。如表2.12所示。

表2.12　国内外熔渣电导率研究现状

研究者	研究主要内容与成果	参考文献
Bockris等	研究了黏度与电导率的关系。指出对于一定的渣系，电导率和黏度有下列关系： $K^n \cdot \eta = C$ 式中，K为炉渣电导率；η为熔渣黏度；n为大于1的指数；C为常数	[31]
荻野和巳等	测定了ANF-6渣在1500℃、1600℃、1700℃下得电导率分别为$2.95\Omega^{-1} \cdot cm^{-1}$、$3.20\Omega^{-1} \cdot cm^{-1}$和$3.52\Omega^{-1} \cdot cm^{-1}$，Mills等推荐此值。同时测得1500～1650℃下$CaO/Al_2O_3=1.0$时$CaF_2=0$～100%范围内的电导率	[28]
姜周华等	所在东北大学特冶实验室设计体积小、性能稳定的DC-1型电导仪和交流四探针方法，对ESR炉渣的电导率进行了测定，并探索了四个电极采用正方形排列的van der Pauw方法。实验测得电导率与荻野和巳已测的渣系电导率结果十分接近，方法可靠。同时，对L4渣也进行了测定，但由于没有研究数据，实验在1230～1650℃范围内测定了该渣系在液态和固态的电导率，并得出了电导率与温度关系式	[32]
李正邦等	推荐1450～1550℃范围Al_2O_3摩尔分数在0～16.07%时的电导率值	[33]
《渣图集》	提供了1450～1600℃ 6-2-2渣系电导率$\lg\kappa=-4375/T+2.838$	[15]
王兆文等	采用了交流四电极法测定熔渣电导率的测定方法。Al_2O_3-CaO-CaF_2三元渣系中，拟合曲线绘出熔渣电导率与温度的关系，测量其在不同温度下的电导率，随着CaF含量的增加和温度升高，熔渣的电导率不断增大	[34]
梁连科等	文献中收集了四元系渣的电导率，对于本实验所用并未提及。荻野和巳在对40种渣实测的基础上进行线性回归，得到了炉渣电导率与组成和温度的关系式，可求多元渣系不同温度下的电导率，误差在10%以内： $\kappa(\Omega^{-1} \cdot cm^{-1})=100\exp(1.911-1.38x_x-5.69x_x^2)+0.39(T-1973)$ 式中，$x_x=x(Al_2O_3)+0.2x(CaO)+0.75x(SiO_2)+0.5[x(TiO_2)+x(ZrO_2)]$	[7]

2.5.3　常见ESR炉渣的电导率

1. CaF_2

很多人对CaF_2的电导率进行了测定[5,15]，但结果分歧很大。目前比较一致的看法是荻野和巳[35]的测量结果比较可靠，如图 2.35 所示。

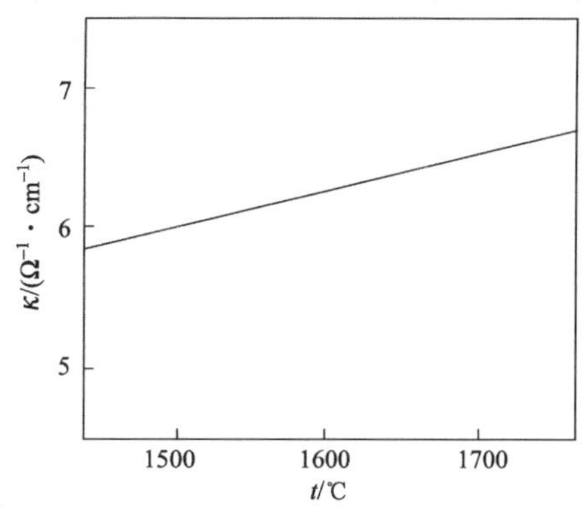

图 2.35　CaF_2的电导率[35]

2. CaF_2-Al_2O_3 渣系

由于该渣系是 ESR 最常用渣系之一，电导率的测量数据很多，但分歧也较大。Mills 和 Powell 将一些渣系的数据进行了整理，如图 2.36 所示。从图中可以看出，不同作者的测定结果相差 20%～40%，这主要是不同的研究者测量电导率时测量时间不同引起渣系反应时间不同，从而渣中反应生产物 CaO 含量不同；另外，最大的影响因素就是不同研究者使用的设备不同，其测量精度会产生很大的影响。在温度较低、Al_2O_3 含量较高时，渣中存在固液共存区，导致液态熔渣成分有所变化，此时测量的电导率不能完全反映出配比成分的电导率。文献[6]和[15]推荐的 CaO-Al_2O_3 渣系在不同 Al_2O_3 摩尔分数下 1450～1550℃温度范围内的电导率如表 2.13 所示。

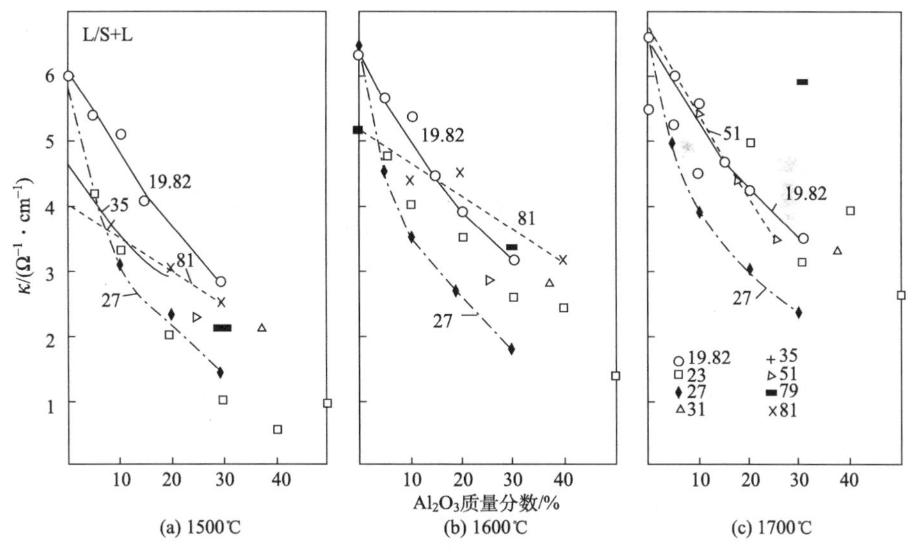

图 2.36　CaF_2-Al_2O_3 体系的电导率，对于 1500℃下，表示的是(固+液)两相和液相区的电导率

表 2.13 L_4渣电阻 R_x 与温度 t 的关系

x (Al_2O_3)/%	电导率/($\Omega^{-1}\cdot cm^{-1}$)	ΔE_k/(kJ/mol)
0.0	$\lg\kappa = -1198/T + 1.3475$	22.91
3.57	$\lg\kappa = -1777/T + 1.6153$	33.98
6.88	$\lg\kappa = -2066/T + 1.7313$	39.50
12.22	$\lg\kappa = -2953/T + 2.1716$	56.47
16.07	$\lg\kappa = -3959/T + 2.7043$	75.70

对于传统应用 ANF-6 渣系的电导率，Mills 等[5]则推荐荻野和巳等[35]的测定结果，如图 2.37 所示。这样，从图中可查得 ANF-6 渣(CaF_2 : Al_2O_3 = 70 : 30)在 1500℃、1600℃、1700℃下的电导率分别为 2.95$\Omega^{-1}\cdot cm^{-1}$、3.20$\Omega^{-1}\cdot cm^{-1}$、3.52$\Omega^{-1}\cdot cm^{-1}$。

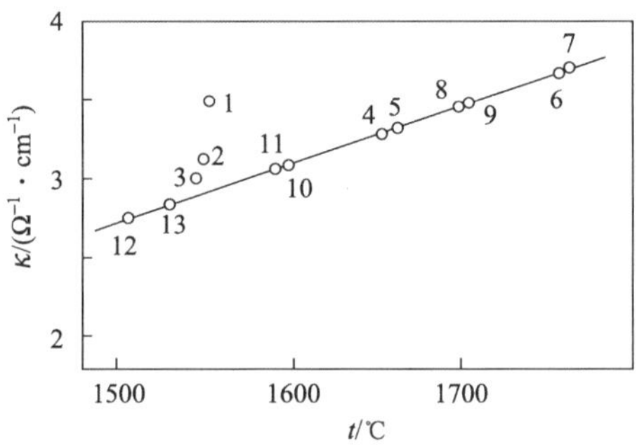

图 2.37 CaF_2-30%Al_2O_3 熔渣的电导率[35]

3. CaF_2-CaO 渣系

对于该渣系的电导率数据，不同研究者分歧甚大[5]。其主要分歧是反应生成物是否对电导率造成影响，除了与其中的水分反应生成更多的 CaO，体系组分还会与石墨坩埚发生反应生成 CaC_2，从而影响电导率，而一些研究者认为这些反应对电导率没有影响。文献[15]推荐了 Winterhager 等的结果，如表 2.14 所示。Mills 则认为荻野和巳等[35]的结果更可靠，其工作发现 1700℃下当 CaO 含量大于 10%时，随着 CaO 含量的增加，其电导率有所升高，作者认为与低共熔成分有关。总体来看，CaO 含量对体系电导率的影响较小，如图 2.38 所示。

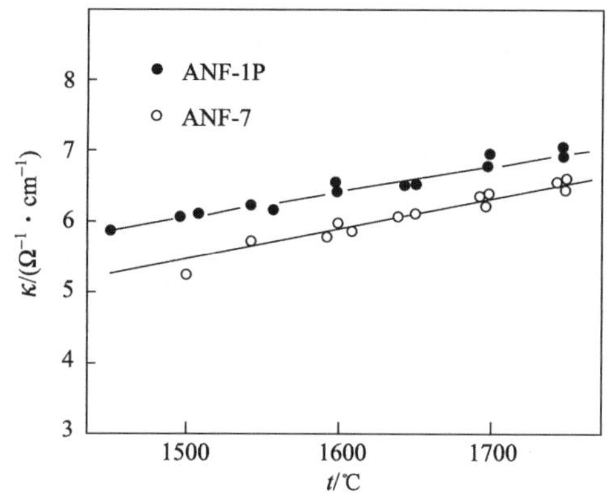

图 2.38　CaF_2-CaO 渣系的电导率

表 2.14　CaF_2-CaO 熔渣电导率与温度的关系[15]

x(CaO)/%	电导率/($\Omega^{-1}\cdot cm^{-1}$)
0.0	$\lg\kappa=-1198/T+1.3474$
6.16	$\lg\kappa=-1497/T+1.4773$
9.76	$\lg\kappa=-1696/T+1.5238$
16.66	$\lg\kappa=-1985/T+1.6939$
25.22	$\lg\kappa=-2273/T+1.8170$
31.70	$\lg\kappa=-2339/T+1.8312$

4. 其他以 CaF_2 为基的二元渣系

CaF_2渣系中添加除 CaO 和 MgF_2以外的其他氧化物时，熔渣的电导率是下降的[36]。通常添加碱性氧化物(如 MgO、BaO)电导率下降幅度较小，对两性或酸性氧化物(Al_2O_3、ZrO_2、SiO_2)则下降幅度较大。图 2.39 比较了这些渣系在 1700℃下的电导率。图 2.40 为 85%CaF_2-15%SiO_2 渣系的电导率与温度的关系[15]。

5. CaF_2-Al_2O_3-CaO 渣系

该渣系作为 ESR 的最常用渣，其电导率测量工作也做得很多，该数据分歧仍然很大[5]。文献[17]提供的该三元系的电导率数据如图 2.41 与表 2.15 和表 2.16 所示。荻野和巳等[28]测定了 CaO/Al_2O_3=1.0(质量比)时，CaF_2在 0～100%时 1500～1650℃下的电导率，如图 2.42 所示。

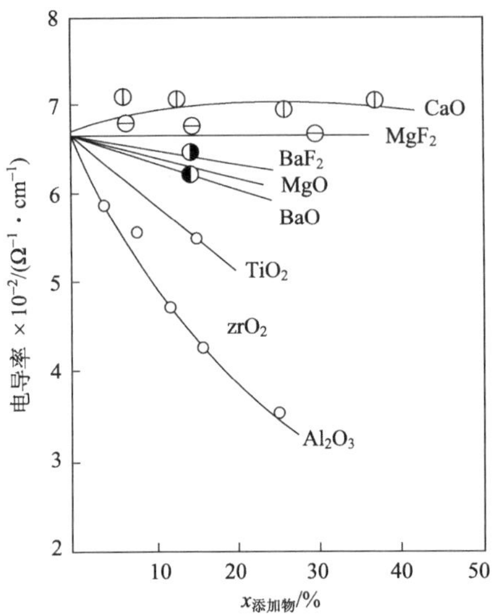

图 2.39　向 CaF_2 中添加各种氧化物、氟化物时电导率的变化

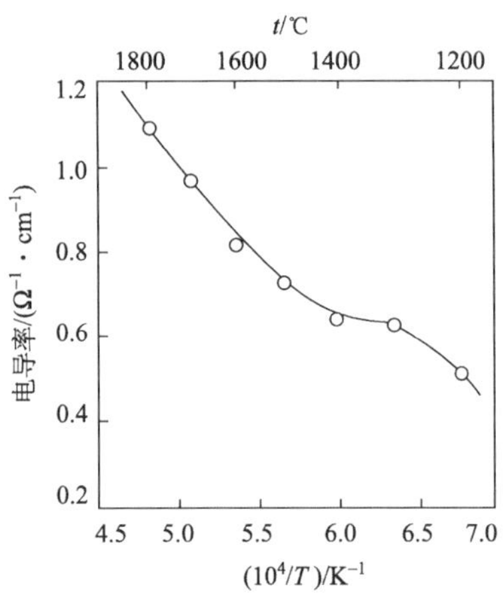

图 2.40　CaF_2-15%SiO_2 渣的电导率与温度的关系

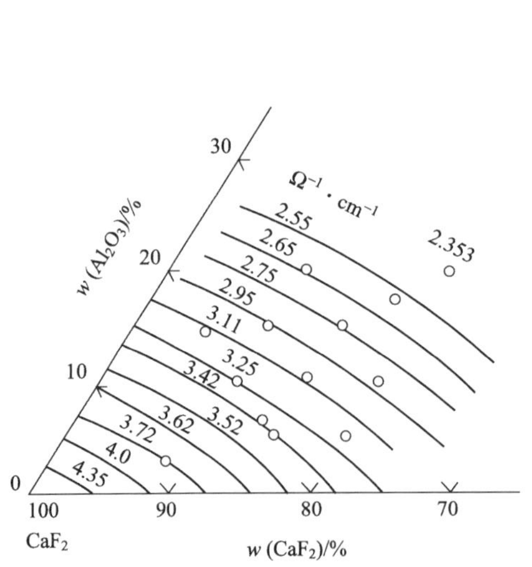

图 2.41　1500℃时 CaF_2-CaO-Al_2O_3 系的等电导率线[14]

测量方法：汤姆孙电桥，50Hz，铂环状电极，空气气氛

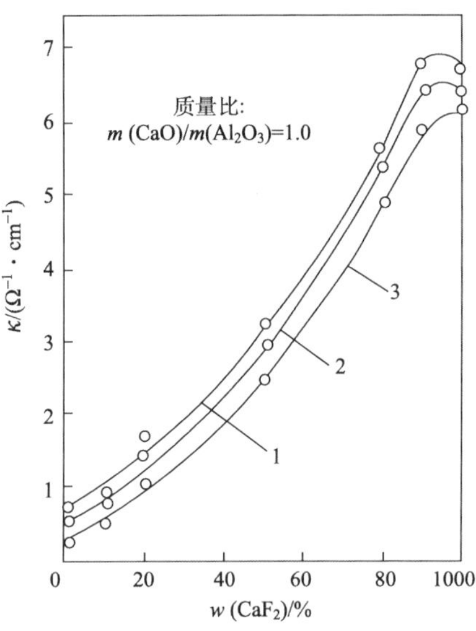

图 2.42　(CaO-Al_2O_3)-CaF_2 伪二元系的电导率

1-1650℃；2-1600℃；3-1500℃

表 2.15　1450～1600℃时组成不同的 CaF_2-CaO-Al_2O_3 熔体电导率与温度的关系

$w(CaF_2)/\%$	$w(CaO)/\%$	$w(Al_2O_3)/\%$	电导率 $\kappa/(\Omega^{-1}\cdot cm^{-1})$
90	5	5	$\lg\kappa=-2063/T+1.734$
80	15	5	$\lg\kappa=-2500/T+1.944$
80	10	10	$\lg\kappa=-2938/T+2.157$
75	15	10	$\lg\kappa=-3125/T+2.250$
70	20	10	$\lg\kappa=-3313/T+2.326$
70	10	20	$\lg\kappa=-3438/T+2.362$
60	20	20	$\lg\kappa=-4375/T+2.838$
50	25	25	$\lg\kappa=-5000/T+3.123$
40	30	30	$\lg\kappa=-5887/T+3.532$
30	35	35	$\lg\kappa=-6750/T+3.916$

表 2.16　按不同作者的数据 CaF_2-CaO-Al_2O_3 电导率测量值一览表[15]

$w_{组成}/\%$			电导率 $\kappa/(\Omega^{-1}\cdot cm^{-1})$		
CaF_2	CaO	Al_2O_3	1500℃	1600℃	1700℃
92	4	4	4.47	5.71	
90	5	5	6.5	7.7	
86	7	7	4.05	4.84	
80	10	10	5.0	6.0	
70	15	15	4.3	5.6	
70	10	20	4.14	4.97	
60	20	20	2.66	3.06	3.06
50	25	25	3.0	3.7	
50	40	10	1.71	2.17	
40	30	30	2.4	3.1	
40	20	40	1.71	2.17	
30	35	35	1.8	2.4	
30	40	30	1.13	1.48	

图 2.43 是 1600℃条件下 CaF_2-Al_2O_3-CaO 渣系更详细的电导率等值线，实线由 Moringa 等提供，虚线由 Zhemoidin 等研究得出，两者基本符合[15]。

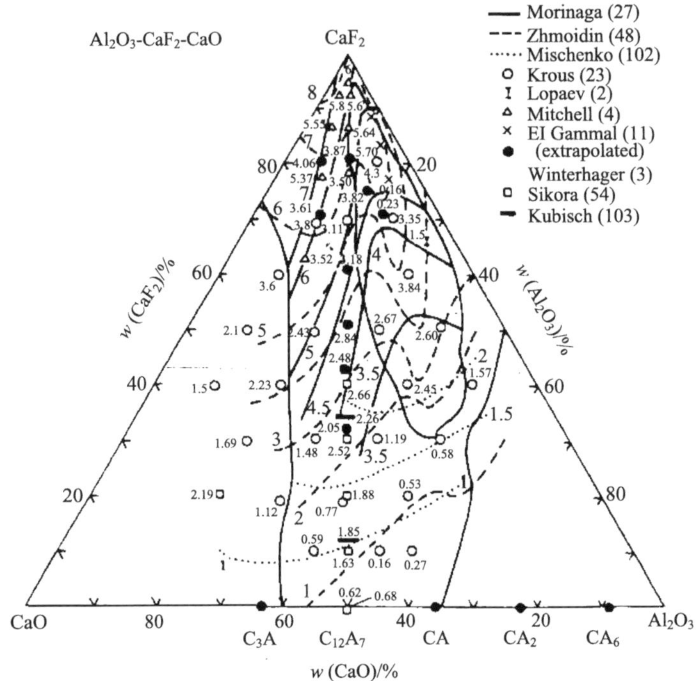

图 2.43　1600℃条件下 CaF_2-Al_2O_3-CaO 体系的电导率[15]

6. Al_2O_3-CaO 渣系

对于该二元无氟渣的电导率测量数据很多，但分歧却很大。Mori 等[15]对 Al_2O_3-CaO 渣系不同组成在 1400～1600℃温度范围内的电导率值，如图 2.44 所示。

7. CaO-Al_2O_3-SiO_2 渣系

Winterhager 等用汤姆逊电桥法测定该渣系在 1350～1550℃的电导率，其结果如表 2.17 所示[15]。梁连科等[17]则测量该三元系 5 个共晶点的电导率，如表 2.18 所示。

8. 四元系及多元系

文献[15]中收集了 CaO-MgO-Al_2O_3-SiO_2 四元系和 Al_2O_3-CaO-SiO_2-Me_xO_y（Me＝Fe、Mg、Mn、C、Cr、P、Ti）、Al_2O_3-CaO-SiO_2-Me_xF_y（Me＝Ca、Na、Al、Mg）和 Al_2O_3-CaO-SiO_2-Me_xCl_y（Me＝Ca，Na，Mg）这些四元系以及一些多元系的电导率与温度的关系，如表 2.19 所示。图 2.45 和图 2.46 给出了两组这方面的数据。另外，图 2.47 给出了 CaF_2-Al_2O_3-CaO-MgO 体系的电导率，其中 1～4 号渣系组成如表 2.20 所示。常用电渣冶金用五元 CaF_2-Al_2O_3-CaO-SiO_2-MgO 渣系的电导率如表 2.21 所示。

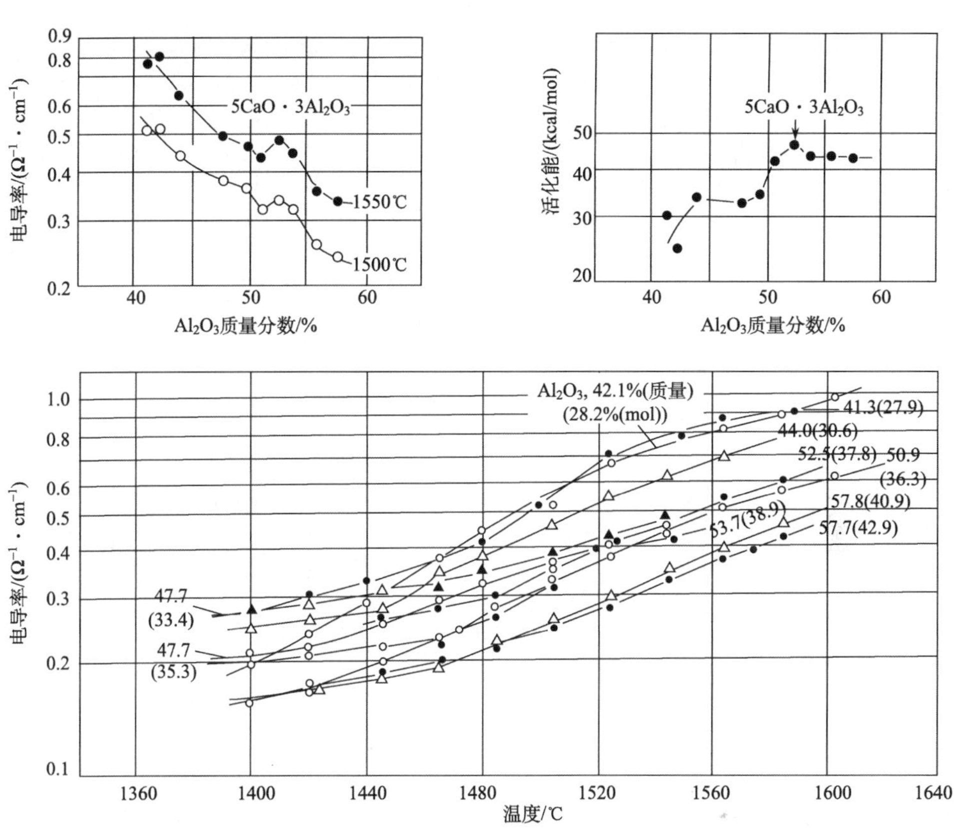

图 2.44　不同组成 Al_2O_3-CaO 熔体的电导率与温度的关系

表 2.17　Al_2O_3-CaO-SiO_2 熔体电导率的测量结果

（测量方法：汤姆逊电桥，50kHz，铂环状电极，大气气氛）

渣号	$w_{组成}$/%			电导率 κ/($\Omega^{-1}\cdot cm^{-1}$)					$\lg\kappa$
	CaO	Al_2O_3	SiO_2	1350℃	1400℃	1450℃	1500℃	1550℃	
1	35	5	60	0.035	0.051	0.071	0.095	0.119	$\frac{-8182}{T}+3.649$
2	35	10	55	0.032	0.047	0.066	0.090	0.116	$\frac{-8545}{T}+3.774$
3	35	15	50	0.034	0.049	0.070	0.094	0.118	$\frac{-8576}{T}+3.809$
4	35	18	47	0.033	0.048	0.069	0.093	0.117	$\frac{-8697}{T}+3.873$
5	35	19	46	0.036	0.052	0.072	0.097	0.123	$\frac{-8212}{T}+3.619$

续表

渣号	$w_{组成}$/%			电导率 κ/($\Omega^{-1}\cdot cm^{-1}$)					$\lg\kappa$
	CaO	Al_2O_3	SiO_2	1350℃	1400℃	1450℃	1500℃	1550℃	
6	35	20	45	0.031	0.046	0.064	0.085	0.107	$\frac{-8061}{T}+3.538$
7	40	5	55	0.053	0.076	0.106	0.145	0.186	$\frac{-8485}{T}+3.946$
8	40	10	50	0.049	0.072	0.101	0.137	0.176	$\frac{-8485}{T}+3.922$
9	40	13	47	0.048	0.071	0.099	0.135	0.174	$\frac{-8450}{T}+3.900$
10	40	14	46	0.055	0.078	0.109	0.146	0.187	$\frac{-8273}{T}+3.831$
11	40	15	45	0.052	0.075	0.105	0.144	0.185	$\frac{-8576}{T}+3.994$
12	40	20	40	0.047	0.066	0.089	0.129	0.169	$\frac{-8848}{T}+4.101$
13	45	5	50	0.082	0.166	0.159	0.207	0.260	$\frac{-7636}{T}+3.622$
14	45	6	49	0.081	0.114	0.157	0.206	0.258	$\frac{-7788}{T}+3.707$
15	45	8	47	0.078	0.112	0.155	0.202	0.250	$\frac{-7776}{T}+3.691$
16	45	9	46	0.085	0.118	0.163	0.214	0.272	$\frac{-7848}{T}+3.757$
17	45	10	45	0.075	0.111	0.153	0.200	0.249	$\frac{-7776}{T}+3.687$
18	45	15	40	0.081	0.113	0.156	0.203	0.252	$\frac{-7697}{T}+3.654$
19	45	20	35	0.068	0.099	0.142	0.191	0.242	$\frac{-8636}{T}+4.152$
20	50	5	45	0.090	0.128	0.188	0.254	0.349	$\frac{-9030}{T}+4.955$
21	50	10	40	0.064	0.123	0.181	0.247	0.343	$\frac{-9182}{T}+4.571$
22	50	15	35	0.089	0.126	0.185	0.253	0.347	$\frac{-9152}{T}+4.565$
23	50	20	30	—	—	0.126	0.238	0.320	$\frac{-8533}{T}+4.185$
24	43.6	11.4	45	0.063	0.089	0.128	0.167	0.215	$\frac{-8303}{T}+3.906$
25	42.6	11.4	46	0.076	0.094	0.138	0.183	0.230	$\frac{-8758}{T}+4.201$

续表

渣号	$w_{组成}$/%			电导率 κ/($\Omega^{-1}\cdot cm^{-1}$)					lgκ
	CaO	Al_2O_3	SiO_2	1350℃	1400℃	1450℃	1500℃	1550℃	
26	41.6	11.4	47	0.066	0.092	0.131	0.175	0.226	$\frac{-8455}{T}+4.012$
27	38.0	20.0	42.0	0.032	0.043	0.070	0.100	0.140	$\frac{-9486}{T}+4.355$
28	45.3	17.6	37.1	0.050	0.074	0.106	0.150	0.201	$\frac{-9199}{T}+4.365$
29	43.6	18.2	38.2	0.046	0.069	0.100	0.143	0.200	$\frac{-9407}{T}+4.459$
30	41.9	18.7	39.4	0.040	0.060	0.089	0.129	0.182	$\frac{-9703}{T}+4.581$
31	40.0	19.4	40.6	0.038	0.057	0.084	0.121	0.171	$\frac{-9703}{T}+4.553$
32	36.8	19.3	43.9	0.031	0.045	0.066	0.094	0.132	$\frac{-9407}{T}+4.279$
33	35.2	18.5	46.3	0.027	0.041	0.061	0.038	0.125	$\frac{-9792}{T}+4.437$
34	32.8	17.2	50.0	0.022	0.033	0.050	0.073	0.104	$\frac{-10000}{T}+4.501$
35	29.4	15.5	55.1	0.016	0.024	0.035	0.051	0.072	$\frac{-9822}{T}+4.248$
36	35.2	25.9	38.9	0.024	0.037	0.056	0.083	0.121	$\frac{-10415}{T}+4.725$
37	33.4	29.7	36.9	0.020	0.034	0.051	0.077	0.112	$\frac{-10653}{T}+4.893$
38	31.7	33.3	35.0	0.019	0.030	0.046	0.069	—	$\frac{-10742}{T}+4.899$
39	30.0	37.0	33.0	0.017	0.027	0.042	0.063	0.093	$\frac{-10890}{T}+4.941$
40	30.0	20.0	50.0	0.026	0.024	0.035	0.049	0.069	$\frac{-9407}{T}+3.999$
41	45.0	13.0	42.0	0.062	0.091	0.130	0.182	0.251	$\frac{-8961}{T}+4.315$
42	45.0	17.0	38.0	0.059	0.056	0.124	0.174	0.241	$\frac{-9050}{T}+4.344$
43	32.0	22.0	46.0	0.018	0.027	0.040	0.057	0.081	$\frac{-9703}{T}+4.329$
44	36.0	22.0	42.0	0.025	0.059	0.057	0.082	0.115	$\frac{-9674}{T}+4.369$
45	40.0	22.0	38.0	0.038	0.056	0.080	0.214	0.157	$\frac{-9140}{T}+4.210$

表 2.18　$CaO-Al_2O_3-SiO_2$ 三元系共晶点成分及电导率

$w_{组成}$/%			电导率 κ/(Ω^{-1} · cm^{-1})		熔点/℃
CaO	Al_2O_3	SiO_2	1500℃	1600℃	
38.0	20.0	42.0	0.10	0.16	1265
47.2	11.2	41.0	0.20	0.28	1310
29.2	39.0	31.8	0.10	0.14	1380
37.5	53.2	9.3	0.09	0.14	1505
49.5	43.7	6.8	0.36	0.86	1335
52.0	41.2	6.8	0.45	0.83	1335

表 2.19　$CaO-MgO-Al_2O_3-SiO_2$ 四熔体电导率与温度的关系

（测量方法：汤姆孙电桥，50kHz，铂环状电极，大气气氛）

渣号	成分/%				电导 κ/(Ω^{-1} · cm^{-1})					lgκ 与温度的关系
	CaO	MgO	Al_2O_3	SiO_2	1350℃	1400℃	1450℃	1500℃	1550℃	
1	35.8	5.7	18.9	39.6	0.048	0.071	0.103	0.147	0.205	$\frac{-9436}{T}+4.49$
2	33.9	10.7	17.9	37.5	0.060	0.097	0.140	0.199	0.274	$\frac{-9199}{T}+4.486$
3	35.0	10.0	5.0	50.0	0.083	0.116	0.159	0.216	0.287	$\frac{-8042}{T}+3.869$
4	31.7	9.0	4.5	54.8	0.052	0.076	0.107	0.147	0.199	$\frac{-8546}{T}+3.988$
5	28.3	8.1	4.0	59.6	0.031	0.050	0.072	0.101	0.139	$\frac{-8991}{T}+4.074$
6	25.0	7.4	3.5	64.1	0.022	0.032	0.046	0.065	0.091	$\frac{-9169}{T}+3.985$
7	38.4	9.5	4.7	47.4	0.091	0.135	0.186	0.254	0.341	$\frac{-8190}{T}+4.924$
8	41.6	9.0	4.5	44.9	0.110	0.159	0.215	0.292	0.385	$\frac{-7864}{T}+3.9$
9	45.8	8.3	4.2	41.7	0.197	0.266	0.355	0.461	—	$\frac{-7567}{T}+3.818$
10	33.7	13.4	4.8	48.1	0.097	0.141	0.192	0.257	0.335	$\frac{-7775}{T}+3.795$
11	32.3	16.9	4.6	46.2	0.122	0.160	0.224	0.299	0.389	$\frac{-7607}{T}+3.709$
12	30.7	21.1	4.4	43.8	0.075	0.191	0.263	0.354	0.460	$\frac{-7982}{T}+4.051$

续表

渣号	成分/%				电导 κ/($\Omega^{-1}\cdot cm^{-1}$)					lgκ 与温度的关系
	CaO	MgO	Al_2O_3	SiO_2	1350℃	1400℃	1450℃	1500℃	1550℃	
13	33.0	9.5	10.4	47.1	0.060	0.091	0.129	0.175	0.234	$\frac{-8363}{T}+3.962$
14	31.3	8.9	15.0	44.8	0.052	0.079	0.010	0.151	0.104	$\frac{-8464}{T}+3.952$
15	29.5	8.4	20.0	42.1	0.043	0.068	0.091	0.137	0.284	$\frac{-8464}{T}+3.907$

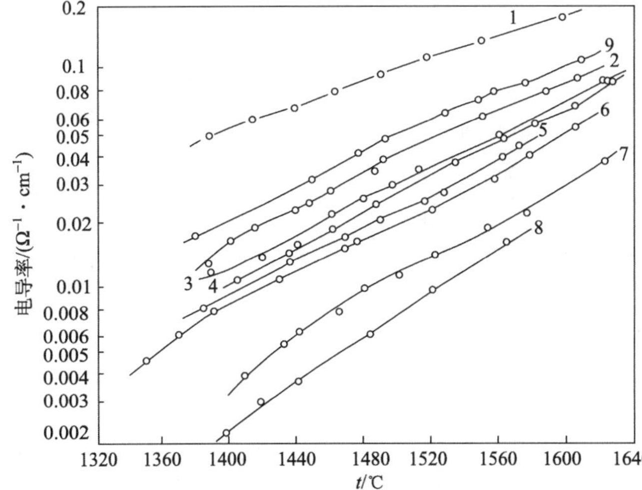

序号	w/%			
	SiO_2	MgO	CaO	Al_2O_3
1	50	25	5	20
2	50	20	5	25
3	50	15	5	30
4	55	20	5	20
5	55	15	5	25
6	60	20	5	15
7	60	15	5	20
8	60	10	5	25
9	50	20	10	30

图 2.45　Al_2O_3-CaO-MgO-SiO_2熔体的电导率与温度的关系

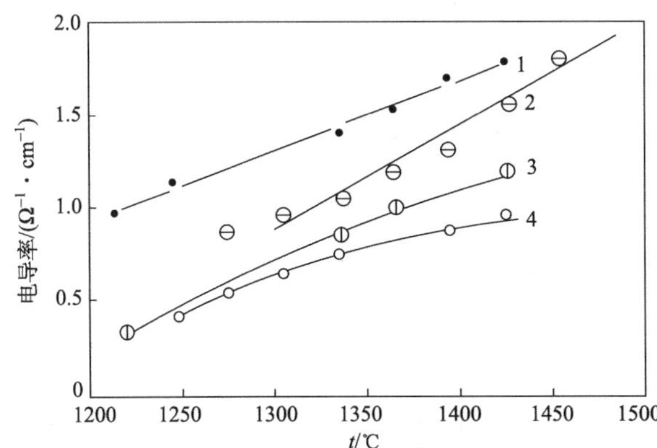

序号	w/%				
	CaF_2	CaO	Al_2O_3	SiO_2	MgO
1	80	3	14	2	1
2	65	5	20	10	—
3	14	40	30	6	10
4	10	50	15	25	—

图 2.46　Al_2O_3-CaF_2-CaO-SiO_2基多元系的电导率与温度的关系

测量方法：交流电桥，50Hz，双钼电极，还原气氛

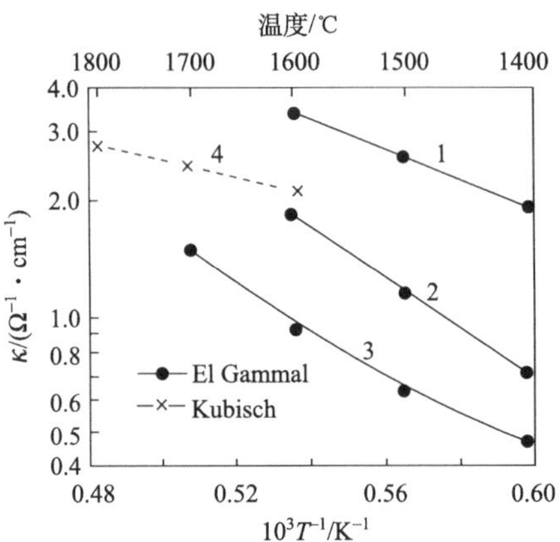

图 2.47　Al_2O_3-CaF_2-CaO-MgO 基多元系的电导率与温度的关系

表 2.20　Al_2O_3-CaF_2-CaO-MgO 基渣系组成

编号	质量分数/%			
	Al_2O_3	CaF_2	CaO	MgO
1	27.1	47.6	23.4	2.0
2	40.1	33.0	21.9	4.0
3	32.7	14.0	52.4	1.3
4	30	30	20	20

表 2.21　Al_2O_3-CaF_2-CaO-SiO_2-MgO 基五元渣系的电导率

成分/%(质量分数)						κ/($Ω^{-1}$ · cm^{-1})					
Al_2O_3	CaF_2	CaO	MgO	SiO_2	杂质	1400℃	1500℃	1600℃	1700℃	1800℃	1900℃
3.6	6.9	56.0	9.7	22.4			0.09	0.25	0.56		
3.6	26.2	48.0	5.4	16.2			0.59	0.84	1.17		
3.9	10.9	45.5	20.0	20.0			0.25	0.30	0.71		
33.2	19.2	31.5	11.3	1.9	$\sum$ Fe=0.5		0.87	1.23	2.2		
40.5	20.4	27.8	7.3	2.5	$\sum$ Fe=0.7		0.74	1.39	2.0		
54.2	3.8	36.3	3.7	1.2	$\sum$ Fe=0.5		0.22	0.47	1.0		
30	35	10	15	10				1.4	1.7	2.0	2.2
35	25	20	5	15				1.45	1.8	2.2	2.5
30	30	20	15	5				2.2	2.5	2.8	2.85

续表

成分/%(质量分数)						$\kappa/(\Omega^{-1}\cdot cm^{-1})$					
Al_2O_3	CaF_2	CaO	MgO	SiO_2	杂质	1400℃	1500℃	1600℃	1700℃	1800℃	1900℃
35	25	20	10	10				1.4	1.8	2.2	2.5
14	80	3	1	2		1.7					
30	14	40	10	6		1.1					
38.3	17.2	28.0	12.3	2.1	FeO=0.5	1.35	1.65	2.32	4.65	10.0	
34.3	14.3	31.1	11.4	5.2	FeO=0.5	1.52	1.86	2.62	4.94	10.6	
9.4	53.8	11.8	11.9	12.6	Fe_2O_3=2.3	2.0					
2.4	31.4	14.1	1.2	7.9	Fe_2O_3=4.2 TiO_2=38.4	1.75					

事实上，电导率随着温度的变化过程是比较复杂的，除了与成分、温度有关外，与渣系光学碱度也有密切的联系。Jiao 和 Themelis[37] 提出了渣的电导率与光学碱度有关，进而表示出与成分的关系。利用此理论建立电渣重熔用渣的电导率计算模型。Mills[38] 给出修正的光学碱度公式(2.22)和相关成分的光学碱度如表 2.22 所示。该式计算出的光学碱度不是单调递增的，故满足进行电导率建模的需要。

$$\Lambda = \frac{\sum x_i n_i \Lambda_i}{\sum x_i n_i} \tag{2.22}$$

式中：Λ_i 为各组分的光学碱度，其值如表 2.22 所示；x_i 为组元 i 的摩尔分数；n_i为组元 i 的原子个数。

表 2.22　计算中用各成分的光学碱度值

K_2O	Na_2O	BaO	SrO	Li_2O	CaO	MgO	Al_2O_3	TiO	SiO_2	B_2O_3	P_2O_5	FeO	Fe_2O_3	MnO	CaF_2
1.4	1.15	1.15	1.10	1.0	1.0	0.78	0.60	0.61	0.48	0.42	0.40	1.0	0.75	1.0	1.2

假定电导率和温度的关系满足 Arrhenius 方程：

$$\ln\kappa = \ln A - E/(RT) \tag{2.23}$$

式中：κ 为电导率，$\Omega^{-1}\cdot cm^{-1}$；A 为指前因子，$\Omega^{-1}\cdot cm^{-1}$；E 为活化能，J/(mol·K)。

一般来说，Arrhenius 方程的指前因子 A 和活化能 E 之间满足以下关系：

$$\ln A = mE + n \tag{2.24}$$

式中：m 和 n 为常数。

式(2.24)称为温度补偿效应，满足 Arrhenius 方程的性质中一般化的规律，适用于反应动力学速率常数、电导率、黏度、扩散系数等性质。

在温度恒定时 $\ln\kappa$ 和 Λ^{corr} 存在线性关系。

$$E = m' \cdot \Lambda^{\mathrm{corr}} + n' \tag{2.25}$$

式中：m' 和 n' 为常数，J/(mol · K)。

计算得到的 CaF_2-CaO-Al_2O_3 三元系的平均偏差为 10.7%。实验测量电导率 $\kappa^{i,\mathrm{mea}}$ 和理论计算电导率 $\kappa^{i,\mathrm{cal}}$ 的比较如图 2.48 所示。

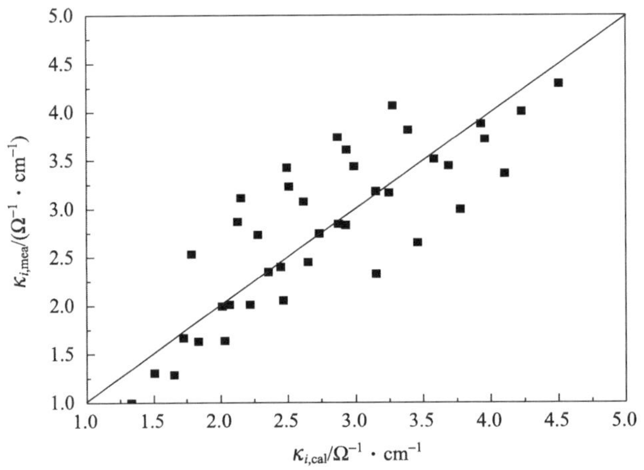

图 2.48 CaF_2-CaO-Al_2O_3 体系模型计算和实验测量电导率的比较

2.6 密 度

单位体积的质量称为密度。炉渣的密度对 ESR 过程有比较重要的影响。电极端头上的金属液滴能被分离下来，这是由于重力克服了界面张力。球形金属液滴的末速度与金属熔体和熔渣间密度差 $\Delta\rho$ 的关系可以用 Stokes 公式来描述。当给定一个 $\Delta\rho$ 较小的渣时，将导致金属熔滴有一个小的末速度和在渣中长的停留时间。由于化学反应导致金属熔滴和渣组成的变化，所以 $\Delta\rho$ 很小时，有利于形成半径大的熔滴(即表面/体积之比相对变小)、理想的状态是大的 $\Delta\rho$(易形成半径小的熔滴)和高的黏度(易得到低末速度的金属熔滴)。Campbell[39] 研究了典型的 ESR 系统，以 LiCl+KCl(低共熔体)为渣，它具有透明的光学性质，便于观察 ESR 过程。研究结果表明，ESR 过程十分复杂，这种低熔点的渣，可用作某些电极材料。那么在不同的 $\Delta\rho$ 时，可以描述金属熔滴的半径 r 和金属与渣间界面张力γ_{ms}的关系。但当增加金属的熔化速度时，金属熔滴趋于形成群状，而当熔化速度达到最大值时，液态金属自电极的表面下方起形成一些具有一定距离而又连串的金属细熔滴。

了解渣的密度与温度的关系是很重要的，这个关系可决定 ESR 过程开始时所需要的固体渣量，以实现在操作温度下产生所要求的渣池深度，因为熔渣池深度可决定一定电流下最佳的回路电阻。

把金属液滴从电极端部上分离的重力与($\rho_{金}-\rho_{熔渣}$)成正比。且这个力还必须加上电磁力和热力。这些力的作用与熔融金属-熔渣边界上的界面张力相反，界面张力使金属液滴保留在电极端上，阻碍电极顶端熔滴的脱落。

作用在金属液滴上的由重力加速度产生的力与密度差之间的关系由下列公式表示：

$$F=\frac{4}{3}\pi r^{3}g(\rho_{金}-\rho_{熔渣}) \tag{2.26}$$

式中，F 为重力加速度产生的力；r 为金属液滴半径；g 为重力加速度；$\rho_{金}$ 为金属液滴密度；$\rho_{熔渣}$ 为熔渣密度。

渣-金属反应发生在电极端头、金属液滴穿过渣池的过程中和渣池-金属池的界面。但是，渣-金属反应主要发生在穿过渣池的过程中，因为在此过程中金属液滴与渣接触的表面积最大，所以金属液滴在渣池中停留的时间越长，渣-金属的反应也就越充分。

对电渣炉的化学反应而言，它不仅是时间的函数，还是接触面积的函数。从试图把金属液滴从电极上分离可以看出，密度越小，金属液滴的尺寸越大，渣-金属界面的表面积也就越小。但是，当熔渣的黏度固定时，密度差越小，金属液滴在渣中的停留时间越长。为了促进渣-金属反应，既希望有小的金属液滴，也希望金属液滴在渣池中有较长的停留时间。大的密度差和高的黏度两者一起作用，既会促进形成较小的金属液滴，也会保证金属液滴在渣池中有较长的停留时间。如果还考虑钢锭的洁净度，希望带入金属熔池的渣容易上浮，避免铸锭中发生夹渣的现象，则应加大密度差。

因此，密度的大小影响渣-金属之间的接触时间和接触面积，从而对反应速率产生影响。另外，炉渣的密度对于确定 ESR 操作所需渣量是必不可少的参数。固态渣的密度及其与温度的关系对于渣皮形成和温度变化引起的体积变化也是重要的参数。

密度的测定方法有很多，但想得到比较准确的数据并非易事，尤其是高温下的密度测量有一定的难度，其中常用来测定高温熔体密度的是阿基米德法和最大气泡法[11]。

2.6.1　CaF_2基渣系的密度

许多人测定过 CaF_2 和 CaF_2 为基渣的密度，其结果也存在一定的分歧。图 2.49为单质纯 CaF_2的密度。从图中可以看出，不同温度下不同的研究者获得结果的差别还是很大的，但从图中可以大致得出 CaF_2在不同温度条件下的密度。Mitchell 等[40] 和荻野和巳等[28] 所做的工作比较典型。图 2.50 和图 2.51 为 Mitchell 等测得的 CaF_2-Al_2O_3 和 CaF_2-CaO 渣系的密度。图 2.52～图 2.57 为文献[15]在总结各种资料的基础上推荐的 CaF_2-CaO-Al_2O_3 三元渣系在 1500℃、1600℃下的密度、CaO-Al_2O_3-SiO_2 三元渣系在 1500℃下的密度和 CaF_2-CaO-SiO_2 三元渣系在 1450℃、1475℃、1500℃下的密度。图中各种形状实验点及其旁边的数据为不同作者测得的结果，而粗实线则表示推荐的密度等值线。

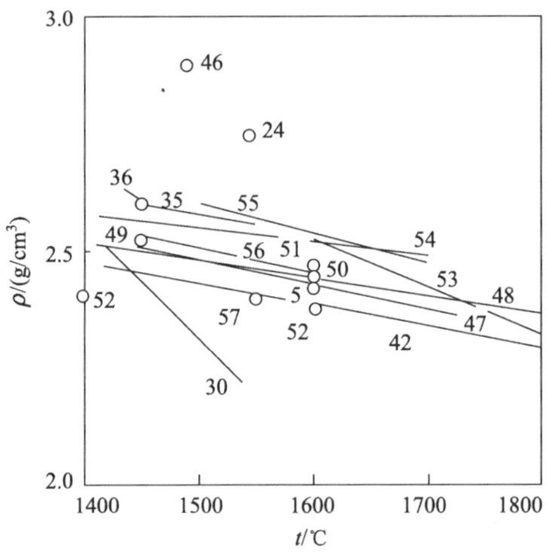

图 2.49　单质纯 CaF_2的密度

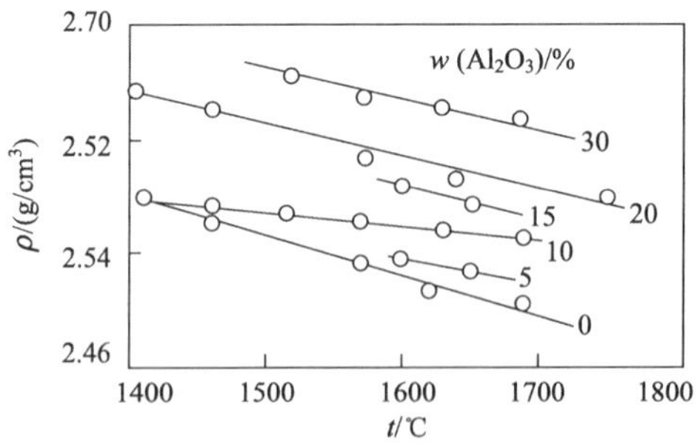

图 2.50　CaF_2-Al_2O_3 熔体密度与温度的关系

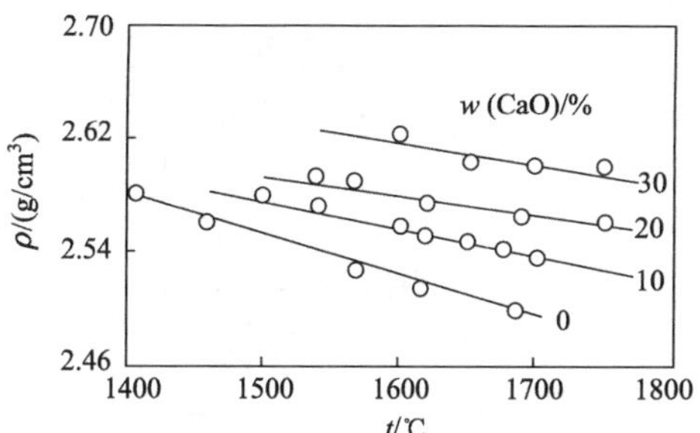

图 2.51　CaF_2-CaO 熔体密度与温度的关系

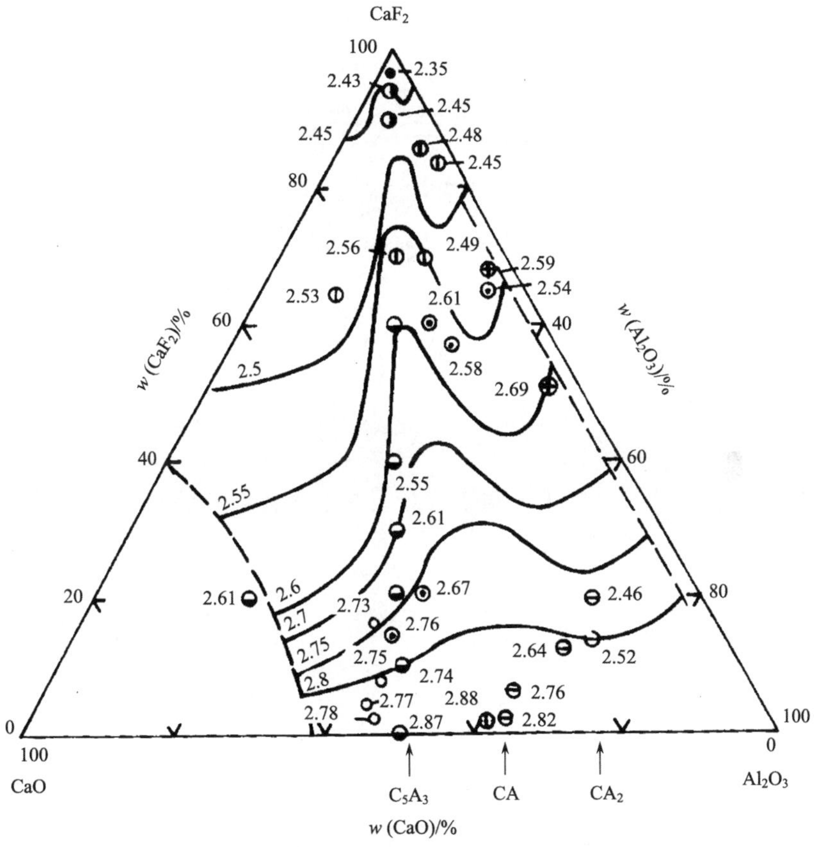

图 2.52　1600℃时 CaF_2-CaO-Al_2O_3 熔体的密度

图 2.53 为 1600℃和 1727℃条件下 CaF_2-Al_2O_3-MgO 三元渣系的密度。从图中可以看出该三元系渣系的密度基本在 2.4～2.65g/cm^3。

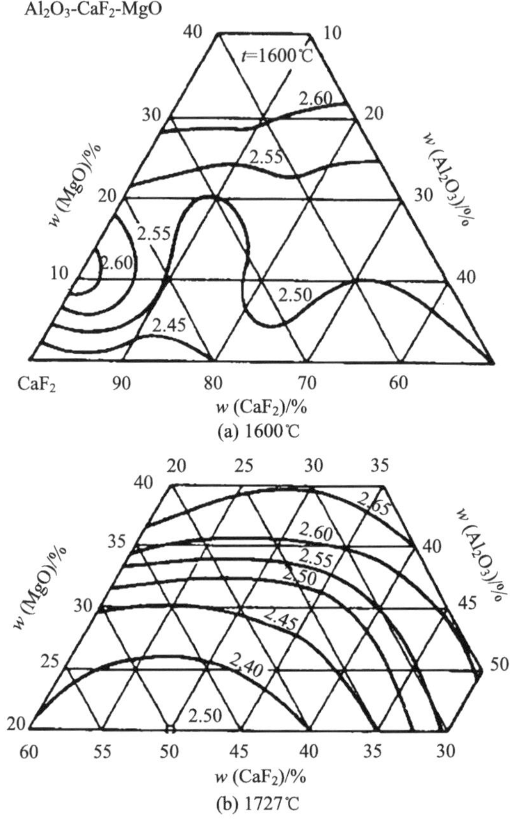

图 2.53　CaF_2-Al_2O_3-MgO 三元渣系的电导率

图 2.54 为 1600℃条件下，TiO_2含量对三七渣密度的影响。从图中可以看出TiO_2有增加熔渣密度的趋势。

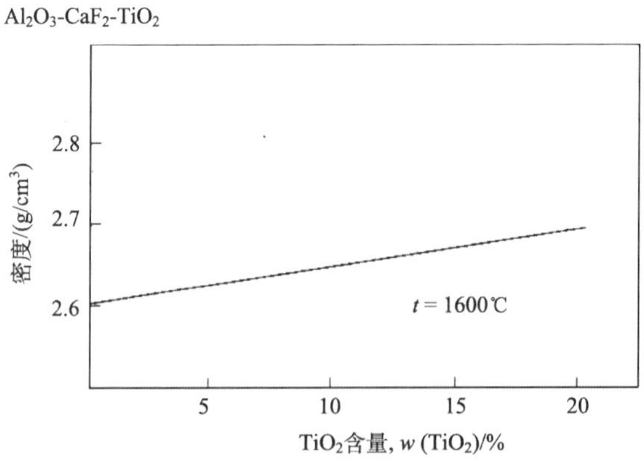

图 2.54　TiO_2对三七渣密度的影响

图 2.55 和图 2.56 分别是 1500℃条件下 CaF_2-CaO-Al_2O_3 熔体和 CaO-Al_2O_3-SiO_2熔体的密度，图 2.57 为不同温度下 CaF_2-CaO-SiO_2熔体的密度，可以为相关渣系的密度值提供重要的参考。

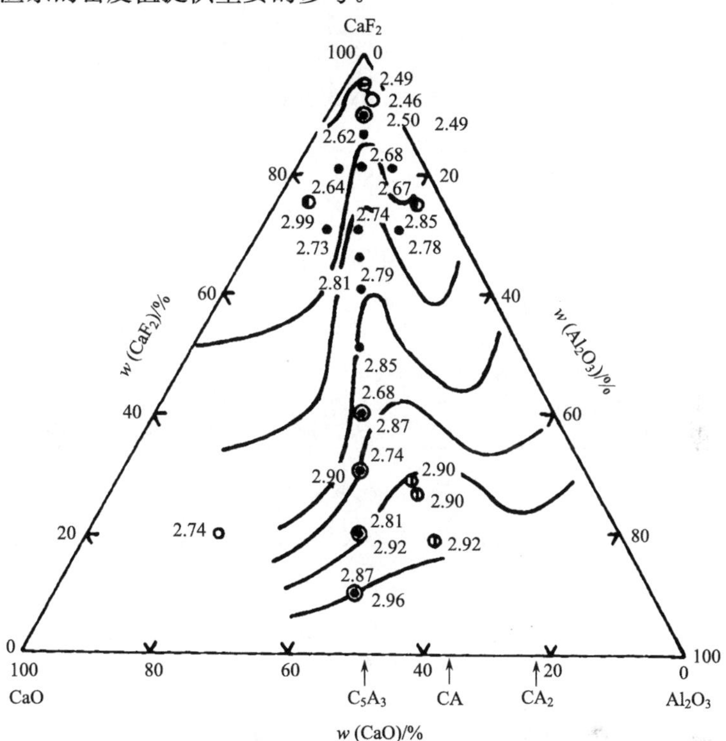

图 2.55　1500℃时 CaF_2-CaO-Al_2O_3 熔体的密度

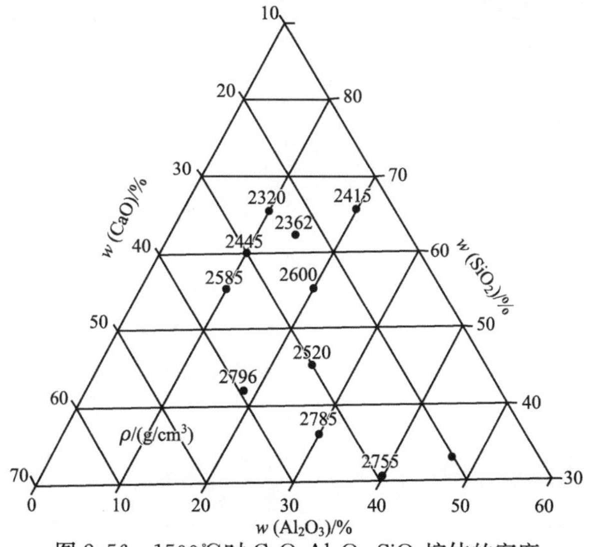

图 2.56　1500℃时 CaO-Al_2O_3-SiO_2熔体的密度

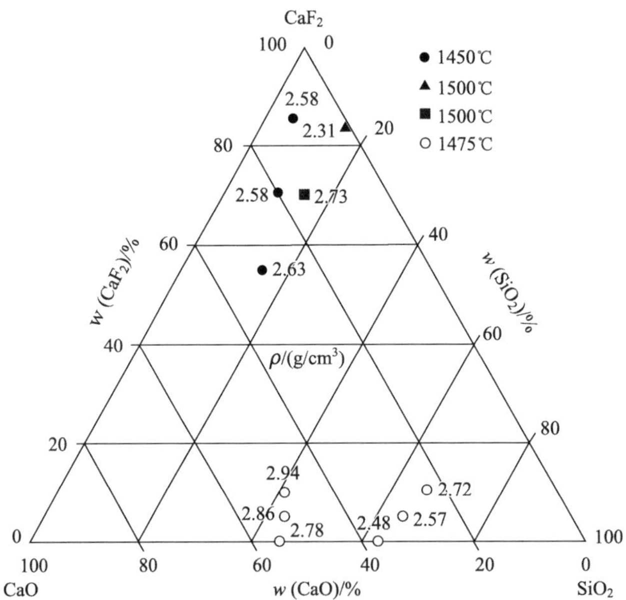

图 2.57 1450℃、1474℃和 1500℃时 CaF_2-CaO-SiO_2熔渣的密度

表 2.23 列出了荻野和巳测定的以 CaF_2 为基渣系的密度。表 2.24 给出了一部分四元渣系的密度[17]。

表 2.23 CaF_2为基熔渣的密度[28]

$w_{组成}$/%			ρ/(g/cm³)	T/K
CaF_2	CaO	Al_2O_3		
100			$3.405-0.506\times10^{-3}T$	1723～1873
90	10		$3.300-0.436\times10^{-3}T$	1723～1853
80	20		$3.329-0.445\times10^{-3}T$	1723～1858
70	30		$3.085-0.300\times10^{-3}T$	1723～1833
95		5	$3.544-0.590\times10^{-3}T$	1773～1833
90		10	$3.268-0.437\times10^{-3}T$	1723～1853
80		20	$3.284-0.433\times10^{-3}T$	1773～1853
91.5	5.0	3.5	$3.405-0.506\times10^{-3}T$	1723～1873
78.7	11.2	9.9	$2.965-0.211\times10^{-3}T$	1723～1873
56	19.9	23.3	$2.96-0.267\times10^{-3}T$	1723～1873
39.0	29.9	30.5	$3.146-0.267\times10^{-3}T$	1723～1873

续表

$w_{组成}$/%			ρ/(g/cm^3)	T/K
CaF_2	CaO	Al_2O_3		
23.8	32.7	42.9	$2.908-0.130\times10^{-3}T$	1723～1873
16.6	42.0	42.4	$3.030-0.170\times10^{-3}T$	1723～1873
10	45	45	$3.086-0.190\times10^{-3}T$	1723～1873
0	50	50	$3.135-0.200\times10^{-3}T$	1723～1873
20	50	30	$3.098-0.200\times10^{-3}T$	1723～1873

表 2.24　CaF_2 为基四元渣系的密度

$w_{组成}$/%				ρ/(g/cm^3)		
CaF_2	CaO	Al_2O_3	MgO	1400℃	1450℃	1460℃
75	10	10	5	2.78	2.73	
70	10	10	10	2.78	2.73	
65	10	10	15	2.93	2.88	
17.6	26.3	40.4	15.7			2.8

2.6.2　$CaO\text{-}Al_2O_3\text{-}SiO_2$ 三元系的密度

表 2.25 为 1350～1550℃时不同成分下 $CaO\text{-}Al_2O_3\text{-}SiO_2$ 三元系的密度。对于多元渣系密度的测定工作量较大，基于一些实测数据，多元系的密度可以用下面两个公式算出[36]：

$$100/\rho = 0.416w(SiO_2) + 0.303w(CaO) + 0.372w(MgO) + 0.328w(Al_2O_3) + 0.389w(CaF_2) \tag{2.27}$$

$$100/\rho = 0.415w(CaF_2) + 0.286w(CaO) + 0.367w(MgO) + 0.533w(SiO_2) + 0.426w(TiO_2) + 0.370w(ZrO_2) + 0.742w(Na_2O) + 0.530w(NaF) + 0.417w(Al_2O_3)^{①} \text{或} 0.329w(Al_2O_3)^{②} \tag{2.28}$$

表 2.25　$CaO\text{-}Al_2O_3\text{-}SiO_2$ 熔体密度与温度的关系

$w_{组成}$/%			ρ/(g/cm^3)				
CaO	Al_2O_3	SiO_2	1350℃	1400℃	1450℃	1500℃	1550℃
35	5	60	2.531	2.526	2.520	2.513	2.507
35	10	55	2.545	2.537	2.530	2.524	2.517

① $CaO\text{-}Al_2O_3$ 为基渣；② CaF_2 为基渣

续表

$w_{组成}$/%			ρ/(g/cm³)				
CaO	Al_2O_3	SiO_2	1350℃	1400℃	1450℃	1500℃	1550℃
35	15	50	2.554	2.546	2.539	2.532	2.525
35	18	47	2.559	2.550	2.545	2.540	2.533
35	19	46	2.562	2.553	2.547	2.542	2.534
35	20	45	2.563	2.555	2.549	2.543	2.537
40	5	55	2.566	2.559	2.550	2.543	2.535
40	10	50	2.573	2.565	2.559	2.552	2.543
40	13	47	2.586	2.577	2.570	2.562	2.555
40	14	46	2.588	2.581	2.573	2.565	2.558
40	15	45	2.591	2.584	2.576	2.567	2.561
40	20	40	2.604	2.596	2.589	2.581	2.574
45	5	50	2.609	2.601	2.594	2.587	2.580
45	6	49	2.610	2.603	2.595	2.588	2.580
45	8	47	2.613	2.605	2.599	2.591	2.584
45	9	46	2.614	2.606	2.601	2.593	2.585
45	10	45	2.615	2.609	2.602	2.594	2.587
45	15	40	2.624	2.616	2.608	2.601	2.594
45	20	35	2.628	2.620	2.614	2.607	2.600
50	5	45	2.647	2.640	2.632	2.624	2.617
50	10	40	2.657	2.650	2.643	2.635	2.627
50	15	35	—	—	2.656	2.648	2.640
50	20	30	—	—	—	2.661	2.653
29.4	15.5	55.1	2.501	2.496	2.491	2.486	2.482
30.0	20.0	50.0	2.526	2.521	2.517	2.513	2.508
32.8	17.2	50.0	2.538	2.533	2.525	2.524	2.520
32.0	22.0	46.0	2.559	2.552	2.546	2.540	2.534
33.4	29.7	46.9	2.593	2.588	2.583	2.578	2.573
31.7	33.3	35.0	2.593	2.588	2.583	2.578	—
35.2	18.5	46.3	2.564	2.559	2.554	2.549	2.544
36.8	19.3	43.9	2.575	2.574	2.569	2.564	2.559
35.2	25.9	38.9	2.590	2.585	2.586	2.575	2.570
38.0	20.0	42.0	2.592	2.586	2.580	2.573	2.567

续表

$w_{组成}$/%			ρ/(g/cm³)				
CaO	Al_2O_3	SiO_2	1350℃	1400℃	1450℃	1500℃	1550℃
40.0	19.4	40.6	2.604	2.598	2.591	2.584	2.578
41.6	11.4	47.0	2.600	2.593	2.586	2.580	2.574
42.6	11.4	46.0	2.605	2.597	2.590	2.584	2.578
43.6	11.4	45.0	2.609	2.602	2.595	2.583	2.582
45.3	17.6	37.1	2.627	2.620	2.613	2.606	2.598
43.6	18.2	38.2	2.620	2.613	2.606	2.598	2.591
41.9	18.7	39.4	2.614	2.606	2.599	2.592	2.584

2.7 黏　　度

黏度是流体的力学性质之一。液体流动时所表现出的黏滞性，是流体各部分质点在流动时产生内摩擦力的结果。在液体内部，如果以垂直于流动方向为 x 轴，液层面积为 S，二液层间的速度梯度为 $\mathrm{d}v/\mathrm{d}x$，则二液层间的内摩擦力 F 可用下式表示：

$$F=\eta\frac{\mathrm{d}v}{\mathrm{d}x}S \tag{2.29}$$

$$或\ \eta=\frac{F}{S}\bigg/\frac{\mathrm{d}v}{\mathrm{d}x} \tag{2.30}$$

式(2.29)和式(2.30)称为牛顿黏度公式，式中 η 是黏度系数或称黏度。黏度系数表示在单位速度梯度下，作用在单位面积液体层上的切应力。遵从式(2.29)的流体称为牛顿流体。当流体中有悬浮物或弥散物时为非牛顿流体。黏度的 CGS 制单位为 $\mathrm{dyn\cdot s/cm^2}$(或 $\mathrm{g/(cm\cdot s)}$)。通常以“泊”(P)表示。在 MKS 单位制中，黏度的单位为 $\mathrm{N\cdot s/m^2}$($\mathrm{Pa\cdot s}$)，$1\mathrm{Pa\cdot s}=10\mathrm{P}$。熔渣黏度的测量一般使用旋转柱体法、内柱体扭摆振动法和落球法[13]。

在电渣重熔过程中，黏度的大小直接影响由电磁力和热对流作用所引起的渣池运动速度。所以黏度将影响气体从渣中和渣钢间界面的排除，黏度越小，渣池运动越剧烈，对产生气体的反应就越有利。

熔渣黏度与温度的关系大致有图 2.58 所示的两种类型。酸性渣的黏度随着温度下降平缓地增大，这样的熔渣也称为长渣。碱性渣在高温区域时，温度降低黏度稍有增大，但降至一定温度时黏度突然急剧增大，这种类型的熔渣称为短渣。酸性渣中硅氧阴离子聚合程度大，结晶能力差，即使冷却到液相线温度以下仍能保持过冷液体的状态。因此酸性渣温度降低时，质点活动能力逐渐变差，黏度只是平缓上升。而碱性渣结晶性能强，在接近液相线温度时有大量晶体析出，熔渣变成非均相，黏度迅速增大。

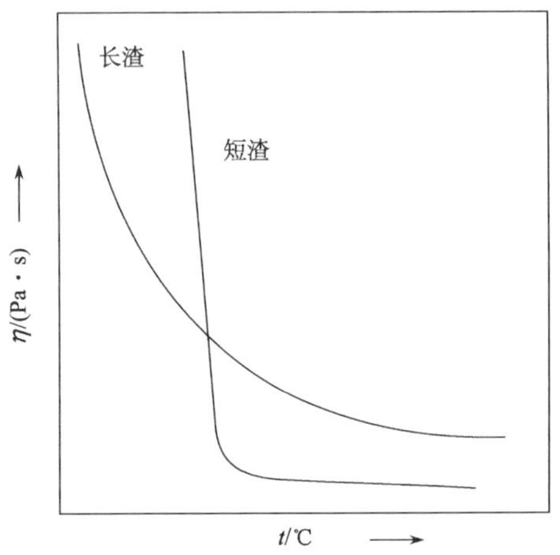

图 2.58　黏度与温度关系的类型

熔渣黏度与温度的关系可以用指数规律表示：

$$\eta = \eta_0 \exp[E_\eta/(RT)] \tag{2.31}$$

式中：E_η为黏度活化能，它是质点从一平衡位置移到另一平衡位置所需的最小能量或移动中需克服的能量。

熔渣中对黏度起主要作用的是复合阴离子(硅氧阴离子、铝氧阴离子)。特别是结构复杂的阴离子尺寸都比阳离子大，大的质点移动时需要的黏度活化能大，黏度就大。熔态石英有较高的黏度，其黏度活化能 E_η=560.66kJ/mol。加入碱性氧化物，能使网状结构的硅氧离子解体，复合阴离子的结构单元变小，因而黏度活化能 E_η 降低，熔渣的黏度也就减小。以 CaF_2 和 Al_2O_3 为主的电渣重熔渣系的复合阴离子主要是铝氧阴离子(如 AlO_3^{3-}、$Al_2O_5^{4-}$、$Al_2O_6^{6-}$ 和 $Al_{14}O_{33}^{24-}$)，当渣中 CaF_2 含量增加时，复合阴离子的网状结构受到破坏，分裂成较小的复合阴离子，从而使黏度降低。

Davies 等用转筒式黏度计对电渣重熔所用渣的黏度进行了测定，其结果如图 2.59～图 2.62 所示。

图 2.59～图 2.62 分别示出了 CaF_2-CaO、CaF_2-Al_2O_3、CaF_2-3CaO · Al_2O_3 和 CaF_2-12CaO · 7Al_2O_3 渣系 η 与$\frac{1}{T}$的关系曲线。

就 CaF_2-CaO 渣系而言，从图 2.59 中可以看出，85%CaF_2+15%CaO 成分配比的渣子黏度最低，而这个成分大体相当于该渣系的共晶成分。同 CaF_2-CaO 渣系一样，在 CaF_2-Al_2O_3 渣系中，最低黏度与它的共晶成分相对应。

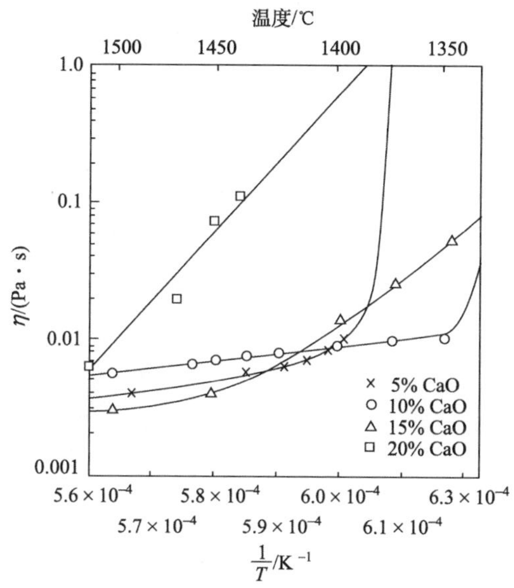

图 2.59　CaF_2-CaO 渣的黏度与温度间的函数关系

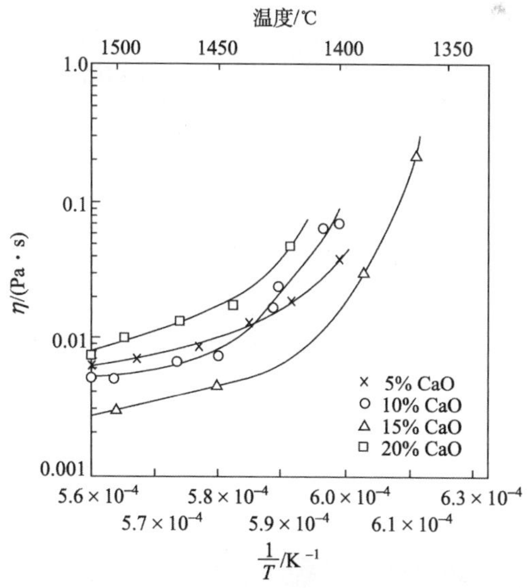

图 2.60　CaF_2-Al_2O_3 渣的黏度与温度间的函数关系

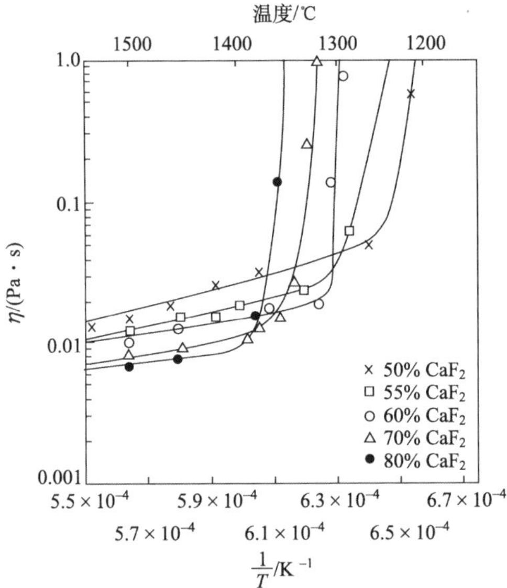

图 2.61　CaF_2-$3CaO \cdot Al_2O_3$ 渣的黏度与温度间的函数关系

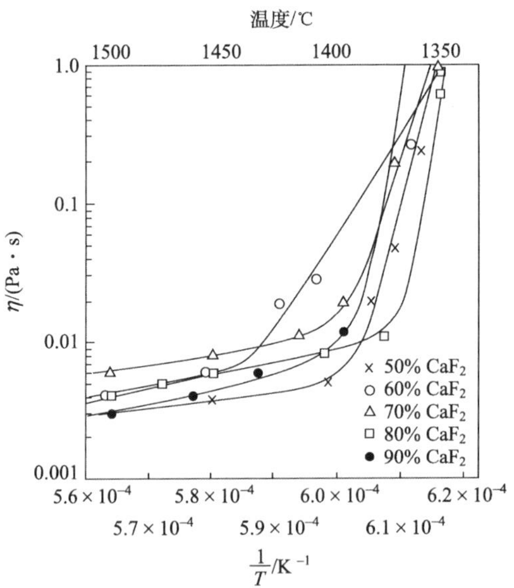

图 2.62　CaF_2-$12CaO \cdot 7Al_2O_3$ 渣的黏度与温度间的函数关系

图 2.61 给出了三元渣系 CaF_2-CaO-Al_2O_3 中准二元渣系 CaF_2-3CaO · Al_2O_3 的黏度与温度的数据。在该渣系中，3CaO · Al_2O_3 的含量越高，黏度越大，而液相线温度越低。由此可知，3CaO · Al_2O_3 含量对黏度的影响大于温度过热程度的影响。这是形成大阴离子基团 $Al_2O_6^{6-}$ 的缘故，$Al_2O_6^{6-}$ 基团体积庞大，运动缓慢，因而其数量增加渣系黏度也随着增加。将此渣系与 CaF_2-CaO 和 CaF_2-Al_2O_3 渣系比较，可以认为在所测的浓度范围内，二元渣系更倾向于形成简单的 Ca^{2+}、Al^{3+}、F^-、O^{2-} 离子。同样在 CaF_2-12CaO · 7Al_2O_3 的准二元渣系中，当 12CaO · 7Al_2O_3 的含量从 10%增加到 40%时，黏度也随着增加。这是由于形成了 $Al_2O_6^{6-}$、$Al_{14}O_{33}^{24-}$ 和 $Al_2O_4^{2-}$ 阴离子。

图 2.63 和图 2.64 为不同组成的 ESR 熔渣的黏度与温度的关系，对应的成分如表 2.26[17]所示。其中 CaF_2-NaF 和 CaF_2-Na_3AlF_6渣系的黏度最小。在 CaF_2 中加入 Al_2O_3 时黏度增加，图 2.65 数据更能清楚地说明这一点。在 ANF-6 渣基础上添加 CaO 可以使熔点降低，同时也使黏度下降，如图 2.66 所示。图 2.67 给出了 CaF_2-CaO-Al_2O_3 三元系中常用 ESR 渣组成下的黏度与温度的关系，并给出了与 ANF-6 的比较，其对应的渣组成如表 2.27 所示。图 2.68 为 1500℃下 CaO-Al_2O_3-SiO_2渣系的等黏度线[41]。图 2.69 和图 2.70 分别为 1500℃和 1600℃下 CaO-Al_2O_3-CaF_2三元系的等黏度图。图中不同形状点及其数据为不同研究者测得的黏度。

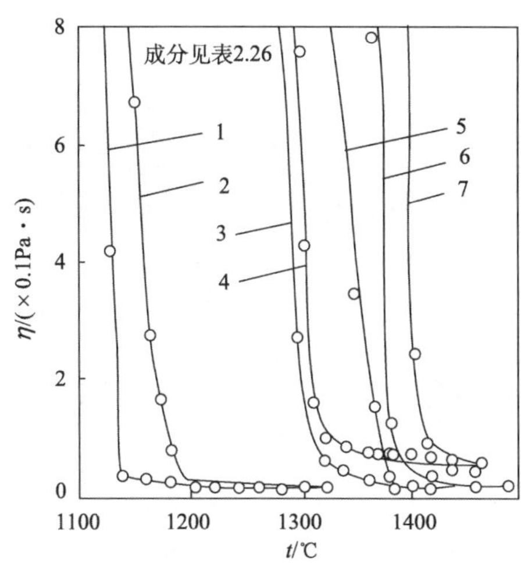

图 2.63　电渣重熔渣黏度与温度的关系

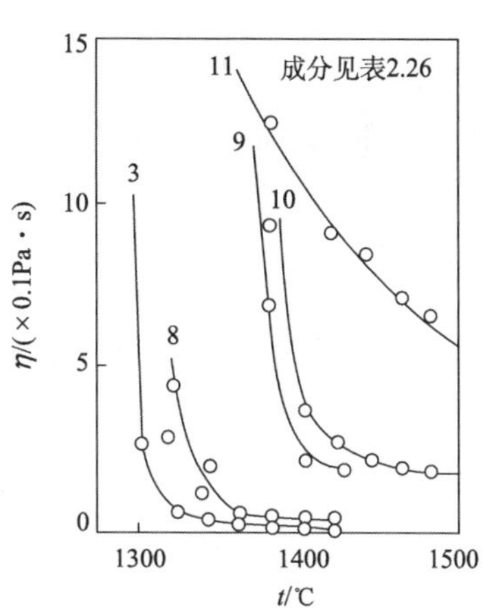

图 2.64　电渣重熔渣黏度与温度的关系

熔渣的黏度对电渣重熔过程的影响主要有两个方面：一是对渣-金属反应速度的影响，通常熔渣的黏度小，渣池运动剧烈，对于脱硫、去除气体和夹杂物有利；二是对钢锭的成型即表面质量的影响，如果采用黏度较小而且不因冶炼温度变化而发生黏度显著变化的渣系，可获得表面质量良好的钢锭。如果熔渣的熔点高、黏度大而且黏度随温度的变化大，则钢锭的表面质量难以保证。但是渣的黏度大，金属液滴的尺寸越小，金属与渣的密度差越小，金属液滴的最终速度就越低，因而它在渣池中的停留的时间越长，那么渣-金属的反应也就越充分。

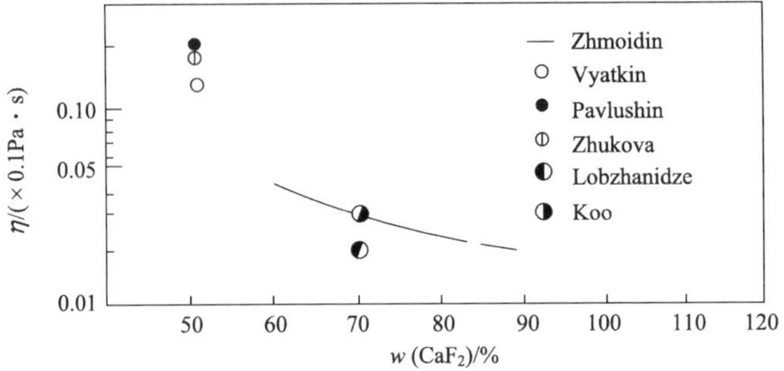

图 2.65 CaF_2-Al_2O_3 熔渣黏度

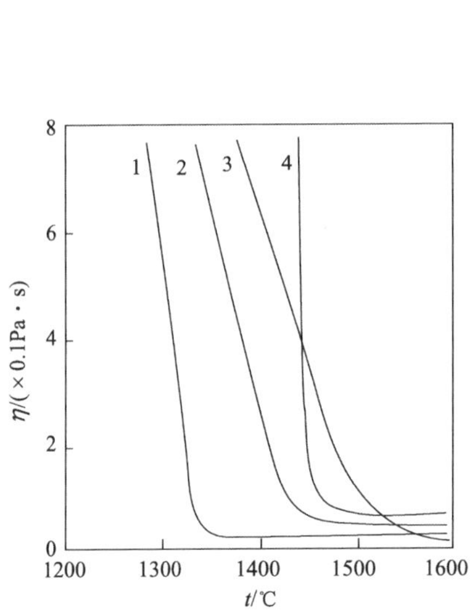

图 2.66 CaO 含量对成分为 CaF_2 65%和 30%～35% Al_2O_3 的电渣重熔渣黏度的影响

1-ANF-6+15%CaO；2-ANF-6+10%CaO；3-ANF-6+5%CaO；4-ANF-6

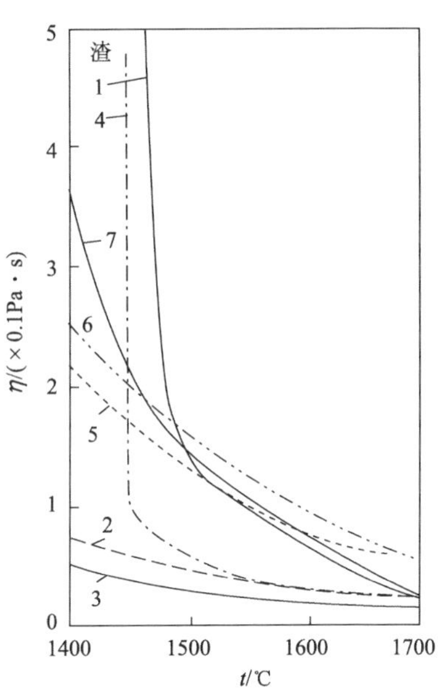

图 2.67 常见 ESR 渣系的黏度

1-70%CaF_2+30%Al_2O_3；2-50%CaF_2+10%Al_2O_3+40%CaO；3- 60%CaF_2+20%Al_2O_3+20%CaO；4-50%CaF_2+30%Al_2O_3+20%CaO；5-40%CaF_2+30%Al_2O_3+30%CaO；6-30%CaF_2+30%Al_2O_3+40%CaO；7-40%CaF_2+40%Al_2O_3+20%CaO

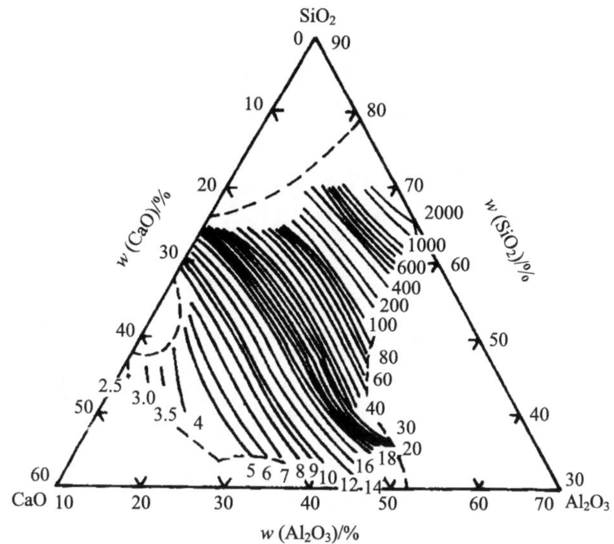

图 2.68　1500℃，$CaO-Al_2O_3-SiO_2$系熔渣的黏度(0.1Pa・s)

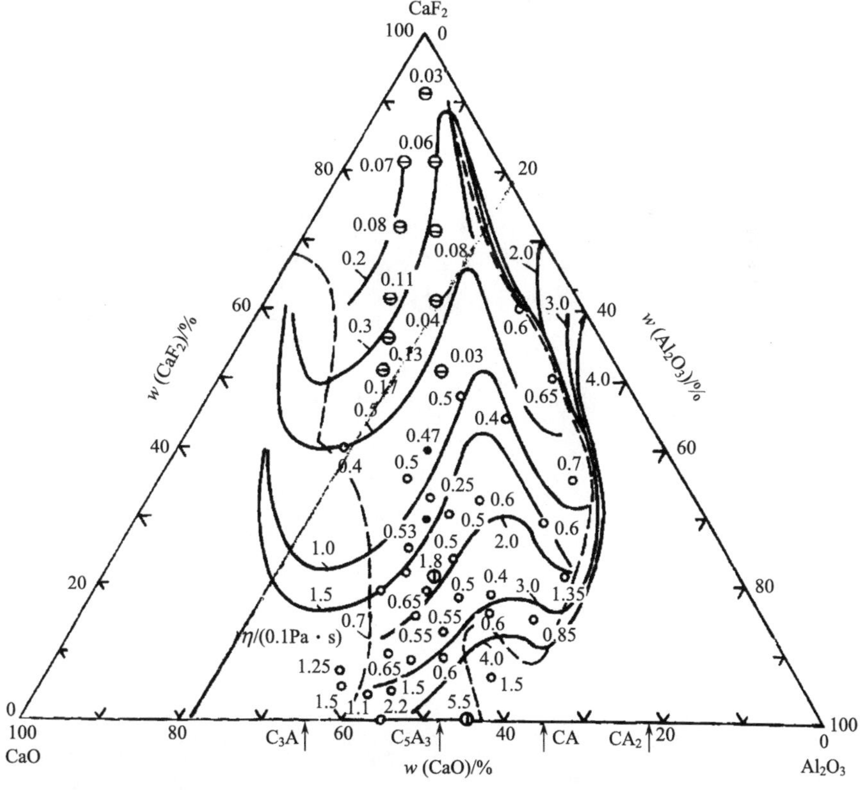

图 2.69　$CaF_2-Al_2O_3-CaO$ 渣系的等黏度图(1500℃)

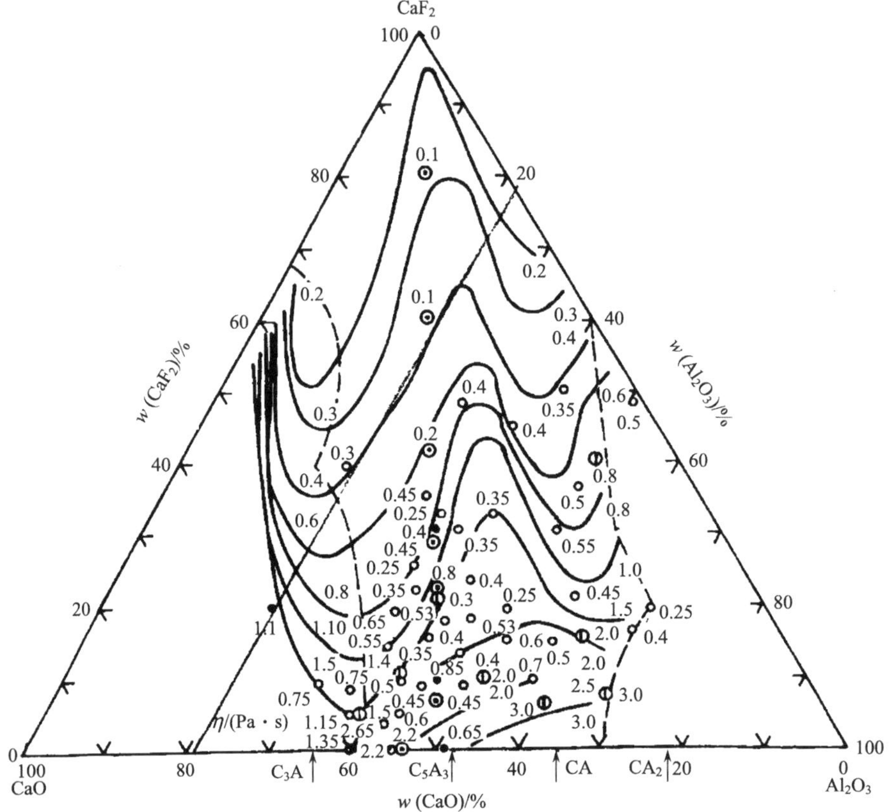

图 2.70 CaF_2-Al_2O_3-CaO 渣系的等黏度图(1600℃)

表 2.26 某些 ESR 的成分(对应图 2.63 和图 2.64) (单位:%)

渣号	$w(CaF_2)$	$w(CaO)$	$w(Al_2O_3)$	$w(MgO)$	$w(NaF)$	$w(Na_3AlF_6)$
1	74.75				24.8	
2	74.65					19.75
3	100					
4	79.6			19.85		
5	79.56	19.9				
6	79.7		19.79			
7	69.7		29.85			
8	79.6	9.70	9.75			
9	39.73	29.75	29.80			
10	19.66	39.8	39.65			
11		44.70	54.85			

表 2.27　某些 ESR 渣系的组成(根据图 2.69)　(单位:%)

渣号	$w(CaF_2)$	$w(Al_2O_3)$	$w(CaO)$
1	70	30	
2	50	10	40
3	60	20	20
4	50	30	20
5	40	30	30
6	30	30	40
7	40	40	20

2.8　表面张力和界面张力

2.8.1　基本概念

1. 熔渣的表面张力

位于与气相接触的液体或固体表面上的质点比其内部的质点具有更高的能量，因其配位数未得到满足，原子间的相互作用力不平衡。这种单位表面积上的过剩能量就成为表面自由能。它有试图缩小表面、降低过剩能量的趋势。也就是说，液体表面有收缩的趋势，可设想沿液体表面存在有使液体表面积收缩的张力，称为表面张力。它是沿着液体表面垂直于单位长度直线上的力，单位为牛顿/米(N/m)或毫牛/米(mN/m)。

液体的表面张力和其组成的结构键型有关。金属键物质的表面张力最大，一般在 1000～2000mN/m；离子键物质次之，为 300～800mN/m；分子型物质最小，在 100mN/m 以下。由此可见，液体中质点之间的作用力越大，则表面的过剩自由能越大，表面张力也就越大。熔渣属于离子体溶液，其表面张力大致在 200～700mN/m。在熔渣中复合阴离子(如硅氧阴离子)通常具有较大的半径和相对较少的电荷，与金属阳离子的作用力较小，为了降低体系的能量，复合阴离子总是被排挤到熔体表面，从而使熔体表面张力降低。因此，在碱性渣中加入 SiO_2 能使硅氧阴离子聚合程度加大，它与金属阳离子间的作用力减小，被排挤到表面的数量即表面浓度增加，使熔体表面张力降低。这种能使熔剂表面张力降低的物质称为表面活性物质，随着炉渣碱度的降低表面张力减小。

以氟化物为基的 ESR 熔渣通常比氧化物的表面张力小。纯 CaF_2 在 1600℃下其值为 285mN/m[28]。图 2.71 表示 CaF_2 含量对熔渣表面张力的影响。$CaO-Al_2O_3-CaF_2$三元系中当 CaO/Al_2O_3 质量比为 1.0 时，其表面张力随 CaF_2含量的增加显著降低，但当 CaF_2含量大于 60%时，其表面张力几乎不变。这可能是在氧化物渣系中加入 CaF_2 使（—O^- …Ca^{2+} …O^-—）结构变成（—O^- …Ca^{2+} …F^-—）结构造成的。

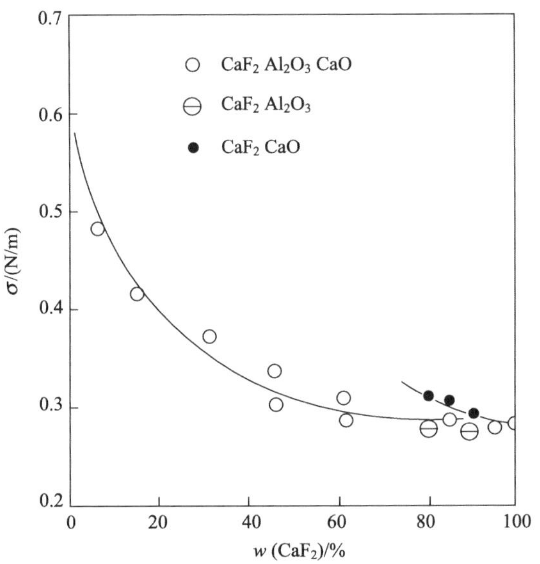

图 2.71　1823K 时 CaF_2为基渣的表面张力

硅酸盐渣系的表面张力可近似地用下面公式计算：

$$\sigma=\sum \overline{\sigma_i}x_i \tag{2.32}$$

式中：$\overline{\sigma_i}$为熔渣组分的表面张力因子，即组分 i 的偏摩尔表面张力，mN/m；x_i 为组分 i 的摩尔分数。

表 2.28 为各种氧化物的偏摩尔表面张力。对 CaF_2而言，由于是表面活性物质，其$\overline{\sigma_i}x_i$ 可由下列公式算出[42]。

当 $x(CaF_2)\leqslant 0.13$ 时：

$$\bar{\sigma}(CaF_2)x(CaF_2)=-2.0-934x(CaF_2)+4769x(CaF_2) \tag{2.33}$$

当 $x(CaF_2)>0.13$ 时：

$$\bar{\sigma}(CaF_2)x(CaF_2)=-92.5-382.5x(CaF_2) \tag{2.34}$$

表 2.28　各氧化物的偏摩尔表面张力[24]

组元	$\overline{\sigma_i}$/(mN/m)			
	1300℃	1400℃	1500℃	1600℃
CaO		614	586	
MnO		653	641	
FeO		584	560	
MgO		512	502	
Al_2O_3		640	630	
SiO_2		181	203	223
K_2O	168	156		

2. 熔渣与金属液之间的界面张力

两凝聚相的接触面上质点间出现的张力称为界面张力，相应地此单位面上的过剩能量称为界面自由能。图 2.72 为气-液-固三相间的润湿情况。当液滴处于平衡时，三相接触点的三个张力达到平衡，液体的表面张力 σ_2 与固-液之间的接触面夹角 θ 称为接触角，用以量度液-固两相间的润湿程度。

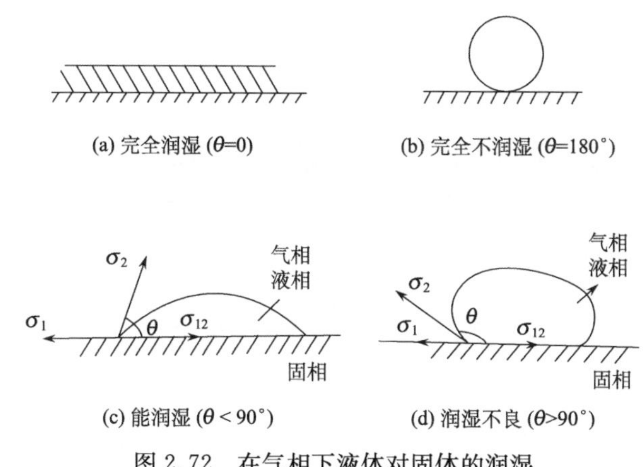

图 2.72　在气相下液体对固体的润湿

σ_{12}-固液间界面张力；σ_1-固体的表面张力；σ_2-液体的表面张力

由图 2.72 中三个张力的平衡关系可得

$$\sigma_1=\sigma_{12}+\sigma_2\cos\theta \tag{2.35}$$

$$\cos\theta=\frac{\sigma_1-\sigma_{12}}{\sigma_2} \tag{2.36}$$

由式(2.36)可见，界面张力(σ_{12})越大，则 $\cos\theta$ 越小，即 θ 越大，因而润湿程度越小。相反，界面张力越小，润湿程度就越大。

金属和熔渣之间的界面张力(σ_{12})常比金属的表面张力小，这是由于两种液体的质点在相界面上发生吸引，使得每种液体本身的分子之间的作用力减弱。界面张力与两相的化学成分、结构及组成两相的分子或离子的方位有关。接触的两相表面的结构越近似，界面张力就越小。因此，假如熔渣的组分很少溶解或完全不溶解于金属中，那么σ_{12}很高，一般可大于 1000mN/m。向渣中加入能在两相间分配存在的化合物(实际是指化合物中的元素)，如 FeO(Fe_2O_3)、FeS、MnO 或 CaC_2，则能使σ_{12}显著降低。此外，CaF_2、Na_2O 等亦能改变σ_{12}。

图 2.73 表示在 1600℃下三种电渣重熔渣系与钢液间的界面张力。在 CaO-Al_2O_3-CaF_2三元系中当 CaO/Al_2O_3 质量比为 1 时，随着 CaF_2含量的增加界面张力稍有增加，而 CaF_2-CaO 渣系则随 CaO 含量的增加界面张力显著降低。

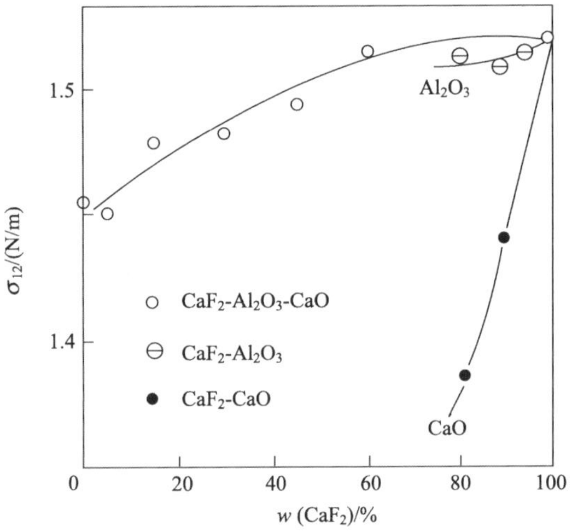

图 2.73　1873K 时钢液与 CaF_2为基渣的界面张力

3. 熔渣的润湿性与铺展性

单位接触面积的金属和熔渣在气相中被分离后，变成各具有单位面积新表面的两分离液相，这时所消耗的功称为黏附功(或称润湿功)，其值为

$$W_{黏}=\sigma_1+\sigma_2-\sigma_{12} \tag{2.37}$$

式中：σ_1、σ_2、σ_{12}分别为金属的表面张力、熔渣的表面张力、界面张力。

$W_{黏}$越大，熔渣和金属的分离就越困难。当 $W_{黏}=0$ 时，二者能完全分离。σ_{12}越小，则 $W_{黏}$越大，两液相异于润湿或铺展。

另外，钢液中的熔渣质点(或夹杂)及混卷入熔渣中的金属微粒的聚合，则与同种质点的内聚功($W_{内}$)有关，它是分离单位横截面积的液相所消耗的功，其值为 $W_A=2\sigma_1$ 或 $2\sigma_2$，因为液柱分离后出现了两个单位面积的新表面。

比较黏附功和内聚功，可以确定两液相之间的润湿及铺展程度，从而确定金属和熔渣间分离或聚合条件。铺展性常用 $W_{黏}$ 和 $W_{内}$ 之差来表示，称为铺展系数，用符号 S 表示：

$$S=W_{黏}-W_{内}=\sigma_1+\sigma_2-\sigma_{12}-2\sigma_2=\sigma_1-\sigma_2-\sigma_{12} \tag{2.38}$$

当 $S<0$ 时，熔渣在金属表面聚合，形成透镜滴状。

当 $S>0$ 时，熔渣沿金属铺展。

同样，金属在熔渣上铺展系数计算公式为

$$S'=\sigma_1+\sigma_2-\sigma_{12}-2\sigma_1=\sigma_2-\sigma_1-\sigma_{12} \tag{2.39}$$

显然，S 和 S' 都与两液相的界面张力 σ_{12} 有关，即 σ_{12} 越小，它们的润湿或铺展程度就越大。

2.8.2　表面张力测试方法

表面张力的测定方法有很多，一般可以将这些方法分为动态法和静态法两大类[43]。动态法主要有毛细管波法、旋滴法[44]和振荡射流法[45]。静态法有气泡最大压力法(最大泡压法)、滴重(体积)法、静滴法、拉筒法、激光衍射法[46]和电磁悬浮法[47]等。对高温熔体主要的测量方法为静态法，常用的为气泡最大压力法、滴重(体积)法、静滴法、拉筒法。

1. 最大泡压法

最大泡压法(MBP method)最早由 Simon 于 1851 年提出。这种方法可以认为是通过实验创造新表面的非动力学方法。图 2.74 给出传统最大泡压法(MBP)的实验装置示意图。

最大泡压法的实验步骤是：将半径为 r 的毛细管垂直插入待测液体的表面层，插入深度为 h，再向管中缓慢地吹入一个气泡，随着吹入气泡体积的增大，曲率半径降低、内部压力增加。当气泡刚好达到半球形状时，气泡的曲率半径最小，内部压力最大，气泡半径等于 r。此时如果再继续吹气，气泡将从毛细管下端脱离。

假设液体密度为 ρ，毛细管半径为 r，深度为 h，气泡内压力为 P，σ 为被测液体的表面张力。当气泡内的压力达到最大值时有

$$P=\rho hg+\frac{2\sigma}{r} \tag{2.40}$$

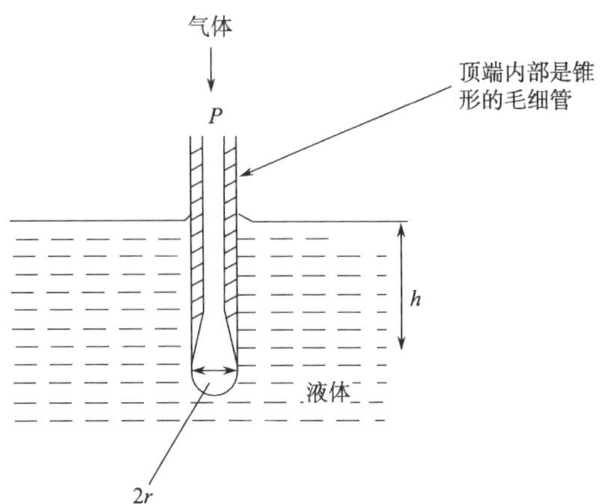

图 2.74　最大泡压法(MBP)的实验装置示意图

最大泡压法测量表面张力的应用比较广泛，可用于测量熔融金属、窑炉中的熔体等因不易接近所以需远距离操作的熔体表面张力。在所测液体与毛细管的材质不发生反应的前提下，所测得的结果都是比较可靠的，而且计算公式也比较简单。但是最大泡压法要求在气泡内压力到达最大值那一瞬间的极限情况下测量，偏离这个状态就会导致测量的误差。在实际测量时，不但出入气体的速度很难控制，而且对毛细管形状的要求也很高：不宜过长、端部最好为圆锥台形状。并且在测量高温熔体时对毛细管材质的选择也非常困难，这些都限制了此方法的应用以及进一步发展。

2. 滴外形法

滴外形法，就是根据液滴的外形来确定所测液体表面张力和接触角的方法。该法具有试样用量少、设备简单、操作方便等优点，还可以方便地观察表面张力随时间的变化。近几年，随着数字图形处理技术的发展，滴外形法有了相当大的进步，也受到更多人的重视。滴外形法包括静滴法和悬滴法。

静滴法是将被测液体的液滴放置在水平垫片上，根据液滴在重力、表面张力等力的作用下形成的形状来计算表面张力。图 2.75 给出液滴在垫片上稳定平衡形状的示意图。

液滴外形和液滴表面压力与表面张力的关系可用 Young-Laplace 方程描述：

$$\sigma\left(\frac{1}{R_1}+\frac{1}{R_2}\right)=P_0+(\rho_A-\rho_B)gz \tag{2.41}$$

式中：σ 为表面张力，N/m；R_1、R_2 为液滴曲面主要曲率半径，m；ρ_A、ρ_B 为液相和气相的密度，kg/m^3；z 为以液滴顶点 O 为原点，液滴表面上任意一点 P

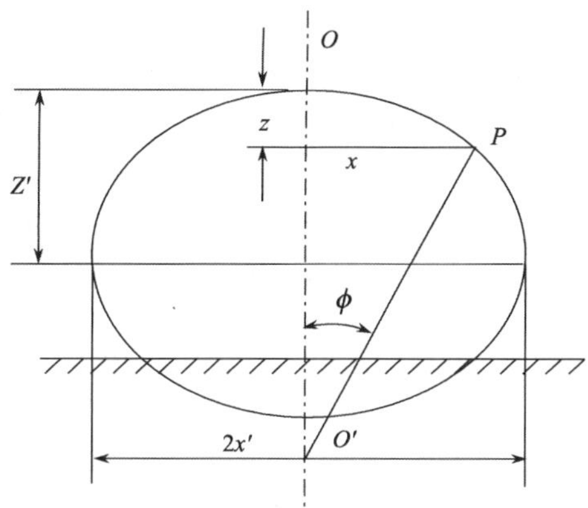

图 2.75　静滴法测量表张力液滴形状示意图

的垂直坐标；P_0为顶点 O 处的静压力，Pa。

为求解方便，引入校正因子 β：

$$\beta=\frac{(\rho_A-\rho_B)gb^2}{\sigma} \tag{2.42}$$

得到

$$\frac{1}{R_1/b}+\frac{\sin\phi}{x/b}=2+\frac{z}{b}\beta \tag{2.43}$$

式中：b 为液滴顶点 O 处的曲率半径；R_1为熔滴表面上任意一点 P 处垂直于纸面截面的曲率半径；ϕ 为过任意一点 P 的法线 PO'与对称轴之间的夹角；x 为以 O 为原点任意一点 P 的水平坐标。

Bashforth 和 Adams[48]计算了与不同的 β 和 ϕ 对应的 x/b、z/b 和 x/z 的数值，并将这些数据制成计算表。实际工作时，量取在 $\phi=90°$时 x 和 z 的值，利用上述计算表查得对应的 β 值，再由另一张计算表求出 b 值，代入

$$\sigma=\frac{(\rho_A-\rho_B)gb^2}{\beta} \tag{2.44}$$

即可求得液体的表面张力。

静滴法测量液体表面张力所需的设备简单，能够直接观察液体表面张力随时间的变化。但是必须静置在水平表面，且支持物不能有振动以保证是平衡状态[49]，而且数据处理稍显烦琐。

悬滴法也称滴重法，这种方法就是根据在毛细管下端悬滴的表面张力与重力平衡这一原理来测液体的表面张力，原理示意图如图 2.76 所示。悬着的液滴表

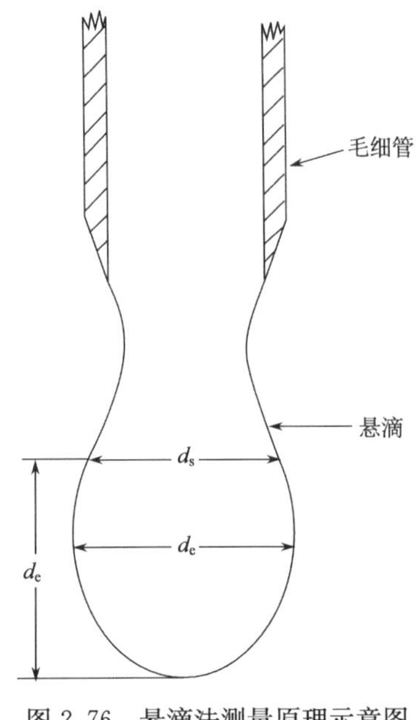

图 2.76　悬滴法测量原理示意图

面张力与重力的平衡关系如下：

$$W = 2\pi r\sigma \tag{2.45}$$

式中：W 为液滴重量，N；r 为毛细管半径，m；σ 为液体的表面张力，N/m。

但是实际上，在毛细管的端部总会与悬滴有一小部分粘连在一起，使得式(2.45)不成立。进一步分析在这种情况下，液滴的重量除了与毛细管的半径和液体的表面张力有关，还与 r/a 有关系，a 为毛细常数的平方根。则式(2.45)可以改写成

$$W = 2\pi r\sigma f(r/a) \tag{2.46}$$

Harkins 等指出，式中 $f(r/a)$ 是 $r/V^{1/3}$ 的函数，令 $f(r/a) = \phi(r/V^{1/3})$，代入式(2.46)可得

$$W = 2\pi r\sigma\phi(r/V^{1/3}) \tag{2.47}$$

令 $F = \dfrac{1}{2\pi\phi(r/V^{1/3})}$，代入式(2.47)中得

$$\sigma = \frac{W}{r}F = \frac{mg}{r}F \tag{2.48}$$

式中：m 为液滴质量。

滴重法要求所用毛细管的端部必须非常平而且要保证严格的圆形。在测量的时候，只有液滴在毛细管端部停留的时间足够长，液滴的重量才能恒定。所以测量时要尽量延长液滴形成的最后阶段的时间，以保证测量精度。这种方法只能适用于表面张力较小的金属而且所测的物质要有固定的熔点。

3. 拉筒法

拉筒法又称为脱离法或最大拉力法，其测量方法是把一个垂直的金属板、中空的圆筒或水平的金属环与液体的表面接触，接触后它们会受到液体一个向下的拉力。通过测量这个拉力就可以推算出液体的表面张力。

当把物体从液面慢慢拉起时，若润湿状态良好，这个物体与液面会相互粘在一起，在物体被拉起的过程中，液体的表面张力会对它有向下的拉力。要使物体脱离液体表面，需要的拉力会经过一个最大值，测量这个力的最大值后，就可以推算得到液体的表面张力。

测量高温下的熔体时，通常使用中空的圆筒来测量最大拉力。将薄壁圆筒管

的一端连接到一个能够连续记录的天平，让圆筒另一端的边缘刚好浸入高温熔体液面以下，如图 2.77(a)所示。然后开始缓慢降低熔体的位置，随着高温熔体表面层缓慢降低，在圆筒边缘形成弯曲液面，并且逐渐延展，如图 2.77(b)所示。最后直到圆筒与液面断开。在这一过程中令天平记录的最大过剩质量为 $m_{\max}$，这样液体表面张力 σ 可由式(2.48)计算得出：

$$\sigma = \frac{m_{\max} g}{4\pi r} F \tag{2.49}$$

式中：F 为纠正因子，与弯曲液面的形状和圆筒的尺寸有关。

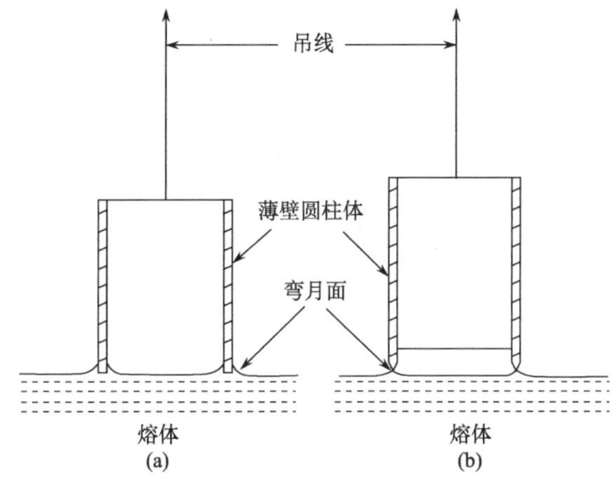

图 2.77　拉筒法测定表面张力的示意图

用拉筒法测量表面张力时也需要把金属圆筒放置呈水平状态，而且要求测量用的圆筒在高温下不能够出现变形，也不能受到高温熔体的侵蚀。

4. 毛细管上升法

毛细管上升法就是在被测溶液中插入一支毛细管，由于毛细现象的作用，毛细管内的液面将会上升。当毛细管内外液体达到平衡后，管内液体的高度就稳定在高度 h，如图 2.78 所示。需要注意的是，只有直径是 10cm 以上的液面才能看成基准液面。

毛细管内液面呈弯月状，可以得出此液面对管内液体施加的向上拉力为

$$F = 2\pi r\sigma\cos\theta \tag{2.50}$$

管内液体的总重量 W 为

$$W = \pi r^2 \rho h g + W' \tag{2.51}$$

式中：W'为弯月形部分液体的重量，N。

当达到平衡时，管内液体的总重量与液面处受到的向上拉力平衡，于是有

$$\sigma=\frac{rh\rho g}{2}+\frac{mg}{2\pi r} \tag{2.52}$$

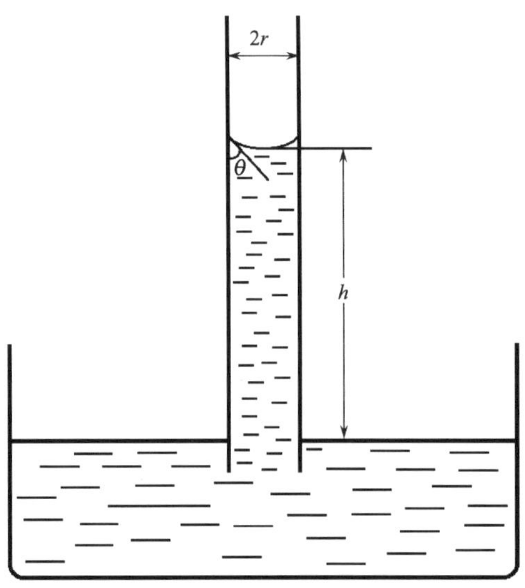

图 2.78　毛细管上升法测量表面张力示意图

毛细管上升法是测定表面张力的最好方法之一，可以精确到万分之一[50]。但只有在润湿角 $\theta=0°$时，用这个方法测得的表面张力才是准确的。实际情况下由于很难精确测得润湿角的大小，所以这种方法测量的结果不能够保证其精确性。

综上所述，以上几种表面张力的测量方法都可用来测量高温熔渣的表面张力。但综合考虑测量准确度、实际操作的难度以及对高温熔渣的实用性等因素，最后选用静滴法测量渣系的表面张力。

2.8.3　界面张力测试方法

界面张力的测量方法有静滴法、滴重法和气泡最大压力法等，这些方法的基本原理与上述的测量表面张力的相应方法基本相同。除此之外，还有一种方法较为普遍，就是通过获得铁液表面上“漂浮”的渣滴的形状，测量相应的尺寸来计算界面张力的浮滴法。

1. 静滴法

用静滴法测量金属与熔渣之间界面张力的基本原理与测量表面张力的原理相

同。它是通过对浸没在熔渣中垫片上的金属液滴的形状进行 X 射线透射摄影，来获得钢渣间的润湿情况，应用 Bashforth 和 Adams 的计算表和公式

$$\sigma = \frac{(\rho_A - \rho_B) g b^2}{\beta} \tag{2.53}$$

计算界面张力。式中，ρ_A 和 ρ_B 分别为金属液和熔渣的密度。

实验时，先将坩埚水平放置，在坩埚底部放置与其材质相同的垫片，再将金属液滴放在坩埚底部的垫片上。而后，缓慢地把熔渣倒入坩埚里。在倒入熔渣的过程中，应保持金属液滴在垫片上同时有良好完整的对称性。在熔渣与金属稳定之后用 X 射线透射摄影，就可以获得熔渣与金属鲜明边界的影像。

但是采用这种方法时很难选择坩埚的材质，以使其不被熔渣侵蚀而导致被测物质成分变化，影响测量结果的真实性和准确性。

2. 浮滴法

将一滴熔渣小心地放置在铁液表面上，使之与下面的钢液形成如图 2.79 所示的双面凸透镜形状。通过测量接触角，计算求得熔渣与铁液间的界面张力。

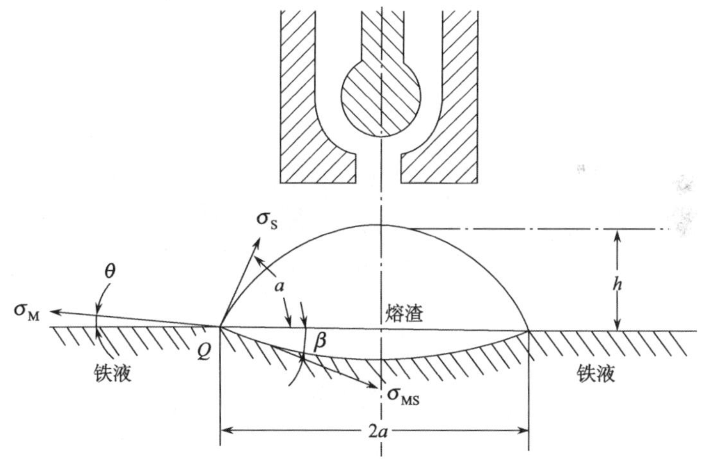

图 2.79　浮滴法测量界面张力的示意图

设熔融炉渣的表面张力为 σ_S，铁液的表面张力为 σ_M，熔渣与铁液的界面张力为 σ_{MS}，熔渣与铁液间平衡时，在 Q 点，三者间的平衡关系为

$$\sigma_M \cos\theta = \sigma_S \cos\alpha + \sigma_{MS} \cos\beta \tag{2.54}$$

$$\sigma_M \sin\theta = \sigma_S \sin\alpha + \sigma_{MS} \sin\beta \tag{2.55}$$

式中：α、β、θ 为接触角。由于 θ 角非常小，可以忽略不计，因而

$$\sigma_S \sin\alpha = \sigma_{MS} \sin\beta \tag{2.56}$$

消去 β，则得公式

$$\sigma_{MS} = \sqrt{\sigma_M^2 + \sigma_S^2 - 2\sigma_M\sigma_S\cos\alpha} \tag{2.57}$$

如果已知铁液和熔渣的表面张力，并直接测量得到接触角 α，代入式(2.56)和式(2.57)即可分别计算出界面张力 σ_{MS}和接触角 β。

2.8.4 熔渣界面性质对电渣重熔工艺的影响

1. 黏附功与重熔锭表面渣皮剥离状况的关系

如前所述，渣-金属界面张力和黏附功的大小决定了渣-金属之间的润湿和铺展程度。通常界面张力越小，黏附功越大，表明熔渣在金属上的黏附能力越大，电渣重熔中渣皮凝固后不易从钢锭表面剥离。图 2.80 为不同渣系和钢液间的黏附功与钢中氧含量的关系。由图可见，CaF_2为基的渣系其黏附功较小，渣皮容易从钢锭表面脱落；而氧化物渣系黏附功较大，渣皮不易从钢锭表面脱落。

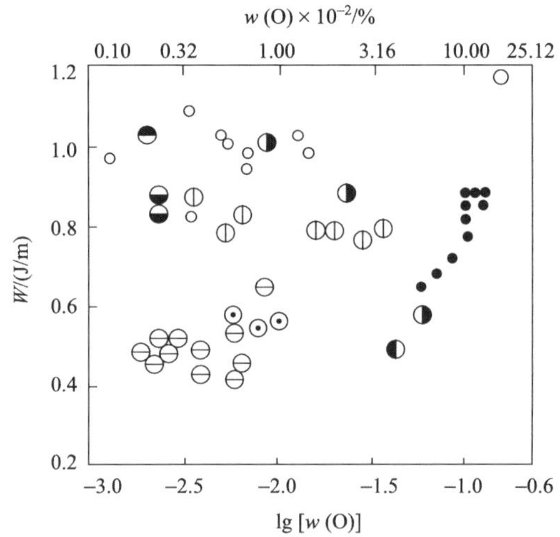

图 2.80　钢液和各种成分的渣间黏附功与氧含量的关系

◒-CaO-Al_2O_3-SiO_2(5～10)，CaO(33)-MgO(6)-Al_2O_3(46)-SiO_2(15)；⊙-CaO(25)-SiO_2(60)-Al_2O_3(15)，CaO(10)-Na_2O(20)-SiO_2(70)；⦶-CaO(40)-SiO_2(40)-Al_2O_3(20)；◑-CaF_2(88)-CaO-FeO(8)；◐-CaF_2(84)-CaO(9)-FeO(7)；∘-CaO(50)-Al_2O_3-(50)；•-FeO(20～70)-CaO-SiO_2(20～50)；◓-CaO-Al_2O_3-Fe_2O_3(2～5)；⊖-ANF-6，CaF_2，CaF_2-Al_2O_3(5～30)；○-FeO(括号内数字表示质量分数,%)

2. 界面张力与熔滴大小的关系

液面表面张力的存在促使液滴试图收缩成表面积最小的球形，就像有一个向里的外力加于熔滴与电机的交界面处，并与促使熔滴脱离电极顶端的重力相反。Campell[51]提出了以下方程描述熔滴的大小。

大电极

$$r_d = \left[\frac{2.04\sigma}{\rho g}\right]1/2 \tag{2.58}$$

小电极

$$r_d = \left[\frac{1.5\sigma r_e}{\rho g}\right]1/3 \tag{2.59}$$

式中：r_d为熔滴半径；σ 为钢渣界面张力；r_e为电极半径；ρ 为金属和熔渣的密度差；g 为重力加速度。

由式(2.58)和式(2.59)可知，渣-金属之间界面张力越大，熔滴半径也越大。

3. 界面张力与精炼反应的关系

钢液之间的界面张力大，渣对钢的浸润就差，渣中夹钢或钢中夹渣的现象就可能降低，金属的损失也会减少。

钢中非金属夹杂物的聚合及排除也与钢渣界面张力、夹杂物和渣或钢界面张力有直接关系。夹杂物刚达到渣-金属界面向渣中移动的热力学条件为[8]

$$\sigma_{钢\text{-}杂} + \sigma_{钢\text{-}渣} > \sigma_{渣\text{-}杂} \tag{2.60}$$

夹杂物完全转移到渣中的条件为

$$\sigma_{钢\text{-}杂} > (\sigma_{渣\text{-}杂} + \sigma_{钢\text{-}渣}) \tag{2.61}$$

另外，在交流电渣重熔过程中存在电毛细振动现象，钢渣界面张力越大，电毛细振动越强烈，越有利于加快渣和金属的反应速度。

2.8.5　常见 ESR 渣系的表面张力和界面张力

1. 表面张力

荻野和巳在 1430～1600℃范围内测得的 CaF_2表面张力与温度(t)的关系为

$$\sigma(CaF_2)(mN/m) = 419.4 - 0.0869t \tag{2.62}$$

图 2.81～图 2.84 分别给出了多种渣系的表面张力。由图可见，CaF_2中加入 Al_2O_3 和 CaO 均可使熔渣表面张力增加。

表 2.29 为文献[15]归纳的不同作者测得的 CaF_2-CaO-Al_2O_3-SiO_2四元系表面张力与温度关系式。

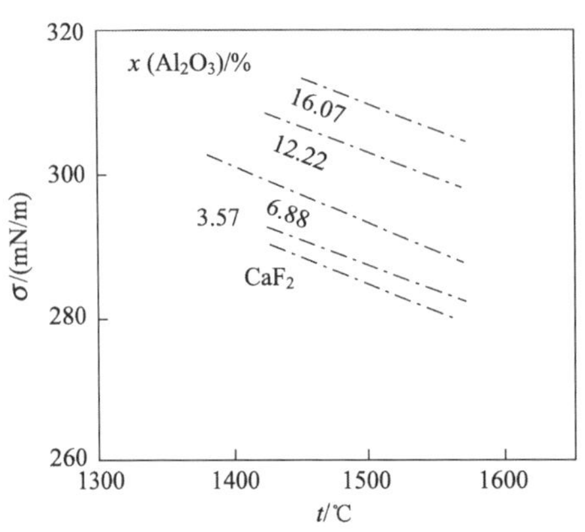

图 2.81　CaF_2-Al_2O_3 系的 σ 与 t 关系

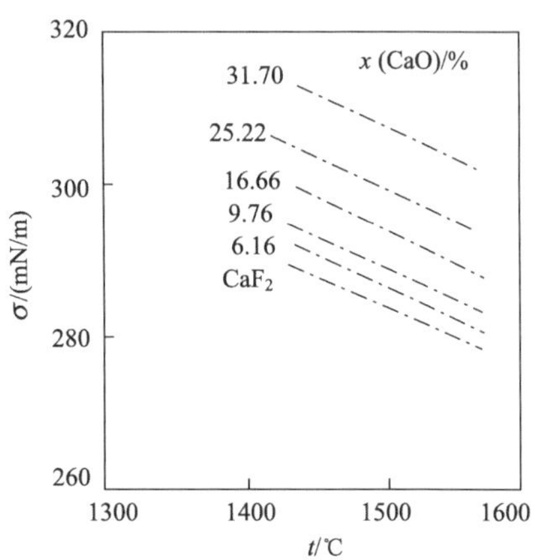

图 2.82　CaF_2-CaO 系的 σ 与 t 关系

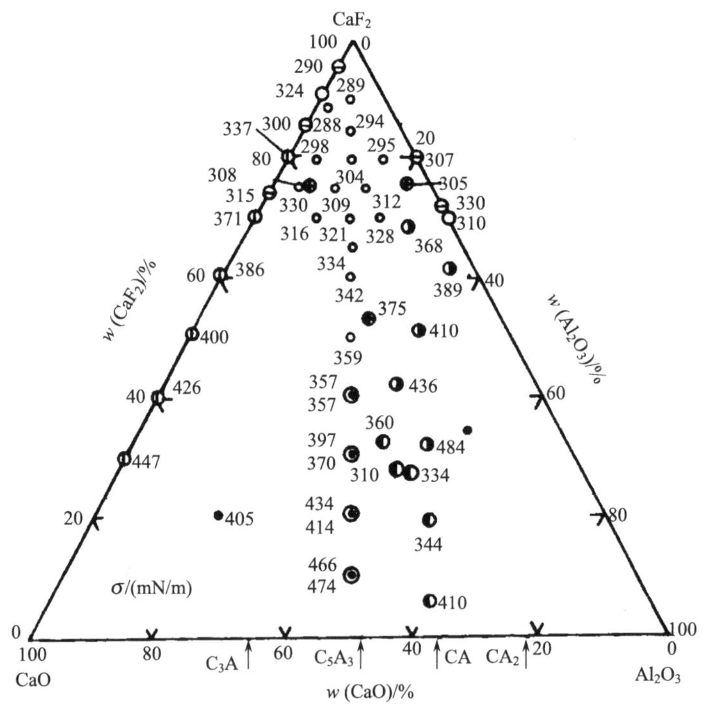

图 2.83　1500℃时 CaF_2-CaO-Al_2O_3 熔体的表面张力图

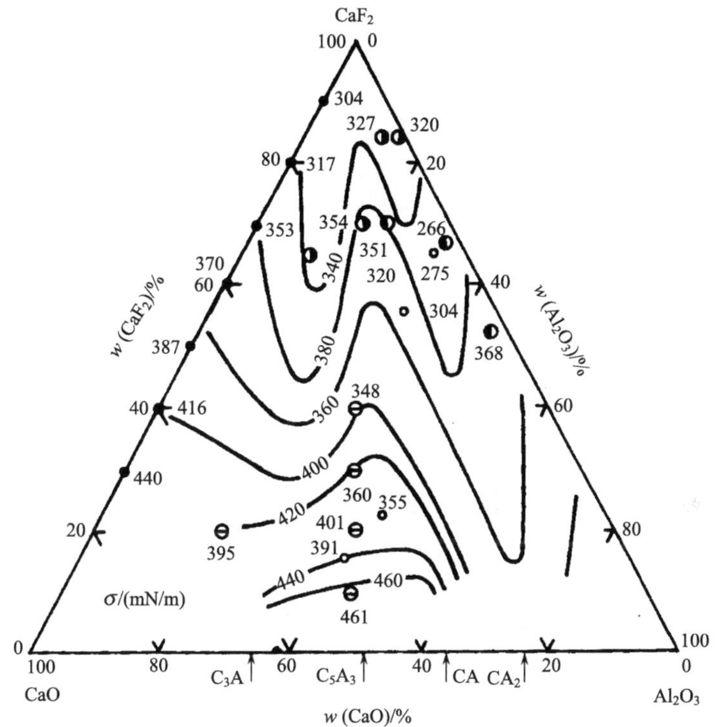

图 2.84　1600℃时 CaF_2-CaO-Al_2O_3 熔体的表面张力图

表 2.29　CaF_2-Al_2O_3-CaO-SiO_2 四元渣系表面张力与温度的关系式

渣号	$w_{炉渣组成}$/%				σ(mN/m)与温度 t(℃)的关系
	CaF_2	Al_2O_3	CaO	SiO_2	
1	5	20	45	30	835－0.2312t：1460～1535℃
2	10	20	42	28	735－0.2013t：1350～1498℃
3	15	10	45	30	624－0.1436t：1296～1548℃
4	20	5	45	30	604－0.1238t：1380～1490℃
5	5	25	50	20	917－0.3155t：1419～1512℃
6	10	20	50	20	672～0.1867t：1419～1507℃
7	15	15	50	20	623－0.1786t：1317～1479℃
8	20	10	50	20	536－0.1256t：1239～1423℃
9	5	45	40	10	1097－0.4348t：1427～1496℃
10	10	40	40	10	906－0.3292t：1440～1535℃
11	15	35	40	10	558－0.1085t：1365～1523℃
12	20	30	40	10	440～0.0470t：1357～1496℃
13	58.4	21.7	1.8	18.1	417～0.090t：1540～1650℃

续表

渣号	$w_{炉渣组成}$/%				σ(mN/m)与温度 t(℃)的关系
	CaF_2	Al_2O_3	CaO	SiO_2	
14	75	17	1.8	2	1037～0.442t：1440～1660℃
15	59	34	2.9	1	1057～0.438t：1480～1730℃
	51.4	29.3	14.8	1.03	410(在1520℃)
	66.8	22.3	6.72	0.43	368(在1510℃)
	37.0	40.8	11.0	6.11	427(在1530℃)
	45.9	1.86	31.0	8.23	394(在1500℃)
16	60.9	31.0	3.8	0.51	398(在1500℃)
	42.3	31.8	21.8	1.07	436(在1520℃)
	32.0	44.8	20.3	0.58	484(在1540℃)
	38.8	25.8	27.1	2.21	437(在1540℃)

研究者[52]在1773K及 $N_{CaO}=N_{SiO_2}=0.4$，$N_{CaF_2}=0.2$（N 表示摩尔分数）的基础上，测量了 CaF_2-CaO-SiO_2 三元系随渣系碱度，即 CaO/SiO_2 摩尔分数比的变化，以及向渣中加入 Al_2O_3、MgO、Na_2O 时熔渣的表面张力，如图2.85所示。

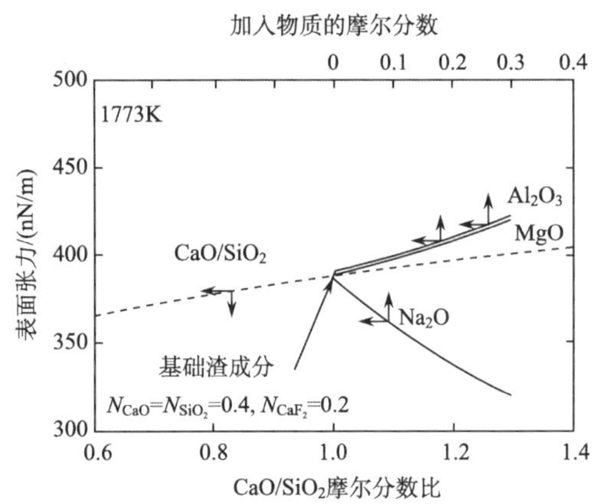

图2.85 CaO/SiO_2 的摩尔分数比及 Al_2O_3、MgO、Na_2O 的加入量对 CaF_2-CaO-SiO_2 三元系表面张力的影响

在熔渣中加入CaO、Al_2O_3 及MgO，由于这些金属阳离子的静电位较高，其与 O^{2-} 的结合作用力较强，故这些氧化物加入到熔渣中会使得其表面张力增大。具有相似性质的还有MnO、FeO等氧化物。向熔渣体系中添加 K_2O、Na_2O、Li_2O、BaO能显著降低熔渣的表面张力是由于 Na^+、K^+ 等的静电场强比其他阳离子小，与 O^{2-} 间的作用力弱，则由它们构成的氧化物熔体的表面张力

小。由图 2.86 可知[56]，随着炉渣碱度的升高，即随着 CaO 含量的升高、SiO_2 含量的降低，熔渣的表面张力呈增加趋势，与在相同温度测得 CaO-SiO_2 二元系的表面张力随 SiO_2 含量降低而增加一致[53]。这是由于 SiO_2、P_2O_5、TiO_2、CaF_2、Fe_2O_3 等组元容易形成复合阴离子，这些复合阴离子(如硅氧阴离子)通常具有较大的半径和相对较少的电荷，与金属阳离子的作用力较小，为了降低体系的能量，复合阴离子总是被排挤到熔体表面，从而使熔体表面张力降低。因此，在碱性渣中加入 SiO_2 能使硅氧阴离子聚合程度加大，它与金属阳离子间的作用力减小，被排挤到表面的数量即表面浓度增加，使熔体表面张力降低。因此可以说，对于碱性渣，随着炉渣碱度的降低表面张力减小。

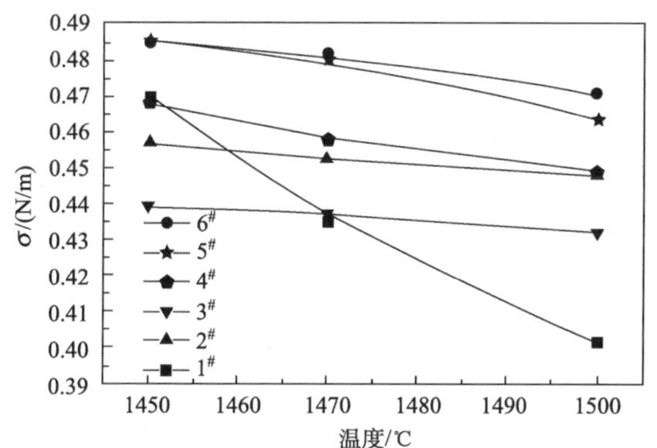

图 2.86　CaF_2-CaO-MgO-Al_2O_3-SiO_2 五元渣系表面张力随温度变化

1# 42%CaF_2-24%CaO-3%MgO-24%Al_2O_3-7%SiO_2；2# 35%CaF_2-28.5%CaO-3%MgO-28.5%Al_2O_3-5%SiO_2；3# 52%CaF_2-21.5%CaO-3%MgO-21.5%Al_2O_3-2%SiO_2；4# 42%CaF_2-28.8%CaO-3%MgO-19.2%Al_2O_3-7%SiO_2；5# 35%CaF_2-34.2%CaO-3%MgO-22.8Al_2O_3-5%SiO_2；6# 52%CaF_2-25.2%CaO-3%MgO-16.8Al_2O_3-2%SiO_2

熔渣中各组分对熔渣表面张力的影响程度可以用各种组元的表面张力因子表示，文献[54]给出了不同温度下各种常见氧化物表面张力因子，与文献[7]给出值一致。其结果如表 2.30 所示。

表 2.30　常见的各种氧化物表面张力因子

表面张力因子/(N/(m·mol)) 温度/℃ 氧化物	1300	1400	1500	1600
K_2O	0.618	0.153		
Na_2O	0.308	0.297		
CaO		0.614	0.586	0.661
MnO		0.653	0.641	

续表

表面张力因子/(N/(m·mol)) 温度/℃ 氧化物	1300	1400	1500	1600
FeO		0.584	0.560	
MgO		0.512	0.502	
SiO_2		0.285	0.286	0.223
Al_2O_3		0.640	0.230	0.448～0.602
TiO_2		0.380		
B_2O_3	0.336	0.960		
PbO	0.140	0.140		
ZnO	0.550	0.540		
ZrO_2		0.470		

于仁波等对于成分为40%～55%CaF_2，10%～25%CaO，1%～7%MgO，10%～20%Al_2O_3，4%～14%SiO_2渣系的表面张力进行了测定[55]，其结果如图2.87所示。

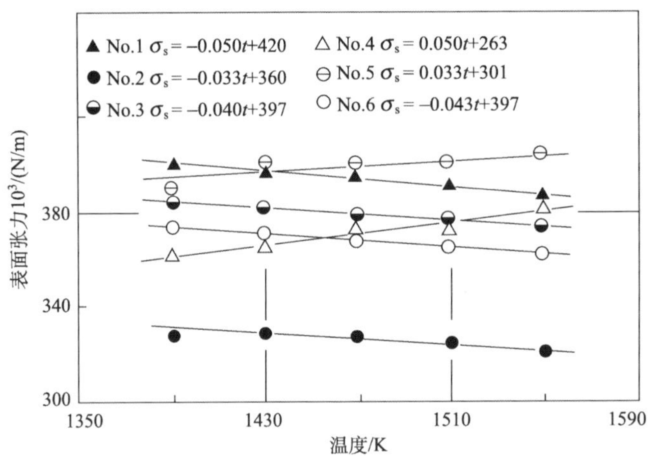

图 2.87 CaF_2-CaO-MgO-Al_2O_3-SiO_2五元渣系表面张力随温度变化

得到的结论为：当MgO质量分数在1%～7%时，渣中增加MgO含量表面张力有较大幅度的下降，当SiO_2含量在4%～14%时，增加渣中SiO_2含量同样使表面张力下降。

豆志河等同样对CaF_2五元渣系的表面张力进行了测量[56]。渣系的成分为35%～52% CaF_2，21%～34% CaO，3% MgO，16%～28% Al_2O_3，2%～

7%SiO_2。

分析得出：CaF_2含量的增加会使表面张力降低，SiO_2对表面张力的影响与于仁波得到的结果相同。

杨祖磐等采用静滴法测量含氧化钛高炉渣的表面张力[57]。分析得出，MgO 不是表面活性物质，TiO_2为表面活性物质。如果用低价态的钛氧化物替代TiO_2，则渣表面张力上升。

图 2.88～图 2.90 是陈家祥的《炼钢常用图表数据手册》中一些CaF_2简单二元系、三元系表面张力的报道，但多元的CaF_2渣系的表面张力并没有详细的报道。

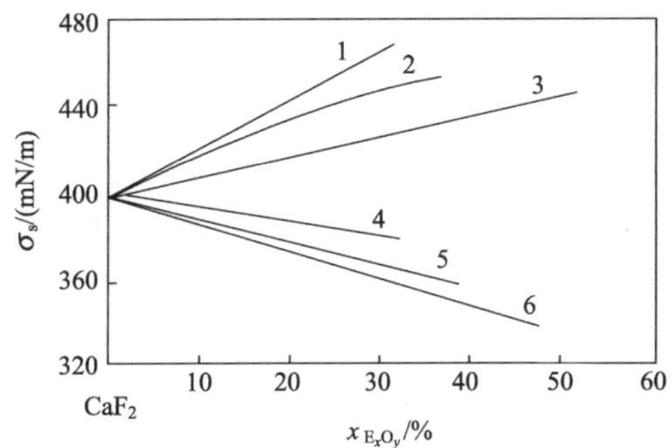

图 2.88　CaF_2-E_xO_y二元渣系表面张力

1-Al_2O_3；2-MgO；3-CaO；4-ZrO_2；5-TiO_2；6-SiO_2

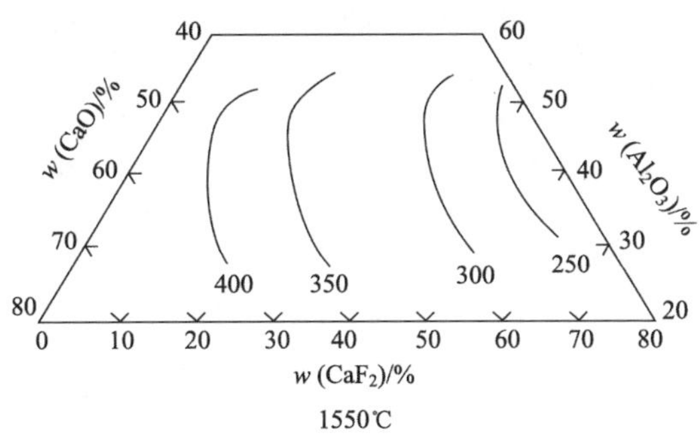

图 2.89　1550℃下 CaF_2-CaO-Al_2O_3 三元渣系表面张力

史冠勇等测量了低CaF_2含量五元渣系的表张力[58]。得出渣系表面张力随温度的升高而降低，随CaF_2和 MgO 含量的增加而降低。

Masashi 等通过神经网络计算方法对一些三元渣系的表面张力进行了计算[59]。虽然得出的结果与实验结果很好地符合，但是其应用的范围有限而且计算过程复杂。

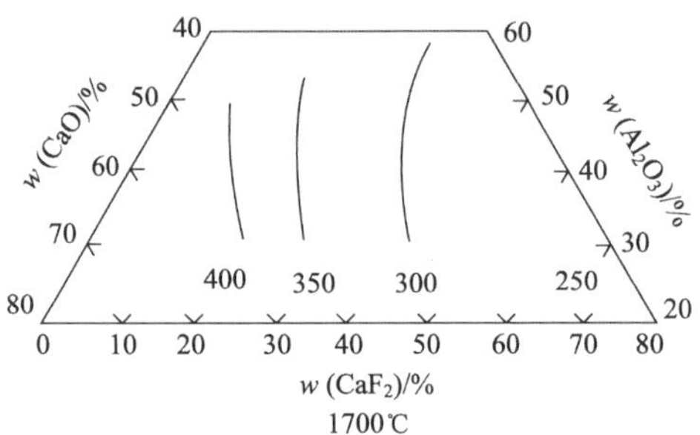

图 2.90　1700℃下 CaF_2-CaO-Al_2O_3 三元渣系表面张力

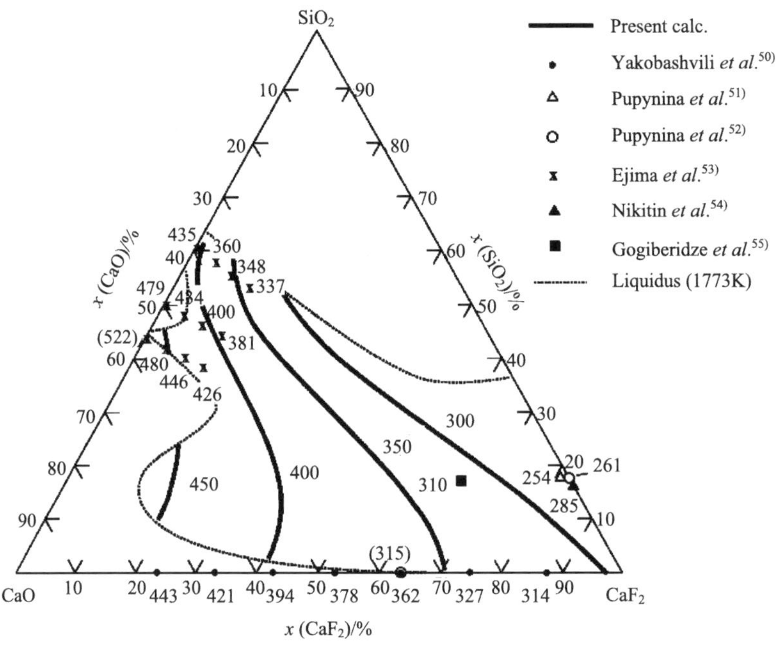

图 2.91　三元渣系表面张力计算结果与实测结果对比

Masahito 等建立了 CaO-SiO_2-Al_2O_3-MgO-Na_2O-CaF_2 六元渣系表面张力的热动力学模型[60]。图 2.91 和图 2.92 是 Masahito 利用模型计算出的结果和实验结果的对比图。通过渣系成分的摩尔分数、阴离子以及阳离子的半径等数据计算表面张力。

所得到的结果与实验结果吻合得很好。得到表面张力随着 CaO/SiO_2 摩尔比、MgO 含量和 Al_2O_3 含量的增加而增加。这个结果与于仁波的关于 MgO 含量影响的结论相反。

在梁连科等的《电渣重熔用渣的物理化学及其应用译文集》中总结了国外很多

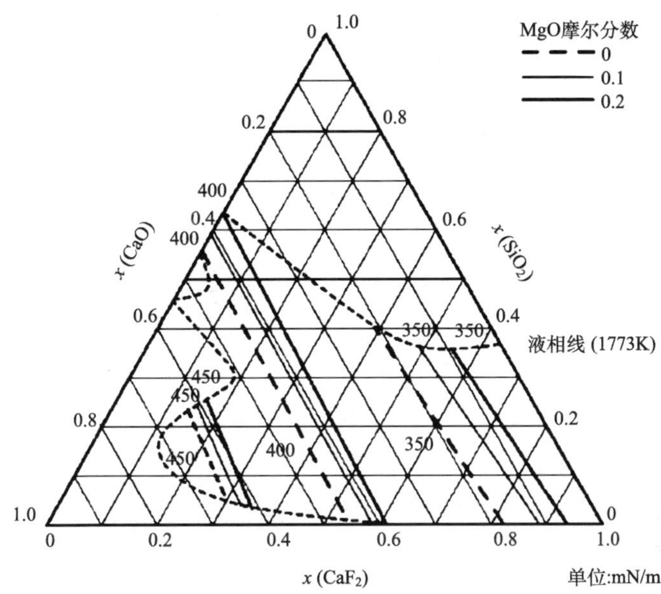

图 2.92　CaF_2-CaO-SiO_2-MgO 四元渣系表面张力计算值与实测结果对比

渣系的表面张力数据[7]。图 2.93 给出了 CaF_2-Al_2O_3 二元渣系在不同温度下的表面张力。图 2.94 给出了 CaF_2-CaO-Al_2O_3 三元渣系在 1600℃下的表面张力。

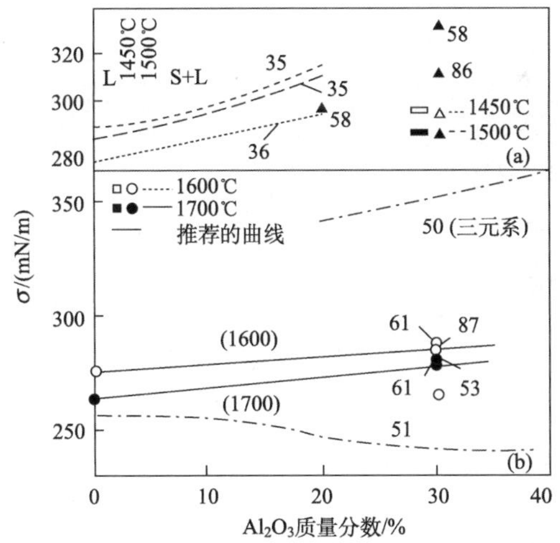

图 2.93　CaF_2-Al_2O_3 渣系表面张力随 Al_2O_3 含量变化

2. 界面张力

在 1600℃下，纯铁与纯 CaF_2、70%CaF_2-30%Al_2O_3 渣的界面张力分别为 1680mN/m、1205mN/m。

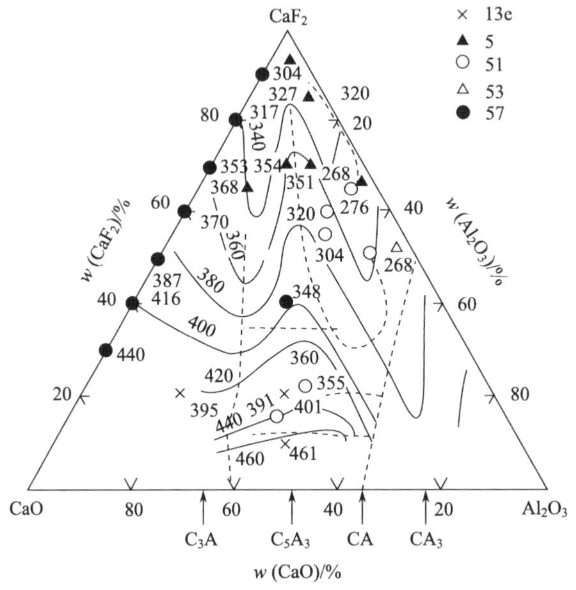

图 2.94　1600℃下 CaF_2-CaO-Al_2O_3 三元渣系表面张力

图 2.95～图 2.99 给出了 CaF_2-Al_2O_3、CaF_2-CaO、CaO-Al_2O_3 和 CaF_2-Al_2O_3-CaO 四种渣系与 100Cr6 和 X85WMoCo655 钢液之间的界面张力。表 2.31 则列出了一些 CaF_2为基渣与合金钢之间的界面张力。

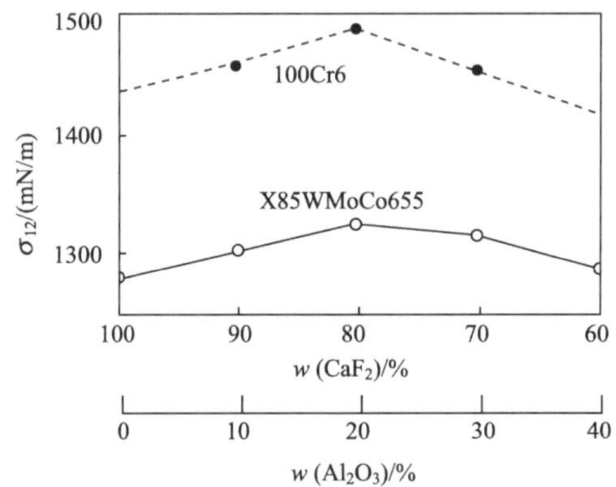

图 2.95　CaF_2-Al_2O_3 熔体与钢液之间的界面张力

于仁波等采用浮滴法测量渣钢间接触角的方法计算 37CrNi3MoVA 钢和 CaF_2-CaO-MgO-Al_2O_3-SiO_2界面张力的数据[55]。得出钢渣间的界面张力在 1.196～1.347N/m，除了 MgO，其他元素的相对变化都会引起界面张力略有下降。

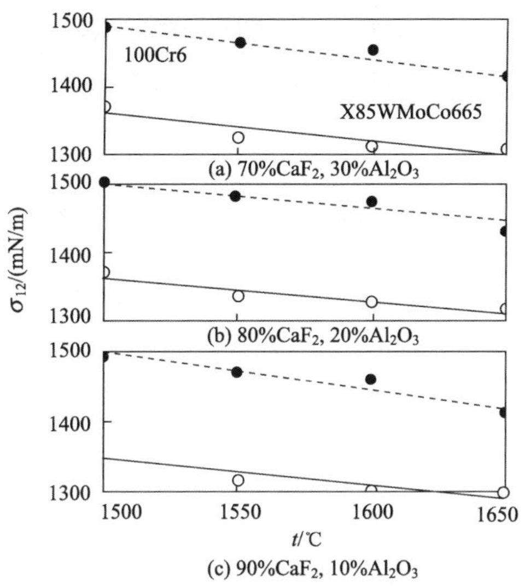

图 2.96　CaF_2-Al_2O_3 熔体与钢液之间界面张力与温度的关系

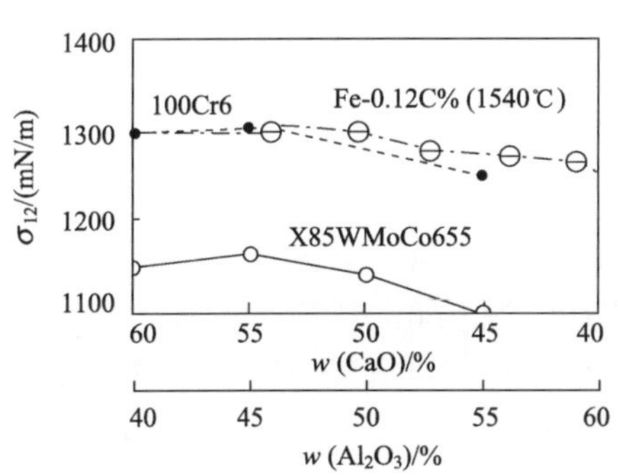

图 2.97　1540℃时 Al_2O_3-CaO 熔渣与铁液和 1600℃时与钢液间的界面张力

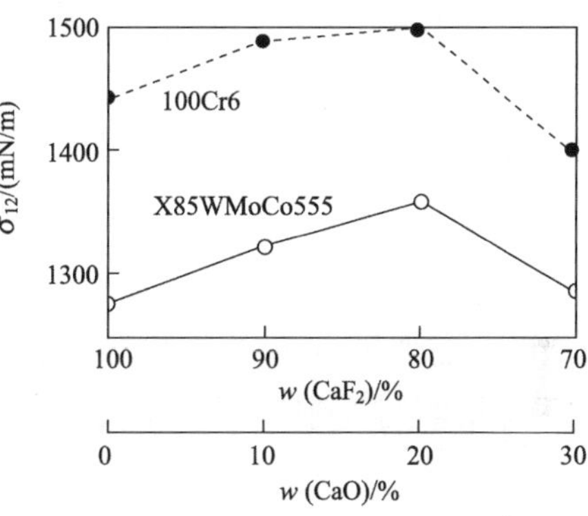

图 2.98　1600℃时 CaF_2-CaO 熔体与钢液间的界面张力

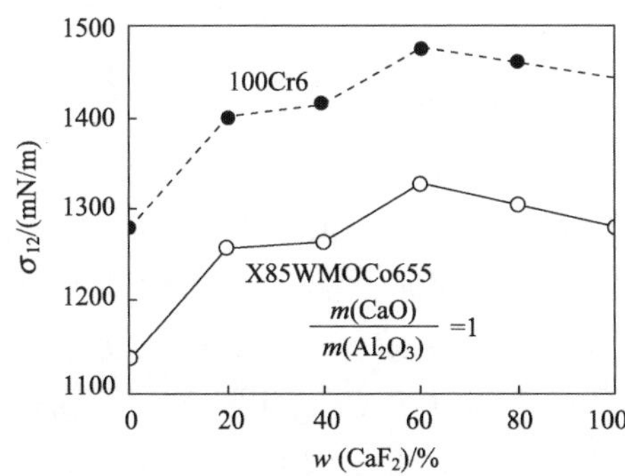

图 2.99　Al_2O_3-CaF_2-CaO 熔体与钢液之间的界面张力

表 2.31 1470～1550℃时 CaF_2 基炉渣与合金钢之间的界面张力

渣组成	界面张力/(mN/m)			
	20%Cr 77%Ni 2%Ti 1%Al	20%Cr 79.5%Ni 0.5%(Ti+Al)	75%Fe 15%Cr 9%Ni 1%Al	73.5%Fe 18%Cr 8%Ni 0.5%Ti
100%CaF_2	1230	1300	1315	1150
74%CaF_2，26%CaO	1250	1300	1350	1250
65%CaF_2，29%Al_2O_3	1360	1370	1520	1300
65%CaF_2，12%SiO_2，6%MgO，10%Al_2O_3，7%CaO	1450	1430	1500	1380
52%CaF_2，21%CaO，27%Al_2O_3	1300	1380		1310

屈经文等把小生铁块放入盛满熔渣的刚玉坩埚中，并用 X 射线透射照相来获得生铁与渣之间的界面张力[61]。得出随着渣中 CaF_2 含量的增多界面张力变大。

肖锋等采用静滴法和 X 射线技术测定渣-金属之间的界面张力[62]。得出钢中硫含量、SiO_2 含量增加，界面张力降低；Na_2O、Li_2O 含量增加，界面张力增加；B_2O_3对界面张力影响不大。

毛裕文和罗维忠等采用浮滴法测定了含钛高炉渣与生铁间的界面张力[63]。得出随着渣中 TiO_2的增加，渣-铁之间的界面张力下降。

Sung 等用 X 射线成像的方法测量接触角[64]。测量了在 1470℃时，CaO-SiO_2-Al_2O_3(CaF_2)渣系不同成分的渣-钢间的界面张力和接触角。结果如下。

(1) 钢的表面张力。测量结果显示钢的表面张力不随氧化物基板的不同而改变，测得的表面张力为 1467mN/m。这个数据比纯铁的表面张力低很多，而与其他一些铁合金的表面张力差距不大。说明合金中的元素作为表面活性元素介质使表面张力降低。

(2) 钢-渣界面张力。总体来说，通过增加渣中二氧化硅的含量会使界面张力降低。一个有趣的现象是当 SiO_2含量固定时，CaF_2含量从 5%增加到 18%界面张力显著降低。他们认为这可能是由渣与钢之间润湿性增加造成的。

(3) 钢与金属氧化物间的接触角。钢与氧化物基板的接触角不随基板的不同而不同，说明钢与这些氧化物如 Al_2O_3、TiO_2和 SiO_2不湿润。可以看到接触角随着渣成分变化是很小的，但渣中有 CaF_2并用 Al_2O_3 基板时接触角有少量增大。

Haiping 等采用 X 射线成像，照射氧化锆坩埚中液滴的形状来测量界面张力[65]。实验得到：NaF、CaF_2、Al_2O_3、Na_2O、MgO、Li_2O 、ZrO_2以及氧元

素在 $CaO-SiO_2$ 和 $CaO-SiO_2-Al_2O_3$ 渣系中，ZrO_2 对界面张力影响不大，随着 Al_2O_3 含量的增加界面张力有少量的减小，Na_2O、MgO 和 Li_2O 含量的增加导致界面张力大幅度减小。

在渣-钢界面张力的研究中，随着所选钢液成分的不同其界面张力数据也不同。因此可以将影响界面张力的元素分为三类：①不转入渣相中的元素，如 C、W、Mo、Ni 等，对渣-钢界面张力基本无影响；②能以氧化物形式转入渣中的元素，如 Si、P、Cr、Mn，能降低渣-钢界面张力，因为它们能形成络离子，成为渣中的表面活性成分；③表面活性很强的元素，如 O、S，降低渣-钢界面张力作用很强烈，虽然它们的浓度很低，但其所起的作用却很大，远超过酸性氧化物带来的作用。

2.9　热物理性质

熔渣的热性质主要是指热容、导热系数和辐射性质等。这些热物理性质对于研究渣池的传热行为，特别是对热平衡计算和温度场计算均是非常重要的数据。

2.9.1　热容

热容的标准定义是：当一系统由于加给一微小的热量 δQ 面温度升高 $\mathrm{d}T$ 时，$\delta Q/\mathrm{d}T$ 这个量即为该系统的热容。在化学热力学中常以 1mol 作为质量单位，这种热容称为摩尔热容。若以克为单位表示的热容则称为比热。对限于该物质一个单位质量的系统，则“热容”这个概念具有了特殊的含义，即比热容。

为使电渣过程建立热平衡，应当研究热的来源及热的消耗，对热的消耗主要需研究把渣和金属从室温升到冶炼温度所需的电能，为此需要得到比热容的数据才能进行计算。另外，有了比热容的数据才能进行电渣过程能量利用率的计算，以便提高热量的利用率。

热容与温度有关，但关系式至今尚不能准确地从理论上推导出来，一般均采用实验数据归纳或一些经验公式，通常有两种：

$$C_p = a_0 + a_1 T + a_2 T^2 + \cdots \tag{2.63}$$

$$C_p = a'_0 + a'_1 T + a'_2 T^{-2} + \cdots \tag{2.64}$$

通常情况下冶金计算取前两项或三项就已经足够精确了。表 2.32 和表 2.33 为 CaF_2 和铁的热容和潜热与温度的关系。根据此表的数据就可以计算出 CaF_2 和铁从室温(298K)加热到电渣精炼温度(2000K)时所需的热量：

$$Q = \int_{298}^{2000} C_p \mathrm{d}T + L_t + L_f \tag{2.65}$$

表 2.32 CaF_2的热容和潜热

摩尔热容 C_p/(J/(K·mol))	相变潜热 L_t/(J/mol)	熔化潜热 L_f/(J/mol)	温度 T/K
$59.84+30.47\times10^{-3}T+1.97\times10^{5}T^{-2}$	—	—	298～1424
$108.0+10.46\times10^{-3}T$	—	—	1424～1691
100			1691～2000
—	4.77	—	1424
—	—	29710	1691

表 2.33 铁的热容和潜热

摩尔热容 C_p/(J/(K·mol))	相变潜热 L_t/(J/mol)	熔化潜热 L_f/(J/mol)	温度 T/K
$17.5+24.8\times10^{-3}T$	—	—	273～1033
37.7	—	—	1033～1181
$7.70+19.5\times10^{-3}T$	—	—	1181～1673
43.9	—	—	1673～1890
41.8	—	—	1890～2000
—	5022	—	1033
—	921	—	1183
—	879	—	1673
—	—	13810	1809

表 2.34 列出 CaF_2、CaO、MgO、Al_2O_3 和 Fe 的热焓和熔化潜热。但是要计算二元或二元以上 CaF_2为基熔渣的热焓还需已知组元在熔融 CaF_2中的溶解热数据，但这方面数据还很缺少。二元及多元渣系的热容和热焓可以通过实验来测定。目前有关于高炉渣、转炉渣和平炉渣的数据[26]，而以 CaF_2为基的 ESR 熔渣的热容或热焓的数据非常缺少，需要今后进行测定。

表 2.34 CaF_2，CaO，Al_2O_3，MgO 和 Fe 的热物理性质

物质	熔点/K	$\frac{温度\ T}{K}\int_{298}^{2000}C_p\mathrm{d}T$		熔化潜热	
		J/g	kJ/mol	J/g	kJ/mol
CaF_2	1691	2450	191.2	381	29.7
CaO	3125	2109	84.9	1419	79.5
Al_2O_3	2345	2038	208.0	1067	109
MgO	2887	1607	90.0	—	—
Fe	1809	1480	82.6	247	13.8

2.9.2　导热系数

1. 导热的基本概念及其在电渣冶金过程中的重要作用

导热是依靠微观粒子的热运动而进行的热量从物体高温区传给低温区，或者从高温物体传给与其相接触的低温物体的过程，而热量传递的快慢程度用导热系数表示。在研究电渣重熔过程中传热行为时人们最关心的数据之一就是渣池及钢锭表面固态渣的导热系数。然而，ESR 渣系的导热系数目前在文献中报道较少。对渣的导热系数及影响因素的研究一直是冶金领域很重要和很核心的课题之一，如硅酸盐的导热系数，在各种冶金生产过程中起着非常重要的作用。例如，不论炼钢还是炼铁，都离不开硅酸盐体系，即所谓的冶金渣。冶金渣的导热系数在传热解析中是不可或缺的重要物性数据之一。然而，与冶金渣的黏性及密度实验数据的报道相比，关于导热系数的报道目前还很少。

导热系数是重熔渣料的一个重要热物性值，它对渣池的热损失特别是径向热损失影响很大，渣池中产生的热量 30%～40%传入金属溶池，另外 40%～60%则直接传入结晶器。所以，研究电渣重熔渣系的导热系数，以便在电渣重熔过程中，在确保钢锭质量和过程稳定前提下，选用低导热系数渣系，是节约能源的有效途径之一。

2. 导热系数的研究方法

各种物质的导热系数主要靠实验测定，其理论估算是一个活跃的课题。导热系数一般与压力关系不大，但受温度的影响很大。纯金属和大多数液体的导热系数随温度的升高而降低，传热计算时通常取用物料平均温度下的数值。此外，固态物料的导热系数还与它的含湿量、结构和孔隙度有关，一般含湿量大的物料导热系数大；物质的密度大，其导热系数通常也较大；金属含杂质时导热系数降低，合金的导热系数比纯金属低。各类物质的导热系数(W/(m·K))的大致范围是：金属为 50～415，合金为 12～120，绝热材料为 0.03～0.17，液体为 0.17～0.7，气体为 0.007～0.17，碳纳米管高达 1000 以上。在研究电渣重熔过程传热行为时人们最关心的数据之一是渣池及钢锭表面固态渣的导热系数。

在国外，从 20 世纪 70 年代起，已有人用不同的方法，如用周期加热法、同心圆筒法、热线法、激光加热法以及平板法等，对某些冶金渣的导热系数做过测定。但是由于对流和辐射的影响，以上所测得的结果有很大差别。下面分别介绍其中的几种方法。

1) 非稳态热线法[66,67]

非稳态热线法具有设备简单、投资少、操作方便、测试速度快、测温范围广等优点，因此对于实验测得导热系数具有现实的经济和实用价值。

其基本原理如下：假设在无限的固体介质中，存在一个理想的无限细和无限长的线形热源，该线形热源在单位时间和单位长度的发热量是一个定值。在线形热源作用下，热线本身和周围介质的温度将上升，这一温升与周围介质的导热系数有关。它们之间的关系，可以通过求解无限长圆柱体的导热微分方程得到。根据文献，导热系数 λ 的计算式为

$$\lambda = 1.883 \frac{IU}{\theta_2 - \theta_1} \lg \frac{t_2}{t_1} (\mathrm{W/(m \cdot K)})$$

式中：I 为通过热线的恒定电流；U 为热线两端的电压降。该式表明，只要测得通过热线的功率以及时刻 t_1 和 t_2 的热线温度 θ_1 和 θ_2，便可计算出被测物质的导热系数，而 $(\theta_2 - \theta_1)/(\lg t_2 - \lg t_1)$ 正是 $\lg t$-θ 关系曲线直线段的斜率。

测试装置示意图如图 2.100 所示。

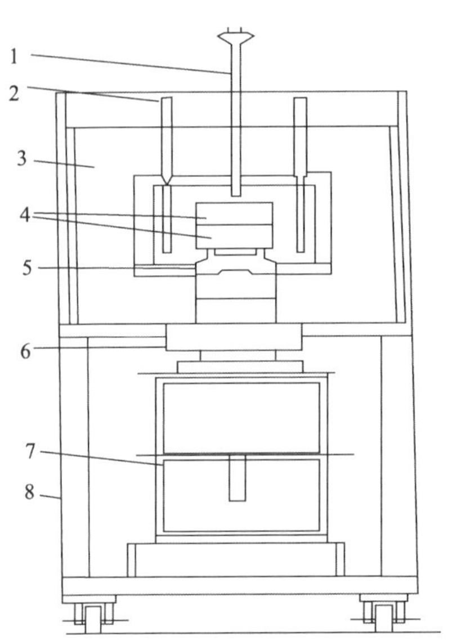

图 2.100　非稳态热线法测试装置实验图
1-炉温控制热电偶；2-硅化钼棒发热元件；3-电炉；4-被测试样；5-试样座石；6-炉盖；7-升降架；8-炉架

试样加热电炉的发热元件由 6 支 Φ6/Φ12mm、热端长度为 200mm 的硅化钼棒串联组成，装在由空心氧化铝球压制的尺寸为 200mm×200mm×220mm 的炉膛内。硅化钼棒额定电流 140A，每支硅化钼棒的额定电压为 7.8V，允许最高升温 1700℃。电炉由一台 10kVA 的单相干式变压器供电，采用 DWK-702 精密温度自动控制仪实现自动控温，控制精度为 1250℃ 上下 0.5℃以内，炉温测量热电偶是 Φ0.5 铂铑 10-铂热电偶。

实验方法：为了尽可能接近实际重熔过程中的渣料，将渣料按配比称好混匀后，在电渣炉上用石墨坩埚熔化。渣料冷却后破碎至 50～10 目(0.27～1.7mm)左右，加入少量黏结剂混匀，放入试样模中，用压力机压成两块 114mm×114mm×65mm 的渣样，试样内外应无气孔、无裂缝，否则将严重影响数据的准确性。实验研究的渣系为ANF-6渣系、三元渣系（48%CaO-48%Al_2O_3-4%MgO）及四元渣系（20%CaF_2-50%-Al_2O_3-20%CaO-10%MgO）。

将热线及其热电偶、电流电压引线焊好(简称测试元件)，放在图 2.101 所示的下面一块渣样的中心线的槽中，再放上面一块渣样，两块渣样接触应严密无缝。当渣样的温度达到测试温度并稳定 10min 后，给热线通以 3A 恒定电流，同

时每 30s 记录一次热线温度，测量开始 5min 记下热线电压降值，测量时间为 5～7min。当要进行下一次测量时，必须等热线温度恢复到原来的温度。但从测试过程中发现，每一次测量停止后，热线温度均不能恰好恢复到测量前的温度，而是高 0.5～2℃，原因尚不清楚。根据记录，绘出 lg$t$-θ 关系曲线的直线段，算出直线段的斜率，代入计算式即可求出导热系数 λ。

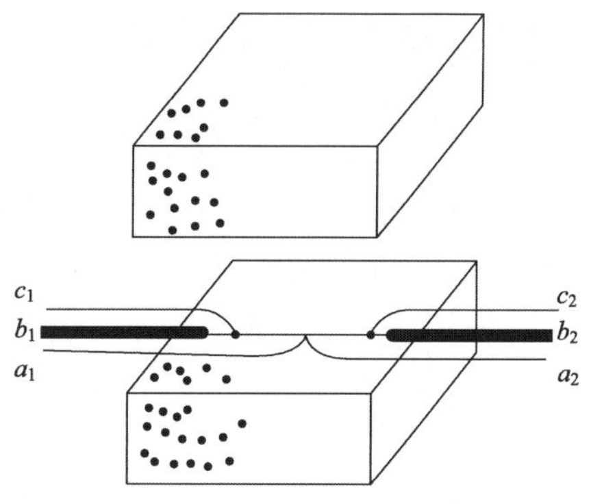

图 2.101　测试原件在渣样中的放置位置

实验结果分析：测试结果如表 2.35 所示。

表 2.35　测试渣系的导热系数

渣系	编号	λ/(W/(m·K))	
		600℃	1000℃
二元渣	1	1.137	1.477
	2	1.104	1.477
	3	1.303	1.535
	4	1.221	1.442
	平均值	1.191	1.483
三元渣	1	0.746	0.822
	2	0.691	0.798
	3	0.694	0.793
	平均值	0.710	0.804
四元渣	1	0.829	0.942
	2	0.804	1.042
	3	0.820	0.968
	4		0.972
	平均值	0.818	0.981

(1) 在同一测定温度及在相同的时间间隔内，三种渣系 lg$t$-θ 曲线的直线段斜率依次增大，说明它们的导热系数依次变小。由此可以说，电渣重熔渣系的导热系数随渣中 CaF_2 含量增加而增大，随 CaO 和 Al_2O_3 含量增加而减少。

(2) 在不同测定温度下，上述三种固态渣系的导热系数均随温度升高而增加，但增加的程度不同。电渣重熔固态渣系的导热系数随温度升高而增加，增加

的程度大小取决于 CaF_2 含量的高低。

实验结论：

(1) 用非稳态热线法测定电渣重熔渣系导热系数是可行的。设备简单，投资少，操作方便，测试速度快(测定一个值只需几分钟)，测温范围广(从室温下的固态渣料到液态渣料都可测定)，误差小，可以为生产、科研、教学提供各种冶金炉渣及保护渣不同温度下的导热系数。

(2) 电渣重熔渣系导热系数随温度升高而增加。增加的程度大小取决于 CaF_2 含量的高低。

(3) 在相同温度下，ANF-6 渣系的导热系数比所测四元渣的导热系数高 30%左右，比二元渣高 40%，导热系数随 CaF_2 量减少和渣中 CaO、Al_2O_3 增加而降低。

2) 瞬态热丝法[68,69]

瞬态热丝法是将一根直径很小的金属导线(加热丝)置于具有一定初始温度的试样中间，然后通电加热，加热丝将有焦耳热产生，再根据以下三个假设条件：①可以忽视金属丝的热容；②在高温的熔体中应不存在对流；③加热丝单位时间、单位长度的发热速率一定，由傅里叶导热微分方程，可导出金属丝温度的升高速度与试样导热系数的关系：

$$\lambda = \frac{Q}{4\pi} \Big/ \frac{d\Delta T}{d\ln t} \tag{2.66}$$

可以看出，只要求出加热丝温度的变化率($d\Delta T/d\ln t$)和单位发热率 Q，即可由式(2.66)求得导热系数 λ。加热丝的温度变化 ΔT 可由加热丝两点间电压差通过四端子法测定，其关系式如下：$\Delta T = \Delta V / I\alpha_T R$，其中 I 为加热丝的电流，α_T 为加热丝热阻温度系数，R 为加热丝端子间的热阻。

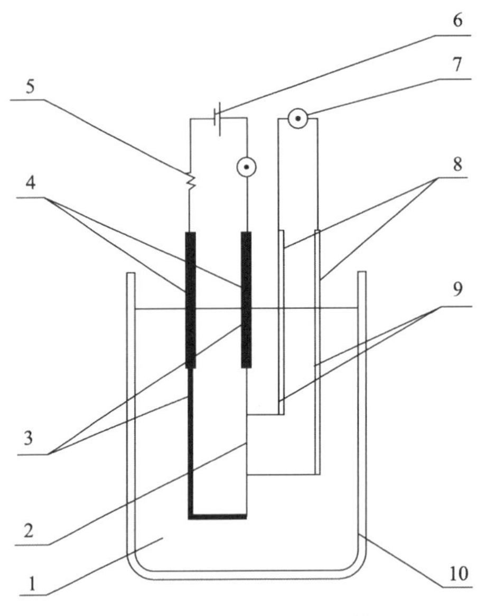

图 2.102 瞬态热线法实验装置图

1-渣样；2-加热丝；3-铂丝引线；4-刚玉管；5-标准电阻；6-恒流器；7-电压记录仪；8-刚玉管；9-铂丝引线；10-刚玉坩埚

实验装置如图 2.102 所示。

实验方法及结果：将盛有试样的刚玉坩埚放入 $MoSi_2$ 高温电炉加热至熔融后，将测量装置垂直放入熔融的试样中央后开始测量。通过调整恒流器的电压，控制通过加热丝的电流给加热丝加热，再用记录仪记录加热丝两端电压随时间的变化曲线，则可应

用 $\Delta T=\dfrac{\Delta V}{I\alpha_T R}$ 计算出温度与时间的关系，代入式(2.66)求得导热系数 λ。测量中每隔 100K 降温测量一次，直至 700K。为保证炉渣温度均匀，在同一温度点保温 20min。然后用同样的步骤再升温至 1800K。

战洪仁等采用这种方法测量了表 2.36 中的三组渣系，并得到了图 2.103 中的相应结果[69]。

表 2.36　测试渣系的成分

渣样号	x(CaO)/%	$x(AlO_{1.5})$/%	$x(SiO_2)$/%	n(CaO)/$n(AlO_{1.5})$
1	0.33	0.15	0.52	2.20
2	0.38	0.18	0.44	2.10
3	0.39	0.26	0.35	1.50

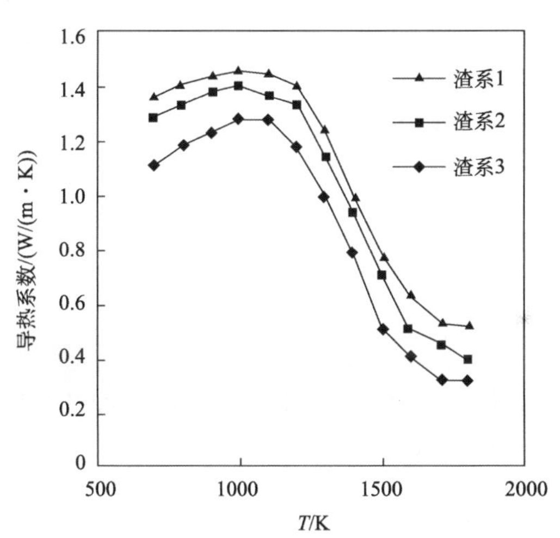

图 2.103　渣系导热系数随温度的变化

(1) 导热系数与温度的关系：在实验温度范围内，各渣系在 700～1000K 导热系数随着温度的升高而增加，在 1100 K 以上，导热系数随着温度的升高而急剧下降。导热系数随温度变化的这种行为可用德拜等式 $\lambda=1/3C_p vl$ 解释。其中，C_p、v、l 分别表示单位体积声子热容、声子平均速度、声子的平均自由行程。在低温区，玻璃相导热行为主要由声子的行为决定，而声子导热的变化由声子热容随温度变化的规律决定。在低温区，玻璃相热容随温度的升高而增大，所以玻璃相的导热系数也相应地升高；在高温区，热容基本不变，声子运动平均速度主要与弹性模量和密度有关，而弹性模量和密度均随温度的升高而减小，所以声子运动平均速度随温度的升高而减小。另外，在高温区域，声子的碰撞频率增加，从而导致声子的平均自由行程减少。则由上述原因可知，在高温液相区，导热系数应随温度的升高而减小。

(2) 炉渣成分对导热系数的影响：在同一温度下，渣系的导热系数随渣系中SiO_2含量的增加而升高。这是由于玻璃的热能传递是靠声子振动来实现的，声子振动与物质的结构有着相当密切的关系。随着SiO_2含量增大，非桥氧NBO/T数降低，聚合度增加，材料有序化程度增加，声子振动的平均自由行程增加，所以导热系数随SiO_2含量的增大而增加。渣系导热系数随着SiO_2含量的增加变化不大，这一现象是由于两渣系中CaO、Al_2O_3的摩尔比均大于2.0，而阳离子的种类对硅酸盐体系的聚合作用也有重大影响。一般情况下，电负性和电离势低的阳离子有利于氧的极化而形成非桥氧，从而不利于熔体的聚合作用，所以在CaO/Al_2O_3摩尔比大于2.0时，硅酸盐中含有大量的Ca^{2+}网络破坏离子，使硅酸盐网格受到极大的破坏，则在一定SiO_2含量范围内，随着SiO_2含量的增加，对硅酸盐网格结构的改变不大，声子的平均自由行程的变化也不大。所以导热系数随SiO_2含量的增加变化不大。

实验结论：在本次研究组成范围内，$CaO-Al_2O_3-SiO_2$系冶金渣的导热系数在低温度区700～1000K时导热系数随温度的升高而增加，在1100K以上时，导热系数随温度的升高而急剧下降。$CaO-Al_2O_3-SiO_2$三元冶金渣的导热系数与组成中非桥氧NBO/T数有关，非桥氧NBO/T数降低，聚合度增加，从而导热系数增大。

3) 水冷铜管热流法

对ESR渣来说，由于水冷铜管热流法能较好地模拟实际ESR渣皮的形成过程及其组织形态，其数据更适合应用于实际ESR过程的传热计算[70～74]。

图2.104为水冷铜管热流法导热系数测定装置示意图[72,75]。水冷铜管长为750mm，内径为13mm，外径为16mm，其内装有内径为4mm，外径6mm的氧化铝管，构成一个双层水冷铜管。冷却水压力由恒位水槽控制，流量用针型阀调节和转子流量计测量。进、出水温度用半导体点温度计测量。从而使得具有稳定压力和流量的冷却水从内管中流入并从外管中流出，热流计插入熔融渣池时由于强制水冷在水冷管外表面形成了一层固态渣壳，当达到稳态后，测得渣壳中半径为r_1和r_2两点的温度t_1和t_2，并根据铜管中进出水温的差值测出通过渣壳的热流q，便可计算出渣壳的导热系数：

$$\lambda=\frac{q}{2\pi l(t_2-t_1)}\ln(r_2/r_1) \tag{2.67}$$

式中：λ为渣壳导热系数；q为通过渣壳的热流(不包括端头和渣池以上的传热部分，用空白值消除)；l为插入渣池的铜管长度；r_1和r_2为渣壳中测温点的半径(以铜管中心为原点)；t_1和t_2为渣壳中某两点的温度。

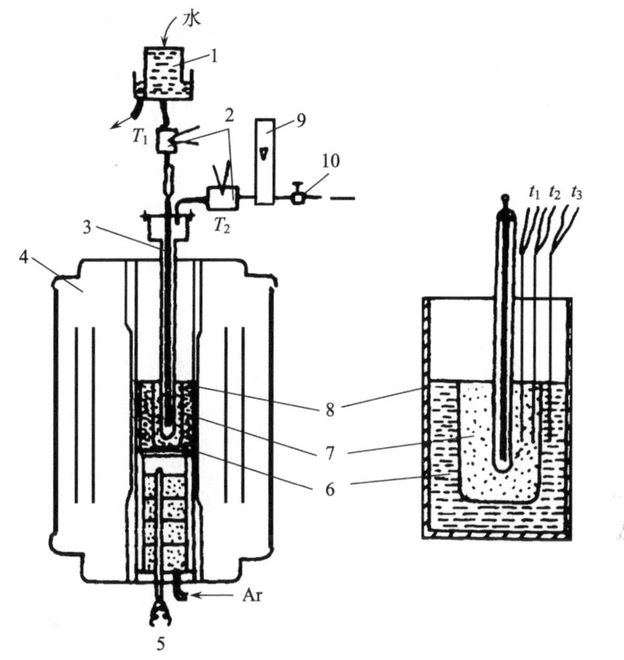

图 2.104　固态渣导热系数测定装置

1-恒位水槽；2-进、出水测温点(半导体点温计)T_1、T_2；3-水冷铜管；4-碳管炉；5-控温热电偶；6-熔渣池；7-固态渣壳；8-石墨-钼片坩埚；9-转子流量计；10-针型阀；t_1、t_2、t_3-钨铼热电偶

实验方法如下。

(1) 渣料处理：实验用渣料均为化学纯和分析纯。为了去除其中水分，防止生成氟化氢反应的发生，确保熔渣组成的稳定，所以对实验用渣料按相应烘烤制度进行烘干处理。烘干后渣料装入磨口烧瓶中，并将其存放于干燥器中待用。

(2) 实验操作：当熔渣达到预定温度后，把水冷铜管下端下降至熔渣表面，当出水和各部分温度恒定后，记取入水、出水温度 t_1 和 t_2，以及水流量 $L(cm^3/s)$，便可计算出通过整个水冷铜管的热流 q_1。

通过带渣壳的水冷铜管热流的测定：将水冷铜管插入渣池中，其深度为30～40mm。当各部温度和水流量 L 恒定后，记取出水温度 t_2 和入水温度 t_1 以及水流量 L。此时便可得到通过带渣壳的水冷铜管的热流 q_2。便可计算出通过渣壳的热流 q 为 q_1-q_2。同时记取固态渣壳中热电偶温度以及渣池中热电偶温度，再用读数显微镜准确测量渣壳中热电偶距铜管中心距离 r_1、r_2 和渣壳高度 l。由式(2.67)计算出导热系数 λ。

图 2.105 为测得的 ANF-6 和 L_4 两种渣系的渣壳导热系数与温度的关系[72]。由图可见，高 CaF_2 含量的渣系具有相对较高的导热能力。文献[71]也说明了这一点，如图 2.106 所示。当 CaO/Al_2O_3 质量比为 1.0 时，随着 CaF_2 含量的提

高，渣壳的导热系数明显增加。图中综合传热系数是指考虑了渣壳与铜壁之间气隙热阻的条件，从渣池到铜管中冷却水之间的传热系数。由于此时气隙的热阻占主导地位，因而随着 CaF_2 含量的变化其值变化不显著。

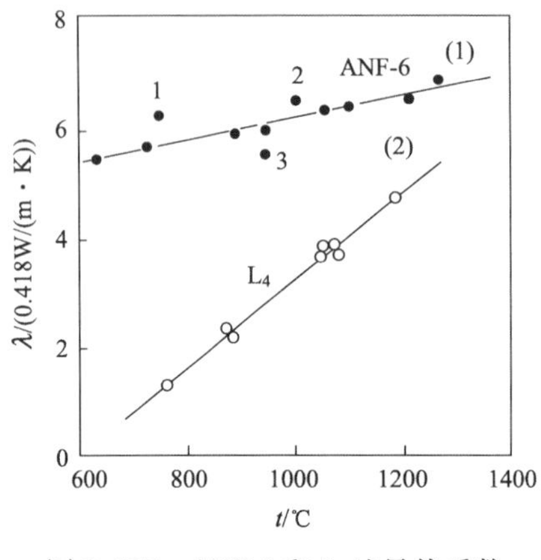

图 2.105　ANF-6 和 L_4 渣导热系数与温度关系

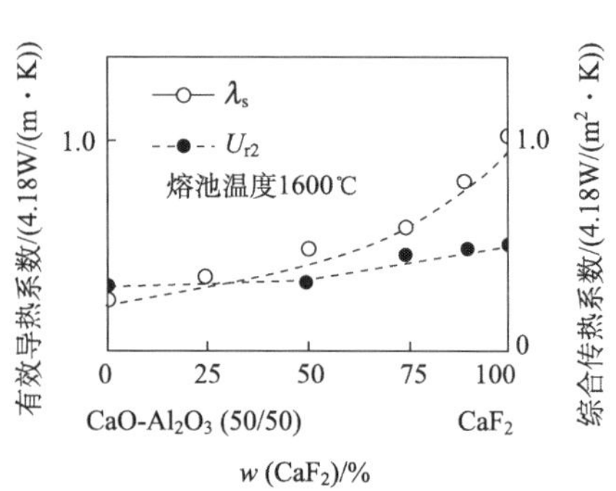

图 2.106　炉渣组成对渣壳有效导热系数和综合传热系数的影响

梁连科等[8]还用水冷铜管热流法测定了 $CaO-Al_2O_3-SiO_2$ 三元系中部分共晶和同分化合物的导热系数，如图 2.107 所示。表 2.37 对应渣号的成分。

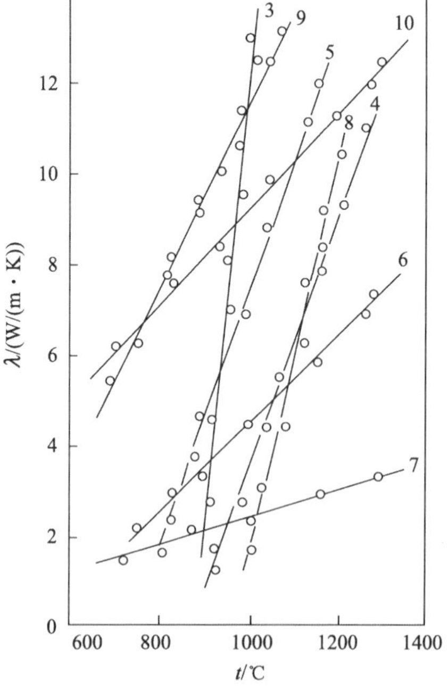

图 2.107　导热系数与温度的关系

表 2.37　$CaO-Al_2O_3-SiO_2$ 三元系中部分共晶和同分化合物的组成

渣号	$w(CaO)/\%$	$w(Al_2O_3)/\%$	$w(SiO_2)/\%$
3	38	30	42
4	47.2	11.8	41.0
5	29.2	39	31.8
6	37.5	53.2	9.3
7	49.5	43.7	6.8
8	52.0	41.2	6.8
9	20.1	36.6	43.3
10	40.8	37.2	22.0

2.9.3　熔渣的黑度

在电渣重熔过程热平衡计算时，需要计算渣池表面的辐射热量。熔渣表面的辐射力(E)可用下式计算：

$$E = \varepsilon \sigma_b T^4 \tag{2.68}$$

式中：E 为熔渣的辐射力，W/m^2；ε 为熔渣的黑度；σ_b 为黑体辐射常数，$\sigma_b = 5.67 \times 10^{-8} W/(m^2 \cdot K^4)$；$T$ 为熔渣表面的温度，K。

Keene 和 Mills 对 CaF_2 为基的 ESR 熔渣黑度进行过系统的测量[76]，表 2.38 给出了部分典型渣系不同温度下的黑度。

表 2.38　CaF_2 为基渣不同温度下的黑度

渣系	黑度/温度/℃①
CaF_2	0.97/1185；0.95/1325；0.97/1465；0.98/1570
$CaF_2+30\%Al_2O_3$	0.89/1240；0.91/1400；0.92/1600
$CaF_2+17\%CaO$	0.78/1110；0.81/1300；0.82/1415；0.88/1500；0.97/1570
$CaF_2+20\%MgO$	0.88/1260；0.89/1490；0.90/1560
$50\%CaO+50\%Al_2O_3$	0.81/1145；0.80/1280；0.80/1450；0.82/1540；0.82/1600
$CaF_2+15\%Al_2O_3+15\%CaO$	0.87/1250；0.88/1390；0.88/1500；0.89/1610
$CaF_2+33.3\%Al_2O_3+33.3\%CaO$	0.84/1230；0.84/1370；0.85/1530
$CaF_2+32\%Al_2O_3+43\%CaO$	0.84/1230；0.83/1460；0.83/1550；0.82/1620
$CaF_2+20\%Al_2O_3+10\%MgO$	0.88/1030；0.95/1320；0.96/1340；0.96/1520
$CaF_2+10\%CaO+10\%SiO_2$	0.90/1078；0.94/1300；0.95/1390；0.94/1500

①分子为黑度；分母为温度

图 2.108 和图 2.109 给出了 CaF_2-Al_2O_3-CaO 和 CaF_2-Al_2O_3-MgO 二种渣系在 1600℃下的黑度。从数据可见，靠近 CaF_2 的区域熔渣的黑度较大，而含有 MgO 的渣系比含有 CaO 的渣系有更高的黑度。图 2.110 和图 2.111 分别给出了含 CaF_2 的二元及三元渣系的黑度与温度的关系。对于纯 CaF_2 和 C_3A_3F($3CaO \cdot 3Al_2O_3 \cdot CaF_2$)，其黑度与温度(1000～1600℃)几乎无关。而其他渣系在其液相

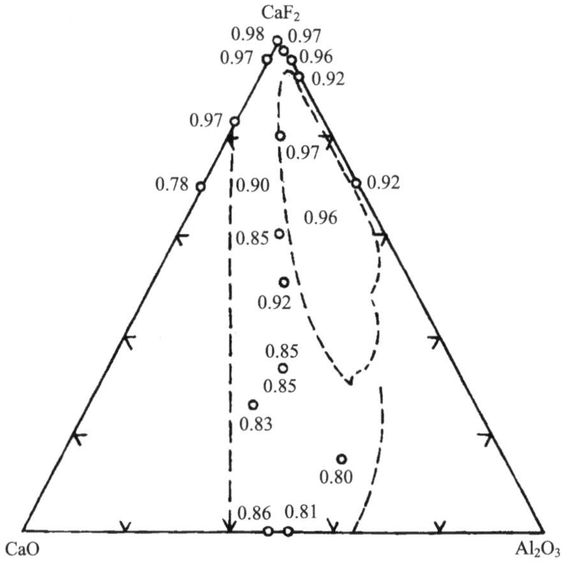

图 2.108　1600℃下 CaF_2-Al_2O_3-CaO 渣系的黑度

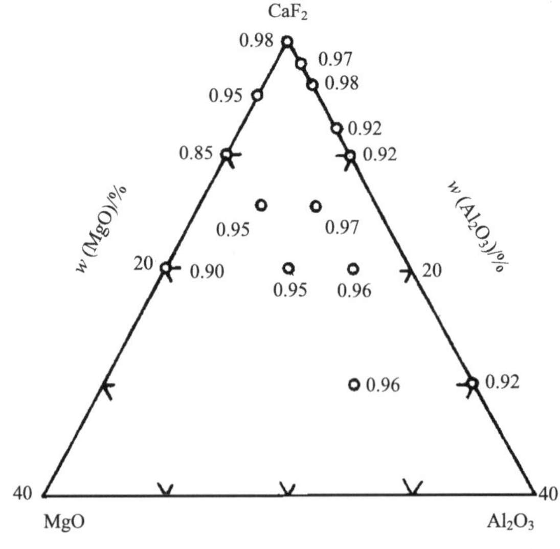

图 2.109　1600℃下 CaF_2-Al_2O_3-MgO 渣系的黑度

线温度前后黑度变化较大，即同一渣系在液态时比固态时的黑度大得多，而在液态或固态时其值与温度也关系不大。

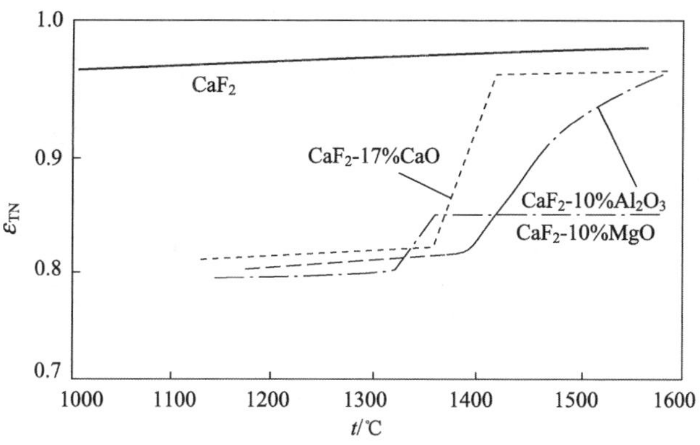

图 2.110　含 CaF_2 二元渣系的黑度与温度的关系

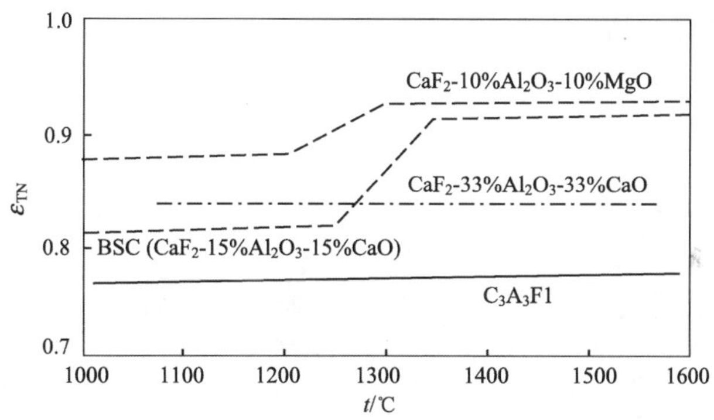

图 2.111　含 CaF_2 三元渣系的黑度与温度的关系

2.10　渣系物理性质计算模型

2.10.1　含氟渣系电导率模型

由于熔渣电导率的测温高度达 1600℃以上，再加上炉渣对坩埚和电极的侵蚀作用，精确测量十分困难。对于熔渣电导率的测算，国内外有很多研究。除了表 2.12 中研究者所建立的电导率计算模型，一些研究者还开展了大量其他的电导率计算方法。

董艳伍、姜周华等[78]利用 Mills[77]给出修正的光学碱度公式(2.69)和相关成分的光学碱度(表 2.39)，建立了 CaF_2-CaO-Al_2O_3 体系电导率和 CaF_2-Al_2O_3 体系的计算模型。

$$\Lambda = \frac{\sum x_i n_i \Lambda_i}{\sum x_i n_i} \tag{2.69}$$

式中：Λ_i 为各组分的光学碱度，其值如表 2.39 所示；x_i 为组元 i 的摩尔分数；n_i 为组元 i 的原子数。

表 2.39 计算中用各成分的光学碱度值

K_2O	Na_2O	BaO	SrO	Li_2O	CaO	MgO	Al_2O_3	TiO	SiO_2	B_2O_3	P_2O_5	FeO	Fe_2O_3	MnO	CaF_2
1.4	1.15	1.15	1.10	1.0	1.0	0.78	0.60	0.61	0.48	0.42	0.40	1.0	0.75	1.0	1.2

具体模型建立方法等可参考文献[77]，计算得到的 CaF_2-CaO-Al_2O_3 三元系的平均偏差为 10.7%。实验测量电导率 $\kappa_{i,mea}$ 和理论计算电导率 $\kappa_{i,cal}$ 的比较如图 2.112所示，理论计算值与实验测量值符合较好，模型可以描述 CaF_2-CaO-Al_2O_3 体系电导率随成分变化的行为。

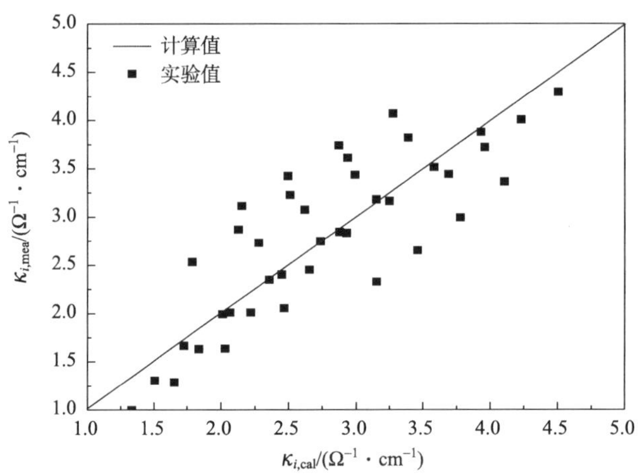

图 2.112 CaF_2-CaO-Al_2O_3体系模型计算和实验测量电导率的比较

对于 CaF_2-Al_2O_3 二元体系，平均偏差为 1.05%。实验测量电导率 $\kappa_{i,mea}$ 和理论计算电导率 $\kappa_{i,cal}$ 的比较如图 2.113 所示。

此方法在一定温度下是适用的，且较为准确，但由于目前不同学者对于电导率研究分歧较大，实验结果也多不相同[32,33]，这里主要采取我们所公认的数据。电渣重熔用四元渣系电导率的研究目前较少，所以四元系电导率实验数据暂时缺乏。

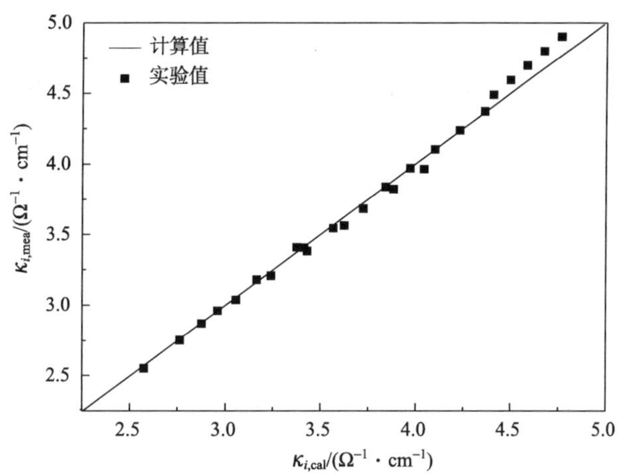

图 2.113　CaF_2-Al_2O_3体系模型计算和实验测量电导率的比较

荻野和巳[79]对 40 种渣系实测基础上进行回归分析，获得了炉渣电导率与组成和温度的关系式，这样可求得多元渣系不同温度下的电导率。但该公式没有考虑 MgO 对电导率的影响，我们根据现有文献的实测数据对公式进行修正，得到式(2.70)。

$$\kappa/(\Omega^{-1}\cdot \mathrm{cm}^{-1})=100\exp(1.911-1.38x_{\mathrm{x}}-5.69\,x_{\mathrm{x}}^{2})+0.39(T-1973) \tag{2.70}$$

式中：$x_{\mathrm{x}}=x(Al_2O_3)+0.2x(CaO)+0.8x(MgO)+0.75x(SiO_2)+0.5(x(TiO_2)+x(ZrO_2))$；适用范围(摩尔分数)为：$x(Al_2O_3)=0\sim0.5$；$x(CaO)=0\sim0.65$；$x(MgO)=0\sim0.1$；$x(SiO_2)=0\sim0.17$；$x(TiO_2)=0\sim0.18$；$x(ZrO_2)=0\sim0.15$。$\kappa$ 为熔池的电导率，$\Omega^{-1}\cdot \mathrm{cm}^{-1}$；$T$ 为热力学温度温度，K，适用范围为 1823～2053K。

2.10.2　含氟渣系黏度模型

随着科学技术的发展，对熔体的黏度需求日益迫切，尽管实验技术近来也有了突飞猛进的发展，但要从实验上去填补这一片空白是不现实的。从一个简单的估计就可以看出其中的问题[80]：75 个元素可以构成 2775 个二元系，6 万多个三元系，100 万个四元系和上亿个六元系，更不用提十几元系了，更何况还有化合物的二元系、三元系等。而生产实际所遇到的恰恰都是多元系，这样庞大的天文数字是无法用实验解决的。有效的解决方法就是在有限的实验基础上从理论上去估算，即通常所说的理论模型的方法。建立一个合理的理论模型，就可以求得所需的黏度数据。黏度与温度的关系通常用指数形式表示：

$$\eta = A\mathrm{e}\frac{E}{RT} \tag{2.71}$$

式中：A 是常数；E 是黏流活化能；R 是气体常数；T 是热力学温度。流体的基本质点是在迅速移动着的瞬间时平衡位置附近振动，而质点之间又由化学键力维系着。质点由一个平衡位置转移到另一个平衡位置时，必须具有以活化能 E 表示的附加动能。近些年来，黏度模型的建立得到许多学者重视，提出了各种黏度估算的模型。

CaF_2对冶金熔体的熔化温度及黏度等均有巨大的影响，很多熔渣体系中都使用 CaF_2进行熔渣性能的调节，因此建立考虑渣系中存在 CaF_2的黏度模型具有重要的意义。很多研究者都进行了尝试。

1. Riboud 模型

Riboud 模型[81]简单，适用的渣的范围广。它把渣的组分分成了五类，这个模型适用以下成分范围的渣系：SiO_2(28%～48%)，CaO(13%～52%)，Al_2O_3(0%～17%)，CaF_2(0%～21%)，Na_2O(0%～27%)。

$$x_{SiO_2} = x_{SiO_2} + x_{P_2O_5} + x_{TiO_2} + x_{ZrO_2} \tag{2.72}$$

$$x_{CaO} = x_{CaO} + x_{MgO} + x_{FeO} + x_{Fe_2O_3} + \{x_{MnO} + x_{NiO} + x_{CrO} + x_{ZnO} + x_{Cr_2O_3}\} \tag{2.73}$$

$$x_{Al_2O_3} = x_{Al_2O_3} + \{x_{B_2O_3}\} \tag{2.74}$$

$$x_{CaF_2} = x_{CaF2} \tag{2.75}$$

$$x_{Na_2O} = x_{Na_2O} + x_{K_2O} + \{x_{Li_2O}\} \tag{2.76}$$

黏度由魏曼方程表示：

$$\eta = AT\exp\left(\frac{B}{T}\right) \tag{2.77}$$

$$A = \exp(-19.81 + 1.73x_{CaO} + 5.82x_{CaF_2} + 7.02x_{Na_2O} - 35.76x_{Al_2O_3}) \tag{2.78}$$

$$B = 31140 - 23896x_{CaO} - 46356x_{CaF_2} - 39159x_{Na_2O} + 68833x_{Al_2O_3} \tag{2.79}$$

但 Riboud 模型没有考虑黏度活化能随渣系成分以及黏度补偿项的非线性关系，因此，其准确性，尤其是计算范围受到了很大的局限。

2. Urbain 模型

Urbain 模型[82]把渣组分分成以下类别：

$$x_G = x_{SiO_2} \tag{2.80}$$

$$x_M = x_{CaO} + x_{MgO} + x_{CaF_2} + x_{FeO} + x_{MnO} + 2x_{TiO_2} + x_{ZrO_2} \tag{2.81}$$

$$x_A = x_{Al_2O_3} + x_{B_2O_3} + x_{Fe_2O_3} + x_{Cr_2O_3} \tag{2.82}$$

这个模型假设黏度和温度之间的关系符合魏曼方程：

$$\eta = A \times T \times \exp\left(\frac{B}{T}\right) \tag{2.83}$$

Urbain 发现 A 和 B 之间有如下关系：

$$-\ln A = 0.29B + 11.57 \tag{2.84}$$

B 可以由下列方程求得：

$$B = B_0 + B_1 x_{SiO_2} + B_2 x_{SiO_2}^2 + B_3 x_{SiO_2}^3 \tag{2.85}$$

$$B_i = a_i + b_i\alpha + c_i\alpha^2 \tag{2.86}$$

$$\alpha = x_M^* / (x_M^* + x_A^*) \tag{2.87}$$

x_M、x_A分别叫做网络修饰因子和两性表面活性因子。将 x_M、x_A分别除以$(1+0.5x_{Fe_2O_3}+x_{TiO_2}+x_{ZrO_2}+x_{CaF_2})$之后可以得到 x_M^*、x_A^*。

下标 i 可以取 0、1、2、3。对于每一个不同的下标，a、b、c 都是给定的常数。

3. Lida 模型

Lida 模型[83,84]利用碱度指数(B_i)来表示结构：

$$\eta = A\eta_0 \exp(E/B_i) \tag{2.88}$$

式中：A 是指前项；E 是活化能；η_0是渣每个组元假定的黏度。参数 A、E、η_0都是温度的函数。

$$A = 1.029 - 2.078 \times 10^{-3} T + 1.05 \times 10^{-6} T^2 \tag{2.89}$$

$$E = 28.46 - 2.884 \times 10^{-2} T + 4.0 \times 10^{-6} T^2 \tag{2.90}$$

$$\eta_0 = \sum \eta_{0,\ SiO_2} X_{SiO_2} + \eta_{0,\ CaO} X_{CaO} + \eta_{0,\ Al_2O_3} X_{Al_2O_3} + \eta_{0,\ MgO} X_{MgO} + \cdots \tag{2.91}$$

$$\eta_{0,\ i} = 1.8 \times 10 - 7[(M_i T_i^m)^{0.5} \exp(H_i / R * T)] / [(V_m)_i^{0.6667} \exp(H_i / RT)] \tag{2.92}$$

式中：M_i 是组元 i 的摩尔质量；V_m是每种组元的摩尔体积；$H_i = 5.1T_i^m$；T_i^m为组元 i 的熔点；R 是气体常数。

渣的组分被分成下列种类：①酸性渣以下标 A 表示，包括 SiO_2、ZrO_2、TiO_2；②碱性渣以下标 B 表示，包括 CaO、MgO、Na_2O、K_2O、Li_2O、FeO 等；③两性渣包括 Al_2O_3、B_2O_3、Fe_2O_3、Cr_2O_3。碱度指数 B_i 用下列方程计算：

$$B_i = \sum (\alpha_i w(i))_B \Big/ \sum (\alpha_i w(i))_A \tag{2.93}$$

式中：α_i表示每种组元的相对碱度；$w(i)$表示组元 i 的质量分数。

4. Miyabayashi 模型

Miyabayashi 基于硅酸盐熔渣中氧离子的存在及熔体流动形式建立模型，即假设渣系中存在桥氧、非桥氧和自由氧离子，如图 2.114 所示。由图可见，SiO_4^{4-} 之间由桥氧连接，而非桥氧和自由氧部分属于 SiO_4^{4-}，另外，连接渣系中 CaO 等其他的化合物。

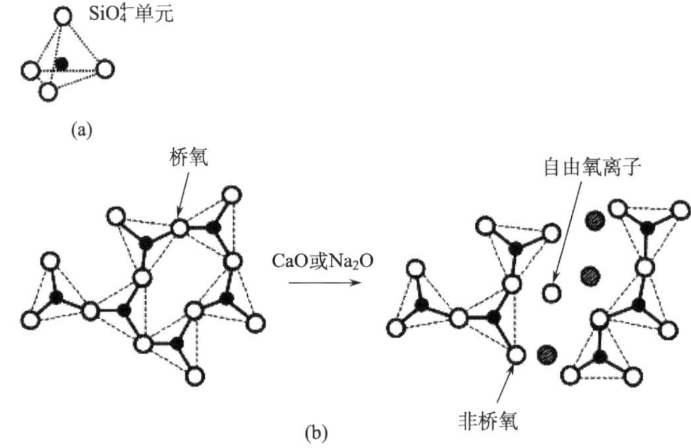

图 2.114　硅酸盐体系的熔渣结构

黏度计算可以采用下面的公式：

$$\eta = A \cdot \exp\left(\frac{E_V}{RT}\right) \tag{2.94}$$

$$E_V = \frac{E}{1 + \sqrt{\sum_i \alpha_i \cdot N_{(NBO+FO)i} + \sum_j \alpha_{j\ in\ Al} \cdot N_{(Al\text{-}Bo)j}}} \tag{2.95}$$

式中：E_V 是激活能；$N_{(NBO+FO)}$ 是非桥氧和自由氧的分数；$\alpha_{j\ in\ Al}$ 为一个参数；j 表示从除 Al_2O_3 之外的其他组元 i 得到的电荷补偿离子；$N_{(Al\text{-}Bo)j}$ 表示桥氧在铝四面体单元中所占的分数。

渣系中加入 CaF_2后，将出现 O-Ca-F 结构，将以非桥氧和自由氧的形式体现在式(2.95)中。虽然作者建立了渣系中含 CaF_2的渣系黏度计算模型，但该模型只适用于渣系中 CaO 含量大于 CaF_2含量的情况，因此对于电渣重熔用 CaF_2含量较高的渣系黏度是不适用的。

5. NPL 模型

NPL 模型[85]由 Mills 等提出，用光学碱度来表示熔渣的结构。Mills 认为渣中的碱性氧化物有两个作用：①破坏熔渣中的网状结构，降低渣的聚合度；②参与 AlO_4^{5-} 的电荷平衡。参与电荷平衡的阳离子就不能再去破坏网状结构，所以在计算渣的平均光学碱度时需要对参加电荷补偿的阳离子浓度进行修正。用修正过的阳离子浓度计算出的光学碱度就称为修正的光学碱度 Λ^{corr}。Mills 用如下公式表示黏度和温度的关系：

$$\eta = A\exp\left(\frac{E}{RT}\right) \tag{2.96}$$

式中：A、B 均是Λ^{corr}的函数。A、B 分别可由下式计算得到：

$$\frac{\ln B}{1000} = -1.77 + \frac{2.88}{\Lambda^{corr}} \tag{2.97}$$

$$\ln A = -232.69(\Lambda^{corr})^2 + 357.32(\Lambda^{corr}) - 144.17 \tag{2.98}$$

渣的平均光学碱度可由式(2.99)求出：

$$\Lambda = \frac{\sum x_i n_i \Lambda_i}{\sum x_i n_i} \tag{2.99}$$

式中：Λ_i是各组元的光学碱度值；n_i 是各组元中氧的数目；x_i 是各组元的摩尔分数。

但在这个模型中，很多渣系组元的被赋予了相同的光学碱度，因此也会影响模型的准确性。

6. 其他结构模型

关于渣系中存在 CaF_2的研究有不同的结论：当渣系中 CaF_2含量较低时，F 离子主要与渣系中 Si^{4+} 结合。在低碱度情况下，CaF_2会破坏渣系中的桥氧，形成 Si-F 结合键；但在高碱度情况下则不具有破坏桥氧的能力，还有一种认为无论在何种情况下，CaF_2在渣系中都只是起到溶剂的作用。但近些年来研究认为，CaF_2在渣系中只是作为溶剂。

Zhang 等[86,87]将硅酸盐体系中的氧离子进一步细分成与 Si^{4+} 结合的桥氧、与没有电荷补偿 Al^{3+} 结合的氧、有补充 Al^{3+} 结合的氧、与 Si^{4+} 结合的非桥氧、与 Al^{3+}结合的非桥氧以及与其他碱性氧化物阳离子结合的自由氧等。给出了氧离子数目的计算方法，对于模型中的其他参数是通过对大量黏度数据的回归分析优化得到的。对于 CaF_2、TiO_2等组元，Zhang 等对其进行近似处理，忽略对其他类型氧离子比例的影响，用如下公式表示黏度和温度的关系：

$$\eta = A\exp\left(\frac{E}{RT}\right) \tag{2.100}$$

指前因子 A 和黏流活化能 E 满足下列关系：

$$\ln A = k(E - 572516) - 17.47 \tag{2.101}$$

式中：5725616 和－17.47 是纯 SiO_2时的 E 和 $\ln A$ 值。

E 和组元之间满足下列关系：

$$E = 572516 \times 2/(n_{OSi} + \alpha_{Al} n_{OAl} + \sum \alpha_{Al,i} n_{OAl,i} + \sum \alpha_{Si}^{i} n_{O_{Si}^{i}} + \sum \alpha_{Al,i}^{j} n_{O_{Al,i}^{j}} + \sum \alpha_i n_{O_i} + \alpha_{Ti} n_{OTi} + \alpha_{CaF_2} n_{OCaF_2}) \tag{2.102}$$

式中：α 是指氧和金属阳离子连接的化学键的变形能力；α 是由黏度数据回归分析得到的；n 是指不同类型氧离子的数目。

2.10.3 表面张力计算模型

Choi 提出了简单二元系的表面张力计算模型如下[88]：

$$\sigma = \sigma_A + \frac{RT}{A_A}\ln\frac{f_A^S N_A^S}{f_A^B N_A^B} = \sigma_B + \frac{RT}{A_B}\ln\frac{f_B^S N_B^S}{f_B^B N_B^B} \tag{2.103}$$

式中：σ 为二元混合物的表面张力；σ_i 为单纯物质 i 的表面张力；A_i 为 i 物质的摩尔表面积，f_i 为 i 物质的活度系数；N_i 为 i 的摩尔分数；上标 S 和 B 分别表示表面和体，进而有

$$\begin{aligned}\sigma &= \sigma_A + \frac{RT}{A_A}\ln\frac{N_A^S}{N_A^B} + \frac{1}{A_A}\bar{G}_A^{E,S}(T, N_B^S) - \frac{1}{A_A}\bar{G}_A^{E,B}(T, N_B^B) \\ &= \sigma_B + \frac{RT}{A_B}\ln\frac{N_B^S}{N_B^B} + \frac{1}{A_B}\bar{G}_A^{E,S}(T, N_B^S) - \frac{1}{A_B}\bar{G}_A^{E,B}(T, N_B^B)\end{aligned} \tag{2.104}$$

式中：$\bar{G}_i^{E,S}$ 和 $\bar{G}_i^{E,B}$ 为 i 在熔体表面和熔体内部的超额自由能。

Tanaka 等通过一系列的研究[89~93]，综合考虑二元系中离子半径的影响 $A(d_A)$和 $B(d_B)$，并考虑了二元系中混合熵的影响，提出了修正的 Butler 方程：

$$\begin{aligned}\sigma &= \sigma_A + \frac{RT}{A_A}\ln\frac{D_A^S}{D_A^B} + \frac{1}{A_A}\bar{G}_A^{E,S}(T, N_B^S) - \frac{1}{A_A}\bar{G}_A^{E,B}(T, N_B^B) \\ &= \sigma_B + \frac{RT}{A_B}\ln\frac{D_B^S}{D_B^B} + \frac{1}{A_B}\bar{G}_A^{E,S}(T, N_B^S) - \frac{1}{A_B}\bar{G}_A^{E,B}(T, N_B^B)\end{aligned} \tag{2.105}$$

模型可以用于计算含有一些氧化物的硅酸盐熔体的表面张力。Nakamoto[94] 在上述模型的基础上，建立了含有表面活性组元 B_2O_3、CaF_2或者 Na_2O 的三元硅酸盐体系的表面张力数学模型。Hanao 和 Tanaka 等[95]还建立了 CaO-SiO_2-Al_2O_3-MgO-Na_2O-CaF_2等多元体系的表面张力热力学计算模型，模型计算结果与文献资料数据吻合较好。

参考文献

[1] Duckworth W E, Hoyle G, Electroslag Refining. London: Chapman and Hall Ltd, 1969.

[2] Hoyle G. Electroslag Processes Principles and Practice, London: Applied Science Publishers, 1983.

[3] 李正邦. 电渣冶金用渣的探讨. 全国电渣冶金技术学术会议，2008：33～37.

[4] 荻野和巳. エレクトロスラグ再溶解スラグについて. 日本金属学会会报，1979，18(10)：684～693.

[5] Mills K C, Keene B J. Physical chemical properties of molten calcium fluoride based slags. International Metals Reviews, 1981, (1): 21～26.

[6] 李正邦. 电渣熔铸，北京：国防工业出版社，1981，40～84.

[7] 梁连科，杨怀. 电渣重熔用渣的物理化学及其应用译文集. 沈阳：东北工学院出版社，1990.

[8] 梁连科，岳桂菊，胥志宏，等. CaO-Al_2O_3-SiO_2 三元系共晶及同分化合物组成电导率和导热系数的测定. 金属学报，1988，24(S1)：SB29～35.

[9] 李正邦，张家雯，林功文，等. 电渣重熔译文集 2. 北京：冶金工业出版社，1990：35.

[10] 郭仲文，王翠香，梁连科. 含 CaF_2 熔渣挥发率的研究. 东北工学院学报. 1987，8(3)：381～385.

[11] 王常珍. 冶金物理化学研究方法. 北京：冶金工业出版社，1982.

[12] 张垂昌，张少伟. 相图计算及其在耐火材料中的应用. 北京：冶金工业出版社，1982.

[13] Evsseev P P. The physical properties of industrial CaO-Al_2O_3-CaF_2 system slags. Automatic Welding, 1967, 20(11): 42～48.

[14] Eisenhüttenleute V D. Slag Atlas. 2nd edition. Düsseldorf: Verlag Stahleisen GmbH, 1995: 186～200.

[15] 德国钢铁工程师协会. 渣图集. 王俭，彭育强，毛裕文译. 北京：冶金工业出版社，1989.

[16] Mitchell A, Burel B. The phase diagram of CaF_2-Al_2O_3 electroslag fluxes. Journal of Iron Steel Institute. 1970, 208(4): 407～412.

[17] 陈艳梅，赵俊学，樊君，等. 电渣重熔过程中渣成分变化的研究. 特殊钢，2010，31(6)：7～9.

[18] 尧军平，耿茂鹏，马新生，等. 电渣熔铸渣皮分层现象研究. 铸造技术，2004，25(2)：113～114.

[19] 成田贵一，尾上俊雄，石井照朗ち. ェレクトロスラゲ融解用酸化物系スラゲの冶金学的倹討. 铁と鋼，1978，64(10)：1568～1577.

[20] Hillert L H. Acta Polytechn. Scand. (Chemistry including Metallurgy Series) No. 90. Stockholm: Royal Swedish Academy of Engineering Science, 1979.

[21] Roberts R J. Techniques for maximum melt rate and minimum power consumption in ESR. Proceedings of 2nd International Symposium on Electroslag Remelting Technology, Part Ⅱ. Pittsburgh, 1969: 23～25.

[22] Paulm C. Electroslag refining flux con positions and process for making same: US, 3857702. 1971.

[23] 饶东生. 硅酸盐物理化学. 北京：冶金工业出版社，1980.

[24] 黄希祜. 钢铁冶金原理. 北京：冶金工业出版社，1984.

[25] Nafziger R H. Liquidus phase relations in portions of system CaF_2-CaO-MgO-Al_2O_3 in an inset atmosphere. High Temperature Science，1975，7(1)：17～22.

[26] 陈家祥. 炼钢常用数据图表手册. 北京：冶金工业出版社，1984.

[27] Verein Deutscher Eisenhuttenleute. Slag Atlas. 2nd ed. Düsseldorf：Verlag Stahleisen GmbH，1995.

[28] 荻野和巳，原茂太. フッ化カルシラムを主成分とするESR用フラックスの密度，表面張力，电气传导度. 铁と鋼，1977，63(13)：2141～2146.

[29] 梁连科，郭仲文，王云志，等. 交流四探针法测定炉渣电导率的研究. 东北工学院学报，1985，6(3)：71～75.

[30] 梁连科，岳桂菊，郭仲文，等. 电渣重熔用 CaO-Al_2O_3-SiO_2 三元无氟渣系的研究. 东北工学院学报，1987，8(1)：36～40.

[31] Bockris J，Reddy A K. Modern Electrochem An Introduction to an Interdisciplinary Area，Volume 2. 3rd ed. New York：Plenum Publishing Corp，1977：384～385.

[32] 姜周华. 电渣冶金的物理化学及传输现象. 沈阳：东北大学出版社，2000.

[33] 李正邦. 电渣冶金原理及应用. 北京：冶金工业出版社，1996.

[34] 王兆文. Al_2O_3-CaO-CaF_2 渣系性能的研究. 铁合金，2010，6(1)：15～17.

[35] 荻野和巳，桥本英弘，原茂太. 交流 4 端子法によるフッ化物を含むESR用フラックスの电导度の测定. 铁と鋼，1978，64(2)：225～231.

[36] 荻野和巳. ユレクトロスラグ再溶解スラグについて. 日本金属学会会报，1979，18(10)：684.

[37] Jiao Q，Themelis N J. Correlations of electrical conductivity to slag composition and temperature. Metallurgical and Materials Transactions B，1988，19(1)：133～139.

[38] Mills K C，Sridhar S. Viscosities of Ironmaking and Steelmaking Slags，Ironmaking and Steelmaking，1999，26(4)：262～268.

[39] Campbell J. Surface tension measurement by the drop weight technique. Journal of physics. D：Applied Physics，1970，3(10)：1499～1504.

[40] Mitchell A，Joshi S. The densities of melts in the systems CaF_2＋CaO and CaF_2＋Al_2O_3. Metallurgical and Materials Transactions，1972，3(8)：2306.

[41] 毛裕文. 冶金熔体. 北京：冶金工业出版社，1994.

[42] Keene B J，Mills K C. Physical properties of BOS slags. International Materials Reviews，1987，32(1)：1～5.

[43] 王常珍. 冶金物理化学研究方法. 北京：冶金工业出版社，1982，328～349.

[44] 奚新国. 表面张力测定方法的现状与进展. 盐城工学院学报，2008，21(3)：1～4.

[45] 于军胜，唐季安. 表(界)面张力测定方法的进展. 化学通报，1997，60(11)：11～15.

[46] 刘香莲. 激光衍射法测量液体的表面张力及界面张力. 北京联合大学学报，2006，20(4)：79～83.

[47] 江龙. 胶体化学概论. 北京：科学出版社，2002：23～25.

[48] Bashforth F，Adams S C. An Attempt to Test the Theories of Capillary Action. Cambridge：Cambridge University Press，1883，40～60.

[49] Paul C. Hiemenz. 胶体与表面化学原理，北京：北京大学出版社，1986：256～260.

[50] 郭立山，曹佩玉. 一种表面张力的测量方法. 大学化学，1988，3(6)：41～42.

[51] Campbell J. Fluid flow and droplet formation in the electroslag remelting process. Journal of Metals，1970，24(1)：23～29.

[52] Hanao M，Tanaka T，Kawamoto M，et al. Evaluation of surface tension of molten slag in multi-component. ISIJ International，2007，47(7)：935-939.

[53] Eisenhüttenleute V D. Slag Atlas. 2nd Edition. Düsseldorf：Verlag Stahleisen GmbH，1995，403-512.

[54] 朱苗勇. 现代冶金学(钢铁冶金卷). 北京：冶金工业出版社，2010.

[55] 于仁波，张祖贤，毛裕文. CaF_2-CaO-MgO-Al_2O_3-SiO_2 电渣渣系表面张力和渣-钢间界面张力的研究. 钢铁研究学报，1989，1(3)：15～19.

[56] 豆志河，张廷安，姚建明，等. CaF_2-CaO-Al_2O_3-MgO-SiO_2 系精炼渣性能研究. 过程工程学报，2009，9(1)：132～136.

[57] 杨祖磐，吴铿，黄振奇. 含氧化钛高炉型渣表面张力的测定. 金属学报，1988，24(4)：B142～145.

[58] 史冠勇，张廷安，牛丽萍，等. 低氟 CaF_2-CaO-Al_2O_3-MgO-SiO_2系精炼渣的性能. 过程工程学报，2011，11(4)：695～700.

[59] Masashi N，Masahito H，Toshihiro T. Estimation of surface tension of molten silicates using neural network computation. ISIJ International，2007(47)：1075～1081.

[60] Masahito H，Toshihiro T，Masayuki K. Evaluation of Surface tension of molten slag in multi-component systems. ISIJ International，2007，47(10)：935～939.

[61] 屈经文，毛光荣，张志刚，等. 添加萤石对攀钢渣-铁界面张力和润湿角的影响. 云南冶金，1989，18(2)：32～37.

[62] 肖锋，方亮. 熔钢与 Na_2O-Li_2O-SiO_2-B_2O_3熔渣间的界面作用研究. 重庆工学院学报，2004，18(1)：14～17.

[63] 毛裕文，罗维忠，陆富荣，等. 含钛高炉渣与生铁之间表面张力测定. 钢铁，1987，22(4)：11～14.

[64] Sung M S，Young H P，Dong S K. Interfacial tension and contact angle variations of SUS304 melt in contact with solid oxides and CaO-SiO_2-Al_2O_3 (CaF_2) slags at 1470℃. Metals and Materials，1996，2(2)：65～69.

[65] Haiping S，Kunihiko N，Katsumi M. Interfacial tension between molten iron and CaO-SiO_2 Based Fluxes. ISIJ International，1997，37 (4)：323～331.

[66] Santos C A，Spim J A，Garcia A. Mathematical modeling and optimization strategies (genetic algorithm and knowledge base) applied to the continuous casting of steel. Engineering applications of Artificial Intelligence：The International Journal of Intelligent Real-time Au-

tomation，2003，16(5)：511～527.
[67] 季庆复. 电渣重熔渣系的热导率测定. 东北工学院学报，1986，48(3)：1～6.
[68] Thomas B G. Modeling of continuous casting，in making，shaping and treating of steel：Continuous casting. AISE Steel Foundation，2003，5(5)：1～24.
[69] 战洪仁，高成峰，樊占国. 三元系冶金渣导热系数的研究. 沈阳化工学院学报，2009，23(4)：1～5.
[70] 梁连科，姜周华. 氟化钙为基导热系数的测定——炉渣组成对 ESR 过程电耗的影响. 东工科技(钢铁冶金专辑)，1984，(4)：244～248.
[71] 草道龙彦，石井照朗，尾上俊雄ら. ユレクトロスラグ溶解法の传热举动におよぼすスラグ成分组成の影響. 铁と鋼，1980，6(12)：1640.
[72] 梁连科，郭仲文，王云志，等. 用水冷铜等热流法测定固态电渣导热系数. 东北工学院学报，1985，6(4)：43～47.
[73] Chow C，Samarasekera I V. High speed continuous casting of steel billets part 1：General overview. Ironmaking and Steelmaking，2002，29(1)：53～60.
[74] Fukada N，Marukawa Y，Abe K，et al. Development of mold (HS-mold) for high speed casting. Canadian Metallurgical Quarterly，1999，38(5)：337～346.
[75] Chow C，Samarasekera I V，Walker B N. High speed continuous casting of steel billets part 2：Mould heat transfer and mould design. Ironmaking and Steelmaking，2002，29(1)：61～69.
[76] Keen B J，Mills K C. Total normal emissivity of slags used in electroslag melting. Arch. Eisenhüttenwes，1981，52(8)：311.
[77] Mills K C，Sridhar S. Viscosities of ironmaking and steelmaking slags. Ironmaking and Steelmaking，1999，26(4)：262～268.
[78] 董艳伍，姜周华，李花兵，等. 电渣冶金用含氟渣系电导率计算方法研究. 材料与冶金学报，2012，11(4)：279～282.
[79] 荻野和巳，橋本英弘，原茂太. 交流 4 端子法によるフッ化物を含むESR 用フラックスの電導度の測定. 鋼と鉄，1978，64：225.
[80] 于海恩. 电渣重熔法精炼铜铬合金渣系的粘度研究. 沈阳：东北大学硕士学位论文，2007：20～21.
[81] Riboud P V，Roux Y，Lucas L D，et al. Improvement of continuous casting powders. Fachberichte Huttenpraxis Metallweiterverarbeitung，1981，19(8)：859～869.
[82] Urbain G. Viscosity estimation of slags. Steel Research，1987，58(3)：111～116.
[83] Stephens R L. Thermophysical properties of molten slags. JOM Journal of the Minerals，Metals and Materials Society，2002，54(11)：40～40.
[84] Shu Q F，Zhang J Y. Viscosity estimation for slags containing calcium fluoride. Journal of University of Science and Technology Beijing，2005，12(3)：221～224.
[85] Mills K C，Sridhar S. Viscosities of ironmaking and steelmaking slags. Ironmaking and Steelmaking，1999，26(4)：262～268.

[86] Zhang G H, Chou K C. Viscosity model for aluminosilicate melt. Journal of Mining and Metallurgy, Section B: Metallurgy, 2012, 48(3): 231～239.

[87] Zhang G H, Chou K C. Influence of CaF_2 on viscosity of aluminosilicate melts. Ironmaking and Steelmaking, 2013, 40(5): 376～380.

[88] Choi J Y, Lee H G. Thermodynamic Evaluation of the Surface Tension of Molten CaO-SiO_2-Al_2O_3 Ternary Slag. ISIJ International, 2002, 42(3): 221～228.

[89] Tanaka T, Hack K, Iida T, et al. Application of thermodynamic databases to the evaluation of surface tensions of molten alloys, salt mixtures and oxide mixtures. Zeitschrift für Metallkunde, 1996, 87(5): 380～389.

[90] Tanaka T, Hara S, Ogawa M, et al. Thermodynamic evaluation of the surface tension of molten salt mixtures in common ion alkalihalide systems. Zeitschrift für Metallkunde, 1998, 89(5): 368～374.

[91] Ueda T, Tanaka T, Hara S. Thermodynamic evaluation of the surface tension of molten salt mixtures in alkali halides, nitrate, carbonate and sulfate systems. Zeitschrift für Metallkunde, 1999, 90(5): 342～347.

[92] Tanaka T, Nakamoto M, Usui T. Evaluation of Viscosity of Molten Slags in Blast Furnace Operation. Proceedings of Japan-Korea Workshop on Science and Technology in Ironmaking and Steelmaking, The Iron and Steel Institute of Japan, Tokyo, 2003: 56.

[93] Tanaka T, Kitamura T, Back I A. Evaluation of surface tension of molten ionic mixtures. ISIJ International, 2006, 46 (4), 400～406.

[94] Nakamoto M, Tanaka T, Holappa L, et al. Surface tension evaluation of molten silicates containing surface-active components (B_2O_3, CaF_2 or Na_2O). ISIJ International, 2007, 47(2): 211～216.

[95] Hanao M, Tanaka T, Kawamoto M, et al. Evaluation of Surface tension of molten slag in multi-component systems. ISIJ International, 2007, 47(7): 935～939.

第 3 章　熔渣的化学性质及电渣过程与熔渣有关的反应

与普通的炼钢方法比较，电渣冶金既有金属的精炼提纯过程，也有液态金属在无耐火材料条件下的成型过程，能有效去除钢中硫、氧等有害元素及其非金属夹杂物，并且熔化、精炼和凝固的整个过程在同一台设备中进行，不仅产品质量得到保证，生产效率也大大提高。

熔渣在电渣冶金过程中发挥着重要作用，尤其是其化学性能与电渣过程中的化学反应密切相关，即熔渣的化学性质控制着电渣过程的冶金反应，最终影响产品质量。

3.1　熔渣组元的活度

在研究高温溶液反应时，必须应用若干物理化学定律。由于分子或原子间作用力的复杂关系，由实验中得到的数据往往与那些通常适用于稀溶液或者适用于理想溶液的物理化学定律不相符。研究分析这些实验上的数据，可采用两种途径：①在高温下重新研究发现新定律，把已知的现象系统地概括起来，但这样做是比较困难的，同时需要较长的研究时间；②仍旧采用一般适用于理想溶液的物理化学定律，而采用溶液的"有效浓度"以代替实际的浓度。换句话说，用一个因数把溶液的实际浓度加以校正，使它能够符合一般适用于理想溶液的物理化学定律。此种方法是现在通常采用的措施。这个校正因数称为"活度系数"，而"有效浓度"称为"活度"。

熔渣基本都是非理想溶液，在有熔渣组元参加的化学反应的热力学计算中，应该用组元的活度代替浓度。熔渣组元活度的标准态常用固态或液态纯物质，其中由实验测定的氧化物活度都是以固态纯氧化物为标准态。这是因为在实验温度下熔渣的成分范围受氧化物在渣中饱和溶解度限制，而该饱和溶液又与固态氧化物平衡。根据相平衡原理，饱和溶液中氧化物的化学位等于与之平衡的该固态氧化物的化学位，当选用同一标准态时，饱和溶液中氧化物的活度等于固态氧化物的活度。因此，饱和溶液标准态等于固态氧化物的标准态。

3.1.1　二元渣系组元的活度

图 3.1 给出了部分 CaF_2 为基的二元系氧化物的活度[1]。除了 $Li_2O_{(l)}$ 有负偏

差外，$FeO_{(l)}$、$MnO_{(s)}$ 和 $CaO_{(s)}$ 对拉乌尔定律有正偏差。特别是 $FeO_{(l)}$ 和 $MnO_{(s)}$，其活度值有很大的正偏差，说明该组元在 CaF_2 中的溶解度很小，加入量很小时便达到了饱和。对于电渣重熔常用的 CaF_2-Al_2O_3 二元系的活度，Zhdanovskii 进行过测定，但结果不可靠，不值得推荐[2]。图 3.2 给出了 CaF_2-Li_2O 二元系更详细的活度数据[2]。其中 $a(Li_2O)$ 值是 1430℃下采用电动势法(ZrO_2-CaO 固体电解质)测得的，而 $a(CaF_2)$ 则是用吉布斯-杜亥姆(Gibbs-Duhem)方程计算得到的。该二元系组元的活度与拉乌尔定律存在很大的负偏差。

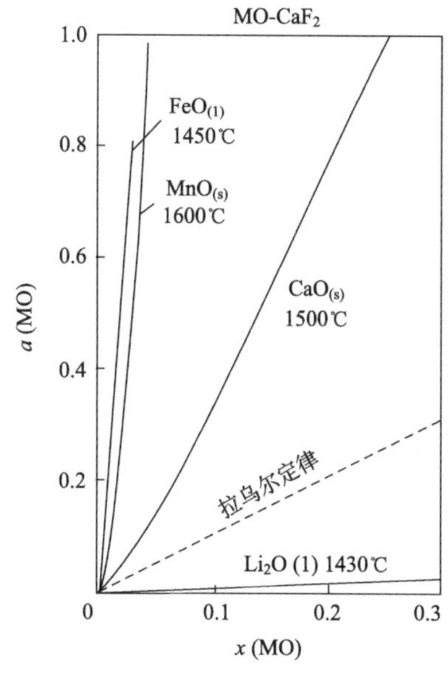

图 3.1　MO-CaF_2 二元系组元活度

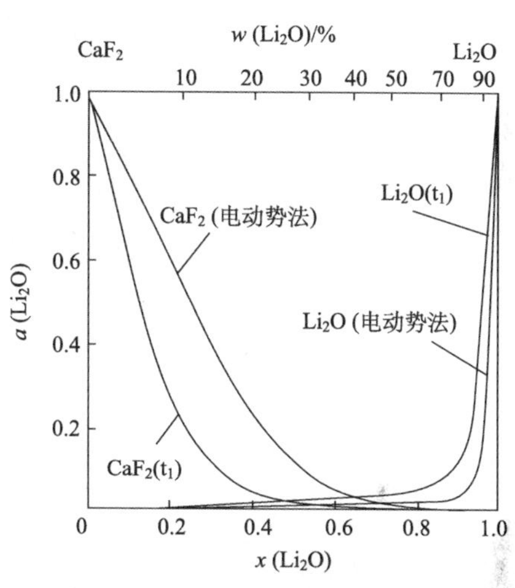

图 3.2　CaF_2-Li_2O 体系的组元活度

与电渣有关的 CaO-Al_2O_3 二元系活度有许多研究者进行过测定。图 3.3 为日野光兀[3,4]归纳的不同作者在 1600℃下测得的活度数据，其中曲线 12 为他本人的结果。由图可见，该二元系的活度与理想溶液存在负偏差，在 CaO 一侧，Al_2O_3 的活度值很小，只有当 $x(Al_2O_3)>0.3$ 以后，Al_2O_3 的活度才随其含量的增加而显著增加。这是因为在 1600℃下，当 $x(Al_2O_3)\leqslant 0.28$ 时，CaO 就达到饱和，而当 $x(Al_2O_3)=0.5$ 时，熔体中存在液相与化合物 $CaO\cdot 2Al_2O_3$ 平衡共存，因而其活度等于该化合物的组元活度。

3.1.2　三元渣系组元的活度

1. CaF_2-Al_2O_3-CaO 渣系

图 3.4 和图 3.5 为日野等[10]用渣-金-气三相平衡法测得的并经二次回归的该

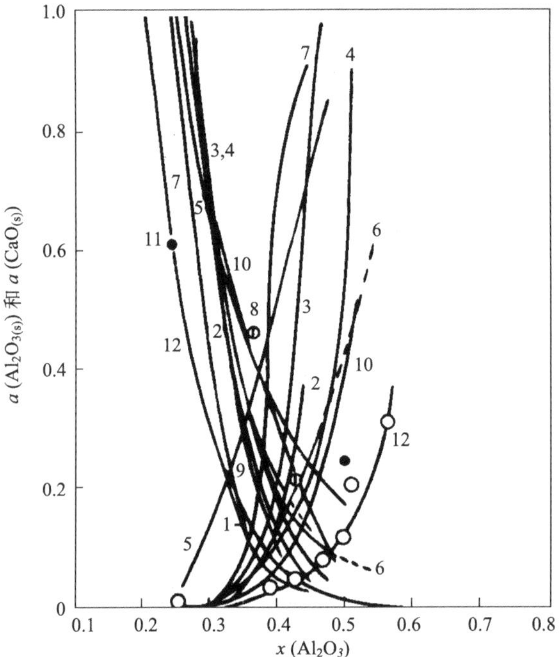

图 3.3　CaO-Al_2O_3 渣中 $Al_2O_{3(S)}$ 的活度

1-Finchman & Richardson；2-Carter & MacFarlene；3-Chipman；4-Sharma & Richardson；5-Omori & Sanbongi；6-Rein & Chipman；7-Cameron et al.；8-○Kor & Richardson(a(CaO))；9-Edmonds & Taylor；10-Fujisawa et al；11-● Goto et al. (a(CaO))；12-○ 日野光兀(a(Al_2O_3))

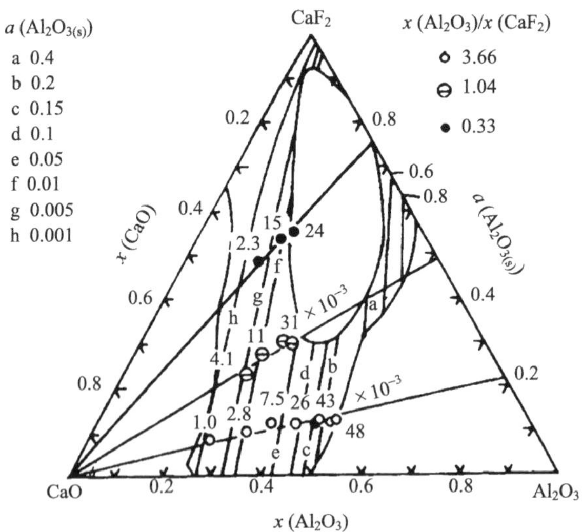

图 3.4　1873K 下 CaO-Al_2O_3-CaF_2渣中 $Al_2O_{3(S)}$ 的等活度曲线

——实验成分，数值为 a(Al_2O_3)

三元系中 $Al_2O_{3(s)}$、$CaO_{(s)}$ 和 $CaF_{2(l)}$ 的活度等值线。从中可见，$a(Al_2O_3)$随 Al_2O_3 含量的变化而显著变化，在靠近 CaO 饱和区，其活度值仅为 $10^{-3}\sim10^{-2}$ 数量级。而 $a(CaF_{2(l)})$也随着 CaF_2 含量的增加而增加，但其值与理想溶液偏离不大。而 $a(CaO_{(s)})$在靠近 CaO 饱和区时趋近于 1，随着 CaO 浓度的降低其值也显著减小。

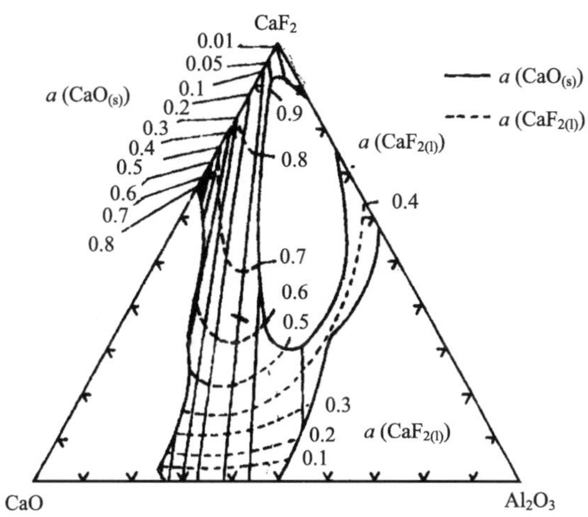

图 3.5　1873K 下 $CaO-Al_2O_3-CaF_2$ 渣中 $CaO_{(s)}$ 和 $CaF_{2(l)}$ 的等活度线

2. $CaF_2-CaO-SiO_2$ 渣系

图 3.6 为 Sommerrille 和 Kay 在 1450℃下测得的 $CaF_2-CaO-SiO_2$ 渣系中 $SiO_{2(s)}$ 和 $CaO_{(s)}$ 的活度。从中可见，在该渣系中由于有 CaO 存在，SiO_2 活度很小，因此，一定量 SiO_2 存在并不会显著提高渣的氧化性，而 CaO 的活度则相对较高。

3. $CaF_2-Al_2O_3-MgO$ 渣系

陈崇禧等[5]用化学平衡法于 1600℃和 1650℃测定了 CaF_2 基电渣重熔中 MgO 的活度，并绘制了 $CaF_2-Al_2O_3-MgO$ 系 MgO 等活度线。其结果如图 3.7 和图 3.8 所示。从中可以看出，在实验温度范围内，$a(MgO)$随温度增高而增大。在 1600℃，$a(MgO)$随着 N_{MgO} 增加而增大，但是在 1650℃ N_{MgO} 为 0.10～0.15 时 $a(MgO)$变化却很小。所以在此区间调整渣中 MgO 浓度对电渣重熔改变合金中 MgO 含量的效果是不大的。

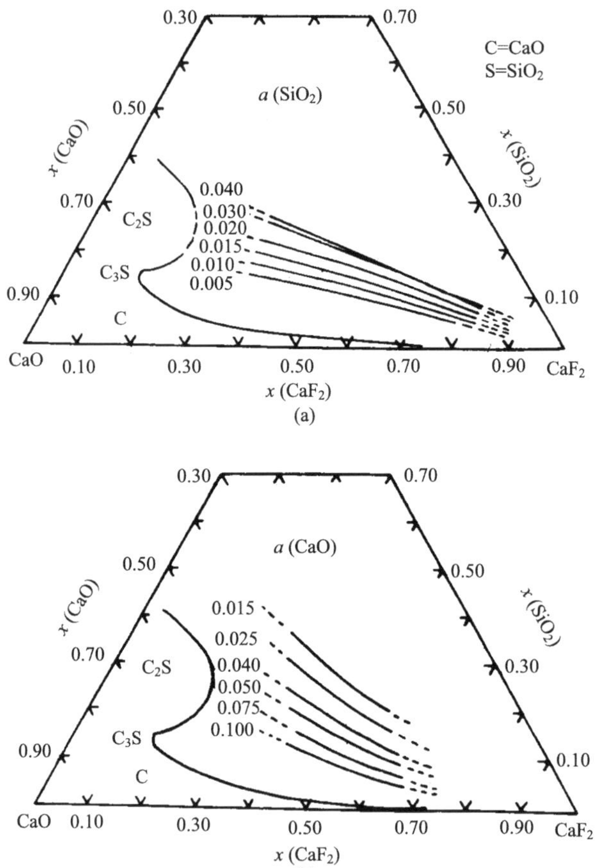

图 3.6　1450℃，CaF_2-CaO-SiO_2熔渣中的 $a(SiO_{2(S)})$，$a(CaO_{(S)})$

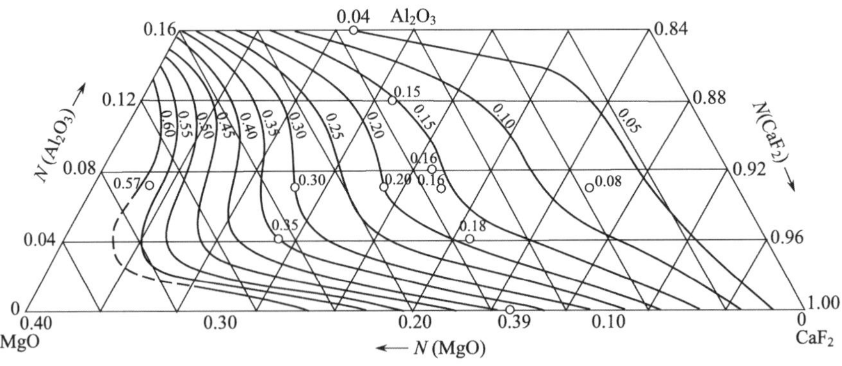

图 3.7　1600℃CaF_2-Al_2O_3-MgO 系以固态 MgO 为标准态的 MgO 等活度线

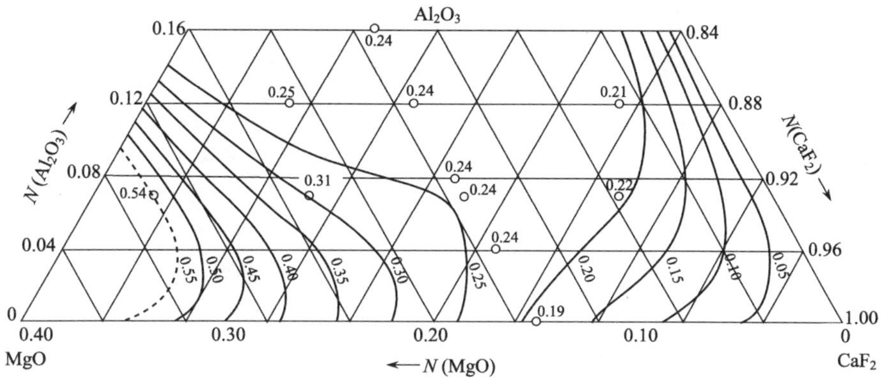

图 3.8　1650℃ CaF_2-Al_2O_3-MgO 系以固态 MgO 为标准态的 MgO 等活度线

4. CaO-SiO_2-Al_2O_3 渣系

图 3.9 为张子青等在 1600℃测得的 CaO-SiO_2-Al_2O_3 渣系中 CaO 的活度[6]，并与 Chipman 等测量的数据进行了对比[7]，其结果如图 3.10 所示。

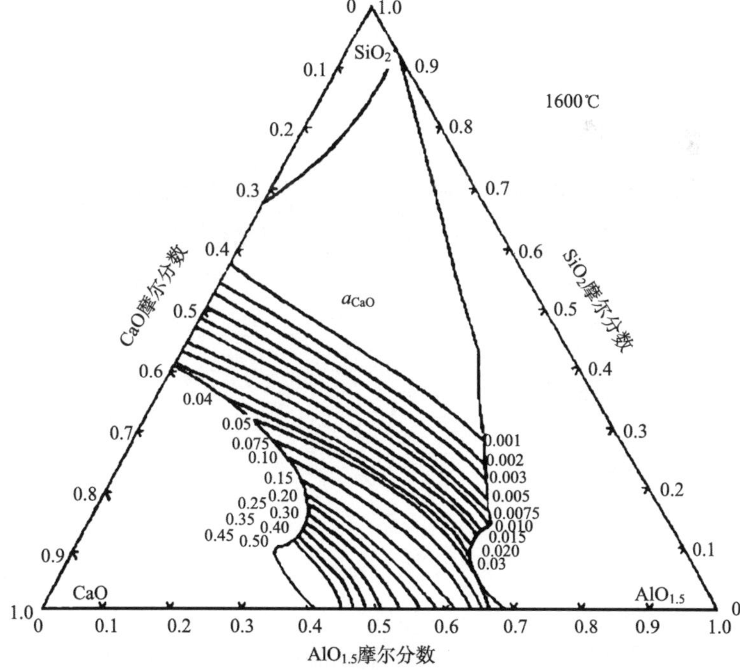

图 3.9　CaO-SiO_2-Al_2O_3 熔渣中 CaO 活度

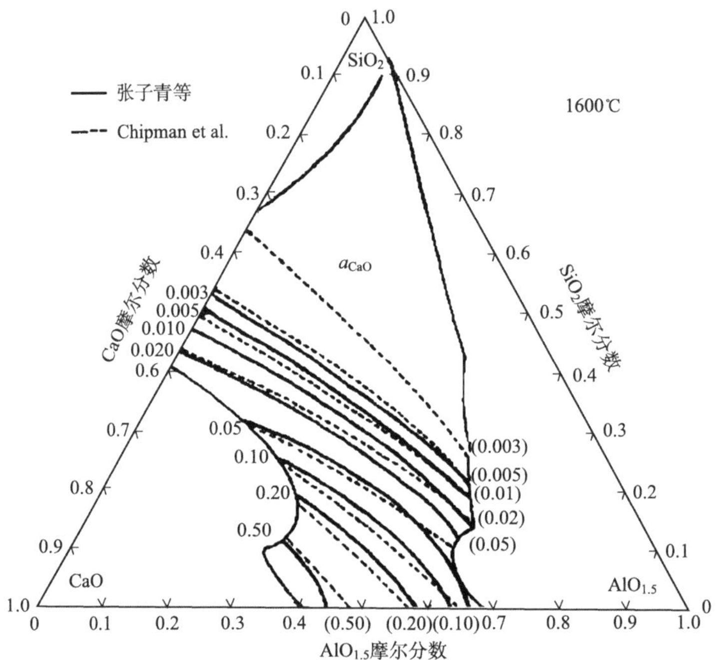

图 3.10　CaO-SiO$_2$-Al$_2$O$_3$ 熔渣中 CaO 活度与 Chipman 等的结果对比

3.1.3　四元渣系组元的活度

图 3.11 为 1650℃时 CaF$_2$-Al$_2$O$_3$-MgO-CaO 渣系 MgO 等活度线的组成分图。从图中可以看出，增加 N_{CaO} 可提高 MgO 的活度，这是由于在 1650℃下，Al$_2$O$_3$ 起着降低 MgO 活度的作用。当增加 CaO 时，CaO 与 Al$_2$O$_3$ 相互作用较强，减弱 Al$_2$O$_3$ 对 MgO 的作用，从而提高 MgO 的活度。

3.1.4　多元渣系组元的活度计算方法

1."渣-金属"化学平衡法

"渣-金属"化学平衡法就是利用渣系与还原剂在平衡状态下的热力学相关方程通过实验和计算得到的渣系活度。

张子青等[8,9]以 Sn 为溶剂金属，直接用"渣-金属"化学平衡法，在较大组成范围内测定了 CaO-SiO$_2$-Al$_2$O$_3$ 三元熔渣中的活度。用图示推测法推测了较难直接获得实验结果的低 CaO 浓度范围内 CaO 活度。并应用实验结果和数据分析得到了该渣系中较全面的等 CaO 活度曲线图，获得了较为满意的结果。

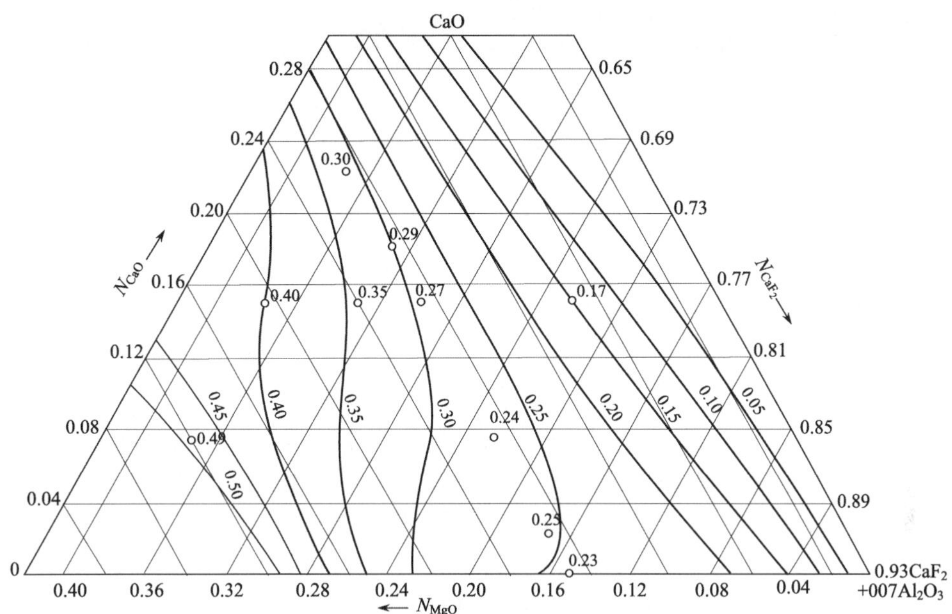

图 3.11　1650℃时 CaF_2-Al_2O_3($N_{Al_2O_3}$=0.07)-MgO-CaO 渣系以固态 MgO 为标准态的 MgO 等活度线

张成弢等[10]以铜作为熔剂，石墨作为还原剂，用“渣-金属”化学平衡法，在1500℃和1550℃下测定了 SiO_2-B_2O_3二元熔渣中 SiO_2的活度，并采用 Gibbs-Duhem 积分法求得了该二元熔渣中 B_2O_3的活度。

“渣-金属”化学平衡法虽然实验过程简单，化学分析渣组成和金属相成分的方法较为成熟可靠，但应用“渣-金属”化学平衡法测定组元活度时，必须正确选择金属溶剂，正确配料，包括炼制好金属料需要的有关合金和适合渣料需要的预备渣，以及正确选择测试温度和平衡所需时间。由于存在着选择金属溶剂以及上述其他方面的问题，因此不是所有渣系均能适用此法。

2. 正规则溶液模型

正规溶液模型是 1929 年由 Hidebrand 提出的，作为最成熟的熔体活度模型广泛应用。该模型将实际溶液看成质点完全无序分布的理想溶液，过剩混合热不为零，过剩熵为零。在二元体系中，正规溶液的组元过剩性质可以表示为

$$S_i^{ex}=0 \tag{3.1}$$

$$G_i^{ex}=RT\ln\gamma_i=\Omega_{ij}(1-x_i)^2 \tag{3.2}$$

式中：S_i^{ex} 是组元 i 过剩熵；G_i^{ex} 是组元 i 过剩 Gibbs 自由能；Ω_{ij} 是组元间交互

作用能，是与温度和组元无关的常数；γ_i 是组元 i 的活度系数($\gamma_i = a_i/x_i$，a_i是组元 i 的活度)；x_i是组元 i 的摩尔分数；T 是热力学温度。

正规溶液模型存在以下缺陷：

(1) 由于交互作用能 Ω_{ij} 的存在，溶液形成时产生混合热，这与理想溶液的假定相互矛盾；

(2) 交互作用能 Ω_{ij} 与温度和浓度无关，因此造成溶液模型存在对称性。

由于实际溶液并不满足正规溶液的假设条件，所以利用正规溶液理论计算实际溶液组元活度时，存在很大误差。

3. 熔渣规则溶液模型

由于熔渣规则溶液模型[12]可方便地根据炉渣成分求出组元活度系数，进而求出组元活度，所以熔渣规则溶液模型在冶金炉渣物理化学研究中得到了广泛的应用。原则上讲，只要知道了所研究渣系组元阳离子之间的交互作用能，便可求出每一组元的活度。计算值和测量值进行比较，便可得到熔渣规则溶液模型适用于该渣系组元活度计算的炉渣成分范围。但也有一些渣系，如 Fe_tO-P_2O_5-Na_2O 渣系，不适于应用熔渣规则溶液模型。而对那些含有迄今没有推算出交互作用能的渣系，则需根据实验数据推算交互作用能的方法，先求出交互作用能。

迄今熔渣规则溶液模型已应用于 CaO-SiO_2 二元系、MgO-SiO_2 二元系、Fe_tO-CaO-SiO_2 三元系、Fe_tO-MgO-SiO_2 三元系、Fe_tO-SiO_2-Na_2O 三元系和 CaO-SiO_2-Al_2O_3-Fe_tO 四元系的组元活度计算，计算出的活度和实测值基本一致。

4. 熔渣二次正规溶液模型

在硅酸盐熔渣中[13]，由于碱性氧化物的种类及浓度不同(即 $a_{O^{2-}}$ 不同)，使硅氧离子的复合程度有很大差异。要确定硅氧离子的形态及其所占比例非常困难，为避免涉及与硅氧离子结构相关的各种问题，笼统地认为硅氧离子熔体是由 Si^{4+}、Ca^{2+}、Fe^{2+}、Fe^{3+}、Mn^{2+}、Mg^{2+}、Na^+、Ti^{4+}、P^{5+} 等阳离子与共同的阴离子 O^{2-} 所构成，并且这些阳离子都被 O^{2-} 所包围。阳离子在阴离子的空隙内无规则分布。比较氧离子半径(0.140nm)和某些阳离子半径(Ca^{2+} 为 0.099nm、Mn^{2+} 为 0.080nm、Fe^{2+} 为 0.075nm、Mg^{2+} 为 0.065nm)可知，氧离子半径大得多，因此可假设 O^{2-} 作为熔渣体系的主格子，阳离子在其间隙内完全自由无秩序地分布。这种溶液满足正规溶液的条件，其混合熵等于理想溶液的混合熵，混合热与活度系数间存在如下关系：

$$\Delta H_i = H_i^{E} = G_i^{E} = RT\ln\gamma_i \tag{3.3}$$

$$RT\ln\gamma_i = \sum_j \alpha_{ij} \cdot X_j^2 + \sum_j \sum_k (\alpha_{ij} + \alpha_{ik} - \alpha_{jk}) \cdot X_j \cdot X_k \quad (i \neq k \neq j) \tag{3.4}$$

式中：ΔH_i 为 i 组分混合热，J/mol；G_i^E 为 i 组分剩余自由能，J · mol；T 为温度，K；γ_i 为 i 组分的活度系数；α_{ij} 为 i 阳离子-O^{2-}-j 阳离子相互作用能，J/mol。

式(3.3)和式(3.4)为熔渣正规溶液模型的表达式。由于式(3.4)成分项均为二次方，所以也称为二次熔渣正规溶液模型。各组成的活度以该组成的纯熔体作为标态。利用自由能和活度系数，二次熔渣正规溶液模型可广泛应用于计算多元渣系、较宽组成范围内各组成的活度。

5. 高阶亚正规溶液模型

高阶亚正规溶液模型由一组参数表示，根据精选的“边界条件”，可由二元系、三元系、四元系等逐渐展开拟合出该组参数。例如，四元系中各组元的过剩偏摩尔自由能和体系的过剩自由能由同一组参数 A 表示。由于四元系参数 A 与二元系参数 B 及三元系参数 C 存在相互关系，所以参数 A 可由边界条件自二元系→三元系→四元系逐步拟合得到。拟合出该组参数后，便可非常容易地在计算机上计算体系中各组元的活度。

张晓兵等[14]利用该模型计算了 MnO-SiO_2-Al_2O_3-CaO 四元系，包括四个三元子系中各组元的活度。其中，SiO_2-Al_2O_3-CaO 三元系的 SiO_2 活度计算值与实验值和其他计算结果较一致；MnO-SiO_2-CaO 三元系计算结果与渣-金属平衡实验结果较一致。

高阶亚正规溶液模型对多元系各组元既未做溶剂或溶质的区分，也没有炉渣和金属熔体的限制，使该模型具有较大的应用范围。在整个均相区中，用同一组参数表示体系和各组元的性质，应用比较方便。但由于该模型应用的关键取决于边界条件的可靠性，所以限制了其应用范围。

6. 遗传神经网络改进正规溶液模型

假设有 N 个数据样本，每个样本都有对应的温度(T)、成分(x_i)及组元活度(a_i)。对于实际溶液，交互作用能 Ω_{ij} 与温度、成分的关系如下：

$$\Omega_{ij} = \frac{RT\ln(a_i/x_i)}{(1-x_i)^2} \tag{3.5}$$

依式(3.5)可以得到不同温度与成分下对应的 Ω_{ij} 值，再通过 BP 神经网络对样本进行处理，可得到因变量 Ω_{ij} 随自变量温度 T 和成分 x_i 变化的非线性关系。在进行活度预测时，根据已知的温度和成分，再通过公式

$$a_i = x_i \exp\left[\frac{\Omega_{ij}(1-x_i)^2}{RT}\right] \tag{3.6}$$

即可得到对应的活度 a_i。

BP 网络是个非线性优化问题，不可避免地存在局部极小的问题，而且学习算法收敛速度慢。鉴于 BP 网络存在的问题，采用遗传算法初始化，对权值和阈值进行调整。遗传算法是建立于遗传学和自然选择原理基础上的一种全局优化搜索算法，采用了 Darwin 生物进化和 Mender 基因遗传的基本原理，根据个体的适应度函数，通过对个体施加遗传操作实现群体内个体结构重组的迭代处理，逐代演化出越来越好的近似解。遗传算法克服了传统优化算法使用范围窄或收敛缓慢等缺点。

吴令等[15]通过将该模型在 MnO-SiO_2 及 CaO-Al_2O_3 二元渣系中的组元活度计算结果和文献实测值进行对比发现：在不同的温度和成分组成下，模型计算结果均能很好地吻合实测值。

7. 作用浓度计算模型

作用浓度计算模型是基于炉渣结构的共存理论，丘依考教授最早提出了熔渣共存理论[16]，其原名为考虑未分解化合物的炉渣离子理论。丘依考教授在制定这种炉渣理论的计算模型，从理论和实践角度进行论证，以及运用这种理论解决渣钢间磷的分配等问题方面均做出了巨大贡献。

作用浓度计算模型是在查阅渣系相图后，确定渣系的结构单元(包括简单离子和分子化合物)，利用化学平衡和物料平衡列出相关方程式，构成渣系各结构单元作用浓度的计算模型。应用该模型即可计算不同成分和温度下熔渣各结构单元的作用浓度。

Yang 等[17]利用作用浓度计算模型推导计算了 CaO-SiO_2-MgO-FeO-MnO-Al_2O_3-CaF_2，张波等[18]计算了 CaO-SiO_2-Al_2O_3-FeO-CaF_2-La_2O_3-Nb_2O_5-TiO_2 渣系结果单元的作用浓度，吴铖川等[19]计算了 La_2O_3-Al_2O_3-CaF_2 渣系结果单元的作用浓度，李金锡等[20,21]计算了 CaO-MgO-Al_2O_3-CaF_2-SiO_2，CaO-MgO-MnO-FeO-CaF_2-Al_2O_3-SiO_2 渣系结果单元的作用浓度，梁小平等[22]计算了 CaO-SiO_2-MgO -Al_2O_3-FeO-CaF_2 -MnO 等多元含氟渣系结果单元的作用浓度，计算值与实测值基本符合。

3.2 熔渣的硫化物容量

硫是钢和合金中有害杂质之一，硫含量高时，使钢和合金产生热脆现象，显著降低耐热强度和抗高温氧化性能[23~26]。例如，镍基高温合金的拉伸塑性随着硫含量的增加而明显降低。因此，对于高温合金，必须把钢中硫含量尽可能降到最低。

电渣重熔后钢或合金的脱硫率通常可达 50%～80%。从反应地点看，脱硫反应可能进行的阶段包括电极熔化末端、金属熔滴穿过渣层进入熔池阶段、金属熔池与渣池界面。

3.2.1　炉渣硫容量的定义

1954 年 Fincham 和 Richardson[27,28]研究了渣-气间硫的平衡反应，认为渣中的硫可按下述各式以硫化物或硫酸盐的形式存在：

$$\frac{1}{2}S_{2(g)}+(O^{2-})=\!=\!=\frac{1}{2}O_{2(g)}+(S^{2-}) \tag{3.7}$$

$$\frac{1}{2}S_{2(g)}+\frac{3}{2}O_{2(g)}+(O^{2-})=\!=\!=(SO_4^{2-}) \tag{3.8}$$

$$K_2=\frac{a(S^{2-})\cdot p^{\frac{1}{2}}(O_2)}{a(O^{2-})\cdot p^{\frac{1}{2}}(S_2)} \tag{3.9}$$

$$K_3=\frac{a(SO_4^{2-})}{a(O^{2-})\cdot p^{\frac{1}{2}}(S_2)\cdot p^{\frac{1}{2}}(O_2)} \tag{3.10}$$

研究认为，当 $p(O_2)<0.1$Pa 时，渣中硫以硫化物形式存在；而当 $p(O_2)>1$Pa 时，渣中硫以硫酸盐形式存在(图 3.12)。另外，由于渣中硫溶解度较低，假定 $a(S^{2-})$和 $a(SO_4^{2-})$符合亨利定律。由式(3.9)和式(3.10)可以导出硫化物容量 $C(S)$和硫酸盐容量 $C(SO_4^{2-})$的定义式：

$$C(S)=x(S)\left[\frac{p(O_2)}{p(S_2)}\right]^{\frac{1}{2}}=K_2\frac{a(O^{2-})}{f(S^{2-})} \tag{3.11}$$

$$C(SO_4^{2-})=\frac{x(S)}{p^{\frac{1}{2}}(S_2)\cdot p^{\frac{3}{2}}(O_2)}=K_3\frac{a(O^{2-})}{f(S^{2-})} \tag{3.12}$$

对于 ESR 熔体，由于渣中氧分压较低，因而一般采用硫化物容量 $C(S)$。也有研究者应用下式所示的分子理论的渣气平衡反应来定义分子硫容量 $C'(S)$：

$$\frac{1}{2}S_2+(CaO)=\!=\!=(CaS)+\frac{1}{2}O_{2(g)} \tag{3.13}$$

$$C'(S)=x(CaS)\left[\frac{p(O_2)}{p(S_2)}\right]^{\frac{1}{2}}=K_S\frac{a(CaO)}{\gamma(CaS)} \tag{3.14}$$

Kalyanram 等[29]在研究 1500℃ $CaO\text{-}SiO_2\text{-}Al_2O_3$ 渣系中 CaO 活度时，引入硫化势 A，进而引入与 CaO 活度相关的活度参数 A_{CaO}：

$$A_{CaO}=\frac{w(S)/A}{w^0(S)/A^0} \tag{3.15}$$

而硫化势则可由下式计算：

$$A=\left(\frac{p(S_2)}{p(O_2)}\right)^{\frac{1}{2}} \tag{3.16}$$

冶金炉渣中 $p(O_2)<0.1Pa$，因而硫酸盐容量 $C(SO_4^{2-})$没有实用价值；冶金常用渣系的 A_{CaO}数据较少，A_{CaO}应用也较少；目前应用最多的仍然为 $C(S)$。

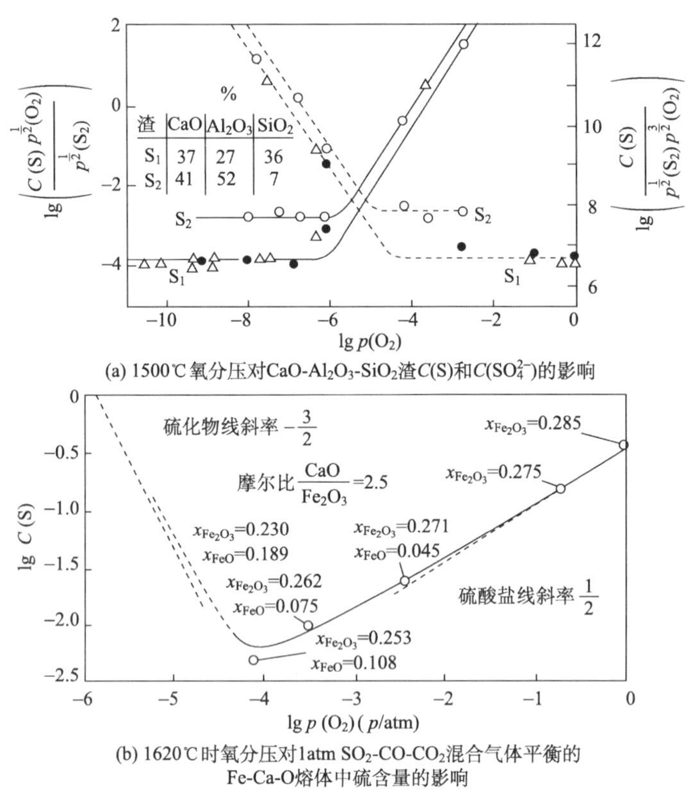

(a) 1500℃氧分压对$CaO-Al_2O_3-SiO_2$渣$C(S)$和$C(SO_4^{2-})$的影响

(b) 1620℃时氧分压对1atm $SO_2-CO-CO_2$混合气体平衡的Fe-Ca-O熔体中硫含量的影响

图 3.12 氧分压的影响

渣中溶解的硫按硫化物(—)或硫酸盐(---)计算。$1atm=1.01325\times10^5Pa$

3.2.2 熔渣的硫容量模型

1. 光学碱度模型[1,30~32]

冶金学惯用碱度反映炉渣的脱硫能力。在科研和生产中经常使用基于分子理论的碱度和基于离子理论的过剩碱度，总结出了相应的经验公式。但是这些公式只适用有限的范围，因此，把碱度的定义置于足够坚实的理论基础之上是冶金学者努力奋斗的目标之一。

1）光学碱度的定量计算

（1）以紫外吸收光谱频率计算。

炉渣的光学碱度测定是在氧化物中掺入少量能直接反映该氧化物给出电子能力的金属离子。这些离子具备稳定的 $d^{10}s^2$ 构形，外层电子轨道(S6)上具有一对电子的离子，如 Ti^+、Pb^{2+}、Bi^{3+} 等。将少量的这些离子加入炉渣中，由于氧的电子贡献导致了电子在 6S～6P 轨道之间的跃迁。跃迁时形成紫外吸收光谱，如果以 Pb^{2+} 为指示离子，在不受其他离子干扰时自由 Pb^{2+} 的紫外吸收光谱频率是 $60700cm^{-1}$，而在 CaO 基体中 Pb^{2+} 的紫外吸收光谱频率下降为 $29700cm^{-1}$。如果选定 CaO 的光学碱度为 1，这样只要测出熔渣中的 Pb^{2+} 的紫外吸收光谱频率 υ，就可以得到熔渣的光学碱度是

$$\Lambda_{(Pb^{2+})} = \frac{60700 - \upsilon}{60700 - 29700} = \frac{60700 - \upsilon}{31000} \tag{3.17}$$

同理也可以得到用 Ti^+ 和 Bi^{3+} 作为指示离子的光学碱度是

$$\Lambda_{(Bi^{3+})} = \frac{56000 - \upsilon}{28800} \tag{3.18}$$

$$\Lambda_{(Ti^{3+})} = \frac{55300 - \upsilon}{18300} \tag{3.19}$$

（2）以 Pauling 电负性计算通过大量光学碱度的测定，对金属氧化物的光学碱度与 Pauling 电负性归纳出了以下关系：

$$\Lambda = 0.75/(x - 0.25) \tag{3.20}$$

也有文献把 Λ 写成

$$\Lambda = 0.74/(x - 0.26) \tag{3.21}$$

式中：x 为氧化物的电负性。

（3）以平均电子密度计算。

由于炉渣多不透明，难以用光学方法测量，而且冶金炉渣中常见的过渡族元素是变价的，电负性只适用于恒定价元素，上述两种方法已不适用，因此又提出了用阴、阳离子间的平均电子密度(D)取代元素的电负性来确定光学碱度的方法。采用光声率谱法测量平均电子密度，得出修正的光学碱度公式：

$$\Lambda = l/1.34(D + 0.6) \tag{3.22}$$

式中：D 为阴、阳离子间的平均电子密度。

$$D = a \times Z/r^3 \tag{3.23}$$

式中：a 为阴离子的物性参数，对氧化物，该值为 1；Z 为阳离子的化合价；r 为阴、阳离子间的距离。

利用式(3.22)和式(3.23)不但可以计算出变价金属氧化物的光学碱度，还可

以计算出氯化物和氟化物的光学碱度。表 3.1 是这几种计算光学碱度方法给出的推荐值，由该表可以看出 Sommerville 方法相对是比较准确的。

表 3.1　几种计算方法的光学碱度

分子式	Pauling 电负性	平均电子密度	Young	Sommerville
K_2O	1.4	1.15	1.4	1.4
Na_2O	1.15	1.10	1.15	1.15
BaO	1.15	1.08	1.15	1.15
SrO	1.07	1.04	1.1	
Li_2O	1.00	1.05		1.0
MgO	0.78	0.92	0.78	0.78
TiO_2	0.61	0.64	0.65	0.61
Al_2O_3	0.61	0.68	0.60	0.61
MnO	0.59	0.95	0.98	1.21
Cr_2O_3	0.55	0.69	0.70	
FeO	0.51	0.93	1.03	1.03
Fe_2O_3	0.48	0.69	0.81	0.70
SiO_2	0.48	0.47	0.46	0.48
B_2O_3	0.42	0.42		0.42
P_2O_5	0.40	0.38	0.40	0.40
SO_3	0.33	0.29	0.33	0.33
CaF_2	0.43	0.67	0.43	
MgF_2		0.51		
BaF_2		0.78		
$MgCl_2$		0.62		
$CaCl_2$		0.72		
NaCl		0.68		
NaF		0.67		

2）光学碱度与硫容量的关系

炉渣的硫容量是反映炉渣脱硫能力的一个直接而有效的指标，但在实际的冶金生产过程中，不可能每次都通过实验来测定该值，光学碱度恰好提供了计算硫容量的科学依据。

Sosinsky 和 Sommevrille 对 1500℃时的 7 个渣系，183 组数据进行回归分析，给出了硫容量与光学碱度的关系式，结果如图 3.13 所示。

$$\lg C(S)=12.6\Lambda-12.3 \tag{3.24}$$

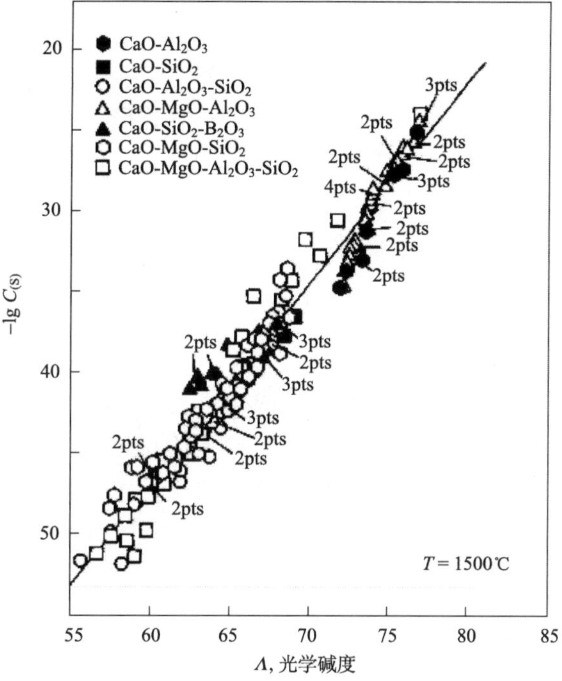

图 3.13　1500℃下光学碱度与硫容量的对数的关系

从图 3.13 中可以看出，光学碱度与硫容量的对数在 1500℃下基本是线性关系。Sommevrille 又发现温度对光学碱度也有影响，于是将温度项加入关系式中，从而得到温度和光学碱度与硫容量的回归式：

$$\lg C(S)=\frac{22690-54640\Lambda}{T}+43.6\Lambda-25.2 \tag{3.25}$$

2. KTH 模型

瑞典皇家工学院(KTH)提出了一种计算多组分熔渣硫容量的模型[33]（KTH 模型），采用 Temkin 理论来描述离子熔体结构。由前述气-渣反应的硫容量的定义式

$$\Lambda_{(Pb^{2+})}=\frac{60700-\upsilon}{60700-29700}=\frac{60700-\upsilon}{31000}$$

并令 $K_1=\exp\left(-\frac{\Delta G^\theta}{RT}\right)$，$\frac{a(O^{2-})}{f(S^{2-})}=\exp\left(-\frac{\xi}{RT}\right)$，可将 $C(S)$表示为

$$C(S)=\exp\left(\frac{-\Delta G^\theta-\xi}{RT}\right) \tag{3.26}$$

即
$$RT\ln C(\mathrm{S}) = -\Delta G^{\theta} - \xi$$
式中：ΔG^{θ} 为吉布斯自由能变化；ξ 依赖于具体的体系，是温度和成分的函数。

3. Flory 模型

Pelton 等[34]将此模型引入酸性渣的计算中，该模型按照 $X_{SiO_2} \leqslant 1/3$ 及 $X_{SiO_2} \geqslant 1/3$ 将渣分为碱性渣和酸性渣，利用氧化物的活度间接计算渣系的硫容量，发现 SiO_2-Al_2O_3-CaO-MgO-FeO-MnO-TiO_2 渣的实测硫容量与模型计算值符合很好。但是该模型的准确性是建立在氧化物活度的精确性基础上的，模型的应用受到一定的影响。

3.2.3　二元渣系的硫容量

图 3.14 为二元熔渣的硫容量与组元浓度的关系。在这些二元系中与 ESR 熔渣有关的 CaF_2-CaO 和 CaO-Al_2O_3 系具有较大的硫容量，而且其硫容量大小随着 CaO 浓度的增加而显著增加。当 CaO 饱和时达到最大值，图 3.15[28,29]能更清楚地看出这一点。

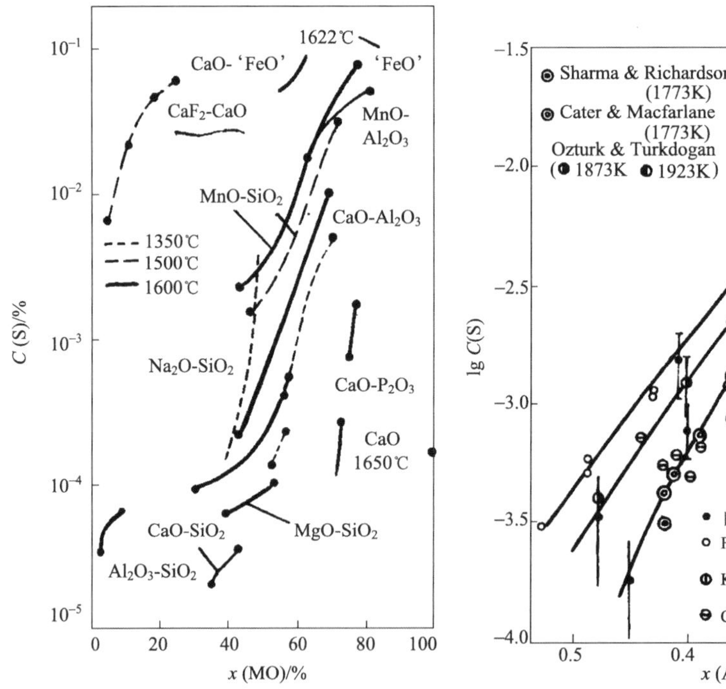

图 3.14　二元熔渣的硫容量与组元浓度的关系　　　图 3.15　CaO-Al_2O_3 渣的硫容量

3.2.4　三元渣系的硫容量

图 3.16 为 CaF_2-Al_2O_3-CaO 三元系的等硫容量曲线图。由图可见，靠近 CaO 一侧具有较高的硫容量，而随着 Al_2O_3 浓度的增大，硫容量明显减小。当 CaO 浓度一定时，用 CaF_2 取代 Al_2O_3，C(S)增大。这是因为 CaF_2 取代 Al_2O_3 时，CaO 的活度系数加大，从而使渣中(O^{2-})浓度升高。(O^{2-})浓度升高使反应(3.7)的平衡向右移动，所以熔渣 C(S)加大。图 3.17 为 CaS 饱和的 CaF_2-Al_2O_3-CaO 渣系中 CaS 的活度系数。由图可见，CaS 的活度系数是炉渣成分的函数，Al_2O_3 浓度增加时，CaS 的活度系数显著增加。因此，减少 Al_2O_3 含量

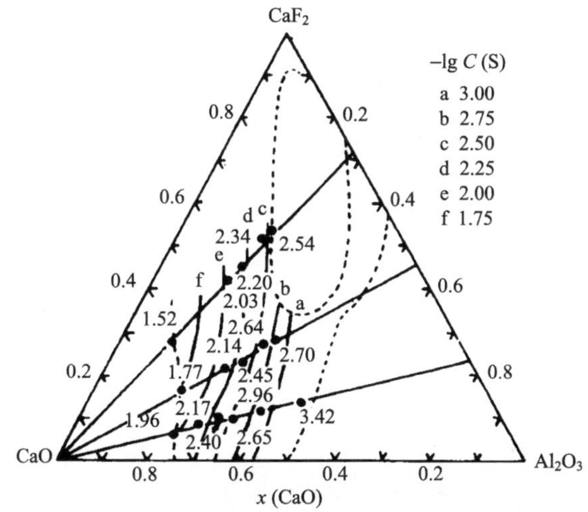

图 3.16　1600℃下 CaF_2-Al_2O_3-CaO 渣的硫容等值线

——为实验部分，数值为$-\lg C$(S)

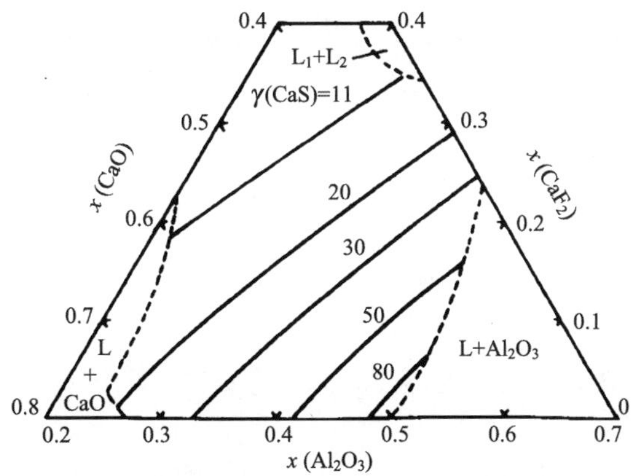

图 3.17　1873K 下，CaS 饱和的 CaF_2-Al_2O_3-CaO 熔渣中 CaS 活度系数等值线

有利于提高渣系的脱硫能力。图 3.18 为 Al_2O_3-CaO-SiO_2 渣的硫化物容量。从图中可以看出，随着 CaO 含量的增加，硫化物容量也逐渐增加。

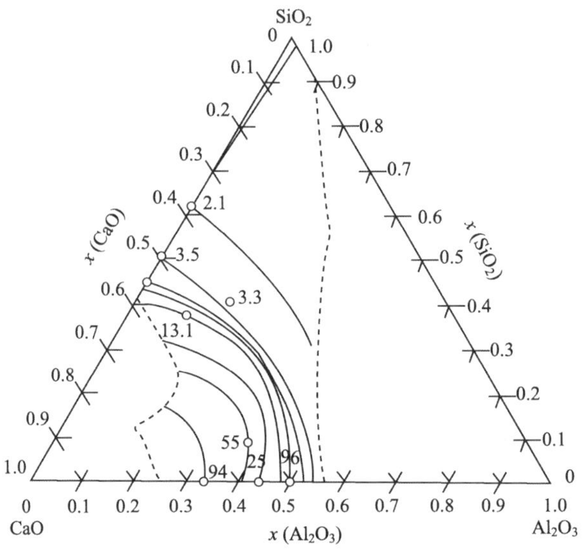

图 3.18　1650℃时 Al_2O_3-CaO-SiO_2 渣的硫化物容量($C(S)\times10^4$)

3.2.5　电渣过程硫的反应

通常认为[35]，电渣重熔过程中脱硫反应主要发生在熔滴形成阶段的电极熔化末端。这是因为电极熔化末端的渣温最高，金属-渣接触面积最大，达 3218mm²/g。金属熔滴穿过渣层进入金属熔池的时间过于短暂，去硫作用不大。金属熔池和渣池界面接触比面积小，但由于反应时间较长，所以对去硫也起一定作用。总之，渣-金属之间的脱硫反应可用下式表示：

$$[S]+(O^{2-})=\!=\!=(S^{2-})+[O] \tag{3.27}$$

平衡常数为

$$K=\frac{a(S^{2-})\cdot a[O]}{a[S]\cdot a(O^{2-})} \tag{3.28}$$

$$\frac{a(S^{2-})}{a[S]}=K\frac{a(O^{2-})}{a[O]} \tag{3.29}$$

由式(3.29)可知，提高渣的碱度，降低金属中氧的浓度，有利于促使硫由金属向渣中转移。

当电渣重熔采用 CaF_2-Al_2O_3 渣系时，金属中硫被大量去除，但渣中硫含量变化不大，而炉气内硫化物主要以 SO_2 形式存在，未发现氟硫化物或者氟硫氧化物存在[36]，所以硫自渣相向气相中转移，炉渣中的硫在渣-气界面再氧化，变成二氧化硫气体，即气化脱硫，这是电渣重熔过程中脱硫的重要特点。其反应是

$$(S^{2-})+\frac{3}{2}\{O_2\}=\!=\!=\{SO_2\}+(O^{2-}) \tag{3.30}$$

平衡常数为

$$K=\frac{p\{SO_2\}\cdot a(O^{2-})}{p^{3/2}\{O_2\}\cdot a(S^{2-})} \tag{3.31}$$

$$\frac{p\{SO_2\}}{a(S^{2-})}=K\frac{p^{3/2}\{O_2\}}{a(O^{2-})} \tag{3.32}$$

由式(3.32)可知，提高气相中的氧分压，降低渣碱度有利于气相脱硫。

由此可见，电渣重熔过程中脱硫过程由以下五个步骤所组成。

(1) 硫从金属熔体内部向金属-渣界面上迁移；

(2) 钢-渣界面上发生脱硫反应；

(3) 硫离开金属-渣界面向渣-气界面上迁移；

(4) 在渣-气界面上硫被气相中的氧所氧化；

(5) 硫的氧化产物离开渣-气界面排出到气相中。

3.2.6　影响重熔过程脱硫反应的因素

1. 渣系和气氛对脱硫的影响

尽管不同研究者所得到的结果有所不同，但定性来说，提高炉渣碱度即增加 CaO 含量，减少 Al_2O_3 和 SiO_2 有利于提高炉渣的硫容量，并提高总的脱硫率。表 3.2 和表 3.3 为实验获得的不同渣系的脱硫率[37]。图 3.19 为不同 Al_2O_3 含量下 $w(CaO)/w(SiO_2)$ 对脱硫率的影响。随着碱度的增加，Al_2O_3 含量的减少，重熔过程的脱硫率增加。这从反应(3.27)可以得到解释。根据式(3.29)可知，碱度增加，渣-金属间的硫分配系数增加，如图 3.20 所示，这样炉渣的脱硫能力增加。当 $w(CaO)/w(SiO_2)\geqslant 7$ 时，脱硫率几乎不变，而且 Al_2O_3 含量对脱硫率的影响也没有对渣-金属间硫分配系数的影响那样大。这些事实说明，当炉渣硫容量达到一定水平后，重熔过程的脱硫限制环节不再是渣-金属界面硫的迁移，主要取决于气相脱硫。而且从式(3.32)可知，炉渣碱度提高不利于气相脱硫反应的进行。同时提高气相中的氧分压对气相脱硫有利。研究表明，在 Ar 气保护下重熔会抑制气相脱硫。例如，在大气中重熔时脱硫率为 50%，而在氩气下重熔脱硫率为 25%。然而随着冶炼的进行，电极表面氧化严重，氧化铁皮随着电极进入渣中，导致渣中聚集了氧，氧含量升高，反而会导致锭中硫含量升高。这一现象可由图 3.21 证明。

表 3.2 炉渣组成对脱硫率的影响(电极 S：0.072%)

$w_{渣组成}$/%			钢锭硫/%	脱硫率/%
CaF_2	Al_2O_3	CaO		
70	20	10	0.025	65.3
100	—	—	0.043	40.2
70	30	—	0.038	47.2
60	20	20	0.017	76.8

表 3.3 炉渣组成对脱硫率的影响(电极 S：0.025%)

$w_{渣组成}$/%			钢锭硫/%	脱硫率/%
CaF_2	Al_2O_3	CaO		
60	30	10	0.024	4
80	—	20	0.009	64

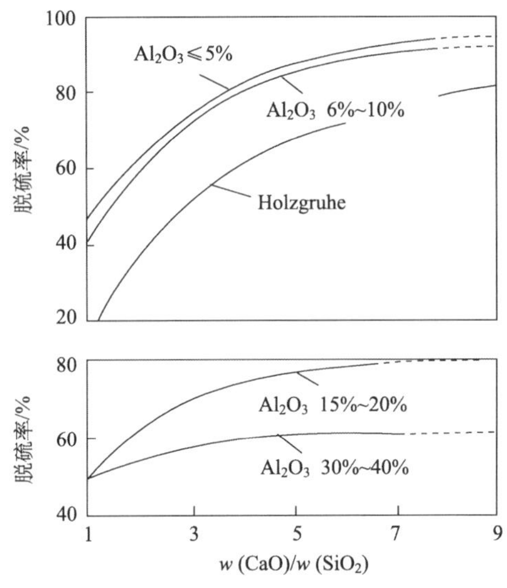

图 3.19 渣中 $w(CaO)/w(SiO_2)$对脱硫率影响

因此，提高渣池温度有利于脱硫。这一结论只有在防止渣中氧聚集条件下才是正确的，在相反的条件下提高温度并不能强化金属的脱硫[38]。

在非氧化性气氛下重熔，虽然脱硫效果较差，但可以减少空气中氧向渣中传递，减少钢中活泼元素的氧化，降低钢中氧含量及氧化物夹杂数量。Schwerdtfeger 等[37]的研究表明，采用硫容量较高的渣系，即渣系中含有较高的 CaO，如

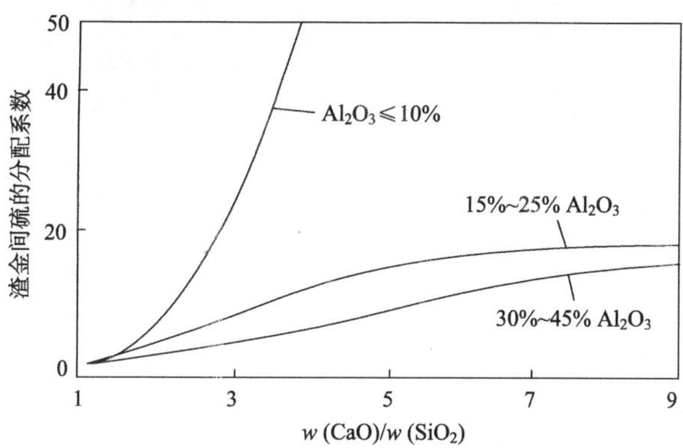

图 3.20　渣成分对 ESR 渣-金属熔池间硫分配系数的影响

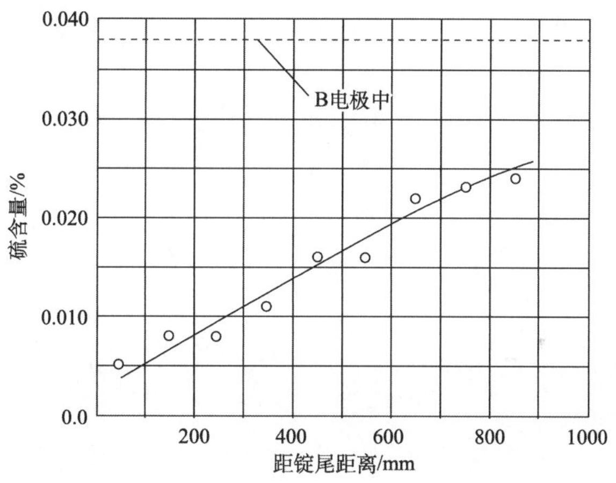

图 3.21　钢中氧含量与硫含量的关系

$80\%CaF_2$-$20\%CaO$ 等渣系在 Ar 气下重熔仍然可以获得较好的脱硫效果。

2. 电流种类及其极性对脱硫的影响

表 3.4 为不同电流种类的脱硫情况。交流电重熔时脱硫效果最好，其次为直流反接(电极为正极，DCRP)，直流正接(电极为负极，DCSP)时几乎没有脱硫，或者硫含量稍有增加。因此，对于重熔含硫的易切削钢采用直流正接是合适的。此外，当渣中含有 2%～4%FeO 或 25%TiO_2时，加入 FeS 或 CaS 可抑制硫的氧化。

表 3.4 电流种类和渣系对重熔过程脱硫的影响

电流种类	电极中硫含量/%	钢锭中硫含量/%			
		CaF_2 (ANF-19)	CaF_2-CaO (ANF-7)	CaF_2-MgO (ANF-9)	CaO-Al_2O_3 (ANF-6)
AC	0.032	0.017	0.006	0.009	0.013
DCRP	0.032	0.018	0.015	0.011	0.015
DCSP	0.032	0.032	0.034	0.039	0.036

Dewsnap 等[39]的研究也得到了类似的结果。当结晶器直径为 300mm，采用 CaF_2-Al_2O_3-CaO 三元渣系重熔 M2 高速工具钢，且电极原始硫含量为 0.013%时，交流重熔后钢锭平均硫含量为 0.007%，直流反接时为 0.009%，而直流正接时为 0.013%。电渣重熔过程时候发生的电化学反应如图 3.22 所示[40]。

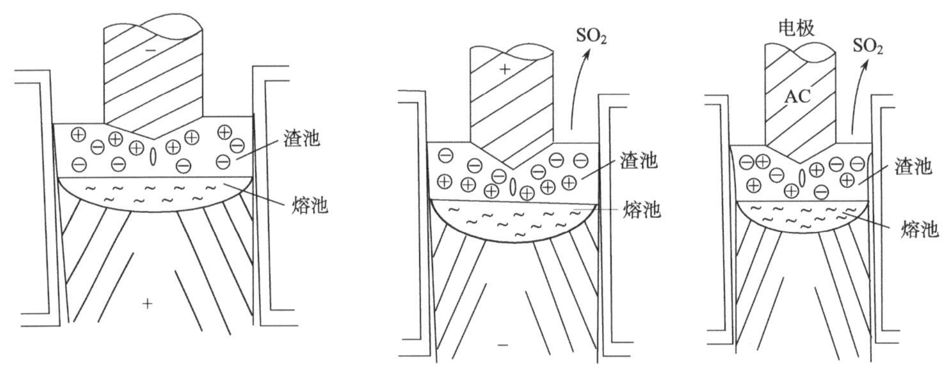

图 3.22 电渣重熔过程有关的化学反应

3. 渣的物理对脱硫的影响

研究指出金属的脱硫过程取决于金属炉渣之间的电毛细现象。因此，在电渣重熔时所用的氟化物炉渣的脱硫能力与其物理性质有关系。氟化物熔剂同重熔金属间的界面张力和电渣重熔时熔剂的脱硫能力之间有密切的关系[38]。

4. ESR 过程脱硫和保硫的措施

如表 3.5 所归纳的那样，对硫的控制首先应调整渣的组成和气氛，并适当地选择重熔的电流种类及极性。

表 3.5　ESR 过程控制钢中硫的基本方法

脱硫	保硫
提高渣中 CaO 和 MgO 含量	渣中不加 CaO
降低渣中 SiO_2 含量	向渣中加入硫化物
降低渣中 FeO 和 MnO 等含量	加少量 FeO，加入 TiO_2
大气气氛，交流电	Ar 气氛，直流正接

3.3　熔渣中氢的行为

3.3.1　熔渣中氢(H_2)和水(H_2O)溶解过程的物理化学分析

钢中的氢不仅会使钢产生氢脆，还会使钢产生白点缺陷，降低钢的抗拉强度、塑性和断面收缩率。因此在电渣重熔过程中，必须将钢中氢的含量控制在合适的范围内。通过求出熔渣中氢的溶解度，即可判断熔渣去除钢中氢的强度。

在干燥的 H_2 中硅酸盐熔渣仅以物理溶解的形式吸收极微量的氢，例如，1000℃，$p(H_2)=101.3$kPa 时石英玻璃中只吸收 10^{-6} 的氢。但在含水气的气氛中熔渣将以化学溶解形式吸收相当量的水气，$p(H_2O)=(0.2\sim0.3)\times101.3$kPa 时，熔渣吸收的水气量可达 $4\times10^{-6}\sim4\times10^{-2}$。炼钢过程中，溶解于渣中的水气传递给钢液从而影响到钢中氢含量，因此，在电渣重熔过程中，由这种途径造成的熔渣“透气性”是应该考虑的[41~44]。

大量实验证明，熔渣中水的溶解度正比于 $p(H_2O)$ 的平方根，即

$$H_2O_{(g)}+(O^*)=\!=\!=2(OH^*) \tag{3.33}$$

$$K=[a(OH^*)]^2/p(H_2O)\cdot[a(O^*)];\ a(OH^*)=K'p^{\frac{1}{2}}(H_2O) \tag{3.34}$$

当设定 $k'=K\cdot a[O^*]$ 时，则 $a^2(OH^*)=k'p^{\frac{1}{2}}(H_2O)$，可见 $a^2(OH^*)$ 与 $p^{\frac{1}{2}}(H_2O)$ 成正比。

式中：O^* 表示 O^0 或 O^- 或 O^{2-}；(OH^*) 表示 OH 或 OH^-。

图 3.23 给出了 Li_2O-CaO-SiO_2 熔体中水含量与 $p(H_2O)$ 的实验测定关系。由图可见，水含量与 $p^{\frac{1}{2}}(H_2O)$ 有很好的线性关系。H_2O 作为一个两性氧化物，在硅酸盐熔渣中的存在形态取决于渣碱度或硅氧阴离子的聚合程度。在酸性渣中硅氧阴离子的聚合程度大，H_2O 表现出碱性氧化物的性质，它使硅氧阴离子解聚：

$$(-\overset{\diagdown}{\underset{\diagup}{Si}}-O-\overset{\diagup}{\underset{\diagdown}{Si}}-)+H_2O=\!=\!=2(-\overset{\diagdown}{\underset{\diagup}{Si}}-OH)$$

即此时 H_2O 与桥氧结合形成羟基 OH。在碱性渣中，H_2O 可与硅氧阴离子中的非桥氧结合，使硅氧阴离子聚合并生成氢氧根离子：

$$2(-\mathrm{Si}-\mathrm{O}^-) + H_2O = (-\mathrm{Si}-\mathrm{O}-\mathrm{Si}-) + 2(\mathrm{OH}^-)$$

在强碱性渣中，H_2O 还能与渣中自由氧结合并形成 OH^-：

$$(\mathrm{O}^{2-}) + H_2O = 2(\mathrm{OH}^-) \tag{3.35}$$

综合上述情况，可将 H_2O 在熔渣中的吸收写成反应(3.33)。由反应(3.33)的平衡常数表达式同样可以定义熔渣的水容量或 OH 容量：

$$C(\mathrm{OH}) = \frac{C(H_2O) \times 10^{-6}}{p^{\frac{1}{2}}(H_2O)} \tag{3.36}$$

水容量可用来表示熔渣吸收 H_2O 或 H_2 的能力，它取决于温度和渣成分。

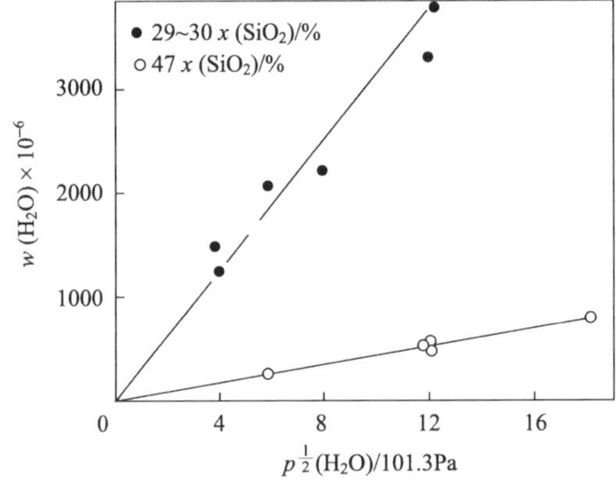

图 3.23 1300℃下 Li_2O-CaO-SiO_2 熔渣水含量与 $p(H_2O)$ 的关系

图 3.24 给出二元硅酸盐熔渣 $C(\mathrm{OH})$ 或水气溶解度 $C(\mathrm{OH}) \cdot p^{\frac{1}{2}}(H_2O)$ 的测定结果。由图可见，同一体系 $C(\mathrm{OH})$ 与碱度的变化关系式在中等碱度的位置有最小的 $C(\mathrm{OH})$，例如，CaO-SiO_2 系 $C(\mathrm{OH})$ 最小值出现在 $\frac{x(\mathrm{CaO})}{x(\mathrm{SiO_2})} \approx 1$ 处。另外也看到，碱金属氧化物的二元硅酸盐熔体 $C(\mathrm{OH})$ 最小值出现的 $x(M_2O)/x(SiO_2)$ 位置要小于 CaO-SiO_2 系。正如前面提到的，在酸性渣中随着 $w(SiO_2)$ 增加，硅氧阴离子聚合程度加大，它有利于生成羟基 OH，即使水气溶解度中

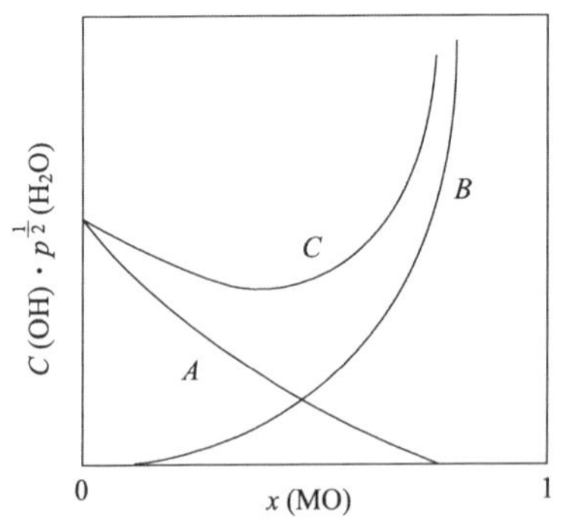

图 3.24 二元硅酸盐熔体的 $C(\mathrm{OH})$

羟基部分 $C(OH)\cdot p^{\frac{1}{2}}(H_2O)$加大，如图 3.24 中曲线 A 所示。在碱性渣中随着 $w(MO)$增加，渣中 O^- 和 O^{2-} 增多，有利于水气溶解度中氢氧根离子部分 $C(OH^-)\cdot p^{\frac{1}{2}}(H_2O)$加大，如曲线 B 所示。总的水气溶解度为图中 A、B 曲线之和，因而得到曲线 C 的形状。碱金属氧化物的碱性程度大于 CaO，因而只要较小的 $x(MO)/x(SiO_2)$比值时就可达到渣的中性范围，所以 $C(OH)$的最小值出现在较小的 $x(MO)/x(SiO_2)$位置。但碱性程度的强弱顺序是 $K_2O>Na_2O>Li_2O$，而图 3.25 中三种氧化物的硅酸盐熔体的 $C(OH)$最小值出现位置却正好相反，这是矛盾的。

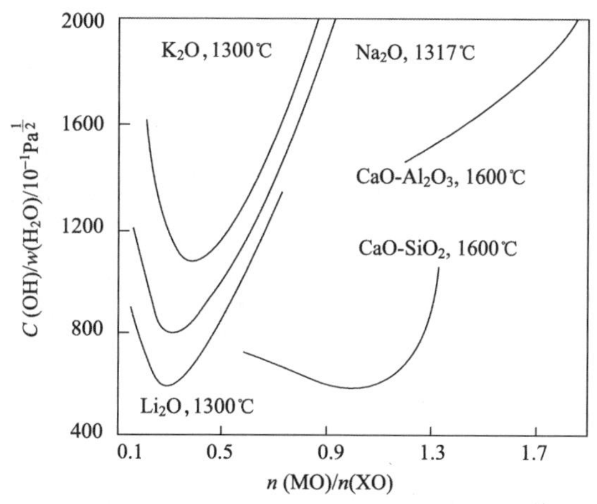

图 3.25　水气溶解度与渣成分的关系

图 3.26 为两种常见的电渣重熔渣系渣中氢的溶解度与气相中水蒸气压力的关系。由图可见渣中氢溶解度与气相中水蒸气分压的平方根成正比。ANF-6 渣中氢的溶解度相对较低，当用 CaO 代替部分 CaF_2时，由于炉渣碱性增加，渣中(O^{2-})增多，有利于水气溶解度中 OH^-增加，因而氢溶解度加大。图 3.27 为工业电渣重熔过程中测得的氢在渣和钢液中的分配系数。从中可见，在 CaF_2-Al_2O_3-CaO 渣系中，增加 Al_2O_3 含量，减少 CaO 含量有利于减少渣金氢的分配比。渣金氢的分配比可由下式给出[3]：

$$\lg L_H = w(H_2O)/w[H] = \lg C(OH) + \frac{1}{2}\lg w[O] + 5425/T + 0.021 \tag{3.37}$$

从中可以看出渣的水容量越大，渣金氢分配比也越大。

图 3.28 为 CaO-Al_2O_3-SiO_2渣系的水容量 $C(OH)$[3]。在该渣系中靠近高碱度即高 CaO 浓度的区域具有高 $C(OH)$，而当 SiO_2浓度增加时 $C(OH)$减少。

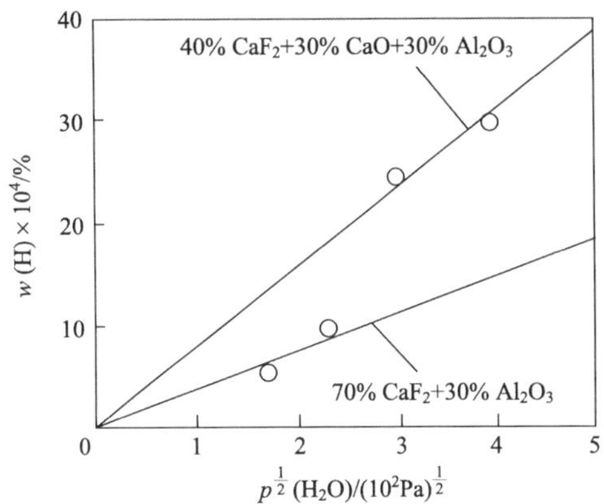

图 3.26　CaF_2-CaO-Al_2O_3 熔体中氢含量与水蒸气分压的关系

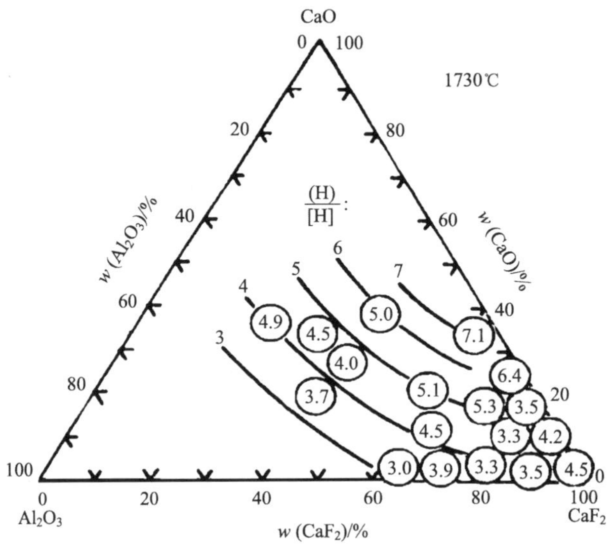

图 3.27　氢在渣和钢液中的分配系数

Walsh 和 Chipman 等[45]在 1600℃、Ar+H_2O 气氛、水蒸气分压为 38.5kPa 条件下研究了水蒸气在 CaO-Al_2O_3-SiO_2 渣系中的溶解度，结果如图 3.29 所示。由研究可知，随着 CaO 含量的增加，CaO-Al_2O_3-SiO_2 渣系中氢的溶解度将显著增加。当 CaO 由 20% 增加到 55% 时，氢的溶解度从 0.0017% 增加到 0.00278%，增加了 70%。SiO_2 含量对氢溶解度的影响与 CaO 的情况恰好相反。当 Al_2O_3 含量小于 20%时，增加 Al_2O_3 含量将使氢溶解度下降。当 Al_2O_3 含量大

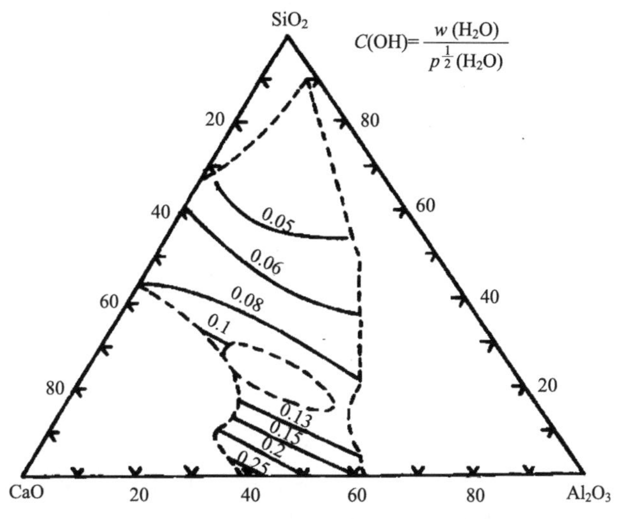

图 3.28　1550℃ $CaO-Al_2O_3-SiO_2$渣的水容量 $C(OH)$

于 20%后，增加 Al_2O_3 含量将使氢溶解度增大。Al_2O_3 含量从零增加到 20%时，渣中氢的溶解度从 0.0048%降低到 0.00445%；当 Al_2O_3 含量增加到 30%时，氢溶解度又回到 0.0048%；Al_2O_3 含量为 20%时，氢溶解度最低，为 0.00445%，如图 3.30 所示。

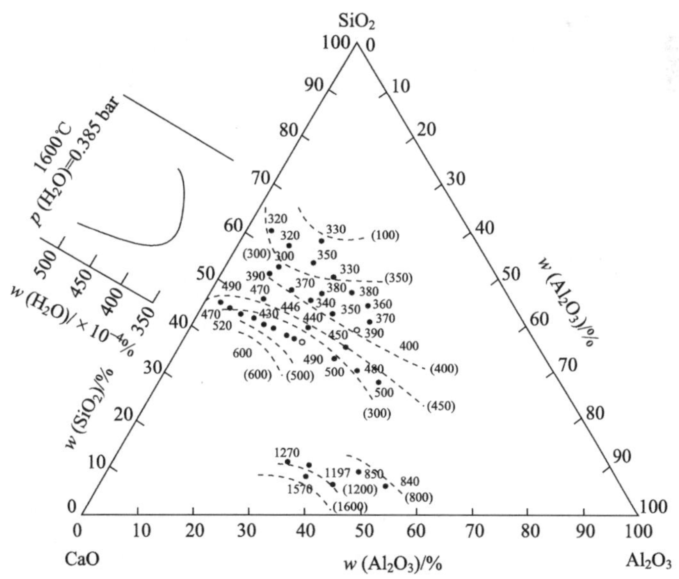

图 3.29　水在 $CaO-Al_2O_3-SiO_2$渣系中的溶解度

温度：1600℃；水蒸气分压：38.5kPa；气氛：Ar ＋ H_2O

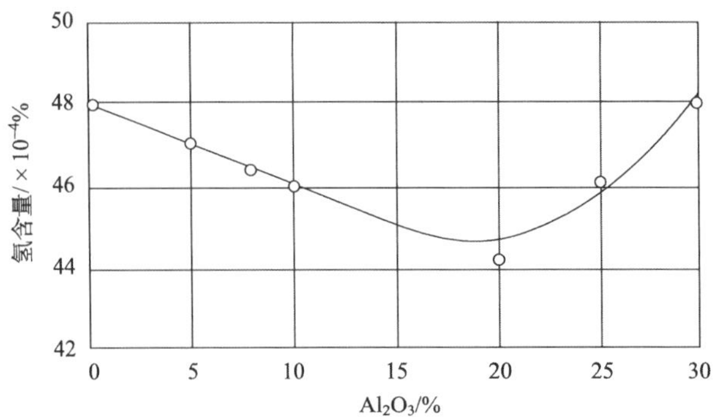

图 3.30 $CaO-Al_2O_3-SiO_2$渣系中氢的溶解度

温度：1500℃；水蒸气分压：38.5kPa；气氛：Ar + H_2O；$CaO/SiO_2=0.59$

从上述讨论可知，电渣重熔钢锭中氢含量与渣系的组成密切相关。图 3.31 为在三种气氛条件下五种渣系重熔 1Cr18Ni9Ti 时钢锭中氢含量的比较。从气氛来看，在氩气气氛下钢中氢含量最低，在水蒸气中重熔钢中氢含量最高。因此，目前对于生产对氢敏感的钢锭，通常在干燥空气保护下重熔。从渣系的影响来看，由于 ANF-7 渣含有 18%～30%CaO 而具有强碱性，熔渣最容易吸氢，钢中氢含量最高。而 ANF-6(CaF_2-30%Al_2O_3)和 AN-8(硅酸盐渣系)两种渣有利于降低钢中氢含量。

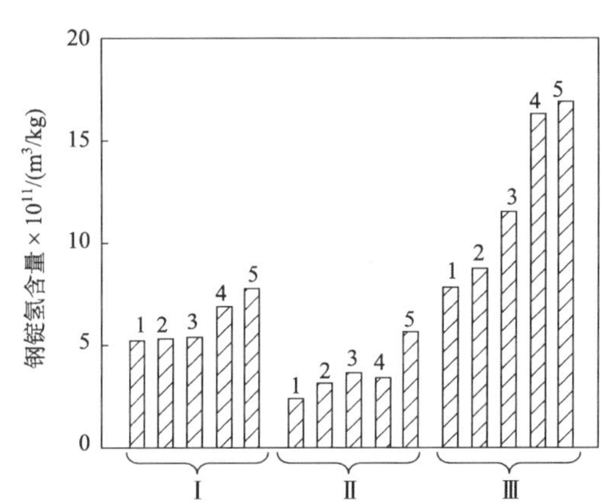

图 3.31 各种气氛下 1Cr18Ni9Ti ESR 钢锭中的氢含量

Ⅰ-空气；Ⅱ-氩气；Ⅲ-水蒸气

1-ANF-6；2-AN-8；3-ANF-14；4-CaF_2；5-ANF-7

电渣实践和实验证明电渣重熔氢的含量和以下几个因素有关。

(1) 钢中氢原始含量。Jaeger[46]通过实验得出电极中氢含量 w(H)与铸锭中氢 w[H]含量之间的关系。如图 3.32 所示。

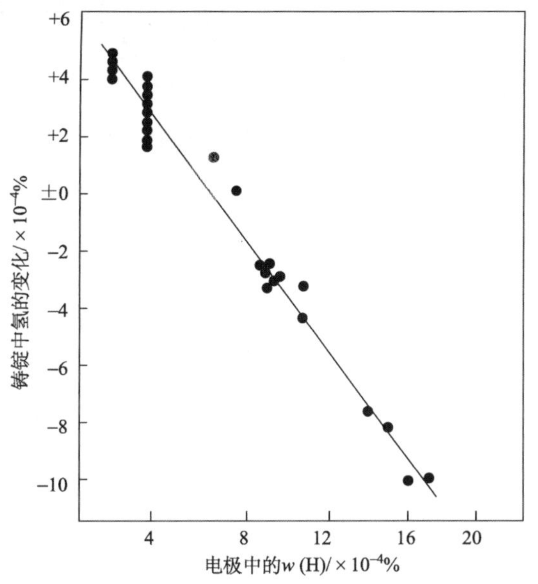

图 3.32　电极中 w(H)对铸锭中 w[H]影响(大气水量：20g/m^3)

从图中可以看出，当电极中氢含量小于 7×10^{-4}%时，钢锭中氢含量会增加；当电极中氢含量大于 7×10^{-4}%时，钢锭中氢会减少。对于实际炼钢过程，钢水经过脱气后，氢含量很少，此时，一般经过电渣过程后钢锭中氢都会增加。

(2) 电极合金成分。去氢率随着合金成分的变化而变化，表 3.6 所示[47]。从表中可以看出，合金成分不同，去氢率不同，有的合金重熔后氢含量降低较多，有的降低较少，个别还有所增加。

表 3.6　电渣重熔对不同钢和合金去氢量的影响

钢号	钢中氢含量/%		重熔去氢率/%
	电极	铸锭	
电工纯铁	0.00033	0.00024	27.3
15Cr11MoVNb	0.00036	0.00013	63.9
15Cr16Ni2Mo	0.0021	0.0013	38.3
1Cr12Ni2WMoV(ЭИ961)	0.00054	0.00059	−9
0Cr18Ni9	0.00113	0.00087	23
1Cr16Ni2AlMo(ЭИ479)	0.0023	0.0012	47.8
ЭИ867	0.00133	0.00041	69.2
ЖС-6КП 合金	0.00080	0.00050	37.5

(3) 炉渣成分、炉渣状态。炉渣成分、炉渣状态是影响电渣重熔后氢含量的主要因素之一。根据 Jiang 等[48]的实验，采用 0.02C 钢作为电极，L0、L1、L2、L2-1、L2-2、L3 渣系，渣系中 CaF_2从 70%降到 40%，而 CaO 和 Al_2O_3 相应地增加。在大气条件下进行电渣重熔实验。电极氢含量平均为 2×10^{-4}%。实验结果如图 3.33 所示。

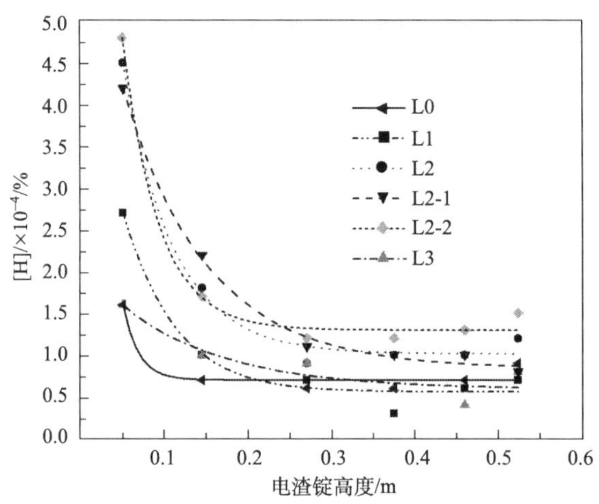

图 3.33 电渣钢头尾氢含量的变化过程

从图中可以看出氢含量与渣系中 CaO 含量有很大的关系。这是因为在大气-炉渣界面上形成的边界层中，大气中水蒸气与渣中的氧离子反应生成 OH^- 通过边界层的扩散决定着钢中氢的变化。而氢在炉渣与液态金属中分配基本上处于平衡状态。中村泰等[49]，采用 S40C 钢作为电极，A 渣(75%CaF_2-25%CaO)、B 渣(43%CaF_2-30%CaO-2%Al_2O_3-21%SiO_2)进行电渣重熔实验。实验结果如图 3.34 所示。

从图中看出，对于同一种溶剂，二者呈直线关系，与重熔是否正常无关，当渣成分一定时，氢在炉渣与钢液之间的分配比成为一定值。

渣的状态对钢锭中氢含量也有很大的影响。渣的状态分为新渣、预熔渣和返回渣。根据董艳伍等开展的实验，实验采用由 70%的 L2 返回渣和 30%的 L2 新渣组成的 L2-4 渣系，L2-5、L2-6 为 L2 的预熔渣，在保护气氛条件下进行电渣重熔实验。实验结果如图 3.35 所示。从图中可以看出预熔渣对控制钢锭中氢含量效果最好，特别是在重熔初期。

(4) 重熔气氛。根据 Chuiko 等[50]对某个钢厂一年 12 个月电渣钢中的氢含量以及当地 12 个月的湿度做了调查。结果见表 3.7。由表可见，夏季(6～10 月)生产的电渣锭氢含量最高。

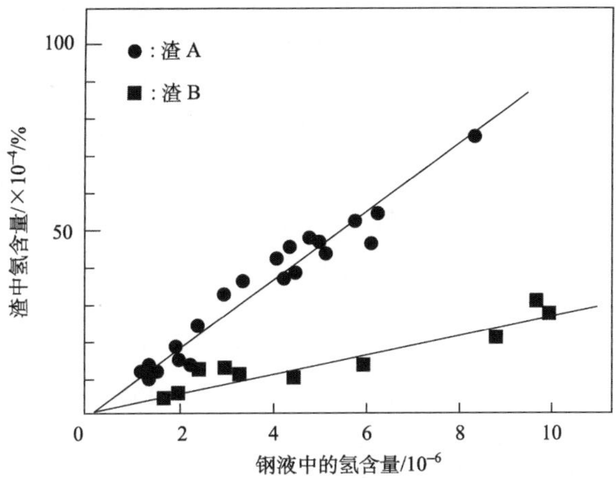

图 3.34　不同渣系重熔 S40C 钢时氢在钢渣中的变化

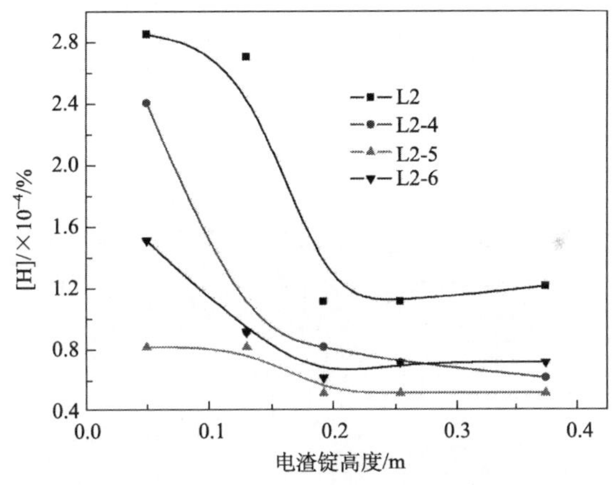

图 3.35　不同渣系状态及气氛环境重熔后氢含量的变化

表 3.7　每月的氢含量结果

金属	每月平均氢含量/(cm^3/100g)											
	1	2	3	4	5	6	7	8	9	10	11	12
连铸电极	5.75	6.57	6.70	—	6.30	—	9.20	7.70	8.20	7.60	6.50	5.30
电渣锭	—	6.30	8.96	6.86	6.94	9.80	10.9	10.5	9.32	9.42	—	7.60

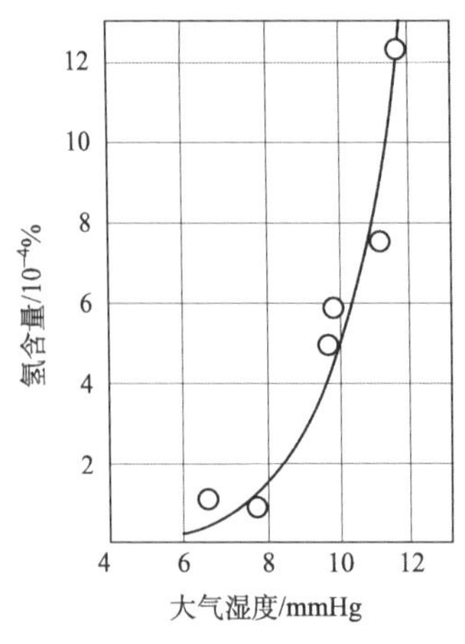

图 3.36　大气湿度对钢中氢含量的影响

1mmHg=1.33322Pa

从图 3.36 可以看出大气湿度对重熔钢锭中氢含量有很大影响。Niimi 等[51]研究大气中不同水气分压下铸锭中氢含量。发现铸锭中氢含量是渣池上面水分压的函数。$w[H]$与水气分压的平方根呈比例关系。当水气分压降低时，$w[H]$随之降低。因此，为了防止重熔过程氢的增加，减少空气中水分是有效措施。日本新日铁在重熔 40t 板坯锭时[52]，曾对钢锭中氢的行为进行了仔细的研究，分三种情况进行分析：第一种情况是在氩气保护下重熔；第二种情况是用返回渣进行重熔；第三种情况是在氩气保护下，用返回渣进行重熔，结果如图 3.37 所示。

在冶炼开始阶段氢含量较高，经过一段时间以后，氢含量达到稳定值。在氩气保护下（新渣），开始时氢含量最高；冶炼完成以后氢含量仍然高于 $2\times10^{-4}\%$；用返回渣效果次之；氩气保护加返回渣重熔时，开始氢含量最低，重熔结束后氢可以控制在 $1\times10^{-4}\%$以内。所以除了控制大气湿度，尽可能减少渣中水分也是必要的。

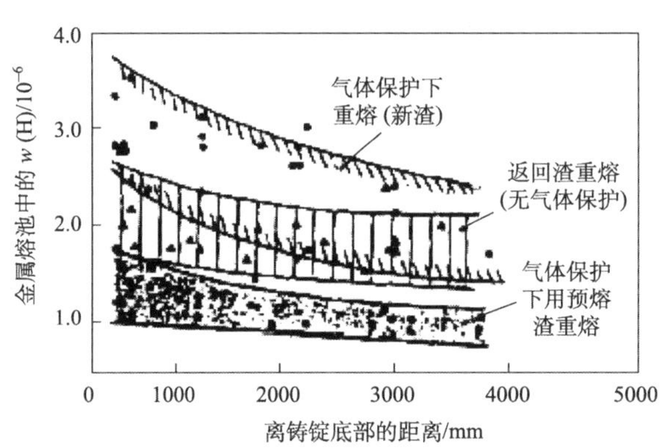

图 3.37　不同情况下重熔时金属熔池中 w(H)的比较

3.3.2　气相中水向熔渣——钢液的渗透机理[53,54]

图 3.38 是电渣重熔过程中气体渗透过程机理模型，气相中水（$H_2O_{(g)}$）向钢液中渗透氢的过程包括下列几个步骤。

第一步：气相中水蒸气（$H_2O_{(g)}$），在气相中传输至气-熔渣界面上：因为

$H_2O_{(g)}$在气相中传输速度较快，故不是控制环节。

第二步：气-熔渣界面上的界面反应，即

$$H_2O_{(g)} + (O^{2-}_{(渣)}) = 2(OH)^-_{(渣)} \tag{3.38}$$

$H_2O_{(g)}$以$(OH)^-$形式溶入熔渣中。

第三步：熔渣中$(OH)^-$依靠浓度差向渣-钢界面扩散过程。

第四步：熔渣中$(OH)^-$在渣-钢界面上的反应为

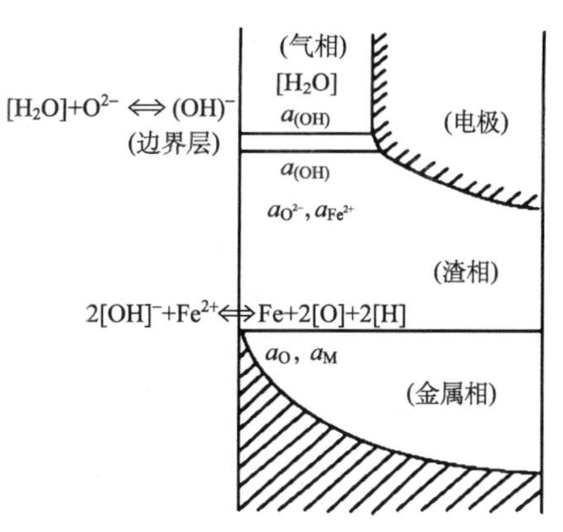

图 3.38　ESR 过程中气体渗透机理模型

$$2(OH)^-_{(slag)} + Mi^{2+}_{(slag)} = 2[H]_{metal} + 2[O]_{metal} + [Mi]_{metal} \tag{3.39}$$

第五步：渣-钢界面上的[H]和[O]向钢液内传输。至此气相中水($H_2O_{(g)}$)引起钢液增氢。

3.3.3　气氛中水在熔渣中渗透率测定方法及结果

熔渣对气氛中水的渗透能力在一定程度上决定了钢锭中氢含量的多少，因此对气氛中水在熔渣中渗透率能力大小进行测定，从而在电渣重熔时优先选用低渗透性渣系，对控制终点钢锭中的氢含量具有重要的作用。通常，熔渣对水的渗透率测定方法主要有两种——“渣膜法”和“气-熔渣-金属液平衡法”。

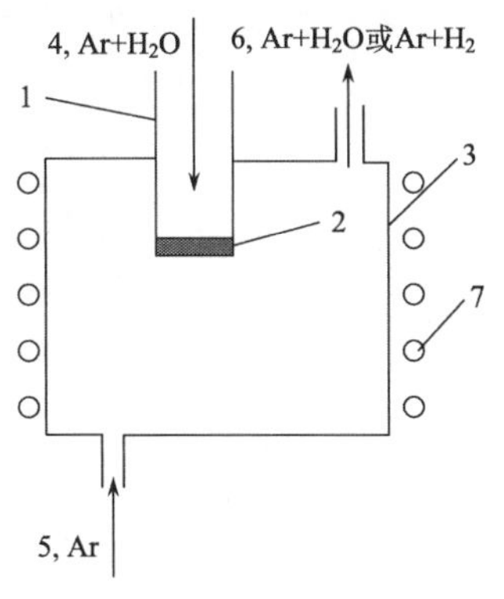

图 3.39　渣膜法装置示意图

1-隔离管；2-渣膜(表面积为 S，厚度为 L)；3-反应管；4-隔离管中通入含 H_2O 的 Ar 气；5-反应管中通入纯 Ar；6-反应管中排出的含 H_2O 的 Ar 气；7-电阻炉

1. 渣膜法

1）渣膜法原理

渣膜法实验装置如图 3.39 所示，利用隔离管下端黏附的渣膜，将系统分成两个空间，隔离管内通入的 Ar 气是经过超级恒温水浴恒温的，水蒸气鼓泡而获得的一定饱和水蒸气分压的 Ar 气通向渣膜上方，此时 Ar 气的流量为 170ml/min。而隔离管外通入经过干燥处理的 Ar 气，Ar 气与通过渣膜扩散过来的水蒸气一起经排气管自炉内排出，而经 CaH_2 转化装置将其转化 H_2后，注入气相色谱仪测定 Ar 气中氢含量，此时 Ar 气的流量为 200ml/

min，使用电磁泵控制反应管内压力，保持在 5mm 油柱气压(44.1Pa)。再将反应管放入电阻炉内以获得实验温度。

当隔离管内外达到动态平衡后，则通过渣膜氢的通量为

$$J_H = P_H \frac{S}{L} \tag{3.40}$$

式中：J_H 为单位时间内钢液中氢的增量，10^{-6}/min(或 mol/min)；S 为渣膜的表面积，mm^2；L 为渣膜的厚度，mm；P_H 为渣中氢的渗透率，10^{-6}/(mm · min)(或 mol/(mm · min))

则

$$P_H = J_H \frac{L}{S} \tag{3.41}$$

因为 S 和 L 为已知，则可以通过实验测得 J_H 后，代入式(3.41)即可计算出实验条件下氢(H_2O)的渗透率 P_H。反应管尾气中 Ar+H_2(或 H_2O)用气相色谱法测定。Minoru 等[55]在 1980 年用渣膜法测定了气相中氧向钢液中的渗透率，刘沛环等[56,57]于 1985 年用渣膜法测定了氢在 CaO-SiO_2-Al_2O_3-MgO 渣系中的渗透率。

渣膜法的问题是，要严格保持隔离管内外的压力恒定，且内外压力差要适当，否则渣膜在隔离管中难以保持住，还得保持渣膜与隔离管间不漏气。而且这种方法难以模拟实际冶金过程。

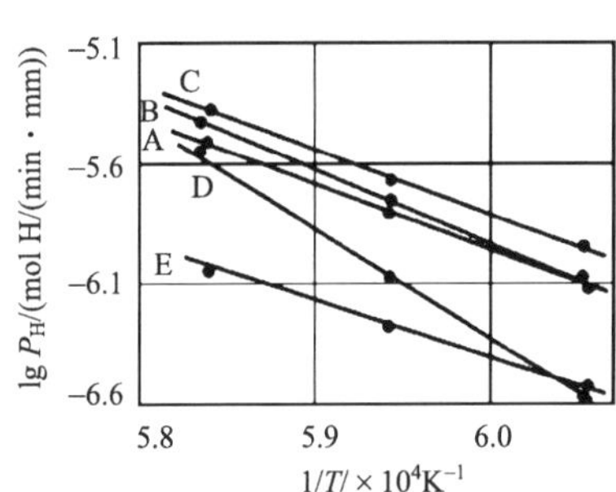

图 3.40　A、B、C、D、E 渣系渗透率与温度的关系

2) 渣膜法测定结果

实验时的熔渣温度为 1350～1450℃，测得氢的渗透率为 $9.34\times10^{-8}\sim5.65\times10^{-6}$ mol H_2/(mm · min)。图 3.40 是氢的渗透率与温度 T(K)的关系，同一渣系，随温度的升高，氢的渗透率增大。当固定 Al_2O_3 的含量为 25%和 MgO 含量为 10%时，渣的碱度 R 与氢渗透率的关系如图 3.41 所示。从图中可以看出，氢渗透率随 R 变化出现最大值，即在 $R=2.5$ 时，氢渗透率随 R 变化出现最大值。

对于不同组成 B、C 和 D 渣系，H_2 渗透率与 $H_2O_{(g)}$ 的 $p^{\frac{1}{2}}(H_2O)$ 关系如图 3.42所示。从图中可以看出，在同一温度和同一渣系的条件下，H_2 在渣中的渗透率与 $p^{\frac{1}{2}}(H_2O)$ 成正比。

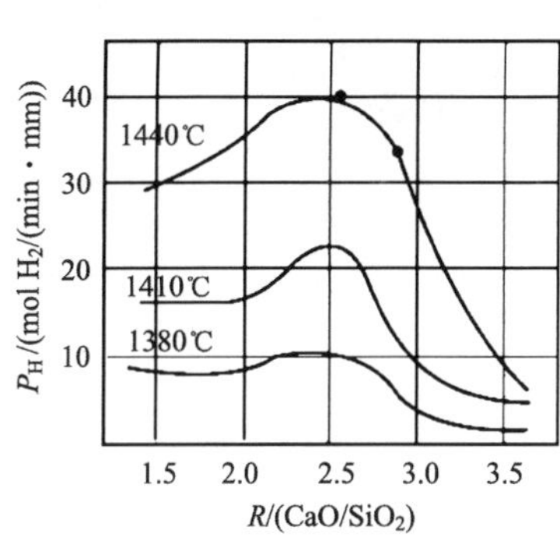

图 3.41　氢渗透率与碱度的关系

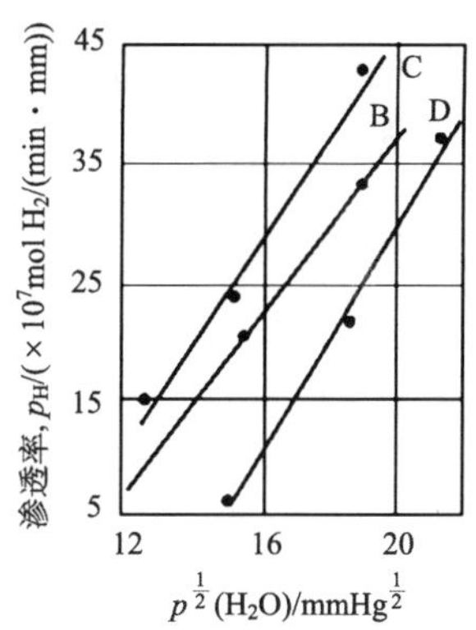

图 3.42　氢渗透度与水气分压的关系

2. 气-渣-金属平衡法

1) 气-渣-金属平衡法原理

气-渣-金属平衡法的装置示意图如图 3.43 所示。

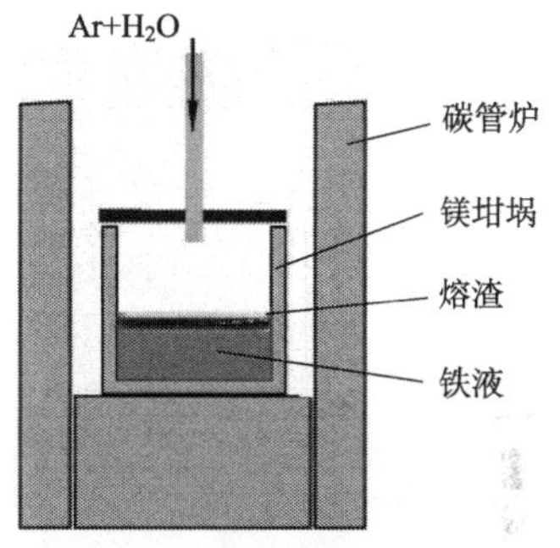

图 3.43　气-渣-金属液平衡法示意图

苏联在 1958～1965 年，用该方法测定了氢在渣中的渗透率[58,59]，1989 年 Romanov 等[60]也对氢渗透率进行了研究。Богатенков 等[61]对无氟炉渣进行了氢渗透率的研究，渣系主要的组元的含量为：32%～50%CaO、15%～37%SiO_2、9%～10.5%Al_2O_3、8.8%～24%MgO，渣中($FeO+Fe_2O_3$)为 11%～12%，其碱度为 0.9～3.4，渣料均用化学试剂，使用前需要在 850～900℃和 10^{-2} mmHg 真空度下处理 3h。实验温度为 1600℃、1650℃、1700℃，气相中水气分压控制在 46mmHg、86mmHg 和 230mmHg。炉温达到实验温度后，取出一个金属样品，之后通入($Ar+H_2O_{(g)}$)气体，按不同时间取金属样品，之后测定出氢含量，应用式(3.41)对渗透率进行计算。

气-渣-金属平衡法基本模拟了炼钢时的增氢过程。故本实验用该方法测定在 ESR 气相中 H_2O 引起钢液增氢的过程。

2) 气-渣-金属平衡法测定结果

图 3.44 是 1650℃对三种渣系的测定过程曲线。在实验条件下，3c 号渣二元碱度 $R=2.20$，氢平衡含量[H]的平衡时间 τ 约为 10min；4c 号渣二元碱度 $R=2.8$，氢平衡含量[H]的时间 $\tau=14$min；而对 5c 渣 $R=3.4$，氢的平衡含量[H]的时间 $\tau=16$min。

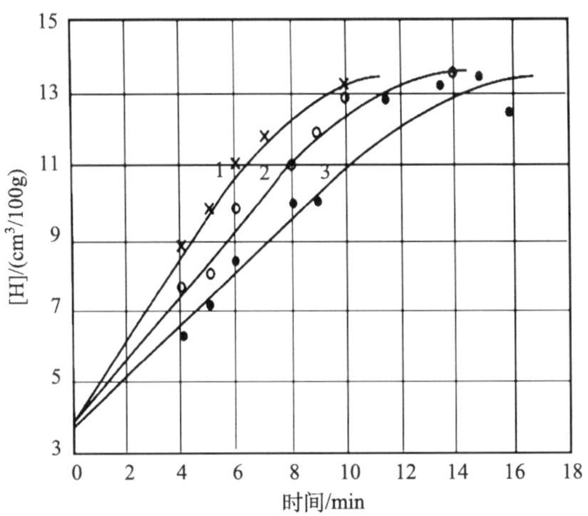

图 3.44　在 1650℃和 $p(H_2O)$＝86mmHg 下，铁液中氢含量变化曲线

1-3c 号渣；2-4c 号渣；3-5c 号渣

图 3.45 是对碱度 R＝0.9～2.2 的炉渣氢渗透率的测定曲线，其峰值出现在碱度为 1.75 左右。在相同条件时，钢液中氢的渗透量随 $p(H_2O)$增加而增大。

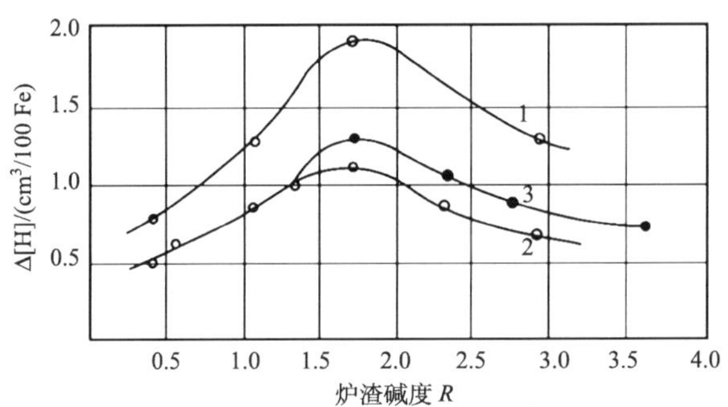

图 3.45　炉渣碱度对氢渗透率的影响

1-230mmHg 1＃渣；2-86mmHg 1＃渣；3-86 mmHg 5＃渣

实验还研究了渣的碱度 R＝3.2 和不同的 MgO 含量(10.2％MgO 和 14.9％MgO)的 5n＃渣系的渣温 T 对氢渗透率的影响，其结果如图 3.46 所示。由图可见，氢的渗透率 $\lg\Delta[H]$与渣温$(1/T)$呈线性关系，而且随着$(1/T)$增大(即 T 下降)氢的渗透率 $\lg\Delta[H]$也下降。

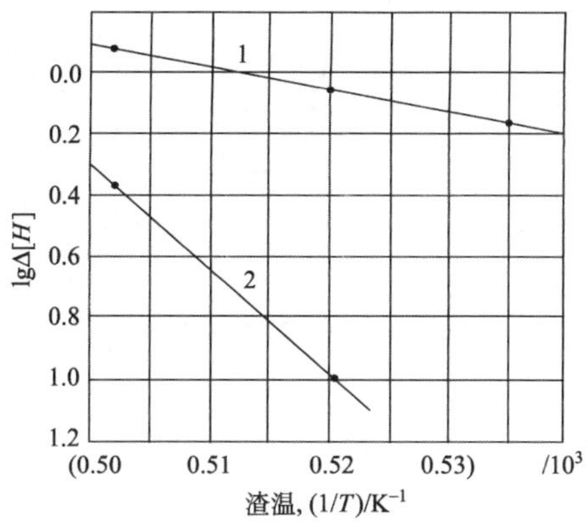

图 3.46　在碱度为 3.2 时，温度对氢渗透率的影响(5n#渣)
1-10.2%MgO；2-14.9%MgO

3.4　熔渣中氮的溶解度

关于熔渣脱氮，首先要了解氮在渣中的存在形式。关于氮在渣中的存在形式，目前有两点共识：

(1) 自由氮离子，氮取代渣中的自由氧离子形成自由氮离子；

(2) 结合氮离子，氮取代渣中聚合网络中氧离子而形成结合氮离子。

大量的实验研究证明，氮在碱性渣中主要是以自由氮离子形式存在，而在酸性渣中以聚合状态存在。

在氧化性和中性气氛中，熔渣只能溶解微量的 N_2；但在 C、CO、H_2 和 NH_3 等还原性气氛下，N_2 可大量的被熔渣化学吸收。在 1600℃，$CO+N_2+Ar$ 气氛下测定了 $CaO\text{-}Al_2O_3$ 系熔渣中全氮和氰化物的平衡量，表明 N_2 在熔渣中有以下两种存在方式：

$$\frac{3}{2}(O^{2-})+\frac{3}{2}C+\frac{1}{2}N_2 = (N^{3-})+\frac{3}{2}CO \tag{3.42}$$

$$\frac{1}{2}(O^{2-})+\frac{3}{2}C+\frac{1}{2}N_2 = (CN^-)+\frac{1}{2}CO \tag{3.43}$$

由两个反应(3.42)和反应(3.43)可定义出熔渣的氮化物和氰化物容量：

$$\text{氮化物容量 } C(N)=(\%N)p^{\frac{3}{2}}(CO)/p^{\frac{1}{2}}(N_2) \tag{3.44}$$

$$\text{氰化物容量 } C(CN)=(\%CN)\cdot[p(CO)/p^{\frac{1}{2}}(N_2)] \tag{3.45}$$

氮化物容量 $C(N)$ 和氰化物容量 $C(CN)$ 是恒量渣溶解氮能力的参数，它与熔渣的结构及温度有关。因此，可用 C(N)和 C(CN)来比较不同渣系的脱氮能力。

许多冶金工作者曾研究过熔渣的氮容量，试图通过选择氮容量大的渣系来实现熔渣脱氮。提高熔渣氮容量的措施是在渣系中加入与氮亲和力大的元素的氧化物，如 BaO、TiO_2和 B_2O_3等。但是，迄今未见到预期效果的报道。在实际生产中熔渣要与大气作用，采用 BaO、TiO_2或 B_2O_3含量高的高氮容量渣，会导致熔炼过程中，熔渣向大气吸氮，再向钢液增氮。另外在真空条件下，熔渣覆盖会使脱氮速度减慢。

电渣重熔渣系的 C(N)和 C(CN)的数据报道较少。图 3.47 给出了一种 ESR (32%Al_2O_3-36%CaF_2-32%CaO)熔渣的氮和氰化物含量与 N_2分压的关系。因为电渣重熔过程中由于氧化性或中性气氛，渣中氮的溶解度很小。一般来说，重熔前后钢中氮含量变化不大，而且电渣重熔过程中氮通常是以氮化物夹杂形式去除的。

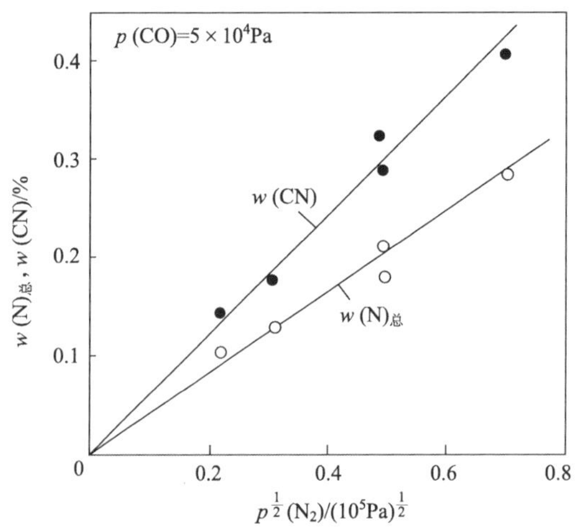

图 3.47　熔渣中氮、氰化物含量与 N_2分压的关系(1600℃)

图 3.48 为 1600℃下 CaO-Al_2O_3 熔渣的 C(N)和 C(CN)与 m(CaO)/m(Al_2O_3)比值的关系。当 m(CaO)/m(Al_2O_3)比值增加时，C(CN)增加而 C(N)减少。说明反应(3.43)中的(O^{2-})的确是自由氧。则 m(CaO)/m(Al_2O_3)比值增加时(O^{2-})增加，故C(CN)增加。而反应(3.42)中的(O^{2-})并不是自由氧，而是铝氧阴离子中的结合氧。

图 3.49[62]为不同渣系的氮化物容量与 CaO 浓度的关系。在低 CaO 浓度范围内，氮化物容量随 CaO 浓度的增加而增加，而在高 CaO 浓度范围内，C(N)则随 CaO 的增加而降低。

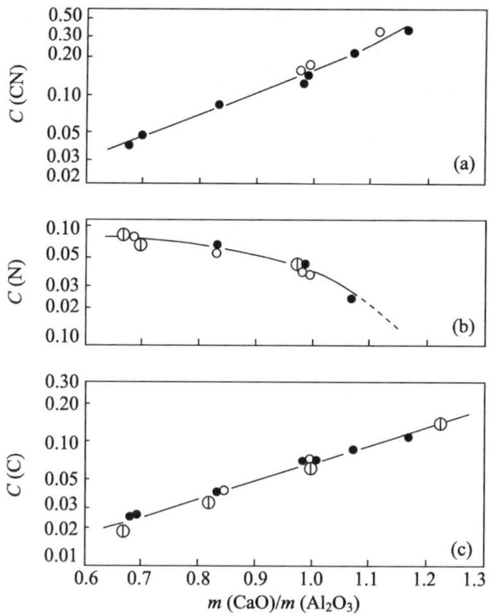

图 3.48　1600℃，$CaO-Al_2O_3$ 系熔渣的 C(CN)，C(N)和 C(C)

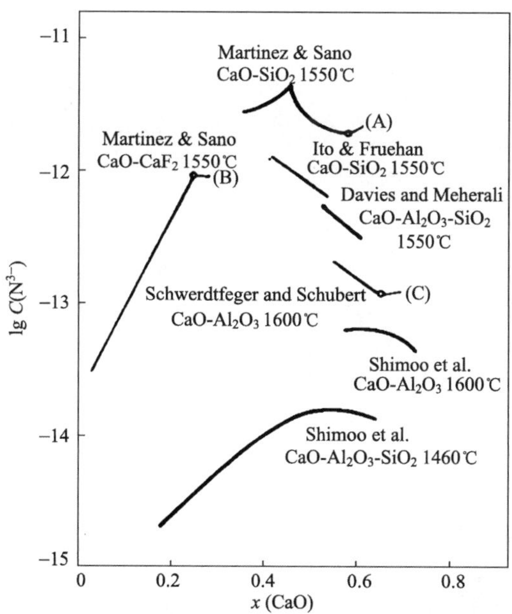

图 3.49　含 CaO 渣的氮化物容量与 CaO 浓度的关系

图 3.50 为 1500℃，$w(CaO)/w(Al_2O_3)=1$ 时，Al_2O_3-SiO_2-CaO 熔渣中氮的存在形态与 SiO_2 含量的关系。N^{3-} 随着 SiO_2 含量的增加而逐渐减小；当 SiO_2 小于 10%时，CN^- 随着 SiO_2 含量的增加而逐渐增多，而当 SiO_2 含量大于 10%时，随着 SiO_2 增加而逐渐减小。

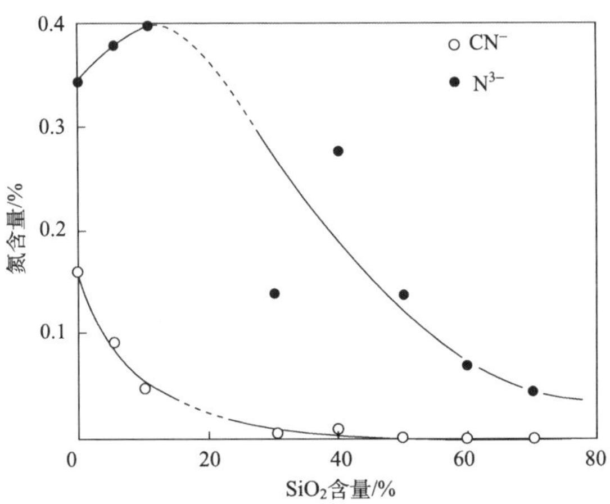

图 3.50 1500℃ Al_2O_3-SiO_2-CaO 熔渣中氮的存在形态与 SiO_2 含量的关系

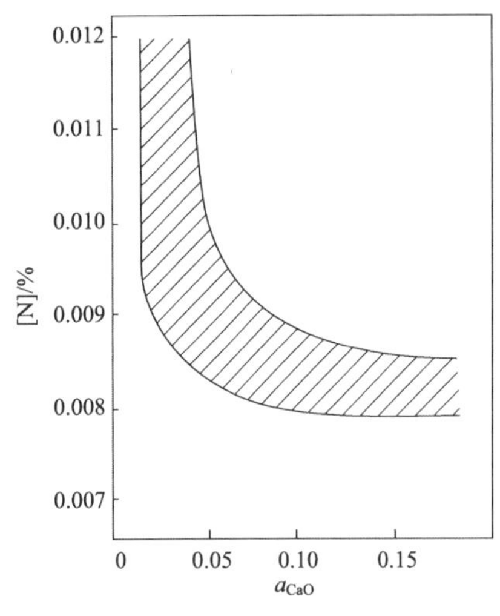

图 3.51 渣中 CaO 活度对重熔金属氮含量的影响

Ьогатенков[61] 采用 CaF_2-Al_2O_3-CaO 渣系重熔工业纯铁，发现随着渣中氧化钙活度 a_{CaO} 的增加，重熔金属中氮显著降低，如图 3.51 所示。这是由于电渣重熔过程产生以下反应：

$$3CaO + Mn_5N_2 + O_2 = Ca_3N_2 + 5MnO$$

反应平衡常数为

$$K_1 = \frac{a(Ca_3N_2)a^5(MnO)}{a^3(CaO)a(Mn_5O_2)p(O_2)} \tag{3.46}$$

$$a(Mn_5N_2) = \frac{a(Ca_3N_2)a^5(MnO)}{K_1a^3(CaO)p(O_2)} \tag{3.47}$$

由式(3.46)可见，渣中氧化钙活度越大，气氛中氧的分压越大，则去除氮化物的效果越佳。

3.5　熔渣的成分变化及其挥发性

在电渣重熔过程中可以明显地观察到产生许多烟尘。烟尘中含有的主要成分是由熔渣在高温下的挥发或通过化学反应产生的挥发性气体。从熔渣中挥发出的氟化物气体一方面对环境造成污染，另一方面也使重熔过程中的熔渣成分发生变化而导致工艺的不稳定性。因此，减少电渣重熔过程中熔渣的挥发速度，一直是电渣工作者研究的课题。

在电渣重熔铁基合金时，由于能量消耗、渣的电阻和冷却程度不同，熔池温度也不同。在电极顶端与金属熔池之间的渣温一般在 1500～2100℃，因此要求渣的组元应具有较低的蒸气压，以减少挥发损失，保持成分的稳定并避免严重污染车间气氛。

图 3.52 为几种氟化物的蒸气压与温度的关系。由图可见，ESR 常用的组元——CaF_2的蒸气压最小，因此，通常 ESR 熔渣的挥发 CaF_2本身不占主导地位。图 3.53 给出了某些氧化物及金属的蒸气压与温度的关系。由于 Na_2O 和 K_2O 的蒸气压较高，因而不适合作为 ESR 熔渣的组元。因此，通常作为 ESR 熔渣组元的氧化物蒸气压均很小，如 Al_2O_3、CaO、MgO、SiO_2和稀土氧化物等。因为渣中氧化物的蒸气压与渣的氧分压成正比，而渣的氧分压越高，重熔或熔铸金属氧含量也越高，所以为了使金属氧含量降低到最低，只有蒸气压极低的氧化物才适宜作为渣的组元。

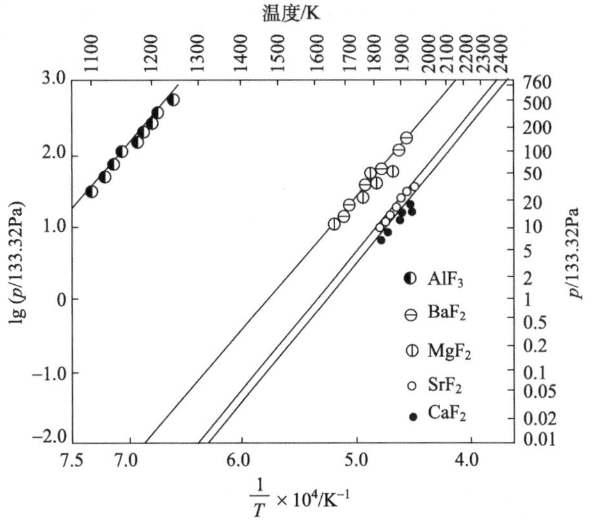

图 3.52　氟化物的蒸气压与温度的关系

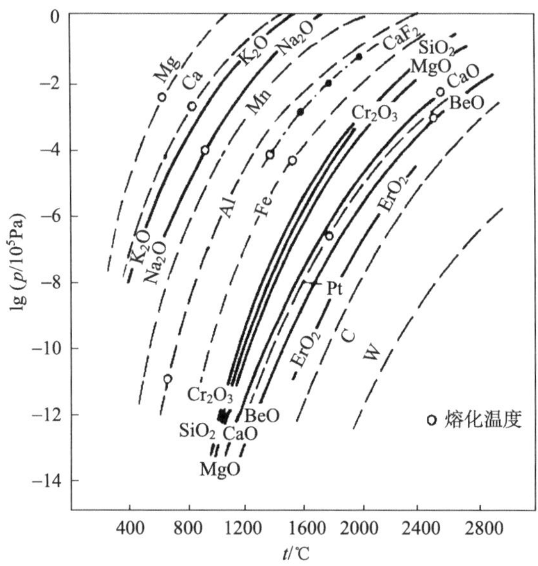

图 3.53 氟化钙和某些氧化物及金属的蒸气压与温度的关系

碱金属氧化物由于蒸气压高，作为电渣的一个组元是不合适的。但是正是由于其蒸气压高、熔点低和对其他氧化物具有很高的溶解能力，所以可以起某些特殊的作用。例如，当用固体渣起弧时，常因开始时渣未能充分熔化而降低铸件底部的质量，因此，为了保证冶炼开始渣的迅速熔化，曾有人往渣中加入一定量的 Na_2O 等碱金属氧化物，这个组元由于蒸气压大，当渣池到达正常的重熔温度时它已全部挥发，并不影响渣的组成。

即使选用蒸气压较小的化合物作为熔渣组元，在电渣重熔过程中仍然有大量的氟化物挥发，其原因是 CaF_2 与其他组元要发生下列反应：

$$3(CaF_2)+(Al_2O_3)=\!=\!=3(CaO)+2\{AlF_3\} \tag{3.48}$$

$$2(CaF_2)+(SiO_2)=\!=\!=\{SiF_4\}+2(CaO) \tag{3.49}$$

$$(CaF_2)+(MgO)=\!=\!=\{MgF_2\}+(CaO) \tag{3.50}$$

$$2(CaF_2)+(TiO_2)=\!=\!=\{TiF_4\}+2(CaO) \tag{3.51}$$

$$(CaF_2)+(H_2O)=\!=\!=2\{HF\}+(CaO) \tag{3.52}$$

实验证明，由上述反应所能引起的挥发损失远远超过由氟化钙本身的蒸气压所引起的挥发损失。

Schwerdtfeger[37]曾采用热天平分析法测定了在 CaF_2 中分别添加 Al_2O_3、SiO_2 和 TiO_2 时熔渣的挥发速率。图 3.54 为在 CaF_2 中分别添加 1%～5% Al_2O_3 时熔渣试样质量的变化。由图可知，熔渣的失重速度也就是挥发速率随 Al_2O_3

含量的增加而显著增加，这充分说明了反应(3.48)的存在。但当 85%CaF_2+15%CaO 中添加 5%Al_2O_3 时，熔渣的挥发速率没有本质的变化。这是因为渣中(CaO)的存在抑制了反应(3.48)向右进行，从而导致挥发速率不变。当 CaF_2加添加 SiO_2或 TiO_2时，实验也得到了类似的结果，从而也证实了反应(3.49)和反应(3.51)的存在。

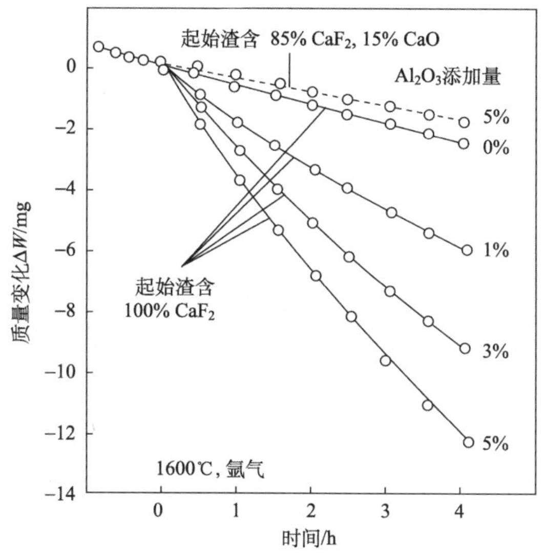

图 3.54　CaF_2中添加不同比例 Al_2O_3 的挥发失重

梁连科等[63]也采用失重法测定了在 CaF_2 中分别添加 10%CaO、Al_2O_3、MgO、SiO_2时熔渣的挥发速率，如图 3.55 所示。从结果可知，纯 CaF_2的挥发速率很小，而 CaF_2-SiO_2的挥发速率最大，CaF_2-CaO 挥发速率最小。当 Al_2O_3 含量增加时，熔渣的挥发速率也增加，如图 3.56 所示。图 3.56 中还比较了当熔渣经过恒温水浴掺水后测定的挥发速率。由图可见，加水后挥发速率提高。特别是对于 CaO-CaF_2渣系，掺水后的熔渣挥发速率显著增加，如图 3.57 所示。这说明 CaO 的渣系炉渣容易吸水，同时也充分证明了反应(3.52)的存在。

文献[63]还比较了常用的 ANF-6 渣系和国内开发的低氟 L_4 渣(15%CaF_2-50%Al_2O_3-30%CaO-5%MgO)的挥发速率。由图 3.58 可知，当渣料经严格烘烤时 ANF-6 渣的挥发速率比 L_4 大 38%，这主要是 L_4 中含有较多的 CaO，抑制了反应(3.48)的进行。当渣料掺水后，L_4渣的挥发速率比 ANF-6 大 57%，这主要是因为 L_4的 CaO 吸水作用明显促进反应(3.52)的显著进行。

从以上讨论可知，ESR 熔渣的挥发速率与炉渣组成有关。渣中加入 CaO 有利于抑制熔渣的挥发，但前提是渣料必须进行严格的烘烤。否则如果吸潮反而导

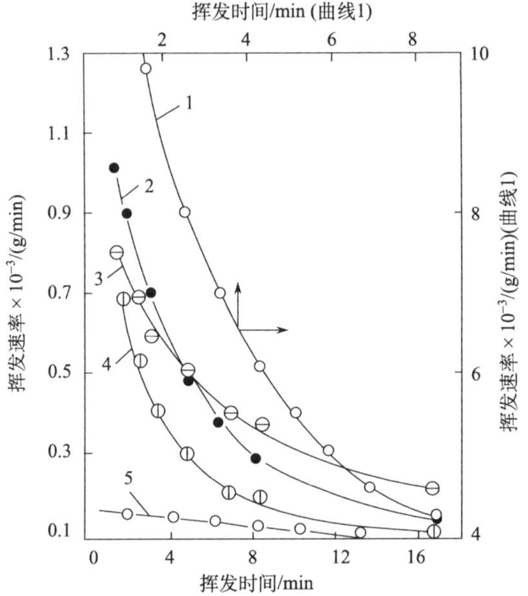

图 3.55　氧化物对其 CaF_2 挥发速率影响

挥发面积：0.83cm²，渣量：1g，温度：(1550±3)℃

1-10%SiO_2-90%CaF_2；2-10%MgO-90%CaF_2；3-10%Al_2O_3-90%CaF_2；

4-10%CaO-90%CaF_2；5-100%CaF_2

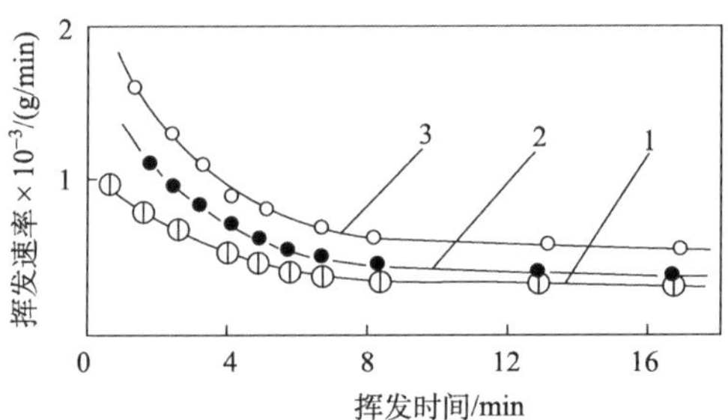

图 3.56　Al_2O_3-CaF_2 渣系挥发速率与时间关系

挥发面积：0.83cm²，渣量：1g，温度：(1550±3)℃

1-10%Al_2O_3-90%CaF_2；2-30%Al_2O_3-70%CaF_2；3-30%Al_2O_3-70%CaF_2-H_2O(40℃)

致高的挥发速率。另外，如果气态的氟化物挥发到潮湿的大气中，它们是不稳定的，而要发生下列反应：

$$2\{AlF_3\}+3\{H_2O\} = 6\{HF\}+Al_2O_3 \tag{3.53}$$

$$\{SiF_4\}+2\{H_2O\} = 4\{HF\}+SiO_2 \tag{3.54}$$

$$\{TiF_4\} + 2\{H_2O\} = 4\{HF\} + TiO_2 \quad (3.55)$$

其中生成的氟化物将形成烟雾，HF 和 SiF_4与液体接触时呈酸性。酸性氟化物刺激皮肤、眼睛和黏膜，同时也对人的骨骼产生危害。欧洲一些国家规定：对于平均暴露时间为 8h 的人来说，大气中含有上述氟化物的允许浓度不得超过 2.5mg/m³，假如暴露时间在 15min 以内，浓度允许值为 5mg/m³。因此，必须采取有效措施减少氟化物的挥发。

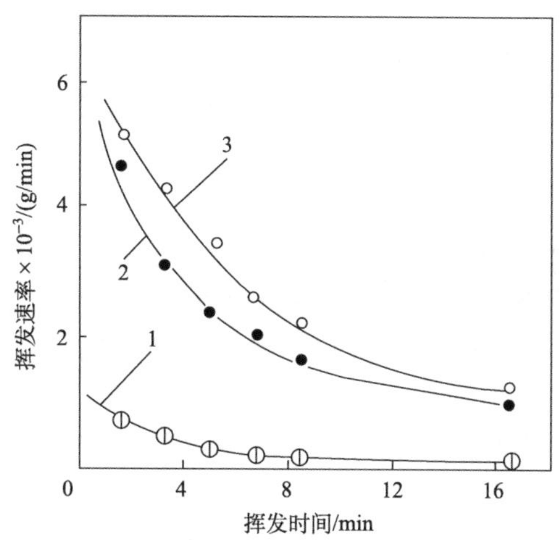

图 3.57　CaO-CaF_2渣系掺水后挥发速率与时间关系

挥发面积：0.83cm²，渣量：1g，温度：1550±3℃

1-10%CaO-90%CaF_2；2-10%CaO-90%CaF_2-H_2O(20℃)；3-10%CaO-90%CaF_2-H_2O(40℃)

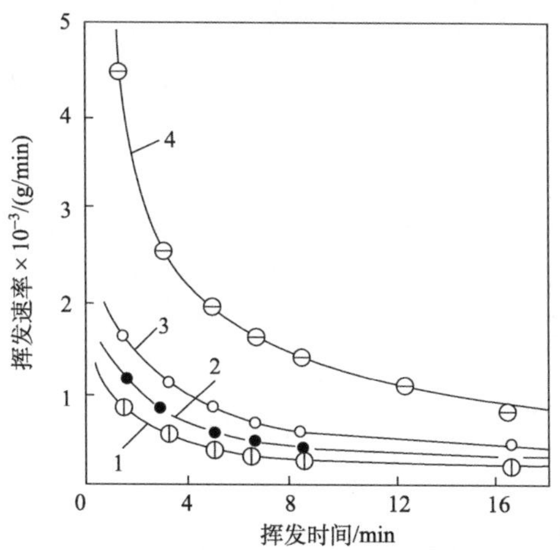

图 3.58　ANF-6 和 L_4渣的挥发速率与时间、掺水量的关系

挥发面积：0.83cm²，渣量：1g，温度：(1550±3)℃

1-L_4渣；2-ANF-6；3-ANF-6+H_2O(40℃)；4-L_4渣+H_2O(40℃)

3.6　电渣过程碳的反应[47]

电渣重熔脱氧良好的钢和合金时，不会发生脱碳反应。但当电渣重熔没有经过脱氧的钢和合金时，即使渣中没有易还原的氧化物，碳也会氧化。氧化反应可借助于如下反应进行：

$$[C]+[O]═CO_{(g)} \tag{3.56}$$

在直径为200mm的结晶器中，电渣重熔直径为80mm含0.22%碳的沸腾钢棒时，采用了АНФ-20(CaF_2-BaO)渣系，重熔钢锭碳含量降到0.08%。由此可知，如果重熔未脱氧的金属，那么重熔过程就会有碳的反应。如果重熔脱氧后的金属，碳不会发生反应。

在利用氧化性炉渣熔炼时，即使重熔脱氧的金属也可能使碳烧损。根据金属的化学成分和合金元素的脱氧能力，碳可以在其他易氧化元素之前烧损。用CaF_2-CaO-FeO渣电渣重熔经过脱氧的阿姆克铁时，钢锭中碳含量达0.012%～0.015%(原始金属碳含量为0.03%)。金属脱碳的同时，在电渣重熔过程中，有时候还要提高金属中的碳含量。为此，可以采取以下措施。

(1) 采用碳化物渣。

(2) 在重熔过程中向渣中加入一定数量的石墨和碳化钙。

(3) 预先在结晶器壁上或电极表面上涂一层含碳的涂料。例如，重熔79HMA合金时，由于在电极表面涂了一层碳质涂料，钢锭中碳含量从0.03%提高到了0.1%。

3.7　电渣重熔过程磷的行为

磷也是钢中极其有害的杂质元素之一。在钢中磷易偏析，且可以使钢发生冷脆，大大降低钢的抗冲击性能。因此，一般都将磷除至最低。磷在钢和合金中以磷化铁(Fe_3P、Fe_2P)磷化镍(Ni_3P)和其他元素的磷化物形式存在。脱磷反应式为[47]

$$2[P]+5(FeO)+4(CaO)═(4CaO\cdot P_2O_5)+5[Fe]\quad \Delta H=-543920J \tag{3.57}$$

平衡常数为

$$K=\frac{a(4CaO\cdot P_2O_5)a^5[Fe]}{a^2[P]a^5(FeO)a^4(CaO)} \tag{3.58}$$

影响脱磷因素包括以下几方面：

(1) 渣的组成。从反应(3.57)和式(3.58)可以看到，应采用高碱度高氧化性炉渣。根据氧化物对 P_2O_5 的亲和能力，氧化物可以按照下列排序[41]：

$$Fe_2O_3 < Al_2O_3 < FeO < MnO < MgO < CaO < BaO$$

从图 3.59 可以看出，在氟化物渣系中 BaO 与磷的结合能力强于 CaO[64]。

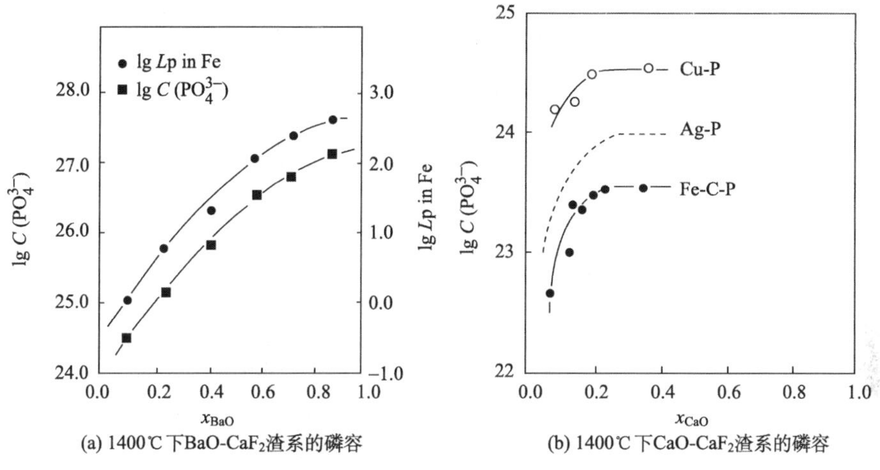

图 3.59　磷容与渣系成分的关系

常规的电渣工艺由于渣中 CaO 含量不高，特别是渣中 FeO 含量较低，且温度较高，因而很难脱磷，甚至稍有回磷。

为了降低钢中的磷含量，首先要尽可能采用低磷渣料，特别要注意萤石中的磷含量；其次采用 CaF_2-BaO 渣系以提高炉渣碱度，其中 BaO 含量为 15%～30%。从表 3.8 可知，采用 CaF_2-BaO 渣系具有较好的脱磷效果。另外，从表中数据也可以看出这样的规律：随着重熔过程的进行，钢中的磷含量逐渐升高。这是因为前期渣温低，渣中磷含量低，因而脱磷好。而随着重熔过程的不断进行，特别是到了后期，渣池温度不断上升，而且渣中磷也不断增加，脱磷效果必然越来越差，在一般条件下甚至会回磷。

表 3.8　CaF_2-BaO 渣系的脱磷效果[35]

钢中	电极中磷/%	钢锭中磷/%		
		尾部	中部	头部
20	0.029	0.010	0.015	0.020
00Cr13	0.054	0.012	0.017	0.026
1Cr18Ni9Ti	0.022	0.007	0.010	0.010

(2) 除磷是放热反应，高温不利于脱磷反应，电渣重熔过程温度不断提高，脱磷效果越来越差，因此要采用低电压操作，在保证电渣重熔过程稳定的前提下，输入功率不宜过大[47]。

另一种脱磷方法是还原脱磷。还原脱磷就是钢水中磷以 P^{3-} 形式进入炉渣的脱磷方法。其脱磷反应方程可用下式表示：

$$\frac{1}{2}P_{2(g)}+\frac{3}{2}(O^{2-})=(P^{3-})+\frac{3}{4}O_{2(g)} \tag{3.59}$$

而氧化脱磷时，渣中磷是以 PO_4^{3-} (P^{5+})形式存在的。熔渣中何种离子占优势决定于反应界面氧分压的高低。研究表明，氧化脱磷和还原脱磷的临界氧分压大约为 10^{-13} Pa。用 Ca 作还原剂，可使反应界面的氧分压达到 $10^{-26}\sim10^{-22}$ Pa；而用 CaC_2 作还原剂，氧分压也可达到 10^{-20} Pa 以下。因此，Ca 和 CaC_2 可作为还原脱磷剂的主要成分。

中村泰曾用 Ca-CaF_2 渣系重熔“18-8”型不锈钢的脱磷实验[29]。从表 3.9 的实验结果发现，该渣系不仅脱磷效果显著，而且去 N、As、O、S 的效果也非常好。

表 3.9　18-8 不锈钢用 Ca-CaF_2 渣系重熔的效果($\times10^{-4}\%$)

取样部位	N	P	As	O	S
母材	360	240	80	66	90
钢锭底部	72	35	<20	12	20
钢锭中部	91	30	<20	—	17
钢锭头部	221	50	<20	10	14

上述方法虽然脱磷效果较好，但由于金属钙成本高，在大炉上应用有一定难度。为此，Mitchell 的研究发现，CaC_2 在 CaF_2 中有很高的溶解度，因此可以用相对廉价的 CaC_2-CaF_2 渣系代替 Ca-CaF_2 渣系进行还原脱磷。

3.8　电渣重熔过程元素的成分变化

3.8.1　合金元素氧化和还原的机理

钢中合金元素，特别是活泼元素在重熔过程中要被氧化，严重时会造成成分出格，使钢锭报废。

合金元素的氧化与其和氧的亲和力有关。从氧化物的标准生成自由能数据[1]可以发现，元素与氧的亲和力大小按以下次序递减：

La，Ca，Ce，U，Zr，Ba，Al，Mg，Ti，Si，B，V，Mn，Cr，Fe，W，

Co，Sn，Pb，Zn，Ni，Cu。

因此，一般来讲，在电渣重熔过程中与氧亲和力大的元素容易被氧化，排在前面的相对较活泼的合金元素可以还原排在后面元素的氧化物。而排在前面的元素其氧化物越稳定，如 CaO、CeO、ZrO_2、BaO、Al_2O_3、MgO，在电渣过程中就可被选为造渣组元。而排在后面的氧化物，如 FeO、Cr_2O_3、MnO、SiO_2，则被看成渣中不稳定氧化物，将引起活泼合金元素的氧化，因而其含量受到严格限制。

在实际过程中由于合金元素在钢中的活度和其元素的氧化物在渣中的活度不同，其氧化顺序不一定严格按上述顺序进行。例如，Ti 和 Si 存在以下平衡反应：

$$[\mathrm{Ti}] + (\mathrm{SiO_2}) \rightleftharpoons (\mathrm{TiO_2}) + [\mathrm{Si}] \tag{3.60}$$

$$K = \frac{a(\mathrm{TiO_2}) \cdot a[\mathrm{Si}]}{a(\mathrm{SiO_2}) \cdot a[\mathrm{Ti}]} \tag{3.61}$$

在通常情况下，钢中 Ti 要被渣中 SiO_2氧化，而渣中 SiO_2则被 Ti 还原。但当钢中 Ti 含量很低，渣中 TiO_2含量很高，而钢中 Si 含量很高，渣中 SiO_2含量很低时，反应(3.60)不一定向右进行，甚至会向左进行。也就是说钢中的硅可能还原渣中的 TiO_2。因此，要防止某一活泼元素的氧化，可以向渣中添加该元素的氧化物作为炉渣组元，并尽量减少氧化性高的炉渣组元，并适当添加脱氧剂。

3.8.2　电渣过程氧的行为、来源及渣的传氧能力

电渣重熔过程中氧通过下述途径进入熔渣及钢液：

(1) 自耗电极中溶解的氧及不稳定的非金属氧化物夹杂；

(2) 在电极制造和重熔时渣池上方电极表面生成的氧化铁皮；

(3) 造渣材料中带入的不稳定氧化物；

(4) 氧直接从大气中通过熔渣转移到金属熔池。

关于电极原始氧含量对重熔钢锭中氧含量的影响，周德光等[65]认为：原始电极中的氧对重熔后钢锭中氧含量的影响不大。当自耗电极中的氧含量较高时，电渣过程是脱氧过程。当自耗电极中氧含量较低时，电渣过程是增氧玷污过程。自耗电极氧与电渣锭氧含量之间关系如图 3.60 所示。

周德光等[65]做了有关电渣重熔脱氧的实验，其重熔后电渣钢液中溶解的氧含量为 0.0016%～0.0036%。利用公式 $\lg \frac{[\%\mathrm{O}]}{a(\mathrm{FeO})} = -\frac{6320}{T} + 2.734$ 计算出电渣钢液的溶解氧，其结果如表 3.10 所示。

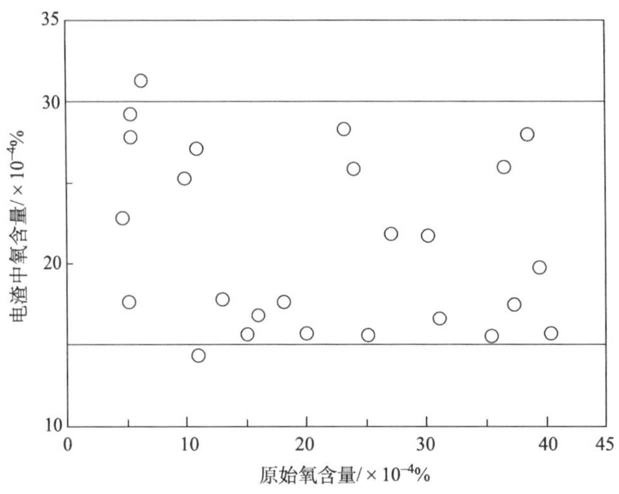

图 3.60 自耗电极与电渣锭中的氧含量

表 3.10 电渣钢中溶解氧计算结果

编号	CaO		MgO		FeO		SiO_2		Al_2O_3		CaF_2		$a(FeO)$	$[O]\times10^{-6}$	
	%	n	%	n	%	n	%	n	%	n	%	n		1560℃	1600℃
1	44.30	0.79	5.00	0.125	0.55	0.0076	5.41	0.0902	37.10	0.36	5.60	0.072	0.0106	20.5	24.3
2	43.90	0.78	4.90	0.123	0.78	0.0108	5.32	0.0887	38.25	0.38	5.30	0.068	0.0155	29.9	35.5
3	47.15	0.84	4.70	0.118	0.63	0.0088	5.62	0.0937	41.19	0.40	4.82	0.062	0.0122	23.5	27.9
4	45.49	0.81	5.08	0.127	0.64	0.0089	7.47	0.1245	39.15	0.38	4.39	0.056	0.0135	26.1	30.9
5	45.15	0.81	5.57	0.139	0.49	0.0068	5.10	0.0850	33.27	0.33	6.08	0.078	0.0087	16.8	19.9
6	43.29	0.77	5.55	0.139	0.76	0.0106	4.03	0.0672	34.24	0.34	5.93	0.076	0.0138	26.6	31.6
7	44.63	0.80	4.79	0.120	0.47	0.0065	3.39	0.0562	34.34	0.34	4.86	0.062	0.0085	16.4	19.5
8	43.59	0.78	4.89	0.122	0.51	0.0071	3.47	0.0578	35.26	0.35	4.36	0.056	0.0097	18.7	22.2

从表 3.10 可以看出，计算值与实验值比较吻合。可以认为在大气条件下的电渣重熔钢液中的溶解氧与炉渣之间平衡。

在大气条件下的电渣重熔过程中，电极表面温度很高，与空气中的氧反应生成氧化铁皮，电极表面氧化严重，随着电极进入渣池，导致渣氧化性增高，进而使电渣钢锭氧含量升高。周德光等认为渣中氧化亚铁活度对钢锭中氧化量具有绝对的影响。因此为了降低锭中氧含量，在重熔过程的渣中加入适量的脱氧剂，如铝等。为了减少大气中和电极氧化铁皮带入的氧，可以采取保护气氛电渣重熔，图 3.61 是氩气与空气气氛下电渣重熔氧含量对比结果。从图中可以看出，保护气氛下的电渣重熔普遍比大气条件下的氧含量要低。

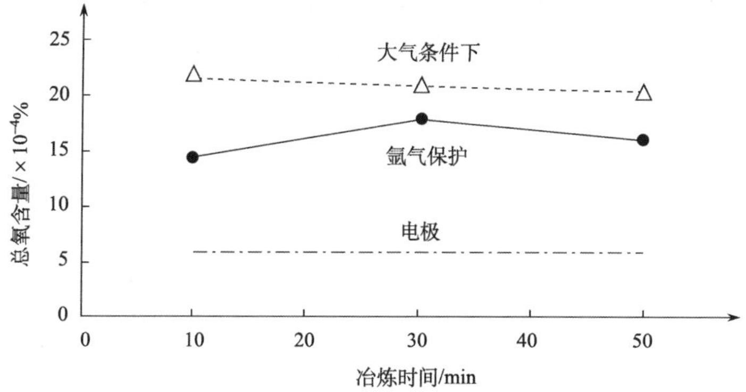

图 3.61　不同条件下电极及电渣锭中氧含量的变化

如图 3.62 所示，大气中的氧通过渣池转移到钢中，是依靠渣中不稳定的变价氧化物。在渣池表面上，低价的氧化物被空气中的氧氧化成高价氧化物：

$$2(FeO)+\frac{1}{2}\{O_2\}=(Fe_2O_3)\quad(3.62)$$

当这些高价氧化物转移到渣-金属界面时，又与该金属作用转变成低价氧化物，从而使氧转入金属中：

$$(Fe_2O_3)+[Fe]=3(FeO)\quad(3.63)$$

$$(FeO)=[Fe]+[O]\quad(3.64)$$

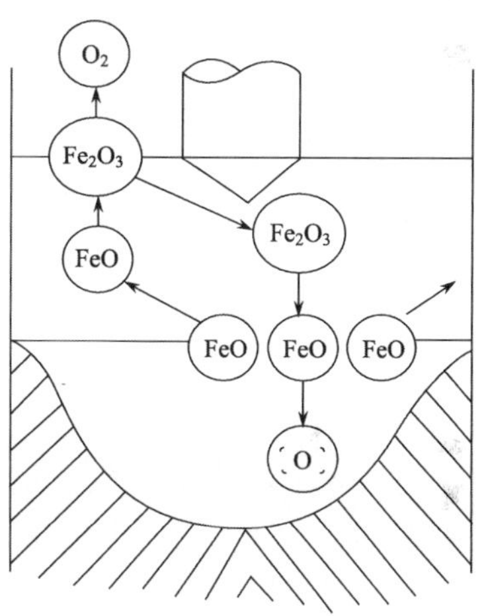

图 3.62　氧化铁传氧机理示意图

通过上述反应可清楚看出，这个变价的氧化铁起一个“气筒”的作用，通过变价过程将空气中的氧不断地送入金属熔池。其他元素，如 Mn、Ti、Cr、V 等的变价氧化物也可以起同样的作用。

3.8.3　渣中氧化物的稳定性与钢中氧含量的关系

由于渣-金属之间存在氧的平衡，所以渣中氧化物的稳定性对钢中氧含量有直接影响。所谓氧化物的稳定性，即氧化物标准生成自由能的高低。

Holzgruber 等研究了钢锭中氧含量和渣系之间的关系，如图 3.63 和图 3.64 所示[66]。由图 3.63 可见，无论在惰性气氛下还是氧化性气氛下，ANF-7 渣($80\%CaF_2+20\%CaO$)都是最稳定的，钢中氧含量最低。而 CaF_2-Al_2O_3 和 CaO-Al_2O_3 及 CaF_2 渣系重熔时，钢中氧含量较高。由图 3.64 可知，随着碱度的增加，钢中氧含量明显降低，这主要是因为稳定性差的 SiO_2 含量下降。Al_2O_3 含量对钢中氧含量的影响则比较复杂。由图 3.65 可知，随着 CaF_2/Al_2O_3 增加，氧含量先是很快下降；当 $CaF_2/Al_2O_3=1$ 时，氧含量达到最低值；当比值进一步增加时，氧含量反而增加。

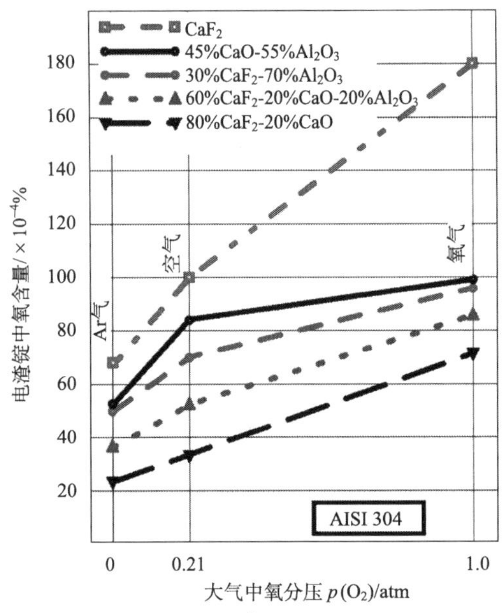

图 3.63　AISI304 电渣锭中氧含量和大气中氧分压关系

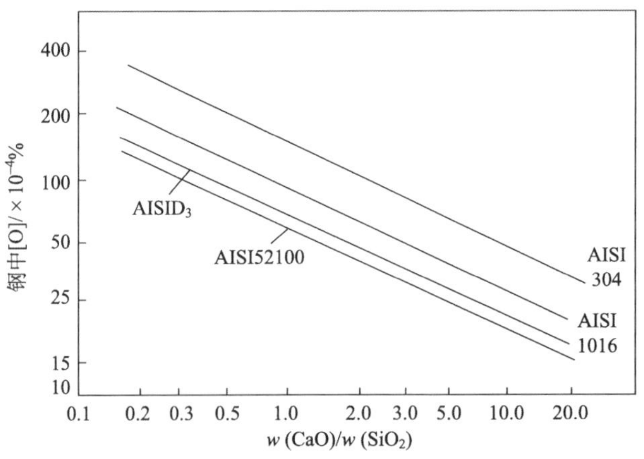

图 3.64　电渣重熔钢锭中氧含量和渣碱度的关系

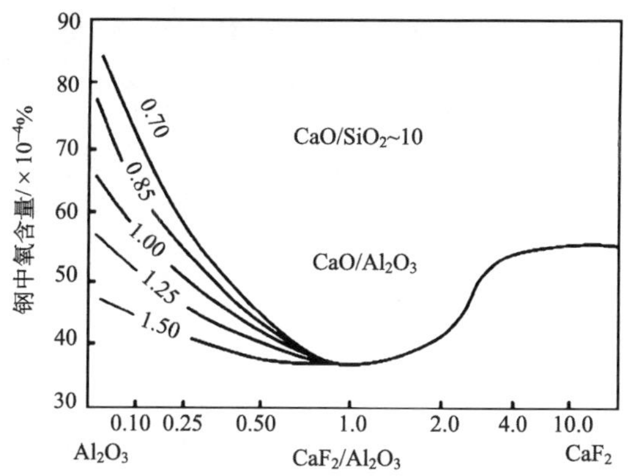

图 3.65 电渣重熔 304 钢锭中氧含量和渣成分的关系

为了定量地描述熔渣的稳定性，成田贵一等[67]定义了渣的化学稳定度 S_s，并用其值讨论与锭中氧含量的关系。方法是取构成渣的金属元素 X 按照与 1mol 氧反应

$$a\,X + O_2 \longrightarrow X_aO_2 \tag{3.65}$$

生成氧化物 X_aO_2 时的标准自由转变化 $\Delta G^\theta(X_aO_2)$ 与作为基准的 1mol SiO_2 的标准生成自由能 $\Delta G^\theta(SiO_2)$ 的比值的平方称为稳定系数 $M(X_aO_2)$。即

$$M(X_aO_2) = [\Delta G^\theta(X_aO_2)/\Delta G^\theta(SiO_2)]^2 \tag{3.66}$$

进一步定义渣的稳定度 S_s 为

$$S_s = \sum M(X_aO_2) \cdot x(X_aO_2) \tag{3.67}$$

在此，$x(X_aO_2)$ 为 X_aO_2 的物质的量。

又因为在 CaF_2 渣中存在 $2CaF_2 + X_aO_2 \longrightarrow 2CaO + X_aF_4$ 等反应，这对氧势的影响是复杂的，难以考虑 CaF_2 对 S_s 的影响，因此将 CaF_2 的影响略去不计。在 2000K 下 $M(X_aO_2)$ 和 S_s 的计算值列于表 3.11 和表 3.12，各渣型的成分列于表 3.13 中。

表 3.11 氧化物的稳定系数

氧化物	CaO	Al_2O_3	MgO	TiO_2	SiO_2	MnO	FeO
$M(X_aO_2)$	2.16	1.61	1.34	1.14	1.00	0.71	0.26

表 3.12 渣的稳定度

渣型	FTS-7	AN-8	G-80	AN-22	ANF-6	40-OF-6	ANF-7
S_s	1.1	1.2	1.4	1.5	1.7	1.8	2.0

表 3.13 渣的组成 （单位：%）

渣型	SiO_2	Al_2O_3	MnO	CaO	MgO	CaF_2
FTS-7	45	—	24	1	18	8
AN-8	31	13	26	6	—	16
G-80	37	13	7	16	11	7
AN-22	21	14	10	14	11	20
40-OF-6	—	25	—	21	5	51

作者所做的一系列实验中，所有钢中的氧含量均随 S_s 的增大而减少，如图 3.66所示。有些钢在 S_s 到 1.6 以上时氧含量稍有增加，作者认为这是由于这些渣均为 CaO 含量高的 CaF_2-CaO 和 CaF_2-CaO-Al_2O_3 的体系，吸水性强，易带入氢和氧。另外，CaF_2-CaO 渣中的 CaF_2 显著提高渣中 FeO 的活度，致使渣中在含有 CaO 或 Al_2O_3 情况下 FeO 的活度也很大。

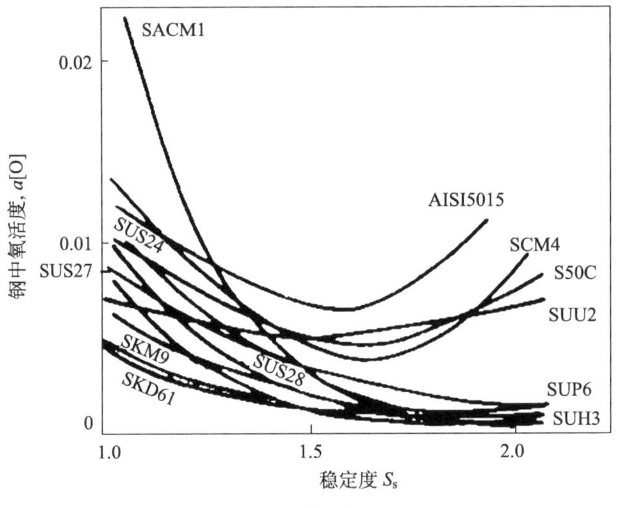

图 3.66 钢锭中 α[O]与渣 S_s 的关系

在重熔含 Al 和 Ti 等合金元素的钢时，如果使用含诸如 Al_2O_3 和 TiO_2 这些金属的氧化物，以及比它们更稳定的氧化物且 S_s 值大的 CaF_2 为基渣时，钢锭的氧含量降低。相反，使用 S_s 值小的渣时，其中所含的不稳定氧化物就被 Al 或 Ti 还原，即使钢锭中氧含量提高。

另外，钢锭中氧的含量和大气中氧的分压也有关系。由图 3.63 可知，无论采用什么渣系，钢锭中氧含量均随着气氛中氧分压的增加而增加。因此，对于要求氧含量很低的钢种，有必要在惰性气体保护下重熔。

3.8.4　镍基合金中 Al、Ti 成分的控制

在不锈钢或镍基高温合金中通常含有铝、钛等易氧化元素。为了提高铝、钛元素的收得率并保证成分的均匀性，必须严格控制重熔的工艺参数，特别重要的是选择合理的渣系。迄今为止，国内外研究者对此做了不少工作[68~73]。

Pateisky[68]研究了钛、铝、硅与氧之间的平衡关系。根据得到的研究结果，可以确定加入渣中的 TiO_2 数量并以此实现钛在整个锭中的均匀分布。研究认为在重熔过程存在以下反应：

$$3[\mathrm{Ti}]+2(\mathrm{Al_2O_3})=\!=\!=4[\mathrm{Al}]+3(\mathrm{TiO_2}) \tag{3.68}$$

反应(3.68)的平衡常数表达为

$$\lg K=\lg\left[\frac{a^4[\mathrm{Al}]\cdot a^3(\mathrm{TiO_2})}{a^3[\mathrm{Ti}]\cdot a^2(\mathrm{Al_2O_3})}\right]=-\frac{35300}{T}+9.94 \tag{3.69}$$

如图 3.67 所示，要保证金属中的钛含量必须相应提高金属中的铝含量。渣中加入 TiO_2 可以明显提高钛的收得率。在相同的铝含量下，渣中 TiO_2 含量的提高可以使金属中的钛含量提高。

成田贵一认为在熔渣中 Ti 存在的形式有 Ti^{4+} 和 Ti^{3+} 两种方式。他们用能谱分析和化学分析证实了在冷却后的渣中确实存在 Ti^{3+}。如图 3.68 所示，钛氧化机理如下[73]。

渣表面：

$$(\mathrm{Ti_2O_3})+\frac{1}{2}[\mathrm{O_2}]=\!=\!=2(\mathrm{TiO_2}) \tag{3.70}$$

电极-渣界面：

$$6(\mathrm{TiO_2})+2[\mathrm{Al}]=\!=\!=3(\mathrm{Ti_2O_3})+(\mathrm{Al_2O_3}) \tag{3.71}$$

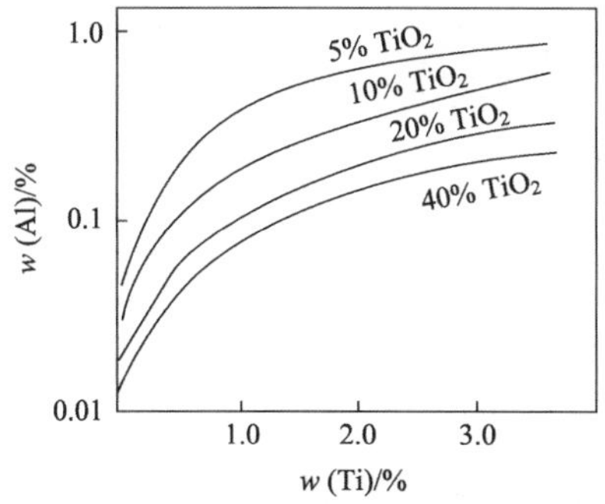

图 3.67　渣中 TiO_2 含量对 Al-Ti 关系的影响

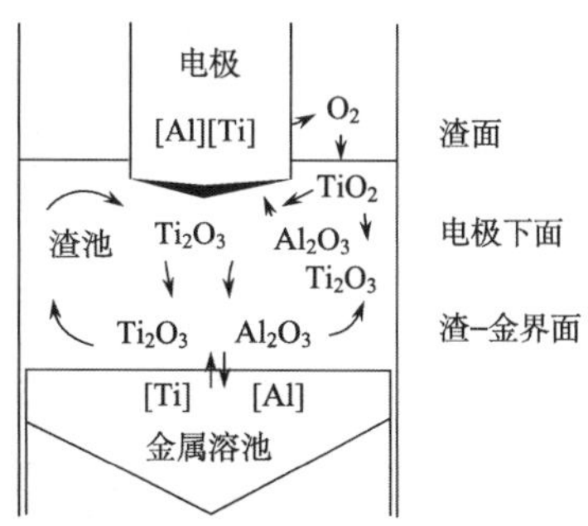

图 3.68　超合金中 Al 和 Ti 在渣池中的氧化行为示意图

$$3(\mathrm{TiO_2})+[\mathrm{Ti}]═══2(\mathrm{Ti_2O_3}) \tag{3.72}$$

渣-金界面：

$$2[\mathrm{Al}]+(\mathrm{Ti_2O_3})\rightleftharpoons 2[\mathrm{Ti}]+(\mathrm{Al_2O_3}) \tag{3.73}$$

反应式(3.73)平衡常数与温度的关系式为

$$\begin{aligned}\lg K &= \lg\frac{a^2[\mathrm{Ti}]\cdot a(\mathrm{Al_2O_3})}{a^2[\mathrm{Al}]\cdot a(\mathrm{Ti_2O_3})}\\ &= \lg\frac{\gamma^2[\mathrm{Ti}]\cdot\gamma(\mathrm{Al_2O_3})}{\gamma^2[\mathrm{Al}]\cdot\gamma(\mathrm{Ti_2O_3})}\cdot\frac{x^2[\mathrm{Ti}]\cdot x(\mathrm{Al_2O_3})}{x^2[\mathrm{Al}]\cdot x(\mathrm{Ti_2O_3})}\\ &= \frac{9705}{T}-3.70\end{aligned} \tag{3.74}$$

由式(3.74)不难得出 $x(\mathrm{Ti_2O_3})/x(\mathrm{Al_2O_3})$ 与 $x[\mathrm{Ti}]/x[\mathrm{Al}]$ 的关系式：

$$\lg\frac{x(\mathrm{Ti_2O_3})}{x(\mathrm{Al_2O_3})}=2\lg\frac{x[\mathrm{Ti}]}{x[\mathrm{Al}]}+\lg\frac{\gamma^2[\mathrm{Ti}]\cdot\gamma(\mathrm{Al_2O_3})}{\gamma^2[\mathrm{Al}]\cdot\gamma(\mathrm{Ti_2O_3})}-\lg K \tag{3.75}$$

式中：$\gamma[\mathrm{Al}]$ 和 $\gamma[\mathrm{Ti}]$ 为以拉乌尔定理为标态的 Al 和 Ti 活度系数；$x[\mathrm{Al}]$ 和 $x[\mathrm{Ti}]$ 为金属熔体中 Al 和 Ti 的摩尔分数；$\gamma(\mathrm{Al_2O_3})$ 和 $\gamma(\mathrm{Ti_2O_3})$ 为以拉乌尔定理为标态的渣中 $\mathrm{Al_2O_3}$ 和 $\mathrm{Ti_2O_3}$ 的活度系数；$x(\mathrm{Al_2O_3})$ 和 $x(\mathrm{Ti_2O_3})$ 为渣中 $\mathrm{Al_2O_3}$ 和 $\mathrm{Ti_2O_3}$ 的摩尔分数。

根据各种合金电渣重熔时炉渣和合金成分的分析值可以绘制图 3.69 所示的 $\lg[x(\mathrm{Ti_2O_3})/x(\mathrm{Al_2O_3})]$ 与 $\lg(x[\mathrm{Ti}]/x[\mathrm{Al}])$ 的关系图。其中不同形状实验点表示不同的合金。而实线则是假定式(3.75)中右边第二项，即活度系数项为零时的

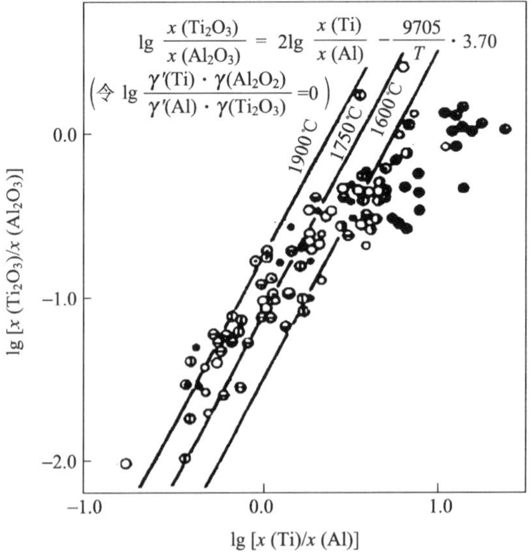

图 3.69 $\lg(x[\mathrm{Ti}]/x[\mathrm{Al}])$ 和 $\lg[x(\mathrm{Ti_2O_3})/x(\mathrm{Al_2O_3})]$ 的关系图

理论计算值。除了 $x[Ti]/x[Al]$的实测值比理论计算值偏高，计算和实测基本一致。利用这一定量关系便可以根据金属中 Al 和 Ti 含量的要求合理选择炉渣的 Ti_2O_3和 Al_2O_3 比例，进而确定实际使用渣系 CaO-Al_2O_3-Ti_2O_3-CaF_2的具体成分。日本神户制钢利用这种方法选择渣系进行超级合金的电渣重熔，获得了铝、钛成分沿高度方向十分均匀的锭子。

Schwerdtfeger 等[72]则根据质量平衡和传质方程建立了预测电渣重熔不锈钢过程中，钢中 Al、Ti 及渣中 TiO_2和 Al_2O_3 含量沿锭高变化的数学模型。该模型有助于确定电渣重熔的工艺参数以控制钢中铝、钛的含量，但前提条件是必须已知有关的传质系数和反应的平衡常数。

3.8.5　电渣重熔中微量 Mg 元素的控制

镍基高温合金中加入 Mg 可以脱氧、去除硫磷、净化晶界，改变碳化物的形态及分布，控制晶界滑移，Mg 偏聚于晶界及碳化物相界增加界面结合力等。Mg 的蒸气压高，与氧的结合能力强。因此，在高温合金中控制微量元素 Mg，特别是电渣铸锭中的 Mg 含量及其均匀性是工艺上的难题。李正邦等[74]对此作了一些颇有深度的研究。其实验条件及方法如下：①在 50kg 感应炉上用返回法熔炼合金 GH2036C，出钢前加镍镁合金，铸成直径为 50mm，长 1.5m 的电极；②在 50kg 电渣炉上进行电渣重熔。结晶器内径 100mm，选用 5 渣系(具体成分如表 3.14 所示)，重熔电流 1600～1800A；冷却水温度低于 45℃。

表 3.14　实验所用渣系成分

渣号	渣组成/%					渣计算碱度	渣黏度(1600℃)/(mPa·s)
	CaF_2	Al_2O_3	CaO	MgO	MgF_2		
S_1	65	30	—	5	—	0.38	62.214
S_2	30	40	17	13	—	1.50	72.869
S_3	55	25	10	10	—	1.60	63.645
S_4	55	20	7	18	—	2.50	72.025
S_5	60	15	—	5	10	2.00	72.843

重熔前后镁铝收得率见表 3.15。

在实验室研究的基础上选用两种不同成分、不同碱度渣系重熔对结果的影响，以及采用恒定功率，递减功率操作对合金中镁元素含量及均匀性的影响。结果见表 3.16。

表 3.15 重熔前后钢中 Mg、Al 含量变化

渣系	[Mg]			[Al]		
	电极	铸锭	回收率/%	电极	铸锭	回收率/%
S_1	0.007	0.0007	10.00	0.057	0.048	84.2
S_2	0.007	0.0010	14.28	0.085	0.076	89.4
S_3	0.006	0.0010	16.70	0.076	0.045	59.2
S_4	0.005	0.0018	36.00	0.130	0.042	32.3
S_5	0.017	0.0070	41.20	0.130	0.030	43.3

表 3.16 渣系和供电制度对钢中 Mg 含量的影响

序号	渣系	碱度	工艺特点	取样位置		化学成分					铸锭 Σ[Mg]	$\frac{[Mg]_{铸锭}}{[Mg]_{电极}}$ /%	极差
						C	Mn	Si	Al	Mg			
1	S_2	1.50	功率恒定	电极		0.36	8.55	0.85	0.17	0.0070	0.001	14.28	
				铸锭	下	0.37	8.06	0.77	0.16	0.0018			
					中	0.37	7.73	0.84	0.17	0.00075			
					上	0.37	7.73	0.85	0.17	0.00055			
2	S_4	2.50	功率恒定	电极		0.35	8.65	0.56	0.19	0.0135	0.0045	33.33	0.0052
				铸锭	下	0.37	8.09	0.50	0.16	0.0075			
					中	0.37	7.78	0.50	0.16	0.0034			
					上	0.37	8.56	0.56	0.15	0.0025			
3	S_4	2.50	功率递减	电极		0.36	8.55	0.85	0.16	0.0080	0.00453	56.62	0.0063
				铸锭	下	0.37	8.20	0.59	0.15	0.0086			
					中	0.37	8.20	0.79	0.15	0.0023			
					上	0.37	8.56	0.40	0.17	0.0027			
4	S_4	2.50	功率递减	电极		0.35	8.65	0.56	0.19	0.0135	0.0043	31.85	0.0007
				铸锭	下	0.37	8.56	0.40	0.16	0.0043			
					中	0.365	8.56	0.49	0.16	0.0047			
					上	0.365	8.44	0.53	0.15	0.0040			
5	S_4	2.50	功率递减	电极		0.36	8.06	0.55	0.19	0.0225	0.0081	36.0	0.0012
				铸锭	下	0.365	8.20	0.36	0.16	0.0076			
					中	0.36	8.20	0.45	0.16	0.0079			
					上	0.365	8.20	0.52	0.15	0.0088			

续表

序号	渣系	碱度	工艺特点	取样位置		化学成分					铸锭 Σ[Mg]	[Mg]铸锭/[Mg]电极 /%	极差
						C	Mn	Si	Al	Mg			
6	S_5	2.0	功率递减	电极		0.35	8.56	0.65	0.17	0.0120	0.00413	34.40	0.0009
				铸锭	下	0.37	8.32	0.64	0.14	0.0036			
					中	0.37	8.53	0.67	0.14	0.0045			
					上	0.37	8.56	0.66	0.15	0.0043			
7	S_5	2.0	功率递减	电极		0.35	8.56	0.65	0.17	0.0070	0.0027	38.57	0.0008
				铸锭	下	0.36	8.32	0.56	0.14	0.0030			
					中	0.37	7.85	0.61	0.15	0.0022			
					上	0.37	8.55	0.63	0.14	0.0030			

从上述结果可以看出，在电渣重熔过程选用 CaF_2-CaO-MgO-Al_2O_3 四元渣系，使碱度大于 2.5，自耗电极的铝含量为 0.10%～0.18%，重熔过程采用递减功率工艺等措施，使电渣重熔铸锭中镁含量均匀地控制在最佳范围内。

3.9　直流电渣重熔及其电化学反应[75]

3.9.1　直流电渣重熔的意义

直流电渣炉几乎与交流电渣炉同时产生。例如，在 20 世纪 60 年代，美国有许多电渣炉是用真空自耗炉改造的，因而沿用了直流炉。电渣重熔本身是从电渣焊演变而来的，而当时电渣焊就有交、直流两种方式。与直流电弧炉一样，直流电渣炉一直未得到广泛应用。其原因包括两方面。

(1) 当时(20 世纪 60 年代)大型硅整流元件未过关，只能用发电机组产生直流电，其设备较复杂。

(2) 认为直流电渣重熔钢锭的质量不如交流电渣钢锭。并且由于交流电渣炉设备简单，投资少，因而交流电渣炉一直占主导地位。

作者认为直流电渣炉有以下基本特点。

(1) 可以解决单相交流电渣炉用电不平衡问题。因为直流电渣炉可直接使用三相电，这对中、小型企业有很大意义。

(2) 消除了网路感抗损失，使短网压降大大降低，从而可使功率因素和变压器的有效容量提高 10%～15%。

(3) 由于消除了网路感抗，所以重熔初期和末期极间电压差异明显减小。对于恒电流控制的电渣炉(大多数电渣炉如此)，可减少钢锭头尾化学成分和结晶状态的差异，从而减少钢锭的切头、切尾量，提高钢锭成材率。

(4) 可通过改变电极极性大幅度降低重熔比电耗(可达 10%～30%)。

(5) 直流电渣炉内渣池相当于一个电解池。可以通过改变电流极性、电流密度和渣成分去除一般方法难以去除的一些杂质元素或使渣中某些有用元素进入钢中。

3.9.2 直流电渣重熔的熔化速度和比电耗

关于电极极性、电流种类对熔化速度和比电耗的影响，各种研究结果并不完全统一[75～80]。表 3.17 列出一些文献的实验结果。由表 3.17 可见，相对比较一致的看法是：

表 3.17 极性和电流密度对电渣重熔比电耗的影响

研究者	极性	渣系	电极直径/mm	钢锭直径/mm	电流/A	电压/V	熔速/(kg/min)	比电耗/(kW·h/t)
Etieme	DCSP DCRP	CaF_2-(0%，20%，40%) $CaTiO_3$	25	58.5	680 630	23.5 22.5	0.078～0.12 0.09～0.12	2220～3410 2000～2600
Mitchel	DCSP DCRP AC	CaF_2-25% Al_2O_3	38	80	1150 960 830	23 23 25.8	0.145～0.23 0.156 0.21～0.25	1900～3000 2300 1350
Whittaker	DCSP DCRP AC	CaF_2-10% CaO-20% Al_2O_3	30	50	530	23	0.09～0.113 0.043～0.065 0.12～0.138	1800～2300 3100～4700 1500～1700
Kato	DCSP DCRP	CaF_2-20%Al_2O_3	10	22	250			1470 970
Kato	DCSP DCRP	CaF_2-30%Al_2O_3	50	110	1600 1550			2340 1600
Roberts	DCSP DCRP AC	CaF_2-10% CaO-10% Al_2O_3	230	302	230kVA		4.5 3.1 4.1	840 1220 930
太原重型机器厂	DCSP DCRP AC(5HZ)	CaF_2-30% Al_2O_3	220	400	5000 6000 6500	40 40 38	4.17 2.83 2.70	1318 1974 1632
Dewsnap	DCSP DCRP AC	CaF_2-CaO-Al_2O_3	230	300	220～230kVA		4.45 2.95 3.65	860 1290 1070

(1) 当电极直径≤50mm 时，直流反接(DCRP，电极为正)的熔化速度大于直流正接(DCSP，电极为负)的熔化速度，即直流反接比电耗低；

(2) 当电极直径≥100mm 时，直流正接的熔化速度大于直流反接熔化速度；

(3) 交流重熔的熔化速度和比电耗介于上述二者之间。

实际上，电极直径的大小反映了电流密度的大小。因为通常重熔小钢锭时的电流密度比重熔大钢锭时大得多。上述电极直径的临界值并不是一个精确值，但说明存在一个临界的电流密度。在临界值上下，渣池内传热行为有本质区别。

直流条件下，渣池传热有以下特征。

(1) 在直流电场作用下，炉渣发生浓差极化，即阴离子向阳极迁移，阳离子向阴极迁移。一般阴离子的离子半径较大，特别是复杂的阴离子团半径更大。因此，在阴离子聚集较多时，阳极电阻率相对大，使之具有较大的电位梯度，因此发热量较大。在这种情况下，直流反接(电极为正)有利于提高熔化速度，降低比电耗。

(2) 渣池在直流电作用下相当于一个电解池，在两极有电解反应发生。阳极发生氧化反应，阴极发生还原反应。发生反应的种类和程度主要取决于电流密度、极性、渣成分和钢种。如果氧化反应占主导地位，则易氧化元素被烧损，并放出热量，有利于降低电耗和提高熔化速度；当阴极的还原反应占主导地位时，吸收热量，从而使电耗增加，熔化速度减小。

(3) 电流种类、极性和大小不同使电磁力的大小和方向不同，从而使渣池的流动方式发生差异。这将导致两方面的影响：渣池流动能减弱浓差极化，搅拌越强烈，浓差极化越小；流动方式的差异将影响渣池内的传热行为，从而影响渣池热效率。

其他工艺参数对比电耗的影响与交流电渣重熔基本相似。所以，直流电渣重熔的熔化速度和比电耗的大小是上述诸多因素综合影响的结果。要彻底弄清直流电渣过程中各种因素对熔化速度和比电耗的影响机理还需做大量的理论和实验工作。

3.9.3　直流电渣过程中的电化学反应

根据炉渣的离子理论，在常见的电渣重熔渣系渣池中，渣是以各种离子状态存在的。有简单的阳离子：(Ca^{2+}，Mg^{2+})，简单阴离子(F^-，O^{2-})，以及复杂的阴离子团：(AlO_3^{3-}，$Al_2O_5^{4-}$和 SiO_4^{4-})等。根据电化学的一般理论，作者把在直流电渣过程中可能发生的电化学反应式列于表 3.18。在实际过程中哪种反应起主导作用及反应程度如何主要取决于钢的成分、炉渣成分、电流极性、电流密度和电压。对于怎样通过调整工艺参数来抑制有害元素进入钢中，抑制有益元素的烧损甚至使渣中某种有益元素进入钢液，目前尚无一个成熟的方法，还需做大量的工作。

表 3.18 直流电渣过程中渣池内可能发生的电化学反应

阳极反应	阴极反应
$Fe = (Fe^{2+}) + 2e$	$(Fe^{2+}) + 2e = Fe$
$(Fe^{2+}) = (Fe^{3+}) + e$	$(Fe^{3+}) + e = (Fe^{2+})$
$[Mn] = (Mn^{2+}) + 2e$	$(Mn^{2+}) + 2e = [Mn]$
$[Ca] = (Ca^{2+}) + 2e$	$(Ca^{2+}) + 2e = [Ca]$
$[Mg] = (Mg^{2+}) + 2e$	$(Mg^{2+}) + 2e = [Mg]$
$(SiO_4^{4-}) = [Si] + 4[O] + 4e$	$[Si] + 4[O] + 4e = (SiO_4^{4-})$
$(AlO_3^{3-}) = [Al] + 3[O] + 3e$	$[Al] + 3[O] + 3e = (AlO_3^{3-})$
$[H] = (H^+) + e$	$(H^+) + e = [H]$
$(O^{2-}) = [O] + 2e$	$[O] + 2e = (O^{2-})$
$(S^{2-}) = [S] + 2e$	$[S] + 2e = (S^{2-})$

硫和氧的行为是人们最关心的问题，因此必须深入讨论。

1. 直流电渣过程中硫的行为

许多实验表明[78~82]，电流种类和电极极性对电渣过程的脱硫率有很大影响，通常，交流电渣过程的脱硫效果最好，直流反接次之，直流正接最差。

目前，对交流过程脱硫机理的看法比较一致。反应主要发生在渣-金属熔池、渣-电极和渣-气界面。渣-金属界面发生下列反应：

$$[S] + (O^{2-}) = (S^{2-}) + [O] \tag{3.76}$$

生成的脱硫产物(S^{2-})进入渣相并向渣-气界面传递。在渣-气界面发生气相脱硫反应：

$$(S^{2-}) + \frac{3}{2}O_2 = \{SO_2\} + (O^{2-}) \tag{3.77}$$

图 3.70 为直流电渣过程脱硫示意图。直流反接时，金属熔池为阴极，且渣-金属接触时间长，有利于脱硫反应(式 3.76)的进行。生成产物(S^{2-})在电场力作用下容易向渣-气界面迁移，并进行气相脱硫反应(式 3.77)。因此，脱硫率高。

在直流正接时，电极为阴极，脱硫反应在渣-电极界面进行，生成产物(S^{2-})在电场力作用下向渣-金属熔池界面迁移，不利于气相脱硫反应(式 3.77)的进行。并在渣-金属熔池界面上发生脱硫反应的逆反应，使部分硫重新进入金属中，因此直流正接的脱硫率低。

2. 直流电渣过程中氧的行为

如果无外加脱氧措施，则电渣过程本身不能使钢液脱氧。重熔后钢中氧含量

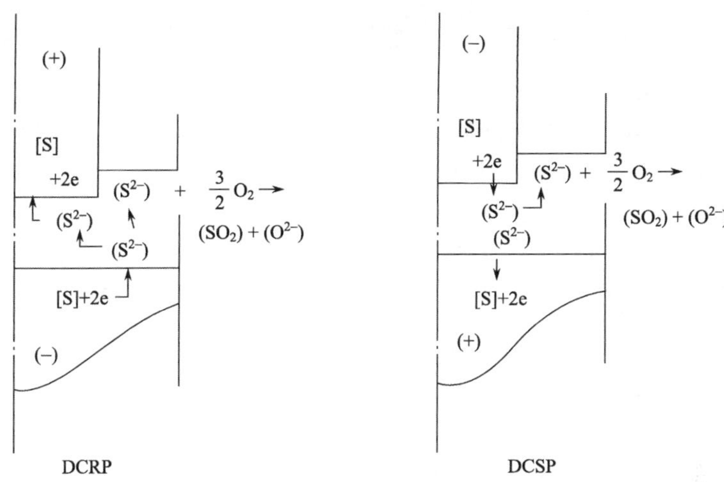

图 3.70　直流电渣重熔的脱硫机理

减少主要依靠氧化物夹杂的去除，而使钢液中溶解的氧含量有一定程度的增加。在交流电渣过程中，氧通过铁的变价氧化物或其他变价氧化物传递。直流电渣过程中氧的传递示于图 3.71。氧的反应地点也有三个。

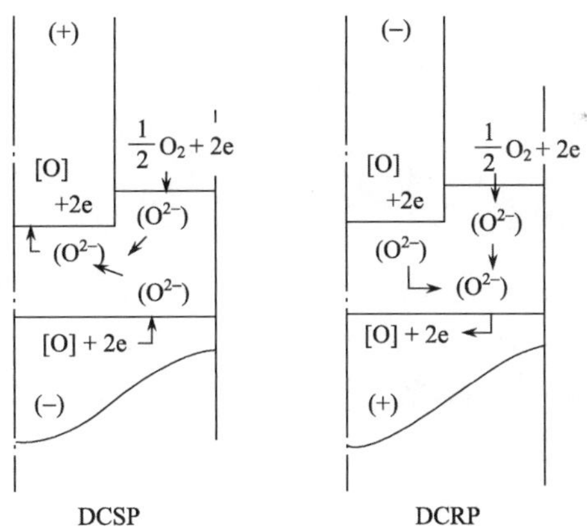

图 3.71　直流电渣重熔中氧的行为

阳极为吸氧反应，即

$$(O^{2-}) = [O] + 2e \tag{3.78}$$

阴极为脱氧反应，即

$$[O] = (O^{2-}) - 2e \tag{3.79}$$

在渣-气界面上发生下列反应

$$\frac{1}{2}O_2 + 2e = (O^{2-}) \tag{3.80}$$

当采用直流反接时，渣-金属熔池界面发生脱氧反应(反应(3.79))，反应产物(O^{2-})在电场力作用下向电极表面和渣-气界面传递。同时电极上发生吸氧反应(反应(3.78))或析出 O_2。在渣-气界面聚集了较多的(O^{2-})，而且电极为阳极，反应(3.80)难以进行。因此总的结果是，直流反接时，钢锭氧含量增加不大。

当采用直流正接时，虽然在渣-电极界面能发生脱氧反应(反应(3.79))，但渣池的吸氧反应(反应(3.80))十分容易进行，而且反应产物(O^{2-})在电场力作用下向渣-金属熔池界面迁移，并发生吸氧反应(反应(3.78))。因此总的结果是，直流正接时，钢锭氧含量有较大幅度增加。

上述解释与文献[78～83]的实验数据完全吻合。重熔小钢锭时，不同极性钢锭氧含量差异非常明显[81]。当重熔大钢锭时，由于电流密度低，电化学反应较弱，不同极性的结果差异减小，且[O]绝对值也小[83]。

为了降低直流过程(尤其是直流正接)钢锭的氧含量，可采取以下措施控制：

(1) 向渣中添加脱氧剂；

(2) 降低电流密度，减弱电化学反应；

(3) 重熔大钢锭代替小钢锭，以达到低电流密度重熔的目的；

(4) 在惰性气体保护下重熔。

3.9.4　直流电渣重熔钢锭的质量

1. 化学成分

据文献[77]、[78]分析，碳、铬、镍、铜、钼和磷等元素重熔前后含量变化不大，硅、锰两种元素无论正接或反接均有一定的烧损。还是其中直流反接时，硅烧损最严重达 60%～70%、铝含量在反接重熔时无太大变化，当采用直流正接时，钢锭铝含量增加 10～20 倍[77]。作者认为这主要与在渣池-金属熔池界面发生下列电化学反应有关：

$$(AlO_3^{3-}) = [Al] + 3[O] + 3e \tag{3.81}$$

Kato 等[77]在实验中采用含 30% Al_2O_3 的 ANF-6 渣，渣中存在大量的 AlO_3^{3-} 离子团。直流反接时，在熔池-渣池界面上发生阴极反应，即

$$[Si] + 4[O] + 4e = (SiO_4^{4-}) \tag{3.82}$$

由于(SiO_4^{4-})的原始含量低，促使反应(3.82)向右进行。

2. 气体和夹杂物

表 3.19 列出不同电流种类和极性对钢中气体含量的影响[78]。由表 3.19 可见，氮、氢含量与电流种类和极性关系不大。

表 3.19 气体含量比较

项目		w(N)/%	w(H)×10-4/%	w(O)/%
直流正接		0.0047	1.07	0.00795
直流反接		0.0051	1.53	0.00500
低频/Hz	1	0.0052	1.17	0.00470
	2	0.0049	1.20	0.00310
	3	0.0050	1.71	0.00255

钢中夹杂物含量与硫和氧的含量有关。[S]、[O]含量高时，钢锭中硫化物和氧化物夹杂含量也高，因为许多夹杂物是在钢的凝固过程中产生的。实验结果表明[77,78]，直流正接时夹杂物含量最高，直流反接次之，交流过程中夹杂物含量最低。表 3.20 列出电流种类和极性对钢中夹杂物含量的影响[79]。由表 3.20 可见，Al_2O_3 夹杂物最多，占总量的 60%以上。降低直流电渣过程中夹杂物含量的关键是控制氧的行为。另外，控制熔化速度，以获得合理的金属熔池形状，这也有利于夹杂物的去除。因为对于工业电渣炉，直流正接时熔速快，熔池深，不利于夹杂物的去除。选择合理的渣系也是控制夹杂物的重要因素之一。

表 3.20 夹杂物含量比较

项目		w(总量)/%	$w(SiO_2)$/%	$w(Al_2O_3)$/%	$w(Fe_2O_3)$/%
直流正接		0.02350	0.004400	0.01475	0.001015
直流反接		0.01550	0.003900	0.00810	0.000705
低频/Hz	1	0.01690	0.001700	0.00950	0.000390
	2	0.01050	0.001100	0.00680	0.000680
	3	0.00825	0.000865	0.00540	0.000735

3. 力学性能

由表 3.21 可知，无论直流正接还是直流反接，钢锭铸态力学性能都基本达到Ⅲ级锻件的水平，而且部分性能达到和超过了高质量Ⅳ级锻件的水平。因此直流电渣重熔钢锭的质量是令人满意的，特别是直流反接钢锭质量和交流电渣重熔相当[81,84]。如果进一步调整工艺参数其质量可进一步提高。

表 3.21　直流电渣重熔钢锭铸态材料的力学性能

项目		屈服强度/MPa	抗拉强度/MPa	延伸率/%	断面收缩率/%	冲击值/(J · cm^2)
纵向（边部）	DCSP	652	774	14	52	5.5，6.4
	DCRP	671	764	17	60.5	5.1，6.8
	Ⅲ级锻件	490	637	15	40	6
	Ⅳ级锻件	588	706	15	40	6
切向（2/3R）	DCSP	544	813	15.5	60.5	6.4，10
	DCRP	554	740	14.5	46	6.4，5.8
	Ⅲ级锻件	470	608	11	32	5
	Ⅳ级锻件	559	666	11	32	5

参 考 文 献

[1] 毛裕文. 冶金熔体. 北京：冶金工业出版社，1994.

[2] Mills K C，Keen B J. Physical chemical properties of molten calcium fluoride based slags. International Metals Review，1981，7(1)：21～26.

[3] Ban S，Hino M，Nagasaka T. Thermodynamics of CaO-based slags for refining of high purity steels//Abiko K. Ultra High Purity Base Metals，UHPM-94. The Japan Institute of Metals，1995：86～100.

[4] Hino M，Kinoshita S，Ehara Y，et al. Activity measurement of the constituents in secondary steelmaking slag//Iss of AIME Proceedings of 5th International Conference on Molten Slags，Fluxes and Salts'97，Sydney，1997：53.

[5] 陈崇禧，赵文祥. CaF_2 基熔渣中 MgO 的活度. 金属学报，1983，19(1)：1～8.

[6] 张子青，周继程，邹元爔，等. CaO-SiO_2-Al_2O_3 熔渣中 CaO 的活度. 金属学报，1986，22(3)：76～84.

[7] Rein R H，Chipman J. Activities in liquid solution SiO_2-CaO-MgO-Al_2O_3 at 1600 degrees. Transactions of the Metallurgical Society of AIME，1965，233：415～425.

[8] 张子青，周继程. CaO-SiO_2-Al_2O_3 熔渣中 CaO 的活度. 金属学报，1986，22(3)：256～264.

[9] 张子青. 液态"渣-金属"化学平衡法求取渣系组元活度的探讨. 金属学报，1998，34(3)：299～304.

[10] 张成弢，冀春霖. SiO_2-B_2O_3 二元系熔渣中组元的活度. 东北工学院学报，1990，11(1)：8～12.

[11] Rawers J C，Dunning J S，Asai G，et al. Characterization of stainless steels melted under high nitrogen pressure. Metallurgical and Materials Transaction A，1992，23A：2061～2068.

[12] 杨学民，郭占成，王大光，等. 熔渣规则溶液模型的发展及其在冶金物理化学中应用的综

述(二). 上海金属，1995，17(2)：1～6.

[13] 李连福，姜茂发，王文忠. 熔渣二次正规溶液模型. 钢铁研究学报，1997，9(2)：57～61.

[14] 张晓兵，蒋国昌，徐匡迪. 高阶亚正规溶液模型及其在 $MnO-SiO_2-Al_2O_3-CaO$ 炉渣中组元活度的计算. 金属学报，1997，33(10)：1085～1093.

[15] 吴令，姜周华，龚伟，等. 遗传神经网络改进正规溶液模型及其在二元渣系中的应用. 金属学报，2008，44(7)：799～802.

[16] Andrew J H. Nitrogen in iron. Carnegie Scholarship Memoirs，1912，4(11)：236～245.

[17] Yang X M，Shi C B，Zhang M，et al. A thermodynamic model for prediction of iron oxide activity in some FeO-containing slag systems. Steel Research International，2012，83(3)：244～258.

[18] 张波，姜茂发，元捷. $CaO-SiO_2-Al_2O_3-FeO-CaF_2-La_2O_3-Nb_2O_5-TiO_2$ 渣系的活度计算模型. 东北大学学报，2010，32(4)：525～528.

[19] 吴铖川，成国光. 电渣重熔用 $La_2O_3-Al_2O_3-CaF_2$ 精炼渣作用浓度模型. 钢铁研究学报，2013，25(9)：19～23.

[20] 李金锡，张鉴. $CaO-MgO-CaF_2-Al_2O_3-SiO_2$ 五元渣系粘度的计算模型. 北京科技大学学报，2000，22(4)：316～319.

[21] 李金锡，张鉴. $CaO-MgO-MnO-FeO-CaF_2-Al_2O_3-SiO_2$ 渣系粘度的计算模型. 北京科技大学学报，2000，22(5)：438～441.

[22] 梁小平，金杨，王雨. RH 精炼渣高熔点相作用浓度对粘渣的影响. 过程工程学报，2009，9(2)：324～328.

[23] 周峰，高明，涂赣峰，等. 硫对 Ni-Cr-W-Al 高温合金热塑性的影响. 热加工工艺，2013(6)：10～12.

[24] 陈希春，王飞. 镍基高温合金中硫的危害及电渣重熔脱硫实验研究. 材料与冶金学报，2012，11(4)：252～257.

[25] 杨松岚，王福会，朱圣龙. 硫偏聚对高温合金氧化性能影响的研究进展. 腐蚀科学与防护技术，2000(6)：350～353.

[26] Dae W Y，Seo S M，Jeong H W，et al. The cyclic oxidation behaviour of Ni-based superalloy GTD-111 with sulphur impurities at 1100℃. Corrosion Science，2015，90(3)：392～401.

[27] Fincham C J B，Richardson F D. The behavior of sulphur in silicate and aluminate melts. Process Royal Society A，1954，22(3)：40.

[28] Richardson F D，Fincham C J B. Sulphur in silicate and aluminates slags. Journal of the Iron and Steel Institute，1954，178(9)：4～10.

[29] Kalyanram M R，Macfarlane T G，Bell H B. The activity of calcium oxide in slags in the systems $CaO-MgO-SiO_2$，$CaO-Al_2O_3-SiO_2$. JISI international，1960，195：58.

[30] Mitehell F，Sieemna D，Ingrma M D，et al. Optieal basicity of metallurglcal slgas：New computer based system for data visualization and analysis. Ironmaking and Steelmaking，1997，24(4)：306～320.

[31] Sosinssky D, Sonunevrille I. The composition and temperature dependence of the sulfide capacity of metallurgical slags. Metallurgical and Materials Transaction B. 1986, 17B: 331～337.

[32] Young R, Duffy J, Hassall G, et al. Use of optical basicity concept for determining phosphours and sulphur slag-metal partitions. Ironmaking and Steelmaking, 1992, 19(3): 201～219.

[33] Nilsson R, Sichen D, Seehtarman S. Estimation of sulphide capacities of multi-component silicate melts. Scandinavian Journal of Metallurgy, 1996, 25(2): 128～134.

[34] Pelton D, Eriksson G, Romero S A. Calculation of sulfide capacities of multicomponent slgas. Metallurgical and Materials Transaction B, 1993, 24B: 817～825.

[35] 李正邦. 电渣熔铸. 北京：冶金工业出版社，1981：25.

[36] 储少君，刘海洪，郭照光. 电渣过程熔渣气态脱硫的研究. 化学冶金，1991，12(1)：87～94.

[37] Schwerdtfeger K, Ries R, Brückmann G. Recent investigations on the ESR process: Volatilization reactions, use of fluoride free slags, desulfurization under non-oxidizing atmosphere. Proceeding of 7th International Conference on Vaccum Metallurgy. Tokyo, Japan, Nov, 26～30, 1982: 1204～1220.

[38] 傅杰编译. 电渣冶金文集. 北京：中国工业出版社，1965.

[39] Dewsnap P, Schlatter R. Process and product characteristics of DC electroslag remelting of alloy steels//Proceeding of 5th International symposium on Electroslag and other Special Melting Technologies. Carnegie-Mellon Institute, Pittsburgh, Oct. 16 ～ 18, 1974: 91～114.

[40] 徐宏武，高荣君. 电渣重熔. 徐州：中国矿业大学出版社，1994：05.

[41] Морозов А Н. Водород и азот в стали. Металлургия, 1968: 282.

[42] Brandberg J. Water vapor solubility in ladle-refining slags. Metallurgical and Materials Transactions B (Process Metallurgy and Materials Processing Science), 2006, 37(3): 389～393.

[43] Yasushi N, Razu H. Hydrogen contents of slag and ingot in the electroslag remelting process (ESR). Journal of the Iron and Steel Institute of Japan, 1977, 63(8): 1235～1243.

[44] Sachdev P L, Majdic A, Schenck H. Solubility of water in lime-alumina-silica melts. Metallurgical Transactions, 1972, 3(6): 1537～1543.

[45] Walsh J H, Chipman J, King T B, et al. Hydrogen in steelmaking slags. Transaction of American Institute of Mining Metallurgical, and Petroleum Engineers (Aime Trans), 1956, 206: 76～1568.

[46] Jaeger H, Kuehnelt G, Straube H. Investigation regarding the control of hydrogen and aluminum content s in ESR ingots. American Society for Metals and Vacuum Metallurgy Division. Proceedings of the 5th Inter . Symposium on Electroslag and Other Special Melting Technologies. Pittsburgh, 1974: 306～322.

[47] 李正邦. 电渣冶金的理论与实践. 北京：冶金工业出版社，2010.

[48] Jiang Z H，Dong Y W，Liang L K，et al. Hydrogen pick-up during electroslag remelting process. Journal of Iron and Steel Research，2011，18(4)：19～23.

[49] 中村泰，付紫霞. 电渣重熔时渣中的氢. 金属材料与热加工工艺，1979，(5)53～69.

[50] Chuiko N M，Borodulin G V，Moshkevich I E，et al. The behavior of hydrogen in electroslag remelting. Metallurgist，1978，21(7)：454～456.

[51] Niimi T，Miura M，Matumoto S，et al. An evaluation of t he ESR large ingot. The Iron and Steel Institute of Japan Proceedings of the 4th International Symposium on Electroslag Melting Process. Tokyo，1973：322～336.

[52] 常立忠，李正邦. 电渣重熔过程中氢行为的分析及控制. 钢铁研究，2007，35(6)：24～26.

[53] О. А. Есин，П. В. Гельд. Физическая химия пирометаллургических процессов. Металлургия，1966：703.

[54] П. Диккенс，Р. Кенинг，К. Циммерман. Определение водорода в шлаках，Сталь и железо，1966：887～890.

[55] Minoru，Sasaве，Yutaka Kinoshita. Transactions ISIJ，1980，20：801～809.

[56] 刘沛环，冯启成，邢玉录. 熔融 $CaO\text{-}SiO_2\text{-}Al_2O_3\text{-}MgO$ 渣系氢的渗透度. 东北大学学报，1985，44(3)：61～66.

[57] Liu P H，Feng Q C，Xing Y L，et al. Permeability of hydrogen in the molten $CaO\text{-}SiO_2\text{-}Al_2O_3\text{-}MgO$ system. Iron and Steel，1986，21(1)：17～221.

[58] Ерщов Г С，Умрцхцн П В，Курочкцн К Т. Водородопроницаемость Кислых мартеновских шлаков，Известия Высших Учебных Заведений，1961，(1)：65～72.

[59] Чучмарев С К，Есцн О А，Новохатскцй И А. О Водородопроницаемости расплавленных шлаков，Известия Высших Учебных Заведений，1962，(10)：5～13.

[60] Romanov O N，Novokhatskii I A，Kozhukhar V Y，et al. Hydrogen permeability of standard electroslag remelting fluxes. Steel in the USSR，1989，19(7)：295～297.

[61] Богатенков В Ф，Курочкин К Т，Умрихин П В. Водордопроницаемость Основных Шлаков，Известия Высших Учебных Заведений，1958，(8)：13～20.

[62] Schwerdtfeger K，Schuber H G. Solubility of nitrogen in $CaO\text{-}Al_2O_3$ melts in graphite crucible at 1600℃. Archivfur das Eisettenwesen，1974，45(10)：649～655.

[63] 郭仲文，王翠香，梁连科. 含 CaF_2 熔渣体系挥发率测定的研究. 东北工学院学报，1987，8(3)：381～385.

[64] Nassaralla C，Fruehan R J，Min D J. A thermodynamic study of dephosphorization using $BaO\text{-}BaF_2$，$CaO\text{-}CaF_2$ and $BaO\text{-}CaO\text{-}CaF_2$ systems. Metallurgical Transactions B，1991，22(1)：33～38.

[65] 周德光，徐卫国，王平，等. 轴承钢电渣重熔过程中氧的控制及作用研究. 钢铁，1998，33(3)：13～17.

[66] Holzgruber W，Holzgruber H. Development trends in electroslag remelting. Medovar Memorial Symposium，2001：71～77.

[67] 梁连科，杨怀. 电渣重熔用渣的物理化学及其应用译文集. 沈阳：东北轻工业学院出版社，1990：81～102.

[68] Pateisky G. The reaction of titanium and silicon with Al_2O_3-CaO-CaF_2 slags in the ESR process. J Vac Sci Technol，1972，9(6)：1318～1323.

[69] Gill L L，Harris K. VIM & ESR route for direct forging of components from ingot in Ni base-precipitation-hardened superalloy. Iron and Steel Institute & Sheffield Metallurgical and Engineering Association. Proceeding of Conference on ESR，London：The Metals Society，1973.

[70] Kubikov V P，Klyuev M M，Sisev A A. Controlling silicon titanium and aluminium content of high alloy steels and alloys during electroslag remelting. Steel in the USSR，1987，17(11)：503～508.

[71] 鈴木章，冈村正義，広瀬和夫. Ti，Alを含む钢のESR. 铁と鋼，1981，67(4)：S225.

[72] Schwerdtfeger K，Wepner W，Pateisky G. Modelling of chemical reactions occurring during electroslag remelting：Oxidation of titanium in stainless steel. Ironmaking and Steelmaking，1978，5(3)：135～142.

[73] 成田贵一. 电渣重熔技术. 神户：神户制钢所技术开发部，1988.

[74] 李正邦，张家雯. 电渣重熔铸锭中微量元素 Mg 的控制. 钢铁，1997，32(5)：25～29.

[75] 姜周华，姜兴渭. 直流电渣重熔及其电化学反应. 钢铁研究学报，1994，4(S1)：114～117.

[76] Mitchell A，Joshi S. The thermal characteristics of electroslag process. Metallurgical and Materials Transaction. 1973，4：631～638.

[77] Kato M，Hasegawa K，Nomura S，et al. Transfer of oxygen and sulphur during direct current electroslag remelting. Trans ISIJ，1983，23：618～624.

[78] 太原重型机器厂. 直流和不同频率电渣重熔冶炼效果试验报告，1983. 5.

[79] 井上道雄，小岛康，加藤诚. 冶金物理化学的立場からみたエレクトロスラゲ再溶融法の操業上の問題点. 铁と鋼，1975，61：139.

[80] Peover M E. Electroslag remelting：A review of electrical and electrochemical aspects. Journal of the Institute of Metals，1972，100：97.

[81] Kato M，Hasegawa K，Nomura S，et al. Transfer of oxygen and sulphur during direct current electroslag remelting. ISIJ International，1983，23：618.

[82] 江口泰弘. ESR 用フラックスの選定資料(1). 金属材料，1971，11(11)：77.

[83] Dewsnap P，Schlatter R. Process and product characteristics of DC electroslag remelting of alloy steels. Proceeding of 5th International Symposion on Electroslag and other Special Melting Technologies. Carnegie-Mellon Institute，Pittsburgh，Oct. 16～18，1974：91～114.

[84] Schlatter R. Application of the electroflux remelting process for high speed tool steels. Iron and Steel International，1974，47(3)：197～203.

第 4 章　渣系的选择与应用

4.1　渣系对 ESR 产品质量及技术指标的影响

4.1.1　渣系对电渣过程技术指标的影响

按式(4.1)和式(4.2)定义电渣重熔过程的电效率和热效率[1]：

$$\eta_E = \frac{P_{em}}{P_{ESR}} = \frac{R_s}{R_s + R_E} \tag{4.1}$$

$$\eta_H = \frac{P_{eff}}{P_{em}} \tag{4.2}$$

式中：η_E 为电效率；η_H 为热效率；P_{ESR}为变压器输出功率；P_{em}为渣池的输入功率；P_{eff}为熔化电极所需功率；R_s 为渣池电阻；R_E 为短网电阻。

这样，重熔系统总能量利用率为

$$\eta = \eta_E \eta_H \tag{4.3}$$

由此可见，提高电效率和渣池的热效率均有利于提高系统的总能量利用率，从而降低重熔电耗、提高生产率。从式(4.1)可知，提高渣池的电阻和降低短网电阻可以提高电效率。渣池的热效率与诸多因素有关，但从本质上讲，它主要取决于熔化电极的吸热速度和向渣池周围的散热速度。换言之，渣池中的温度分布及炉渣的绝热性质是渣池热效率的主要决定因素。电极附近发热密度高，从而该区的渣温高，而其他部位的发热密度低，渣温低，则热效率高。对炉渣的绝热性质而言，黏度低和导热系数低的渣不利于渣池向周围散热，有利于提高渣池的热效率。

图 4.1 给出了 CaO-Al_2O_3 二元渣系 Al_2O_3 含量对渣池温度、生产率和电耗的影响关系[2]。当重熔电流一定时，随着 Al_2O_3 含量增加、渣池温度和生产率提高而电耗下降。这说明渣系的组成及其性质对熔化速度和电耗有重要影响。

在熔渣各性质中，电导率是影响电耗的主要因素之一。2.5 节中的电导率数据表明，随着渣中 CaF_2 含量的减少，Al_2O_3 或 SiO_2 含量的增加，熔渣电导率明显提高。因此当采用低氟渣和无氟渣进行电渣重熔时，由于渣系的电导率很低，为了保证操作顺利，要适当减小电流或提高电压[3~5]。这种工艺造成两种变化：渣阻提高和极间距减小。例如，在我们[6]的实验中，当电压均为 40V 时，采用

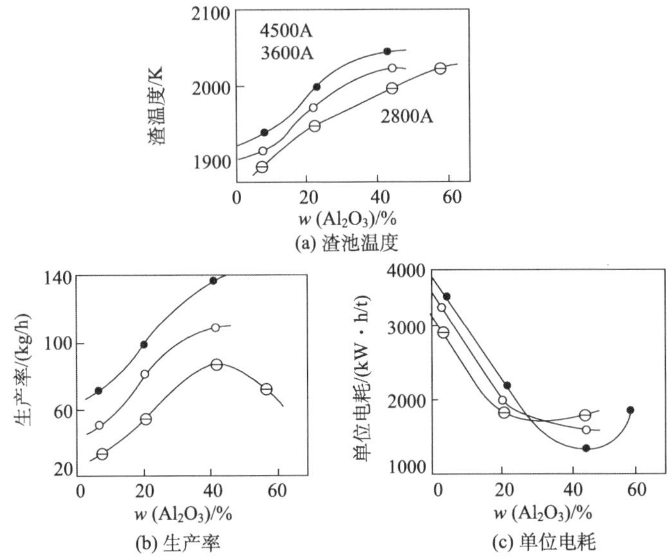

(a) 渣池温度

(b) 生产率

(c) 单位电耗

图 4.1 用 CaF_2-Al_2O_3 渣时渣池温度、生产率和电耗的影响关系

含 70%CaF_2的 ANF-6 渣时重熔电流为 2750A，极间距为 55mm；而采用含 15% CaF_2的 L_4渣时，重熔电流仅为 2000A，而极间距仅为 40mm。因此，后者工艺比前者将渣池电阻提高 37.5%，从式(4.1)可知，电效率 η_E 相应提高。而后者工艺又比前者极间距减少 15mm，从而使电极下部区域熔渣的发热密度增加，渣池热量集中于电极末端，导致电极熔化速度提高，热效率增加。

炉渣性质中固态渣壳的导电性质也是影响系统能量利用率的重要因素之一。通常氟化钙含量较高的渣系在固态时也具有一定的导电能力。实验[7]和计算[8]均证明，导电较好的固态渣皮会造成很大一部分电流从结晶器流过，造成结晶器壁附近渣温升高，传热阻力减小，渣池的径向热损失增加。

熔渣的黏度和导热系数影响热传递过程阻力，不难推断，黏度大导热系数小的炉渣能减少渣池径向热损失，使渣池热效率提高。

实验表明[6]，L_4渣重熔时的径向散热损失要比采用 ANF-6 渣重熔时减少 12.4%。这是炉渣性质中固态渣皮的电导率和其绝热性质综合作用的结果。

炉渣成分不同，其性质也相应改变。有趣的是这些性质的改变对电渣重熔比电耗的影响产生单方向的作用。例如，L_4渣和 CaO-Al_2O_3 渣系，由于其液态电导率低，固态基本不导电，黏度大，导热系数小，这些因素均能促进比电耗的降低。而像 ANF-6 这样的高氟渣系，其性质又完全相反，电导率大，黏度小，导热系数大，其综合效果表现为比电耗较高。

4.1.2　渣系对电渣锭表面质量的影响

在合理的电渣工艺制度下，金属熔池具有圆柱部分，即钢锭侧面的凝固点在渣-金属界面以下一段距离，这样熔池上升过程中由于金属液体有一定的过热度且明显高于渣的熔化温度，因此在金属液上升接触到凝固的渣皮时会使部分凝固的渣皮重新熔化，使渣皮薄而均匀，金属在这层渣皮的包裹中凝固，电渣锭表面会十分光洁[9]。电渣重熔过程中钢锭成型过程如图 4.2 所示。

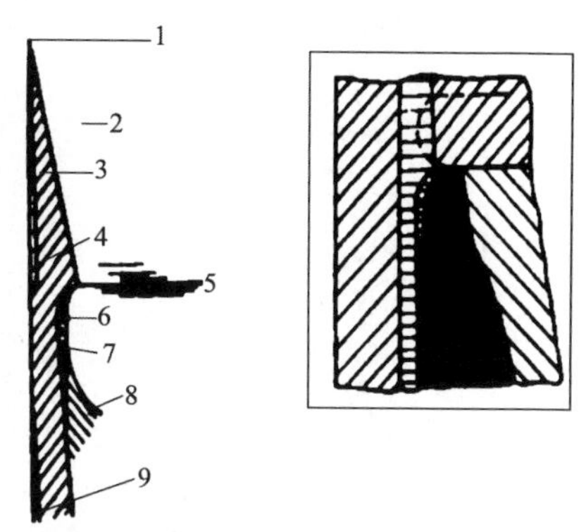

图 4.2　电渣锭获得光洁表面的条件
1-渣平面；2-熔渣；3-凝固渣；4-可能的收缩间隙；5-金属平面；6-渣重新熔化并被金属取代；7-部分重新熔化渣；8-金属开始凝固；9-收缩间隙

若金属熔池没有圆柱部分，甚至渣-金属界面靠结晶器壁附近的金属已经凝固，则随着液面的上升渣皮不能重新熔化。因而局部形成弯曲的渣壳，随着渣壳变厚冷却，强度降低。金属熔池的温度升高，在上升过程中又使凝固的渣壳部分重新熔化，形成局部薄渣壳。这一过程的重复进行就形成了内表面的波纹状渣皮，钢锭表面也随之形成波纹状。因此，金属熔池即钢锭侧面凝固前沿位置是否具有圆柱部分，是判断能否获得光滑电渣锭的基本判据。

除了供电参数，炉渣物理性质对金属熔池形状也有很大影响。熔渣的熔点低、黏度小和导热系数大，有利于改善电渣锭的表面质量。一方面，这样的渣系传热效果好，渣池温度分布比较均匀，特别是径向的热流较大，容易使金属熔池侧面保持较大的供热，从而保证熔池具有足够的圆柱高度；另一方面，熔点低、流动性好的渣系容易形成薄而均匀的渣皮，而且在渣池中凝固的渣壳容易被上升的金属熔池重新部分熔化，从而达到改善电渣锭表面质量的目的。

由于氟化钙含量较高的炉渣(如 ANF-6)具有较低的熔点、小的黏度和大的导电性，通常钢锭表面质量较好。而 $CaO\text{-}Al_2O_3$ 为基渣，特别是含有 SiO_2 和 TiO_2 的渣系，由于黏度大、导热性差，通常钢锭表面质量相对较差。但是表面质量还与其他工艺参数有关。若其他工艺参数选择不当，即使高 CaF_2 含量的渣系也会导致较差的钢锭表面质量。对于低氟或无氟渣，如果合理选择炉渣成分并优化工艺参数，也能获得比较满意的表面质量。

除了渣系本身的因素，对于同样的渣系而言，使用生渣料和预熔渣料对重熔钢锭的表面质量也有不同程度的影响。在使用金属电极生渣料重熔时，电渣钢锭的底部由于渣料没有完全熔化，使得渣池的化学成分也不均匀，造成不同的成型性能，因此，电渣锭底部容易出现厚渣皮，并且钢锭底部的成型性不好，局部容易缺“肉”。而采用预熔渣进行生产，随时熔化的渣料成分都是非常一致的，因此钢锭下部的成型性能较好，如图 4.3 所示。

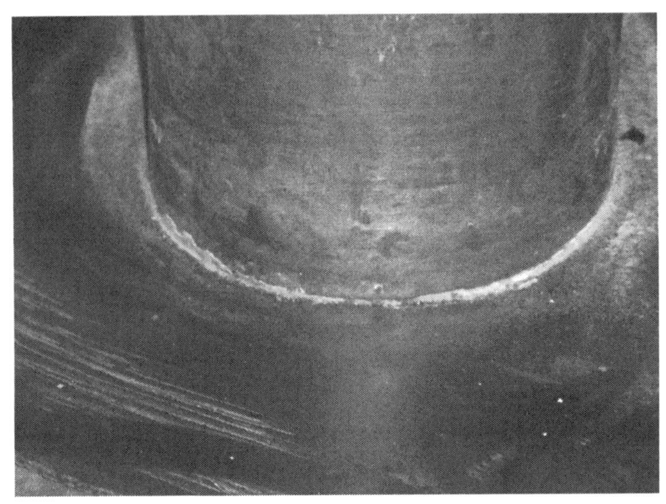

图 4.3　采用预熔渣重熔的钢锭底部质量

4.1.3　渣系对冶金质量的影响

1. 合金元素的烧损

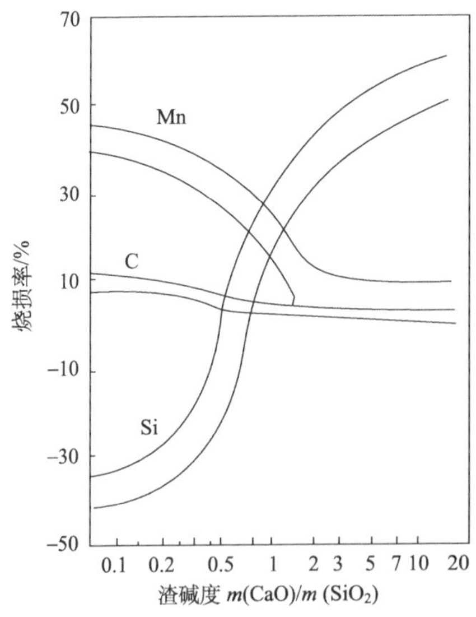

图 4.4　C、Si、Mn 烧损与渣碱度的关系

由图 4.4 可看出，渣的碱度变化对重熔钢元素烧损的影响是很大的。如果把渣的碱度控制在 1～2。元素 C、Si、Mn 的烧损都可控制在较低的范围内。而碱度超过 1～2 时 Si 的烧损猛增。

锰在 $m(CaO)/m(SiO_2)\approx 2$ 以下损失很大，而超过此值则明显减少。当 CaO/SiO_2一定时，Si 和 Mn 的烧损随熔渣中 Al_2O_3 含量的增加而减少，如图 4.5 所示。显然，这是 Al_2O_3 增加使得 CaO 和 SiO_2活度降低的结果。

在使用较稳定的渣系时，Ni、W、Mo 几乎无烧损，Cr 稍有减少。而易氧化的元素 Al、Ti 回收率仅达 40%～50%。

针对电渣重熔含 Al、Ti 的高温合金用渣系，美国、苏联、日本等曾提出了几种含有 TiO_2 的渣系，如表 4.1 所示，但具体针对的钢种及实际使用效果并未见相关报道。另外，中国近些年来也对含 Al、Ti 的钢种及高温合金重熔开展了大量的研究工作，也提出了一些渣系，并采用相应渣系电渣重熔 1Cr21Ni5Ti、1Cr18Ni9Ti、GH8825、Inconel 625 等材料开展了相应的实验研究，达到了理想的效果[10,11]。

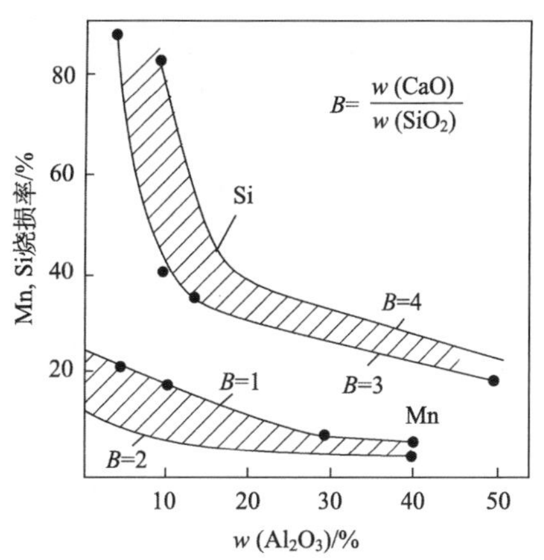

图 4.5　熔渣中 Al_2O_3 含量对 Si 和 Mn 烧损的影响

总之，电渣重熔属于精炼工艺，大多是产品的终端冶炼工艺，因此，电渣重熔对产品最终冶金质量控制至关重要。对于渣料应采用精料原则，即组成渣料的各种组元要尽可能采用高纯度、杂质含量低的原料。

表 4.1　几种含 TiO_2 的渣系　　（单位：%）

国别	渣号	CaF_2	Al_2O_3	TiO_2	其他
美国	TiC	50	34	12	SiO_2　4
		70	20	10	
日本		50	35	10	5
		50	20	10	CaO　20
苏联	ANF-21	50	25	25	

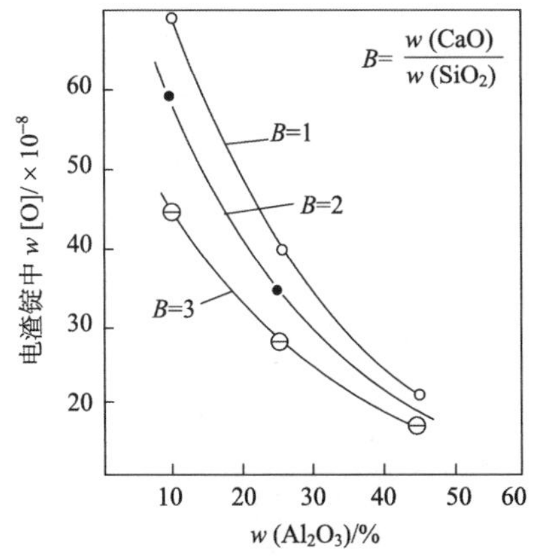

图 4.6　渣中 Al_2O_3 含量对电渣锭中氧含量的影响

2. 气体的去除

在电渣重熔过程中，脱氧是通过物理和化学两种途径进行的。由图 4.6 可以看出，随着炉渣的碱度增加，钢中的氧含量降低。显然，这是不稳定氧化物 SiO_2 活度降低所致。

当碱度一定时，随着渣中 Al_2O_3 比例的增加，钢中的氧含量也有明显的降低。实践证明用不稳定氧化物含量很低的渣系重熔时，可以脱除母材中的氧含量达 20%～50%。

由 3.3 节的讨论可知，渣中 CaO 含量高会导致钢中氢的增加，而采用 Al_2O_3 含量高，特别是含有 SiO_2 的酸性渣重熔，可以获得含氢量低的钢锭。

关于氮气，通常认为电渣重熔后钢中的氮含量可以减少 20%～40%。但是，也有不能去除或稍有增加的情况。在钢中含有 Ti、Nb、Zr 等易形成氮化物的元素时尤其是这样。

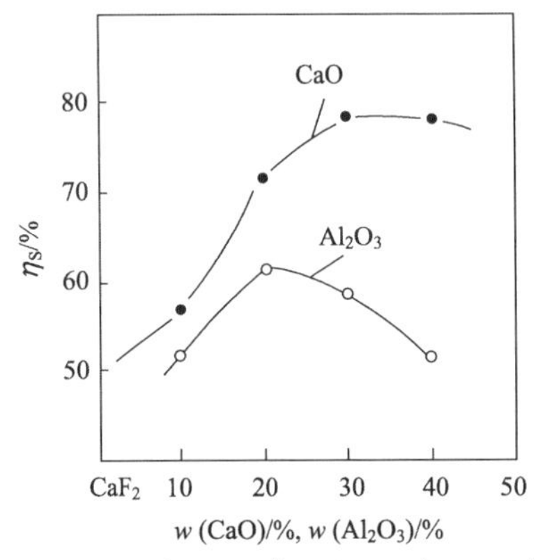

图 4.7 添加 CaO 与 Al_2O_3 对 CaF_2 渣系脱硫能力的影响

3. 脱硫

脱硫是电渣重熔的特点之一。一般脱硫率可达 40%～70%。渣中加 CaO，提高了炉渣碱度，故能提高炉渣的脱硫率，如图 4.7 所示。当 CaO 在 CaF_2 渣中比例达 30%时脱硫率可达 80%。

在渣中增加 Al_2O_3 会降低炉渣脱硫能力，这是因为 Al_2O_3 具有两重性，降低了 CaO 和 SiO_2 的活度。所以 CaO/SiO_2 这样一个比值，在含大量 Al_2O_3 的电渣炉渣系中不能作为真正碱度的标准。

4. 去除夹杂物

电渣重熔过程作为“净化剂”的熔渣对非金属夹杂物进行吸附，从而使钢中的夹杂物大为降低。实践证明，在重熔轴承钢时，钢中硫化物和球状夹杂物将随着渣中 Al_2O_3 的增加而减少，渣中含 30%左右的 Al_2O_3 效果较好。然而，熔渣中含有 10%～20%CaO 时，去除夹杂物的效果则更佳。

渣中 SiO_2 的含量对夹杂物尺寸及夹杂物中 SiO_2 比例的影响是很明显的，如图 4.8 所示。因此，在一般情况下应在熔渣中把 SiO_2 含量控制在低限。

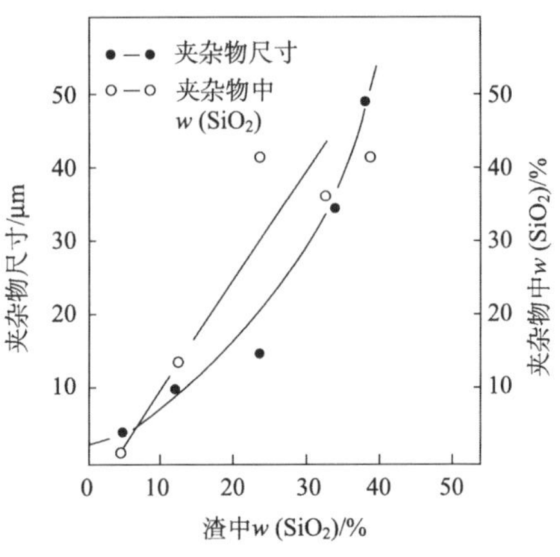

图 4.8 渣中 SiO_2 对夹物尺寸及杂物中 SiO_2 的影响

4.2 渣系选择原则和常见的电渣重熔渣系

4.2.1 渣系选择原则

电渣重熔渣系、配比和渣量的选择对电渣钢的冶金质量、熔炼技术经济指标及环境保护具有重大的影响。为了满足各项技术经济指标的要求，必须从熔点、电导、黏度、碱度、表面张力、比热、蒸气压、透气度等各项物理化学性质进行综合考虑，才能选出合理的渣系。具体考虑以下一些原则[12]。

(1) 为了保证电渣过程稳定，减少渣的挥发损失，渣的沸点应高于电渣重熔或熔铸的渣池温度，通常重熔合金钢时应≥2000℃。不含高蒸气压的组元时，合金钢(2000℃时)组元蒸气压通常应不大于 6666Pa(50mmHg)。

(2) 为了保证铸锭成型，要求渣的熔点低于重熔金属熔点。熔渣成分力求选在低熔共晶点附近，这样，可减少渣皮凝固时的液析现象，防止渣成分变化及渣皮过厚。通常渣的熔点应低于重熔金属熔点 100～200℃。

(3) 熔渣应具有较高的比电阻 ρ，能产生足够热量，保证金属熔化、过热及精炼的进行，以提高电渣重熔电效率，降低比电耗，一般要求在 2000℃时，电导率 $\kappa \leqslant 3\Omega^{-1} \cdot cm^{-1}$。

(4) 熔渣应具有良好流动性，以保证高温下渣池热对流，使铸锭或铸件径向温度均匀，保证去气脱硫等物化反应进行，在 1800℃时，黏度 $\eta \leqslant 0.05Pa \cdot s$。

(5) 熔渣不应含有不稳定氧化物(FeO、MnO 等)及变价氧化物($Me_X O_Y$)，以防止金属增氧，元素烧损。

(6) 为了保证重熔过程良好脱硫，熔渣应具有较高的碱度($B>1$，$B=w(CaO)/w(SiO_2+Al_2O_3)$)，若重熔含硫易切削钢，要求保证钢中含硫量时，则用酸性渣，其碱度 $B<1$。

(7) 在高温下熔渣应对非金属夹杂物具有良好的湿润、吸附及溶解能力。

(8) 渣在固态具有一定抗湿性，不易发生水合作用，高温液态具有较小的透气性，渣中自由氧离子 O^{2-} 活度应控制在一定限度内。

(9) 在电渣重熔及电渣熔铸过程中，铸件或铸锭与结晶器相对移动时，为保证渣皮不破裂，获得良好铸锭表面质量，要求渣皮在高温 (600～1200℃)具有一定的强度和塑性。

(10) 渣和重熔金属膨胀系数差应较大，以保证渣皮易于脱除。

(11) 熔渣应尽量不析出或少析出氟，以免危及操作人员健康，造成污染环境的有害气体和灰尘。

(12) 使用当地资源丰富、价格低廉的原料。

4.2.2　渣系命名方法

除了苏联采用 ANF 系列的命名方法在国际上通用，英国和德国也有自己的命名方法，而且也得到普遍认可[13]。

1) 英国的命名方法

采用“aF/b/c/d/e”形式表示渣系的组成。氟化钙列在首位，其百分比组成后是字母 F，其余的成分(即氧化物)以石灰、氧化镁、氧化铝、二氧化硅的顺序排列，是降低碱度的顺序，只给出它们的百分比组成 ：a=%氟化钙；b=%石灰；c=%氧化镁；d=%氧化铝；e=%二氧化硅。例如：60F/10/10/10/10 表示渣系中由 60%氟化钙和 10% 其余各成分组成；50F/20/0/30 表示渣系中含 50%的氟化钙、20%的石灰，没有镁砂，含 30%的氧化铝，而这完全描述了组成，没有必要用零来代表二氧化硅含量。34F/16/0/0/8/42Ti(俄罗斯引弧渣)表示含有 34%CaF_2、16% CaO、8% SiO_2和 42% TiO_2。其他氧化物，如 ZrO_2和 TiO_2所用甚少，而应放置在 SiO_2之后并各加后缀 Zr 和 Ti。

2）德国的命名方法

用每种组元的大写首字母代表其简称，即 C——CaO；A——Al_2O_3；F——CaF_2；S——SiO_2；M——MgO；T——TiO_2。以数字代表其含量，即以 10%为 1，如果数字是一个或者两个成分，则其他的组元比例为 1∶1 或 1∶1∶1。例如，CAF 3 表示渣系中含 30%萤石，CaO 和 Al_2O_3各 35 % ；CAF 217 表示含 20%石灰、10%氧化铝和 70%萤石；CAFM 1：含 10% MgO，而 CaO、Al_2O_3和 CaF_2各 30%；CAFM 41：含 10% MgO、40%CaF_2，而 CaO 和 Al_2O_3 各 25% 。

4.2.3 常见的电渣重熔渣系和应用

电渣重熔最基本的渣系是 CaF_2-Al_2O_3-CaO 三元系。在此基础上再根据钢种、锭型等实际情况可添加 SiO_2、MgO、TiO_2等组元。表 4.2 列出了早期由苏联和英国等设计的电渣重熔渣系[14,15]。其中 ANF-6 是最常用的渣系，而 ANF-8 则是从电渣焊渣系中演变来的，AN-25 具有高的 TiO_2，可作为固态导电的引燃剂使用。而 ANF-5 和 AN-M1 渣系由于熔点很低，电导率大，主要用于铜合金的重熔。从表中不难看出，早期使用的渣系主要以 CaF_2为基，而且 CaF_2含量较高。其主要原因是 CaF_2能显著降低渣的熔点、黏度和表面张力，提高渣的电导率。

表 4.2 早期 ESR 用渣的化学成分 (单位:%)

渣系名称	CaF_2	BaF_2	NaF	MgF_2	CaO	MgO	BaO	Al_2O_3	ZrO_2	TiO_2	SiO_2	MnO	Fe_2O_3
ANF-1	92										5		
ANF-1P	95				5								
ANF-5	80		20										
ANF-6	70							30					
ANF-7	80				20								
ANF-8	60				20			20					

续表

渣系名称	CaF_2	BaF_2	NaF	MgF_2	CaO	MgO	BaO	Al_2O_3	ZrO_2	TiO_2	SiO_2	MnO	Fe_2O_3
ANF-9	80					20							
ANF-14	60				10	10		10			10		
ANF-19	80								20				
ANF-20	80						20						
ANF-21	50							25		25			
ANF-26	50				40			10					
ANF-30	45				20	15		20					
AN-5	5				25	15					55		
AN-8	13～19				4～7	5～7		11～15			33～36	21～26	
AN-10	5				25	15					55		
AN-20	20				15	15		30			20		
AN-25	30				15					40	10		5
AN-29	0～20				40～45			40～45					
AN-291	20				25	15		40					
AN-292					35	5		60					
AN-M1		5	40	55									

采用高 CaF_2 含量渣系虽然能得到质量较高的钢锭以及保证操作的顺行，但也存在电耗高和氟对环境的污染问题。因此，后来欧美一些国家设计的渣系逐渐降低了 CaF_2 的用量，如表 4.3 所示。在这些渣系中，欧美比较通用的渣系有：40%CaF_2-30%Al_2O_3-30%CaO、60%CaF_2-20%Al_2O_3-20%CaO 及 50%CaF_2-30%Al_2O_3-20%CaO。在降低 CaF_2 含量的同时，国外也积极进行了无氟渣的研究。其主要渣系有 CaO-Al_2O_3、CaO-Al_2O_3-SiO_2、CaO-Al_2O_3-SiO_2-MgO。

表 4.3　20 世纪 70 年代和 80 年代国外开发的 ESR 渣系[13]

渣号	$w_{组成}$/%					备　注
	CaF_2	CaO	MgO	Al_2O_3	SiO_2	
70F/20/0/10	70	20		10		好的通用渣，中等电阻率
70F/15/0/15	70	15		15		好的通用渣，中等电阻率
50F/20/0/30	50	20		30		好的通用渣，电阻率较高
40F/30/0/30	40	30		30		好的通用渣
60F/20/0/60	60	20		20		好的通用渣

续表

渣号	$w_{组成}$/%					备　注
	CaF_2	CaO	MgO	Al_2O_3	SiO_2	
60F/10/10/10	60	10		10	10	低熔点，长渣
33F/33/0/33	33	33		33		
CAC-50-1	50	17		33		
CAC-50-2	50	25		25		
CAC-50-3	50	30		20		
CAC-50-4	50	33		17		
CAC-50-4	50	33		17		
CAC-70-3	70	18		12		
CAC-30-3	30	42		28		
CAC-20-312	20	35		45		
Y3AA	30	17	13	40		
—	30	30		30	10	
—	50	25	25			
—	40	36	4	20		
—	15	15	10	50	10	
—	20	20	40		40	
—	35	20	15	30		
—	50	30			20	
—	55	10		10	25	
—	55	5		20	20	

我国在引进消化国外电渣重熔渣系的基础上也开发了不少渣系，如表4.4所示。其中L-4、J-3、CT和A1属于低氟和无氟渣，其特点是可以显著减少氟对环境的污染，同时又能大幅度降低电耗和提高生产率。在渣中加入稀土氧化物可以进一步提高炉渣的脱硫、脱氧和去除夹杂物的能力。另外，采用稀土渣重熔时，若往渣中加入脱氧剂或电极中含有活泼元素(如Al等)，渣中稀土会被部分还原，重熔钢锭会实现稀土合金化，达到改善钢的质量和提高性能的目的。

表 4.4　国内开发的 ESR 渣系[4,12,16]

渣号	$w_{组成}$/%						备　注
	CaF_2	CaO	MgO	Al_2O_3	SiO_2	其他	
钢研-1	60			25		$15NaF_2$	熔点 1210℃
钢研-2	60					$40CeO_2$	熔点 1180℃
—	60	10		30			去硫效果好
—	80	10	10				适用于低熔点合金
SR-3	65	10		25			用于重熔高温合金
—	50			25	25		用于重熔含硫钢
L-4	15	30	5	50			节电渣
J-3	30	35		35			综合指标好
CT 渣	50～60				20～25		电阻率高，电耗低
Al		52		41.2	6.8		无氟渣，电耗低
稀土二元渣	60					$40RE_xO_y$	用于结构钢改善断口
稀土四元渣	50	10	10			$30RE_xO_y$	熔点 1230℃，适于含 Al 合金去氧、氮和夹杂能力强

渣系的选择主要应考虑重熔的钢种或合金的物理化学性质及产品的质量要求。例如，要求硫含量低的钢种渣系组元应有 CaO，而对于氢敏感的钢种则要少用 CaO；对于含有易氧化元素(如 Al、Ti、B)的钢种，渣系中要尽量使用化学稳定性高的组元，减少 MnO、SiO_2等组元。而轴承钢重熔时，为了改善钢中夹杂物形态，有时需加入 SiO_2组元。另外，钢锭的表面质量、操作的顺行也是渣系选择需要考虑的因素。近些年来，电渣冶金界的基本共识是，以 CaF_2-Al_2O_3-CaO 三元系为基础，通常以 $w(CaO):w(Al_2O_3)=1:1$，即以 CaF_2顶点与 CaO-Al_2O_3 二元系中点的连线的附近选择渣系(图 4.9)，根据用途不同适当添加其他组元形成实际需要的渣系。表 4.5 为欧洲推荐的常用渣系。表 4.6 和表 4.7 为各渣系对应的物理性质。目前欧洲国家普遍使用预熔渣，表 4.8 为德国瓦克公司生产的预熔渣型号和成分。从图 4.10 可以看出，瓦克预熔渣的组成也基本在以 CaF_2顶点与 CaO -Al_2O_3 二元系中点连线的附近。其中该三元相图来自 Mitchel 的论文[17]。根据目前国内外的经验，采用预熔渣有以下优点。

(1) 稳定的炉渣成分和重量——保证生产的稳定性和重现性。

(2) 水分少——减少钢锭增氢。

(3) 起弧化渣容易，时间短——钢锭底部质量好，收得率高(与冷渣启动相比)。

(4) 采用颗粒状渣料——粉尘少，环境污染小，特别是对机械设备的传动部件的磨损少。

(5) 简化或取消渣料烘烤炉——减少车间占地面积，节约能耗。

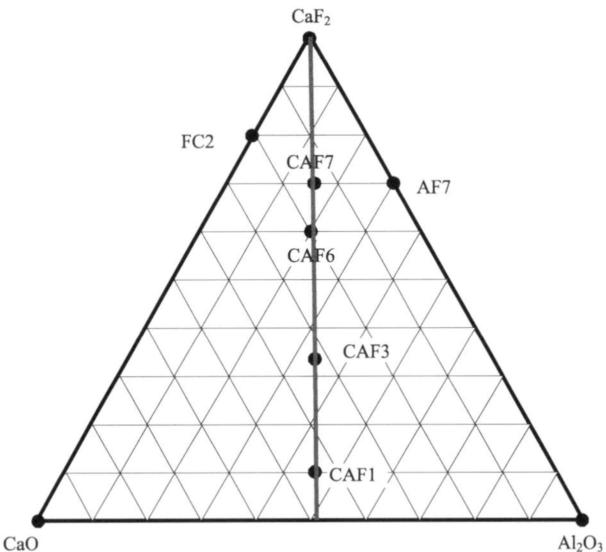

图 4.9　CaF_2-Al_2O_3-CaO 三元系中常用 ESR 炉渣组成位置

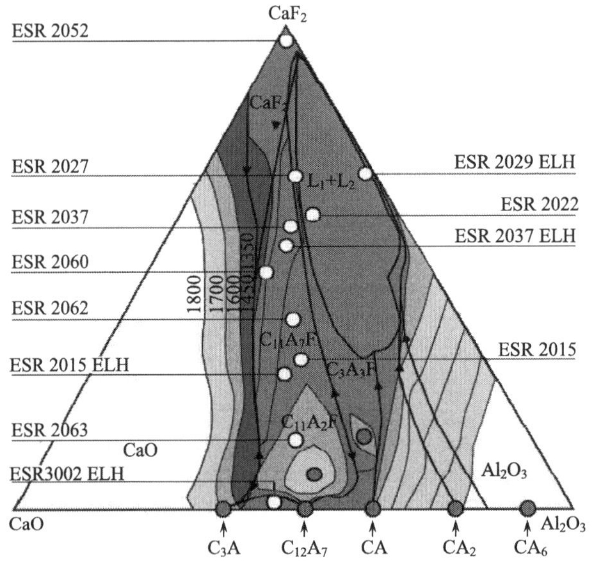

图 4.10　瓦克预熔渣成分在 CaF_2-Al_2O_3-CaO 三元系中的位置

表 4.5　常用电渣重熔渣系

渣系	化学成分/%(质量分数)							应用特性
	CaF_2	CaO	MgO	Al_2O_3	SiO_2	TiO_2	Fe_2O_3/MnO	
AF7 或 70F/0/0/30	69.0	—	—	29.0	1.5	—	0.5	通用，低吸氢
CAF6 或 60F/20/0/20	58.0	20.0	—	20.0	1.5	—	0.5	低熔点、低熔速下具有良好流动性
CAF4 或 40F/30/0/30	40.0	27.5	1.5	29.0	1.5	—	0.5	中等电导率、中等熔速、较低电耗
CAF3 或 32F/30/3/32/3	31.5	29.5	3.0	33.0	3.0	—	1	适合于交换电极，节电
CAF1 或 10F/43/0/43/3	10.0	43.0	—	43.0	—	1.0		高熔速、低电耗，不适合低铝钢
AC-FS 42-2 或 20F/15/5/40/20	20.0	15.0	5	40.0	20.0	—	—	酸性渣，适合含硫钢
FC2-AT 或 60F/20/0/10/10 Ti	60.0	20.0	—	5～15	—	5～16	0.5	含 Ti/Al 合金钢
CA-S 或 0F/45/0/45/8	—	56.0	2.0	33.0	8.5	—	1.0	无氟渣适合含铝钢

表 4.6　典型渣系的物理性质

渣型号	液相线温度/℃	电阻率/(Ω·cm)	密度(1650℃)/(g/cm³)	黏度/(Pa·s)	表面张力/(mN/m)	黑度 ε
AF 7	1420	0.30	2.95	—	—	—
CAF7	1380	0.28	2.50	0.025	310	0.91
CAF3	1450	0.40	2.7	0.08	400	0.83
CAF1	1450	0.65	2.8	0.1	450	0.81
FC2	1360	0.18	2.5	0.018	290	0.95
FC-AT	1350	0.25～0.35	2.60～2.80	—	—	—
AFS 442	1430	0.45	2.95	—	—	—

表 4.7 不同温度下渣系的电阻率

渣系	电阻率/(Ω·cm)			
	1600℃	1700℃	1800℃	1900℃
33F/33/—/33	0.45	0.39	0.35	0.32
40F/30/—/16/13	0.37	0.33	0.32	0.30
30F/35/—/35	0.42	未知	—	—
40F/30/—/30	0.32	0.34	—	—
60F/20/—/20	0.32～0.43	0.32	—	—
80F/20/—/—	0.18	未知	—	—

表 4.8 德国瓦克公司生产的预熔渣型号和成分

型号	SiO_2 /%	Al_2O_3 /%	FeO /%	TiO_2 /%	CaO +MgO /%	CaO /%	MgO /%	CaF_2 /%	H_2O (650℃) /%	C /%	P /%	S /%	Pb /10^{-4}%	Bi /10^{-4}%
S 2015	1.5 ±0.5	33.5 ±2.5	max 0.2	max 0.2		29.5 ±2.5	3.0 ±1.0	31.5 ±2.5	max 0.06*	max 0.06	max 0.005	max 0.04	max 50	
S 2022	1.0 ±0.5	23.0 ±2.0	max 0.2			15.0 ±2.0	2.0 ±1.0	58.0 ±3.0	max 0.06*	max 0.06	max 0.005	max 0.04	max 50	
S 2027	max 0.5	15.0 ±1.5	max 0.15	max 0.2	17.0 ±2.0		max 1.5	67.0 ±3.0	max 0.06*	max 0.025	max 0.005	max 0.025	max 2	max 2
S 2037	max 0.6	20.5 ±1.5	max 0.15	max 0.2	20.0 ±2.0		max 2.0	58.0 ±3.0	max 0.06*	max 0.025	max 0.005	max 0.03	max 2	max 2
S 2052	max 0.5	max 1.5	max 0.2			max 2.0		min 97.0	max 0.005*	max 0.03	max 0.005	max 0.03	max 2	max 2
S 2059	max 0.6	22.0 ±2.0	max 0.15	3.0 ±0.6		20.0 ±2.0	5.0 ±0.8	48.0 ±3.0	max 0.06*	max 0.03	max 0.005	max 0.03	max 2	max 2
S 2060	max 0.6	20.0 ±2.0	max 0.2			27.0 ±2.0	3.0 ±1.0	48.0 ±3.0	max 0.07*	max 0.06	max 0.005	max 0.04	max 2	max 2
S 2062	max 0.6	30.0 ±2.0	max 0.15			28.0 ±2.5	2.5 ±0.5	38.0 ±3.0	max 0.06*	max 0.03	max 0.005	max 0.03	max 2	max 2
S 2063	1.5 ±0.5	41.5 ±2.5	max 0.2	max 0.2	41.5 ±2.5		4.0 ±0.6	14.5 ±1.5	max 0.06*	max 0.06	max 0.005	max 0.04	max 50	

*表示在灌装时

我国在近几年也认识到使用预熔渣的优点，因而也逐渐推广使用[18]。实践证明，采用预熔渣对冶金质量的改善效果明显[19]。表 4.9 是国产常用预熔渣的型号和成分。其中 47F/18/2/30/3 和 50F/17/3/25/5 两种渣系已成功地应用于生产工具钢，其特点是渣料成本低、电渣重熔电耗低、钢锭表面质量好。55F/20/3/22 渣中 SiO_2 含量控制在 0.6%以下，适合于含易氧化元素的钢，如含 Al 钢，也适合于要求氧含量和非金属夹杂物含量很低的钢种。与瓦克的 S2059 渣系相似，53F/20/3/20/4Ti 适合于含 Al、Ti 的高温合金的钢种（如 GH4169、Inconel625），但不适合低 Al 高 Ti 的高温合金（如 A-286、Incoloy825）。对于低 Al 高 Ti 的高温合金或不锈钢采用 55F/5/3/27/10Ti 渣系可有效地控制 Ti 的烧损。对于重熔高温合金，渣系的选择要遵循以下原则：①较低的熔化温度1200～1300℃（GH4169 T_L＝1355℃）；②较高的电导率，大于等于 $3.0\Omega^{-1}\cdot cm^{-1}$（1600℃）；③较低的黏度，小于等于 0.2Pa·s（1600℃）；④尽可能低的氧化性，（FeO＋MnO）≤0.2%，SiO_2≤0.8%；⑤根据 Al、Ti 含量的不同选择不同的 Al_2O_3、TiO_2 含量；⑥三元、四元或五元等多元渣系。

表 4.9　国产常用预熔渣的型号和成分　　（单位：%）

代码	型号	CaF_2	CaO	MgO	Al_2O_3	SiO_2	TiO_2
NEU_F40F	40F/21/3/30/6	40	21	3	30	6	
NEU_C40F	40F/30/0/30	40	30	—	30	≤1.0	
NEU_F47F	47F/18/2/30/3	47	18	2	30	2	
NEU_F50F	50F/17/3/25/5	50	17	3	25	5	
NEU_F30F	30F/35/5/20/10	30	35	5	20	10	
NEU_F53Ti	53F/20/3/20/4Ti	53	20	3	20	≤0.6	4
NEU_F55Ti	55F/5/3/27/10Ti	55	5	3	27	≤0.6	10
NEU_D55F	55F/20/3/22	55	20	3	22	≤0.6	
NEU_C60F	60F/20/0/20	60	20	—	20	≤1.0	
NEU_B70F	70F/0/0/30	70	—	—	30	≤1.0	

4.3　无氟渣的开发与应用

由于 CaF_2 为基渣在重熔过程中要挥发出氟化物气体，如 HF、SIF_4、AlF_3 和 TiF_4 等，这些气体对大气造成了污染。随着各国对环境保护的要求不断提高，开发不含 CaF_2 或少量 CaF_2 的无氟或低氟渣是电渣冶金的重要课题。

4.3.1　无氟渣的组成

表 4.10 列出了各国研制的各种无氟渣的化学成分。从中可见，无氟渣主要

以 $CaO-Al_2O_3$ 为基，并加入少量 SiO_2、MgO 或 TiO_2。CaO/ Al_2O_3 比值大约为 1.0。这是因为从 $CaO-Al_2O_3$ 相图上看，在这一比值附近渣的液相线温度最低，并存在一个同分熔点化合物 $12CaO\cdot 7Al_2O_3$（成分为 52.3% CaO-47.7% Al_2O_3），其熔点为 1455℃，这样在重熔过程中，渣壳凝固偏析较小，渣的成分相对稳定。同样，对 $CaO-Al_2O_3-SiO_2$ 三元系而言，为了保证 ESR 过程中渣壳和熔池的化学组成和相组成不变，应该尽可能采用其中的共晶或同分熔点化合物。通过实验发现，49.5% CaO-43.7% Al_2O_3-6.8% SiO_2 和 52.0% CaO-41.2% Al_2O_3-6.8% SiO_2 这两个共晶点其物理化学性质适合作为 ESR 熔渣[20]。对于重熔含 Ti 的钢种，可以在 $CaO-Al_2O_3$ 渣基础上添加 TiO_2 组元，但通常加入量不超过 10%。

表 4.10　各种无氟渣的化学成分[4,15,20]

国别或研究者	$w_{组成}$/%				
	CaO	Al_2O_3	SiO_2	MgO	TiO_2
中国	55	45			
德国	51	49			
德国	55	32	7	6	
德国	40	20	40		
德国	58	33	9		
德国	50	45.5			4.5
德国	53.5	39.5			7
德国	53	32	5		10
日本	50	50			
日本	47	47		6	
乌克兰	45	55			
中国	49.5	43.7	6.8		
中国	52.0	41.2	6.8		

4.3.2　无氟渣的主要性能特点

本书第 2 章和第 3 章比较详细地介绍了 $CaO-Al_2O_3$，$CaO-Al_2O_3-SiO_2$ 两类渣的物理化学性质。表 4.11 归纳了几种无氟渣系的主要物理性质以及与两种常用的 CaF_2 为基渣的比较。与传统的氟化钙为基渣比较，无氟渣有以下特点。

表 4.11　几种无氟渣的物理性质(1600℃)

编 号	密度/(g/cm^3)	熔化温度/℃	电导率/($\Omega^{-1}\cdot cm^{-1}$)	黏度/(Pa·s)	表面张力/(mN/m)	导热系数/[W/(m·℃)]
1	2.76	1450	0.50	0.35	583(1550℃)	0.920(830℃)
2	2.70	1335	0.86	—	—	—
3	2.70	1335	0.83	0.26	—	0.94(900℃)
4	2.52	1540	3.20	0.04	286(1600℃)	2.52(900℃)
5	2.64	1470	2.15	0.07	320(1550℃)	1.672(~900℃)

注：1 为 50% CaO-50% Al_2O_3；2 为 49.5% CaO-43.7% Al_2O_3-6.8% SiO_2；3 为 52% CaO-41.2 Al_2O_3-6.8%SiO_2；4 为 ANF-6；5 为 40%CaF_2-30%Al_2O_3-30%CaO

(1) 无氟渣的电导率明显较小。在1600℃下是 CaF_2为基渣的 1/5～1/3。但氧化物渣系的电导激活能 ΔE_κ 明显较大，因此，电导率随温度的变化率很大。图 4.11 和图 4.12 比较了含 CaF_2 渣和无氟渣的电导率。由图可见，无氟渣的电导率明显小于含氟渣的电导率，但随着渣温的提高，两者之间的差距明显缩小。

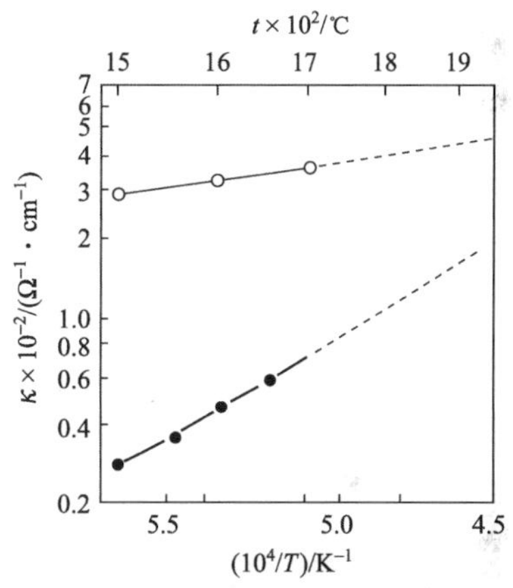

图 4.11　ANF-6 和 A1 渣系电导率和温度关系
○-ANF-6；●-A1

(2) 无氟渣的黏度比含氟渣大得多，在 1600℃下大 5～10 倍。通常无氟渣由于含有相对较多的 Al_2O_3 和 SiO_2，炉渣的性质趋于“长渣”。从图 2.64 中可以看出，11 号渣是无氟渣，而其他几种是含氟渣。无氟渣在整个温度内是“长渣”但在高温下(≥1400～1500℃)，随着温度的升高，含氟渣的黏度变化率逐渐变小，而无氟渣黏度随温度的变化率则相对较大。因此，在高温下随着温度的升高，无氟渣和含氟渣的黏度差将逐渐缩小。

(3) 与电导率相似，无氟渣固态渣壳的导热系数也明显比含氟渣小，但其值随温度的变化率也较大。随着温度的升高，二者之间的差距也缩小。图 4.13 可以清楚地看出这一点。

(4) 无氟渣的表面张力通常要明显大于含氟渣，而无氟渣的渣-金属界面力又明显小于含氟渣。这在 2.9 节已有过详细讨论。这样就导致无氟渣的黏附功较大，凝固后的渣壳不易从钢锭表面剥离。

(5) 无氟渣的密度要稍大于含氟渣，但不会对 ESR 的操作产生明显影响。

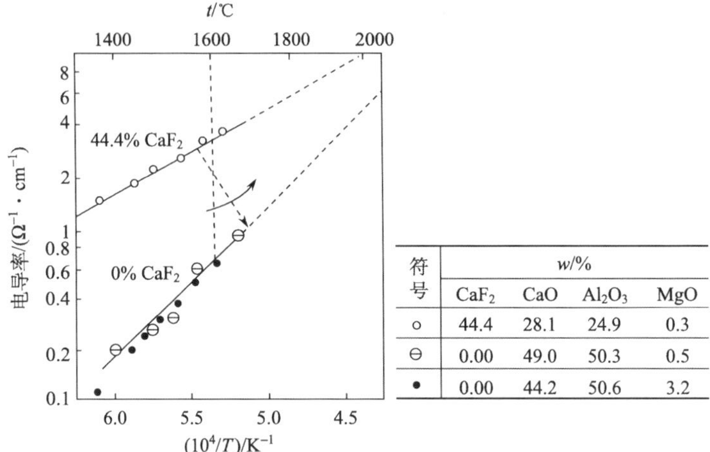

符号	w/%			
	CaF_2	CaO	Al_2O_3	MgO
○	44.4	28.1	24.9	0.3
⊖	0.00	49.0	50.3	0.5
●	0.00	44.2	50.6	3.2

图 4.12　含 CaF_2渣及无氟渣电导率随温度变化图

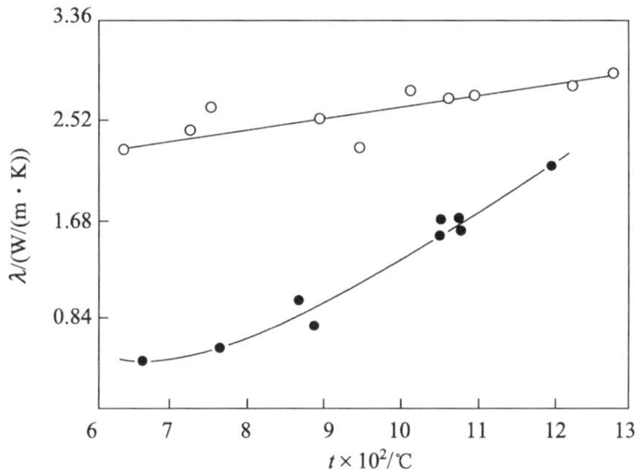

图 4.13　ANF-6 和 A1 渣系渣壳有效导热系数 λ 与温度关系

○-ANF-6；●-A1

而无氟渣的熔化温度似乎低于含氟渣，但实际上由于含氟渣中不可避免地有一部分 CaF_2转化成 CaO，因而实际熔化温度二者差距不大。例如，工业上用的 ANF-6 渣的实际熔化温度为 1320～1340℃[4]。

(6) 从化学性质看，无氟渣碱度相对较高，脱硫效果较好。但 CaO 含量高的熔渣其氢的溶解度也较大，容易使钢中氢含量增加。适当添加 SiO_2组元有利于减少熔渣的透气性。

4.3.3　无氟渣的操作工艺特点

由于无氟渣的电导率较高，在相同熔池深度和电极插入深度的条件下，应提高重熔电压、降低重熔电流。其中渣池电压与熔渣电导率之间有以下关系：

$$U_s = \sqrt{\frac{P \cdot L}{\kappa \cdot A}} \tag{4.4}$$

式中：U_s 为渣池电压，V；P 为输入渣池的功率，W；L 为电极末端至熔池液面的距离(极间距)，cm；κ 为熔渣的电导率，$\Omega^{-1} \cdot cm^{-1}$；$A$ 为渣池的有效导电面积，cm^2。

由表 4.6 中的电导率数据可知，若渣池温度为 1600℃，则由式(4.4)可以算出，若保持相同功率和极间距时，无氟渣(1 号)的渣池电压应为含氟渣(5 号)的 2.1 倍。也就是说，如果含氟渣的渣池电压为 40V，无氟渣的电压应为 84V。若再加上电渣炉短网的压降损失，实际变压器二次侧电压就太高了。这样，一方面对已有电渣炉来说，变压器二次电压可能满足不了高电压要求；另一方面，即使能够达到这样高的电压，可能会影响炉前操作的安全性。

但是这一问题是可以解决的。一方面在实际操作中，在保证熔滴滴落过程不短路条件下可以适当减小两极间距(L)，同时由于无氟渣的热效率和电效率提高，重熔功率或输入渣池的功率可适当减少。另外，由于无氟渣重熔时，渣池的温度(严格地说是电极下部区域的熔渣)明显增加，无氟渣的电导激活能较大，因而实际熔渣电导率增加，从而缩短了与含氟渣导电性的差距。如果使用无氟渣后熔渣温度提高到 1700℃，此时 $CaO\text{-}Al_2O_3$(1 号渣)电导率由文献[21]数据推算大约为 $1.0\Omega^{-1} \cdot cm^{-1}$。再假定使用功率降低 15%，极间距缩短 15%，则无氟渣的操作电压增加 1.25 倍，即实际渣池电压从 40V 提高到 50V。图 4.14 为 Schwerdtfeger[22]提出的不同电导率熔渣所选用的电压和电流。

对于 CaO 含量较高的无氟渣，为了防止钢中增氢，一方面渣料使用前要严格烘烤，另一方面可采取在干燥空气或惰性气体保护下重熔。

4.3.4　无氟渣的实际使用效果

1. 主要工艺参数及技术经济指标

西德蒂森(Thyssen)特殊钢厂在 6.5t 单相电渣炉上进行了无氟渣电渣重熔批量试验[23]。表 4.12 为三种不同 CaF_2 含量渣系的主要工艺参数及主要技术指标。图 4.15 为 100kg 实验电渣炉获得的不同渣系重熔时电耗的比较，无氟渣的电耗明显降低。

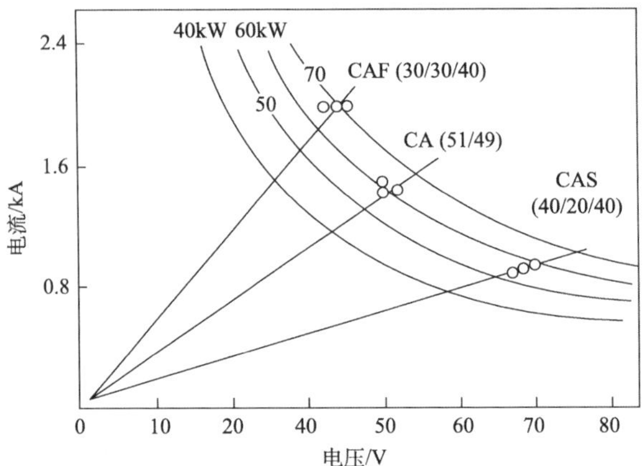

图 4.14　电渣重熔使用不同渣系时电流和电压间的关系

表 4.12　重熔工艺参数及技术经济指标

渣成分	70%CaF_2-30%Al_2O_3	20CaF_2-40%Al_2O_3-40%CaO	50%CaO-50%Al_2O_3
渣量/kg	90～100	80	70～80
电压/V	53～55	56～58	60～62
电流/kA	10.0～11.0	9.0～9.5	8.5～9.0
电压/电流/(V · kA)	4.8～5.3	5.9～6.4	6.7～7.2
熔化速度/(kg/h)	460～480	480～520	480～530
电耗/(kW · h/t)	1300～1400	1100～1200	1050～1150
渣温/℃	1690～1740	1770～1820	1900～1950
电极/mm	Φ380	Φ380	Φ380
结晶器/mm	Φ550	Φ550	Φ550

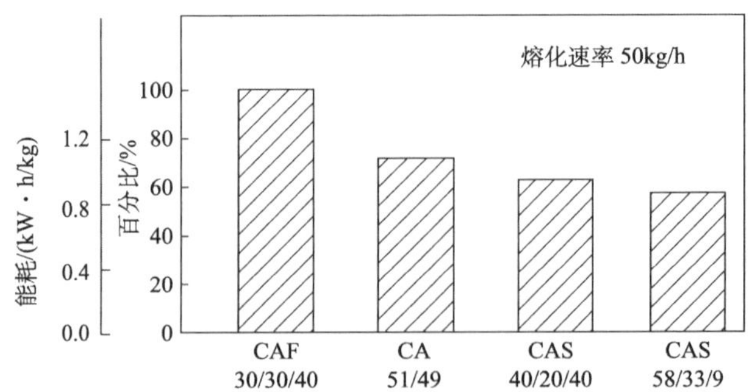

图 4.15　用不同渣重熔 X5CrNi189 钢的单位能耗(交流电、氩气气氛)

2. 对环境污染的影响

表 4.13 为蒂森特殊钢厂测得的三种不同渣系重熔时大气中氟和灰尘的含量。无氟渣重熔时大气中散发的氟化物气体大大减少，灰尘含量也显著降低。因此，无氟渣对环境是友好的。

表 4.13　电渣重熔渣成分对大气污染的影响

渣成分	70%CaF_2-30%Al_2O_3	20CaF_2-40%Al_2O_3-40%CaO	50%CaO-50%Al_2O_3
氟的发散/(mg/m^3)	30～35	12～18	0.5
灰尘的发散/(mg/m^3)	80～100	30～50	10～40

3. 冶金效果

从表 4.14 可见，无氟渣脱硫效果较好，钢中铝烧损量比 ANF-6 渣减少。从表 4.15 可知，使用无氟渣时钢中夹杂物总量有一定降低，特别是延伸性硫化物及氧化物显著降低，但球状氧化物评级略有上升。

表 4.14　渣成分对电渣重熔脱硫及铝烧损的影响

渣成分	70%CaF_2-30%Al_2O_3	20CaF_2-40%Al_2O_3-40%CaO	50%CaO-50%Al_2O_3
去硫率/%	45～55	70～80	65～75
铝烧损率/%	55～75	30～60	30～50

表 4.15　渣系对钢中夹杂物的影响(按 K_1 钢铁标准 1570-71)

夹杂物类型	渣成分		
	70%CaF_2-30%Al_2O_3	20CaF_2-40%Al_2Os_3-40%CaO	50%CaO-50%Al_2O_3
延伸硫化物/%	1.02	0.83	0.19
弥散延伸氧化物/%	0.59	0.40	0.46
延伸氧化物/%	0.01	0.14	0.06
球状氧化物/%	0.75	0.74	1.02
硫化物总量/%	1.03	0.85	0.19
氧化物总量/%	1.35	1.28	1.54
夹杂物总量/%	2.40	2.11	1.73
重熔炉数/炉	34	52	14

以 $CaO-Al_2O_3$ 为基的无氟渣，人们担心钢中氢会增加。但成田贵一的研究发现，当采用氧化物渣系重熔时，重熔初期氢增加，但随着重熔的进行钢锭中氢含量不断减少，特别是在 Ar 气保护下重熔时，重熔末期钢锭的氢含量接近电极的原始含量[20]。而 ANF-8 渣系（$55\%CaF_2-20\%CaO-25\%Al_2O_3$）重熔时，钢中氢含量随着重熔过程的进行不断增加。总之，只要渣料使用前注意烘烤，并适量加入 MgO、SiO_2等组元，无氟渣重熔钢中增氢不是问题。

采用氧化物渣系重熔时，钢锭的表面质量不如 CaO 为基渣，这是事实。但是适当调整组元成分，可以获得好的表面质量。Schwerdtfeger 采用 $55\%CaO-32\%Al_2O_3-7\%SiO_2-6\%MgO$ 重熔 100Cr6 钢时获得良好的表面质量[22]。成田贵一则认为在 $CaO-Al_2O_3$ 渣基础上添加少量 CaF_2可以获得满意的表面质量[24]。

4.4 酸性渣电渣重熔

酸性渣虽然脱硫、脱氧效果较差，且氧位也相对较高，钢中易氧化元素(如 Al、Ti、B)的烧损较高。但酸性渣透气率低，可以有效地防止重熔过程中钢锭的增氢。这对氢含量要求很严格的大型钢锭或大型熔铸件来说非常重要。另外，酸性渣重熔可以有效地控制钢中非金属夹杂物的形态，获得塑料夹杂物。这对有些钢种如轴承钢来说也十分重要。随着钢水精炼技术的发展，可以获得硫、氧及气体含量很低的电极母材，从而解决了酸性渣电渣重熔脱硫效果差的问题。因此，采用酸性渣电渣重熔对解决增氢和夹杂物形态控制问题是有效的技术，应该受到重视。

电渣重熔酸性渣系的研究早期典型的工作可追溯到 20 世纪 70 年代捷克 Rehak 等[25]的实验工作。实验用钢号为制造冷轧辊用的 CSN19.426，自耗电极采用电弧炉制造。采用两种脱氧方法：第一种用 CaSi 脱氧，加入量为 2.25kg/t；第二种用 Al 脱氧，加入量为 1.15kg/t。实验采用了三种电渣重熔渣系：碱性渣、中性渣和酸性渣三类。表 4.16 列出了实验用渣的化学成分。实验用电渣炉变压器容量为 150kW，最大锭重 60kg。

表 4.16 Rehak ESR 渣的化学成分 （单位：%）

渣号	渣性质	CaF_2	CaO	Al_2O_3	SiO_2	MgO	MnO
I	碱性	—	50	50	—	—	—
F		35	20	30	—	15	—
C		80	20	—	—	—	—
L		60	20	20	—	—	—

续表

渣号	渣性质	CaF_2	CaO	Al_2O_3	SiO_2	MgO	MnO
S	中性	50	30	—	20	—	—
D		70	—	30	—	—	—
B		100	—	—	—	—	—
K	酸性	38	10	15	20	7	10
R		55	10	10	25	—	—
P		55	5	20	20	—	—

表 4.17 和表 4.18 为不同渣系和脱氧制度下，重熔前后氧化物和硫化物夹杂物数量和尺寸的变化情况。在 CaSi 脱氧条件下采用中性的 S 渣（50%CaF_2-30%CaO-20%SiO_2）重熔时，钢中氧化物夹杂和硫化物夹杂的数量少而且尺寸小。采用酸性的 R 渣（55%CaF_2-10%CaO-10%Al_2O_3-25%SiO_2）重熔也获得较好的结果。而采用碱性 I 渣（50%CaO-50%Al_2O_3）重熔时，氧化物夹杂和硫化物夹杂数量较多而且尺寸较大。而采用 Al 脱氧时，酸性渣重熔没有优越性，无论氧化物夹杂还是硫化物夹杂，数量和尺寸均略高于碱性渣。其实酸性渣重熔的最大特点是夹杂物类型改变。从表 4.19 可见，在 CaSi 脱氧条件下，含有 SiO_2 组元的渣系（S、R、P 渣）重熔时夹杂物组成中 SiO_2 含量较高，即生成了塑料的硅酸盐夹杂，

表 4.17　渣系及脱氧制度对 CSN19.426 钢氧化物夹杂的影响

脱氧制度	渣号	总量(面积)/%	夹杂个数/(个/mm²)	平均面积/μm²	夹杂尺寸比例/%		
					0～3μm²	3～6μm²	>6μm²
CaSi	电极	0.036	31	12.84	59.20	25.09	15.71
	I	0.046	46	9.98	63.72	22.12	14.16
	F	0.028	69	4.03	86.35	11.70	1.95
	C	0.014	32	4.41	84.93	11.72	3.35
	L	0.035	43	8.05	70.53	21.32	8.15
	S	0.010	32	2.98	90.00	8.33	1.67
	D	0.030	57	5.17	74.29	20.99	4.72
	B	0.019	49	3.83	86.54	10.99	2.47
	K	—	—	—	—	—	—
	R	0.020	70	2.83	90.23	8.81	0.96
	P	0.036	98	3.62	88.89	10.01	1.10

续表

脱氧制度	渣号	总量(面积)/%	夹杂个数/(个/mm^2)	平均面积/μm^2	夹杂尺寸比例/%		
					0～3μm^2	3～6μm^2	>6μm^2
Al	电极	0.024	33	7.27	65.24	22.32	12.44
	I	0.010	27	3.73	84.42	12.56	3.02
	F	0.023	24	9.56	67.43	19.43	13.14
	C	0.025	81	3.17	87.46	10.87	1.67
	L	0.020	47	4.17	82.18	15.23	2.59
	S	0.014	34	3.92	78.52	19.53	1.95
	D	0.026	71	3.58	83.17	14.37	2.46
	B	0.024	57	4.16	79.01	18.48	2.51
	K	0.023	48	4.91	73.78	21.17	6.05
	R	0.043	68	6.24	74.56	19.72	5.72
	P	0.032	72	4.46	80.48	16.14	3.38

脆性的铝酸盐夹杂明显减少。但当自耗电极采用Al脱氧时，夹杂物仍然以Al_2O_3或铝酸盐为主。因此，自耗电极采用CaSi脱氧并用含SiO_2的中性或酸性渣电渣重熔，不仅可以得到以硅酸盐为主的塑性夹杂，而且氧化物和硫化物的数量和尺寸均有明显减少。

表4.18 渣系及脱氧制度对钢中硫化物夹杂的影响

脱氧制度	渣号	总量(面积)/%	夹杂个数(个/mm^2)	平均面积/μm^2	夹杂尺寸比例/%		
					0～3μm^2	3～6μm^2	>6μm^2
CaSi	电极	0.063	71	8.87	62.92	17.21	19.78
	I	0.057	98	5.81	80.79	13.40	5.81
	F	0.044	117	3.76	86.49	11.20	2.31
	C	0.024	110	2.18	95.31	3.82	0.87
	L	0.027	65	4.15	86.13	9.74	4.13
	S	0.021	40	5.25	78.10	20.55	1.35
	D	0.042	71	5.91	74.13	20.03	5.84
	B	0.045	119	3.78	80.41	17.31	2.28
	K	—	—	—	—	—	—
	R	0.029	131	2.21	92.17	7.02	0.81
	P	0.053	96	5.52	74.46	22.33	3.21

续表

脱氧制度	渣号	总量(面积)/%	夹杂个数(个/mm²)	平均面积/μm²	夹杂尺寸比例/%		
					0～3μm²	3～6μm²	>6μm²
Al	电极	0.057	45	12.66	59.06	12.80	28.14
	I	0.046	153	3.00	86.45	11.18	2.37
	F	0.044	169	2.60	93.24	4.81	1.95
	C	0.035	92	3.80	84.82	13.29	1.89
	L	0.032	84	3.80	85.55	10.80	3.56
	S	0.030	155	1.93	93.57	5.29	1.14
	D	0.040	102	3.92	84.00	13.23	2.77
	B	0.031	46	6.87	67.68	26.45	5.87
	K	0.085	126	6.74	71.14	21.24	7.62
	R	0.060	110	5.45	79.46	14.89	5.65
	P	0.069	115	6.00	77.18	14.88	7.94

在国内，张家雯等[26]也进行了采用酸性渣重熔 GCr15 轴承钢的实验研究。结果表明，酸性电渣重熔 Si-Ca、Si-Fe 脱氧自耗电极，可以使重熔后钢中夹杂物控制为塑性夹杂。

表 4.19　电极和 ESR 钢锭中氧化物夹杂的平均成分　（单位:%）

脱氧剂	渣号	夹杂物成分			
		Al_2O_3	SiO_2	CaO	MgO
CaSi	电极	58.48	5.36	19.46	16.69
	I	86.41	0.34	3.20	10.05
	F	86.76	0.39	4.42	8.44
	L	87.40	0.57	6.95	5.09
	S	39.38	53.47	5.03	2.12
	D	90.82	1.04	4.61	3.53
	B	27.28	68.57	2.41	1.74
	R	25.15	71.36	2.53	0.96
	P	31.74	62.25	3.02	2.99

续表

脱氧剂	渣号	夹杂物成分			
		Al_2O_3	SiO_2	CaO	MgO
Al	电极	92.25	—	2.32	5.43
	I	84.91	—	—	15.09
	F	86.83	—	1.41	11.76
	L	99.16	—	0.17	0.67
	S	90.06	—	0.09	9.85
	D	97.41	—	0.20	2.39
	B	92.43	—	—	7.57
	R	90.18	8.83	0.12	0.87
	P	91.22	—	0.16	8.62

参考文献

[1] 巴顿，密多瓦尔. 电渣炉. 李正邦等译. 北京：国防工业出版社. 1983.

[2] 荻野和巳. エレクトロスラグ再溶解スラグについて. 日本金属学会会报，1979，18(10)：684～693.

[3] 姜周华，姜兴渭. 工艺参数对电渣重熔比电耗的影响机理及工艺参数选择的合理步骤. 辽宁省第二届特殊钢年会. 沈阳，1990.

[4] 李正邦，张家雯，林功文，等. 国外电渣重熔渣系的新发展//电渣重熔译文集 2. 北京：冶金工业出版社，1990：1～20.

[5] 李正邦. 电渣冶金原理及应用. 北京：冶金工业出版社，1996：58.

[6] 姜周华，姜兴渭，梁连科，等. 电渣重熔过程传热特性的实验研究. 东北工学院学报，1988，9(2)：184～189.

[7] Kusamichi T，Ishii T，Makion T，et al. Effect of slag composition on heat transfer and electrical characteristics in electroslag remelting process. Proceeding of the 7th International Conference on Vaccum Metallurgy. Tokyo，1982：1503～1510.

[8] 姜周华，姜兴渭. 电渣重熔系统渣池发热分布的数学模型. 东北工学院学报，1988，9(1)：63～70.

[9] 赵林，金东国，姜周华，等. Mn18Cr18N 护环钢电渣重熔工艺的研究. 大型铸锻件. 1997，18(3)：22～27

[10] 侯栋，董艳伍，姜周华，等. 电渣重熔中的渣系设计及脱氧热力学研究. 东北大学学报，2015，36(11)：1591～1595.

[11] Hou D，Dong Y W，Jiang Z H，et al. Effect of slag on titanium and aluminum content of stainless steel during electroslag remelting process. Proceeding of the Liquid Metal Process-

ing Casting. Leoben，2015：N5O

[12] 李正邦. 电渣熔铸. 北京：国防工业出版社，1981. 145～146.

[13] Hoyle G. Electroslag Processes Principles and Practice. London and New York：Applied Science Publishers，1983：83.

[14] Duckworth W E，Hoyle G. Electro-slag Refining. London：Chapman and Hall，1969：174.

[15] 荻野和巳. 关于电渣重熔用渣//梁连科，杨怀. 电渣重熔用渣的物理化学及其应用译文集. 沈阳：东北工学院出版社，1990：111～123

[16] 梁连科，杨怀，郭仲文. 炉渣物理性质对电渣重熔过程电耗的影响. 东北工学院学报. 1991，14(2)：171～175.

[17] Mitchel A. The chemistry of ESR slags. Canadian Metallurgical Quarterly，1981，20(1)：101～112.

[18] 姜周华、董艳伍、张新法，等. 电渣重熔用预熔渣的开发与应用. 特殊钢，2011，3(3)：17～19.

[19] 严清忠，陈列，李发文，等. 叶片钢 1Cr12Ni2Mo2VN1. 1t 电渣锭重熔工艺的优化. 特殊钢，2015，36(2)：44～48.

[20] 梁连科，岳桂菊，郭仲文，等. 电渣重熔用 $CaO-Al_2O_3-SiO_2$ 三元无氟渣的研究. 东北工学院学报，1991，12(3)：230～235.

[21] 荻野和巳，原茂太. フッ化カルミラムを主成分とするESR 用フラックスの密度，表面张力，电气传导度. 铁と钢，1977，63(13)：2141～2151.

[22] Schwerdtfeger K，Ries R，Brückmann G. Recent investigations on the ESR process：Volatilization reactions，use of fluoride free slags，desulfurization under non-oxidizing atmosphere. Proceedings of 7th international Conference. on Vaccum Metallurgy. Tokyo，1982：1204～1220.

[23] Pateisky G. The application of a fluoride-free slag in a production ESR-plant. Proceedings of 5th International Conference. on Vaccum Metallurgy and Electroslag Remelting Processes. Leybold-Heraeus GmbH，1976：145.

[24] 成田贵一，尾上俊雄，石井照朗ら. エレクトロスラグ溶解用酸化物系スラグの冶金学的检讨. 铁と钢，1978，64(10)：1568～1577.

[25] Rehak C B，Kasik I，Karnovsky M. A contribution to the behavior of non-metallic inclusions in electroslag remelting process. Proceedings of 5th International Conference. on Vaccum Metallurgy and Electroslag Remelting Processes. Leybold-Heraeus GmbH，1976：147.

[26] 张家雯，熊铁. 电渣重熔酸性渣的研究及应用，特殊钢，1998，19(3)：6～9.

第 5 章　电渣重熔工艺参数的选择与制定

电渣重熔技术与其他炼钢方法一样，工艺参数对钢锭质量的控制至关重要，合理地选择相关工艺参数是获得优质钢锭的重要前提。事实上，在电渣重熔的多种工艺参数中，各种工艺参数之间存在一定的耦合和依赖关系，因而单一的工艺参数对电渣重熔过程顺行和钢质量产生不同程度的影响，同时单个参数的变化也会受到其他参数的制约作用，最终电渣重熔过程的顺行和钢质量的优劣主要取决于系统中所有工艺参数的协调配合。

5.1　电渣炉的电气原理

供电工艺参数对电渣钢的质量控制发挥着至关重要的作用，因此，要合理选择与设定工艺参数，首先就要了解电渣炉的电气原理。

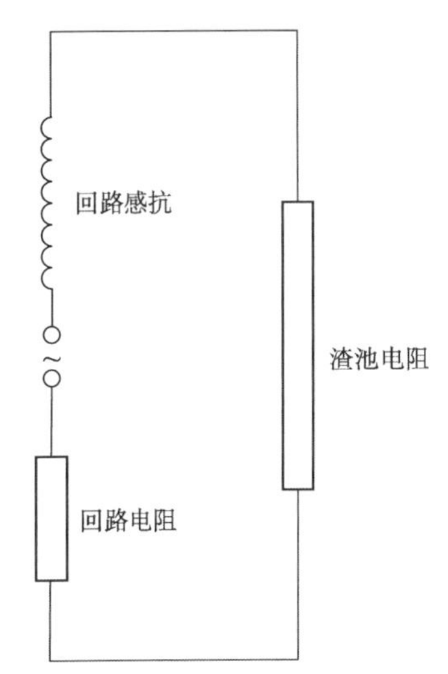

图 5.1　电渣重熔系统基本电路图

电渣重熔靠电流通过熔融渣池时产生的电阻热来加热和熔化自耗电极，所形成的液滴穿过渣池时发生精炼反应，液态金属最终在铜质水冷结晶器中凝固成型。电渣重熔过程的电流路径一般为：变压器→自耗电极→渣池→金属熔池→铸锭→底水箱→变压器。从整个系统来看，电路中除存在渣池电阻、线路电阻外，在交流电流流过上述路径时，电路上还有电感产生的感抗问题。

电渣重熔系统的基本电路可以表示为图 5.1。

电感是导线内通过交流电流时，在导线的内部周围产生交变磁通，导线的磁通量与产生此磁通的电流之比。当交流电通过线圈时，在线圈中产生自感电动势。根据电磁感应定律(楞次定律)，自感电动势总是阻碍电路内电流的变化，形成对电流的“阻力”作用，这种“阻力”作用称为电感电抗，简称感抗。用符号 X_L 表示，单位也是欧姆(Ω)。

实验证明，线圈的电感 L 越大，交流电的频率 f 越高，则其感抗 X_L 就越大，它们之间的关系为

$$X_L = 2\pi f L \tag{5.1}$$

式中：f 为交流电的频率，单位为 Hz；L 为自感系数；单位为亨利(H)；X_L 为线圈的感抗，单位为欧姆(Ω)。

式(5.1)表明，当电感系数一定时，感抗与频率成正比。当 $f=0$ 时，$X_L=0$。这说明感抗对直流电不起阻碍作用。所以在直流电路中，可将线圈看成短路。

在纯电感电路中，电感器元件上电压有效值与电流有效值也满足欧姆定律。但是应当注意，瞬时值之间不满足这种关系。根据电磁感应定律分析，纯电感电路中，电压与电流的变化关系如图 5.2(a)所示。从图中可以知道，电感上电压总是超前电流 90°。用相量图表示，如图 5.2(b)所示。

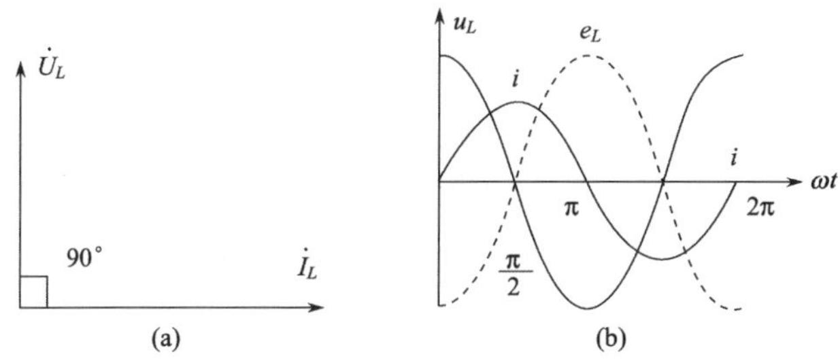

图 5.2　纯电感电路中电压与电流的关系

实际的电渣重熔系统中既有感抗，也有电阻，因此其电路中有一些固有的特性。图 5.3 所示为电渣重熔系统的简化电路图，其中 R 为渣池的电阻。由于电渣重熔过程中，插入渣池中的电极在不断地上下调整插入深度以及瞬时渣池温度的变化，导致渣池的电阻随时发生变化，因此渣池的电阻为可变电阻。虽然重熔过程中系统的电流也会随时发生一定的变化，导致回路上电阻也会发生一定的改变，但该值变化较小，对特定电渣炉基本恒定的电制度下可看成定值。

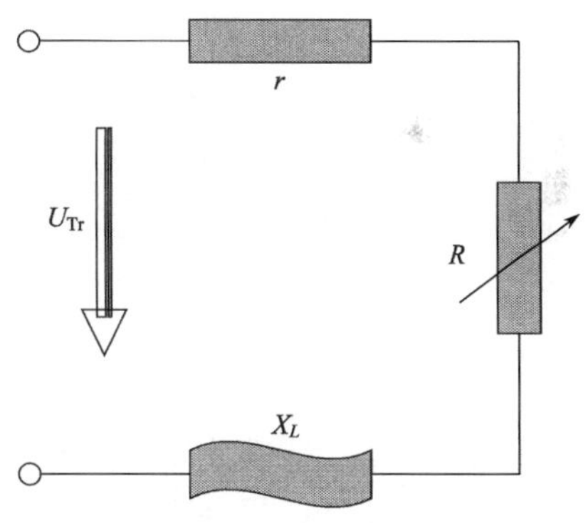

图 5.3　电渣重熔系统的简化电路图

按照这个电路，根据交流电路定律，可以得到如图 5.4 所示的压降矢量三角形，其中 φ 为变压器输出总电压与系统中纯电阻部分分担压降的夹角，称为相位角，$\cos\varphi$ 称为功率因素。

按照电渣重熔体系所存在的特定关系，可以得到如表 5.1 所示的各有关电气参数的表达式。

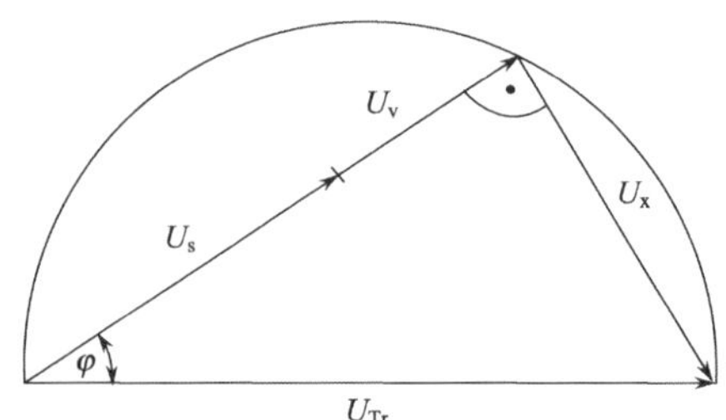

图 5.4　电压降矢量三角形

U_s 为渣池压降；U_v 为回路电阻压降；U_x 为感生电压降；U_{Tr} 为变压器二次输出电压

表 5.1　电渣重熔系统各有关电气参数值表达式

序号	参数	符号或计算公式
1	变压器二次电压/V	U_{Tr}
2	变压器输出表观功率/W	$P_{kvA}=I\cdot U_{Tr}$
3	变压器输出有功功率/W	$P_{Tr}=I\cdot U_{Tr}\cdot\cos\varphi$
4	总阻抗/Ω	$z=\sqrt{(R_s+R_v)^2+X_L^2}$
5	渣池压降(炉口电压)/V	$U_s=\sqrt{U_{Tr}^2-I^2X^2}-I\cdot r$
6	渣池有功功率/W	$P_s=I\cdot U_s$
7	渣池电阻/Ω	$R_s=\sqrt{U_{Tr}^2/I^2-X^2}-r$
8	功率因素/%	$\cos\varphi=(U_s+U_v)/U_{Tr}$
9	电效率/%	$\eta_e=R_s/(r+R_s)$

图 5.5 为电渣重熔系统的电气特性曲线，其中当电流为“0”时，称为系统的空载点，此时系统处于“开路”状态。在功率因素与变压器表观输出功率相交处，变压器的有功功率达到最大值，此时功率因素为 $\cos\varphi=0.707$，对应的电流为 I_0。另外，从图中可以看出，变压器有功功率 P_{Tr}最大值点并不是渣池获得功率，即输入渣池功率 P_S 的最大值点，而渣池获得功率最大值点对应的电流值要小于变压器最大有功功率对应的电流值，其电流值为 I_1。当电流值小于 I_1 时，随着变压器输出电流的增加，渣池的输入功率不断增加；而当电流值大于 I_1 时，虽然电流增大，但实际输入渣池的功率反而降低，主要原因是无功功率损耗增大。

在电压挡固定的条件下，电流小于临界电流 I_1(渣池功率为最大)时，I 增加，P_S 增加，熔速 V_m 和金属熔池深度 H_m 增加。当 $I\geqslant I_1$ 时，I 增加，P_S 减

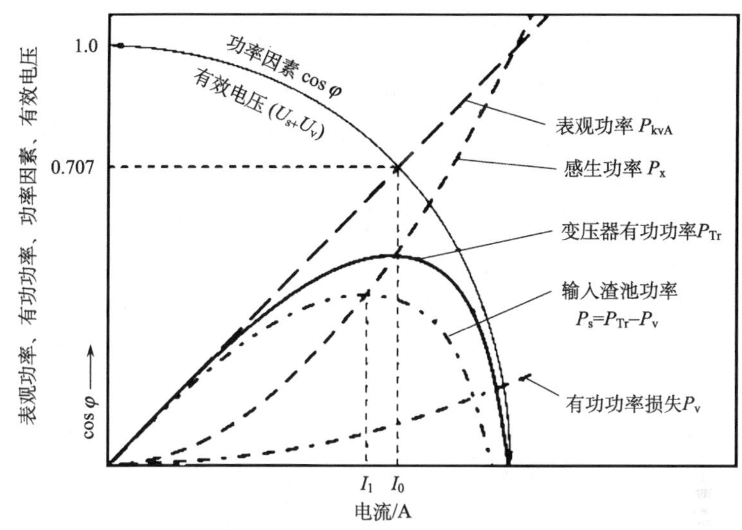

图 5.5 电渣重熔系统的电气特性曲线

小，V_m 减小，H_m 减小。

电压对熔化速度的影响相对较小，因为虽然电压增加，但由于极间距增加，局部发热密度没有变化，渣池径向温度梯度减小，侧面热损失增加，所以往往熔化速度增加不多，熔池深度也增加不多，电耗相对增加。

从以上分析可知，电流值 I_1 为系统的最佳电流值，这个供电电流条件能够在最大限度提高生产率的同时，产生尽量小的电耗。可以说，在能够保证产品质量的条件下，电流值 I_1 为电渣重熔系统的最经济电流。

5.2 电渣重熔工艺参数制定的基本原则

电渣钢质量控制是电渣重熔技术最重要目标之一。然而，对生产过程而言，还要考虑这种技术的操作安全及操作过程的经济性等因素，因此，合理电渣重熔工艺参数的制定要遵循下列基本原则。

1. 保证产品的冶金质量

冶金质量是各种冶炼环节最重要的控制目标，钢的化学成分合格，至少没有明显的宏观偏析，尽量小的显微偏析；气体等其他杂质元素及夹杂物的去除效果良好，即钢的洁净度高；钢锭的结晶质量好(疏松、缩孔、夹杂、偏析、裂纹等缺陷基本消除)；钢锭的表面光洁，头部无明显缩孔是制定电渣重熔工艺参数首先要考虑的，并且是最重要的基本原则。

2. 生产过程操作平稳并确保安全

电渣重熔过程是靠渣阻热进行自耗电极的加热、熔化，并靠渣池对液态金属进行精炼的过程，因此自耗电极必须在渣池中一定的位置，才能保证生产过程的安全性。从表观上看，电渣重熔的各个工艺参数(电流、电压、水温、油温等)必须平稳，不发生大的波动，不发生短路或明弧等不稳定状态，在熔炼过程中不能发生跑渣或跑钢等事故。

3. 经济性(成本)

从商业角度来说，在保证产品质量的前提下，其生产成本往往决定了产品的市场竞争力。电渣重熔生产过程的生产效率、吨钢生产电耗、水耗、渣耗以及劳动成本往往决定了其产品的竞争力，因此这些因素在生产时必须进行适当的考虑。

5.3 电渣重熔工艺参数的分类

电渣重熔过程涉及的变量较多，可以根据其特点分为三类：几何参数、控制参数和目标参数。在几何参数确定的条件下，控制参数与目标参数是需要确定的电渣重熔工艺参数。

5.3.1 几何参数

几何参数是电渣重熔过程宏观上所体现出来的具体的尺寸参数，最为关键的就是结晶器的直径和高度，对固定式结晶器熔炼而言，它决定了最终的锭型尺寸及大小。而对抽锭式结晶器熔炼过程而言，结晶器在一定程度上只是决定了所得到锭型的直径尺寸，而所能得到的电渣锭高度则取决于设备的抽锭空间。

几何参数还有自耗电极的长度及其直径，这是熔炼构成与锭型及其吨位相匹配的重要参数。一般自耗电极与结晶器直径的比值称为直径充填比，自耗电极截面面积与结晶器截面面积的比值称为面积充填比，充填比在一定程度上对冶金质量及工艺参数的选择与制定有很大的影响。

5.3.2 基本控制参数

电渣重熔前，相应的几何参数均已经确定，电渣重熔过程还需要制定出一些工艺控制参数，包括重熔用渣制度、供电制度、脱氧制度及冷却水制度等。

重熔用渣制度主要指所采用的渣系、渣量，即重熔过程中要控制合理的渣池深度。另外，电渣重熔过程中，熔渣要与所重熔的金属发生物理化学反应，因此，具体渣系的设计往往要考虑具体重熔钢种的成分，保证重熔钢锭头尾化学成分的均匀性。

供电制度是电渣重熔过程最重要的参数之一，直接决定重熔过程的能量供给，包括重熔电流、重熔电压，而且重熔过程的造渣期、正常重熔期及补缩期的供电制度均需要设定。重熔过程的供电制度选择还需要考虑用电的频率，大部分情况下采用工频，但也有个别情况下需要采用低频操作，甚至直流操作。

另外，大部分电渣重熔过程都是在大气条件下进行的。熔炼时，在渣池上方的电极表面发生高温氧化，导致大量的氧化物进入渣中，因此，重熔过程要向渣池中不断加入脱氧剂，以降低熔渣中的氧势，而脱氧剂的种类、加入量及加入方法等与所重熔钢种密切相关。

除了上述控制参数，电渣重熔过程的用水制度也要进行合理选择。冷却水制度要与整个重熔过程的能量平衡相匹配，达到最佳铸锭凝固质量的目的，具体包括冷却水的压力、流量和进出水温度等。

5.3.3　目标参数

基本控制参数制定后，最终就是要控制铸锭的凝固质量，而重熔过程中也有一些控制目标参数，这些参数既包括凝固质量方面的参数，也有经济方面控制的参数。除了上述参数，还包括体现工艺参数方面的目标参数，即极间距离和电极的插入深度，这些参数与基本的工艺参数相匹配，并对最终的铸锭的凝固质量有重要的影响。

(1) 金属熔池形状及尺寸(熔池深度 H_{m}，熔池圆柱部分高度 H_{ms})：金属熔池形状及尺寸决定了钢液的凝固条件，一般金属熔池越浅平，铸锭凝固质量越好。

(2) 极间距离 H_{em}与电极埋入深度 H_{e}：重熔过程所设置的工艺参数往往与极间距离、电极插入深度及渣池深度等相匹配，极间距离在一定程度上影响过程控制的稳定性，对金属熔池形状和尺寸以及重熔过程的经济性有一定的影响。

(3) 电极熔化速度 V_{m}(从开始到结束的变化过程)：这一目标参数往往是冶金工作者控制的重点，电极熔化速度越快，金属熔池往往越深，控制电极的熔化速度，对金属熔池深度控制可以起到关键的作用。

(4) 渣池温度 T_{sl}：电极熔化速度实际上体现的就是渣池的温度，渣池温度越高，熔化速度越快。

(5) 渣皮厚度 δ_{s}：渣皮厚度对铸锭凝固质量也有重要的影响，一般薄渣皮有利于铸锭表面和内部质量的提高，而渣皮过厚则相反。渣皮厚度体现了工艺参数设置的合理性。

(6) 电耗 W_{e}：电耗多少往往是影响重熔过程经济性的重要指标。

(7) 冷却水出口温度 $t_{w.o}$：冷却水出口温度也是一个重要的目标参数，一般冷却水出口温度不应超过 45℃。否则容易使冷却水结垢，另外也导致结晶器壁面温度过高，使壁面产生蒸汽，影响冷却效果和结晶器寿命。

(8) 局部凝固时间 LST：局部凝固时间是钢液从液相线温度到固相线温度的时间，局部凝固时间越短，钢液的凝固质量越好。

(9) 二次枝晶间距 L_{II}：二次枝晶间距是衡量铸锭凝固质量的重要指标，二次枝晶间距越小，元素显微偏析程度越小，铸锭质量越好。

5.4 钢锭结晶质量的衡量方法

钢锭的质量可以分为表面质量和内部质量。表面质量以钢锭表面是否存在裂纹、褶皱、结疤等缺陷，表面是否光洁来衡量。钢锭的内部质量则以钢锭内部的纯净度、致密度、低倍组织、夹杂物以及元素偏析程度等情况来衡量。一般来说，钢锭的宏观缺陷是可以通过工艺制度的优化而避免的，但是对于铸锭内部的微观偏析等问题基本是不可能避免的，但通过工艺参数调整可以降低电渣锭的微观偏析。因此，本节主要讨论铸锭微观结晶质量的衡量方法，这也是进一步提高铸锭质量的重要部分。

5.4.1 树枝晶间距

电渣重熔过程由于传热方向明显，所以除在钢锭表面有一层很薄的激冷层外，在钢锭中以柱状晶为主，柱状晶往往由多个方向生长的枝晶构成。

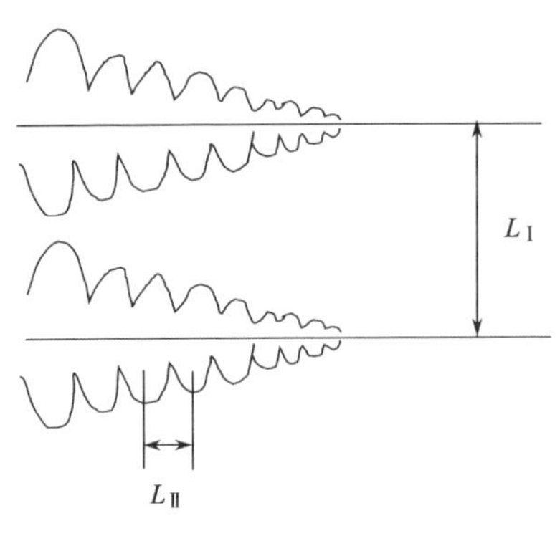

图 5.6 树枝间距示意图

在材料铸造组织中最大的枝晶称为一次枝晶，垂直于一次枝晶臂而长出分叉的枝晶称为二次枝晶臂。一次枝晶臂之间的垂直距离称为一次晶间距(L_{I})，二次枝晶臂之间的垂直距离称为二次晶间距(L_{II})，如图 5.6 所示。枝晶间距的大小是钢锭显微偏析程度的重要指标。枝晶间距越小，组织越致密，钢锭发生疏松、缩孔、偏析等凝固缺陷的可能性越小，晶粒度也越小，钢的力学性能也越好。因此目前广泛采用枝晶间距(L_{I}，L_{II})来衡量凝固条件对树枝晶结构的影响。

5.4.2 枝晶间距与凝固条件的关系

事实上，众多的研究表明，铸锭的显微质量主要取决于铸锭凝固的局部凝固时间：局部凝固时间越长，则铸锭中元素发生偏析的倾向性越大；局部凝固时间越短，则铸锭中的元素偏析倾向性越小[1,2]。而局部凝固时间在实际冶炼条件下是无法获得的，但局部凝固时间与枝晶间距之间存在如下的关系。

$$\mathrm{LST}=aL_{\mathrm{II}}{}^{3} \tag{5.2}$$

式中：LST 为局部凝固时间(枝晶凝固时间)，指某一点从钢的液相线温度下降至固相线温度所经历的时间。

另外，局部凝固时间与固液相线温度差、局部温度梯度及局部凝固速度之间存在如下关系：

$$\mathrm{LST}=\frac{\Delta T_{\mathrm{LS}}}{GR} \tag{5.3}$$

式中：ΔT_{LS}为钢的液相线和固相线温度的差,℃；G 为钢锭某一点局部的温度梯度,℃/mm；R 为钢锭某一点局部的凝固速度，mm/min；$\varepsilon=GR$ 表示局部冷却速度,℃/min。

通过推导，式(5.2)可得到

$$L_{\mathrm{II}}=\alpha\varepsilon^{-\frac{1}{3}}=\beta(\mathrm{LST})^{\frac{1}{3}} \tag{5.4}$$

事实上，具有普遍意义的式(5.4)应该为

$$L_{\mathrm{II}}=\alpha\varepsilon^{-n}=\beta(\mathrm{LST})^{n} \tag{5.5}$$

对于不同的钢种，式(5.5)中的指数 n 是不同的。一般来说，$n=\frac{1}{3}\sim\frac{1}{2}$。一次枝晶间距与局部凝固时间之间也存在着类似的关系，但一次枝晶间距相对比较大，二次枝晶间距更小，更有利于衡量元素的偏析程度。

对于 0.6% C、1.1%Mn 的钢种，有人测得

$$L_{\mathrm{II}}=0.0518(\mathrm{LST})^{0.44} \tag{5.6}$$

图 5.7 和图 5.8 分别为 0.1%～0.9%C 工业钢锭枝晶间距与冷却速度的关系以及局部凝固时间对树枝间距的影响。从图中可以看出，随着冷却速度的增加或局部凝固时间的减少，ESR 钢锭的枝晶间距明显减小。另外，液态组织中碳化物尺寸也随着局部凝固时间的增大而增大，如图 5.9 所示。晶粒尺寸随着局部凝固时间的增加而增大，如图 5.10 所示。因此，可以用二次枝晶间距来表征 LST 的大小，进而初步判断铸锭的元素偏析及其凝固质量。

表 5.2 为直径 380mm 的电渣重熔锭的 M2 高速钢莱氏体网距与 LST 的关系。从表中可以看出，铸锭中心的局部凝固时间最长，对应的莱氏体网距最大；而铸锭的边缘，由于冷却速度快，局部凝固时间最短，对应的莱氏体网距最小。这就可以进一步说明铸锭中心容易出现较严重的偏析，而铸锭边缘元素的偏析程度较小的原因。

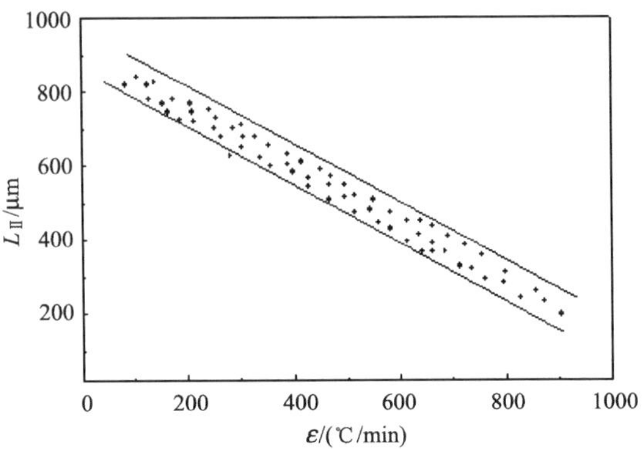

图 5.7　0.1%～0.9%C 工业钢锭枝晶间距与冷却速度的关系(测定)

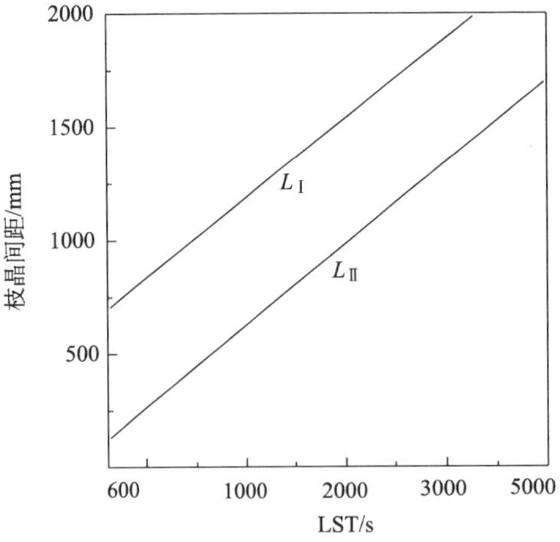

图 5.8　局部凝固时间对树枝间距的影响

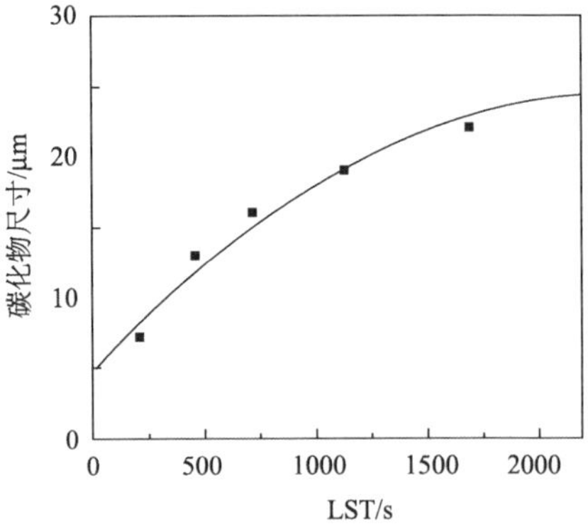

图 5.9　最大碳化物尺寸与局部凝固时间的关系

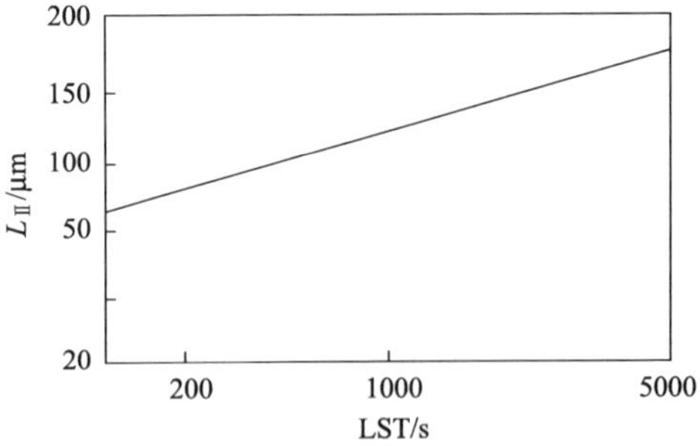

图 5.10　μ_2 莱氏体晶粒尺寸随 LST 的变化

表 5.2　电渣重熔 M2 高速钢莱氏体网距与 LST 关系(锭直径 380mm)

锭半径上位量/mm	LST/s	莱氏体网距 L_{II}/μm
0	1418	117
19	1408	117
38	1427	117
57	1404	117
76	1378	116
95	1332	116
114	1234	112
133	1102	109
152	877	101
171	550	88
190	89	51

5.4.3　熔化速度与局部凝固时间的关系

影响铸锭凝固局部凝固时间的因素较多，熔化速度就是其中最为重要的因素之一。图 5.11 是电渣重熔 300mm 的 Inconel 718 合金时熔速与局部凝固时间的关系。从图中可以看出，熔化速度与局部凝固时间呈较复杂的函数关系。在 AB 段随着熔速增加，LST 减小；在 BC 段，随着熔速增加，LST 上升，在 B 点为最小值。V_m=120kg/h 时，为最佳熔速。同样，对于 ϕ508mm 钢种为 H13 的 ESR 锭最佳熔速为 V_m=300kg/h，如图 5.12 所示。应该指出，最佳熔速主要与锭尺寸有关，同时也与钢种及工艺因素有一定关系。

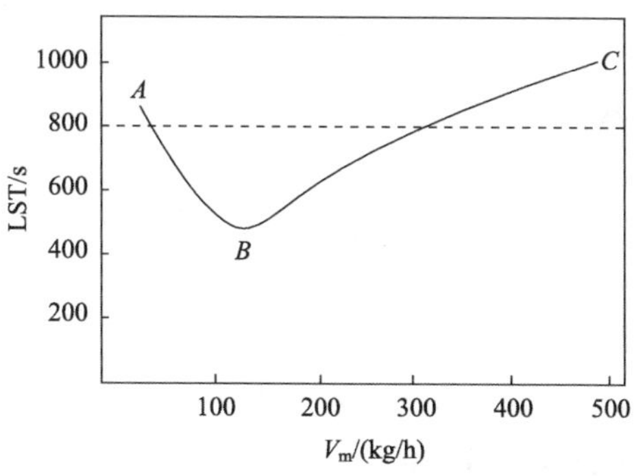

图 5.11　电渣重熔 Inconel 718 合金熔速 V_m 与局部凝固时间的关系(D=300mm)

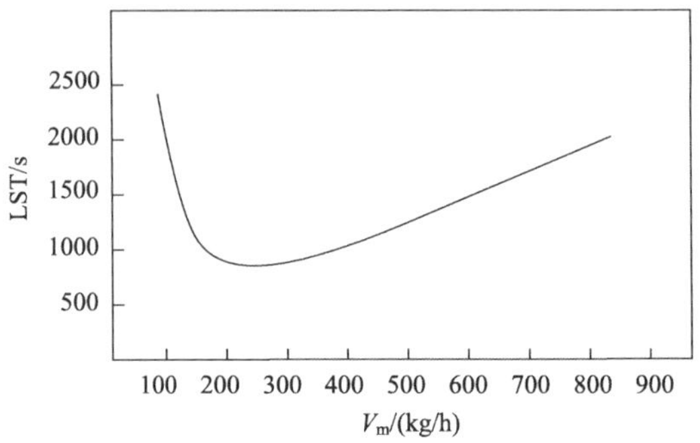

图 5.12　ϕ508mm 钢 ESR 锭局部凝固时间随熔速的变化

对于不同规格的结晶器，铸锭凝固的最小局部凝固时间往往存在一定的差别。图 5.13 是 Dong 等[3]得到的直径 130mm 结晶器重熔 Inconel 718 合金时局部凝固时间与熔速的对应关系，其最小局部凝固时间对应的熔速为 66kg/h 左右。

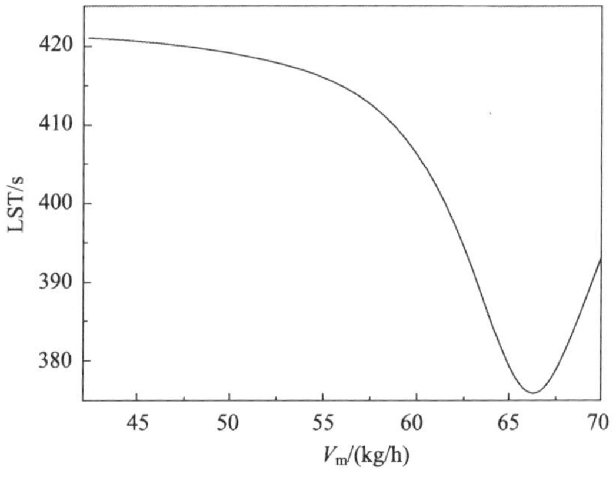

图 5.13　电渣重熔 Inconel 718 合金局部凝固时间与熔速的关系(D=130mm)

从图 5.11～图 5.13 可以看出，无论哪种规格的结晶器，其最小局部凝固时间所对应的熔速基本为结晶器直径(mm)的 1/2 左右(kg/h)，由此可以得知，结晶器直径 1/2 左右的熔速可以获得元素偏析程度最小的铸锭。

由于最小 LST 对应的熔化速度相对偏小，导致生产率降低，电耗较高，因此，只要 LST 不过大(如图 5.11 中，LST≤800s)，钢锭的质量可以接受，可适当增加熔速。国外有人推荐适宜的熔速为

$$V_m = 0.004 \times 结晶器周长(mm)，kg/min \qquad (5.7)$$

这样，对于图 5.11，$V_m=226kg/h$；对于图 5.12，$V_m=383kg/h$；对于图 5.13，$V_m=98kg/h$。

5.4.4 ESR 钢锭的金属熔池形状与钢锭质量的关系

在 ESR 过程的稳定期中金属熔池形状如图 5.14 所示，其中有两个尺寸来表征其形状：金属熔池深度 H_m，侧面靠近结晶器的圆柱部分高度 H_{ms}。

英国学者 Hoyle 总结了前人的工作认为，理想的金属熔池形状如下。

(1) 锭中心熔池深度应该是 1/2 锭直径，前沿形状应该是抛物线形。此时，树枝晶以合适的角度对着前沿顺序凝固，钢锭中无外来夹杂、缩孔、疏松，而且具有高的致密度。

(2) 金属熔池上部圆柱形段的高度 $H_{ms}\geqslant 10mm$，以保证钢锭的表面光洁。

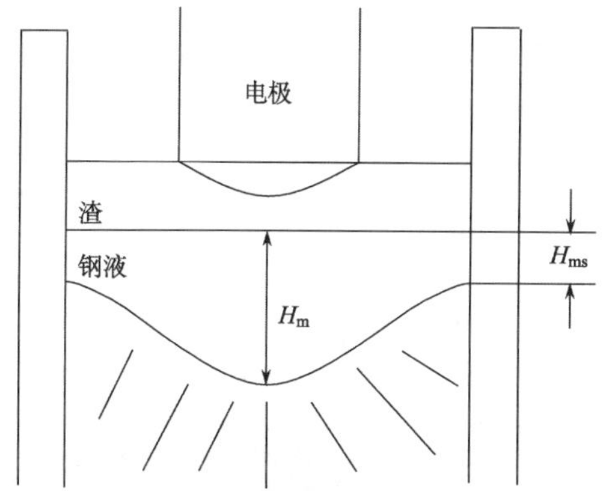

图 5.14　ESR 钢锭金属熔池形状

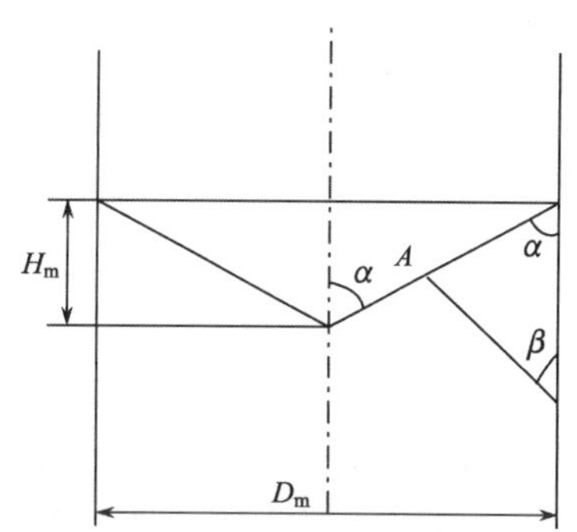

图 5.15　熔池形状与结晶参数的关系

可以将熔池形状近似看成一个三角形，如图 5.15 所示。其中 2α 为熔池倾角，2β 为柱状晶夹角。液体金属结晶是沿熔池底部曲面的法线方向长大的，实践证明，轴向结晶比径向结晶的冶金质量好，因此当 $H_m/D_m=1/3\sim1/2$ 时，β 为 34°～45°，此时结晶质量较好。应当指出，由于金属熔池上部存在圆柱段，在中心熔池深度相同的情况下，圆柱段高度不同，将导致柱状晶夹角不同。当 H_{ms} 增大时，α 增大，β 减小，结晶方向趋于轴向，对质量有利。因此在熔池圆柱段尺寸较大的情况下，允许熔池深度适当增加。因此，以(H_m-H_{ms})来表征熔池形状更为确切。

在合理的电渣工艺制度下，金属熔池上部具有圆柱段，即钢锭侧面的凝固点在渣-金属界面以下一段距离。这样，熔池上升过程中由于金属液体有一定的过热度且明显高于渣的熔化温度，所以在金属液上升接触到凝固的渣皮时会使部分凝固的渣皮重新熔化，使渣皮薄而均匀，金属在这层渣皮的包裹中凝固，电渣锭表面会十分光洁。

若金属熔池没有圆柱段，甚至渣-金属界面靠结晶器壁附近的金属已经凝固，则随着液面的上升渣皮不能重新熔化，因而局部形成薄渣壳。这一过程的重复进行就形成了内表面的波纹状渣皮，钢锭表面也随之形成波纹状。

因此，金属熔池是否有圆柱段是判断 ESR 钢锭表面质量的一个基本依据。实践表明，为使 ESR 钢锭表面光洁，$H_{ms} \geqslant 10$mm。

5.4.5　热量传递对 ESR 金属熔池形状的影响

电渣重熔系统看似简单，但其中的热量传递过程是非常复杂的，如图 5.16 所示。系统的总热量来源于电流通过渣池时所产生的电阻热，而产生的热量会向 360°的各个方向传输，这些热量又会不断向其他部位传输，直到最后部分热量被冷却水带走。

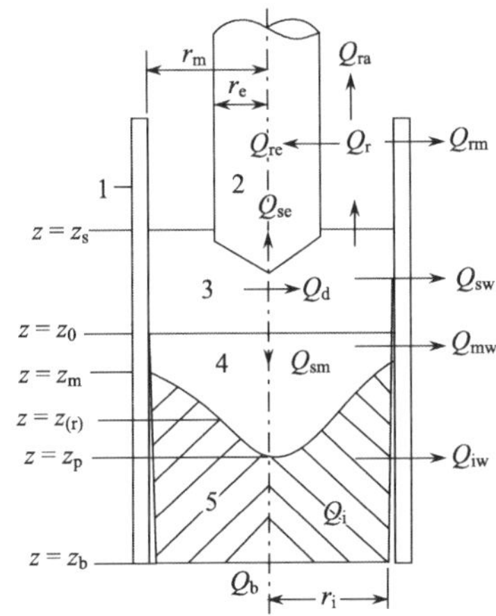

图 5.16　ESR 系统几何条件及热流分配示意图

1-结晶器；2-电极；3-渣池；4-金属熔池；5-凝固钢锭

Q_r：渣池发热速率；Q_{se}：传给电极的热流；Q_d：熔滴吸收的热流；Q_{sm}：渣池与熔池的对流换热；Q_{re}：渣面辐射给电极的热流；Q_{rm}：渣面辐射给结晶器内壁的热流；Q_{ra}：渣面直接辐射到大气中的热流；Q_{mw}：熔池圆柱段传给冷却水的热流；Q_{iw}：凝固锭传给冷却水的热流；Q_i：钢锭储存的显热；Q_b：锭底传给冷却水的热流

从热平衡的角度来说，金属熔池形状取决于钢锭的供热方式和散热方式。在钢种一定，冷却条件基本不变时，金属熔池形状主要取决于渣-金属界面的供热。在上述前提下，如果电极直径相同，金属熔池的深度主要取决于通过渣-金属界面的净热流大小：

$$H_m = a\sum Q_{sm} + b \tag{5.8}$$

式中：$\sum Q_{sm}$为通过渣金界面的净热流。

$$\sum Q_{sm} = Q_{sm} + Q_d + Q_{se} \tag{5.9}$$

例如，在 ϕ140mm 结晶器，ϕ80mm 电极，采用不同渣系条件下，得

$$H_m = 1.34\Sigma Q_{sm} - 6.9 \tag{5.10}$$

在 ΣQ_{sm}三项构成中，Q_{sm}主要取决于渣金之间的对流传热，其传热量与渣的黏度和导热系数相关，而 Q_d 和 Q_{se}主要决定于电极熔化速度，由于高氟化钙渣系(如 ANF-6)渣的黏度小，导热系数大，利于渣-金属之间的换热，所以在熔化速度相同的情况下，高氟渣比低氟渣或无氟渣渣系之间的对流换热量大，因而熔池深度 H_m 较大，而采用低氟渣(L-4：15% CaF_2-50% Al_2O_3-30% CaO-5% MgO)和无氟渣(A1：52% CaO-41.2% Al_2O_3-6.8% SiO_2)在同样的熔速下可以保持较浅的熔池，利于结晶质量提高。

在同一渣系下，金属熔池深度与熔化速度成正比，例如，在 ANF-6 渣系下 ϕ140mm 结晶器：

$$H_m = 15.5V_m - 8.82 \tag{5.11}$$

图 5.17 为实验测定的金属熔池深度与熔化速度之间的关系。

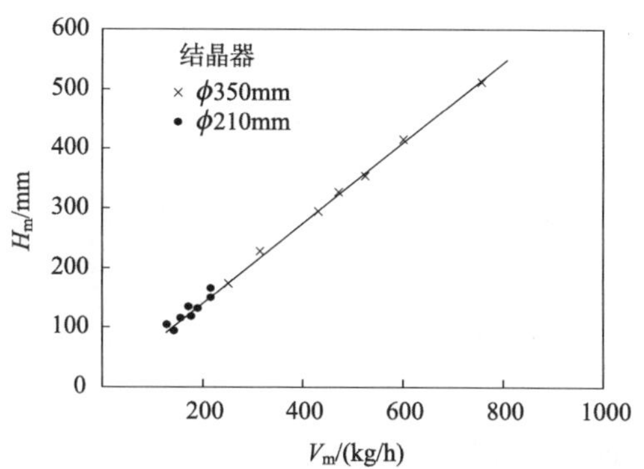

图 5.17　熔速与熔池深度间的关系

熔池圆柱段大小一方面受到通过渣-金属界面净热流大小的影响，ΣQ_{sm}值大，通常熔池圆柱段 H_{ms}也较大；另一方面，取决于热流沿半径方向上的分布，如果靠近侧壁的热流密度较大，则圆柱段尺寸也相应较大。

如果渣池温度分布比较均匀，熔滴下落是在整个电极直径范围内进行的，这样就可以保证结晶器内壁的热流密度较大，圆柱段尺寸增加。因此增加圆柱段高度的措施有以下几种。①较高的渣温且渣池温度分布均匀化；②电极熔化时电极末端呈平面，使熔滴在整个电极端面上形成并下落；③保证较高的熔化速度。

5.5 工艺参数对主要目标参数的影响

下面将讨论电极直径(充填比)、渣系及渣池深度、电制度等工艺参数对熔化速度、金属熔池形状和电耗等目标参数的影响。

5.5.1 电极直径(充填比)的影响

在结晶器尺寸固定的条件下，随着电极直径的增加(D_e^2/D_m^2 比值增加)，产生明显的变化是电极末端的形状由圆锥形向平面(甚至凹面)转变，如图 5.18 所示。

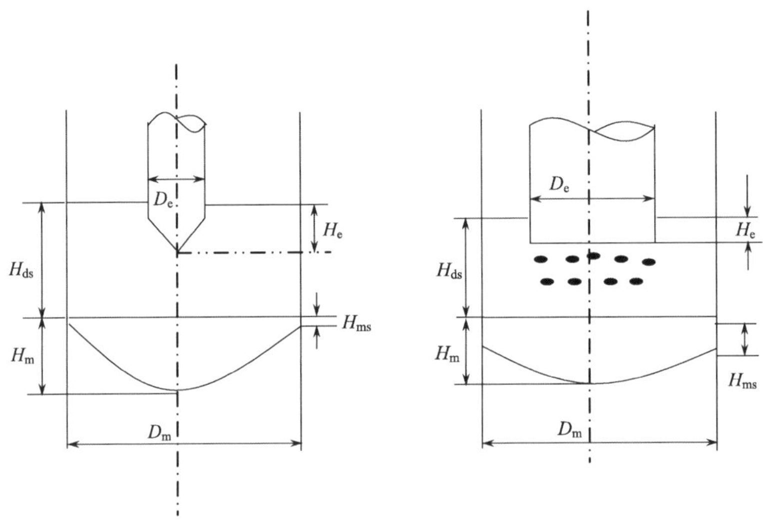

图 5.18 两种电极直径下的电极末端与熔池形状

当电极直径较小时(小充填比)，由于电极表面受渣面的辐射热量较多，而且由于集肤效应，电极表面的电流密度很大。电极直径较小时，渣池热对流冲刷是造成电极端部呈圆锥形的主要原因。

随着充填比的增加，电极表面受渣面的辐射热流明显减小，交流电的集肤效应减弱，渣池的温度分布趋于均匀。电磁搅拌对电极末端的冲刷作用减弱，使得电极端部沿半径方向的温度分布趋于均匀，导致了电极末端形状呈平面甚至凹面。

电极直径增加后，对目标参数和操作过程造成以下影响。

(1) 在其他条件(如电制度)基本不变的情况下，大充填比重熔，由于渣面辐射热损失减少，在渣池中向电极的传热比例增加，在一定程度上可增加熔化速度和降低电耗。

(2) 由于熔滴若雨淋，再加上渣池电流分布和温度分布的均匀化，导致熔池上部圆柱段高度明显增加。在相同熔速下，熔池深度变浅，熔池形状变得浅平，有利于结晶质量的改善。

(3) 随着电极直径的增加，电极与渣池间的有效导电面积增加，从而使得极间距离增加。这是因为

$$R_s = \rho_s \frac{L_{em}}{A_{eff}} = \frac{U_{em}}{I} \tag{5.12}$$

$$L_{em} = \frac{A_{eff}}{\rho_s} \cdot \frac{U_{em}}{I} \tag{5.13}$$

式中：R_s 为渣池电阻；ρ_s 为熔池电导率；L_{em}为极间距；U_{em}为渣池电压；I 为重熔电流；A_{eff}为有效导电面积。

由式(5.13)可知，若保持参数不变，随着电极直径增加，有效导电面积增加，则两极间距增加。

当$L_{em} < H_s$(渣池深度)时，电渣过程保持平衡状态。当$L_{em} \geqslant H_s$时，若仍保持电参数不变，则过程不稳定，发生明弧，电流波动很大。为了保持电流运行稳定，要么降低电压，要么提高电流，若电参数变化不大，则不会对质量产生影响，但当电压过低，或当电流过大时，会导致熔池形状不合理：中心深度加大，侧面圆柱段高度减小，导致钢锭内部质量和表面质量恶化。另外，电极直径的上限值受到与结晶器壁安全间隙的制约，即两者间隙必须大于最小安全距离，通常对于1～3t电渣炉，安全值大于30～60mm，视电极的平直度而定。

当电极与结晶器内壁距离过小时，相对从渣池侧面流入结晶器壁的旁路电流比例增加，使得渣池热损失增加，从而导致电耗增加。

由此可见，电极直径的增加要有一定的限度，即要保证下列条件。

(1) 在合理电制度和渣池深度范围内，电流过程要保持稳定，即电流控制平稳。

(2) 要保证安全间隙，确保操作安全。

(3) 保证平面的电极末端形状和浅平的金属熔池。

(4) 在适当加大熔速(适当加大电流)的条件下，保证钢锭的内部质量和表面质量，并使电耗下降。

5.5.2　渣系及渣池深度的影响

通常情况下，电渣重熔渣系以 CaF_2-Al_2O_3 系为主，根据需要适当添加 CaO、MgO、TiO_2 等组元。除了特殊情况下(为改变夹杂物形态)采用低碱度或酸性渣，一般要求渣系中 SiO_2、FeO 等相对不稳定的氧化物要尽量少，避免钢中一些易氧化元素的烧损。另外，渣料中 P、S 以及一些有色金属的残余元素的

含量要尽可能低，防止钢中这些元素超标。

在上述条件下，常见的ESR渣系均能满足去除夹杂物和脱硫的要求。适当添加CaO可进一步提高熔渣的脱硫能力。添加TiO_2是为了控制钢中活泼元素的进一步氧化，在重熔过程中可以加入Al、CaSi等脱氧剂以降低炉渣的氧化性。

由于炉外精炼技术的应用，电极母材的冶金质量不断提高，在ESR中熔渣的发热或成型作用显得更加重要。从炉渣的物理性质看，熔渣的电导率、黏度、导热系数及其与温度的关系对ESR过程的影响很大。

1. 渣系对重熔电耗和生产率的影响

如4.1.1节所述，炉渣成分不同，其性质也相应改变。像ANF-6这样的高氟渣系，电导率大，黏度小，导热系数大，其综合效果表现为比电耗较高。低氟渣(如L4渣)和无氟渣($CaO-Al_2O_3$渣系)，由于其液态电导率低，固态基本不导电，黏度大，导热系数小，这些因素均能促进比电耗的降低。

2. 渣系对熔池深度的影响

如前所述，与低CaF_2渣系相比，高CaF_2渣系由于黏度小，导热系数大，促进了渣-金属之间的对流换热。在相同熔化速度的条件下，高CaF_2渣系熔池较深。所以对于控制深度相同的条件下，采用低氟或无氟渣重熔时可以提高熔化速度，从而对提高生产率和降低电耗有利。

3. 渣系对钢锭表面质量的影响

如4.1.2节所述，氟化钙含量较高的炉渣(如ANF-6)具有较低的熔点，小的黏度和大的导热性，通常钢锭的表面质量较好，而$CaO-Al_2O_3$为基渣，特别是含SiO_2、TiO_2的渣系，由于黏度大、导热性差，通常钢锭表面质量相对较差。但表面质量还与其他工艺参数有关。若其他工艺参数选择不当，即使高CaF_2渣系也会导致较差的钢锭表面质量。对于低氟或无氟渣，如果合理选择炉渣成分并优化工艺参数，也能获得较满意的表面质量。

4. 渣池深度对质量和经济性的影响

渣池深度的最小值要保证电渣过程的稳定，并以一定的调节范围为前提。也就是说，当电极和结晶器尺寸一定时，渣系和电制度选定的条件下渣池深度的最小值为

$$H_{s,\ min}=\frac{A_{eff}}{\rho_s}\frac{U_{em}}{I} \tag{5.14}$$

合理的渣池深度应为$H_s=H_{s,min}+(20\sim40)\mathrm{mm}$

由于熔池电导率与温度有关，有效导电面积 A_{eff} 也难以确定，所以 $H_{s,min}$ 很难从理论上精确计算，一般由生产数据统计而来。

在满足电渣过程稳定的前提下，如果渣量过多，渣池厚度增加，渣池发热密度降低，熔速下降，电耗增加。渣温降低对去除钢中夹杂物和脱硫是不利的。

5.5.3　电制度对冶金质量和效率的影响

1. 对元素烧损的影响

电流电压升高，渣温升高，元素氧化加重，但电压升高会更加明显，因为电压升高，电极埋入深度减小。

2. 对夹杂物去除的影响

一般来讲，电流电压升高，渣温升高，加强了炉渣去除夹杂物的动力学条件。但是这种作用是有限的。电流、电压过高，由于渣温高，使渣池的传氧能力增加。而且电压增加，电极埋入深度减小，增加电极的氧化条件，使得钢中夹杂物有增加的趋势。

3. 对电极表面的影响

在电流基本不变的情况下，电压增加意味着渣池能量输入增加和极间距增加，使得渣池温度分布均匀化，渣池径向散热增加，金属熔池圆柱段的高度增加，使得表面质量改善。

如图 5.19 所示，电压提高 5V，表面质量提高一级。

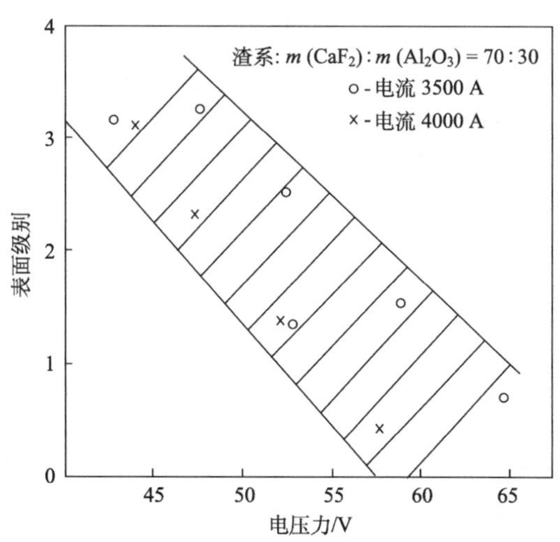

图 5.19　电压对 ESR 钢锭表面质量的影响

电流对表面质量的影响较小，在渣温和熔化速度偏低的情况下，增加电流则有利于改善表面质量，但电流增加过多，造成电压过低，极间距太小，造成渣池侧面温度太低，反而不利于表面质量的控制。

4. 对结晶质量的影响

在渣系和渣量一定的前提下，电流电压的大小直接影响电极的熔化速度和金属熔池的深度。一般来说，电流对熔化速度和熔池深度的影响较大。

5. 对生产率和电耗的影响

一般来说，供电功率增加，熔化速度增加，生产率提高，电耗下降，如图 5.20所示。其中电流增加，对提高熔速，降低电耗有显著作用；而电压增加，对提高熔速的作用较小，电压过高时，电耗反而上升。

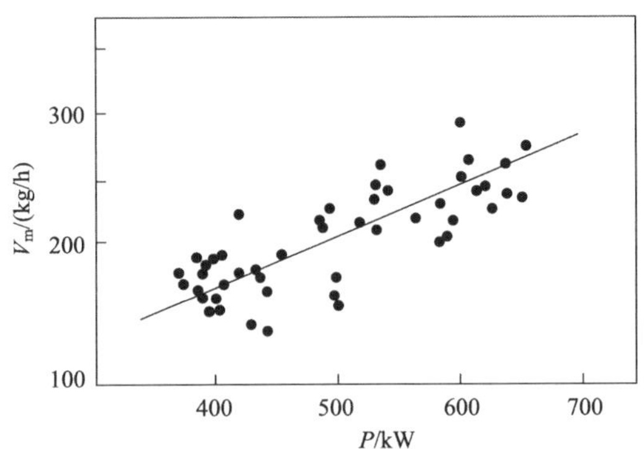

图 5.20　供电功率对熔化速度的影响

在考虑电耗时，要对各参数进行综合分析，同时要注意电效率和热效率两个方面的影响。

电效率

$$\eta_E = \frac{P_s}{P_{变}} = \frac{R_s}{R_s + R_\Sigma} \tag{5.15}$$

热效率：

$$\eta_H = \frac{Q_{se}}{P_s} \tag{5.16}$$

总的能量利用率：

$$\eta_{ESR} = \eta_E \cdot \eta_H \tag{5.17}$$

由于 R_Σ 一般变化不大，可以近似地认为是一个常数，则 R_s 取决于 U_{em}/I，所以电压提高，电流降低，电效率提高；而对热效率的影响则相反，电压提高，电流降低，热效率下降。因此，要使总的能量利用率提高，电流、电压有一个最佳值。

5.6　电渣重熔参数的优化匹配

由于电渣工艺参数对钢的冶金质量、生产率和电耗的影响较复杂，相互之间交叉影响(耦合)，所以合理的电渣工艺要求在保证质量的前提下，使生产率较高、电耗较低，存在一个工艺合理的匹配问题。但目前还不能从理论上完全计算出来，工艺的制定要采用理论和经验相结合的办法。

下面以某钢厂 4＃炉重熔 2t 锭(ϕ500mm×1800mm)为例，介绍如何确定电渣工艺参数。

1) 锭直径 D_i

决定于产品用途和后步热加工设备的能力。

2) 结晶平均直径 D_m

$$D_m = 1.03D_i \tag{5.18}$$

3) 电极直径 D_e

$$D_e = D_m - 2\delta_m \tag{5.19}$$

式中：δ_m 称为安全间隙，主要应保持电极与结晶器壁之间有一定的安全距离，防止短路事故发生。一般对于高度较小的结晶器取值可小一些，比较高的大结晶器取较大值。表 5.3 为推荐的数值。

表 5.3　不同结晶器直径下推荐的安全间隙值

D_m/mm	<250	250～500	500～800	>800
δ_m/mm	20～50	30～100	50～120	80～200

对于采用 ϕ500×1800mm 结晶器，取 δ_m＝90mm，D_e＝320mm，L_e＝3200mm(2t 锭)，对于方电极取 δ_m 为 60mm，电极尺寸为：270 mm×270mm，L_e＝3520mm(2t 锭)。

4) 渣制度

(1) 渣系：①ANF-6(70% CaF_2＋30% Al_2O_3)；②433(40% CaF_2＋30% Al_2O_3＋30%CaO)；③L-4(15% CaF_2＋50% Al_2O_3＋30% CaO ＋5%MgO)。

渣系的选择主要依据钢种而定。

(2) 渣池深度。

在保证电渣过程稳定的前提下采用浅渣池为好。对于电导率低(导电性好)的渣系可适当厚一些，导电性差的可薄一些。

$$H_s = f_s D_m \pm 20\text{mm} \tag{5.20}$$

式中：f_s 为渣深系数，不同渣系和不同结晶器直径下的 f_s 如表 5.4 所示。

表 5.4 渣深系数

D_m/mm	100	200	300	400	500	600	700	800	900	1000
ANF-6	0.60	0.48	0.42	0.37	0.33	0.29	0.26	0.24	0.23	0.22
433	0.54	0.43	0.38	0.33	0.30	0.26	0.23	0.22	0.21	0.20
L-4	0.48	0.38	0.34	0.30	0.26	0.23	0.21	0.19	0.18	0.176

(3) 渣量 G_s。

$$G_s = \frac{\pi}{4} D_m^2 \cdot \gamma_s \cdot H_s \tag{5.21}$$

对于 D_m=500mm，推荐的渣池深度和渣量如表 5.5 所示。

表 5.5 ϕ500mm 结晶器对应渣池深度和渣量

渣系	ANF-6	433	L-4
密度/(kg/cm³)	2.5×10^{-3}	2.6×10^{-3}	2.7×10^{-3}
f_s	0.33	0.30	0.26
H_s/mm	165±20	150±20	130±20
G_s/kg	81±9.8	74±9.9	69±10.6

注：在保证重熔过程电流控制稳定的条件下取下限值。

5) 重熔电压 U_{ESR}(变压器二次侧名义电压)

$$U_{ESR} = U_{SR} + \sum \Delta U \tag{5.22}$$

式中：U_{SR}为炉口电压，一般为 40～50V，最大为 55V。通常结晶器直径小、导电性好的高氟渣(如 ANF-6)取下限；大结晶器、导电性差的低氟或无氟渣取上限。$\sum\Delta U$ 为炉子系统阻抗电压总压降，包括变压器，短网、电极等引起的电阻压降和感抗压降。一般为 10～27V，本电渣炉为 20～25V(随电流增加而增加)。

这样可确定结晶器 ϕ500mm 时，电渣炉的重熔电压，如表 5.6 所示。

表 5.6 结晶器 ϕ500mm 时 4＃电渣炉的重熔电压

渣系	ANF-6	433	L-4
U_{SR}/V	40	45	50
U_{ESR}/V	60±3	65±3	70±3

注：可根据变压器实际二次侧电压挡选取接近的档。

6）重熔电流 I_{ESR}

在渣制度和电压确定的前提下，重熔电流的选取，主要依据熔化速度和金属熔池形状的要求而定。但是由于不同电渣炉电流与熔化速度、熔池深度的定量关系是变化的，所以只能依据经验和操作人员自己特定的电渣炉的摸索而定。一般地，电流与结晶器直径之间有以下关系：

$$I_{ESR}=k_0 \cdot D_m \tag{5.23}$$

式中，k_0 称为结晶器线电流密度，其值为 15～25A/mm。此值的选取主要依据熔池深度大小和不同渣系，k_0 值越大，熔池越深。有人推荐不同的 k_0 值下对应的熔池深度，如表 5.7 所示。

表 5.7　有关常数

H_m/D_m	1/4	1/3	1/2	2/3	3/4
k_0/(A/mm)	15～16	17～18	19～20	21～22	23～24
α_0	0.04	0.05	0.06	0.07	0.08
$\beta_0\times10^3$	38.3	40.4	50.1	58.1	61.5

由于操作影响熔池深度的因素很多，故表 5.7 中的数值只能作为参考，此外电导率大的渣 k_0 取大值，电导率小的渣系 k_0 取小值，以利于电流稳定。本例（ϕ500mm 结晶器）取值如表 5.8 所示，预计 $H_m/D_m=1/3\sim1/2$。

表 5.8　k_0 值与渣系的关系

渣系	ANF-6	433	L-4
k_0/(A/mm)	21	19	17
I_{ESR}/kA	10.5	0.95	0.85

7）熔化速度

对于没有熔速直接测量手段的电渣炉来说，熔速是目标参数。控制熔速的目的是控制合理的熔池深度。前人在统计大量生产数据基础上，认为合理的熔化速度与结晶器直径和熔池深度之间有以下的关系：

$$V_m=\alpha_0 D_m^{1.23} \tag{5.24}$$

式中：α_0 是经验系数，与熔池深度有关，如表 5.7 所示。

本例中，按式(5.24)可算得不同熔池深度的熔速，如表 5.9 所示。

表 5.9 不同渣系下合理熔速与熔池深度的关系

H_m/D_m			1/4	1/3	1/2	2/3	3/4
V_m	ANF-6	kg/min	4.92	6.15	7.38	8.61	9.84
		kg/h	295	369	443	517	590
	433	kg/min	5.66	7.07	8.49	9.90	11.32
		kg/h	340	424	509	594	679
	L-4	kg/min	6.40	8.00	9.59	11.19	12.79
		kg/h	384	480	575	671	767

采用低氟渣，在相同熔池深度下，对应熔速要大一些。

8）熔池凝固时间 τ_m

经验关系式：

$$\tau_m = \beta_0 D_{cm}^{1.77} \tag{5.25}$$

式中：β_0 为经验系数，如表 5.7 所示。本例中不同熔池深度下的 τ_m 值如表 5.10 所示。

表 5.10 本例中 τ_m 与 H_m 的关系

H_m/D_m	1/4	1/3	1/2	2/3	3/4
τ_m/min	38.9	41.1	50.9	59.1	62.5

τ_m 是确定补缩(热封顶)时间的依据。按经验，补缩时间 τ_{HT} 可为 τ_m 的 0.9～1.1 倍，即 $\tau_{HT=}(0.9 \sim 1.1)\tau_m$

图 5.21 是国外推荐的钢锭直径与补缩时间的经验关系。但实际工艺制定时补缩时间取决于补缩操作模式和供电制度。在传统的小型电渣炉操作中采用间隙式补缩的模式较多，即停电—送电—停电的重复模式。这种方式由于熔池降温速度快，补缩时间较短，一般只有连续补缩方式的 1/2 左右，但只适合于手动控制的电渣炉，工艺的重复性差，补缩的好坏取决于操作人员的经验。而现代化的电渣炉配有自动控制系统，可以实现连续补缩，是目前流行的方式。连续补缩工艺应该按时间分为两段：第一段为补缩阶段，即适当熔化电极以弥补液态金属的凝固收缩；第二阶段为保温阶段，其目的是保证渣-金属界面不凝固，实现从下而上的顺序凝固，使钢锭头部不产生内部缩孔。为此，第一阶段前期要快速降低功率，但仍然要保证一定的熔化金属量。第二阶段要以较小功率保温，电极基本不熔化。

表 5.11 是典型的连续补缩工艺的功率和补缩时间的匹配关系。其中正常重

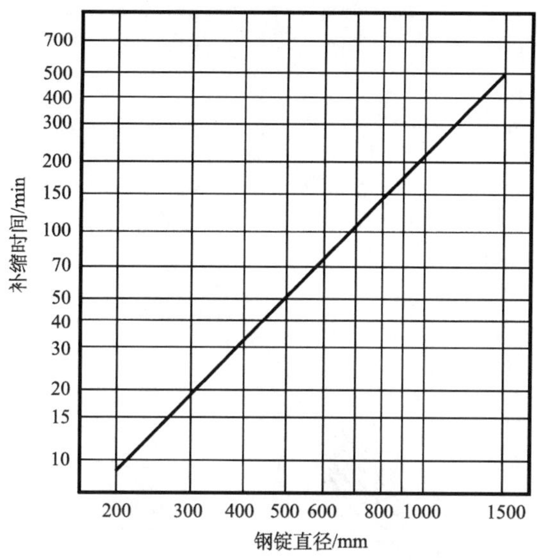

图 5.21　补缩时间与钢锭直径的关系

熔期的功率计为 100%，则补缩阶段按正常重熔期的功率百分比计算；而补缩总时间按 100%计算，则各阶段的时间按表中比例分配。实际生产中由于钢种不同，金属凝固的体积收缩也不同，因而其补缩工艺也要做相应调整。不同钢种的体积收缩量一般在 4%～8%，碳含量越高体积收缩量越大。添加合金元素 Mn、Cr、Si、Al 会增加合金凝固的体积收缩量，而 Ni、W 则会减少体积收缩量。图 5.22为假定金属熔池深度为结晶器直径的 1/2 时不同体积收缩量和不同钢锭直径时的补缩质量关系。例如，对于直径为 500mm 结晶器，其补缩量为 8～16kg。

表 5.11　典型的连续补缩制度

阶段	功率/%	补缩时间比例/%
正常重熔	100	0
补缩阶段Ⅰ	75	5
补缩阶段Ⅱ	50	6
补缩阶段Ⅲ	40	9
补缩阶段Ⅳ	30	20
补缩阶段Ⅴ	25	30
补缩阶段Ⅵ	20	30

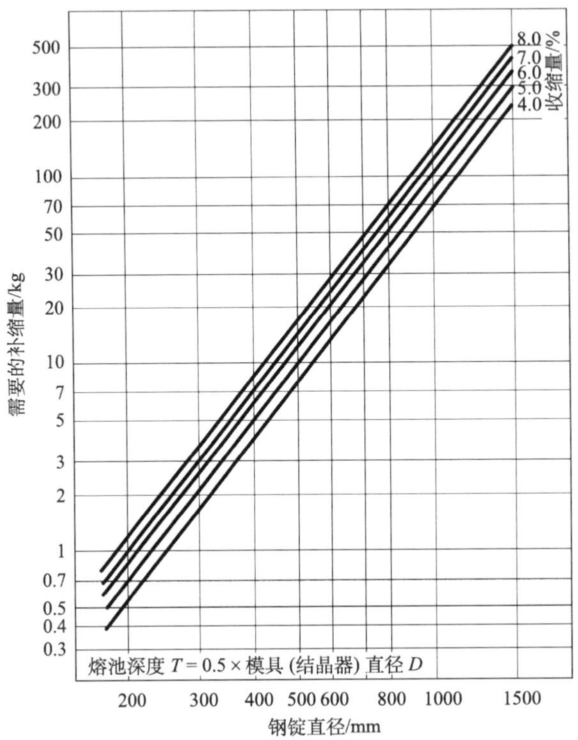

图 5.22　不同钢锭直径和收缩量对应的补缩量

5.7　ESR 过程工艺参数的变化及工艺控制模型

最早期的电渣重熔基本是靠手动下降电极进行熔炼，随着计算机自动化技术的发展，计算机自动控制逐渐应用到电渣炉的控制系统中。电渣炉的控制系统编制需要基于一定的工艺控制模型。工艺控制模型对系统设置及铸锭质量控制有着至关重要的作用。一般工艺控制模型可以分为恒功率控制和递减功率控制两种模型，下面分别介绍这两种模型及其特点。

5.7.1　恒功率重熔时各参数的变化

所谓恒功率重熔就是在正常重容期内(不包括造渣期和填充期)，全程始终控制预先选定的重熔电压(U_{ESR})和重熔电流(I_{ESR})为恒定值。即变压器输出的能量为恒定(P_{ESR})。早期人们一直认为恒功率重熔能够保证重熔前后输入功率相等，保持金属熔池处于比较一致的水平，有利于铸锭质量的提高，但事实上，恒功率重熔并非如此，恒功率重熔具有如下特点。

1. 实际输入渣池的功率不断增加

电渣重熔是靠渣池的发热加热和熔化自耗电极的，渣池发热是系统的最大热源，渣池的输入功率可以用下式表示：

$$P_{SR} = I_{ESR} \cdot U_{SR} \tag{5.26}$$

$$U_{SR} = U_{ESR} - \sum \Delta U \tag{5.27}$$

随着重熔的进行，电极长度从最大值减至最小值，即电极长度不断减小，导致电极上的电阻压降特别是感抗压降不断降低(因为电感 L 正比于回路面积)，因此$\sum\Delta U$不断降低，如图 5.23 所示。根据炉子不同，每米电极的压降为 0.8～1.2V/m，因此，从开始到结束$\sum\Delta U$的大小减小 2～6V，重熔电压 U_{ESR}增加2～6V，从而导致实际输入渣池的功率增加。

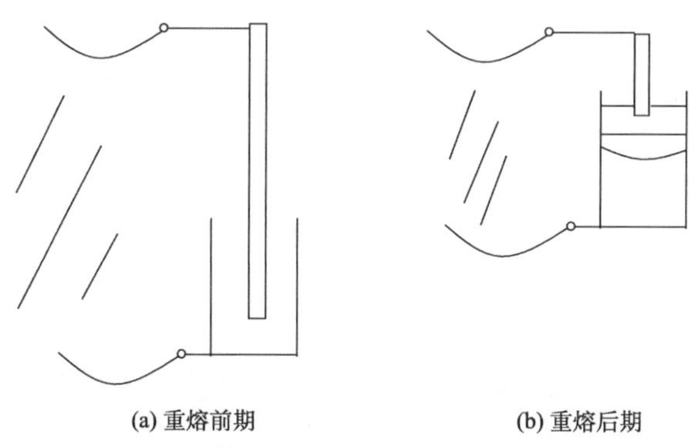

图 5.23　重熔过程电极缩短后感抗下降示意图

2. 系统的散热能力不断降低

从上述分析可知，恒功率条件下实际输入渣池的功率是不断提高的。而此时整个系统的散热能力是不断降低的，原因是：在起始阶段底水箱对渣池和熔池的冷却作用十分明显，从底水箱散热量很大。随着钢锭上升，这种冷却作用越来越弱，散热量显著减少。结晶器由于上小下大，随着钢液面的上涨，结晶器侧面的散热面积不断减小。在开始阶段，由于造渣和电极的吸热，造成了热量的不足。这些问题导致恒功率重熔条件下，渣池温度、自耗电极的熔化速度以及熔池深度都是不断增加的。

3. 恒功率重熔可能产生的问题

鉴于恒功率重熔工艺的固有特点，在实际生产中采用恒功率重熔所生产的铸锭也出现一些特有的问题，尤其是大型钢锭重熔时，问题更为突出：

(1) 电渣钢锭头尾的化学成分偏差，最后阶段温度高，元素烧损严重。特别是含 Al、Ti 易氧化元素的钢种；

(2) 由于金属熔池深度变化大，结晶质量存在差异；

(3) 钢锭表面质量变化，下部质量差，上部质量好。

从上述分析可以看出，对于高质量的铸锭，尤其是大型铸锭，不宜采用恒功率重熔工艺。

5.7.2 递减功率重熔的工艺要求

为了使电渣锭上下成分和结晶状态一致，必须采用递减功率重熔，这样才可能使得输入渣池的功率随着系统冷却能力的改变而调整，才有利于获得真正的恒定熔池深度。根据功率递减幅度有两种方式。

1) 恒熔化速度的递减功率

根据传热学理论计算与现场实测及生产数据统计组合的办法确定需要的递减功率大小以保证重熔过程熔化速度恒定。由于结晶器上下部分散热条件存在差异，所以在恒熔速下金属熔池的深度也是递增的，但其幅度较小，对质量的影响明显比恒功率重熔时减轻；相比恒功率重熔，铸锭质量可以得到一定程度的改善。在恒熔化速度条件下的递减功率中关键参数的变化规律如图 5.24 所示。

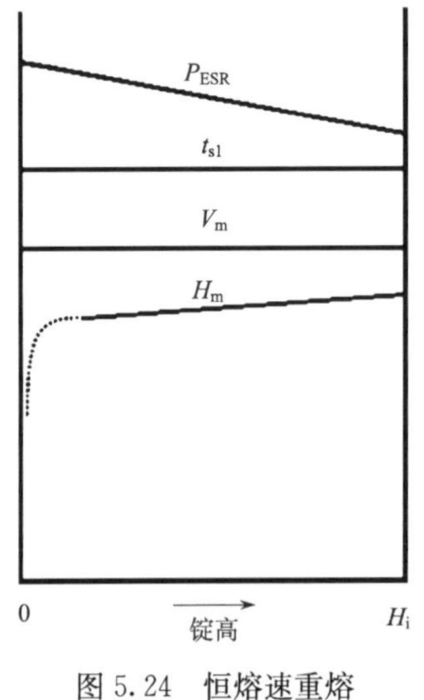

图 5.24 恒熔速重熔

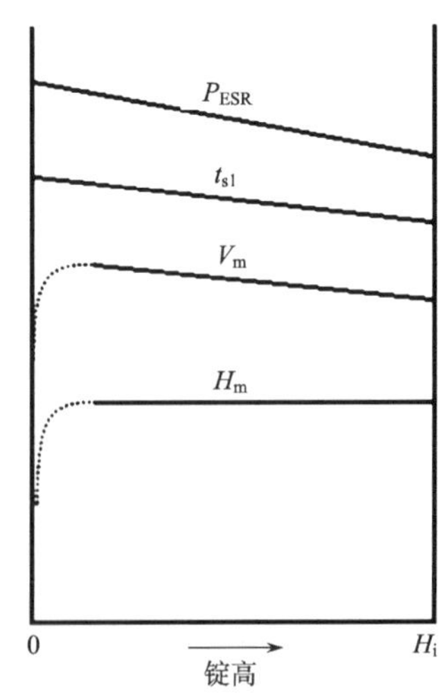

图 5.25 恒熔池重熔

2）恒熔池的递减功率

从前面的介绍可知，要想获得比较好的冶金质量，就要控制好铸锭凝固的局部凝固时间。而控制局部凝固时间，首先要考虑控制恒定的金属熔池深度，而采用恒熔速递减功率工艺达不到上述要求。因此，为了保证重熔过程金属的熔池深度基本不变，前期要采用更大的功率递减幅度，从而使得熔化速度也是递减的，这是获得优质铸锭，尤其是大型铸锭的必要条件。恒熔池的递减功率各参数变化如图 5.25 所示。

5.7.3　递减功率重熔的控制方法

功率由电压和电流两个因素组成，因此，递减控制就有三种控制方法，但是恒电流、调电压在重熔过程中是不使用的，因为电压的数值一般很小，其对功率的控制幅度有限。

1. 恒电压，调电流方案

由于传统电渣炉大多不能实现有载无级调压，尤其是很多旧设备，所在在设备不做改动的条件下，只能采用降低电流的方式来递减功率（这种方案重熔过程中，炉口电压 U_{SR} 实际上是递增的，因此要保持功率 P_{ESR} 递减，重熔电流 I_{ESR} 递减幅度将很大）。由式(5.28)可知：

$$L_{em}=\frac{A_{eff}}{\rho_{sl}}\cdot\frac{U_{SR}}{I_{ESR}} \tag{5.28}$$

由于 I_{ESR} 大幅度递减，两极间距 L_{em} 大幅度递增。为了保持电流稳定，必须使 $H_s>L_{em}$。因此渣量将要大幅度增加：一种方法是开始造渣时增大渣量，另一方式是在重熔过程补加渣量。

然而，渣量大幅度增加不利于前期熔速的提高，渣量过大，整个过程热损失增加，电耗大幅度增加，因此，这种控制方式不太合理。

采用高电阻率渣系和中间换电压挡的办法可在一定程度减轻控制难度，但不是根本办法。

2. 同时调电压、调电流保持渣阻恒定

在保证 U_{SR}/I_{ESR} 比值基本不变的前提下，同时按比例降低电压和电流，达到功率递减的目的。这种控制方式克服了第一种方案电流变化幅度过大，要求渣池深度过大而不经济的问题，可以基本保持电极在渣池中插入位置不变。

实现这种控制方式的前提是变压器二次侧电压必须能有载可调（无级或有级）。近年来新建设的电渣炉基本都是采用有载无级调压的变压器，这有利于保持渣阻恒定递减功率的工艺实施，有利于过程稳定性及铸锭质量的提高。

5.7.4 工艺控制数模

从以上的讨论可知，电渣过程的控制目标是保持重熔过程前后金属熔池的形状基本不变，这样就有两种方式建立工艺控制的数学模型。

1. 确定熔化速度控制曲线

在实际生产之前，当电渣炉的实际情况、钢种、锭型、渣系等因素确定后，根据熔池形状的目标要求，通过理论和经验相结合的方法，确定重熔过程电极熔化速度与时间（或锭高）的关系曲线。实际生产过程根据事先设定的熔速与时间曲线，通过直接检测电极熔化速度、反馈控制（调节功率）对重熔过程实现熔速控制。这种方法的优点是：①熔化速度直接控制，比较直观；②熔化速度与熔池深度之间的关系容易获得，这样的模型相对容易建立。缺点是：①需要增加熔化速度检测装置；②熔速测定受干扰因素多，精度保证有一定困难，但近年来熔速的称重系统已经成熟，已经可以比较准确地测定出瞬时的自耗电极熔化速度，用于指导供电工艺参数的设定。即使如此，由于熔化速度是一个渣池热信号的反映，检测数值及实际控制往往存在一定的滞后性，但经过一定的摸索，这种方案仍然是目前主流的控制方案。

2. 确定功率控制曲线

利用专家系统与经验相结合直接建立功率与熔池深度（或者熔速）之间的定量关系，根据熔池形状控制的要求，直接设定功率与时间（或锭高）的关系，实际生产中根据功率控制达到钢锭质量控制的目的。这种方法的优点是：①硬件设备简单，不需要测定熔速；②工艺参数检测精度高，控制容易；③工艺参数的控制本身没有滞后问题。缺点是建模过程比较复杂，软件费用较高，并且准确性往往需要进行大量的实际验证。

参 考 文 献

[1] Dong Y W, Jiang Z H, Li Z B. Mathematical model for electroslag remelting process. Journal of Iron and Steel Research, International, 2007, 14(5): 7～12, 30.

[2] Hernandez M B, Mitchell A. Review of mathematical models of fluid flow, heat transfer, and mass transfer in electroslag remelting process. Ironmaking & Steelmaking, 1999, 26(6): 423～438.

[3] Dong Y W, Jiang Z H, Li Z B. Segregation of niobium during electroslag remelting process. Journal of Iron and Steel Research, International, 2009, 16(1): 7～11.

第6章　电渣冶金新技术

电渣冶金技术虽然经过了多年的发展，但传统的电渣重熔存在生产效率低、电耗高、氟化物污染环境、电渣过程吸气、大型钢锭偏析严重等问题一直没有得到很好解决。另外，随着经济和社会的不断发展，对材料的质量要求越来越高，为了不断提高产品质量，满足市场需求，电渣冶金技术在传统电渣重熔技术的基础上不断创新和发展，产生了许多电渣冶金的新技术。

6.1　可控气氛电渣重熔技术

6.1.1　可控气氛电渣炉的产生背景

传统的电渣重熔炉都是在大气下进行冶炼，这样设备制造成本低、操作方便，但是电渣钢中容易出现元素烧损、增氢、增氧等一系列问题。研究表明，重熔合金中的氧含量取决于主要脱氧元素的浓度和该脱氧元素的氧化物在渣中的活度。此外，渣池上的氧分压或多或少也会产生一定的影响。除了氧与Fe、Mn和其他重金属元素的阳离子直接发生反应，另一部分氧则主要是由熔渣上方的自耗电极受热氧化引起的。并且金属中的活泼元素也会与渣系的相关组元发生反应，从而引起钢中元素含量的变化。气氛环境对电渣重熔过程的影响如图6.1所示，其活泼金属元素与渣系组元的反应详见式(6.1)～式(6.5)。

$$\{O_2\} + 2Fe = 2(FeO) \tag{6.1}$$

$$2(FeO) + [Si] = (SiO_2) + 2[Fe] \tag{6.2}$$

$$3(FeO) + 2(Al) = (Al_2O_3) + 3[Fe] \tag{6.3}$$

$$3(SiO_2) + 4(Al) = 2(Al_2O_3) + 3[Si] \tag{6.4}$$

$$3(Si) + 2(Al_2O_3) = 3(SiO_2) + 4[Al] \tag{6.5}$$

为了降低电极氧化对钢中元素含量的影响，在过去的几十年中，通常采用往渣池中加入脱氧剂(Al、CaSi、FeSi和Mg等)的方法对熔渣连续脱氧，但是这会导致熔渣组分改变，从而使重熔锭中的易氧化元素含量与自耗电极不一致。

针对上述问题，几种可控气氛电渣重熔技术应运而生。可控气氛电渣重熔炉可以完全避免电极的氧化、材料中Ti、Zr、Al、Si等易氧化元素的氧化烧损可以基本避免，特别有利于含Al、Ti的窄成分高温合金材料的制备，可以获得高洁净度的钢锭。

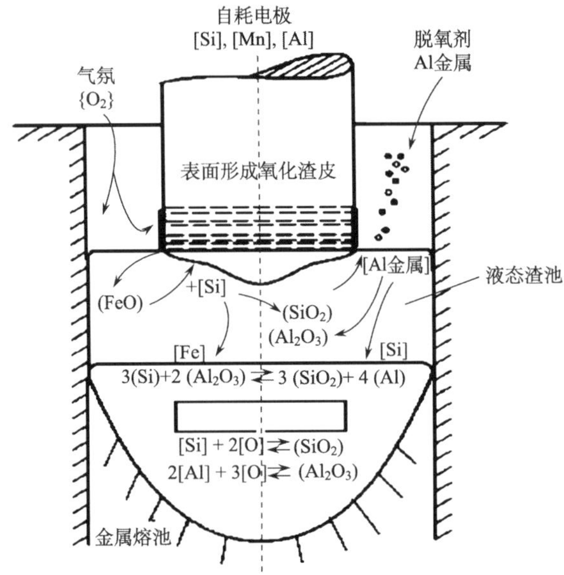

图 6.1　气氛环境对电渣重熔过程的影响

6.1.2　惰性气体(Ar、N_2)或者干燥空气保护电渣炉

惰性气体(Ar、N_2)或者干燥空气保护电渣炉主要目的是防止重熔过程钢中活泼金属元素氧化。这种炉型的基本原理就是将熔炼系统中温度较高的电极及液态渣池表面与氧气隔离开来，大部分炉型主要采用 Ar 气保护，而对于含氮钢或对氮不敏感的钢种则可以采用 N_2 保护，这样一方面可以减少氮的损失，另一方面也可以节省昂贵的 Ar 气。干燥空气保护电渣炉适合于重熔对氢比较敏感的钢种，特别是大型钢锭。图 6.2(a)就是所开发的实验型全密闭保护气氛电渣炉。

(a) 100kg IESR

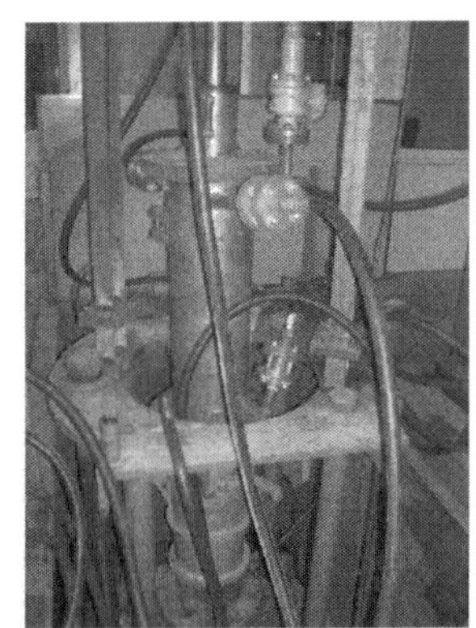

(b) 100kg PESR

图 6.2　实验室小型保护气氛电渣炉和加压电渣炉

本书作者进行了采用 N_2 保护电渣重熔高氮不锈钢的实验。表 6.1 是采用 N_2 保护和不采用气体保护得到的高氮钢的化学成分、氮的收得率及部分元素的烧损情况。由表可见，采用保护气氛电渣重熔可以明显减少元素的烧损，降低钢锭中的氧含量，提高氮的收得率。

表 6.1　N_2 保护电渣重熔高氮不锈钢的效果

气体保护	阶段	化学成分/%										氮收得率/%	脱硫率/%	脱氧率/%	Mn烧损/%
		C	Si	Mn	P	S	Cr	N	O	Mo	Al				
无	重熔前	0.055	0.26	17.7	0.015	0.015	17.6	0.69	0.0025	—	<0.03	81.2	40	−84	2.1
	重熔后	0.047	0.24	15.6	0.015	0.009	17.5	0.56	0.0046	—	<0.03				
N2	重熔前	0.058	0.20	18.53	0.021	0.015	19.93	0.83	0.0036	—	<0.03	97.5	60	30.5	0.23
	重熔后	0.052	0.17	18.30	0.020	0.006	20.01	0.81	0.0025	—	<0.03				
N2	重熔前	0.048	0.45	18.19	0.020	0.015	19.10	0.71	0.0071	2.23	<0.03	97.2	53	49.3	0.65
	重熔后	0.045	0.40	17.54	0.020	0.007	18.59	0.69	0.0036	2.03	<0.03				

保护气氛对材料中易氧化元素的烧损有明显的作用。此外，通过易氧化元素含量的控制还可以在更大的程度上控制材料的偏析程度。表 6.2 是上海宝钢采用普通电渣炉与德国 ALD 的 5t 保护气氛电渣炉重熔 GH4169 合金后，材料中 C、Al、Ti 的头尾偏差及材料中 S、O、N 情况的对比[1]。表中数据进一步证实保护气氛对易氧化元素及钢中气体含量都具有非常明显的控制能力。

表 6.2　YZGH4169 合金普通电渣锭与保护气氛电渣重熔部分元素的平均值

保护状态	w(C)/%	w(Al)/%	w(Ti)/%	S/10^{-6}	O/(mg/kg)	N/(mg/kg)
ESR	0.004	0.06	0.09	11	24	65
ESR(Ar)	0	0.02	0.01	7	5	53

生产纯 Ti 时，往往先将海绵钛压块，然后用真空焊接的方法做成电极，之后才能进行真空电弧熔炼。在 1961～1963 年苏联的研究者就报道了采用电渣重熔的方法制备海绵钛电极[2]。

鉴于惰性气体保护电渣重熔对易氧化元素保护的良好效果，研究者开始尝试采用惰性气体保护电渣重熔方法生产纯 Ti 及其合金。

该实验在德国 ALD 公司的惰性气体电渣重熔炉内进行。重熔锭直径为 170mm，熔渣组成为：工业纯的 CaF_2 和 2%～9%的金属钙，结果如表 6.3 所示。乌克兰顿涅茨克国立技术大学和美国拉特罗布钢铁公司的联合研究结果表明，惰性气体电渣重熔钛的纯净度与碘化物提纯钛相当，氧含量小于 0.03%、氮含量小于 0.005%、氢含量小于 0.003%、碳含量小于 0.01%。乌克兰巴顿电焊研究所同样也得到了令人振奋的结果。

表 6.3　电渣重熔海绵钛的结果　　（单位：mg/kg）

元素	锭 1				锭 2				锭 3				锭 4				标准
	电极	底	中	顶	电极	底	中	顶	电极	底	中	顶	电极	底	中	顶	
C	60～150	50	60	60	60～100	100	60	60	80～90	80		60	80	70	70	70	≤1000
O	600～900	700	650	600	700～1300	1300	1050	800	500～1300	1200		900	900	700	600	600	≤1800
N	100～150	180	170	170	80～160	180	170	140	70～160	140		160	120	100	100	100	≤300
H	76～94	25	24	24	34～42	35	30	26	36～41	26		27	24	18	12	15	≤150
F	—	60	60	50	—	60	60	60	—	—		—	—	—	—	—	—

6.1.3　加压电渣重熔技术

目前普遍采用加压电渣重熔技术进行一些高氮含量材料的制备，如高氮不锈钢、模具钢等。在介绍加压电渣炉之前，首先需要了解什么是高氮不锈钢。当钢中氮含量达到或者超过钢基体本身的饱和溶解度时，就可以将这种钢称为高氮钢。氮作为钢中的间隙元素，通过与其他合金元素(Mn、Cr、Mo、V、Nb 和 Ti 等)的协同作用，能改善钢的多种性能，包括强度、韧性、蠕变抗力、耐磨性能、耐腐蚀性能等。

一般认为，根据氮在奥氏体不锈钢中的含量，可将含氮奥氏体不锈钢分为控氮型(氮含量 0.05%～0.10%)、中氮型(氮含量 0.10%～0.40%)和高氮型(氮含量在 0.40%以上)，而铁素铁、马氏体不锈钢中的氮含量大于 0.08%时，便可被称为高氮钢[3]。氮加入奥氏体不锈钢中，除了部分替代贵重的镍，主要是作为固溶强化元素提高奥氏体不锈钢的强度，大约超过同系列钢性能的 1.3～3 倍，并不显著损害钢的塑性和韧性，而且显著提高其耐腐蚀性能，特别是耐局部腐蚀性能，如耐晶间腐蚀、点腐蚀和缝隙腐蚀等。

广义上讲所谓“高氮钢”是指材料中的实际氮含量超过了在常压下(0.1MPa)制备材料所能达到的极限值的钢。当铁素体不锈钢中氮含量高于 0.08%，或者奥氏体中氮含量高于 0.4%时都属于高氮钢。研究表明，0.1%N 可以使铁素体不锈钢的屈服强度增加 40MPa，但会使其脆性转变温度提高 70～100℃，氮对钢的强化作用主要是通过淬火-回火工艺后，钢中形成弥散的氮化物来实现的。与碳化物相比，氮化物更稳定，更细小，从而提高屈服强度，改善冲击韧性和改善高温性能。此外，还有一些钢也可以称为高氮钢，如表 6.4 所示。

表 6.4　高氮钢的分类、氮含量、主要钢种及其性能特点

分类	w(N)/(%)	主要钢号	性能特点
奥氏体不锈钢	<1.20～2.80	Cr18Mn11N Cr18Mn12Si2N0.7 Cr25Mn11Si3N Cr15Ni4Mo2N	室温强度显著提高，低温冲击韧性明显改善 持久强度提高而断裂韧性不明显下降 优良的耐蚀性，抗应力腐蚀 奥氏体化稳定，无磁化稳定
铁素体不锈钢	0.08～0.60	Cr12MoVN	高温蠕变改善，蒸汽透平叶片工作温度提高到 873K
高速工具钢	<0.20	W6Cr5V2N W5Cr5V2N W2Cr6V2N	结晶组织细小 氮化物弥散分布，不易聚集 热硬性强，黏着系数低
热作模具钢	0.02～0.16	55NiCrMoV7N 3Cr4Mo2VN 30WCrMoVN	结晶组织细小 易加工，强度及韧性改善 工作温度提高到 973K
冷作模具钢	0.05～0.60	55CrVMoN	工作温度提高到 773K
结构钢	0.05～0.20	38CrNi3MoVN	韧性改善，脆性转折温度明显下降

如前所述，高氮钢中氮含量超过了基体对氮的饱和溶解度，因此普通常规的方法一般不适用于制备高氮钢。目前高氮钢的制备方法主要有热等静压法、加压感应熔炼法、反压铸造法、加压电渣重熔法、加压等离子熔炼法、粉末冶金法等。其中加压电渣重熔法是制备大锭型高氮钢的一种有效方法，目前被广泛应用。

氮易在高氮钢凝固过程中偏析和析出形成气孔，而导致产品报废。研究表明，提高体系的氮分压，不仅可显著提高氮在合金体系不同相中的溶解度，而且可有效抑制高氮钢凝固过程中氮的偏析和析出。因此高氮钢的熔炼和凝固常在加压条件下进行。用加压电渣炉冶炼高氮钢是一种在压力条件下冶炼高氮钢的方法，也是目前商业化生产高氮钢的有效方法。1980 年德国 Krupp 公司建成了世界上第一台 16t 加压电渣炉(PESR)[4]，德国的加压电渣炉所采用的合金化方式是在冶炼的过程中不断向渣池中加入氮化合金，但是由于生产工艺的不稳定，尤其是氮合金化技术方式的不完善，造成钢锭中元素分布不均匀，尤其是氮元素，有时必须进行二次重熔，成品合格率较低。

东北大学研制成功了 100kg 加压电渣重熔炉。加压电渣炉的设计最高工作压力为 7.0MPa，目前实验阶段的冶炼压力为 2～3.5MPa。利用加压电渣重熔工艺来制备五种不同的高氮奥氏体不锈钢。在电渣重熔过程中二次电压为 41V，电流为 1500～2500A，渣系选 ANF-6（70% CaF_2-30% Al_2O_3）或 63% CaF_2-17%

CaO-15%Al_2O_3-2%SiO_2-3%MgO，渣量 3～3.5kg，氮气采用 99%工业氮气。表 6.5 是加压电渣炉生产的高氮不锈钢钢锭的化学成分，从表中可以看出，通过加压电渣重熔方法可以熔炼出氮含量达到 1.21%的高氮不锈钢。

表 6.5 加压电渣重熔高氮奥氏体不锈钢成分 （单位：%）

钢种	压力/MPa	Cr	Mn	C	Si	S	P	Mo	Ni	N
Cr18Mn18N	2	20.13	16.51	0.10	0.54	0.012	0.020	—	—	1.0
Cr22Mn16N	2.1	21.22	15.92	0.12	0.49	0.003	0.023	—	—	1.21
18Cr18Mn2MoN	2.1～3	18.34	18.36	0.068	0.50	0.008	0.024	2.13	—	0.93
18Cr18Mn2MoN	2.3～3	18.56	18.20	0.069	0.48	0.009	0.025	—	—	0.93
P2000	3.0	17.06	13.18	0.042	0.75	0.009	0.021	3.37	—	0.79
23Cr2MoNi4N	3.2	21.33	—	0.026	0.72	0.010	0.019	2.05	4.00	0.88

6.1.4 真空电渣重熔技术

众所周知，在高真空条件下，材料中的一些杂质可以进一步去除，氧化物夹杂在高温下分解后，可以析出单质气体，而材料中 Pb、As、Sn、Bi、Sb 五大有害元素也可以在真空下进一步去除。另外，一些材料只有在真空条件下才能真正避免其中元素的氧化和烧损，尤其是微量元素。

超级合金对纯净度及均匀性要求很高，目前，超级合金大部分都是采用真空电弧重熔技术作为终端冶炼工艺，真空电弧重熔具有材料纯净度高，气体含量极低，成分可精确控制，铸锭组织致密，成分较均匀等优点。但是由于真空电弧重熔采用的是真空条件下电弧加热，没有熔渣参与精炼反应，所以对脱硫不利，且铸锭易形成白点及年轮状偏析，表面质量差。

电渣钢具有成分均匀、组织致密、夹杂物弥散分布且颗粒细小、钢锭表面光洁等优点，是多种材料制备的重要手段。但传统电渣炉熔炼都是在大气下进行的，钢中气体含量不容易控制，且钢中易氧化元素容易烧损，成分难于控制，这样，真空电渣炉就应运而生。

真空电渣炉的设备结构和保护气氛与加压电渣炉基本相同，即在普通电渣炉上方配有一个保护罩，对于保护气氛电渣炉即可以向熔炼室中充入气体，对于加压电渣炉，即可按照压力要求充入气体，保持炉内正压，真空电渣炉则是对熔炼室进行炉内抽真空处理形成负压。

德国 Leybold 公司在 20 世纪 90 年代，综合了真空电弧重熔 VAR 与电渣重熔的优点，开发出真空电渣重熔 VAC-ESR[5]，锭径 250mm，锭重 360 kg。重熔 Inconel 718 合金，由于高真空条件下，氟化物渣系与渣中的氧化物反应更加剧烈，所以，真空电渣重熔采用 $CaO-Al_2O_3$ 系的无氟渣，重熔前后渣成分变化如表 6.6 所示，Inconel 718 合金成分变化如表 6.7 所示，Al、Ti 含量基本不变，Mg 含量在标准范围。

表 6.6　真空电渣重熔 VAC-ESR 前后渣化学成分变化

渣组元	渣含量/%		变化量/%
	重熔前	重熔后	
Al_2O_3	45.00	43.70	−1.30
CaO	45.00	45.00	0
MgO	4.30	3.70	−0.60
TiO_2	5.00	6.40	1.40
SiO_2	0.15	0.17	0.02

表 6.7　Inco 718 合金真空电渣重熔前后化学成分

元素	合金成分/%		变化量/%	元素	合金成分/%		变化量/%
	自耗电极	重熔锭			自耗电极	重熔锭	
C	0.028	0.028	0	Ni	53.24	53.24	0
Co	0.18	0.18	0	P	0.010	0.007	−0.003
Cr	18.94	18.97	0.03	S	0.008	0.007	−0.001
Fe	17.20	17.20	0	Si	0.13	0.13	0
Mg	0.0081	0.0053	−0.0028	Ti	0.95	0.93	−0.02
Mn	0.08	0.08	0	V	0.03	0.03	0
Mo	3.02	3.02	0	Al	0.66	0.67	0.01
Nb	5.31	5.32	0.01	Cu	0.07	0.07	0

由于真空电渣炉制备的材料纯净度高，铸锭表面光洁，不需额外加工即可进入后道工序等优点，是制备高端材料的重要手段，并且在未来的有色金属行业具有较大的发展空间。

6.2　电渣连铸技术(快速电渣重熔技术)

传统电渣重熔采用一次重熔一个钢锭的间歇式生产方式，这样不仅生产效率低，而且钢锭在后步锻造或初轧开坯过程中钢锭头尾去除量较大，钢的成材率很低，因而生产成本比较高。另外，传统电渣重熔由于电流路径是变压器—短网—电极—渣池—金属熔池(钢锭)—底水箱—短网—变压器，渣池与金属熔池之间存在很大的热交换，所以金属熔池深度与电极熔化速度成正比，为保证钢锭结晶质量，熔化速度与锭直径之比不超过 1。对于一些易偏析合金(如工具钢、高温合金等)，这一比值低至 0.65～0.75。这样，重熔小直径钢锭时熔炼速度就很慢，造成冶炼费用相当高。尽管小直径重熔锭具有细小的枝晶结构，并且可以直接轧制，但是目前应用推广直径小于 300mm 的重熔锭仍然很难。

连铸具有生产效率高，生产成本低等优点，广泛应用于冶金工业，目前世界上大多数的钢锭都是由连铸的方法生产的[6]，但是考虑到表面质量和中心致密性问题，有些钢种仍然需要用其他的方法进行生产，尤其是工具钢和易偏析合金。

因此，国外电渣冶金工作者致力于将连铸技术与电渣重熔技术相结合，开发出快速电渣重熔技术(electroslag remelting rapid，ESRR)。苏联快速电渣重熔技术是在早年 T 形结晶器多流电渣重熔(multiple strand T mould ESR)[7]基础上发展起来的，“镰刀-斧头”厂采用多流电渣重熔，同时抽出四根 150mm 的轴承钢 GCr15 方坯[8]。

美国 Consarc 公司采用多流电渣重熔技术同时抽出三根 M2 高速钢坯。文献[9]～[11]介绍了这一技术，当时着眼点是用大断面铸锭作为电极，一次重熔出多根小断面铸坯，省去开坯工艺，而重熔速度提高幅度有限。

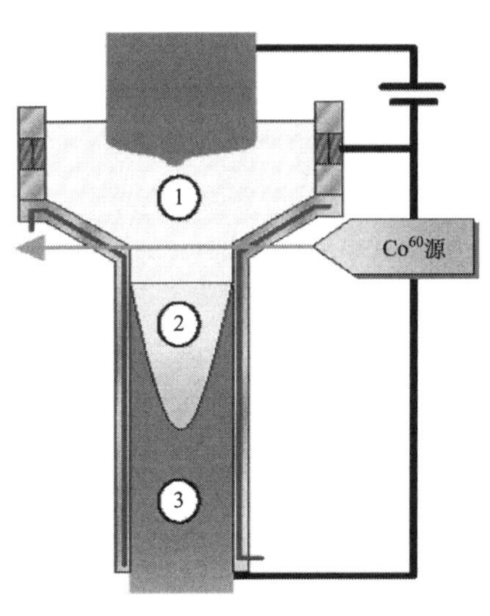

图 6.3　电渣快速重熔原理

1996 年快速电渣重熔(ESRR)技术应运而生，其生产率介于电渣重熔和连铸之间[6]。奥地利 Holzgruber[12]在意大利 Acciaier Valbuna 特钢厂进行了大量的实验，开发出快速电渣重熔技术，对于 100～300mm 的小型钢锭，熔速提高到 300～1000kg/h，使熔速与结晶器直径之比为3～10。其原理如图 6.3 所示，采用 T 形结晶器，重熔大断面电极，在结晶器壁上嵌入导电元件，使电源电流通过自耗电极—渣池—导电元件返回变压器，如此改变了结晶器内的热分配。钢-渣熔池界面基本上没有电流通过，也就是基本不发热，同时钢-渣熔池界面远离电极端头，使得金属熔池的温度大幅度降低，减弱了金属熔池深度与输入功率的关系。此外，铸锭自 T 形结晶器中抽出，在空气中受空气对流冷却。而固定式结晶器重熔时，铸锭收缩与结晶器内壁形成气隙对冷却不利。

快速电渣重熔(ESRR)生产 Φ145mm 的铸锭，获得较高的熔速 V_m，渣系采用 CAF3 及 CAF4(在 1600K 时，渣电导率分别为 $\kappa=2\Omega^{-1}\cdot cm^{-1}$ 及 $2.5\Omega^{-1}\cdot$

cm^{-1}），而与以往通用 ANF-6 渣（70%CaF_2-30% Al_2O_3，κ=3.5$\Omega^{-1}\cdot cm^{-1}$）比较，渣电导率降低，使重熔电效率显著提高。ESRR 重熔 M2 钢（锭径 160mm）在 V_m 达到 300kg/h 时加 FeS 测得熔池呈 V 形，熔池深度约 147mm，计算出凝固系数 C=37mm/min$^{1/2}$。当熔速 V_m 提高到 600kg/h 时，熔池呈 U 形，熔池深度约 189mm，凝固系数 C=46mm/min$^{1/2}$。标准电渣重熔 ESR 的凝固系数 C=30～35mm/min$^{1/2}$，连铸凝固系数 C=25～38mm/min$^{1/2}$。因 ESRR 具有高的凝固系数 C，从而在增大熔速条件下，铸坯内部组织仍是致密、均匀、无疏松、无缩孔的。所生产的钢种有马氏体耐热钢 AISI402、奥氏体不锈钢 AISI304L、高速工具钢 M7、超级合金 INC0718、高温耐磨合金 WN14980，相应工艺参数见表 6.8。ESRR 铸锭表面光洁，无需清理即可直接热加工。

表 6.8　不同快速电渣重熔的工艺参数

工艺	电流/kA	电压/V	重熔速度/(kg·h)	渣系	气氛	合金添加剂
AISI402 重熔 VALIB	8.4	71	560	CAF3	N_2	0.03%Al
AISI304L 重熔 AISL	9.2	69	600	CAF3	N_2	0.03%Al
WN14980 重熔 ANS	8.6	67	370	CAF4	N_2	0.03%Al

图 6.4 是 Holzgruber 等[13,14]开发的电渣快速熔铸及重熔方坯设备的简图，该技术使用 T 形结晶器，增大了填充比，使熔速大幅度提高。在导向器和传动滚的共同作用下，可以连续地进行抽锭，待抽出的铸锭足够长时，使用自动的火焰枪将其截断，这样实现连续生产，大大提高了劳动生产率，提高了金属收得率和成材率，并且节约了能耗。

2002 年，奥地利 Inteco 公司在电渣快速重熔的基础上添加一套自动控制装置，实现了连铸电渣快速重熔（CC-ESRR）技术。根据钢水液面检测信号来控制两个驱动辊和四个导向辊，可以实现自动连续拉坯。应用这一装置重熔直径为 100～300mm 的小直径钢锭时，其熔化速度与重熔锭直径之比可以达到 3～10；在 T 形结晶器上部，较大直径的自耗电极的熔化速度可高达 300～1000kg/h。

为了更好地掌握这一技术，Inteco 公司进行了大量实验，重熔锭包括 100mm、140mm、160mm 和 200mm 的方坯，钢种有高速工具钢、不锈钢和高温合金（如 718）等。结果表明，各种小直径重熔锭均具有良好的内在质量和表面质量，可以直接热轧；在自耗电极熔化速度超过 500kg/h 时，重熔锭组织均匀细小，无明显的偏析和疏松。其中高速工具钢 AISI M7 在不同熔速下的热试照片和铸锭表面质量如图 6.5 和图 6.6 所示，随着熔速的增加，表面质量越来越好。

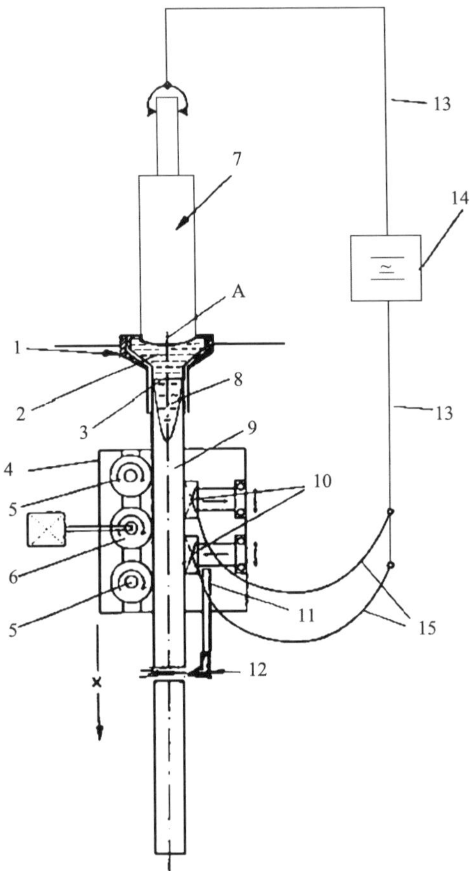

图 6.4　电渣快速重熔生产方坯

1-结晶器；2-渣池；3-渣金液面；4-传动滚固定机构；5-从动滚；6-驱动滚；7-电极；8-金属熔池；9-方坯；10-导向器；11-焰枪固定杆；12-火焰喷枪；13-高压电线；14-电源；15-软性电缆

(a)300kg/h

(b) 500kg/h

(c)700kg/h

图 6.5　电渣快速重熔生产高速工具钢 AISI M7 方坯

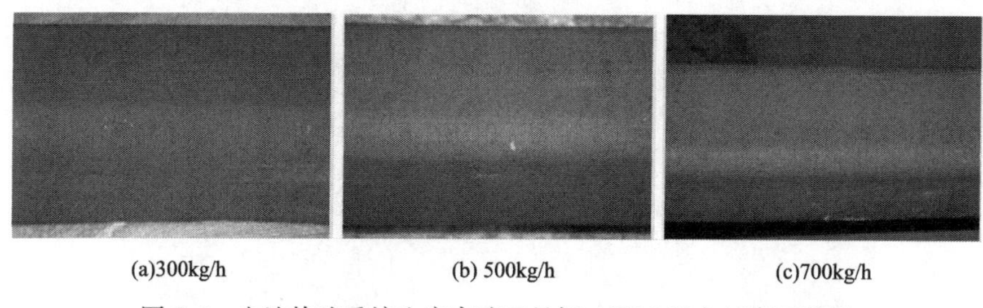

(a)300kg/h　(b) 500kg/h　(c)700kg/h

图 6.6　电渣快速重熔生产高速工具钢 AISI M7 方坯表面质量

为了克服传统电渣工艺的上述缺点，从 2002 年开始东北大学钢铁冶金研究所进行了电渣连铸(electroslag continuous casting，ESCC)技术的开发研究[4]。电渣连铸技术既有电渣冶金的特点，也继承了连铸的优点，电渣连铸技术主要特征是采用双极串联、交换电极、Cs137 液面检测与控制、连续拉坯及在线切割等技术，其主要原理如图 6.7 所示。

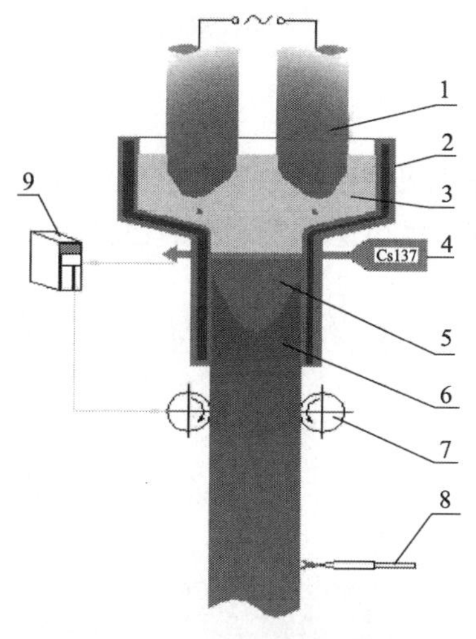

图 6.7　电渣连铸原理

1-电极；2-结晶器；3-渣池；4-金属液面检测装置；5-金属熔池；6-重熔方坯；7-拉坯机构；8-切割装置；9-控制系统

采用 T 形结晶器，双极串联渣池的高温区主要集中在两个电极的导电端头，改变了传统电渣重熔的热场分布，使金属熔池深度与输入功率基本无关。此外，铸锭自 T 形结晶器中抽出，在空气中受空气对流冷却。而固定式结晶器重熔时，铸锭收缩与结晶器内壁形成气隙对冷却不利。必要时可采取连铸的二次冷却技术，可进一步提高铸坯的凝固速度。

在理论分析基础上，进行了普通碳钢、不锈钢、轴承钢和高速钢的电渣连铸 90mm×90mm 小方坯的实验室实验[15]。实验取得很好的效果，在熔化速度比传统电渣工艺提高 3～5 倍的情况下，其凝固组织仍然达到传统电渣锭的质量。

图 6.8 为 W9Mo3Gr4V 电渣连铸小方坯在拉速为 0.03m/min 时，没有振动的情况下铸坯的表面质量。整体来看，铸坯表面比较光滑，并未发现裂纹、夹渣、折皮等明显缺陷。虽与好的连铸小方坯比较还有待提高，但表面经轻微修磨后即可使用。

除了碳化物，非金属夹杂物也是高速钢的一项重要技术指标。从图 6.9 和表 6.9 可以看出，W9Mo3Gr4V 电渣连铸小方坯的内部夹杂物明显少于自耗电极，

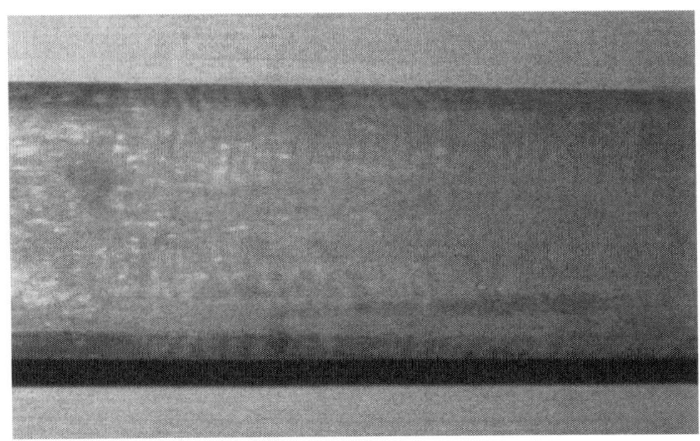

图 6.8　铸坯表面质量

与传统电渣重熔工艺生产的钢锭基本相同。图 6.9(a)、(b)、(c)分别为自耗电极、传统电渣重熔钢锭、电渣连铸小方坯内部夹杂物尺寸及分布照片。

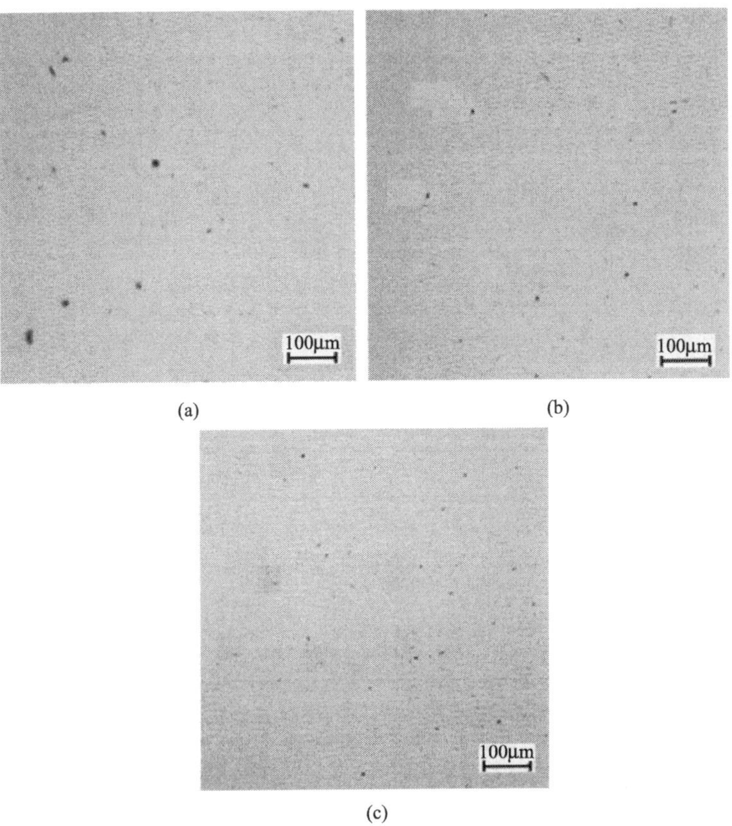

图 6.9　自耗电极、ESR 钢锭和 ESCC 铸坯内部夹杂物的比较，×100

表 6.9　电渣连铸方坯与自耗电极的夹杂物尺寸比较

夹杂物直径/μm	视场中夹杂物数量		
	自耗电极	传统电渣重熔铸坯	电渣连铸方坯
<2	311	135	95
2～5	308	139	72
5～10	101	65	50
>10	82	47	48

表 6.9 结果为采用相同自耗电极在同熔速下不同生产工艺生产出钢锭夹杂物的情况比较，可以看出电渣连铸各尺寸范围的夹杂物均少于自耗电极，与传统电渣重熔工艺基本相同。

检验试样为电渣连铸工艺生产的 W9Mo3Cr4V 小方坯，将试样被检验面在平面磨床上磨平后进行低倍检验，按 GB/226—1991 标准检验，其结果为一般疏松、中心疏松、点状偏析均小于 1.0 级，无气泡、白点、夹渣等低倍缺陷。图 6.10为电渣连铸小方坯的低倍组织。

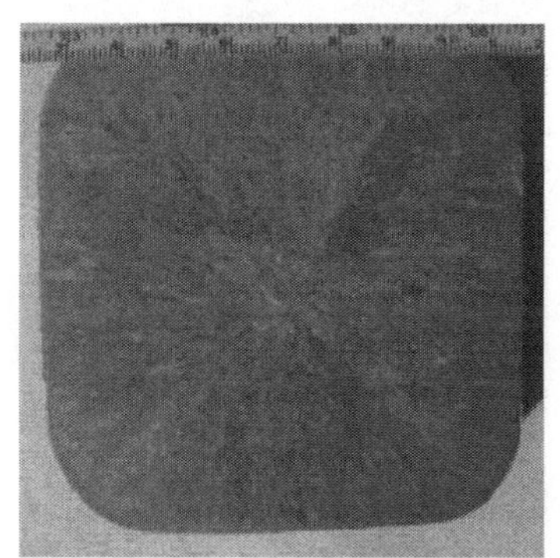

图 6.10　电渣连铸小方坯(90mm×90mm)的低倍组织

由图可见，电渣连铸后的铸坯低倍组织质量优异，各种缺陷均小于 1.0 级，符合 GB 1979—80《结构钢低倍组织缺陷评级图》的要求。这主要归功于采用双极串联技术将渣池中高温区上移至两电极中间，减弱了熔化速度与熔池深度的必然关系，在较大熔速下仍能获得良好的内部质量。另外，下部小方坯的快速冷却也是一个主要因素。

铸态 90mm×90mm 小方坯试样，根据 GB/T 6394—2002《金属平均晶粒度测定法》标准(以下晶粒度分析也是按照此标准)并且经晶界重建后分析，边部、中部、心部晶粒度分别为 7 级、5.9 级、5.6 级，属细晶粒，如图 6.11 所示。

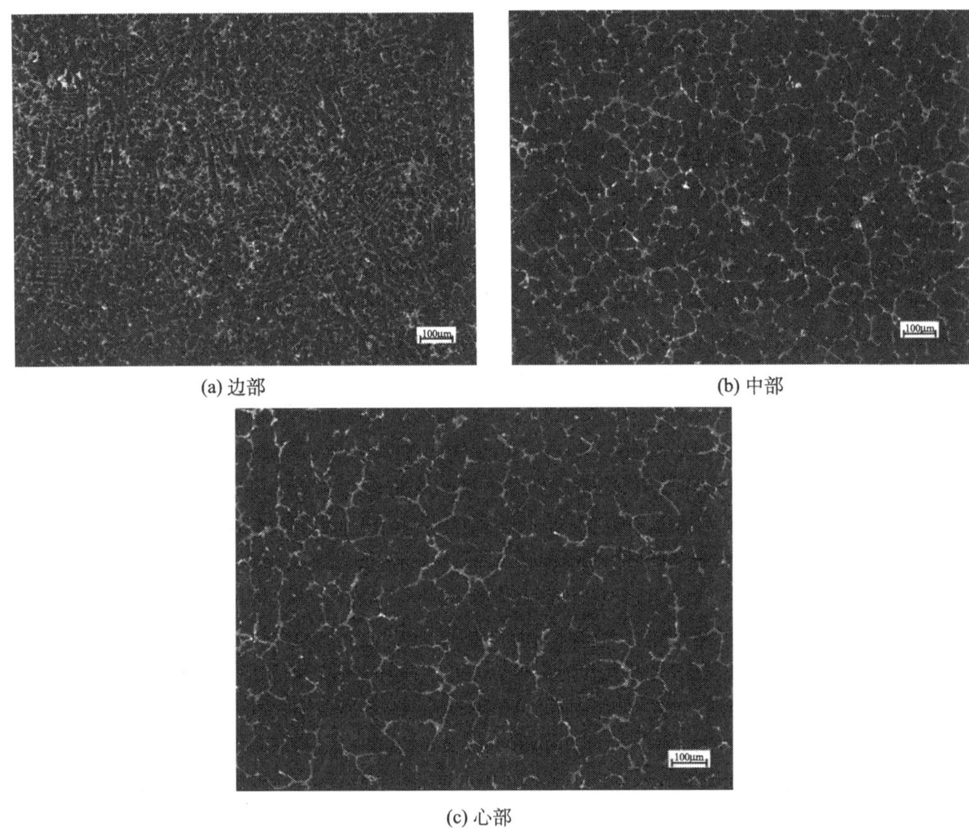

(a) 边部　(b) 中部　(c) 心部

图 6.11　ESCC 小方坯边部、中部、心部晶粒度检测，×100

对于电渣连铸铸态铸坯，最外层由于过冷度较大，冷却速度较快，晶粒最细小；而从表层往内是柱状晶区，晶粒变大；中心部位由于冷却速度相对缓慢形成中心等轴晶粒，晶粒最大。

放大至 500 倍时，可以清晰地看见共晶莱氏体和二次碳化物，其余的黑色部分为基体，如图 6.12 所示。

图 6.13 中(a)、(b)、(c)是相同熔速下传统电渣重熔钢锭从外层向心部的铸态组织试样，(d)、(e)、(f)是电渣连铸小方坯从外层向心部的铸态组织试样。

电渣连铸与普通电渣工艺不同部位的晶粒度列于表 6.10。由表可以看出，电渣连铸的晶粒度级别高，即其晶粒小，碳化物网络细薄，在后续加工中容易打碎。

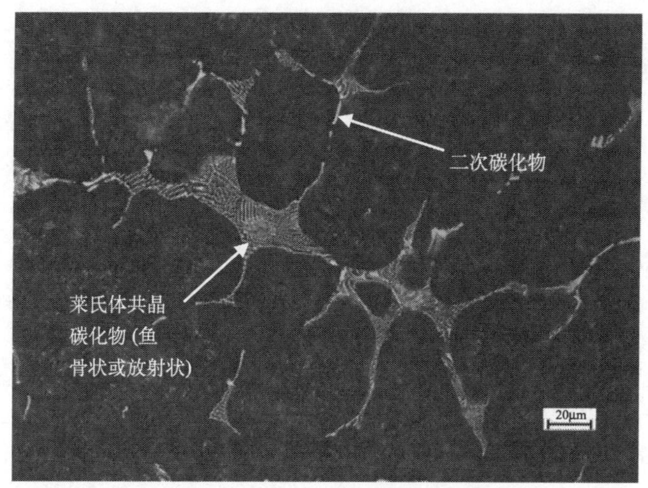

图 6.12　ESCC 小方坯碳化物微观形态，×500

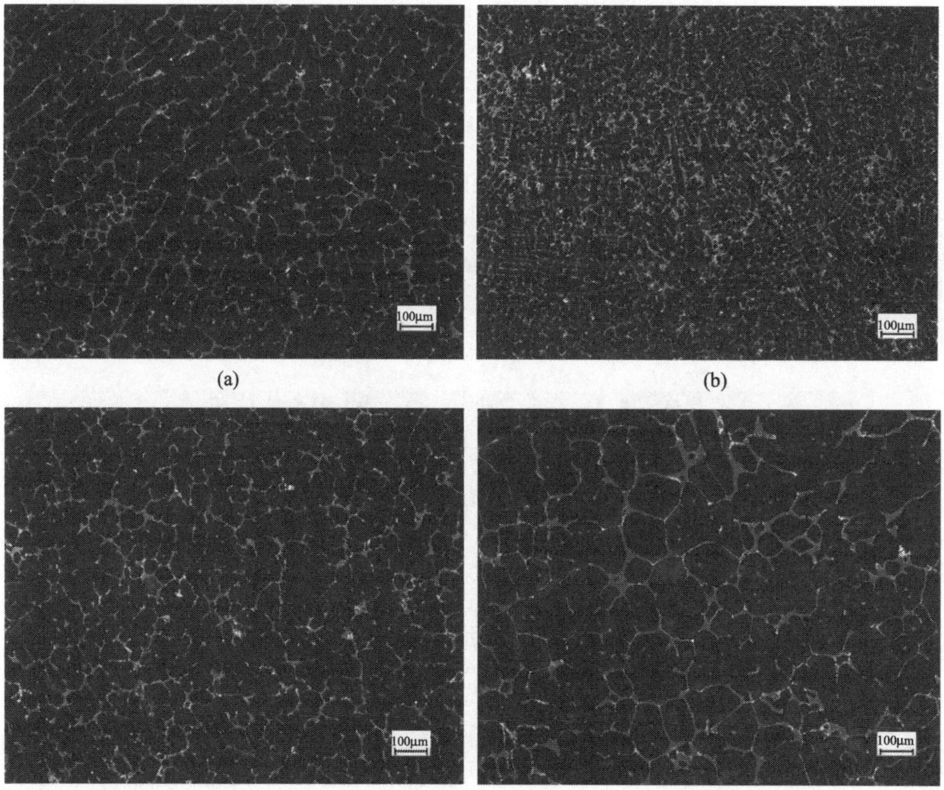

(a)　　(b)

(c)　　(d)

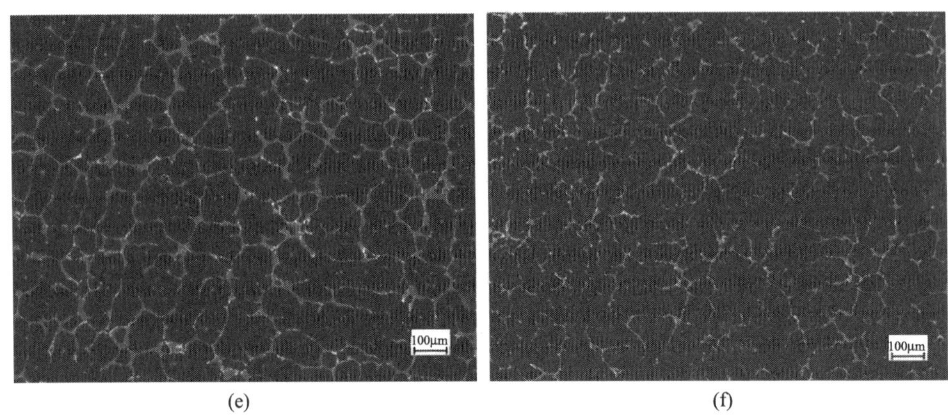

(e) (f)

图 6.13 普通电渣工艺与电渣连铸工艺试样的晶粒度比较，×100

表 6.10 电渣连铸与普通电渣重熔各部位的晶粒度比较

部位	普通电渣重熔	电渣连铸
边部晶粒度	5.3	7
中部晶粒度	4.8	5.9
心部晶粒度	5	5.6

在实验室研究的基础上，电渣连铸技术在国内两家钢铁企业得到了成功应用。图 6.14 是电渣连铸生产 300mm×340mm 方坯、Φ600mm 圆坯和 280mm×325mm 方坯的情况。图 6.15 和图 6.16 分别为上述三种规格电渣连铸坯的低倍组织。

(a) 300mm × 340mm电渣方坯

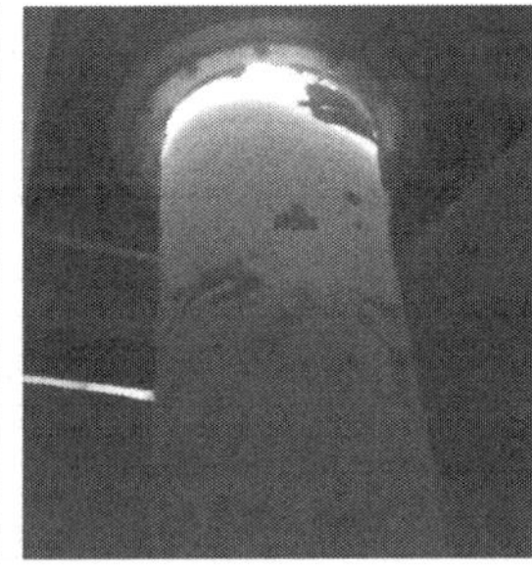

(b) Φ600电渣圆坯

(c) 280mm × 325mm电渣方坯

图 6.14 电渣连铸生产方坯和圆坯

工业实验表明，电渣连铸比传统电渣重熔提高熔化速度 1～3 倍，电耗下降 20%～30%，成材率提高 8%～12%，铸坯表面质量和内部质量均与传统电渣锭

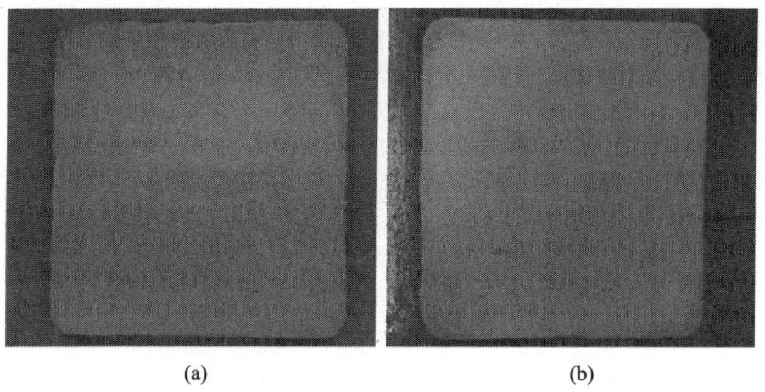

(a)　(b)

图 6.15　电渣连铸方坯低倍组织(300 mm×340mm)

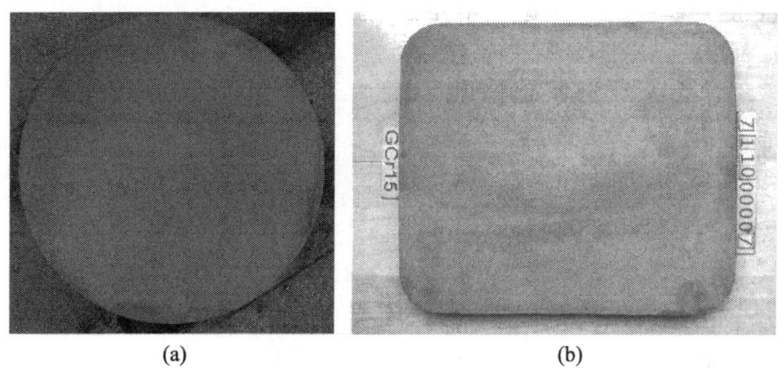

(a)　(b)

图 6.16　电渣连铸圆坯(Φ600mm)和方坯 280mm×325mm 低倍组织

相当。实践证明，将电渣重熔技术和连铸技术的优点融为一体，实现了“提高质量、提高效率、降低成本”的目的。

工业实验生产 12Cr1MoVG 电渣连铸圆坯在拉速为 0.005m/min 时，没有振动的情况下铸坯的表面质量，整体来看较光滑，在铸坯表面并未发现裂纹、夹渣、折皮等明显缺陷。减少了后序加工工序并提高了金属成材率。

所用于测定化学成分和气体含量的试样分别取自 Φ600mm 电渣连铸 12Cr1MoVG 铸锭。沿铸锭轴向高度 6000mm 范围分别取头部和尾部的试样，以比较不同部位处的化学元素和气体含量的变化规律。

不同部位处的化学成分如表 6.11 所示。对比表 6.11 中自耗电极和铸锭头、底部的化学成分，可见经过电渣连铸后，12Cr1MoVG 钢的化学成分发生如下变化。

电渣连铸后铸锭材料中的硅、锰的含量略有下降，硅最大烧损量不超过 0.04%，锰的最大烧损不超过 0.05%，含量仍均在合金成分的控制范围内。硫含量由原来的 0.005%下降到 0.002%～0.003%，平均去硫量约为 50%。其他元素基本没有变化，从表中可以看出，头尾各元素的偏差较小，元素分布比较均匀。碳、硅、锰元素的烧损很小，但有害元素含量下降较多，特别是脱硫能力强，这就充分发挥了电渣重熔工艺的优点。

表 6.11 12Cr1MoVG 电渣铸锭元素分布情况(质量分数) (单位:%)

取样部位	C	Si	Mn	P	S
尾部	0.12	0.27	0.50	0.010	0.002
头部	0.12	0.25	0.55	0.009	0.003
自耗电极成分	0.12	0.29	0.55	0.009	0.005
标准范围	0.08～0.15	0.17～0.37	0.40～0.70	≤0.030	≤0.030
取样部位	Cr	Ni	Cu	Mo	V
尾部	1.0	0.02	0.08	0.31	0.2
头部	1.0	0.02	0.08	0.30	0.2
自耗电极成分	1.0	0.03	0.09	0.30	0.2
标准范围	0.9～1.2	≤0.25	≤0.20	0.25～0.35	0.15～0.30

对高压锅炉管用钢来说，钢中的气体含量，尤其是 N、H 和 O 元素的含量都要进行控制。钢中的氮含量增加，可使钢材产生时效脆性，降低钢的冲击韧性，也可引起钢的冷脆等不利影响。宜将氮含量按小于 0.0080%控制。

在高温(一般在 220℃以上) 高压下，钢中的氢和碳及渗碳体发生反应，生成甲烷，并使钢内外脱碳，造成钢材内裂和鼓泡。同时，扩散到钢中位错、晶界或微孔洞等缺陷中的氢，与应力共同作用造成钢材脆化现象的氢脆。应将氢含量按小于 0.0003%控制。

钢中的氧含量高，其氧化物夹杂量就高，钢中的氧化物夹杂物影响钢的性能，因此要求把钢中的夹杂物尽可能降低到最低限度，残留在钢中的氧化夹杂物应呈细小、均匀分布，保持合理的状态，以减轻它们对钢材的危害。应将氧含量按小于 0.0030%控制。

表 6.12 是钢锭中气体含量的分析结果。从中看出，铸锭中氧含量基本是在尾部低，头部较高。钢中 T.O 含量基本可以控制在 30mg/kg 以下，这对控制钢中的氧化物夹杂是有利的。

表 6.12 钢锭气体含量分析结果 (单位：mg/kg)

部位	T.O	N	H
尾 部	21.45	54.85	0.80
头 部	29.15	52.30	0.76
标 准	≤30	≤80	≤3

现场实验结束后，将所得到的电渣锭进行解剖分析。在现场进行了电渣钢锭横向截面的低倍检验(图 6.17)，考察电渣重熔后钢锭的宏观偏析、疏松、白点等缺陷。按 GB/226—1991 标准检验，其结果为一般疏松、中心疏松、点状偏析均小于 1.0 级，无气泡、白点、夹渣等低倍缺陷。

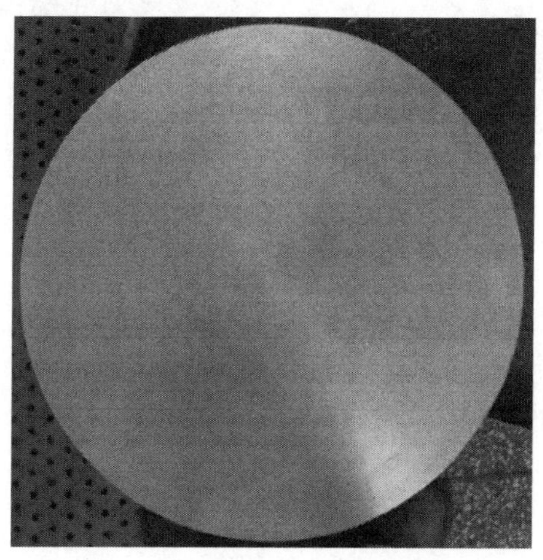

图 6.17　电渣连铸圆坯低倍检验

应用 CARL · ZEISS AxioImagerA1m 金相显微镜检测电渣连铸铸坯的晶粒度，图 6.18 为放大 50 倍时的晶粒形貌。其中图(a)为铸坯边缘试样，图(b)为铸坯 1/2 半径处试样，图(c)为铸锭中心试样。

从图中可以看出钢的微观组织为珠光体(黑色)和铁素体(白色)。对电渣连铸铸态铸坯而言，最外层由于温度梯度较大，冷却速度较快，晶粒最细小；而从表层向内是柱状晶区，晶粒变大；中心部位由于冷却速度相对缓慢，形成中心等轴晶粒，晶粒最大。

6.3　电渣液态浇注技术

6.3.1　导电结晶器技术

传统的电渣重熔技术使用自耗电极，靠电流通过熔渣所产生的渣阻热来加热及熔化电极，所形成的金属熔滴经过熔渣精炼后，在水冷结晶器中冷却凝固。但传统的电渣重熔技术存在许多缺点和不足：①需要制备自耗电极。经过熔化和精炼处理的液态金属需要制备成自耗电极，这个制备过程需要耗费人力、物力及时间，并且从液态金属到固态电极耗费大量能量，到电渣过程电极还需要重新加热。②短网压降及系统感抗损失大。传统的电渣重熔过程的供电回路是从电源→

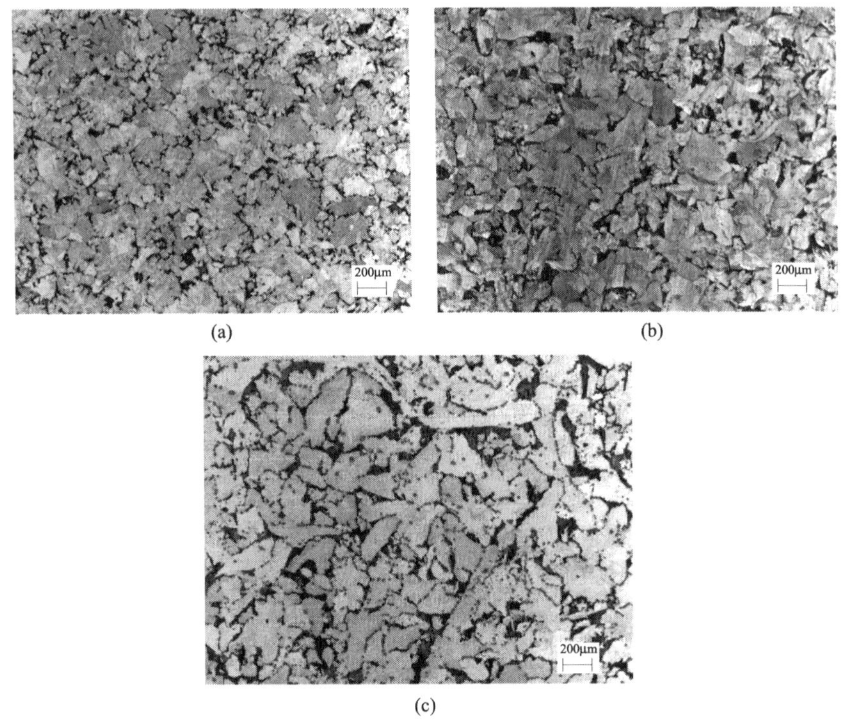

(a) (b) (c)

图 6.18 ESCC 铸坯晶粒度检测，×50

电极顶端→渣池→金属熔池→铸锭→底水箱→电源，由于自耗电极长，供电回路很长，而且供电回路所包围的面积很大，这就增大了短网压降及感抗损失。③生产效率低。传统电渣重熔过程的生产效率，也就是自耗电极的熔化速度，受结晶器直径的制约，例如，一台直径为 1000mm 的结晶器，电极熔化速度往往小于 1000kg/h。

电渣液态浇注技术(electroslag surfacing with liquid metal，ESS LM)则可以有效避免传统电渣重熔过程所存在的缺点和不足，这种技术最初是建立在导电结晶器的基础上开发而成的，导电结晶器是由乌克兰巴顿电焊研究所最先开发的[14]。按照目前资料介绍来看，导电结晶器的结构形式有两种，如图 6.19 和图 6.20 所示，图 6.19 所示的导电结晶器的结构形式相对较复杂，在导电体上部还有不导电的部分，这样就涉及两段绝缘，并且复杂的水路设计也会增加结晶器的制造成本。这种导电结晶器电渣重熔过程可以构成多个电流回路：一是变压器→自耗电极→渣池→导电体→结晶器；二是变压器→自耗电极→渣池→金属熔池→底水箱→变压器；此外，还可以形成变压器→导电体→渣池→金属熔池→底水箱→变压器。

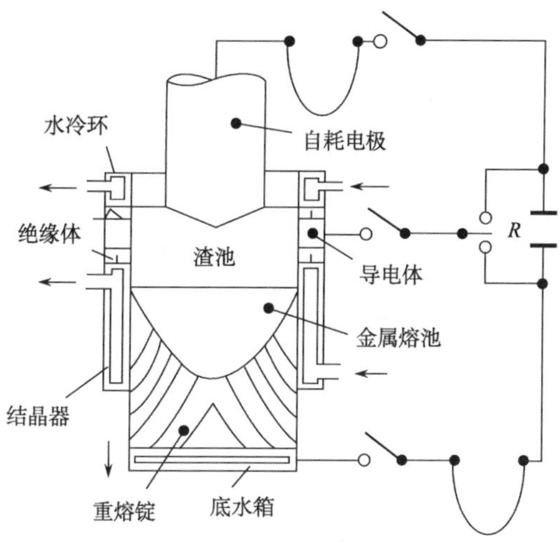

图 6.19　采用导电结晶器的电渣重熔技术

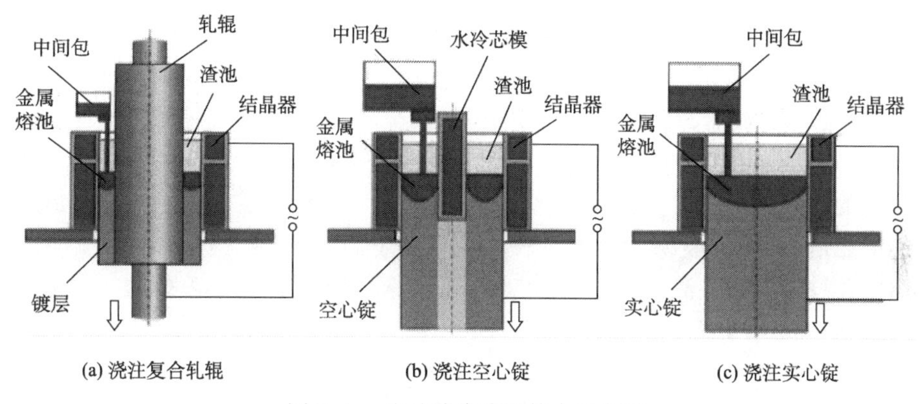

图 6.20　电渣液态浇注技术示意图

图 6.20 所示为另外一种导电结晶器形式，采用这种导电结晶器可以进行复合轧辊、空心钢锭及实心钢锭的制备，根据所熔炼产品结构不同而形成不同的电流回路：一是变压器→辊芯→渣池→结晶器→变压器(图 6.20(a))，二是变压器→外结晶器→渣池→内结晶器→变压器；此外，还可以形成变压器→外结晶器→渣池→金属熔池→钢锭→变压器的回路(图 6.20(b))。采用导电结晶器作为非自耗电极可以实现对熔渣的加热，从而保证渣池和金属具有与电渣重熔过程相似的温度分布特征，可以有效地将电能转化成热能，提高供电效率，高效地将电能转化为热能，进而可以得到与电渣重熔相似的凝固组织。

6.3.2 电渣液态浇注技术的特点

电渣液态浇注技术是基于图 6.20 所示的导电结晶器开发而成的，电渣液态浇注技术不再需要自耗电极，直接采用经过精炼的液态金属进行浇注，极大地缩短了产品的生产周期，降低了生产成本。电渣液态浇注技术可以制备双金属复合轧辊、空心钢锭及实心钢锭，是未来电渣冶金技术的发展方向之一。

该技术还包括以下特点。

(1) 中间包加热技术。为了保持比较浅平的金属熔池形状，钢水浇注的速度相比于传统的浇注方法要慢很多，所以浇注时间很长，从几个小时到几十个小时不等。虽然可以分批多包浇注，但中间包的钢水要停留很长时间，因此，中间包必须采用加热保温措施。感应加热是比较好的加热方法。

(2) 具有控制小流量浇注的装置。由于浇注速度很慢，即钢水流量很小，根据具体的铸件或钢锭尺寸不同，流量要控制在每分钟几十千克到几百千克不等。因此小流量控制是其技术难点。乌克兰采用了电磁泵控制其浇注速度，按间歇式方式进行浇注。

(3) 保护浇注技术。由于流量小，而且产品要求纯净度高，浇注过程必须采取严格的保护措施，以防止钢水吸气和二次氧化。

(4) 精确的液面控制技术。由于结晶器上部分是导电的，渣-金属液面必须严格控制在下部不导电的部分。乌克兰采用电磁涡流法检测渣-金属液面，当一定强度的电磁场通过熔渣和金属时，由于其导磁性不同，通过传感器检测到其返回的电压信号有差异，从而判断其液面的精确位置。

以这种导电结晶器技术为基础的新一代电渣液态浇注技术，其优点是在生产不同形状和双金属铸件方面具有工艺的灵活性，不仅可以生产实心锭、空心锭，还可以生产双金属复合轧辊或其他双金属材料。

6.3.3 电渣液态浇注双金属复合轧辊

电渣液态浇注双金属复合轧辊过程中，辊芯表面很薄的一层被熔化，与液态金属在芯轴与导电结晶器之间形成复合层，覆合层的材料可以是铸铁、高速钢、工具钢、不锈钢、Ni 基高温合金及其他金属。所制成的复合轧辊可用作冷轧辊、热轧辊或连铸辊。这项技术允许复合直径从 100mm 到 1800mm，甚至更大直径圆锭外表面，并作为轧钢厂轧辊。复合层的厚度可以从 15～20mm 到 100mm，甚至更大，这完全按照客户要求进行确定，因此从节约合金材料角度，大规格的复合轧辊要比同规格整体轧辊合金含量低得多。图 6.21 是乌克兰 Novokramatorsk 机械制造厂应用电渣液态浇注技术所生产的直径为 740mm、工作层为高速钢的复合热轧辊，图 6.22 则是复合轧辊外层和内层的宏观组织。由图可以看出，镀层的组织要比内层组织致密得多，这既可以保证轧辊芯部具有较好的韧性，又可以使外面的工作层达到较高的硬度，据称这种热轧辊寿命比传统方法所生产的铸铁轧辊高 4～4.5 倍。

图 6.21　液态金属电渣冶金技术生产的热轧辊形貌

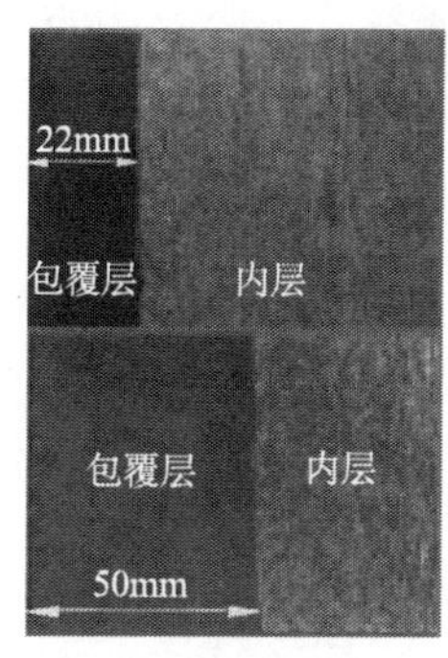

图 6.22　热轧辊宏观组织

对高速钢复合成品的宏观检测表明，金属沉积层是致密的，没有微孔、裂纹、收缩等缺陷，如图 6.23 所示。熔合线是致密的，没有内外层金属互熔的现象，但内外层金属存在相互渗透，如图 6.24 所示，并且辊坯在高度和直径方向上的渗透深度是一致的。

图 6.23　ESS LM 方法所生产复合轧辊轴向宏观组织

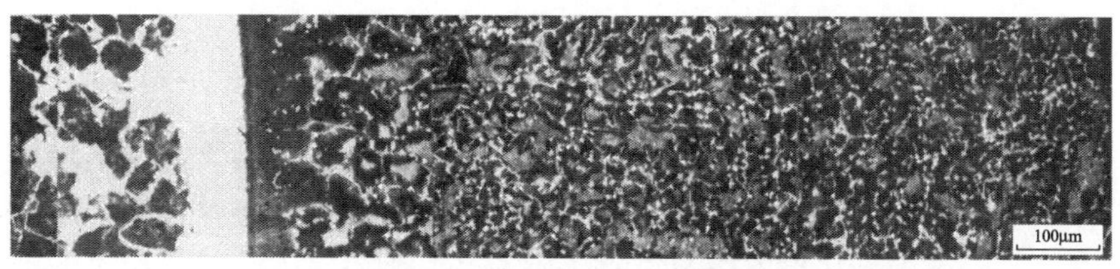

图 6.24　高速钢复合轧辊过渡层的金相组织，×100

现代双金属轧辊生产方法的技术条件对比如表 6.13 所示。

表 6.13 现代双金属轧辊生产方法对比

规格	技术				
	离心铸造法	CPC	喷射沉积成形法	HIP	ESS LM
轧辊质量	5	3～4	2	1	3～4
技术使用状况	1	2	3～5	3～5	3～5
轧辊使用状况	1	2	3～4	3～4	5
设备复合程度和费用	2～3	2～3	4	5	1
工艺复杂程度和轧辊成本	2	3	4～5	4～5	1
未来应用前景	1～3	1～3	4	5	1～3
旧工作辊再利用能力	5	1～2	1～3	1～2	1～2
未来 5～10 年的发展前景	3	1～2	5	4	1～2

1～5 表示评价等级，1-最好，5-最差。

CPC：连续浇注复合铸造；HIP：热等静压法。

日本的 CPC 复合轧辊制备方法与电渣液态浇注法制备复合轧辊技术有一些相似之处，其方法上最大的不同在于 CPC 方法在中心芯棒的上端使用感应线圈对其进行预热，而 ESS LM 方法使用渣阻热对芯棒进行加热。ESS LM 方法生产的轧辊内外层接合处存在渗透层，而 CPC 方法生产的轧辊基本没有渗透层。

与离心铸造法(spin casting)和 CPC 法相比，电渣液态浇注法几乎可以复合任何直径圆柱钢坯的外表面，复合层的厚度由客户的要求决定，复合层可以达到 20～100mm，甚至更厚。Elmet-Roll 公司和 NKMZ 厂合作后，实施了 NKMZ 厂的电渣炉改造项目。改造后该厂可以生产直径达到 1000mm、辊身长度达到 2500 mm 的轧辊。该厂第一次用该设备生产了直径为 740 mm 的热轧辊，其工作层为高速钢[16,17]。

电渣液态浇注可以通过控制浇注钢液的温度来有效抑制铸件微观组织的不均匀性。在 ESS LM 法中，炼钢设备中的钢液可以过热，并能够按照所要求的时间保持这一温度。采用任何已知的方法对液态金属进行冷却，甚至到接近液相线温度后再将其倒出。在 ESS LM 法中可以创造条件来使形成的晶粒细化。根据乌克兰巴顿电焊研究所的结果，在用 ESS LM 法复合直径为 280mm 的钢坯表面 32mm 厚的高速钢复合层时，将成分(质量分数)为 1.8%C、0.31%Si、0.7%Mn、4.5%Cr、1.5%Ni、3.5%Mo、6.1%V 和 4.4%W 的液态金属以 1570～1600℃保持在熔炼炉中 1h，初步冷却到接近液相线温度后倒入电渣复合设备中。从图 6.25 可以看出，这种方法对微观组织非常有利。

电渣液态浇注法相对于离心铸造法和 CPC 法的另一个显著优点是效率高且

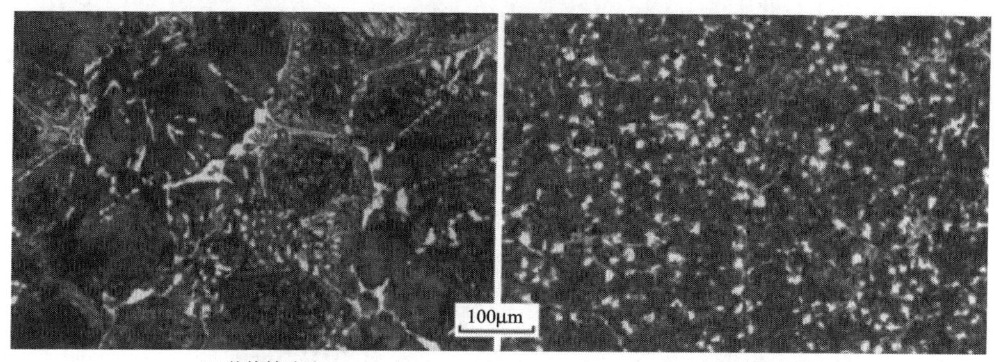

(a) 传统铸造法　(b) ESS LM法

图 6.25　传统铸造法和 ESS LM 法所生产的轧辊复合层的微观结构

能耗低。根据 Elmet-Roll 公司的数据，复合速度能达到 200～800kg/h，甚至更高。同时，在复合的过程中，能耗降低，为 600～800kW·h/t。

从 2003 年开始，乌克兰 NKMZ 厂通过从 Elmet-Roll 公司获得技术转让，开始生产多种复合轧辊，包括热连轧工作辊和大型支撑辊，最大直径达 1800mm。材质包括高铬铸铁、高速钢和高铬铸钢等。产品在乌克兰、俄罗斯、欧洲、北美和中东等许多国家和地区的钢铁企业使用。所制备的复合轧辊在乌克兰某钢厂 1700mm 热连轧机 2 号机架上使用其轧制量达到 16000t/mm。

6.3.4　电渣液态浇注实心钢锭

在 20 世纪 90 年代，乌克兰巴顿电焊研究所进行了实验室条件下的电渣浇注实心钢锭的实验[16]。图 6.26 是 Φ110mm 和 Φ210mm M1 高速工具钢钢锭的低倍组织，其浇注速度是普通电渣锭的三倍。从低倍组织来看，其结晶组织与电渣重熔锭基本一致。

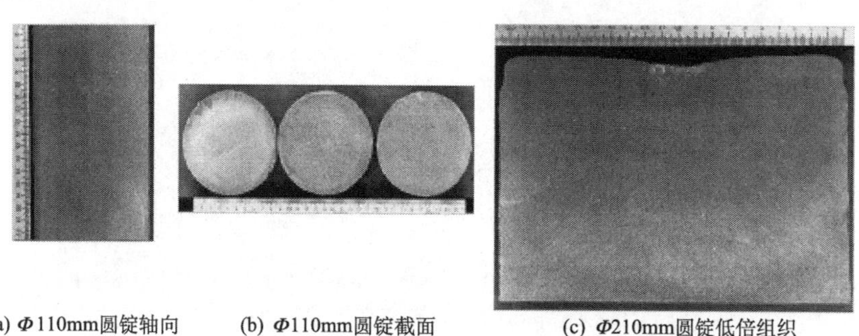

(a) Φ110mm圆锭轴向低倍组织　(b) Φ110mm圆锭截面　(c) Φ210mm圆锭低倍组织

图 6.26　电渣浇注 M1 钢实心锭的低倍组织

2009 年，东北大学与国内某钢厂合作进行了液态电渣浇注的工业实验[18]。与乌克兰最早的电渣液态浇注技术相比，东北大学开发的技术有两种加热方式：一种是采用导电结晶器的导电段导电加热熔渣，另外一种是采用石墨环导电加热熔渣，如图 6.27 所示。实验用结晶器直径为 Φ1000mm，采用了两种加热方式，一是采用导电结晶器，另一种是在熔渣中插入导电环。中间包采用感应加热，并设有底吹氩气装置。钢水流量采用塞棒控制，控制拉坯速度约 10mm/min。

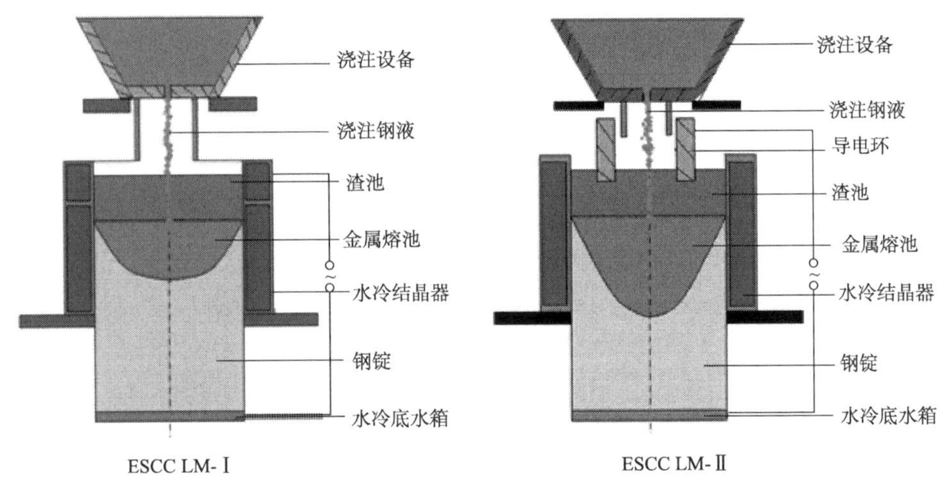

图 6.27　液态电渣浇注实心锭工业实验原理图

图 6.28 是电渣锭的表面质量和内部质量情况。从实验结果看，电渣浇注钢锭无论表面质量还是内部质量，均接近电渣重熔的水平。而实验中由于其拉坯速度是传统电渣重熔的五倍，所以液态电渣浇注可以大幅度提高生产效率，降低电耗，实际电耗约为电渣重熔的 30％。

图 6.28　液态电渣浇注实心锭的表面质量和内部质量

由表 6.14 中两种方案的实验工艺参数对比不难看出，钢水浇注温度对铸锭表面质量的影响很大，浇注温度越高，钢水流动性越好，铸锭的成形越饱满，但是钢水浇注温度过高钢锭表面渣壳会被烫破，反而会使表面质量恶化，还会增加铸锭的凝固时间，从而影响铸锭内部质量；当钢水浇注温度过低时，渣皮厚，钢锭不饱满，甚至会出现夹渣的现象。

表 6.14　两种方案的实验工艺参数

实验工艺参数	ESCC LM-Ⅰ	ESCC LM-Ⅱ
熔渣化清后温度/℃	1650～1700	1650～1700
钢种和钢水质量	45 钢、15t	45 钢、15t
钢水浇注温度/℃	1576	1606
熔炼电压/V	50～60	65～75
熔炼电流/kA	17	18
下结晶器冷却水量/(m^3/h)	140～160	140～160
钢水浇注速度/(kg/min)	85～100	60～77
抽锭速度/(mm/min)	13.5～16.5	10～13
抽锭行程/mm	1527	2230
渣-金界面控制距离/mm	与导电结晶器上沿距离 370～380	与导电环下沿距离控制 210～220
实验渣系	预熔渣 S2	预熔渣 S2
二冷系统	未使用	未使用
表面质量评价	成形不饱满，表面有明显折皮和渣沟的缺陷	较好，去除残存渣皮后不需要修磨即可进行锻压

在钢水浇注温度相同的条件下，在对两个供电方案的实验中发现，增加熔炼功率可以改善钢锭表面质量，但是方案 ESCC LM-Ⅰ的改善效果没有方案 ESCC LM-Ⅱ的显著。在方案 ESCC LM-Ⅰ中，电流在铸锭内经过的路径很短，只有铸锭表面一层，加热深度很浅，增加其熔炼功率，结晶器带走的热量也会增加，对钢水的整体流动性影响不大，因此供电方案 ESCC LM-Ⅰ对钢锭表面质量的控制效果没有方案 ESCC LM-Ⅱ的控制效果好，如图 6.29 所示。

图 6.30 为供电方案 ESCC LM-Ⅰ的连铸式液态电渣铸锭横向低倍检测，图 6.31为方案 ESCC LM-Ⅱ的取样位置及横向低倍组织图。

从低倍检测结果可以看出：供电方案 ESCC LM-Ⅰ由于采用结晶器导电加热，使得高温区集中在铸锭熔池的边缘，铸锭凝固时间要长于方案 ESCC LM-Ⅱ，因此一般疏松和中心疏松评级结果前者比后者稍差，而且存在 1.0 级的

(a) ESCC LM-Ⅰ

(b) ESCC LM-Ⅱ

图 6.29　铸锭的表面质量

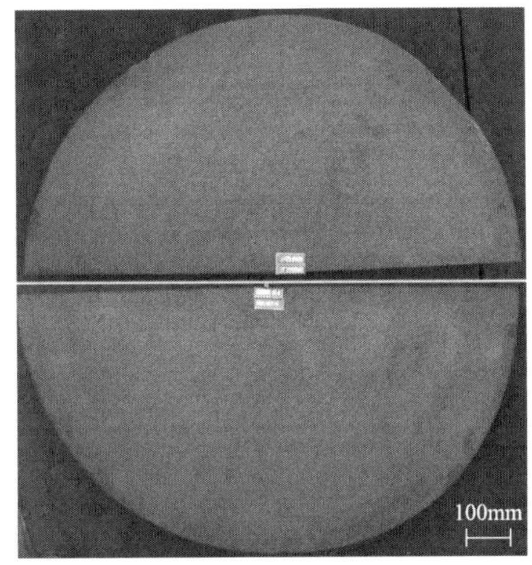

图 6.30　方案 ESCC LM-Ⅰ铸锭横向低倍检测

锭型偏析；供电方案 ESCC LM-Ⅱ的柱状晶生长方向与传统电渣的相同，柱状晶和表面约成 45°角，如图 6.32(a)和(d)所示。根据晶体沿传热方向反向生长的特性，说明该方案中铸锭的凝固过程和熔池形状与电渣的过程基本一致，高温区集中在铸锭圆心位置，与数学模拟计算结果相符。因此，在两个供电方案中，后者

(a)

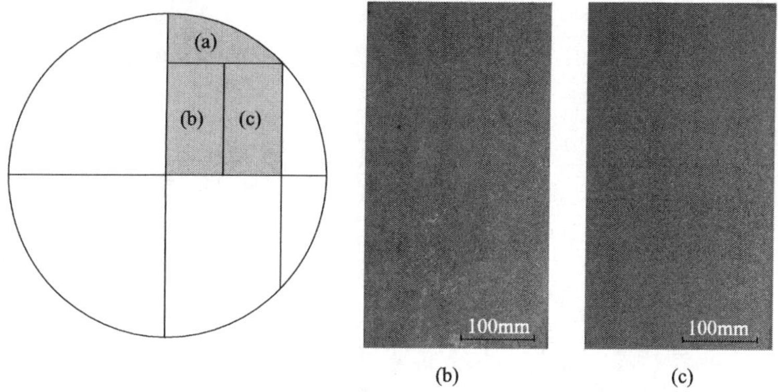

图 6.31　方案 ESCC LM-Ⅱ铸锭取样位置及横向低倍组织图

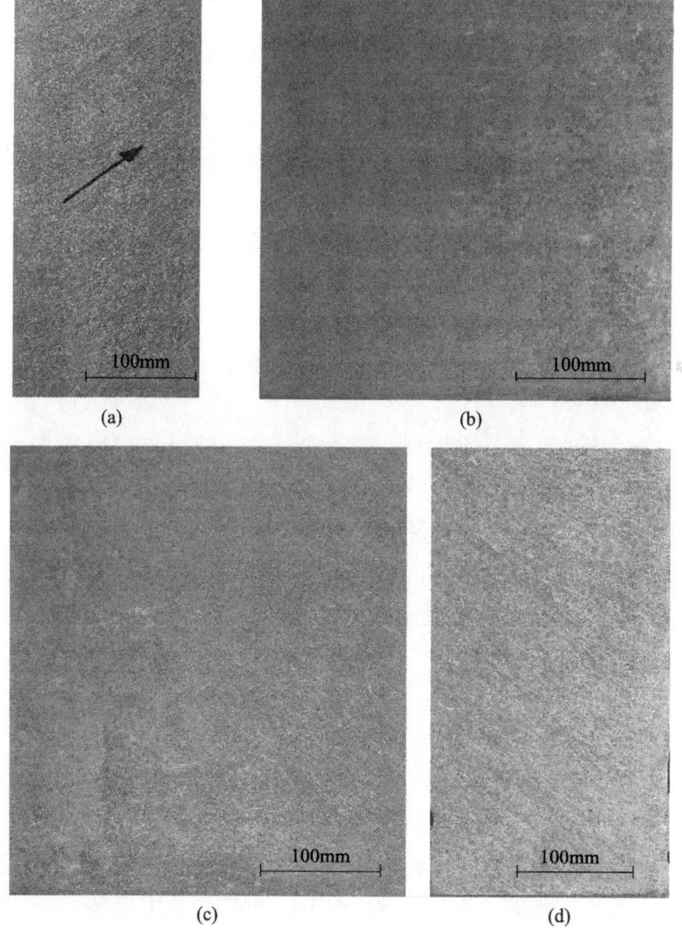

图 6.32　方案 ESCC LM-Ⅱ铸锭纵向低倍组织图

铸锭的凝固控制过程和熔池形状比前者方案更接近于电渣重熔的状态，使得方案ESCC LM-Ⅱ生产的铸锭内部质量也更接近于传统电渣重熔。

实验结果表明，电渣液态浇注钢锭无论表面质量还是内部质量均接近于电渣重熔的水平。而实验中由于拉坯速度是传统电渣重熔的5倍，所以液态电渣浇注可以大幅度提高生产效率，降低电耗，实际电耗约为电渣重熔的30%[19]。

6.4　特厚板坯电渣重熔技术

近年来，高端特厚板钢材品种的需求量十分旺盛。例如，高端模具钢、锅炉容器钢、核电用钢等。目前，特厚板的生产主要是采用模铸锭和电渣锭进行锻造或者轧制而成。而模铸钢锭由于存在各种偏析及疏松缺陷，所以锻造比要求较大，并且所得到的最终厚板质量受到很大的限制。

电渣重熔厚板坯优越性体现在以下几个方面。

(1) 电渣锭组织致密，成分均匀，在宽阔的温度区间内，具有良好的加工塑性，可以允许更小的加工压缩比。例如，用700mm厚度的电渣扁锭可以生产出350mm的厚板。

(2) 电渣重熔扁锭，可以省去开坯工序，直接上厚板轧机，减少锻压比，节省工时。

(3) 电渣重熔锭轧成钢板，性能优良，和普通钢板比较，横向塑性、韧性大大提高，改善了各向异性、断裂韧性和缺口敏感性，且低周波疲劳指标显著改善。

(4) 电渣重熔钢板可焊性良好。焊缝热影响区缩小，可以省去大型焊接结构件(高压容器、锅炉、反应堆壳体)焊接后正火处理。

(5) 良好的使用性能。电渣重熔钢板具有良好的低温抗冷脆性。

(6) 与模铸相比，电渣重熔生产的特厚板，由于产品质量好，成材率可提高9%～18%，足以抵偿全部重熔费用。而且省去了开坯工序，实际生产成本反而降低。

乌克兰在用电渣重熔生产大板坯设备和技术方面多年来积累了很多经验。20世纪70年代在第聂伯特钢厂建成了四台16～20t的扁锭电渣炉用于高质量厚板的生产。国内外大型板坯电渣重熔炉部分设备情况如表6.15所示。

随着板坯生产能力的增长，对电渣重熔的大板坯提出了迫切的要求。例如，目前连轧机要求采用50～70t的板坯，而在不久的将来，要求采用更大的锭子，一直到90～100t。由于宽厚板轧机的建设，就提出了用电渣重熔法生产120～140t的板坯[20]。

表 6.15　国内外大型板坯电渣重熔炉发展情况

公司名称	国别	钢锭截面/mm	质量/t	变压器容量/(kV·A)
英国钢铁公司	英国	480×1500～640×3200	50	9000
蒂森公司	德国	650×1320	30	4680
新日铁八幡厂	日本	300×1900，510×1900，510×2400	40	5630×2
卢肯斯钢铁公司	美国	760×2000	30	6000
太原钢铁有限公司	中国	848×390，895×455	4.3	
长城特钢	中国	762×830，650×726	5	
舞阳钢厂	中国	640×2000，760×2000，960×2000	50	6000
鄂城钢铁公司	中国	200×1300，320×1400，320×2000	20	4200

大型板坯电渣重熔锭生产的实际困难与功率供给以及电极规格有关。目前国内外大型板坯电渣炉类型繁多，各有特色，很难确切分类。一般按供电方式、自耗电极进给方式、结晶器(锭子)是否移动进行分类。

按供电方式的不同，板坯电渣炉可分为以下几种：单相交流单电极板坯电渣炉、低频单电极板坯电渣炉、单相双电极串联板坯电渣炉和三相交流供电板坯电渣炉。其中单相交流单电极板坯电渣炉的优点是：电极制造和布置容易，设备简单，控制容易。但它的感抗损失大，用电效率低，三相不平衡。目前世界上采用这种炉型的主要有美国的卢肯斯钢铁公司和国内的宝钢特殊钢分公司[21,22]。

与单相交流单电极板坯电渣炉相比，低频单电极板坯电渣炉解决了感抗损失大，用电效率低和三相不平衡等问题，但其仍存在熔池深度大，凝固质量差，中心偏析较明显等问题，目前世界上采用这种炉型的主要有德国蒂森公司[23]。

单相双电极串联板坯电渣炉的优点是操作可靠和简单，感抗损失小，用电效率高，钢水过热度小、熔池浅平，结晶质量好；缺点为设备结构较复杂，电极制造和布置难度大，控制电极熔化同步难度大。实践证明采用单相双极串联生产板坯功率因数高($\cos\varphi=0.9$)，热源集中，同样功率下生产率可提高一倍，电耗降低 1/3，金属熔池浅平，有利于轴向结晶[24]。日本和苏联的大型板坯电渣炉多以此种炉型为主，人们通常使用两对电极，并且结晶器在窄面上一般是 T 形的。国内采用这种炉型的主要有太原钢铁有限公司和攀钢集团长城特钢有限公司[25]。

三相交流供电板坯电渣炉由于三电极功率不平衡、传热不平衡，熔化速度差异很大。此类电渣炉美国和苏联均进行过尝试，但不成功。而英国钢铁公司采用此种炉型生产 540mm×2500mm 重达 34t 的板坯锭时并没有发现相不平衡的严重问题[26]。

2006～2009 年东北大学为某钢厂建成了世界上最大断面尺寸的三台 40t 板

坯电渣炉。最大锭重达 49t，最大断面尺寸为 960mm×2000mm。板坯电渣炉相对于传统电渣炉，具有以下技术特点。

(1) 低频电源控制。

用一台三相整流变压器将 35kV 降至满足工艺的二次电压，将三相交流逆变成 0.5～5Hz 的单相低频交流电，保证了三相平衡的供电要求。在国内特大吨位电渣炉设备中首次实现了低频电源控制，低频电源的采用可显著节省电能。

(2) 双极串联重熔。

采用两支电极串联的重熔方式，可以减小短网感抗，提高功率因数；减少短网有功消耗，因此大幅度减低电耗，目前统计电耗为 1100～1300kW · h/t；在保证相同金属熔池深度的条件下，可提高熔化率。

(3) 结晶器移动式抽锭。

采用底水箱固定、结晶器移动的抽锭方式。抽锭系统由立柱和驱动系统组成，成功解决了大型钢锭重熔时的结晶器配置问题，而且可以显著降低炉子的整体高度。

(4) 电极称量与熔化速度精确控制。

采用四个高精度称重传感器以及二次仪表对自耗电极的重量进行在线精确称量。再通过实时调整电流和电压实现了电极熔化速度的精确控制，保证了铸坯的凝固质量。

(5) 干燥空气保护

采用露点为－70～－40℃的干燥空气对结晶器口进行保护，从而显著降低了重熔过程钢锭的吸氢，提高了钢板探伤的合格率。

电渣炉自投产以来，已成功开发了厚度为 640mm、760mm、960mm 三种规格的 P20、WSM718R、980、2.25Cr1Mo、16MnR(HIC)、20MnNiMo 等 20 多个钢种。为提高产品质量水平，先后采用了冷却控制、结晶器锥度调整、渣系优化、干燥空气保护等先进工艺技术和措施。其主要经济技术指标如下。

(1) 月产量能够达到 650t/台以上。

(2) 吨钢电耗：1100～1300kW · h/t，在国际上处于领先水平。

(3) 锭-材成材率：85%，比普通钢锭成材率提高 12%左右。

(4) 内部质量：通过对轧后板材的探伤，均符合 SEL 072—77 和 JB/T 4730.3—2005 的Ⅰ级标准。另外，成分均匀，上下偏差小，性能指标，特别是冲击韧性明显改善。

2010～2013 年东北大学为某钢厂建成了世界上最大宽厚比的两台 20t 板坯电渣炉。最大断面尺寸为 320mm×2000mm，最大宽厚比达到 6.5(图 6.33)。该电渣炉主要用于生产高端模具钢、潜艇耐压壳体用钢板等军工用钢、锅炉容器钢、核电用钢、海洋平台用钢等电渣重熔扁锭。

图 6.33　320mm×2000mm 电渣扁锭照片

图 6.34～图 6.36 均为某厂采用东北大学开发的大型板坯电渣重熔技术生产的板坯，该厂生产板坯的尺寸规格分别为 950mm×2000mm×2800mm、740mm×1970mm×2700mm、620mm×1950mm×2700mm[27]。

图 6.34　某厂生产的 950mm×2000mm×2800mm 电渣板坯

在热试初期，电渣钢表面质量较差。电渣锭表面多有重皮、波纹、露渣等现象发生，经过大家共同努力攻关，大型板坯电渣炉生产出的铸坯表面质量优于传统电渣重熔工艺生产的电渣锭表面质量。

厂家按 GB/226—1991 标准检验，其电渣重熔大型板坯低倍检测结果如图 6.37 所示，其结果为一般疏松、中心疏松、点状偏析均小于 1.0 级，无气泡、白点、夹渣等低倍缺陷。

重熔前后主要成分变化情况如表 6.16 所示。从表 6.16 中可以看出，钢中各主要元素含量在重熔前后变化很小，完全能够满足钢种要求。

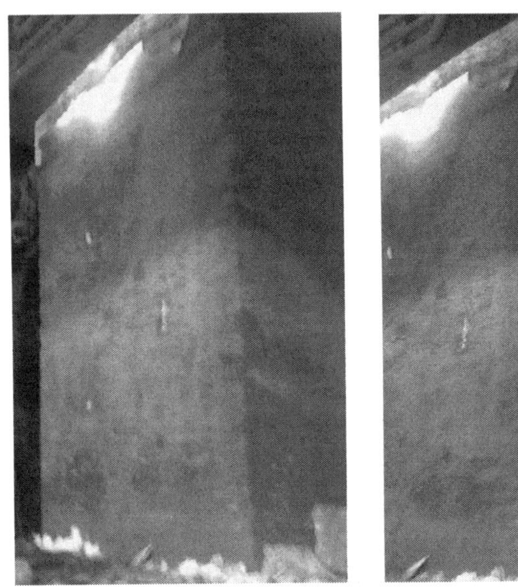

图 6.35 某厂生产的 740mm×1970mm×2700mm 电渣板坯

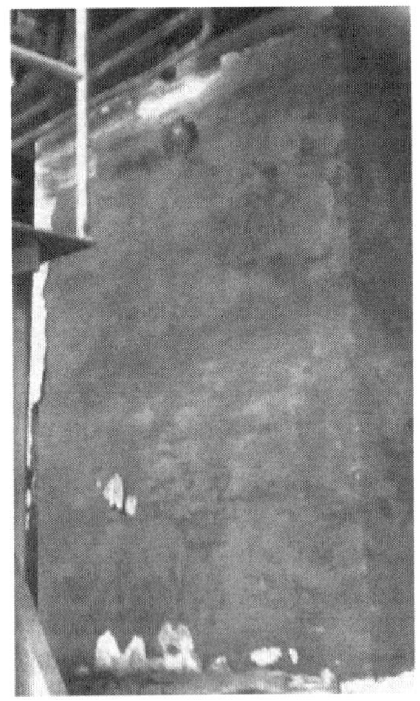

图 6.36 某厂生产的 620mm×1950mm×2700mm 电渣板坯

图 6.37　电渣重熔大型板坯低倍检测

表 6.16　WSM718R 钢重熔前后主要成分变化情况　（单位:%）

阶段	元素								
	C	Si	Mn	P	S	Ni	Cr	Al	Mo
重熔前	0.36	0.38	1.18	0.013	0.003	0.91	1.83	0.040	0.45
重熔后	0.35	0.42	1.12	0.013	0.003	0.90	1.81	0.025	0.44
变化量	↓0.01	↑0.04	↓0.06	0	0	↓0.01	↓0.02	↓0.015	↓0.01

轧态 380mm×2400mm 板坯试样，根据 GB/T6394—2002《金属平均晶粒度测定法》标准(以下晶粒度分析也是按照此标准)并且经晶界重建后分析，边部、中部、心部晶粒度分别为 7.5 级、6.0 级、5.5 级，属细晶粒，如图 6.38 所示。

对电渣重熔大型板坯而言，最外层由于过冷度较大，冷却速度较快，晶粒最细小；而从表层往内是柱状晶区，晶粒变大；中心部位由于冷却速度相对缓慢，形成中心等轴晶区，晶粒最大。

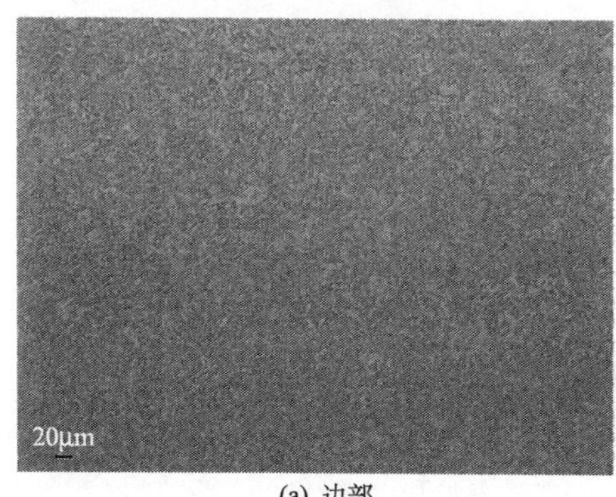

(a) 边部

(b) 中部

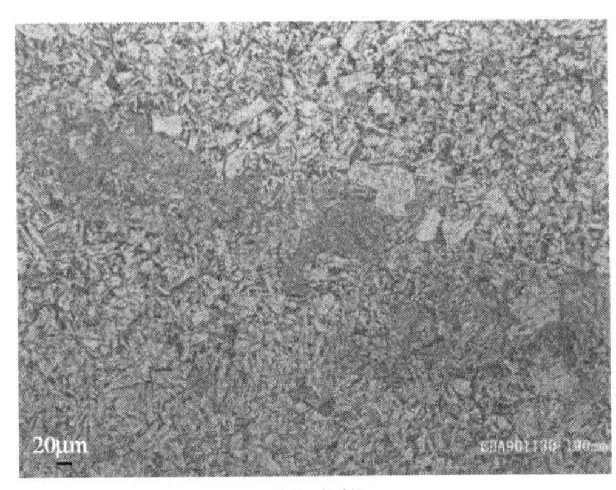

(c) 心部

图 6.38 板坯边部、中部、心部晶粒度检测，×100

6.5 空心钢锭电渣重熔技术

随着核电、火电、水电、石化等装备的迅速发展，对筒形大锻件的尺寸要求越来越高(直径可达 4000mm 以上，甚至达到 6000mm)、对质量要求越来越高。厚壁管，特别是中、大口径(外径 400～1000mm，壁厚 25～80mm)无缝厚壁管、特厚壁管的需求也不断增加。传统筒形大锻件都是采用普通实心铸锭进行空心锻件的生产，其缺点是冲孔工序造成大量的材料浪费；多次加热，多工序变形，容易改变钢锭内部组织结构，影响产品质量；难于加工超大型锻件，不易保证产品的精度和材质的均匀性。用空心钢锭生产大型筒体锻件可节约材料费 15%、加热费 50%、锻造费 30%[28,29]。

目前我国筒体和厚壁管行业存在的问题是：①生产工艺复杂、流程长；②材料利用率低、生产成本高；③产品质量低；④大型筒体，大口径、高端厚壁管产品依赖进口。因此空心钢锭在大型高等级空心锻件和厚壁管的生产中具有非常广阔的发展前景。

6.5.1 空心钢锭生产方法

在筒形大锻件(空心锻件)生产之初，都是采用普通实心铸锭进行空心锻件的生产，有其不可避免的缺点：一是冲孔工序造成大量的材料浪费；二是加工过程中，需要对钢锭多次加热，才能完成锻压、镦粗、冲孔、扩孔等工序，容易改变钢锭内部组织结构，影响产品质量；三是难于加工超大型锻件，超大型锻件的加工需要大型锻压机和冲床，加工难度大，并且不容易保证产品的精度和材质的均匀性。为解决上述问题，日本、法国等工业发达国家先后开始了空心钢锭制造技术的研究并取得了成功，其产品已扩展到石油化工容器、核电压力壳等重要设备。

与采用普通钢锭生产大型空心锻件相比，空心钢锭有如下的优点。

(1) 采用空心钢锭生产空心锻件可省去墩粗、冲孔两道工序，减少加热火次。这样不仅操作方便，而且可以节省台时、能源和提高材料利用率。

(2) 空心钢锭在钢液凝固时内外同时冷却，提高了冷却速度，使最后凝固部分的偏析减轻，成分均匀，性能较普通钢锭要好。

(3) 采用空心钢锭可以在不增加设备改造投资的情况下，提高现有设备最大加工能力。如生产某空心锻件需实心钢锭 300t，若采用空心钢锭，255t 钢锭即可满足要求。

空心钢锭一般的生产方法包括[30]传统法、直接浇铸法[31]、焊接法、离心铸造法、电渣重熔法等。

直接浇注法又分为有芯法和无芯法。

有芯法是在浇注传统的实心钢锭的基础上，通过在钢锭中心设置型芯使其在浇注过程中形成中空，通过向型芯或钢锭内表面通入冷却介质实施强制冷却，控制钢锭内壁冷却速度和钢锭的凝固中心位置，最终获得筒形的中空钢锭。

日本川崎制铁所的学者滕井澈也发明了无芯法浇注空心钢锭。即在钢锭模中间不加芯子制造空心钢锭。该技术生产空心钢锭，将冷却系统设在钢锭锭模的外侧，凝固从四周开始沿径向向中心推进。待凝固壳达到一定厚度，通过与凝固壳凝固在一起的夹具吊起中空的凝固壳，即得到一个空心钢锭。吊出后，由于浇口处静压力的作用，液面又恢复到原来位置，开始新的操作。该技术能够形成连续生产，且不易在钢锭内部产生缩孔等缺陷。但是无芯法对浇注过程中的热环境要求较高[32]。

直接浇注法的优点是解决了钢锭中的缩孔、偏析及生产过程中脱模困难等问题，但是浇注长度受限，成材率低，且内芯不可重复使用，耐火材料容易污染钢锭成分。

焊接法，即用卷板机对板料进行卷制，从而得到各种壁厚的钢管。这种生产钢管的工艺方法比较简单，但母材与焊接件接头处的结构均匀性难以保证。电焊设备质量轻，产品种类多，所以发展快，缺点是不能生产无缝钢管而只能生产有缝钢管，此缝隙可通过后续焊接来缝合。虽说现代焊接缝隙技术在不断提高，但是很难保证焊缝处性能与本体性能相一致。

离心铸造[33]是将金属液浇入旋转的铸型中，使液体金属在离心力的作用下填充铸型和凝固成型的一种铸造方法。离心铸造法的优点是组织较致密，缩孔、缩松、气孔、夹杂等缺陷较少，金属收得率较高，但在铸造含有重金属元素(如钨、钼等)的合金钢时，钢中的重金属元素会沿径向产生严重的偏析从而限制了空心钢锭的壁厚。

电渣重熔法又可分为固定式金属芯棒法、芯棒移动法和多电极抽锭法[34]。固定式金属芯棒法的优点是方法、设备简单，无需抽锭装置，但当熔铸坯件冷却至1000℃以下时，如果芯棒不可以分解，则无法脱出，每制造一个空心锭需要损失一个芯棒，生产成本很高；芯棒移动法的优点是生产成本相对较低，但是芯棒的移动速度和金属液面的位置难以控制，另外空心钢锭的长度也受到芯棒长度的限制；多电极抽锭法的优点是空心钢锭的长度不再受到芯棒长度的限制，但受到电极直径大小的限制，难于重熔直径较大的厚壁空心锭[30~33]。

电渣重熔空心钢锭质量很高，用于制造最重要用途的产品。电渣重熔空心钢锭的致密性、强韧性、塑性、各向同性和其他的性能指标，不仅超过变形的转炉钢和电炉钢，而且超过电渣重熔实心钢锭[33]。

电渣重熔空心钢锭的主要问题是滴落的金属使坯料空腔中的芯棒卡死[35]。这自然对电渣炉结构提出了一些复杂的补充要求。控制芯棒与结晶器的相对移动速度是电渣重熔空心钢锭的重要工艺因素，在现代化电渣炉上都是依靠自动控制来完成的。采用固定芯棒是生产空心钢锭最简单的方法，设备简单，无需抽锭，但这种装置最明显的缺点是：使用非金属芯棒，会使空心钢锭被污染；使用水冷金属芯棒，当空心钢锭冷至1273K以下时，芯棒难以脱出，只能用机械(冲压、切割)或借助热作用撤出，这样每制造一个空心钢锭必须损失一个芯棒，很不经济，工业上无推广应用的价值。

大型筒体的制造方法归纳起来如表6.17所示。第一类采用空心钢锭进行后部的锻造或环轧加工，这种方法成本低，成材率高，是技术发展趋势。第二类是实心钢锭锻造成形，存在工序长、能耗高、成材率低等缺点，而厚钢板卷制焊接成型焊缝质量难以保证。

表6.17 大型筒体的制造方法及比较

分类	方法	优点	缺点	综合拼价
空心钢锭	内芯铸造法	方法简单，成本低	内表面容易产生裂纹；靠近钢锭内表面易形成A偏析，影响下道工序产品质量	良
	无芯铸造法	凝固质量好，成本低	操作难度大，技术不成熟	良
	离心浇注法	工艺简单，设备简单，生产成本低	铸造缺陷，产品质量低	中
	电渣重熔法	工序简单，成材率高，产品质量高，生产成本低	技术难度大，需要精确的自动控制系统	优

续表

分类	方法	优点	缺点	综合拼价
实心钢锭	锻造镗孔成形法	产品性能较好	工艺复杂，生产成本高，成材率低	中
	水平钻孔法	产品质量好	采用机械加工，工作量极大，材料浪费严重	差
	自由锻成形法	工艺简单	材料浪费大，生产成本高	中
	厚板卷制焊接法	工艺简单，材料利用率高	焊缝质量难以保证，只能用于质量不高的场合	差

生产高合金大口径厚壁钢管一般采用“钢锭(坯)→冲孔→穿孔→轧管”的工艺线。如果采用空心钢锭，则可以形成“空心钢锭→空心锻制→轧管”的新工艺线，解决了高合金无缝钢管在皮尔格轧机直接穿孔，轧管难度大的技术问题。此举可大幅度降低大口径厚壁合金钢管的生产成本和生产周期。采用径锻机锻造无缝钢管，可以用较小的压力生产大口径的厚壁管，但必须事先制备空心锭或空心坯。传统的方法有机械钻孔、压机冲孔或皮尔格轧机穿孔等。铸造法可以大幅度提高成材率，大幅度降低成本。空心锭铸造的生产方法有离心浇注法、固定钢锭模内加内芯浇注法以及无芯浇注法等，前者质量较差，后两者技术仍处于研发阶段。奥地利 GFM 公司认为采用电渣重熔生产空心锭不仅成材率高，而且质量好[36]。图 6.39 为各种大口径厚壁管坯料的制造方法示意图。

6.5.2　电渣重熔生产空心钢锭方法

电渣重熔空心钢锭技术是由乌克兰巴顿电焊研究所在 50 多年前开发的。图 6.40 为乌克兰巴顿电焊研究所开发的两种电渣重熔空心锭的工艺。第一种方法(图 6.40(a))虽然可以采用较大的自耗电极，但是由于水冷内模由下而上从底水箱穿入外结晶器，其头部是自由而没有固定的，很容易造成偏心现象，且钢锭越高，偏心越严重。所以，这种工艺生产的空心锭高度受限制，而且操作和控制均很复杂，产品成品率低。第二种方法(图 6.40(b))内结晶器从上部插入外结晶器，但由于内外结晶器之间的间隙很小，为了保证操作安全，电极需要非常细长，像一组“小蜡烛”插入到结晶器中。空心钢锭由于内部有强制水冷，无法交换电极，其主要原因是交换电极时容易使内模“抱死”，因此，即使空心钢锭高度不是很高，也要求非常细长的电极。这样会造成自耗电极制备成本高，操作难度大，电渣炉设备高度也非常高。基于上述原因，上述两种电渣重熔生产空心钢锭方法没有被广泛推广使用。为此，我们与乌克兰合作提出了基于 T 形导电结晶器和双电源的电渣重熔空心锭的新工艺和新技术。

图 6.41 是乌克兰巴顿电焊研究所在实验室电渣液态浇注哈氏合金 G50

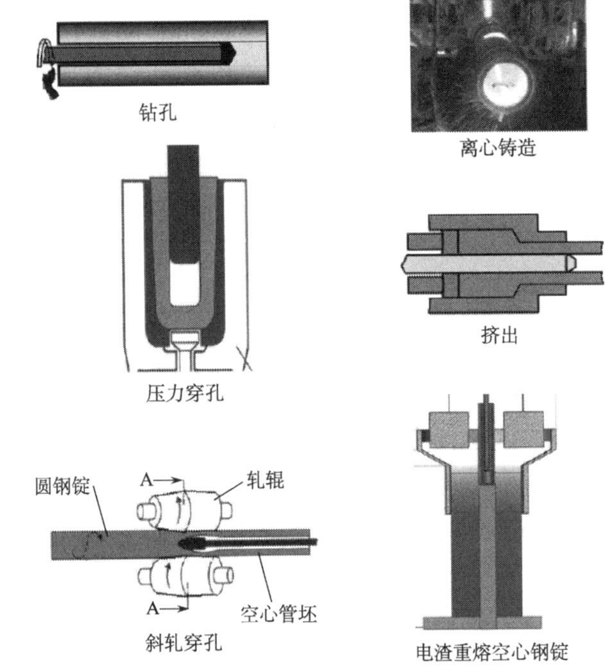

图 6.39 各种管坯的制造方法示意图

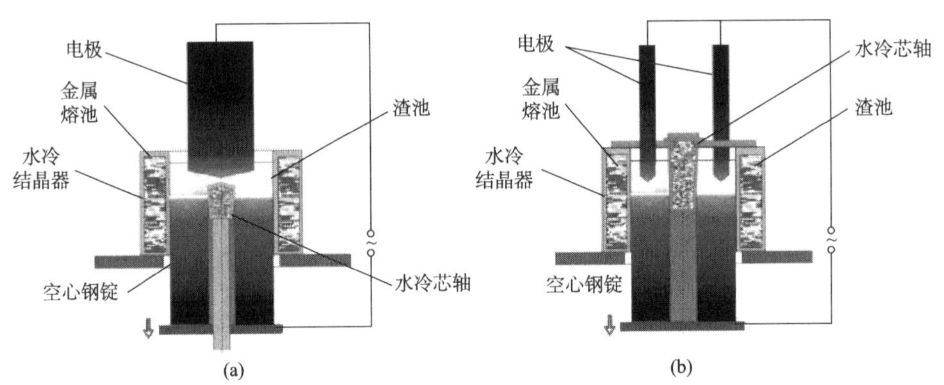

图 6.40 传统的电渣重熔空心钢锭的两种工艺方法

(50Ni-20Cr-17.5Fe-9Mo-0.4Al-0.5Cb-2.5Co-1W-1Mn-1Si-0.50Cu-0.02C)空心锭(外径 350mm，内径 110mm)的外观照片和横截面低倍照片，电渣液态浇注空心锭外表面质量和内部质量均达到了电渣重熔的水平。由于凝固组织致密，即使其加工比小一半的情况下，其力学性能也基本与电渣重熔相当，冲击韧性稍有下降[17]。

(a) 外观照片

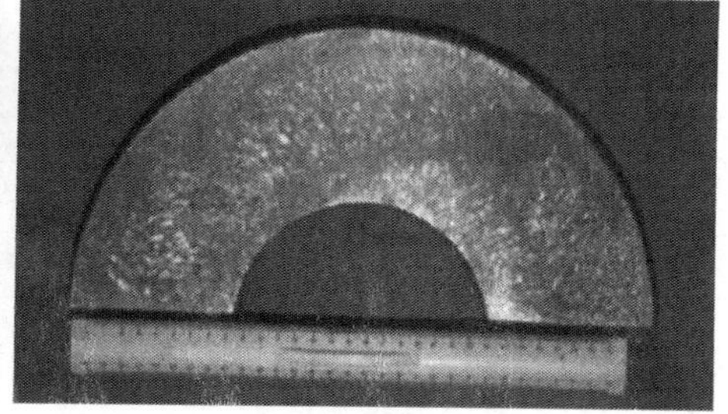
(b) 横截面低倍照片

图 6.41　电渣浇注哈氏合金 G50 空心锭

由东北大学和乌克兰 Elmet-Roll 公司共同合作开发了大型电渣重熔空心钢锭成套设备和工艺。该电渣炉采用短结晶器的抽锭生产方式，最大钢锭尺寸为 Φ1100mm×6000mm，可以兼容生产空心锭和实心锭两种锭型。采用了一系列的新技术和新工艺，主要包括双电源、T 形结晶器导电、车载式电极升降机构、基于电磁涡流法的液面检测与自动控制系统，同时配备了抽锭拉力传感器，这样可以保证液面的精确控制，并保证内结晶器不被“抱死”，也防止漏渣和漏钢事故。由于采用双电源，在交换电极时结晶器仍然供电，保证了电极交换时结合处的内部质量和表面质量，这一技术在世界上是首次采用。

图 6.42 是双电源电渣重熔空心钢锭的原理图和空心锭结晶器三维设计图。从图 6.42(a)可见，采用两个变压器和两个导电回路。主电源与传统的抽锭式电渣炉相同，即变压器二次输出的电流经过大电流导体(短网)和自耗电极，再经过渣池和金属熔池，从钢锭底部经底水箱和下部大电流导体返回到变压器二次侧的另一个端子。与此同时，另一台变压器与导电结晶器相连接，电流从变压器输出经短网通过结晶器进入熔渣和钢锭，再从底部短网返回到变压器。采用双电源和导电结晶器的优点是：①在第一个变压器断电进行交换电极时，第二个变压器通过导电结晶器将电能输入渣池，使渣池温度仍然保持基本不下降，这样防止传统电渣炉重熔空心钢锭时，由于内模强制水冷使空心锭内壁附近温度快速下降而使钢锭快速凝固收缩，导致内模被“抱死”的难题；②导电结晶器回路改变了渣池和熔池的温度分布，使得其沿径向的温度分布更加均匀，有利于进一步提高凝固质量和电渣锭的表面质量。

由图 6.42(b)可见，T 形导电结晶器分为三层，第一层是导电层，第二层为过渡层，为上大下小的漏斗形结构，下层为直筒形，用于钢液凝固成型。这三层之间互相绝缘，以保证工艺要求和操作安全。由于在渣池部分采用了 T 形结晶器结构，使得内外结晶器之间的距离增加，允许采用直径更大的自耗电极，再加上可以交换电极，这样可以大幅度地降低电极的长度，进而能降低电渣炉的高度。

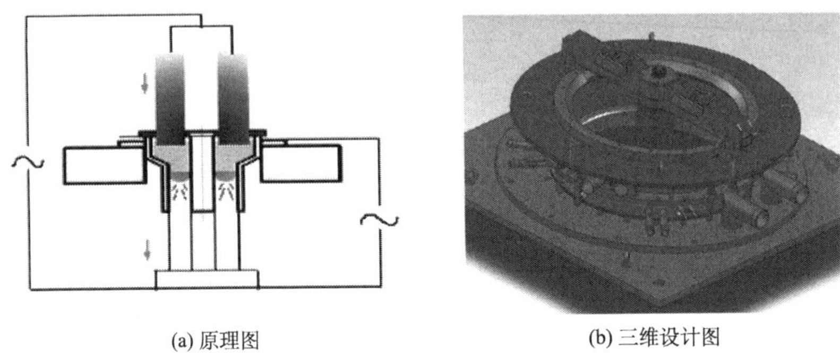

图 6.42　双电源电渣重熔空心钢锭的原理图和空心锭结晶器三维设计图

为了精确控制渣-金属界面的位置，在渣-金属液面附近安装了两支乌克兰制造的基于电磁涡流法的液面传感器，两者垂直方向距离相差 13mm，这样可保证液面上下限位置的控制。如图 6.43 所示，其基本原理是当一定强度的电磁场通过熔渣和金属时，由于其导磁性不同，通过传感器检测到其返回的电压信号有差异，从而判断其液面的精确位置。其检测精度可达到±1mm。

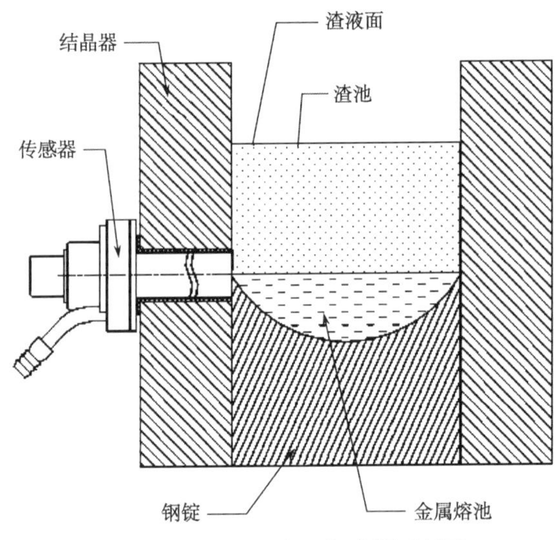

图 6.43　涡流法液面传感器原理图

电渣炉结构形式如图 6.44 所示。上部由两台车载式的电极升降和移动装置组成，可以实现电极的交换操作和电极的快慢速升降控制。车载式框架机构可以保证电极与结晶器保持同心，进而保证多支电极在渣池内的插入深度相同。设备下部采用抽锭结构，为了保证磁场均匀和减少短网损失，下部短网采用同轴导电

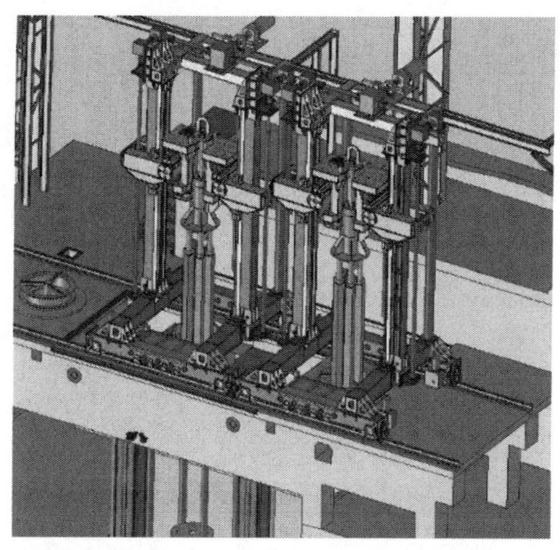

图 6.44　空心锭用电渣炉设备结构示意图

布置，即由四根导电铜管组成，采用滑动导电方式。电极升降系统和抽锭系统的传统机构均采用滚珠丝杠和差动减速机，而慢速均采用伺服电极控制，从而保证了传统的精确控制。设备左右设置了两个预热工位对自耗电极进行预热，以保证交换电极时渣池温度降低尽量少。由于空心锭重熔时在结晶器内造渣起弧很困难，为此，专门设置了化渣炉，采用液渣启动方式。

实验采用不同钢种和不同的空心锭规格[37]。主要实验钢种包括 35CrMo、P91、TP347 和 Mn18Cr18N 等。主要空心锭规格尺寸有 Φ900mm/500mm、Φ900mm/200mm、Φ650mm/450mm，最长锭尺寸为 6000mm。以 35CrMo 钢种和 Φ650mm/450mm 为例，实验采用三组 10 支 Φ160mm×3000mm 的自耗电极，采用 CaF_2-CaO-MgO-Al_2O_3-SiO_2 五元渣系。第一个变压器的功率为 600～700kW，第二个变压器功率为 400～500kW，电极熔化速度控制在 750～850kg/h。

图 6.45 是实验过程中电极熔化、抽锭以及最后整支空心锭重熔结束时的过程照片。其生产过程如下：先用化渣炉将事先烘烤好的渣料按工艺要求配制，在化渣炉内将其熔化，并达到工艺要求的温度，将液渣注入结晶器内，首先接通第二个变压器，立即插入电极后第一个变压器也形成回路。随着渣温上升，电极逐渐熔化，熔化的金属在引锭底水箱上凝固成型，当液面上升到预定位置后开始抽锭，当电极熔化速度达到工艺设定要求后，抽锭速度与熔化速度相匹配，过程达到了稳定状态。当一组电极熔化到剩余长度 50mm 时，进行交换电极操作。交换电极时由于第一个变压器断电，第二个变压器通过导电结晶器对熔渣进行加热，这样可以基本保证渣池温度不下降。这样一方面可以防止内结晶器“抱死”，

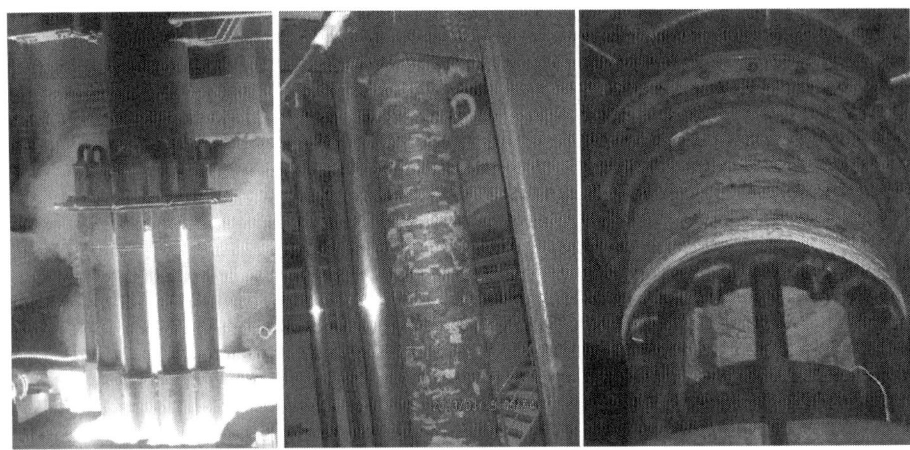

图 6.45　电极熔化、抽锭以及整支空心锭重熔结束时的照片

另一方面可保证钢锭内外表面的质量。图 6.46 是采用交换电极时，采用结晶器导电和没有结晶器导电情况下钢锭的表面质量比较。由图可见，采用结晶器导电可显著改善电渣锭交换电极时的表面质量，基本不出现渣沟现象。

(a) 结晶器导电

(b) 没有结晶器导电

图 6.46　交换电极时钢锭的表面质量情况比较

图 6.47 为电渣重熔实验获得的 Φ650mm/450mm×6000mm 空心钢锭的实物照片。

图 6.48 是将其解剖后的低倍组织。工业实验表明，生产的空心锭表面质量和内部质量均非常好。结晶器组织致密，纯净度高，是生产高端厚壁管和筒体锻件的理想材料。图 6.49 是钢种为 P91 耐热钢，外径为 900mm，内径为 500mm 空心锭的抽锭生产过程和冷却后的空心锭实物照片。

图 6.47　Φ650mm/450mm×6000mm 空心电渣钢锭的实物照片

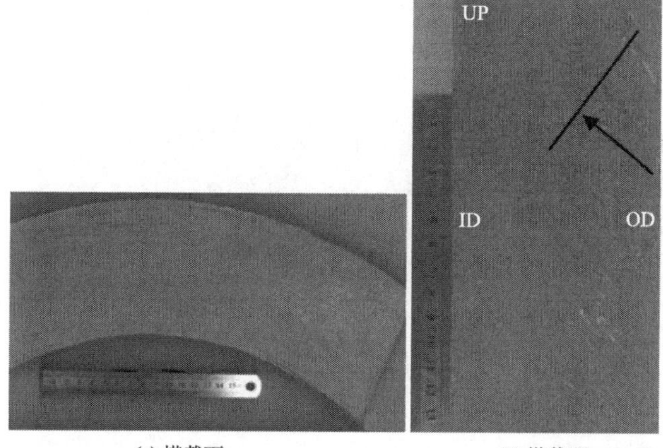

(a) 横截面　(b) 纵截面

图 6.48　Φ650mm/450mm×6000mm 空心电渣锭的低倍组织照片

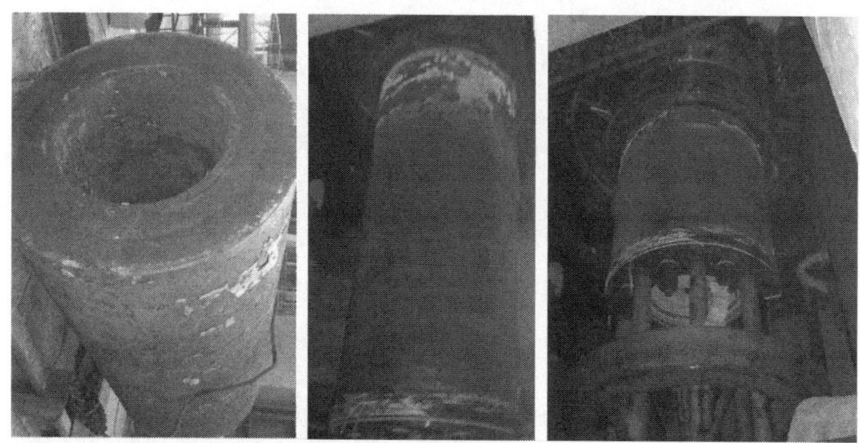

图 6.49　外径 900mm、内径 500mm 空心锭的抽锭生产过程和冷却后的空心锭实物照片

电渣重熔空心钢锭的实验成功，为超超临界发电机组用的大口径锅炉管，甚至先进超超临界用高温合金锅炉管，以及石化装备用耐蚀合金管和核电用管等提供了高质量的管坯。后部生产可以采用径向锻造机，不仅质量好，而且成材率高，成本低。

6.6 电弧渣重熔技术

6.6.1 电弧渣重熔设备及特点

电弧渣重熔(arc slag remelting，ASR)是乌克兰巴顿电焊研究院开发出来的，属于电渣重熔技术的一种，它吸收了电渣重熔和真空电弧重熔的优点。图6.50和图6.51是电弧渣重熔技术的两种应用形式简图。图6.50的电弧渣重熔设备是在传统电渣重熔炉结晶器的上部安装了一个加料器，可以通过加料口向其中加入渣料，同时加料器还将周围大气与熔炼室隔离开。

图6.51所示的电弧渣重熔设备是在真空电弧重熔炉基础上安装了密封装置而构成的，但在重熔时加入渣料，并使用中空电极，可以从中空电极的孔道通入气体，实现对重熔气氛的控制。正由于ASR设备与ESR和VAR设备的密切联系，可以将现有ESR和VAR设备很方便地转换成ASR设备。

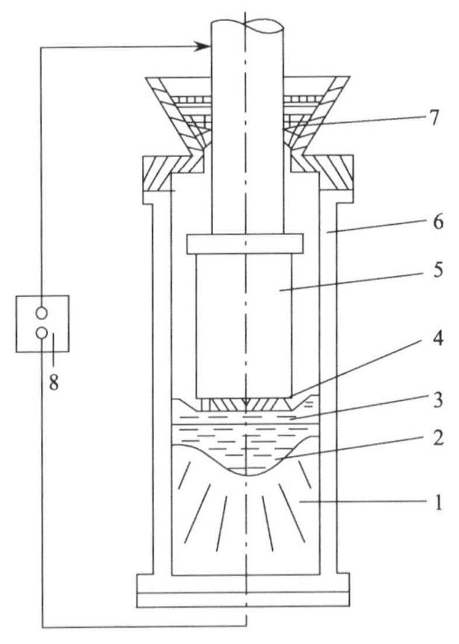

图6.50 使用实心自耗电极的弧渣重熔

1-铸锭；2-金属熔池；3-渣池；4-电弧；5-自耗电极；6-水冷结晶器；7-加料闸门；8-电源

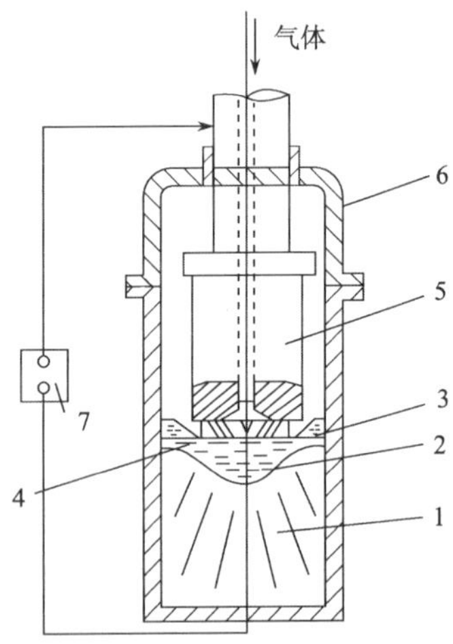

图6.51 使用中空电极的弧渣重熔

1-铸锭；2-金属熔池；3-渣池；4-电弧；5-中空自耗电极；6-结晶器；7-电源

在高温下，金属和熔渣形成一部分蒸汽，都参加到电流的传输过程中。电弧区域温度高达 2000℃左右，钢中的一部分氧化物夹杂在此温度下可以分解，而不分解的夹杂物可以被熔渣吸收，因此 ASR 具有比 VAR 更好的提纯精炼效果。

供电制度是 ASR 过程最重要的参数，ASR 的供电制度主要决定于电极直径，如图 6.52 所示。由图可知，电极直径小于 150mm 左右时，重熔过程的能量密度强烈依赖于电极直径，而当电极直径大于 150mm 左右时，重熔过程的电流密度对电极直径的依赖性大大降低，实验研究表明，*A* 区的熔炼处于非稳态条件，而 *B* 区则处于稳态条件。ASR 与 ESR 技术相比，ASR 技术能耗降低了 30％左右，渣量消耗也仅为电渣重熔的 50％。

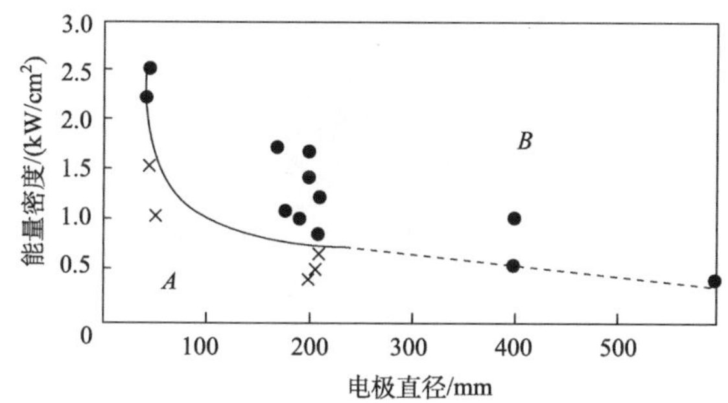

图 6.52　使用不同直径电极的稳态(*B*)和非稳态(*A*)条件

6.6.2　电弧渣重熔效果

图 6.53 所示是电弧渣重熔出的铸锭之一。由图可以看出，重熔出的铸锭具有良好的表面质量。表 6.18 是应用 ASR 和 ESR 技术，使用 560mm 铸模所生产出来的铸锭的力学性能对比。从表中可以看出，ASR 方法所生产的铸锭力学性能并不比 ESR 法所生产的铸锭差，甚至好于 ESR 的铸锭。

表 6.18　ESR 和 ASR 使用 560mm 铸模所生产产品的力学性能

钢种	冶炼方法	屈服强度/MPa	抗拉强度/MPa	断裂延伸率/%	冲击能/J
19CrMnNi	ESR	1200	1450	17	96
19CrMnNi	ASR	1160	1410	15	94
18CrNiW2.4	ESR	850	1150	12	110
18CrNiW2.4	ASR	990	1290	18	140
20CrNi1.3	ESR	1010	1130	12	134
20CrNi1.3	ASR	1090	1150	10	100

图 6.53 直径 400mm、高 1500mm 的 38CrNiMoV1.3 钢 ASR 铸锭形貌

从中空电极的孔道吹入氮气，吹入的氮气被电弧离子化，改善了钢液吸氮的热力学和动力学条件，可以生产高氮钢，图 6.54 就是应用 ASR 技术所生产的直径为 860mm、高度为 1900mm、重达 8t 的 Mn18Cr18N 钢形貌。

图 6.54 电弧渣重熔生产的 Mn18Cr18N 形貌

6.7　洁净金属形核铸造技术

6.7.1　设备及特点

洁净金属形核铸造(clean metal nucleated casting，CMNC)技术集电渣重熔和喷射成型为一身，既保留了电渣重熔的优点，也具有喷射成型的长处。

设备的熔炼系统[38]为传统的 ESR，如图 6.55 所示，但在结晶器渣池位置中部设有绝缘部件，避免结晶器的分流，并采用了双回路供电，使电流密度更均衡。此设备既可以使用自耗电极，也可以使用非自耗电极进行重熔，在使用非自耗电极时，非自耗电极材质必须合适，否则表面需要涂上适当的材料，以避免对钢水造成污染。

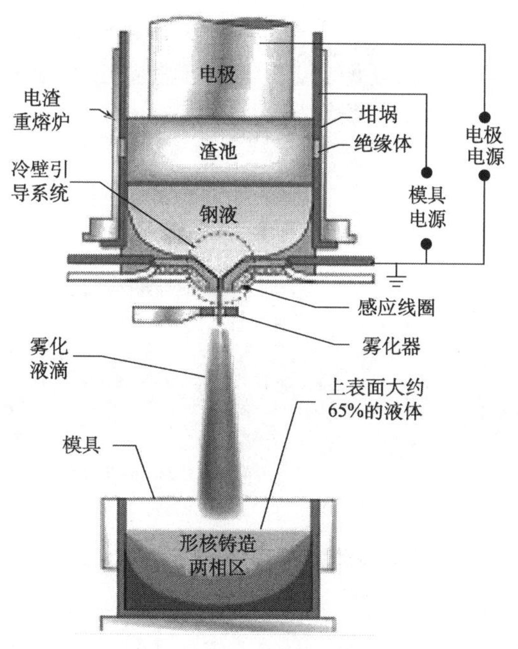

图 6.55　洁净钢形核铸造过程

CMNC 技术中，电渣重熔形成的钢液从结晶器底端流出，在雾化喷头作用下形成被加速的雾化液滴。由于雾化液滴较大的表面积和相对速度，加之和周围气体之间温差较大，很快就被其周围气体所冷却，最后落入半固相金属熔池铸模中。

雾化而成的小颗粒液滴在下落过程中完全失去其热量，当它到达铸模钢液面以前已完全凝固，在铸模的半固态熔池中可能被重新熔化，而大颗粒液滴仍然是液体状态，中等颗粒的液滴呈半固相状态，通过合理的控制，可以使那些已经凝固的小颗粒液滴作为形核点，促进凝固。

6.7.2　应用 CMNC 技术生产燃气轮机涡轮盘

燃气轮机涡轮盘是涡轮叶片的旋转中枢，而涡轮机的效率受点火温度的影响，点火温度又受到涡轮机材料性能的限制，这就促使钢铁工业通过增加高性能合金来提高涡轮盘性能，同时为提高涡轮动力，还要生产大型涡轮盘。然而，传统方法铸造出的满足这些要求的涡轮盘性能不均，并且增大了缺陷产生的可能性，CMNC 技术为生产高性能的涡轮盘提供了有利的工具。图 6.56 所示是传统生产工艺路线与 CMNC 技术生产燃气轮机涡轮盘的过程对比图。

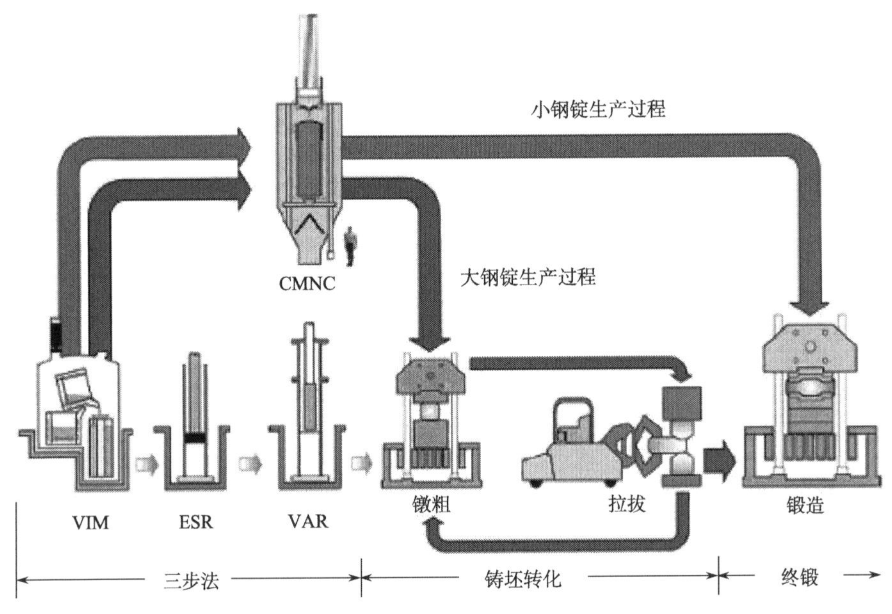

图 6.56　燃气轮机涡轮盘生产过程

对于小钢坯生产，CMNC 技术减少了生产工序，对于大钢坯生产，虽然工序基本相当，但 CMNC 技术所生产的优质钢锭质量仍然是值得推荐的工艺。同时在传统路线生产大直径的钢锭时，只有当最后一道锻造工序结束后，晶粒度足够细小时才能进行超声探伤，如果钢锭不合格就增加了热加工过程中的经济损失，而 CMNC 技术所生产的钢锭由于晶粒度细小，完全可以避免这样的损失。

金相检测表明，CMNC 技术所生产铸锭的铸态组织为均一等轴晶，晶粒度 0.075mm(ASTM4.5)，如图 6.57 所示。而作为对比实验研究的传统三步法 VAR 重熔后铸锭的铸态晶粒尺寸一般大于 20mm。

图 6.57　细晶形核铸造生产 718 合金可行性实验
铸态晶粒尺寸 0.075mm(ASTM 4.5)

6.7.3　CMNC 关键技术

CMNC 技术虽然具有很多显著的优点，但合理的操作和控制是得到优质铸锭的关键。恒定的电极插入渣池的深度是控制电压或者电压波动的关键，喷射液滴直径和气液比例、速率、喷射距离等过程参数影响铸模中钢液的固相分数，从而影响铸锭的质量，必须进行合理的控制。

6.8　电渣法制备钛锭

目前，现行的钛锭制备方法是采用海绵钛经过锻压成块后，焊接成自耗电极，自耗电极随后经过真空电弧重熔得到钛锭，所得到的钛锭再次经过真空电弧重熔后制成最终的成品钛锭。这种工艺过程需要进行两次真空熔炼，并且海绵钛需要专业设备进行压块，生产成本较高，生产周期较长，并且真空熔炼方式对钛及钛合金中的富氮夹杂物的去除能力也非常有限。

一些学者使用电渣精炼技术开展了早期的电渣重熔钛及钛合金的工作[39~41]，并且有研究者发现，电渣重熔对钛中的氮化物夹杂具有快速的去除能力[42]。

电渣精炼技术由于熔渣的存在，可以快速有效地吸收钛及钛合金中的氮化钛夹杂物。近年来出现了一种直接采用海绵钛作为原料的电渣冶金制备钛锭的方法，如图 6.58 所示。采用这种工艺路线可以直接使用海绵钛进行熔炼，省掉了真空电弧熔炼工艺中海绵钛压块和焊接过程，电渣冶炼工艺过程直接将海绵钛通过料仓加入到电渣冶金炉中，该炉型采用导电结晶器抽锭式结构设计，直接将海绵钛制备成铸锭，所得到的铸锭经过一次真空电弧重熔即可得到最终的钛锭，大大降低了生产成本，缩短了生产周期。

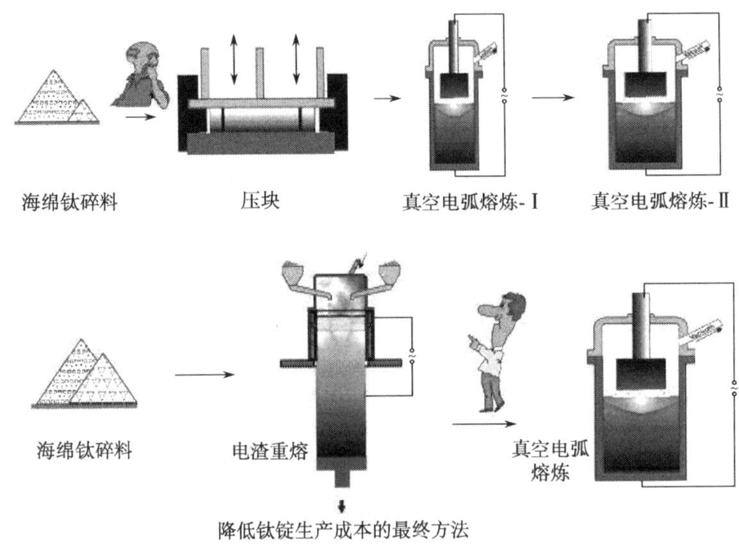

图 6.58　钛锭制备工艺路线

这种工艺路线的另外一个重要特点是，在电渣重熔过程中，海绵钛中的氮化钛夹杂可以很容易地被熔渣所吸收和溶解，从而达到去除夹杂物的目的。而在现行工艺路线中，两次真空电弧重熔工艺虽然对铸锭中气体及有害元素等具有一定的去除作用，但由于是无渣操作，铸锭中的氧化物及氮化物夹杂的去除能力非常有限。

参考文献

[1] 陈国胜，周殿华，金鑫，等. 全封闭 Ar 气保护电渣重熔 GH4169 合金. 特殊钢，2004，25(3)：46～47.

[2] Armantrout C E, Dunham J R, Beall R A. Properties of wrought shapes formed from electroslag-meld titanium. The Science, Technology and Application of Titanium, 1970：67～74.

[3] Speidel M O. Properties and Applications of High Nitrogen Steels, High Nitrogen Steels. London：The Institute of Metals, 1989：92～96.

[4] Stein G, Diehl V. High nitrogenalloyed steels on the move-fields of applicati on. Proceeding of the 7th International Conference on High Nitrogen Steels. Ostend, 2004: 421～426.

[5] Holzgruber W, Holzgruber H, Boh M. Development trends in electroslag remelting. 2001 International Symposium on Liquid Metal Processing and Casting, 2001: 82～93.

[6] Holzgruber W, Holzgruber H, Production of high quality billets with the new electroslag rapid remelting process. Metallurgical Plant and Technology International, 1996, 19(5): 48～50.

[7] Hoyle G. Production of small ingots and hollows by ESR. Proceedings of Electroslag Refining, Iron and Steel Institute and Shemeld Metallurgical and Engineering Association. Shemeld. 1973: 136～144.

[8] Holzgruber W. New ESR-technology for new and improved products. Proceeding of the 7th International Conference on Vacuum Metallurgy. Tokyo, 1982: 1452～1458.

[9] 李正邦. 电渣熔铸理论与实践. 北京：高新技术应用出版社，1996：255.

[10] 李正邦. 电渣炉原理与工艺. 北京：高新技术应用出版社，1996：214.

[11] 李正邦. 特种冶金技术. 特殊钢，2002，23(6)：1～4.

[12] Holzguber W. New electroslag technologies. Proceedings of Medova Memorial Symposium, Ukraine, Kyiv: EO Paton Electric Welding Institute, 2001: 71.

[13] Holzgruber H, Holzgruber W. ESR development at Inteco. Proceedings of Medovar Memorial symposium. Ukraine, Kyiv: EO Paton Electric Welding Institute, 2001: 41～47.

[14] Holzgruber H, Holzgruber W, Ofner B. Method and device for the continuous production of electroslag-casted or remelted billiets: US, 6568463 B1. 2003.

[15] 臧喜民. 电渣连铸技术的开发及工艺研究. 沈阳：东北大学博士学位论文，2007.

[16] Medovar L B, Tsykulenko A K, Saenko V Y, et al. New electroslag technologies. Proceedings of Medovar Memorial Symposium. Kyiv: Elmet-Roll Medovar Group Company, 2001: 49～60.

[17] 董艳伍，姜周华，李正邦. 具有发展潜力的电渣冶金技术. 中国冶金，2009，19(4)：1～7.

[18] Dong Y W, Zhang Z F, Jiang Z H, et al. Mathematical modeling of electroslag casting with liquid metal. Proceedings of the 2007 International Symposium on Liquid Metal Processing and Casting. Nancy, 2011: 105～112.

[19] 姜周华，Medovar L，Stovpchenko G，等. 第二代液态电渣冶金技术的发展. 钢铁研究学报，2013，25(3)：1～7.

[20] 巴顿，密多瓦尔. 电渣炉. 李正邦，黄桂煌译. 北京：国防工业出版社，1983：37～51.

[21] Gulya J A, Swift R A. Improved 21/4 Cr-1Mo pressure vessel steel through ESR. Journal of Heat Transfer-transactions of the ASME, 1976, 98(11): 298～301.

[22] 刘承志，赵鸿燕. 电渣模具扁钢 D2 的试制. 天津冶金，2004，10(2)：6～7.

[23] Rohde L, Lohr D. Operational results of the 50 ton ESR plant of thyssen Henrichshütte AG. Proceedings of the Fifth International Conference on Vacuum Metallurgy and Electroslag Remelting Processes. Munich: Chairman of the Organizing and Executive Committee,

1976：177-180.

[24] 李正邦，傅杰. 电渣重熔技术在中国的应用和发展. 特殊钢，1999，20(2)：7～14.

[25] 肖克建. 5t 电渣炉重熔工艺研究. 特钢技术，2005，10(3)：8～12.

[26] Pocklington D N，Cartwright J V，Lane D O. The production of large high quality slabs by 3-phase electroslag refining. Proceedings of Sixth International Conference on Special Melting. San Diego：American Vacuum Society，1979：727～729.

[27] 耿鑫. 大型板坯电渣重熔工艺及质量控制研究. 沈阳：东北大学博士学位论文，2009.

[28] 赵长春，赵林，宋雷钧，等. 大型空心钢锭的研制. 大型铸锻件，1999，20(4)：19～22.

[29] 许天华. 空心钢锭的制造技术. 一重技术，2004，10(2)：28～31.

[30] 赵沛. 电渣浇注空心锭研究. 北京：北京科技大学博士学位论文，1987.

[31] 李正邦，宏彦若，张祖贤，等. 电渣熔铸. 北京：国防工业出版社，1981：240～245.

[32] 李正邦. 电渣冶金的理论与实践. 北京：冶金工业出版社，2010.

[33] 柴美厚. 无芯法连续生产空心钢锭过程中相界面控制技术初步研究. 重庆：重庆大学硕士学位论文，2005.

[34] 陈玉明，宋雷钧，赵长春，等. 空心钢锭制造技术在一重的发展概况及应用前景. 大型锻铸件，2000，96(2)：42～44.

[35] 饭田义治. 大型鍛造用中空鋼块的开发. 鉄と鋼，1980，66(2)：43～52.

[36] Wieser R. Forging ahead GFM radial forging. Proceedings of the INTECO Remelting and Forging Symposium. Shanghai，2010：186～207.

[37] 姜周华，刘福斌，余强，等. 电渣重熔空心钢锭技术的开发. 2014 年全国特种冶金技术学术会议. 南京，2014：140～145.

[38] Carter Jr W T. Clean metal nucleated casting. Journal of Materials Science，2004，39(24)：7253～7258.

[39] Choudhary A，Scholz H，Ludwig N. Electroslag remelting of titanium. Symposium on Titanium，1992：2331～2337.

[40] Medovar B I，Shepelev V V，Saenko V，et al. Arc slag remelting of titanium and titanium alloys. Problemy Spetsialnoi Elektrometallurgii，1992，8 (2)：13～15.

[41] Nafziger R H，Beall R A，Ausmus S L，et al. The electroslag melting process. Bulletin 669，US Bureau of Mines，1976：76～96.

[42] Benz M G，Meschter P J，Nic J，et al. ESR as a fast technique to dissolve nitrogen-rich inclusions in titanium. Materials Research Innovations，1999，6(2)：364～368.

第7章　电渣冶金过程的传输现象

7.1　电渣重熔过程热平衡

电渣重熔的整个过程贯穿于能量的吸收和释放。能量的释放、分配和传递过程的差异会引起电极熔化、渣池温度分布及钢锭凝固过程的差异，最终会影响到系统的能量利用率和钢锭的结晶质量。因此，电渣过程的传热行为一直是人们关注的重要课题。

如图 5.16 所示，电渣重熔过程的热量收入来自渣池放出的焦耳热，即

$$Q_{\mathrm{T}} = IU_{\mathrm{s}} \tag{7.1}$$

式中：I 为重熔电流；U_{s}为渣池的电压。

电渣重熔过程中渣池放出的热量主要消耗在熔化电极、使渣池和金属熔池保持熔融和过热状态、结晶器和底水箱冷却热损失、渣池表面辐射热损失及废气带走的热量等方面。所以热量的支出由以下几部分组成。

(1) 电极预热和熔化消耗的热量：

$$Q_{\mathrm{se}} = m_{\mathrm{e}}[C_{p,\,\mathrm{s}}(T_{\mathrm{s}} - T_0) + C_{p,\,\mathrm{m}}(T_1 - T_{\mathrm{s}})] + H \tag{7.2}$$

(2) 熔滴吸收的热量：

$$Q_{\mathrm{d}} = \dot{m}_{\mathrm{e}} C_{p,\,1}(T_{\mathrm{dp}} - T_1) \tag{7.3}$$

(3) 渣池的径向热损失：

$$Q_{\mathrm{sm}} = \int_{z0}^{z_{\mathrm{s}}} 2\pi r_{\mathrm{m}} h_{\mathrm{sm}}(T_{\mathrm{sl}} - T_{\mathrm{w}})\,\mathrm{d}z \tag{7.4}$$

(4) 渣池表面的辐射热损失。

渣池表面的热损失包括热辐射和废气带走的热量。渣面的辐射热损失 Q_{r}进一步可分为：辐射到大气中的热流 Q_{ra}和辐射给结晶器的热流 Q_{rm}以及辐射给电极的热流 Q_{re}。各辐射热流值可以采用辐射网络法求解[1]。

(5) 通过渣-金属界面的热流及其再分配：

$$Q_{\mathrm{sm}} = \int_{0}^{r_{\mathrm{m}}} 2\pi r h_{\mathrm{sm}}(T_{\mathrm{sl}} - T_{\mathrm{sm}})\,\mathrm{d}r \tag{7.5}$$

通过渣-金属界面的热流以及金属熔滴带入的热量要分配为以下各项。

① 熔池圆柱部分传给冷却水的热流：

$$Q_{\mathrm{mw}} = \int_{z0}^{z_{\mathrm{m}}} 2\pi r_{\mathrm{m}} h_{\mathrm{mw}}(T_{\mathrm{ms}} - T_{\mathrm{w}})\,\mathrm{d}z \tag{7.6}$$

② 凝固钢锭传给冷却水的热流：

$$Q_{iw}=\int_{z_m}^{z_b} 2\pi r_i h_{iw}(T_{is}-T_w)\,dz \tag{7.7}$$

③ 从钢锭底部传给底水箱的热流：

$$Q_b=\int_0^{r_i} 2\pi r h_b(T_{ib}-T_w)\,dr \tag{7.8}$$

④ 钢锭储存的显热：

$$Q_i=\dot{m}_e C_{p,s}(T_{ib}-T_0) \tag{7.9}$$

上面各热流之间存在以下关系：

$$Q_{se}+Q_d+Q_{sm}=Q_{mw}+Q_{iw}+Q_i+Q_b \tag{7.10}$$

$$Q_T=Q_{se(kg\cdot K)}Q_d+Q_{sm}+Q_{sw}+Q_r \tag{7.11}$$

式中：Q 为热流，W；$\dot{m}_e$ 为电极熔化速度，kg/s；$C_{p,s}$、$C_{p,m}$为分别为钢的固相和液相比热容，J/(kg·K)；T_s、T_l为钢的固相线和液相线温度,℃；ΔH 为钢的凝固潜热，J/kg；h 为传热系数；T_0、T_{dp}、T_{sl}为分别表示室温、熔滴温度、渣池温度,℃；角标 s、m、d、i、b、w 分别表示渣池、金属熔池、熔滴、钢锭、钢锭底、冷却水。

电渣重熔过程热流的分配大小与实际操作工艺和钢锭形状密切相关。不同的操作条件差异很大。我们曾在实验测量基础上计算得到结晶器直径 Φ140mm，电极直径 Φ90mm，采用 ANF-6 重熔时的热平衡数据，如表 7.1 所示。

表 7.1 ESR 过程的热平衡计算结果

项目	热流/kW	占输入功率的百分数/%	项目	热流/kW	占输入功率的百分数/%
Q_T(实测)	114.36	100	Q_{rm}	4.62	4.0
Q_{se}	25.36	22.2	Q_{mw}	18.38	16.1
Q_d	2.26	2.0	Q_{iw}	30.45	26.6
Q_{sm}	27.99	24.5	Q_i	3.70	3.2
Q_{sw}	49.6	43.4	Q_b	3.07	2.7
Q_r	6.19	5.4	Q_T(计算)	111.44	97.4
Q_{re}	1.42	1.2	计算误差	−2.92	−2.6
Q_{ra}	0.15	0.1			

从表中数据可见，在电渣重熔过程中用于电极熔化和熔滴加热所消耗的能量只占输入渣池总功率的 24.2%。习惯上人们将此值定义为电渣过程的热效率。这说明电渣过程的热效率很低，即使大型工业电渣炉一般也不超过 40%。其主

要原因是结晶器强制水冷带走了大量的热能。由表 7.1 可见，渣池侧面传给结晶器冷却水的热量达 43.4%。因此，减少渣池侧面的热损失对提高电渣过程热效率即降低重熔电耗是有效的措施。

乌克兰巴顿电焊研究所曾对不同形状结晶器渣池侧面传给结晶器冷却水的热量进行了研究[2]。结果如表 7.2 所示。其中无因次量 F 称为电渣重熔的结晶器形状系数，其值为

$$F=\frac{\text{熔渣与结晶器的接触面积}}{\text{金属熔池表面积}} \tag{7.12}$$

表 7.2　各种结构结晶器中电渣重熔的热平衡数据

熔炼号	电渣重熔装置特点	结晶器结构	熔炼锭尺寸/mm	F	由渣池传到结晶器壁的热损失/%
1	巴顿自动焊研究所七个电极装置，实心截面锭	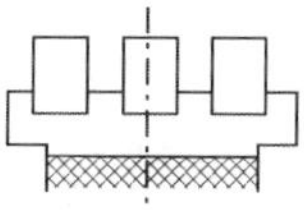	Φ350	2.0	59
2 3	巴顿自动焊研究所七个电极装置，同时熔炼三个圆锭	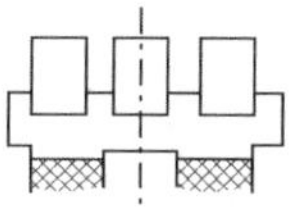	Φ100	3.0 3.0	65 63
4 5 6	Y-436 两个电极串联熔炉炼实心锭	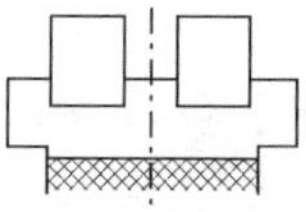	250×1000	1.6 1.6 1.8	56 58 59
7 8	Y-436 两个电极串联熔炉炼实心锭	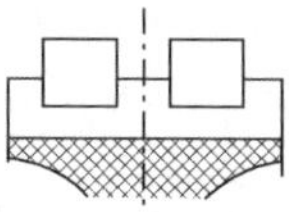	500×1200	1.2 1.3	51 48
9 10 11	两个电极串联炉同时熔炼两支扁锭	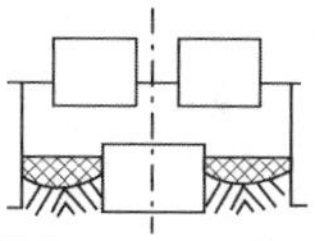	120×1100	3.75 3.60 3.75	65 67 67
12	巴顿自动焊研究所的 Y-578 型装置，熔炼空心锭	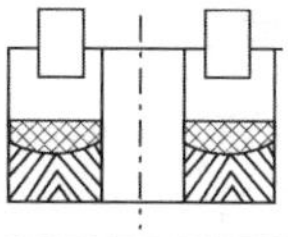	Φ400/Φ140	1.0	46

图 7.1 给出了渣池侧面相对热损失 η_{sw} 和 F 的关系。随着 F 增大，相对热损失 η_{sw} 增大，但有一个极限值，为 70%～72%。利用此图可估计任意形状结晶器所需要的功率或计算结晶器壁的平均单位热流值。例如，根据结晶器形式和假设

的电渣过程渣池深度，计算出结晶器形状系数 F，然后按 $\eta_{sw}=f$（F）关系图确定 η_{sw}值，当给定重熔生产率时可估算所需的功率。

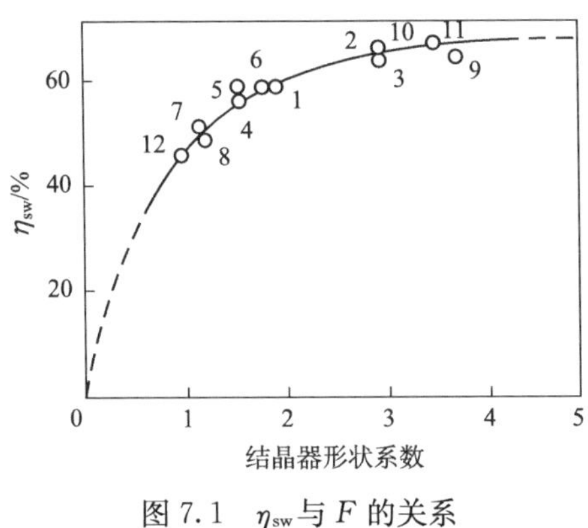

图 7.1 η_{sw}与 F 的关系

7.2 电渣重熔过程传热特性的实验研究[3]

7.2.1 实验设备及主要测试方法

本实验采用单相交流电渣炉，炉用变压器为 350kVA。结晶器直径为 140mm，高为 730mm，内衬为紫铜。重熔过程中配有电流、电压及各种温度信号的自动检测装置，整个实验设备及测试系统如图 7.2 所示。

电极表面、渣池及锭底温度测量均采用 W-5Re/W-20Re 热电偶。其测温点引出的热电偶连接其补偿导线，然后经冰瓶由铜导线连至 LZ3-404 型函数记录仪、自动连续记录热电势信号。测量渣温时，热电偶的插入位置在靠电极表面、渣面以下 5cm 处。测量锭底温度的热电偶设置在重熔开始的底垫上。

在重熔过程中还测定了结晶器冷却水的结晶器壁沿高度方向的温度分布。测温热电偶的排列位置如图 7.2 所示。为了弄清在重熔过程中渣池、金属熔池及凝固钢锭侧面各部位的热流分布情况，设计了三个热流计，其空间位置如图 7.2 所示。热流计的结构及在结晶器上的安装如图 7.3 所示。热流计的测量原理如下：当一定流量的冷却水进入热流计时，便吸收了从热流计端面进入的热量，冷却水吸收的热量便是从热流计端部进入的热量。其计算公式为

$$q=\rho C_p V_H (T_{out}-T_{in})/F_H \tag{7.13}$$

式中：q 为热流密度，J/(cm^2 · s)；ρ 为水的密度，g/cm^3；C_p 为水的比热，J/(g · ℃)；V_H为冷却水的流量，cm^3/s；F_H为热流计的导热面积，cm^2；T_{in}和 T_{out}为冷却水的进出温度，℃。

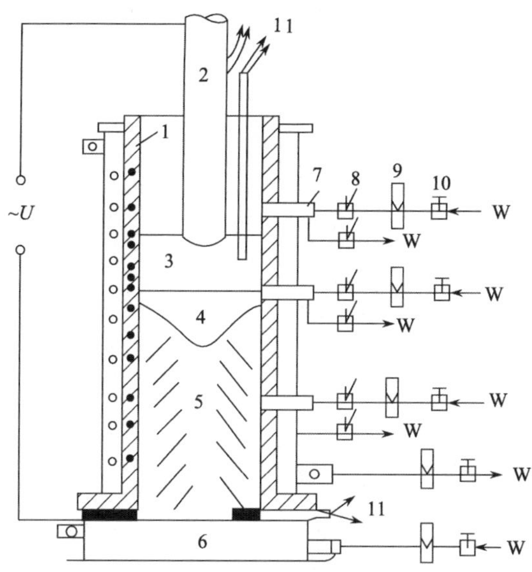

图 7.2　实验设备及测试系统示意图

1-铜结晶器；2-自耗电极；3-渣池；4-金属熔池；5-凝固锭；6-底水箱；7-热流计；8-铜-康铜热偶；9-流量计；10-调节阀；11-W/Re 热偶；W-冷却水；○-水温测量点；●-铜壁温度测量点

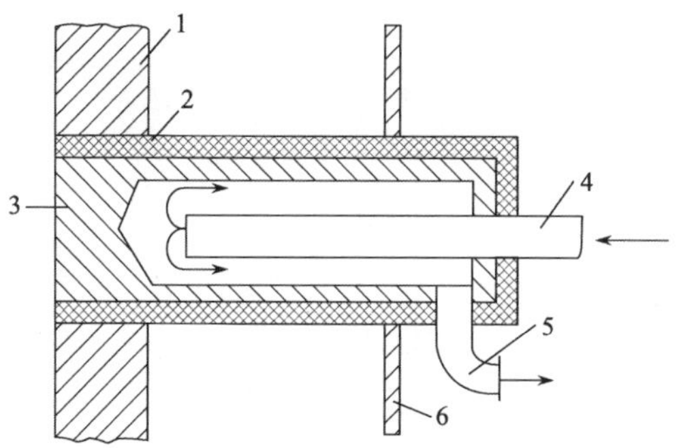

图 7.3　热流计结构及安装示意图

1-铜结晶器；2-绝热材料；3-铜质热流探头；4-进水管；5-出水管；6-外套

水温和结晶器壁温度测量所用热电偶型号为铜-康铜。由测温点引出的热偶线冷至冰点后，至前置滤波放大电路，再由 32 路 12 位 A/D 转换板进入单板机，经过单板机一系列处理后由打印机打印出各点的温度数据。

7.2.2 实验结果及讨论

本节采用了三种渣系：ANF-6 渣（70% CaF_2-30% Al_2O_3），L-4 渣（15% CaF_2-30% CaO-50% Al_2O_3-5% MgO）和 J-3 渣（30% CaF_2-35% CaO-35% Al_2O_3）。自耗电极的材质为 45 碳素结构钢。

表 7.3 列出了研究中部分炉次的电渣重熔工艺参数。

表 7.3 ESR 传热特性试验的主要工艺参数

实验号	重熔电流/A	渣池电压/V	渣系	渣池深度/mm	电极直径/mm	熔速/(kg/min)	比电耗/(kW·h/t)
a	2750	40	ANF-6	90	80	1.05	1753
b	2000	40	L-4	90	80	1.394	957
c	3000	38	ANF-6	90	90	1.215	1564
d	2000	41.0	J-3	80	80	1.149	1189

1. 系统各区域的温度分布

图 7.4～图 7.7 为实验测得的各区域有代表性的温度。如图 7.4 所示，电极表面温度小于 300℃，距渣面大约 10cm 处，其温度开始迅速上升，达到渣面时其值在 1100～1200℃，还未达到渣的熔点。图 7.6 给出了锭底温度的一组测量结果。

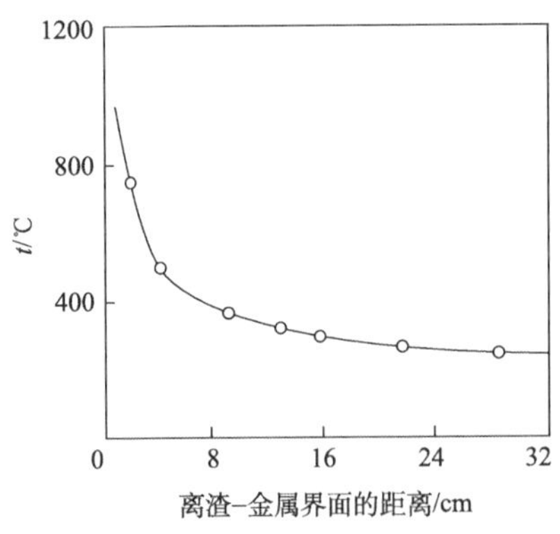

图 7.4 ESR 过程电极表面温度分布

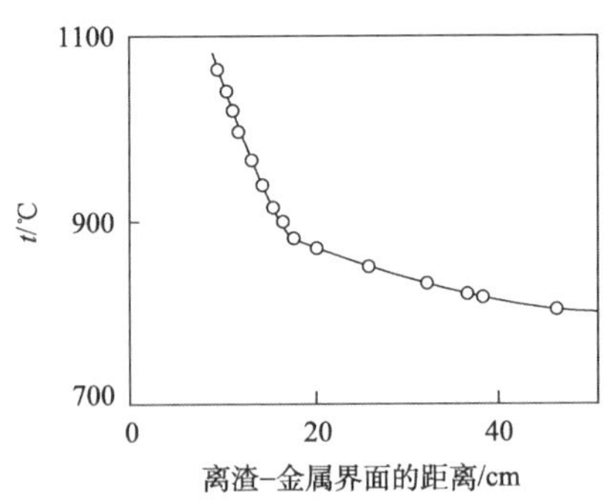

图 7.5 钢锭底部温度随锭高的变化

由图 7.6 可见，结晶器壁温度的最高值在渣池区域，为 110～130℃。此外，在渣池上下附近区域的温度变化迅速，当远离渣池时温度变化又趋于平缓。结晶器冷却水的温度介于进水温度和出水温度之间，而且最低温度要比进水温度高出约 10℃，整个区域的温度变化平缓，如图 7.7 所示。

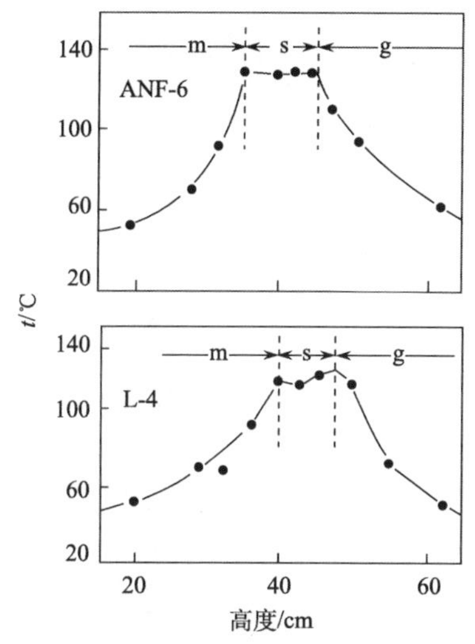

图 7.6　正常重熔期结晶器壁温度分布
m-金属；s-渣；g-气体

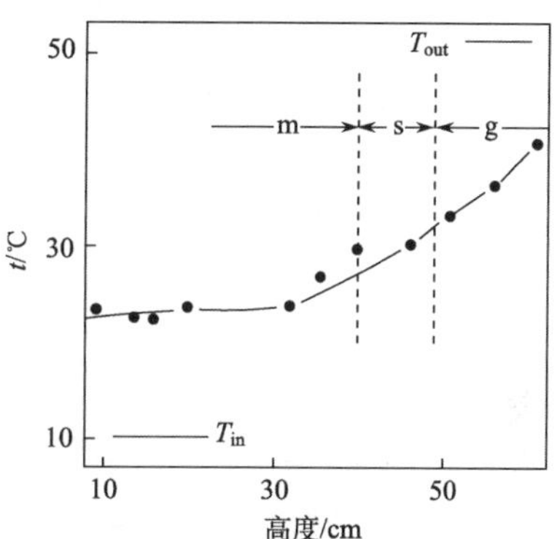

图 7.7　正常重熔期结晶器冷却水温度沿高度方向的分布
m-金属；s-渣；g-气体
T_{in}，T_{out}-结晶器进出水温度

将实验数据回归分析可得到电极熔速与渣温的近似关系式：

$$m_e = 2.3 \times 10^{-3} T_{sl} - 3.176, \quad \gamma = 0.84 \tag{7.14}$$

式中：$\dot{m}_e$ 为电极熔化速度，kg/min；T_{sl}为渣温，℃；γ 为相关系数。

2. 沿结晶器内侧高度方向的热流密度分布

图 7.8 给出了 L-4 渣和 ANF-6 渣热流密度的测量结果。从图中可见，在渣-金属界面和金属熔池区域有两个峰值。这种变化规律可以这样解释：在渣池表面以上，投向结晶器壁的热流主要依靠渣面的辐射，因此热流密度很小，随着重熔的进行，渣面上升，在熔融的液态渣与结晶器壁接触的短时间内，渣皮从无到有刚开始形成，渣皮很薄，而且与结晶器壁的接触良好，因此热阻很小，于是热流密度达到了一个峰值。随后由于渣皮逐渐变厚，并且由于凝固收缩，径向热阻增加，而导致热流密度降低。到了渣-金属界面，由于导热性很好的液态金属又熔化了部分固态渣壳，使渣皮变薄，而且与结晶器壁的接触状态变好，热阻下降，导致热流密度再次达到一个峰值。接着，由于液态金属凝固，表面温度下降，又由于钢锭和渣皮的收缩而逐渐形成气隙，这样，热流密度便迅速下降，直至变化

到一个很小的值，图 7.9 给出了渣皮变化的示意图。

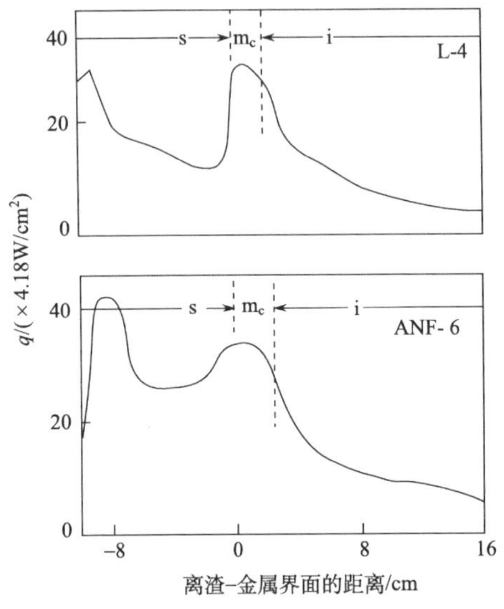

图 7.8 正常重熔期沿结晶器内侧的热流密度分布

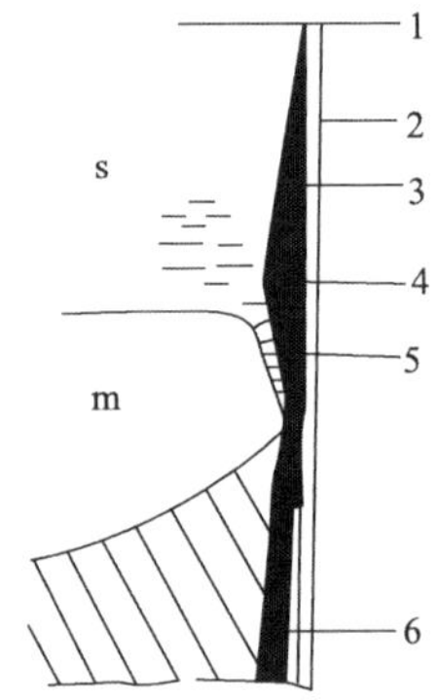

图 7.9 渣皮变化过程示意图

1-渣面；2-结晶器壁；3-凝固渣壳；4-可能有的气隙；5-重熔化的渣；6-气隙；s-渣；m-液态金属；i-固态锭

3. 重熔过程热流分配测算结果

根据 7.1.1 节提出的计算方法结合实测结果可以计算出各炉次热流分配。图 7.10 给出了四种工艺条件下的热流分配关系。结果表明，渣成分对热流

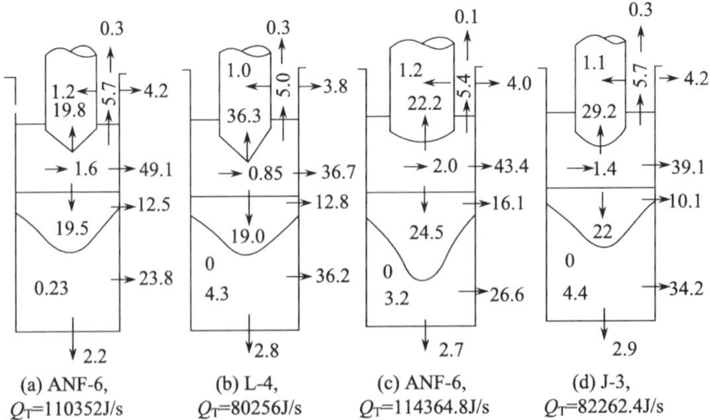

图 7.10 正常重熔期 ESR 系统热流分布比例(占总发热量的百分数)

分配影响很大。L-4 渣具有较高的热效率，其热效率为 36.3%，而渣池的径向热损失较低，为 36.7%。ANF-6 渣的热效率只有 19.8%～22.2%，但径向热损失很大。J-3 渣则处于两者之间。

4. 金属熔池形状的测量结果

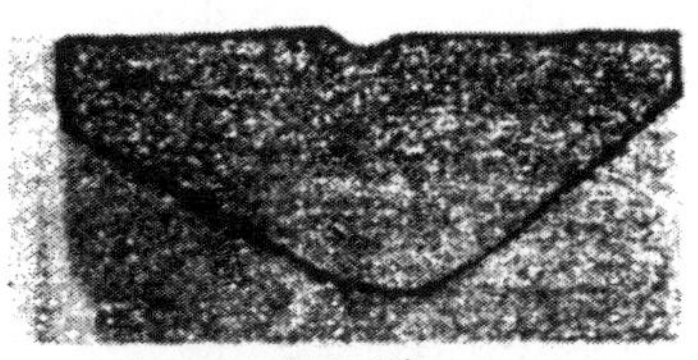

(a) L-4渣

(b) ANF-6渣

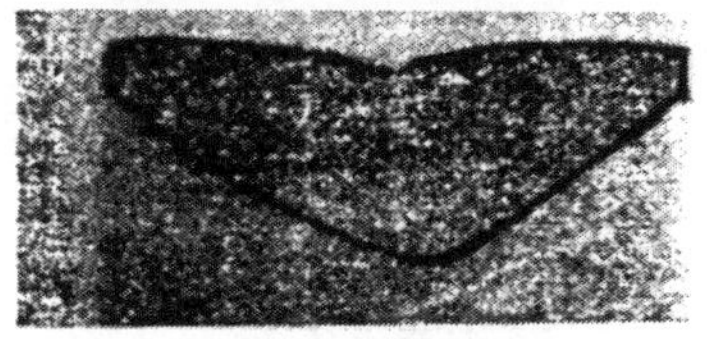

(c) J-3渣

图 7.11　硫印实验得到的金属熔池形状

本研究在实验过程中加 FeS 来观测金属熔池形状。如图 7.11 所示。从结果发现，当同为 ANF-6 渣时，熔池深度与熔化速度成正比，将其线性回归得下列近似关系：

$$z_p = 15.5m_e - 8.82,\quad \gamma = 0.9985 \tag{7.15}$$

式中：z_p为熔池的最大深度，cm；m_e为熔速，kg/min。

不同渣系的熔池形状有较大区别。L-4 渣和 J-3 渣具有较浅的熔池，尤其是 L-4 渣的熔池深度比 ANF-6 渣浅得多，若根据式(7.15)推算，当熔化速度为 1.394kg/min 时，ANF-6 渣的熔池深度为 13.3cm，而测得的 L-4 渣的熔池深度为 7.7cm，两者相差 59.7%；当熔化速度为 1.149kg/min 时，ANF-6 渣的熔池深度为 9.0cm，而 J-3 渣只有 6.8cm，两者相差 32.2%。因此，从改善结晶质量来说，低氟渣比高氟渣更有利。低氟渣在保证足够高的熔速条件下，仍能保持合理的熔池形状。

热平衡测算结果表明，金属熔池的形状取决于整个钢锭的传热过程。从热平衡的角度来说，熔池的形状取决于钢锭的供热方式和散热方式。在钢种不变的情况下，如果钢锭的散热条件基本不变，那么金属熔池形状主要取决于渣-金属界面的供热。在上述前提下，如果电极直径相同，则不难推断，金属熔池的深度主要取决于通过渣-金属界面的净热流大小。

由于 ANF-6 渣具有黏度小、导热系数大等特点，从而使得通过渣-金属界面的净热流较大。而低氟化钙含量的 L-4 渣和 J-3 渣具有较大的黏度和低的导热性，不利于渣-金属界面的对流换热。故在熔速相同时，ANF-6 渣重熔时比 L-4 渣和 J-3 渣具有更深的熔池深度原因是 ANF-6 渣重熔时渣-金属界面的换热能力相对较大。

7.3 用传热学分析电渣锭的表面质量[4]

7.3.1 电渣锭表面光滑成型的本质和条件

电渣重熔的特点在于结晶器壁存在凝固渣皮，液体金属靠这层渣皮凝固成型，其电渣锭和侧面渣皮的情况如图 4.2 所示[5]。随着电极的熔化，金属熔池不断上升，钢锭的凝固前沿不断地向上推进。在合理的电渣工艺制度下，金属熔池具有圆柱部分，即钢锭侧面的凝固点在渣-金属界面以下一定距离。这样熔池在上升过程中由于金属液体有一定的过热度且明显高于渣的熔化温度，在渣池中凝固的渣皮会部分重新熔化，使渣皮薄而均匀，金属在这层渣皮的包裹中凝固，电渣锭表面会十分光洁。

若金属熔池没有圆柱部分，甚至渣-金属界面靠结晶器壁附近金属已凝固，则随着液面的上升，渣皮不能重新熔化而形成弯曲的渣壳。这一过程重复进行就形成内表面为波纹状的渣皮，钢锭表面也随之形成波纹状，如图 4.2 右上角插图所示。

因此，金属熔池是否具有圆柱部分，即钢锭侧面凝固前沿位置是能否获得光滑电渣锭的基本判据。Hoyle[5]推荐圆柱部分至少要 1cm 高。

7.3.2 影响电渣锭表面质量的主要因素

1. 供电制度

足够的渣池输入功率是保证钢锭表面质量的前提。增加电流和渣池电压均可增加渣池功率，但对钢锭表面质量的影响效果不同。实践证明，在电流基本不变的情况下，提高电压会明显改善钢锭的表面质量。这是因为电压提高意味着极间距增大，渣池发热区域扩大，促进了渣池温度分布的均匀化，结晶器壁附近渣池向熔池的传热量提高最终增加了熔池圆柱部分高度，即表面质量改善。

在二次电压不变的情况下，若增加电流意味着极间距减少，渣池径向温度梯度增加，热量集中于熔池中心。即使输入功率增加，渣池向钢锭侧面的传热量也无明显变化，因此不能显著增加熔池圆柱部分高度。另外，从电气特性图(图 7.12)可知，当 $I \geqslant I_c$时，继续增加电流，输入渣池的功率反而减小，导致钢锭表面质量恶化。

2. 电极直径

电极直径大小影响渣池的最大渣阻($R_{s,m}$)，从而对电渣锭表面质量产生间接影响。一旦 $R_{s,m}$确定，就有一个相对应的最小稳定电流 I_{min}。渣池最大渣阻 $R_{s,m}$

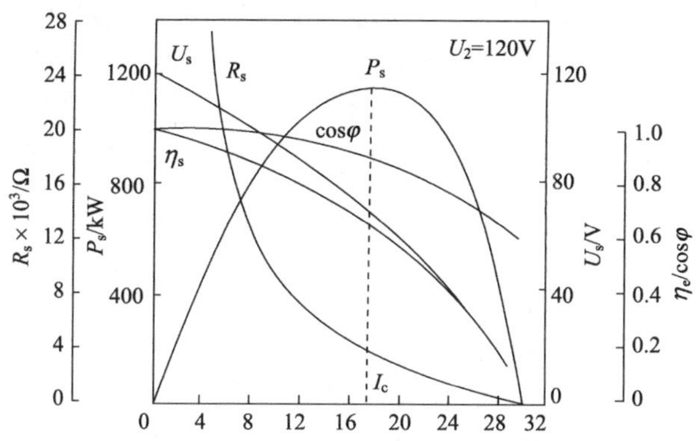

图 7.12　某厂 10t 电渣炉的电气特性图

U_s-渣电压；U_2-变压器二次侧电压；R_s-渣池电阻；P_s-渣池功率；η_e-电效率；$\cos\varphi$-功率因素；I_c-临界电流(渣池功率达最大时)

与电极直径的关系可近似为

$$R_{s,m}=\frac{C\rho_s H_s}{D_e^2+D_m^2} \tag{7.16}$$

式中：ρ_s 为渣的比电阻，Ω·cm；H_s 为渣池深度，cm；D_e 为电极直径，cm；D_m 为结晶器的直径，cm；C 为常数。

根据欧姆定律可以导出下述关系式：

$$I_{min}=\frac{U_2}{\sqrt{r+\frac{C\rho_s H_s}{D_e^2+D_m^2}+x^2}} \tag{7.17}$$

式中：U_2为电渣炉变压器二次侧的电压；r 为电渣炉短网的电阻；x 为电渣炉短网的感抗。

当其他条件确定后，I_{min}与 D_e的关系可由图 7.13 表示。当 D_e 增加时，I_{min} 相应增加。结合电渣炉电气特性，若要求渣池有较高的输入功率和电效率，同时又要求电渣过程稳定，则所选择的重熔电流必须满足以下条件：

$$I_{min}\leqslant I\leqslant I_c \tag{7.18}$$

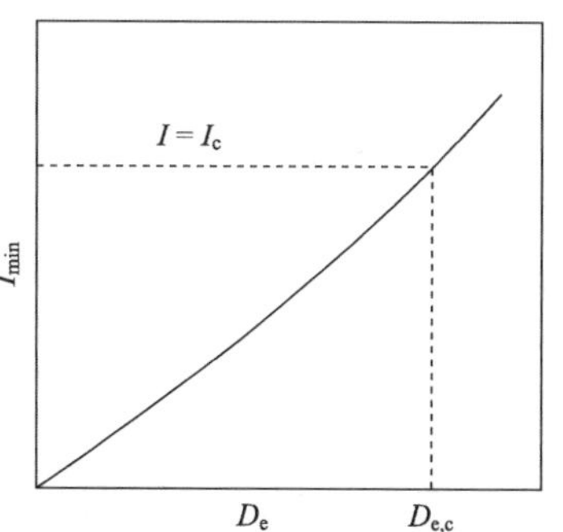

图 7.13　电极直径对最小稳定电流的影响

在 D_m、渣系及渣量确定后，为了保证上述条件，从图 7.13 可知，电极直径的选定必须满足

$$D_e\leqslant D_{e,m} \tag{7.19}$$

式中：$D_{e,m}$为允许的最大电极直径。若 D_e超过此值，则出现两种情况：一是电流仍设定小于 I_c，此时电渣过程不稳定，产生明弧；二是保持电渣过程稳定，则实际重熔电流大于 I_c，造成渣池电压和渣池功率下降，钢锭表面质量恶化。因此，在电渣炉临界电流 I_c相对较小时，电极直径的选择对钢锭表面质量有重要影响。

3. 渣系及渣池深度

低熔化温度和黏度的渣系利于改善电渣锭的表面质量。其原因是钢渣容易分离，渣池温度分布均匀并容易形成薄而均匀的渣皮。因此在渣池输入功率比较充足时，采用低熔化温度低黏度的高氟渣（ANF-6 等）利于表面质量的改善。对于 I_c较小的电渣炉容易造成电流过大使渣池功率不足的情况，为了使渣池有较高的电阻从而重熔电流接近 I_c，宜采用比电阻较大的低氟渣和无氟渣，更有利于表面质量的改善。

对于抽锭式电渣炉，由于结晶器与铸锭持续做相对移动，炉渣既要起到精炼的作用又要起到润滑的功能，采用低熔化温度、低黏度的高氟渣（ANF-6）冶炼效果并不理想，出现明显得渣沟和结瘤。故渣系的熔点、黏度、韧性及渣与钢之间摩擦力的大小对铸坯表面质量都有很大影响。适当的熔点、适当的黏度、高的韧性、钢渣之间小的摩擦力利于形成好的铸坯表面质量。

梁连科等[6]在总结前人工作的基础上，指出抽锭电渣重熔过程中所形成的渣皮要具有合适的摩擦系数和强度，以确保钢锭具有良好的表面质量。含 CaF_2渣系与铜结晶器间的静摩擦力和动摩擦力的测定结果表明：当 SiO_2含量增加时，摩擦阻力减小；当 Al_2O_3含量增加时，摩擦阻力增大。另外，当温度升高时，摩擦系数增大。而实践也表明 ANF-6 渣系的强度不足，不能满足电渣连铸生产的需要。

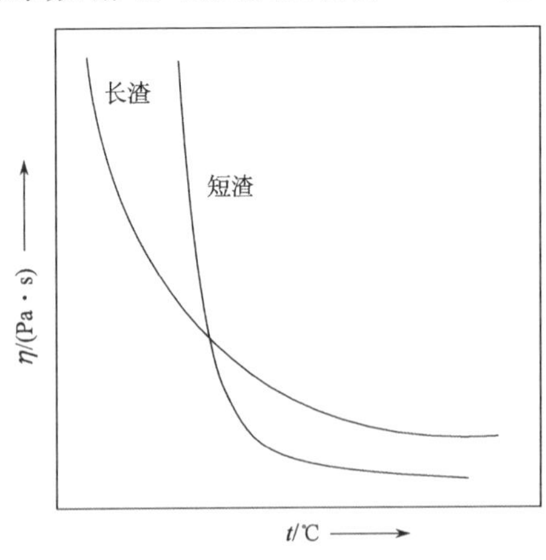

图 7.14　黏度-温度曲线

在冶炼过程中，因渣-金属界面的波动引起渣-金属界面温度波动较大，所以长渣更适合抽锭电渣重熔生产，如图 7.14 所示。酸性渣中硅氧阴离子聚合程度大，结晶能力差，即使冷却到液相线温度以下仍能保持过冷液体的状态。因此酸性渣温度降低时，质点活动能力逐渐变差，黏度只是平缓上升。

故加入适量的 SiO_2，渣转变为长渣，并具有小的摩擦阻力、较好的力学性能，利于抽锭的进行，同时能稳定重熔工艺。获得好的表面质量。

同时，碱性渣随碱度的提高，渣子对氢的透气性提高，即渣中氢的溶解度及其向金属的过渡随 O^{2-} 活度的增加而增加，而 O^{2-} 随渣子的黏度增大而增大。SiO_2加入渣中使得渣的碱度下降，起到了防氢作用。

基于以上分析，可选用黏度随温度变化较小，电导率较低，含 Al_2O_3和 CaO 较高的渣系用于抽锭电渣重熔过程，并考虑适当添加 SiO_2来提高 CaF_2-CaO-Al_2O_3渣系的塑性。

此外，渣池深度对表面质量也有重要的影响。通过电渣重熔体系热平衡分析可知，结晶器内表面的温度随着渣池深度的增加，明显地更加不均匀，对在结晶器内部形成均匀的渣壳产生不利影响，进而导致铸锭的表面质量下降。

4. 钢种

黏度低和导热性好的钢种利于热量的传递，对形成带圆柱的金属熔池形状起促进作用。对于高温合金和不锈钢，由于其钢水流动性差、导热差，往往不易获得表面光洁的钢锭。

此外，金属-渣-结晶器内壁之间的界面弯月面形状也是影响电渣铸锭表面质量的重要因素，如图 7.15 所示。

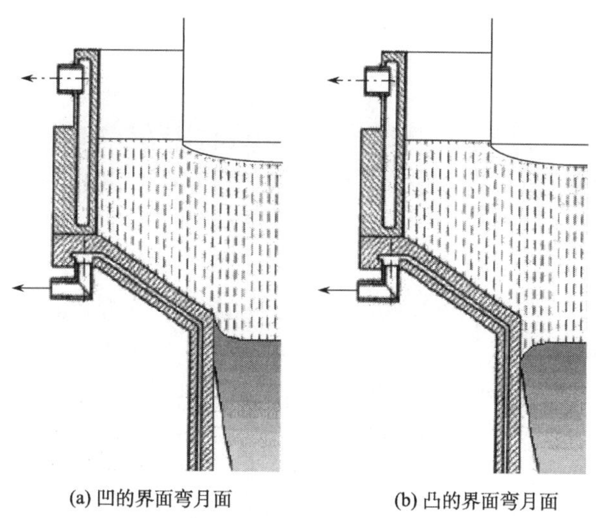

(a) 凹的界面弯月面　　(b) 凸的界面弯月面

图 7.15　凹的或凸的界面弯月面形状

表面张力低的钢或合金与铜结晶器内壁的界面形状是典型凹的弯月面。而影响合金的表面张力的因素较为复杂，包括化学成分、黏度、密度和液相线温度。当界面形状为凹的弯月面时，金属在紧靠近结晶器内壁处凝固。此时，无论渣的黏度高还是低，渣都很难进入金属和结晶器内壁之间进行润滑，从而导致铸锭的表面质量下降。

当表面张力高时，合金与铜结晶器内壁的界面形状是典型凸的弯月面。此时，金属在靠近金属与结晶器内壁之间薄的渣层处凝固。如果此处渣为液态，熔渣有很大可能流入金属和结晶器内壁之间，形成液态渣膜，使铸锭获得光洁的表面质量。

7.3.3 重熔过程钢锭从下往上表面质量的差异

电渣锭底部表面质量相对较差，渣皮也较厚，随着钢锭的上涨其表面质量逐渐改善，其原因如下。

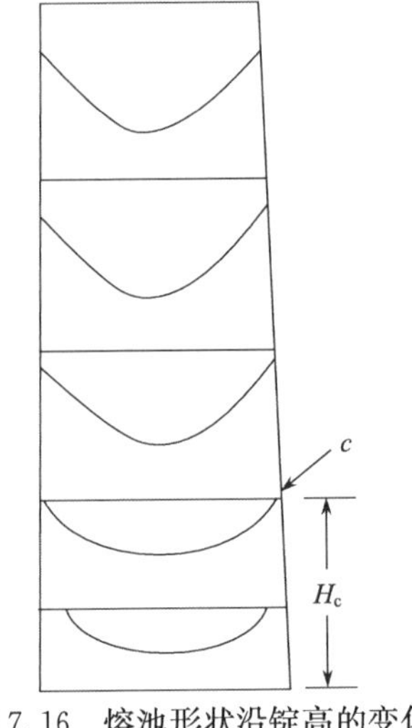

图 7.16　熔池形状沿锭高的变化

(1) 开始重熔阶段由于电极较长，网络阻抗大，相应渣池电压较低。随着重熔进行，电极长度缩短，渣池电压提高，渣池功率提高，表面质量改善。

(2) 起始阶段由于底水箱的冷却作用十分明显，而且结晶器上小下大，散热面积较大。同时，电极从室温插入渣池也要吸收大量热量。

总之，由于底部渣池功率较低而散热强度大，造成表面质量不如上部。图 7.16 为恒功率电渣重熔时金属熔池形状沿钢锭高度方向的变化过程示意图。当锭高 $H \leqslant H_c$时，由于熔池无圆柱部分，故锭表面有渣沟；当 $H > H_c$时，由于圆柱部分出现，锭表面迅速改善。

7.4　渣池传输现象的微分方程

电渣重熔过程渣池及其界面包含了许多物理化学现象。渣池既是发热体(即热源)，又是冶金反应器。电极的熔化、杂质元素和非金属夹杂物去除、元素的氧化和还原反应均发生在此。从传输的角度看，电渣重熔渣池是最复杂的反应器之一。其中包含了电场、磁场、流场和温度场，并且相互之间是耦合的。由于渣池中的传输过程对冶金反应、电极的熔化速度、钢锭的凝固有十分重要的影响，并最终影响产品的质量和重熔的技术经济指标，所以长期以来电渣冶金工作者进行了许多研究工作[7~17]。

7.4.1 描述渣池传输现象的基本微分方程

1. 麦克斯韦(Maxwell)方程

(1) 法拉第(Faraday)电磁感应定律：

$$\nabla \times \boldsymbol{E} = -\frac{\partial \boldsymbol{B}}{\partial t} \tag{7.20}$$

(2) 安培(Ampere)环路定律：

$$\nabla \times \boldsymbol{H} = \boldsymbol{J} \tag{7.21}$$

$$\nabla \cdot \boldsymbol{B} = 0 \tag{7.22}$$

$$\nabla \cdot \boldsymbol{J} = 0 \tag{7.23}$$

式中：$\boldsymbol{E}$ 为电场强度，V/m；$\boldsymbol{B}$ 为磁感应强度，T；$\boldsymbol{H}$ 为磁场强度，A/m；$\boldsymbol{J}$ 为电流密度，A/m^2；t 为时间，s。

另外

$$\boldsymbol{B} = \mu_0 \boldsymbol{H} \tag{7.24}$$

上面各式中，式(7.20)表示了磁感应强度的变化与感应电动势的关系。式(7.21)是安培环路定律，表示了磁场强度与回路中电流的关系。式(7.22)和式(7.23)则分别表示了磁通的连续性和电流的守恒。

(3) 电流密度可由欧姆定律给出：

$$\boldsymbol{J} = \sigma(\boldsymbol{E} + \boldsymbol{V} \times \boldsymbol{B}) \tag{7.25}$$

式中：σ 为熔体的电导率，$\Omega^{-1} \cdot m^{-1}$；μ_0 为真空下的磁导率，H/m；V 为介质的运动速度，m/s。

在电渣重熔条件下，磁感应电流相对于通过主回路的电流是很小的，因而可以忽略。这样，式(7.25)可变为

$$\boldsymbol{J} = \sigma \boldsymbol{E} \tag{7.26}$$

通过渣池总电流大小为

$$I = \int_S J \cdot dS = \int_S \sigma E \cdot \mathrm{d}S \tag{7.27}$$

(4) 渣池电位分布方程：

$$\nabla \cdot (\sigma \nabla \phi) = 0 \tag{7.28}$$

(5) 渣池发热密度分布方程：

$$\boldsymbol{\omega} = \boldsymbol{E} \cdot \boldsymbol{J} \tag{7.29}$$

(6) 熔渣受到的电磁力：

$$\boldsymbol{F}_e = \boldsymbol{J} \times \boldsymbol{B} = \mu_0 \boldsymbol{J} \times \boldsymbol{H} \tag{7.30}$$

式中：ϕ 为电位，V；ω 为发热密度，W/m^3；F_e 为电磁力，N。

2. 流体流动方程

熔体的湍流运动方程可用连续性方程和 Navier-Stokes 方程来描述。其矢量形式可表示为

$$\nabla \cdot \boldsymbol{v} = 0 \tag{7.31}$$

$$\rho(\boldsymbol{v} \cdot \nabla)\boldsymbol{v} = -\nabla P + \nabla \cdot (\mu_{eff} \nabla \boldsymbol{v}) + \boldsymbol{F} \tag{7.32}$$

式中：μ_{eff}为有效黏度，Pa · s。

μ_{eff}是分子黏度和紊流黏度之和，通常采用 k-ε 双方程模型计算。式中的源项 $\boldsymbol{F}$ 为体积力项，它包括电流穿过熔体产生的电磁力和由于温度梯度的存在而产生的热浮力，即

$$\boldsymbol{F} = \boldsymbol{J} \times \boldsymbol{B} + \rho[1 - \beta(T - T_0)]g \tag{7.33}$$

式中：ρ 为熔体的密度，kg/m^3；$\boldsymbol{v}$ 为速度矢量，m/s；P 为压力，Pa；μ_{eff}为熔体的有效黏度，Pa · s；$\boldsymbol{F}$ 为体积力，N/m^3；β 为体积膨胀系数，$℃^{-1}$；g 为重力加速度，m/s^2；T 为熔体中某一点的温度，℃；T_0为参考点温度，℃。

3. 渣池中的对流传热方程

对流传热方程的矢量形式可表示为

$$\rho C_p(\boldsymbol{v} \cdot \nabla T) = \nabla k_{eff} \nabla T + S_T \tag{7.34}$$

式中：C_p 为熔渣的比热容，J/(kg · ℃)；T 为温度，℃；S_T 为渣池中净发热密度，W/m^2；k_{eff}为熔渣的有效导热系数，W/(m · ℃)。

内热源 S_T可用下式求得：

$$S_T = \omega - \omega_d x \tag{7.35}$$

式中：ω 为渣池发热密度(焦耳热)，可由式(7.29)计算得到；ω_d 为熔滴下落过程中从单位体积渣中吸热速度。

系数 x 则定义如下：

当 $r \leqslant R_e$时，$x = 1$

当 $r > R_e$时，$x = 0$ (7.36)

式中：R_e为电极半径。

有效导热系数 k_{eff}等于分子导热系数和紊流导热系数 k_t 之和：

$$k_{eff} = k + k_t \tag{7.37}$$

而紊流导热系数 k_t 可由下式求出：

$$\sigma_t = \frac{C_p \cdot \mu_t}{k_t} = 1 \tag{7.38}$$

式中：σ_t 是紊流普朗特(Prandtl)准数；μ_t 是紊流黏度。而紊流黏度则可由 k-ε 模型计算得到。

7.4.2　轴对称柱坐标下渣池电磁场、流场和温度场的微分方程

电渣重熔结晶器形状尽管复杂多样，但以圆柱形最为普通和具有代表性，因此在计算渣池传输现象时，人们首先考虑的是轴对称柱坐标下的各种场的计算。下面列出其具体的微分方程表达式[18]。

1. *电磁场方程*

(1) 麦克斯韦方程：

$$\mathrm{j}\mu_0\omega\hat{H}_\theta=\frac{\partial}{\partial r}\left[\frac{1}{r}\frac{\partial}{\partial r}(r\hat{H}_\theta)\right]+\frac{\partial^2\hat{H}_\theta}{\partial z^2} \tag{7.39}$$

(2) 电流密度表达式

$$\hat{J}_r=-\frac{\partial\hat{H}_\theta}{\partial z} \tag{7.40}$$

$$\hat{J}_z=\frac{1}{r}\frac{\partial}{\partial r}(r\hat{H}_\theta) \tag{7.41}$$

(3) 渣池中焦耳发热速度表达式：

$$\bar{\omega}-\frac{1}{2}\mathrm{Re}\left[\frac{\hat{J}_r\hat{J}_r^*+\hat{J}_z\hat{J}_z^*}{\sigma_{\mathrm{sl}}(T)}\right] \tag{7.42}$$

式中：$\hat{H}_\theta$，$\hat{J}_r$，$\hat{J}_z$ 为分别为 H_θ(磁场强度的 θ 分量)、J_r(电流密度的 r 方向分量)和 J_z(电流密度的 z 方向分量)的复振幅；$\bar{\omega}$ 为角频率，rad/s；μ_0 为真空下的磁导率，H/m；σ_{sl}为电导率，$\Omega^{-1}\cdot\mathrm{m}^{-1}$；j 为$\sqrt{-1}$；Re 为复数的实部；$\hat{J}_r^*$ 为 $\hat{J}$ 的共轭复数。

2. *流体流动方程*

(1) 涡量输运方程：

$$r^2\left[\frac{\partial}{\partial z}\left(\frac{\varepsilon}{r}\cdot\frac{\partial\varphi}{\partial r}\right)-\frac{\partial}{\partial r}\left(\frac{\varepsilon}{r}\cdot\frac{\partial\varphi}{\partial z}\right)\right]-\frac{\partial}{\partial z}\left[r^3\cdot\frac{\partial}{\partial z}\left(\mu_{\mathrm{eff}}\cdot\frac{\varepsilon}{r}\right)\right]$$
$$-\frac{\partial}{\partial r}\left[r^3\cdot\frac{\partial}{\partial r}\left(\mu_{\mathrm{eff}}\cdot\frac{\varepsilon}{r}\right)\right]-r\left[\mu_0\mathrm{Re}(\hat{H}_\theta\hat{J}_r^*)+r\rho\beta g\left(\frac{\partial T}{\partial r}\right)\right]=0 \tag{7.43}$$

其中涡量 ξ 定义为

$$\xi=\frac{\partial V_r}{\partial z}-\frac{\partial V_z}{\partial r} \tag{7.44}$$

流函数 φ 定义为

$$V_r=-\frac{1}{\rho r}\frac{\partial\varphi}{\partial z} \tag{7.45}$$

$$V_z = -\frac{1}{\rho r}\frac{\partial \varphi}{\partial r} \tag{7.46}$$

有效黏度可表示为

$$\mu_{\text{eff}} = \mu + C_{\text{d}}\rho k^2/\varepsilon \tag{7.47}$$

(2) k-ε 方程：

$$\frac{\partial}{\partial z}\left(\phi\frac{\partial \varphi}{\partial r}\right) - \frac{\partial}{\partial r}\left(\phi\frac{\partial \varphi}{\partial z}\right) - \frac{\partial}{\partial z}\left(r\frac{\mu_{\text{eff}}\partial \phi}{\sigma_\phi \partial z}\right) - \frac{\partial}{\partial r}\left(r\frac{\mu_{\text{eff}}\partial \phi}{\sigma_\phi \partial r}\right) - rS_\phi = 0 \tag{7.48}$$

式中：$\phi = k$ 或 ε。

另外，$S_k = G - D$，其中　(7.49)

$$G = 2\mu_{\text{t}}\left[\left(\frac{\partial V_z}{\partial z}\right)^2 + \left(\frac{\partial V_r}{\partial r}\right)^2 + \left(\frac{V_r}{r}\right)^2 + \frac{1}{2}\left(\frac{\partial V_r}{\partial z} + \frac{\partial V_z}{\partial r}\right)^2\right] \tag{7.50}$$

$$D = \rho\varepsilon \tag{7.51}$$

$$S_\varepsilon = C_1\frac{\varepsilon}{k}G - C_2\rho\frac{\varepsilon^2}{k} \tag{7.52}$$

以上式中的模型参数的定义及推荐值如表 7.4 所示。

表 7.4　k-ε 模型中有关参数的推荐值[14]

符号	定义	推荐值
σ_k	k 模型的普朗特准数	1.0
σ_ε	ε 模型的普朗特准数	1.0
C_1	k-ε 模型常数	1.44
C_2	k-ε 模型常数	1.92
C_{d}	耗散速率常数	0.09

(3) 传热方程：

$$r\rho C_{\text{p}}V_{\text{c}}\frac{\partial T}{\partial z} + C_{\text{p}}\left[\frac{\partial}{\partial z}\left(T\cdot\frac{\partial}{\partial r}\right) - \frac{\partial}{\partial r}\left(T\cdot\frac{\partial}{\partial z}\right)\right] = \frac{\partial}{\partial r}\left(k_{\text{eff}}r\frac{\partial T}{\partial r}\right) + \frac{\partial}{\partial z}\left(k_{\text{eff}}r\frac{\partial T}{\partial z}\right) + rS_{\text{T}} \tag{7.53}$$

式中：V_{c}为钢锭上涨速度。

7.5　渣池中电位、电流及发热分布的数学模拟

Dilawari 和 Szekely 曾提出过计算渣池电位分布和发热密度分布的数学模

型[19]，但建立的模型没有考虑渣皮的导电行为对发热分布的影响，也没有将计算得到的电位场与实测结果进行比较，而且没有考察各种工艺参数对其的影响。在上述模型提出不久，川上正博等[20]在 Φ180mm 结晶器中对渣池中的电位分布进行了测量，下面提出的模型是作者[21]在这些工作基础上，通过考察渣池中渣壳的导电行为，确定更为接近实际的边界条件。由实验确定模型参数，建立计算渣池发热分布的数学模型。在用实测结果验证模型准确性的基础上，对影响渣池发热过程的诸因素进行探讨。

7.5.1　模型的数学描述

在电渣重熔条件下，渣池中磁雷诺数是很小的。因此通过渣池的电流主要靠传导。在交流工艺下，尽管渣池中的电场和磁场都是时变场，但由于通常使用的是工频电流，因而又是一个拟稳电磁场[22]，即仍然可以把它当成一个边值问题来处理。此外，磁感应电流相对于通过主回路的电流是很小的，因而也可以忽略。为使问题简化，假定渣池各处熔渣的电导率相同，对柱对称的二维圆柱坐标，渣池中的电位场可以表示为

$$\frac{\partial^2 \phi}{\partial r^2}+\frac{\partial^2 \phi}{\partial z^2}+\frac{1}{r}\frac{\partial \phi}{\partial r}=0 \tag{7.54}$$

在圆柱中心由于电位的径向一阶偏导数为零，式(7.54)变为

$$2\frac{\partial^2 \phi}{\partial r^2}+\frac{\partial^2 \phi}{\partial z^2}=0 \tag{7.55}$$

这样，渣池中电流密度和局部发热密度可分别表示为

$$\boldsymbol{J}=-\sigma\left(\frac{\partial \phi}{\partial r}\boldsymbol{e}_r+\frac{\partial \phi}{\partial z}\boldsymbol{e}_z\right) \tag{7.56}$$

$$\omega=\sigma\left[\left(\frac{\partial \phi}{\partial r}\right)^2+\left(\frac{\partial \phi}{\partial z}\right)^2\right] \tag{7.57}$$

式中：ϕ 为电位，V；$\boldsymbol{J}$ 为电流密度(矢量)，A/m^2；ω 为局部发热密度，W/m^2；σ 为电导率，$\Omega^{-1}\cdot m^{-1}$；$\boldsymbol{e}_r$，$\boldsymbol{e}_z$ 为 r 和 z 方向上的单位矢量。

如图 7.17 所示，渣池电位分布的边界条件如下。

(1) 在电极末端表面可认为处于同一电位 ϕ_0，即当 $0\leqslant r\leqslant r_e$，$z=z_e(r)$时，及 $r=r_e$，$z_2\leqslant z\leqslant z_3$时，有

$$\phi=\phi_0 \tag{7.58}$$

通过实验发现，电极熔化末端基本上呈圆锥体或为一平面，故对于圆柱对称坐标系，在半个纵剖面上是一斜线或直线，其方程为

$$z_e(r)=z_1+\frac{r}{r_e}(z_2-z_1) \tag{7.59}$$

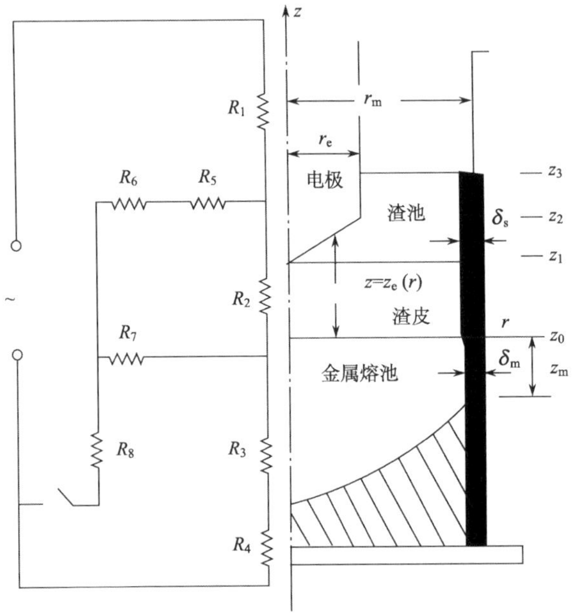

图 7.17 电渣重熔系统几何图示及等效电路示意图

(2) 渣-金属界面也可看成处于同一电位 ϕ_1，即当 $0 \leqslant r \leqslant r_m$，$z=z_0$ 时，有

$$\phi = \phi_1 \tag{7.60}$$

(3) 在渣池自由表面，由于与大气接触，因而其轴向没有电位梯度，即当 $r_e \leqslant r \leqslant r_m$，$z=z_3$ 时，有

$$\frac{\partial \phi}{\partial z} = 0 \tag{7.61}$$

(4) 在渣池和结晶器壁的交界面上，存在旁路电流 I_L，其路径为熔渣→固态渣壳→结晶器壁→金属熔池圆柱部分的渣壳→金属熔池。由图 7.17 可见，渣池与结晶器壁间的电阻为

$$R_6 = \delta_s / (\sigma_{s,e} \pi D_m z_3) \tag{7.62}$$

液态金属与结晶器壁间的电阻为

$$R_7 = \delta_m / (\sigma_{s,e} \pi D_m z_m) \tag{7.63}$$

式中：δ_s 为渣池区域渣池的厚度；δ_m 为金属熔池区渣壳的厚度；D_m 为结晶器直径；z_3 为渣池的高度；z_m 为金属熔池圆柱部分的高度；$\sigma_{s,e}$ 为包括渣壳与结晶器接触电阻在内的渣壳有效电导率。

故从液态渣壳、结晶器到金属熔池的总电阻为

$$R_L = R_6 + R_7 = \frac{1}{\sigma_{s,e}\pi D_m z_3}\left(\delta_s + \frac{z_3}{z_m}\delta_m\right) \tag{7.64}$$

若设渣池中，渣的液相线界面的电位为 $\phi(z)$，则从渣流向结晶器壁的电流密度为

$$|\boldsymbol{J}| = \frac{\phi(z) - \phi_1}{R_L \cdot \pi \cdot D_m z_3} \tag{7.65}$$

当 $r = r_m$，$z_0 \leqslant z \leqslant z_3$ 时，上式即为所求的边界条件。

上述数学模型的求解过程如图 7.18 所示。采用 Gauss-Seidel 迭代法进行求解。最大迭代误差为 $\max|\phi_{ij}^{k+1} - \phi_{ij}^{k}| \leqslant 10^{-3}$V。

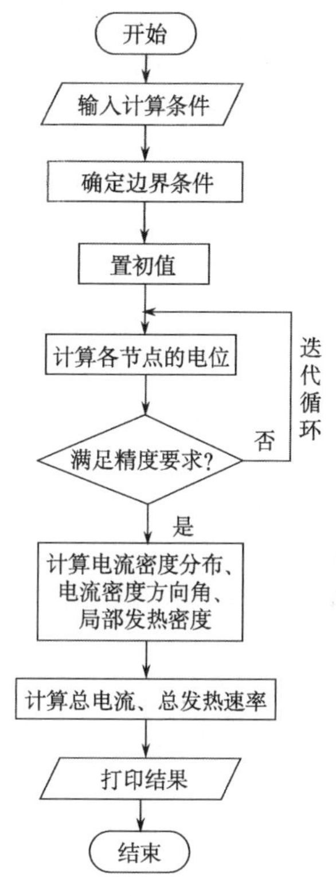

图 7.18　计算机程序流程粗框图

7.5.2　实验条件及数据

实验采用单相交流电渣炉。结晶器直径 140mm，高 730mm，内衬为紫铜。电极为直径 80mm 的碳素钢。表 7.5 为实验参数及部分结果。实验所用渣的成分及性质如表 7.6 所示。

表 7.5　实验参数及部分结果

实验号	重熔电流/A	炉口电压/V	渣系	熔化速度/(kg/min)	渣深/mm	电极埋深度/mm	电极堆高/mm	δ_s/mm	σ_s/mm	z_m/mm	比电耗*/(kW·h/t)
1	2750	40.0	ANF-6	1.046	90	35	30	1.8	0.70	20	1753
2	3000	39.5	ANF-6	1.267	90	40	30	1.0	0.90	25	1559
3	2000	41.0	J-3	1.149	85	35	30	1.5	0.90	15	1189
4	2000	40.0	L-4	1.394	90	50	40	2.0	0.62	20	957

* 该数值为正常重熔期渣池的比电耗

7.5.3　计算结果及讨论

模拟计算所用的参数及部分结果如表 7.7 所示。

表 7.6 实验所用渣的成分及主要性质 （单位：%）

渣号	CaF_2 /%	Al_2O_3 /%	CaO /%	MgO /%	熔渣电导率 /$\Omega^{-1}\cdot cm^{-1}$	渣壳的有效电导率 /$\Omega^{-1}\cdot cm^{-1}$	黏度 /Pa·s
ANF-6	70	30	—	—	3.86	2.5×10^{-2}	0.01(1750℃)
J-3	30	35	35	—	2.56	10^{-6}	0.04(1600℃)
L-4	15	50	30	5	1.85	10^{-10}	0.24(1650℃)

表 7.7 渣池发热过程模拟计算的条件及部分结果

序号	渣系	电压/V	电流/A	功率/kW	z_1/cm	z_2/cm	z_3/cm
1	ANF-6	39.0	3000	117	6.0	8.8	9.2
2	J-3	41.0	2000	82	5.0	8.0	8.5
3	L-4	40.0	2000	80	2.5	6.0	9.2
4	ANF-6	25.0	3000	75	7.5	9.5	10.0
5	ANF-6	40.0	3000	120	8.2*	8.2*	9.2
6	L-4	40.0	3000	120	3.7*	3.7*	9.2
7	ANF-6	32.2*	2557*	82	5.0	8.0	8.5
8	L-4	49.0*	1678*	82	5.0	8.0	8.5

序号	渣系	σ_s/cm	总电流* /A	I_L/I_T^* /%	总发热功率* /kW	误差 /%
1	ANF-6	39.0	3000	117	6.0	8.8
2	J-3	41.0	2000	82	5.0	8.0
3	L-4	40.0	2000	80	2.5	6.0
4	ANF-6	25.0	3000	75	7.5	9.5
5	ANF-6	40.0	3000	120	8.2*	8.2*
6	L-4	40.0	3000	120	3.7*	3.7*
7	ANF-6	32.2*	2557*	82	5.0	8.0
8	L-4	49.0*	1678*	82	5.0	8.0

* 表示该数值为计算结果，其余则为计算条件

1. 模型的准确性

将计算结果与川上正博等[20]的实验数据做比较，其计算条件见表 7.7 第 4 工况，其结晶器直径为 180mm，电极直径为 100mm。由图 7.19 可见，计算与实测之间基本吻合。

2. 渣池电热转换的一般特性

渣池发热过程的一半特性可由表7.7中第1工况来说明。图7.9～图7.22分别表示了渣池的电位分布、电流方向、电流密度分布及发热密度分布。由图可见，在电极附近存在较大的电位梯度，因此，此区域为电流密度最大的区域。在渣面与结晶器壁形成的角区则是电位梯度最小的区域，也是电流密度和发热密度最小的区域。发热密度另一个较低的区域是渣-金属界面与结晶器汇成的角区。从半径方向看，中心附近的发热密度高，沿半径方向其值逐渐下降。

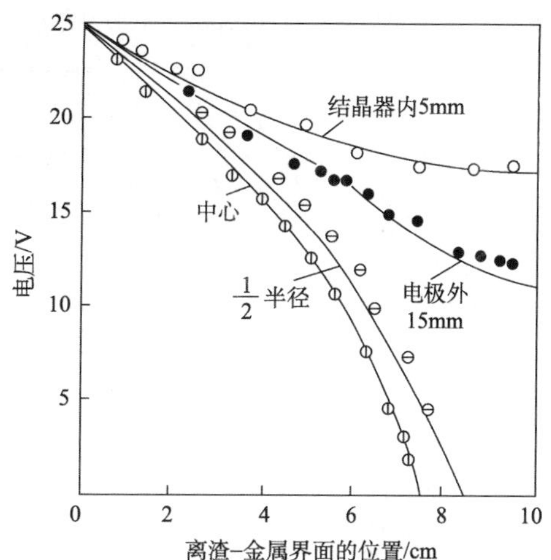

图7.19　渣池中的电位分布计算与实测结果比较

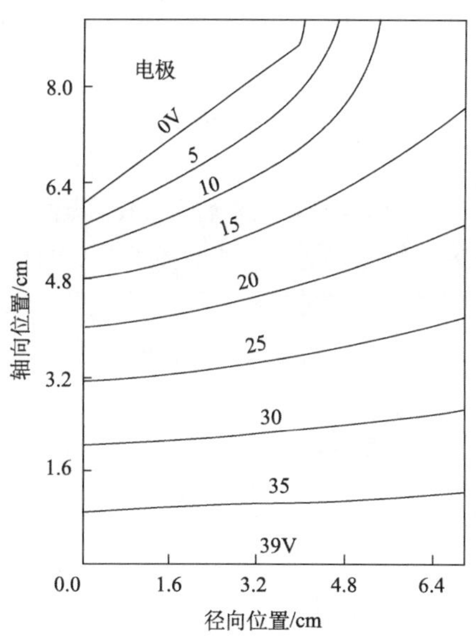

图7.20　渣池的电位分布与电流流向

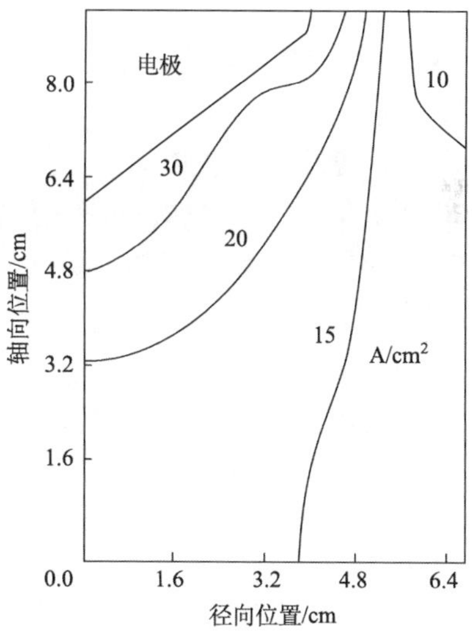

图7.21　渣池中的电流密度分布

3. 工艺参数对渣池发热分布的影响

作者[23]曾通过将渣池中电位及几何条件无因次化，提出了无因次电位(Φ)、

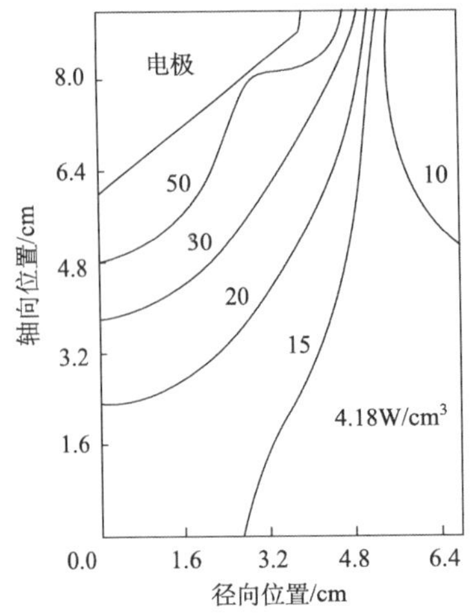

图 7.22　渣池中的局部发热密度分布

无因次电流密度(X)和无因次发热密度(W)的概念。结果发现，熔渣电导率在空间均匀的条件下，上述三个量只决定于几何形状、渣壳的有效电导率与熔渣电导率的比值 $\sigma_{s,e}/\sigma_1$。这三个量的表达式为

$$\Phi = \frac{\phi - \phi_0}{\phi_1 - \phi_0} \tag{7.66}$$

$$X = \frac{J r_m}{\sigma(\phi_1 - \phi_0)} \tag{7.67}$$

$$W = \frac{\omega r_m^2}{\sigma(\phi_1 - \phi_0)^2} \tag{7.68}$$

几何形状、电参数、填充比及电导率之间呈现出一种相互制约的函数关系：

$$L_{em} = \theta\sigma(1 + \xi^2)\frac{U_{em}}{I_{ESR}} \tag{7.69}$$

式中：L_{em}为极间距；θ 为有效导电面积系数；$\xi(=D_e/D_m)$为填充比；U_{em}为极间电压；I_{ESR}为重熔电流。

若保持电参数填充比不变，由式(7.69)可知，改变渣成分而引起的电导率变化将对电极的插入深度产生影响。表 7.7 中工况 2 和 3 的电参数基本相同时，分别采用 J-3 渣和 L-4 渣的两次实验(对应表 7.5 中 3 和 4)，其渣池的局部发热密度分布如图 7.23 所示。这两种渣的电导率存在着较大的差异，J-3 渣为 $2.56\Omega^{-1}\cdot cm^{-1}$，而 L-4 渣为 $1.85\Omega^{-1}\cdot cm^{-1}$。故在重熔电参数相同的情况下，采用 L-4 渣使得电极插入深度增加、两极间距离缩短，电极端部附近的发热密度明显比

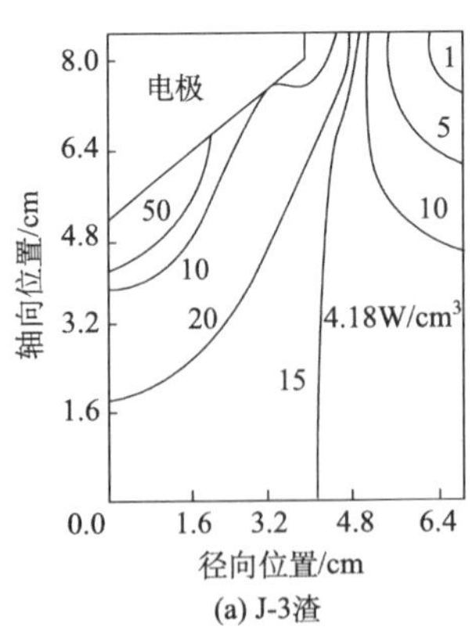

(a) J-3渣

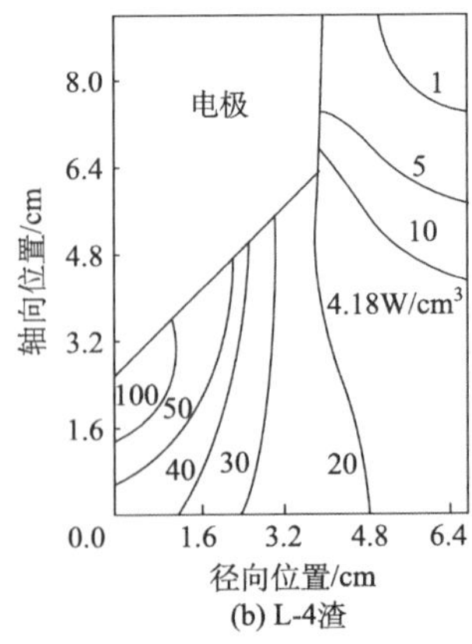

(b) L-4渣

图 7.23　渣池中的局部发热密度分布

J-3渣大，有利于提高电极的熔化速度和渣池的热效率。从实验结果看，在正常重熔期，L-4 渣的熔化速度与比电耗分别为 1.394kg/min 和 957kW · h/t，而 J-3 渣则为 1.149kg/min 和 1189kW · h/t，两者的比电耗约差 20%。当然采用 L-4 渣热效率提高还有其黏度和导热系数小的原因[24]。由于这两种渣的渣壳的电导率均极小，即 $\sigma_{s,e}/\sigma_1 \approx 0$。故此时发热密度分布从本质上主要取决于几何形状。

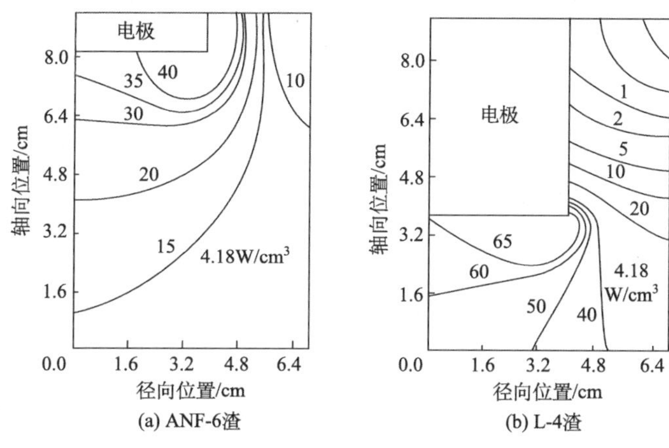

图 7.24　渣池中的局部发热密度分布

ANF-6 渣的电导率与 L-4 渣相差更大。图 7.24 为表 7.7 中工况 5 和 6 的计算结果。由此可见，熔渣电导率之间的差异导致了发热密度分布的差异。ANF-6 渣的渣池中发热密度分布相对均匀。这种发热密度分布的均匀性会促进渣池温度分布的均匀性，不利于提高电极的熔速和热效率。此外，由于 ANF-6 渣的渣壳具有较好的导电能力，计算发现，大约有 30%的旁路电流会促进渣池径向发热密度分布的均匀化。由于渣壳的电导率要明显小于熔渣的电导率，因而强大的旁路电流会使渣壳发热密度很高，导致渣壳温度升高和渣壳变薄，最终增加了渣池的径向散热，使热效率下降。图 7.25 为表 7.7 中工况 1 计算得到渣池中沿渣壳的发热密度分布。由图可见，从渣-金属界面开始，随着高度的增加，渣皮的发热密度逐渐增加。在渣自由表面达到最大值，而且发热值很大。因此，渣壳的导电行为是影响渣池发热过程和系统热效率的重要因素。

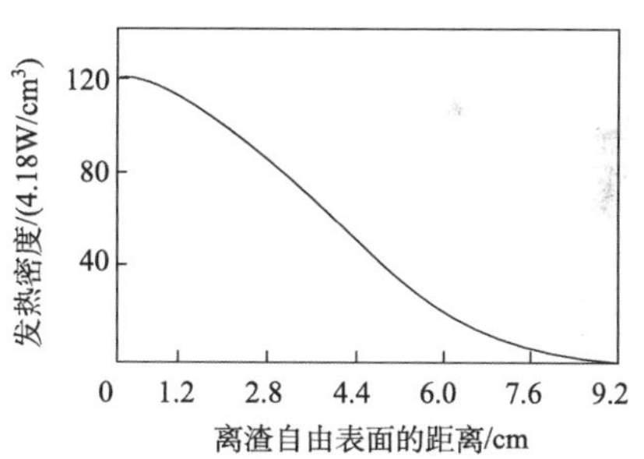

图 7.25　计算得到的 ESR 渣池中渣壳的发热密度分布

从式(7.69)可见，增加极间电压会使极间距增大，而增加重熔电流则使极间距减小。通常，减小极间距使渣池的发热量集中于电极端部附近而有利于提高系统的热效率。因此，在功率不变时，改变电流、电压的配比，也将对渣池的发热过程产生影响。

对 ANF-6 和 L-4 渣系，采用与表 7.7 中工况 2 相同的几何条件和输入功率，计算渣池的发热分布，其他参数及部分结果见表 7.7 工况 7 和 8。结果表明，采用高电导率的 ANF-6 渣需要降低电压和增加电流。而电导率低的 L-4 渣则需要提高电压和降低电流。计算得到的发热密度分布如图 7.26 所示。与图 7.23(a)比较，三者的发热密度差异很小。尤其是 L-4 渣和 J-3 渣，两者的发热密度分布几乎相同。由前面的分析结果可知，渣池的发热分布本质上决定于几何形状及

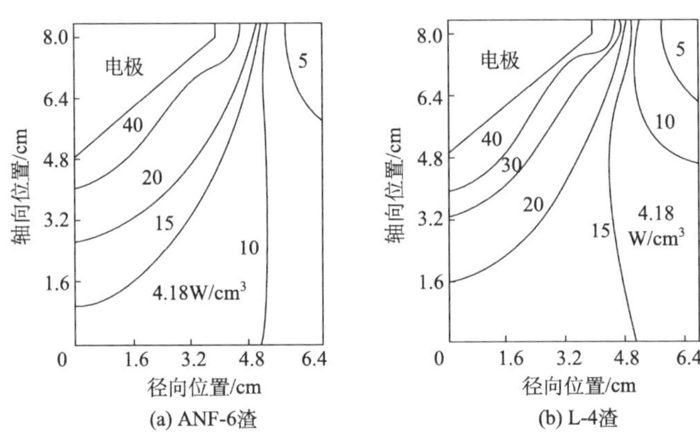

图 7.26　渣池中的局部发热密度分布

$\sigma_{s,e}/\sigma_1$。由于 L-4 渣和 J-3 渣的 $\sigma_{s,e}/\sigma_1$ 均近似为零，相同的几何形状使得渣池的无因次发热密度分布相同。又由于两者的输入功率相同，使得两者的发热密度分布的绝对值也基本相同。而 ANF-6 渣与上述两种渣的区别在于它具有较大的 $\sigma_{s,e}/\sigma_1$ 值。可见，渣成分对发热分布的影响与电参数的配比密切相关。

7.5.4　小结

(1) 渣池的无因次发热密度分布取决于系统的几何形状、渣壳的有效电导率与熔渣电导率的比值，以及熔渣电导率在渣池空间分布的差异。

(2) 功率一定时，提高电流和降低电压能使电极端部的发热密度提高。

(3) 若电参数和填充比不变，电导率低的渣能使极间距减小，导致电极端部的发热密度明显增加。

(4) 若功率一定，适当调整电流和电压的配比，能使不同渣系保持相同的插入深度。若此时渣壳的导电能力相差不大，则不同渣系的发热分布基本相同。

7.6　渣池流体流动和温度分布的模拟计算

7.6.1　主导方程

由于电渣重熔大多数采用圆柱形结晶器，所以本节以轴对称柱坐标的微分方程来对 ESR 渣池的速度场和温度场进行模拟计算。其微分方程的具体表达式已在 7.4.2 节有详细描述。

7.6.2　壁函数

在壁面附近的流体，其雷诺数很低，必须考虑分子黏性的影响。目前通常采用劳德(Lauder)和斯伯汀(Spalding)提出的单层壁函数法来描述壁面附近的动量和热量传递。在 ESR 渣池中包括渣池-电极、渣池-结晶器壁及渣-金属界面。图 7.27 为 ESR 渣池中壁函数的应用区域示意图。

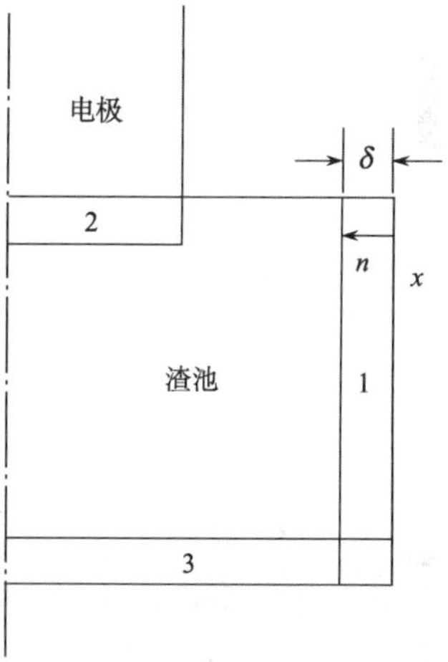

假定 x 表示沿壁面的距离，n 表示垂直壁面的距离。由于区域 1 中体积力的存在，在壁面上的剪应力可表示为

$$\tau_{\mathrm{w,\ f}} = \int_0^{\delta} F_x \mathrm{d}n \tag{7.70}$$

式中：F_x 为体积力的 x 方向分量。

若假定在区域 1 中 F_x 是常数，则将上式积分后得

$$\tau_{\mathrm{w,\ f}} = F_x \delta \tag{7.71}$$

式中：δ 为区域 1 的厚度。

图 7.27　ESR 渣池中壁函数的应用区域

假定区域 1 为恒定剪应力层，且剪应力为

$$\tau_0 = \tau_{\mathrm{w}} + \frac{1}{2} F_x \delta \tag{7.72}$$

式中：τ_{w} 为由于流体运动引起的壁面上的剪应力。这样该区域中的速度矢量大小可由下式表示：

$$v_{\mathrm{t}} = \frac{1}{\kappa} \ln(E_{n_+}) \tag{7.73}$$

式中：κ 为冯·卡门(Von Karman)常数(0.4)；E 为壁面的光滑系数，对光滑表面约等于 9，对粗糙表面约为 30；$v_{\mathrm{t}}(=v/v_{\tau})$ 为平行于壁面的无因次速度；v_{τ}

为摩擦速度：

$$v_\tau = \tau_0/(\rho C_d^{1/4} k^{1/2}) \tag{7.74}$$

n_+为离壁面的无因次距离，其值为

$$n_+ = \rho \frac{n v_\tau}{\mu} = C_d^{1/4} \rho k^{1/2} n/\mu \tag{7.75}$$

当n_+足够大时，黏性作用被湍流作用所掩盖，于是有

$$\tau_w = \kappa C_d^{1/4} \rho v_p k_p^{1/2} / \ln(E\rho\delta k_p^{1/2} C_d^{1/4}/\mu) \tag{7.76}$$

式中，角标 p 表示内部网格节点上的值。

对于湍流动能的源项，可表示为

$$S_k = \tau_0 \frac{\partial v}{\partial n} - \frac{C_d \rho^2 k^2}{\tau_0} \cdot \frac{\partial v}{\partial n} \tag{7.77}$$

湍流动能耗散率为

$$\varepsilon_p = C_d^{3/4} k_p^{3/2} / (\kappa\delta) \tag{7.78}$$

下面讨论在传热中的壁函数。根据强制对流时动量传递和热量传递的相似性，可以获得

$$Nu_x = \frac{C_f Re_x \sigma_1}{2\sigma_t (1 + P\sqrt{1/2C_f})} \tag{7.79}$$

式中

$$P = 9(\sigma_1/\sigma_t - 1)(\sigma_1/\sigma_t)^{-1/4} \tag{7.80}$$

C_f为壁面摩擦系数，定义为

$$C_f/2 = \tau_0/\rho v_p^2 \tag{7.81}$$

Re_x为局部雷诺数(Reynold's number)；σ_1 为流体的普朗特准数(Prandtl number)；σ_t 为湍流的普朗特准数。

7.6.3　边界条件

按图 7.28 的几何形状来确定边界条件。

1. 磁场方程的边界条件

(1) 穿过相界面的电场切向分量是连续的。

(2) 安培环路定律表达式为

$$\oint H \cdot dl = \int J \cdot dS \tag{7.82}$$

(3) 由于轴对称，当 $r=0$ 时，有

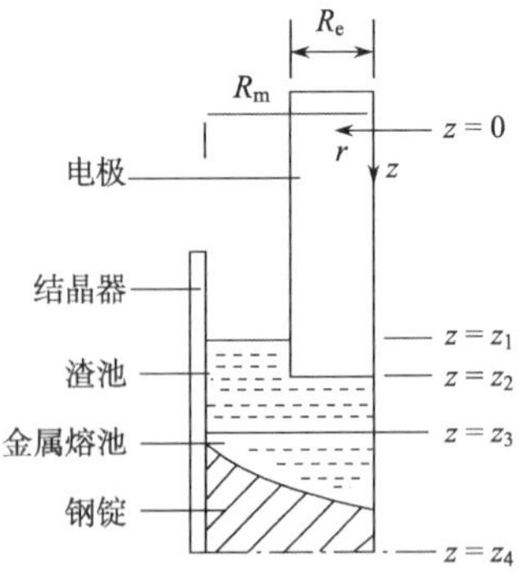

图 7.28　ESR 几何形状示意图

$$\hat{H}_\theta = 0 \tag{7.83}$$

(4) 渣表面，当 $z=z_1$，$R_e \leqslant r \leqslant R_m$时，有

$$\hat{J}_z = 0 \tag{7.84}$$

(5) 电极上部当 $z=0$，$0 \leqslant r \leqslant R_e$时，有

$$\hat{J}_r = 0 \tag{7.85}$$

(6) 钢锭下部边界，当 $z=z_0$，$0 \leqslant r \leqslant R_m$时，有

$$\hat{J}_r \approx 0 \tag{7.86}$$

用磁场强度 $\hat{H}_\theta$ 来表达上述边界条件时，有如下关系式。

(1) 当 $z=0$，$0 \leqslant r \leqslant R_e$时：

$$\frac{\partial \hat{H}_\theta}{\partial z} = 0 \quad (\hat{J}_r = 0) \tag{7.87}$$

(2) 当 $r=R_e$，$0 \leqslant z \leqslant z_1$时：

$$\hat{H}_\theta = I_0/(2\pi R_e) \tag{7.88}$$

式(7.88)为安培环路定律表达式，其中 I_0为总电流的最大值。

(3) 当 $r=R_e$，$z_1 \leqslant z \leqslant z_2$：

$$\frac{1}{\sigma}\hat{J}_z\,|_e = \frac{1}{\sigma}\hat{J}_z\,|_{sl} \tag{7.89}$$

(4) 当 $r=R_m$，$z_1 \leqslant z \leqslant z_6$：

$$\hat{H}_\theta = \frac{I_0}{2\pi R_m} \tag{7.90}$$

(5) 当 $z=z_2$，$0 \leqslant r \leqslant R_e$：

$$\frac{1}{\sigma}\hat{J}_r\,|_e = \frac{1}{\sigma}\hat{J}_r\,|_{sl} \tag{7.91}$$

(6) 当 $z=z_1$，$R_e \leqslant r \leqslant R_m$：

$$\hat{H}_\theta = \frac{I_0}{2\pi r} \tag{7.92}$$

(7) 当 $z=z_3$，$0 \leqslant r \leqslant R_m$：

$$\frac{1}{\sigma}\frac{\partial \hat{H}_\theta}{\partial z}\,|_{sl} = \frac{1}{\sigma}\frac{\partial \hat{H}_\theta}{\partial z}\,|_1 \tag{7.93}$$

(8) 当 $z=z_4$，$0 \leqslant r \leqslant R_m$：

$$\frac{\partial \hat{H}_\theta}{\partial z} = 0 \quad (\hat{J}_r = 0) \tag{7.94}$$

2. 流体流动方程的边界条件

(1) 当 $r=0$，$z_2 \leqslant z \leqslant z_3$ 时：

$$\varphi=\frac{\partial k}{\partial r}=\frac{\partial \varepsilon}{\partial r}=0 \tag{7.95}$$

$$\left(\frac{\xi}{r}\right)_0=\frac{8}{\rho}\left(\frac{\varphi_0-\varphi_2}{r_2^2}+\frac{\varphi_1-\varphi_0}{r_1^2}\right)\Big/\left(r_2^2-r_1^2\right) \tag{7.96}$$

式中：注脚 0、1、2 分别表示在对称轴上 r 方向相邻的网格节点。

(2) 当 $z=z_1$，$R_e \leqslant r \leqslant R_m$ 时：

$$\varphi=\frac{\xi}{r}=\frac{\partial k}{\partial z}=\frac{\partial \varepsilon}{\partial z}=0 \tag{7.97}$$

(3) 当 $z=z_2$，$0 \leqslant r \leqslant R_e$ 时：

$$\varphi=0 \tag{7.98}$$

$$k=\varepsilon=0 \tag{7.99}$$

$$\left(\frac{\xi}{r}\right)_0=\frac{3(\varphi_0-\varphi_1)}{\rho r^2(z_1-z_0)^2}-\frac{1}{2}\left(\frac{\xi}{r}\right)_1 \tag{7.100}$$

式中：注脚 0、1、2 分别表示边界上 z 方向相邻的节点。

(4) $z=z_3$，$0 \leqslant r \leqslant R_m$：

$$\varphi=0 \tag{7.101}$$

$$k=\varepsilon=0 \tag{7.102}$$

$$\left(\frac{\xi}{r}\right)_0=\frac{3(\varphi_0-\varphi_2)}{\rho r^2(z_1-z_0)^2}-\frac{1}{2}\left(\frac{\xi}{r}\right)_1 \tag{7.103}$$

(5) 当 $r=R_e$，$z_1 \leqslant z \leqslant z_2$ 时：

$$\varphi=0 \tag{7.104}$$

$$k=\varepsilon=0 \tag{7.105}$$

$$\left(\frac{\xi}{r}\right)_0=\frac{3(\varphi_0-\varphi_1)}{\rho(r_1-r_0)^2 r_0 r_1}-\frac{1}{2}\left(\frac{\xi}{r}\right)_1+\frac{\rho g^3}{4R_e \cdot \mu_{\mathrm{eff},1}}(r_1-r_0)(T_0-T_1) \tag{7.106}$$

(6) $r=R_m$，$z_1 \leqslant z \leqslant z_3$：

$$\varphi=0 \tag{7.107}$$

$$k=\varepsilon=0 \tag{7.108}$$

$$\left(\frac{\xi}{r}\right)_0=\frac{3(\varphi_0-\varphi_1)}{\rho(r_1-r_0)^2 r_0 r_1}-\frac{1}{2}\left(\frac{\xi}{r}\right)_1+\frac{\rho g^3}{4R_m \cdot \mu_{\mathrm{eff},1}}(r_1-r_0)(T_0-T_1) \tag{7.109}$$

3. 温度边界条件

(1) $r=0$，$0\leqslant z\leqslant z_3$：

$$\frac{\partial T}{\partial r}=0 \tag{7.110}$$

(2) $z=0$，$0\leqslant r\leqslant R_e$：

$$\frac{\partial T}{\partial z}=0 \tag{7.111}$$

(3) $z=z_1$，$R_e\leqslant r\leqslant R_m$：

$$k_{\mathrm{eff}}\frac{\partial T}{\partial z}\Big|_{\mathrm{sl}}=q_r \tag{7.112}$$

式中：q_r为渣面辐射传热的净热流，由辐射网络法计算[1]。

(4) $r=r_e$，$z_1\leqslant z\leqslant z_2$：

$$k\frac{\partial T}{\partial r}\Big|_{\mathrm{e}}=k\frac{\partial T}{\partial r}\Big|_{\mathrm{sl}} \tag{7.113}$$

(5) $z=z_3$，$0\leqslant r\leqslant R_m$：

$$-k_{\mathrm{eff}}\frac{\partial T}{\partial z}\Big|_{\mathrm{sl}}+\frac{Q_s}{\pi Re^2}\chi=-k_1\frac{\partial T}{\partial z}\Big|_1 \tag{7.114}$$

(6) $z=z_2$，$0\leqslant r\leqslant R_e$：

$$T=T_{\mathrm{m,e}}\text{（钢液液相线温度）} \tag{7.115}$$

(7) $r=R_m$，$z_1\leqslant z\leqslant z_3$：

$$T=T_{\mathrm{l,s}}\text{（渣的熔化温度）} \tag{7.116}$$

或

$$-k\frac{\partial T}{\partial r}\Big|_{\mathrm{sl}}=h_{\mathrm{sw}}(T-T_{\mathrm{w}}) \tag{7.117}$$

其中，h_{sw}为渣池侧面与结晶器冷却水之间的综合传热系数。

7.6.4　实验型电渣炉的模拟计算结果[12,18]

基于 Mellberg[25]的实验结果进行计算。该实验采用 57mm 的电极，结晶器直径为 100mm，钢中为 GCr15。重熔工艺参数如表 7.8 所示。

表 7.8　Mellberg 实验所用的工艺参数

锭号	电流/kA	电压/V	渣量/kg	渣系	铸锭速度/(cm/min)
15	1.7	34	1.5	ANF-6	1.23
17	1.55	30	1.5	ANF-6	1.03

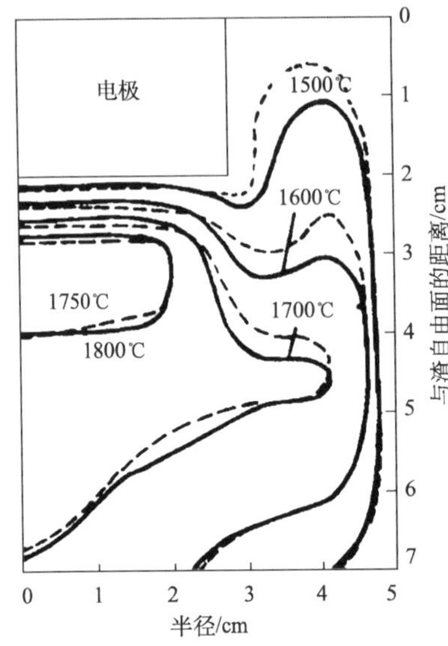

图 7.29 15 号钢锭重熔时计算得到的渣池温度分布

——熔渣电导率为常数；

----熔渣电导率随温度变化

图 7.29 为计算得到的 15 号钢锭重熔时渣池中等温线分布。其中实线是当电导率为常数时的计算值，虚线是考虑了电导率随温度变化时的计算结果。由图可以看出，后者计算得到的最高温度相对较低，且分布相对均匀。渣池中温度最高的区域在电极下部，但不是紧靠电极。另外，对流传热使得中心区的温度比较均匀，最大的温度梯度在靠近结晶器壁附近。

图 7.30 和图 7.31 表示了电极插入深度对渣池发热速率分布和温度分布的影响。实线和虚线分别表示电极插入深度为 2cm 和 1cm 时的计算结果。这两种情况下输入功率均为 68kW，渣量均是 1.5kg。曲线Ⅰ和Ⅱ分别表示了电极下 1.6cm 和 4.8cm 垂直位置上沿径向的发热速率分布。从中可见，电极插入深度越浅，则渣池中单位体积的发热速率就越低。电极插入深度的影响从图 7.31 可更明显地看出。与图 7.29 比较可知，当电极插入深度较小时电极下面渣池区域的温度有一定程度的降低，其最高温度为 1807℃，而前者为 1832℃。另外，在结晶器和电极间环状地带的渣温有一定程度的提高，熔化速度也相应降低了。

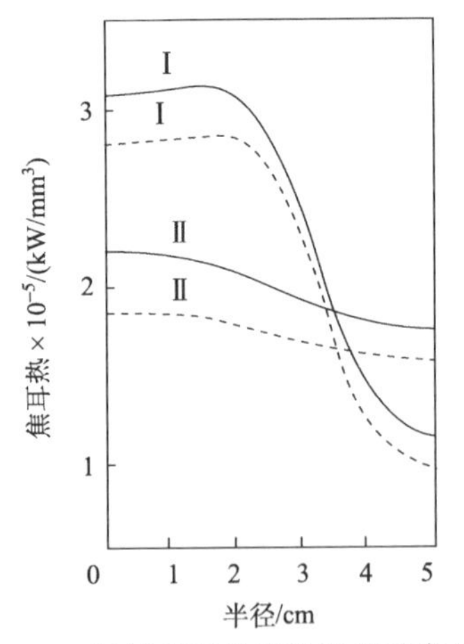

图 7.30 计算得到的渣池发热速率分布

Ⅰ-电极下 1.6cm；Ⅱ-电极下 4.8cm

——电极插入深度 2cm；----电极插入深度为 1cm

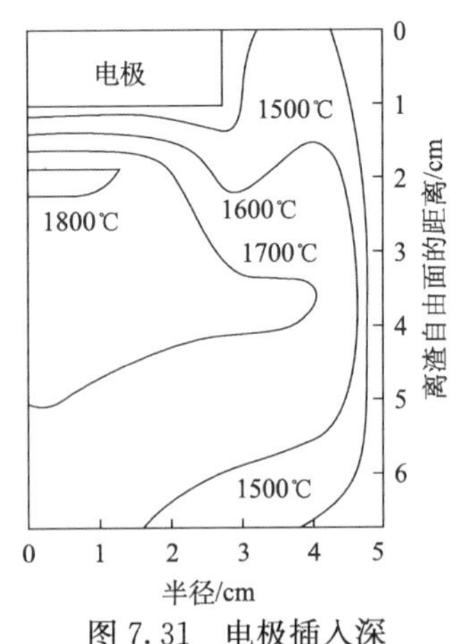

图 7.31 电极插入深度为 1cm 时计算得到的渣池Ⅰ温度分布

图 7.32 给出了 15 号钢锭重熔时渣池中速度场的计算结果。驱动渣池中流体运动的主要有两种力。电磁力场促使熔渣趋向于逆时针方向旋转，而浮力场则促使熔渣趋向于顺时针方向旋转。在渣池本体中，浮力占据主导地位而产生顺时针的环流，在电极和结晶器中间的环状区域，电磁力和浮力综合的作用产生了逆时针的环流。计算得到的渣池中熔体的流速在 0～0.05m/s。

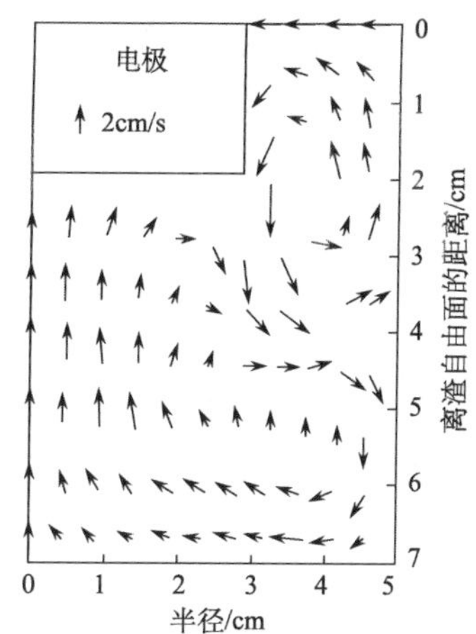

图 7.32　15 号钢锭重熔时渣池的速度场($A_e/A_m=0.325$)

从渣池的环流特征可以说明浮力还是电磁力在流场中起主导作用。通过因次分析，渣池的环流特性可用下式来表示：

$$\phi=\frac{\mu_0\,\overline{I}_0^2\left(1-\dfrac{A_e}{A_m}\right)}{4\Pi A_e L\rho_{sl}\beta g\Delta T}\tag{7.118}$$

式中：A_e、A_m 为电极、结晶器的截面积；L 为极间距；$\overline{I}_0$ 为总电流的均方根值。

ϕ 越大，说明电磁力的支配作用越强。因此，增加电流，减小填充比和极间距可以增加电磁搅拌强度。这一现象是符合物理学的基本理论的，因为一个发散的电流场将产生一个较强的 $\boldsymbol{J}\times\boldsymbol{B}$ 的电磁力。

在电流等参数与图 7.32 的条件完全相同的情况下如果减小填充比(从 0.325 减小至 0.09)则计算得到的渣池速度场如图 7.33 所示。从图中可以清楚地看到，此时电磁力在渣池中占支配地位。

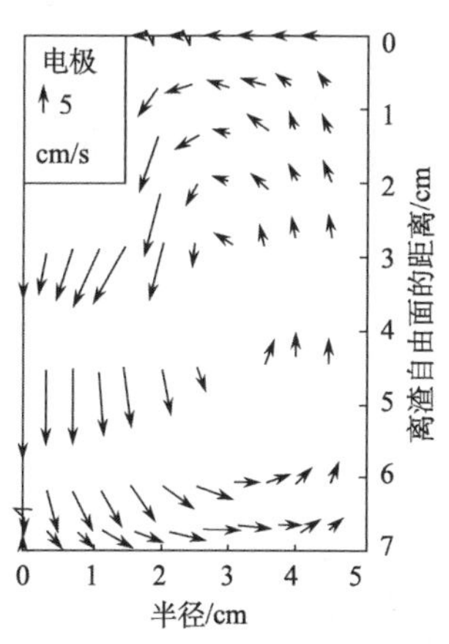

图 7.33　计算得到的渣池速度场
($I=1.7$kA，$A_e/A_m=0.09$)

图 7.34 表示了与图 7.32 和图 7.33 所对应的条件下计算得到的电极下面约 0.02m 处浮力与电磁力的比值沿径向的分布。由于径向温度梯度很大，在结晶器壁附近浮力起着支配作用。而用虚线表示的图 7.33 的情况，在渣池本体内主要是电磁力起主导作用。

图 7.35 给出了 15 号钢锭重熔时渣池中有效导热系数和原子导热系数之比的等值线图。电渣重熔渣池中由于强制对流导致紊流流动。有效导热系数大的区域是与具有大环流速度的区域相对应的。

理论上说，研究电渣重熔体系内熔体的流

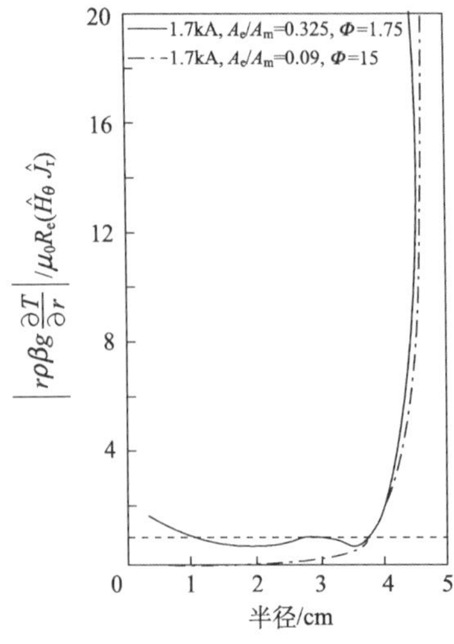

图 7.34　浮力和电磁力对涡量作用比值沿径向分布(电极下 2cm 处)

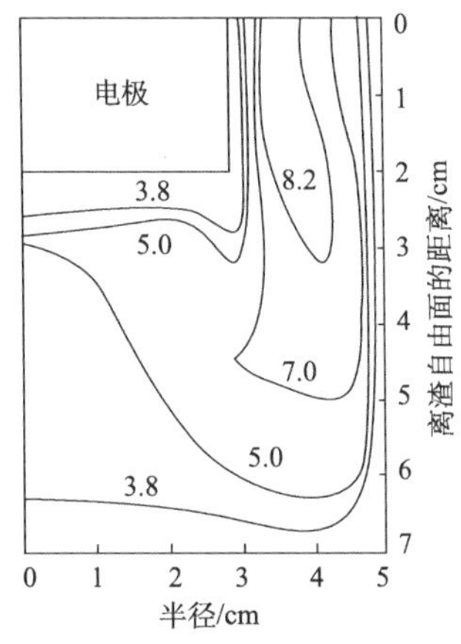

图 7.35　15 号钢锭重熔时渣中有效导热系数与原子导热系数比值的等值线图

体现象，主要归结为求解电磁力和热膨胀引起的浮力项作用的紊流 N-S 方程。尧军平等[26]及刘福斌等[27]对此进行了电渣重熔过程渣池流场的模拟。综合考虑电磁力、浮力、渣系的热膨胀率等因素，建立了电渣重熔过程渣池流场的数学模型，并考察了重熔电流、填充比及电极端部形状对重熔体系渣池流场的影响。

刘福斌等对直径为 200mm 结晶器[33]的模拟结果如图 7.36 所示。

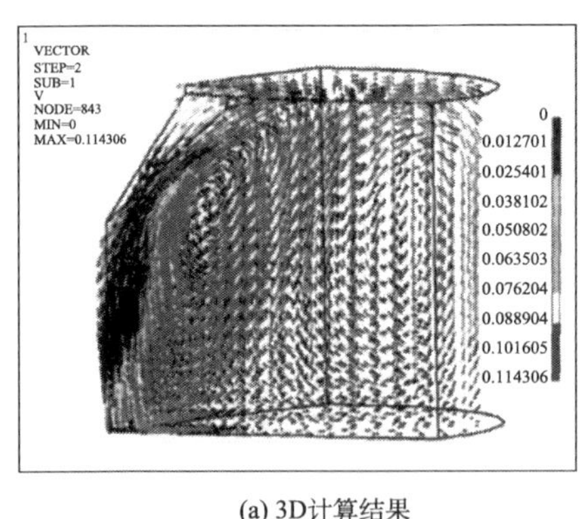

(a) 3D计算结果

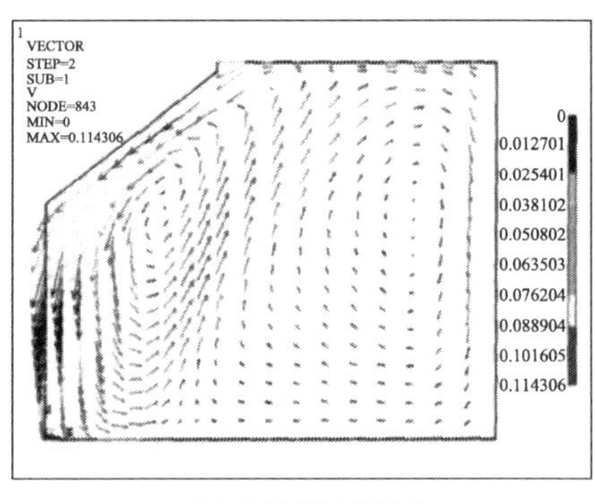

(b) 3D计算结果切片

图 7.36　ESR 渣池流场速度矢量分布图

由图 7.36(b)可见，两个漩涡出现在渣池中电极的一侧，在结晶器壁和靠近渣面区域($R_e \leqslant r \leqslant R_m$)，熔渣趋于顺时针方向旋转；在电极下方熔渣趋于逆时针方向。计算的速度矢量范围为 0～0.12m/s，且最大流速出现在靠近对称轴附近，涡心处速度最小。渣池的速度分布特征与 Choudhary 和 Szekely[14] 的描述一致，但他们的计算速度最大值出现在渣-结晶器处，这与电极端部角度和渣系成分不同有关。

此时，电渣重熔渣池内速度场分布由电磁力场和浮力场共同影响。电磁力场促使熔渣趋于逆时针方向旋转，而浮力场促使熔渣顺时针方向旋转。在电极与结晶器之间，浮力占主导而产生顺时针的环流；在电极下方的渣池内电磁力占主导而产生逆时针的环流。

当渣系的热膨胀系数小于某值时，浮力引起的对流可忽略。ESR 渣池流场速度分布如图 7.37 所示，对比 Choudhary 等[13]对以水银为介质、水平放置的物理模型进行的实验，观察电磁力作用下的流场，在渣池中电极一侧只出现一个由电磁力引起的逆时针漩涡。从体系对称轴起，沿径向熔渣速度逐渐减少，至涡心位置达极小值，与文献[28]、[29]一致。

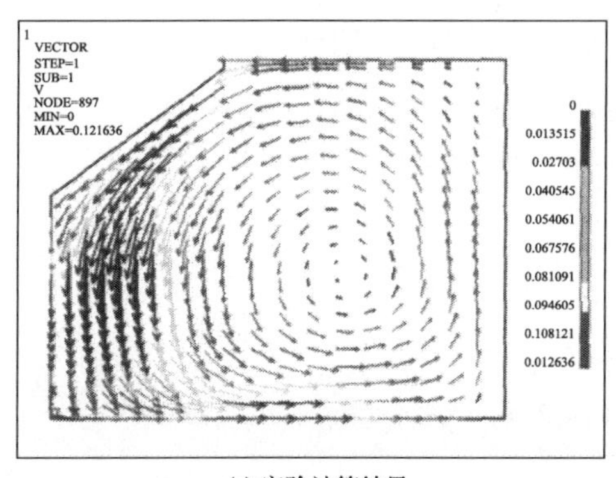

(a) 实验计算结果

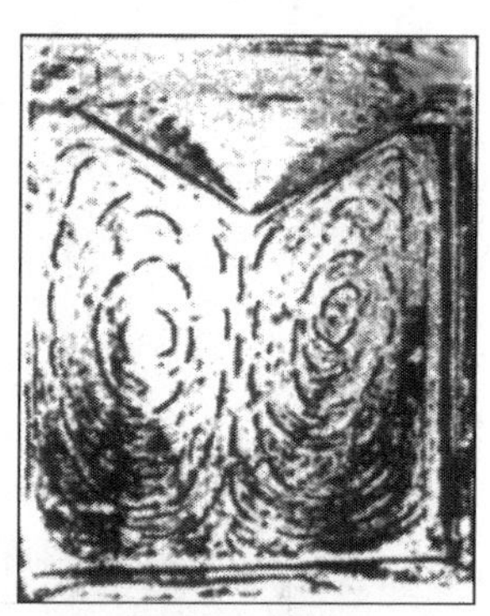

(b) 实验拍摄照片

图 7.37　ESR 渣池流场速度矢量分布图(忽略浮力项)

上述模拟结果可以定性地解释电渣重熔过程中渣池流场运动的机制，故该数学模型可以研究其他参数变化对电渣重熔体系渣池流场的影响。在一定的工艺条件下对渣池流场进行模拟，并结合相应模型考虑了重熔电流、填充比和电极端部形状等对渣池流场的影响。结果如图 7.38～图 7.40 所示。

由图 7.38 可知，随着重熔电流的增大，熔渣流速增大，并且渣池内最大速度向右下方偏移，但涡心位置基本不变。这是由于增大电流，渣池温度升高，自耗电极熔化速度增加，并且渣池内电磁力增大，使得熔渣流速增大。

由图 7.39 知，电极锥角越大，熔渣流速越大，熔渣在电极附近的流速变化较大，当锥角为 0°时，熔渣流速最小。由于增大锥角，电极尖端部分面积增加，电流密度在尖端处更集中，渣池中电磁力增大，熔渣流速增大。

由图 7.40 可知，增大填充比，熔渣的最大流速相应减小，即熔渣流速趋于

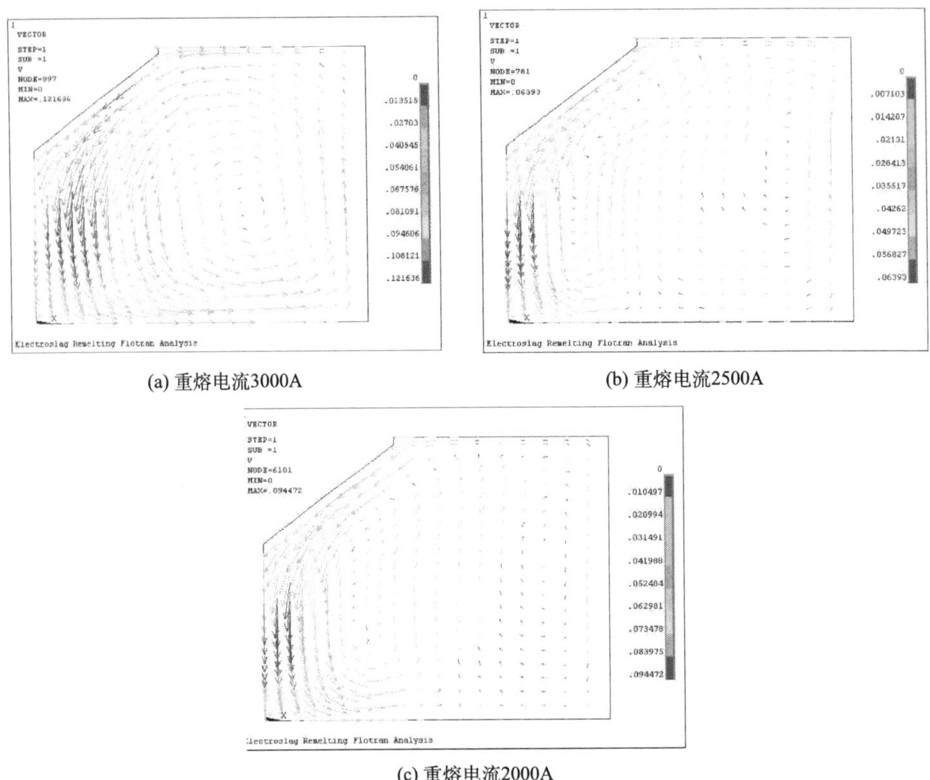

(a) 重熔电流3000A　　(b) 重熔电流2500A

(c) 重熔电流2000A

图 7.38　重熔电流对渣池速度分布的影响(D_m=200mm，D_e=76mm)

均匀，涡心位置略向结晶器侧壁和渣池上方偏移。由于填充比增大，电流密度减小，电磁力减小，并且电极端部与渣池的接触面增大，渣池中高温区增大，温度梯度减小，温度趋于均匀，以致漩涡趋于不明显，流速趋于均匀。

由以上分析可知，电流和电极端部形状对熔渣流速产生的影响较大，而填充比对熔渣流速的影响较小，熔渣流速的大小决定了渣池内化学反应的动力学条件，同时影响渣池的温度分布，并影响熔铸钢锭的质量。

7.6.5　工业电渣炉的模拟计算结果[14]

本节的计算对象是贝塞莱海姆(Bethlehem)钢铁公司的工业电渣炉。结晶器直径为 660mm，电极直径为 440mm。采用渣系的成分为 60%CaF_2-20%CaO-20%Al_2O_3，渣池深度为 230mm。输入渣池的功率为 1191kW，重熔电流为 18.0kA，渣池电压为 66.2V。

图 7.41 为计算得到的渣池温度分布。由图可见，靠近电极和结晶器边界附

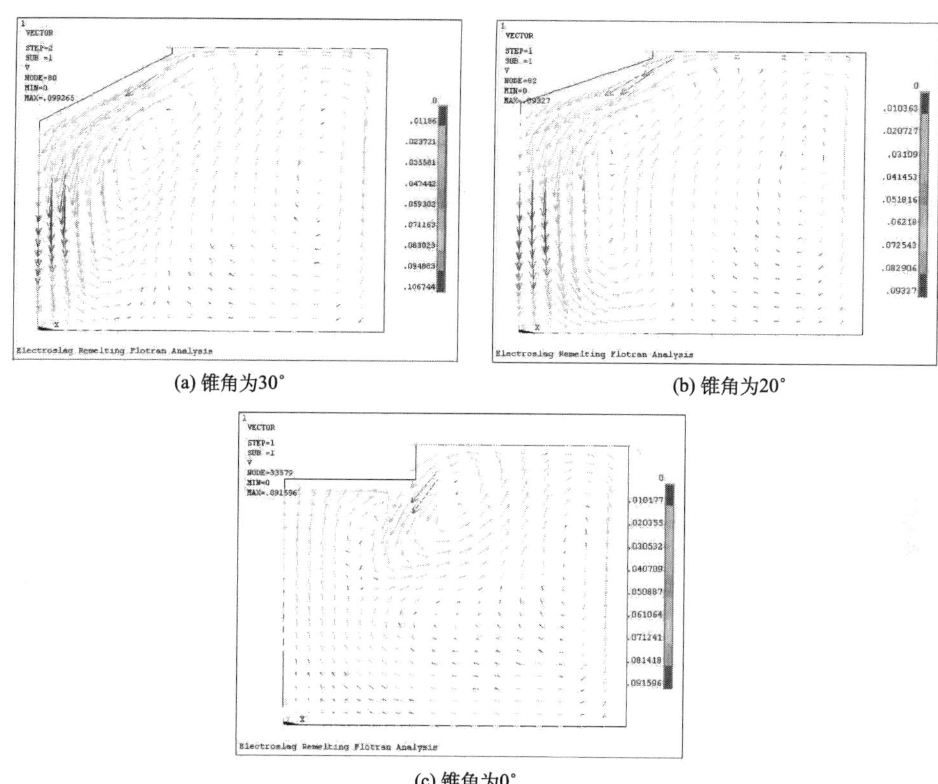

(a) 锥角为30°

(b) 锥角为20°

(c) 锥角为0°

图 7.39　电极端部形状对渣池速度分布的影响(D_m=200mm，D_e=76mm)

近的温度梯度较大，渣池的高温区处于电极的下方。这些特征与实验电渣炉的情况类似。但明显不同的是工业电渣炉中整个渣池的温度分布要明显比实验电渣炉均匀。其主要原因是工业电渣炉的对流传热速度很快。

图 7.42 为计算得到的渣池的速度分布。由图可见，在电极外侧以下的径向位置到结晶器壁($R_e \leqslant r \leqslant R_m$)以及电极下方靠外侧分别存在两个强烈的回旋区，而渣池中心位置的流动速度相对较小。渣池中流动速度变化范围为 0～0.08m/s，其中最大流速靠近渣池-结晶器界面。工业电渣炉内速度分布差异较大，而实验电渣炉的速度分布相对均匀(图 7.32)。这是因为工业电渣在结晶器壁面附近其热浮力很大。在渣自由表面，靠近电极的熔渣朝着电极方向运动，在结晶壁附近的熔渣则向着结晶壁方向流动。这种现象在实际电渣炉操作时，可以用肉眼观察到。

图 7.43 为渣池中有效导热系数与分子导热系数比值的分布曲线。由图可见，由于工业电渣炉渣池中存在很强烈的湍流运动，湍流导热系数很大，最大值达到

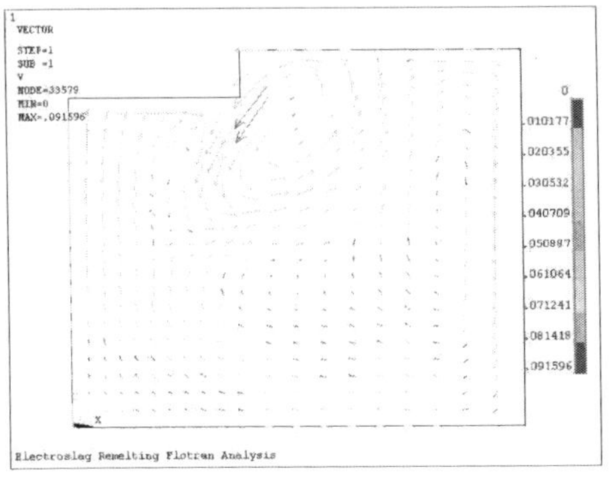

(a) 填充比为0.38

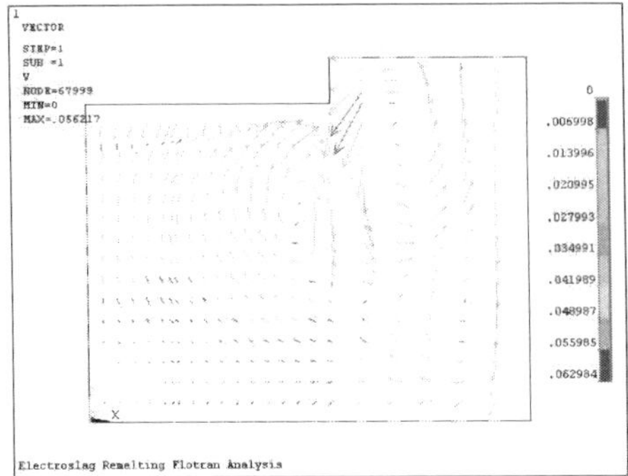

(b) 填充比为0.5

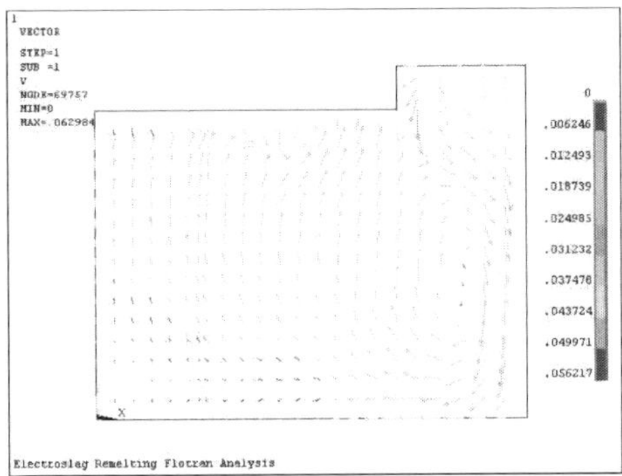

(c) 填充比为0.7

图 7.40　填充比对渣池速度分布的影响(D_m=200mm)

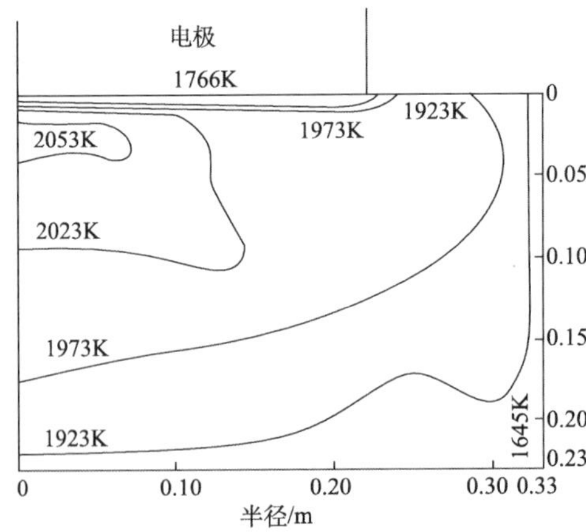

图 7.41　工业电渣炉渣池温度分布(计算值)

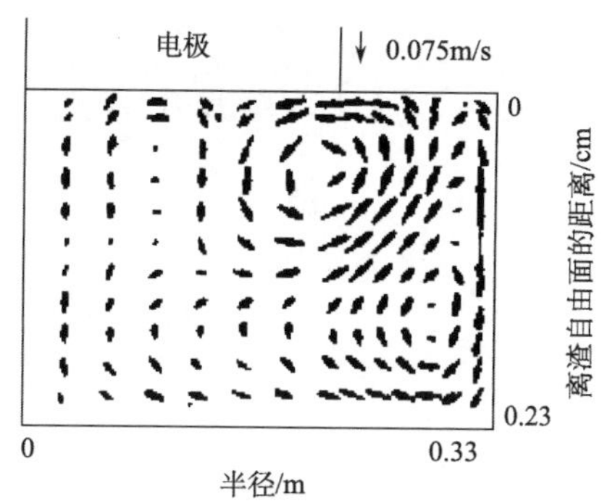

图 7.42　工业电渣炉渣池速度分布(计算值)

973W/(m·K)，而对应的实验电渣炉只有 84W/(m·K)。因此，强烈的湍流运动使工业大型电渣炉渣池的温度分布相对均匀。

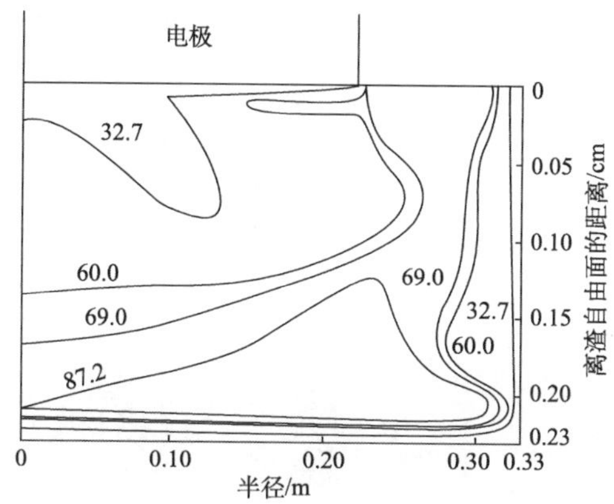

图 7.43　渣池中有效导热系数与分子导热系数比值的分布图

7.7　渣面以上辐射传热的理论计算

电渣重熔的热行为主宰着其整个过程的行为特征。电渣重熔系统传热过程的方式包括传导、对流和辐射多种方式，而且是相互影响的。在自由渣面以上的辐射传热是整个传热系统不可忽视的重要部分。尽管从早期到近期有许多研究者[12,30~32]在研究整个电渣重熔系统的传热行为时考虑了该辐射传热，但基本是采用两界面的形式来计算的。对于这一实际的辐射系统，用两界面计算在理论上是不严格的。同时，上述研究也没有注意到随着重熔过程的进行，渣面上升而产生的辐射界面变化。本研究根据辐射传热的基本理论，建立计算该辐射传热的计算模型，进而考察各种参数对辐射传热行为的影响[1]。

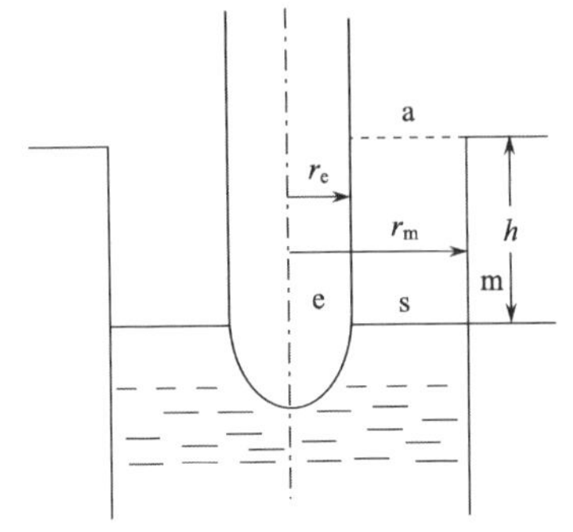

图 7.44　ESR 渣面以上辐射传热的物理模型

各表面符号：e-电极；s-渣；m-结晶器；a-圆环空面

7.7.1　模拟的数学描述

如图 7.44 所示，可以将渣面以上辐射传热视为四界面的系统。为便于计算做如下假定。

(1) 不考虑炉气的对流作用。炉气为非吸收介质，即透射率为 1。

(2) 晶器顶部以上的电极表面看成与车间相似的条件。

(3) 渣池表面、电极表面及结晶器内表面近似为灰体，并认为每个面上的温度是均匀的。

(4) 认为车间为无限大表面，因此炉口圆环空面近似看成黑体。

设

$$R=\frac{r_m}{r_e},\quad L=\frac{h}{r_e},\quad X=L^2+R^2-1,\quad y=L^2-R^2+1 \tag{7.119}$$

若用 F_{12} 表示表面 1 对表面 2 的角系数，可导得 F_{me} 和 F_{mm} 的表达式[33]。

$$F_{me}=\frac{1}{R}-\frac{1}{\pi R}\left\{\cos^{-1}\frac{Y}{X}-\frac{1}{2L}\left[\sqrt{(X+2)-(2R)^2}\cdot\cos^{-1}\frac{Y}{RX}+Y\sin^{-1}\frac{1}{R}-\frac{\pi X}{2}\right]\right\} \tag{7.120}$$

$$\begin{aligned}F_{mm}=&1-\frac{1}{R}+\frac{2}{\pi R}\tan^{-1}\frac{2\sqrt{R^2-1}}{L}\\&-\frac{L}{2\pi R}\left[\frac{\sqrt{4R^2+L^2}}{L}\cdot\sin^{-1}\frac{4(R^2-1)+L^2\left(1-\frac{2}{R^2}\right)}{L^2+4(R^2-1)}\right.\\&\left.-\sin^{-1}\left(1-\frac{2}{R^2}\right)+\frac{\pi}{2}\left(\frac{\sqrt{4R^2+L^2}}{L}-1\right)\right]\end{aligned} \tag{7.121}$$

其他各角系数可由下面方程求得

$$F_{ma}=\frac{1}{2}(1-F_{me}-F_{mm}) \tag{7.122}$$

$$F_{ea}=\frac{1}{2}\left(1-\frac{A_m}{A_e}F_{me}\right) \tag{7.123}$$

$$F_{ms}=F_{ma} \tag{7.124}$$

$$F_{es}=F_{ea} \tag{7.125}$$

$$F_{sa}=1-\frac{A_e}{A_s}F_{es}-\frac{A_m}{A_s}F_{ms} \tag{7.126}$$

式中

$$A_s=\pi(r_m^2-r_e^2) \tag{7.127}$$

$$A_e=2\pi r_e h \tag{7.128}$$

$$A_m=2\pi r_m h \tag{7.129}$$

该辐射系统的辐射网络如图 7.45 所示。由此可以列出各界面的热平衡方程：

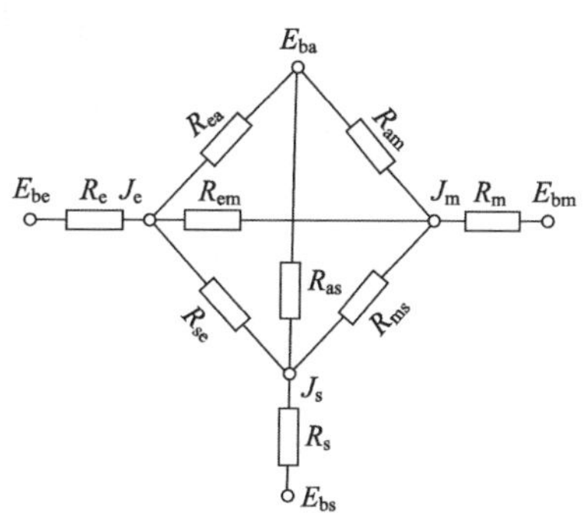

图 7.45　ESR 辐射传热系统的辐射网络图

$$\frac{E_{bs}-J_s}{R_s}+\frac{J_e-J_s}{R_{es}}+\frac{E_{ba}-J_s}{R_{sa}}+\frac{J_m-J_s}{R_{ms}}=0 \tag{7.130}$$

$$\frac{E_{be}-J_e}{R_e}+\frac{E_{ba}-J_e}{R_{ea}}+\frac{J_m-J_e}{R_{em}}+\frac{J_s-J_e}{R_{es}}=0 \tag{7.131}$$

$$\frac{E_{bm}-J_m}{R_m}+\frac{J_s-J_m}{R_{ms}}+\frac{J_e-J_m}{R_{em}}+\frac{E_{ba}-J_m}{R_{ma}}=0 \tag{7.132}$$

式中：$E_{ba}=\sigma T_a^4=J_a$；　$E_{be}=\sigma T_e^4$；　$E_{bs}=\sigma T_s^4$　$E_{bm}=\sigma T_m^4$　(7.133)

$$R_e=\frac{1-\varepsilon_e}{\varepsilon_e A_e};\quad R_s=\frac{1-\varepsilon_s}{\varepsilon_s A_s};\quad R_m=\frac{1-\varepsilon_m}{\varepsilon_m A_m};\quad R_{ea}=\frac{1}{A_e F_{ea}} \tag{7.134}$$

$$R_{es}=\frac{1}{A_e F_{es}};\quad R_{ms}=\frac{1}{A_m F_{ms}};\quad R_{ma}=\frac{1}{A_m F_{ma}};\quad R_{em}=\frac{1}{A_m F_{me}};\quad R_{se}=\frac{1}{A_s F_{sa}} \tag{7.135}$$

上面各式中 J 表示在某一温度下灰体的有效辐射；E 表示某一温度下黑体的辐射力；R 表示空间辐射热阻。将上面各式变换成下列形式：

$$J_s=a_1+a_2J_e+a_3J_m \tag{7.136}$$

$$J_e=b_1+b_2J_s+b_3J_m \tag{7.137}$$

$$J_m=c_1+c_2J_s+c_3J_e \tag{7.138}$$

式中的系数分别为

$$a_i=x_i/x \tag{7.139}$$

$$b_i=y_i/y \tag{7.140}$$

$$c_i=z_i/z,\quad i=1,\ 2,\ 3 \tag{7.141}$$

上面各变量的表达式如表 7.9 所示。由式(7.119)～式(7.121)可求得 J_s、J_e和 J_m。这样可求得各界面的辐射净热流(Q)：

表 7.9 ESR 辐射传热计算中一些变量的表达式

$x=\frac{1}{R_s}+\frac{1}{R_{es}}+\frac{1}{R_{sa}}+\frac{1}{R_{ms}}$	$x_1=\frac{E_{bs}}{R_s}+\frac{E_{ba}}{R_{sa}}$	$x_2=\frac{1}{R_{es}}$	$x_3=\frac{1}{R_{ms}}$
$y=\frac{1}{R_e}+\frac{1}{R_{ea}}+\frac{1}{R_{em}}+\frac{1}{R_{es}}$	$y_1=\frac{E_{be}}{R_e}+\frac{E_{ba}}{R_{ea}}$	$y_2=\frac{1}{R_{es}}$	$y_3=\frac{1}{R_{em}}$
$z=\frac{1}{R_m}+\frac{1}{R_{ms}}+\frac{1}{R_{em}}+\frac{1}{R_{ma}}$	$z_1=\frac{E_{bm}}{R_m}+\frac{E_{ba}}{R_{ma}}$	$z_2=\frac{1}{R_{ms}}$	$z_3=\frac{1}{R_{em}}$

$$Q_s=\frac{E_{bs}-J_s}{R_s} \tag{7.142}$$

$$Q_e=\frac{E_{be}-J_e}{R_e} \tag{7.143}$$

$$Q_m=\frac{E_{bm}-J_m}{R_m} \tag{7.144}$$

$$Q_a=\frac{J_e-E_{ba}}{R_{ea}}+\frac{J_s-E_{ba}}{R_{sa}}+\frac{J_m-J_{ba}}{R_{ma}} \tag{7.145}$$

由于当渣面接近结晶器顶端时，用上述模型计算得到的 Q 已不真实，而此时可按三界面辐射模型来计算，其式如下：

$$\frac{E_{bs}-J_s}{R_s}+\frac{J_e-J_e}{R_{es}}+\frac{E_{ba}-J_s}{R_{sa}}=0 \tag{7.146}$$

$$\frac{E_{be}-J_s}{R_e}+\frac{E_{ba}-J_e}{R_{ea}}+\frac{J_s-J_e}{R_{es}}=0 \tag{7.147}$$

上述计算模型的求解采用迭代法在计算机上进行，其计算过程如图 7.46 所示。

7.7.2 计算结果及分析

本模型的计算条件是由实验确定的[23]。计算所用的结晶器直径 140mm，高 730mm。表 7.10 列出了计算所用的其他参数值。

表 7.10 渣池表面辐射传热计算所用参数

渣号	渣成分	T_s/K	T_e/K	T_a/K	T_m/K	ε_s	ε_e	ε_m	Q_T/kW
ANF-6	$70CaF_2$-$30Al_2O_3$	1873	473	293	323	0.9	0.4	0.6	109.9
J-3	$30CaF_2$-35CaO-35 Al_2O_3	1773	473	293	323	0.83	0.4	0.6	79.9
L-4	$15CaF_2$-30CaO-50 Al_2O_3-5MgO	1723	473	293	323	0.81	0.4	0.6	85.9

其中熔渣的黑度是由文献[34]给定的。图 7.47～图 7.50 为其计算结果。从计算结果可知，在一般重熔条件下，渣池表面的辐射热损失约占渣池总发热量的

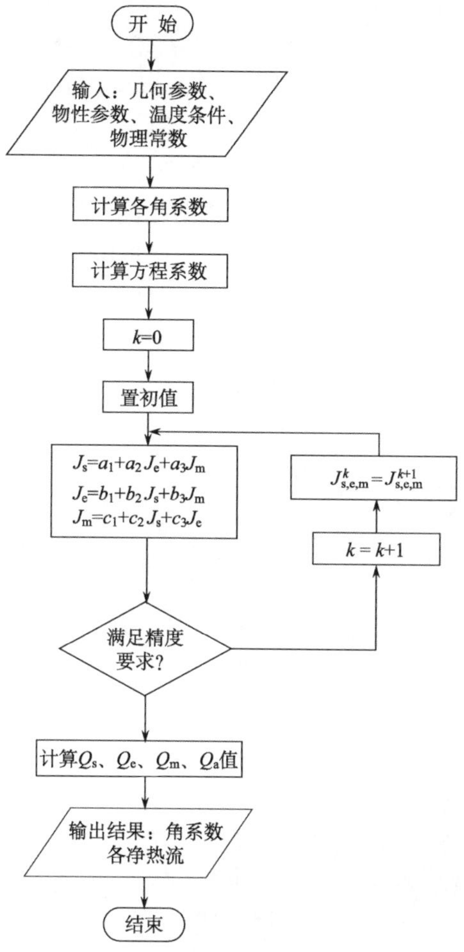

图 7.46 辐射传热计算过程程序流程图

4%～10%。这一辐射热量再分配给电极、大气及结晶器壁，而其中大部分热量辐射给结晶器壁，小部分辐射给电极，而直接辐射给大气的热量很小。下面讨论影响该辐射传热的几个因素。

1. 填充比对渣池表面辐射传热的影响

由图 7.47 可见，随着填充化的增加，渣池表面的辐射热损失明显减小。对表 7.10 中 ANF-6 渣的计算结果做二次回归，得

$$Q_s=2199.9(1-0.993\xi^2), \quad \gamma=0.9999 \tag{7.148}$$

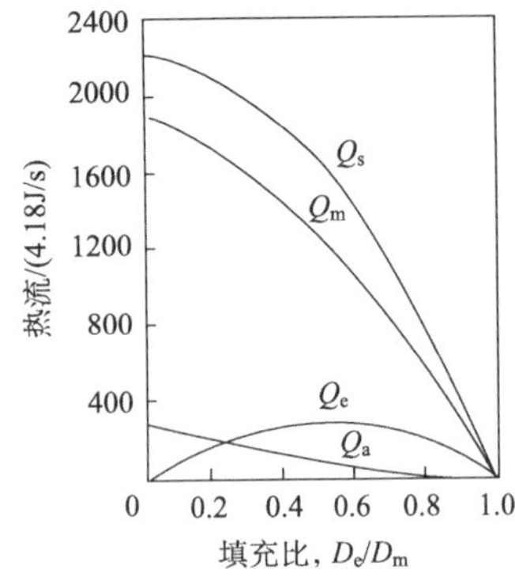

图 7.47　渣面以上各辐射热流随填充比的变化(ANF-6 渣)

式中：$\xi=D_e/D_m$，为填充比。由此可见，Q_s与ξ基本符合下面的关系式：

$$Q_s=Q_0(1-\xi^2) \tag{7.149}$$

式中：Q_0为渣池表面温度、黑度及结晶器和电极热特性的函数。

渣面热损失的大部分热量被结晶器壁吸收，其中小部分热量被电极所吸收，另一小部分则直接投向大气。填充比对模壁吸收热量(Q_m)的影响基本同Q_s。而电极吸收的热量在填充比为 0.5～0.6 时最大，与此值相差越远，Q_e就越小。辐射给大气的量(Q_a)则随着填充比的增大而减小。

2. 渣面位置对辐射传热的影响

图 7.48 给出了表 7.10 中电极直径为 80mm，使用 ANF-6 渣重熔时重熔过程辐射传热特性的变化规律。由此可见，在整个重熔过程中渣池表面辐射传热特性变化不大。只有当渣面接近结晶器顶端时，辐射传热特性才有较大变化，此时Q_m急剧减小，Q_s迅速增加。用前面提出的四界面模型在渣面接近结晶器顶端时计算所得的Q_e已不再适用，故又用其后提出的三界面模型计算此时电极吸收的热量。其结果在图 7.48 中用虚线表示出。但不论怎样，渣面总的辐射热损失在整个重熔过程中变化不大，故在一般工程计算中可不考虑高度变化所产生的影响。

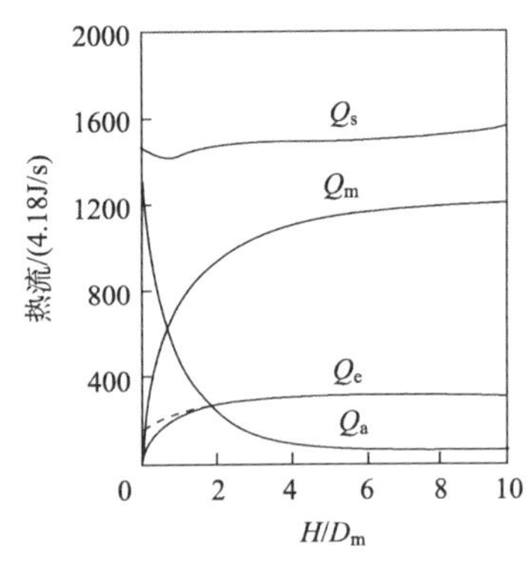

图 7.48　渣面以上各辐射热流随渣面至结晶器顶端高度的变化(ANF-6 渣)

3. 渣成分对辐射传热行为的影响

渣成分对辐射传热行为的影响表现在不同渣系将引起渣池温度分布的差异，和辐射性质的不同。本研究考察了 L-4 渣、J-3 渣及 ANF-6 三种渣系不同的辐射传热特性。图 7.49 给出了这三种渣系辐射热损失的比较。由于高氟化钙渣的流动性好，使得表面温度较高，并且渣的黑度也较大，这样引起渣池表面的辐射热损失较大。而氟化钙含量较低的 J-3 渣，尤其是 L-4 渣的渣池表面热损失要比 ANF-6 渣小。

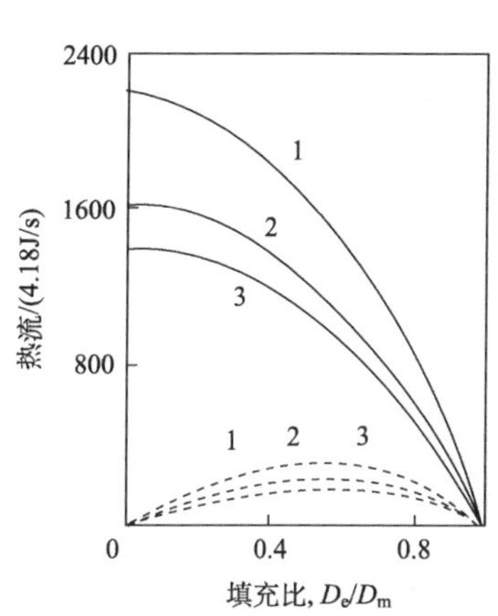

图 7.49　渣系和填充比对渣面以上辐射热流的影响

1-ANF-6；2-J-3；3-L-4；

——Q_s；- - - - Q_e

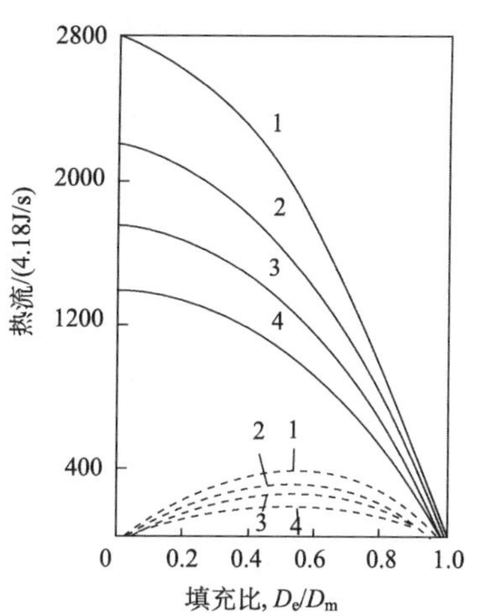

图 7.50　渣面温度和填充比对辐射热流的影响

1-1700℃；2-1600℃；3-1500℃；4-1400℃

——Q_s；- - - - Q_e

4. 渣池表面温度对辐射传热的影响

从图 7.50 可以看出，渣池表面温度对渣池表面的辐射热损失影响很大。根据辐射传热原理及图 7.50 的结果，渣面温度的影响基本服从四次方关系。

7.7.3　小结

(1) 填充比对渣面辐射热损失的影响符合 $Q_s = Q_0(1-\xi^2)$。

(2) 渣面总的辐射热损失在整个重熔过程中变化不大，故在一般工程计算中可不考虑渣面不同高度的影响。

(3) 渣成分对辐射传热特性有较大的影响。

(4) 渣面温度对渣面辐射热损失基本服从四次方关系。

(5) 渣池表面的辐射热损失约占渣池总发热量的 4%～10%。

7.8　ESR 钢锭凝固模型的数学描述

钢锭是电渣重熔的最终产品。钢锭中传热行为直接影响钢锭的结晶质量。在研究中人们最感兴趣的是金属熔池的形状以及各区的局部凝固时间。对钢锭中的传热行为的实验研究前面已有所论述。采用的方法是测定锭中的温度分布[20,25,35]以及通过硫印、钨印或插棒法测定金属熔池的形状[3,23]。但终究由于实验研究带来的高费用和测量的困难，人们一直致力于用数学方法来对钢锭的凝固传热进行研究[14,36~38]。采用的方法是：利用数学模型计算出钢锭的温度场、金属熔池形状、局部凝固时间及冷却速度等，进而分析计算结晶取向、枝晶间距等。并且试图把上述计算与工艺参数结合起来，以分析工艺参数对结晶质量的影响。最终的目的是研究如何通过改进工艺参数来控制钢锭的凝固质量。

由于 ESR 渣池温度高，冷却强度大，因而其钢锭的温度梯度很大，使钢锭内部产生较大的热应力，对裂纹敏感的钢种，有时会产生裂纹。热应力模拟计算可用于分析重熔时钢锭产生裂纹的可能性。

许多研究表明，当重熔钢锭上涨到一定高度(通常大于 1/2 锭直径)后，过程的热状态就达到了准稳定态。此时 ESR 过程可看成一个准稳定的、移动边界的传热过程。考虑到电渣重熔结晶器大多为圆柱，故本研究仍基于圆柱对称坐标。其几何参数可参见图 7.28。下述各方程中符号的意义如表 7.11 所示。

7.8.1 主导方程

虽然金属熔池中存在对流传热，但由于描述金属熔池的流动现象十分困难，目前通常仍以热传导方程来描述整个钢锭的传热，而对流的影响则用有效导热系数的办法来体现。因此，对于圆柱对称体系，其主导方程为

$$\rho C_p V_z \frac{\partial T}{\partial z} = \frac{1}{r}\frac{\partial}{\partial r}\left(kr\frac{\partial T}{\partial r}\right) + \frac{\partial}{\partial z}\left(k\frac{\partial T}{\partial z}\right) + S_{\mathrm{T}} \tag{7.150}$$

7.8.2 边界条件

根据图 7.28 所示的几何条件，可获得钢锭的边界条件：

(1) 在渣-金属界面，即当 $z=z_1$，$0\leqslant r\leqslant r_i$时，有

$$-k\frac{\partial T}{\partial z} = h_{\mathrm{sm}}(T_{\mathrm{sl}} - T) + \frac{4m_{\mathrm{e}}}{\pi D_{\mathrm{i}}^2}C_{p,1}(T_{\mathrm{dp}} - T)\chi \tag{7.151}$$

当 $r>r_e$时，$\chi=0$；当 $r\leqslant r_e$时，$\chi=1$。 (7.152)

(2) 在钢锭侧面，即 $r=r_i$，$z_1\leqslant z\leqslant z_4$时，有

$$-k\frac{\partial T}{\partial r} = h_{\mathrm{iw}}(T - T_{\mathrm{w}}) \tag{7.153}$$

(3) 在钢锭底部，即当 $z=z_4$时，$0\leqslant r\leqslant r_i$时，有

$$-k\frac{\partial T}{\partial r} = h_{\mathrm{b}}(T - T_{\mathrm{w}}) \tag{7.154}$$

(4) 在轴中心，即当 $r=0$，$z_0\leqslant z\leqslant z_b$时，有

$$\frac{\partial T}{\partial r} = 0 \tag{7.155}$$

由洛毕塔法则，可由式(9.1)得到

$$\rho C_p V_z \frac{\partial T}{\partial z} = k\left(2\frac{\partial^2 T}{\partial r^2} + \frac{\partial^2 T}{\partial z^2}\right) + S_T \tag{7.156}$$

表 7.11　ESR 钢锭凝固数模中主要符号表

符号	物理意义	单位	符号	物理意义	单位
A	面积	m^2	z	纵坐标	m
C_p	比热容	J/(kg·℃)	z_p	熔池深度	m
D	直径	m	z_m	熔池圆柱部分高度	m
F	修正系数		ρ	密度	kg/m^3
h	传热系数	$W/(m^2 \cdot K)$	χ	自定义函数	
I	电流	kA	角标：		
k	导热系数	W/(m·K)	a	大气	
k_{eff}	有效导热系数	W/(m·K)	b	锭底部	
LST	局部凝固时间	s	d	熔滴	
$\dot{m}_e$	电极熔化速度	kg/min	dp	熔滴	
P_s	渣池功率	W	e	电极	
Q	热流	W	i	钢锭	
r	半径	m	iw	锭/水	
S_T	内热源	J/m^3	m	金属熔池	
T	温度	℃	se	渣/电极	
T_l	钢的液相线	℃	sl	熔渣	
T_s	钢的固相线	℃	sm	渣/金	
T_0	室温	℃	sw	渣/水	
U_s	渣池电压	V	w	水	
V_z	钢锭上涨速度	m/s			

7.8.3　潜热的处理

在固、液两相区，假定金属凝固潜热在其内部按温度均匀释放，于是内热源S_T可表示为

$$S_T = -\frac{V_z \rho \Delta H}{T_l - T_s}\frac{\partial T}{\partial z}(T_s \leqslant T \leqslant T_l),\ S_T = 0(T < T_s \text{ 或 } T > T_l) \tag{7.157}$$

7.8.4 金属熔池的对流传热

金属熔池的流动作用，通过增加熔池中的导热系数来体现。将此导热系数称为有效导热系数。即

$$k_{\text{eff}}=Fk_1 \tag{7.158}$$

式中系数 F 由经验计算或试算确定。

7.8.5 金属熔滴温度的计算

通常认为熔滴的大小由下式决定，对大电极，有

$$r_{\text{d}}=\left(\frac{2.04\sigma}{g\Delta\rho}\right)^{1/2} \tag{7.159}$$

式中：σ 为渣金界面张力；$\Delta\rho$ 为金属和熔渣的密度差；g 为重力加速度。

对于小电极有

$$r_{\text{d}}=\left(\frac{1.5\sigma r_{\text{e}}}{g\Delta\rho}\right)^{1/3} \tag{7.160}$$

如果假定渣静止，而熔滴为严格的球形，于是，描述熔滴运动的方程可写成下列形式：

$$4/3\pi r_{\text{d}}^3\left(\rho_{\text{d}}+\frac{\rho}{2}\right)\frac{\text{d}U}{\text{d}t}=4/3\pi r_{\text{d}}^3\Delta\rho g-C_{\text{D}}\pi r_{\text{d}}^2\rho\frac{U^2}{2} \tag{7.161}$$

式中：ρ_{d} 和 ρ 为熔滴和渣的密度；C_{D} 为阻力系数；U 为熔滴的运动速度。

变换式(7.161)得

$$\frac{\text{d}U}{U^2-a^2}=-\frac{3}{8}\frac{C_{\text{D}}}{r_{\text{d}}}\cdot\frac{\rho}{\rho_{\text{d}}+0.5\rho}\text{d}t \tag{7.162}$$

式中：$a^2=\frac{8}{3}\frac{\Delta\rho}{\rho}\cdot\frac{gr_{\text{d}}}{C_{\text{D}}}$。

积分得

$$U=\sqrt{\frac{A}{B}}\frac{\text{e}^{2\sqrt{AB}t}-1}{\text{e}^{2\sqrt{AB}t}+1} \tag{7.163}$$

式中

$$A=[\Delta\rho/(\rho_{\text{d}}+0.5\rho)]g$$

$$B=\frac{3}{8}\frac{C_{\text{D}}}{r_{\text{d}}}\frac{\rho}{\rho_{\text{d}}+0.5\rho}$$

由式(7.163)可得熔滴的极限速度

$$U_t = \sqrt{\frac{A}{B}} \tag{7.164}$$

这样式(7.163)可写成

$$U = U_t \frac{e^{2ct} - 1}{e^{2ct} + 1} \tag{7.165}$$

式中：$C = 2A/U_t$。

若 L_I是电极端部到渣金界面的距离，τ 是熔滴的停留时间。则

$$L_I = \int_0^{\tau} U \mathrm{d}t$$

将式(7.164)和式(7.165)代入，得

$$\frac{(1 + e^{c\tau})}{4e^{c\tau}} = e^{cL_I/U_t}$$

这样

$$\tau = \frac{1}{c} \ln\left[(m - 1) + \sqrt{m^2 - 2m}\right] \tag{7.166}$$

式中，

$$m = 2e^{2AL_I/U_t^2} \tag{7.167}$$

$$C_D = \frac{4}{3} \frac{\Delta\rho}{\rho} \frac{gD_d}{U_t^2} \tag{7.168}$$

$$U_t = \frac{Re_d \mu}{D_d \rho} \tag{7.169}$$

式中：D_d 为熔滴的直径；Re_d 为熔滴的雷诺准数。

$$Re_d = (X - 0.75) P_d^{0.15} \tag{7.170}$$

而 X 由下式确定：

$$X = (0.75Y)^{0.785} \quad (0 \leqslant Y \leqslant 70)$$

$$X = (22.22Y)^{0.422} \quad (Y \geqslant 70) \tag{7.171}$$

而 Y 又为

$$Y = \frac{4}{3} \frac{gD_d^2 \Delta\rho}{\sigma} P_d^{0.15} \tag{7.172}$$

式中：$P_d = \frac{\rho\sigma^3}{g\mu^4} \frac{\rho}{\Delta\rho}$为物性参数的无因次群。

假定由渣到熔滴的传热特性可由单一的传热系数 h 及电极端部和渣-金属界

面之间渣的平均温度 T_B来描述。对于单个熔滴的热平衡可写成

$$\frac{4}{3}\pi r_d^3\rho_d C_{p,d}\frac{dT_d}{dt}=h(T_B-T_d)4\pi r_d^2 \tag{7.173}$$

初始条件：$t=0$，$T_d=T_{me}$。其中 T_d是熔滴的温度，T_{me}是电极的熔化温度。传热系数由 Spelles 提出的关系式估算：

$$\frac{hD_d}{k}=0.8\ (D_d U_{av}\rho/\mu)^{1/2}\ (C_p L/k)^{1/3} \tag{7.174}$$

式中：ρ、k、C_p、μ 为渣的密度，导热系数，热容及黏度；$U_{av}=(=L_I/\tau)$为熔滴穿过渣池的平均速度。

把式(7.175)积分，得熔滴的最终温度：

$$T_{dp}=T_B-(T_B-T_{me})e^{-s\tau} \tag{7.175}$$

式中：$s=\dfrac{3h}{r_d\rho_d\cdot C_{p,d}}$。

7.8.6 局部凝固时间 LST 的计算

对某一给定合金而言，其液相线温度和固相线温度已知，根据以上方程求得的钢锭温度场，即可求得各点两相区距离 x_r，再除以凝固速度 V_r，即得局部凝固时间 LST。或是利用如下公式进行求解：

$$\text{LST}=\frac{\Delta T_{ls}}{GR}$$

式中：Δt_{ls}为钢的液相线和固相线温度的差，℃；G 为钢锭某一点局部的温度梯度，℃/mm；R 为钢锭某一点局部的凝固速度，mm/min。

通常在正常重熔期轴向 LST 变化不大，而径向 LST 则差异较大，为此用径向上 LST 的几何平均来比较不同工艺下钢锭的 LST。

7.9 ESR 钢锭边界传热系数的确定

在 7.8 节中虽然提出了 ESR 钢锭凝固过程的数学模型，但要获得符合实际的计算结果，必须合理确定模型中的各个参数。其中最重要的是钢锭边界传热系数的确定。在以往的模型中钢锭边界的传热系数的确定主要靠经验估计或试算来获得。这样获得的数据虽然在某一特定条件下能够适用，但如果实际工艺条件发生变化，其值便很难适用。因此，本节将探讨这一问题的解决办法。

7.9.1 ESR 钢锭边界传热系数的理论计算[39]

1. 计算方法

如图 7.51 所示(本计算中所用符号的意义如表 7.12 所示)，在电渣重熔过程中钢锭到结晶器冷却水之间的传热包括以下几个部分：

(1) 渣皮；

(2) 渣皮与结晶器之间的间隙；

(3) 结晶器壁；

(4) 结晶器外表面的水垢；

(5) 结晶器与冷却水。

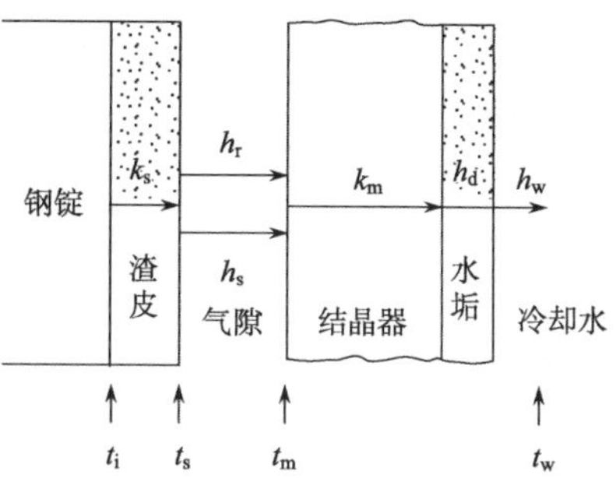

图 7.51　电渣重熔钢锭与结晶器冷却水之间传热过程示意图

这样，从钢锭表面到冷却水间的总传热系数可表示为

$$h_{iw}=\frac{1}{\dfrac{\delta_s}{k_s}+\dfrac{1}{h_r+h_g}+\dfrac{\delta_m}{k_m}+\dfrac{1}{h_d}+\dfrac{1}{h_w}} \tag{7.176}$$

式中：δ_s、δ_m 为几何尺寸，可由实际条件确定；k_s、k_m 为物性数据可从有关文献查得[33,40]；h_d、h_w 前人已有研究[41,42]，而且在实际条件下变化不大。取 h_d 为 5680W/(m^2 · K)[41]，h_w 为 10450(W/m^2 · K)[23]。

渣皮与结晶器间的气隙的传热过程主要由两部分组成：辐射传热和传导传热。其中辐射传热系数可表示为

$$h_r=\varepsilon\sigma\frac{t_s^4-t_m^4}{t_s-t_m} \tag{7.177}$$

表 7.12　符号表

符号	物理意义	符号	物理意义	符号	物理意义	符号	物理意义
A	推荐系数	r	半径	δ	距离	i	钢锭
C	热容	R	气体常数	σ	玻耳兹曼常数	m	结晶器
h	传热系数	t	温度	下标		r	辐射
k	导热系数	γ	C_p/C_v	d	水垢	s	渣皮
P	气体压力	ε	黑度	g	气体	w	冷却水

圆筒形气隙传导的传热系数可表示为

$$h_g = \frac{k_g}{r_s\left(\ln\frac{r_m}{r_s} + \frac{g_s}{r_s} + \frac{g_m}{r_m}\right)} \tag{7.178}$$

式中

$$g = \frac{2-A}{A}(2\pi Rt')^{1/2}\frac{h_g}{(1+\gamma)C_v P} \tag{7.179}$$

式中：A 为推荐系数，是表征气体分子撞击固体表面时产生能量变换的程度。在本研究中推荐位 $A_s=0.9$，$A_m=0.5$。平均气体温度 t'可由下式计算：

$$\frac{1}{\sqrt{t'}} = \frac{1}{2}\left(\frac{1}{\sqrt{t'_s} + \sqrt{t'_m}}\right) \tag{7.180}$$

$$t'_s = \frac{\left[\frac{r_s}{r_m}(1-A_m) + A_m\right]A_s t'_s + A_m(1-A_s)t_m}{\left[\frac{r_s}{r_m}(1-A_m) + A_m\right]A_s + A_m - A_s A_m} \tag{7.181}$$

$$t'_m = \frac{A_m t_m + A_s\frac{r_s}{r_m}(1-A_m)t_s}{\left[\frac{r_s}{r_m}(1-A_m) + A_m\right]A_s + A_m - A_s A_m} \tag{7.182}$$

式(7.181)～式(7.183)中渣皮温度和结晶器壁温度已由以前的研究工作得到[23]。

渣皮与结晶器之间的气隙大小主要取决于钢锭的温度。根据凝固后钢锭线性收缩率与温度的关系[43]，可以计算出沿高度方向的气隙大小。这样便可计算出传热系数沿钢锭高度方向的分布。

2. 计算举例

根据以前所进行的实验为计算对象[3]，结晶器直径 Φ140mm，壁厚 15mm，材质为紫铜。重熔所用渣系为 L-4（15%CaF_2-30%CaO-50%Al_2O_3-5%MgO），渣皮厚度为 0.62mm。图 7.52 给出了计算所得的气隙厚度和综合传热系数 h_{iw}沿钢锭高度方向的分布规律。图中还给出了通过实验间接测得的钢锭表面温度分布曲线。由此可见，随着钢锭表面温度的下降钢锭发生冷却收缩，气隙从无到有迅速增加，但随温度的进一步下降气隙增大速度逐渐减慢，最大气隙在上述实际条件下可达到 0.8mm。而钢锭表面到结晶器冷却水之间的综合传热系数也呈现相似的规律。在接近凝固温度附近，随着钢锭温度的下降总传热系数急剧下降，当钢锭表面温度低于约 900℃以后其值变化很小。因此气隙的形成和增大对传热系数有很大的影响。另外，还说明钢锭的热损失主要是在未形成气隙的液相区域或其附近。

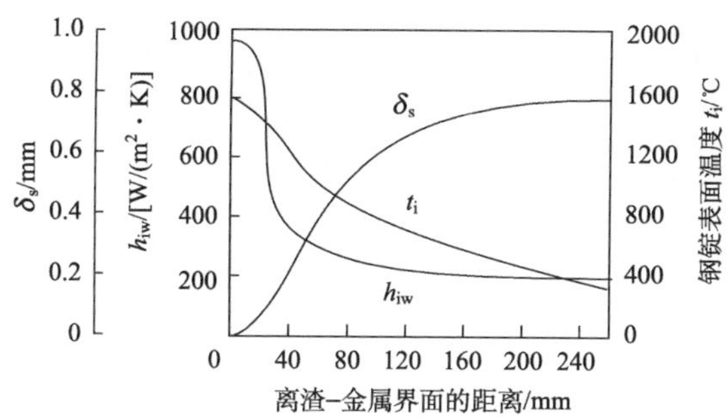

图 7.52　综合传热系数和气隙大小沿钢锭高度的分布

7.9.2　基于热流测定数据的钢锭边界传热系数的计算[44]

1. 钢锭边界传热系数的计算方法

由图 7.28 可知，在钢锭每个边界上的传热过程均可表示为

$$q = h(T - T_\infty) \tag{7.183}$$

于是

$$h = q/(T - T_\infty) \tag{7.184}$$

式中：q 为钢锭边界上某点的热流密度；T 为边界上某点的温度；T_∞ 为边界上对应的外界温度；h 为传热系数。

因此，如果已知了热流密度 q 及钢锭边界 T 和对应的外界温度 T_∞ 便可计算出传热系数 h。

2. 钢锭边界热流密度的确定

钢锭侧面的热流密度可由热流计测定，在 7.2 节及文献[3]、[23]中已有介绍。

由于钢锭底面与底水箱之间的换热量较小，可近似认为在整个表面上热流密度相同，则钢锭底面的热流密度(q_b)为

$$q_b = \rho C_p V_b (T_{ab} - T_{ib})/\pi r_i^2 \tag{7.185}$$

式中：ρ，C_p 为冷却水的密度和比热容；T_{ib}，T_{ab} 为底水箱冷却水的进出口温度；V_b 为底水箱的冷却水流量；r_i 为钢锭半径。

由渣池的热平衡可求得通过渣-金属界面的热流[45]。经分析认为，渣-金属界面的热流密度(q_{sm})沿半径方向近似呈抛物线分布：

$$q_{sm} = ar^2 + q_1$$

因为

$$Q_{sm}=\int_0^{r_i} q_{sm}2\pi r dr=\pi\left(\frac{a}{2}r_i^4+q_1 r_i^2\right) \tag{7.186}$$

设钢锭边界($r=r_i$)与中心($r=0$)的热流密度之比为($C=q_i/q_1$)，则

$$Q_{sm}=\pi r_i^4 a\ \frac{C+1}{2(C-1)} \tag{7.187}$$

若已知 C，便可求得 a 及 q_1：

$$q_1=r_i^2 a/(C-1) \tag{7.188}$$

C 值为经验值，在本研究中取 $C=2.3$。

3. 钢锭边界温度的确定

钢锭各边界的环境温度分别取渣温、结晶器内水温及底水箱内水温，这些值均是可测的。因此，剩下的问题是确定钢锭边界的温度。

本研究采用计算钢锭温度场的方法来确定钢锭边界的温度。计算所用的数学方程与 7.8 节描述的形式相类似。其主要区别有两方面：

(1) 将模型的边界条件采用第二类，即热流边界条件；

(2) 仅有上述边界条件仍不能确定温度场，还需知道钢锭中一条为空间坐标函数的等温线。本研究采用硫印法确定金属熔池的液相线作为内部温度条件。

4. 计算结果举例

根据表 7.3 所示的实验条件，计算得出四种工艺条件下的钢锭边界传热系数，如表 7.13 所示。其中，渣-金属界面、钢锭底面和金属熔池圆柱部分侧面的综合传热系数随位置的变化不大，因此在表中只给出了其平均值。对照表 7.13 可以看出，不同渣系之间渣-金属界面的传热系数(h_{sm})相差较大。ANF-6 渣的值要比 L-4 和 J-3 渣大 1～2 倍，其中 L-4 渣最小。这主要是渣系间黏度和导热系数的差异引起的。金属熔池圆柱部分的综合传热系数(h_{mw})也与渣系有一定的关

表 7.13　钢锭边界的综合传热系数

实验号	传热系数/(W/(m² · K))			传热系数 h_{iw}		
	h_{sm}	h_b	h_{mw}	关系式 /(W/(m² · K))	温度范围 /℃	相关系数
a	13376	418	1045	0.62T-197	278～1403	0.906
b	3971	420	836	0.40T+102	400～1439	0.971
c	11286	126	1003	0.33T+108	352～1490	0.811
d	5434	125	830	0.50T+58	400～1400	0.986

系，ANF-6 渣的值要稍大于其他两种渣系的值。凝固钢锭与冷却水间的综合传热系数(h_{iw})，不同渣系之间没有明显区别。这说明，渣皮对从凝固锭表面到冷却水间的总热阻的影响较小。

7.10　实验室小型电渣炉重熔过程凝固传热的模拟计算

7.10.1　数学模拟的求解方法

采用差分法可将前面提出的微分方程离散化。如图 7.53 所示，以钢锭圆柱中心为对称轴，取其 1/2 为研究对象。用空间步长为 δ 的正方形网格分成 $M\times N$ 个节点。采用热平衡法建立差分方程。

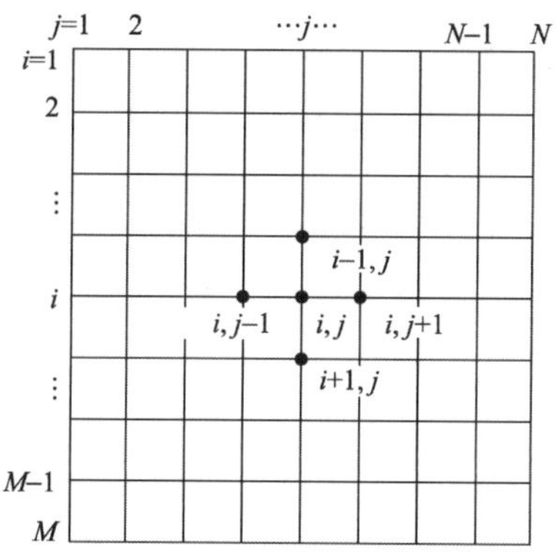

图 7.53　ESR 钢锭差分网格划分

以内节点(i, j)为例，其热平衡方程可表示为

$$\rho C_p V_z \frac{T_{i+1,\ j}-T_{i-1,\ j}}{2}=kr\delta\left(\frac{T_{i-1,\ j}-T_{i,\ j}}{\delta}+\frac{T_{i+1,\ j}-T_{i,\ j}}{\delta}\right)$$
$$+k\left(r-\frac{\delta}{2}\right)\frac{T_{i,\ j-1}-T_{i,\ j}}{\delta}$$
$$+k\left(r+\frac{\delta}{2}\right)\delta\frac{T_{i,\ j+1}-T_{i,\ j}}{\delta}+V_z\delta r\rho\frac{\Delta H}{T_l-T_s}\Delta T \tag{7.189}$$

式中：最后一项是表示凝固潜热；ΔT 表示该网格所包含的两相区温差，在两相区以外的区域，其值为 0。ΔT 的计算方法如下：

设

$$T_x = \frac{T_{i-1,\ j} + T_{i,\ j}}{2};\qquad T_y = \frac{T_{i,\ j} + T_{i+1,\ j}}{2} \tag{7.190}$$

(1) 当 $T_s < T_y < T_x < T_l$ 时

$$\Delta T = T_x - T_y \tag{7.191}$$

(2) 当 $T_x > T_l$，$T_s < T_y \leqslant T_l$ 时

$$\Delta T = T_l - T_y \tag{7.192}$$

(3) 当 $T_y < T_s$，$T_s \leqslant T_x < T_l$ 时

$$\Delta T = T_x - T_s \tag{7.193}$$

(4) 当 $T_x \geqslant T_l$，$T_y \leqslant T_s$ 时

$$\Delta T = T_l - T_s \tag{7.194}$$

经过一系列变换，该节点的差分方程为

$$T_{i,\ j} = \frac{1}{4\omega}(\omega + 1)T_{i-1,\ j} + (\omega - 1)T_{i+1,\ j} + (\omega - s)T_{i,\ j-1} + (\omega + s)T_{i,\ j+1} + S_{\mathrm{T}} \tag{7.195}$$

式中

$$\omega = \frac{2a}{V_z \delta} \tag{7.196}$$

$$s = \frac{a}{V_z r} \tag{7.197}$$

$$S_{\mathrm{T}} = \frac{2\Delta H}{C_p(T_l - T_s)}\Delta T \tag{7.198}$$

其中 a 为导温系数：

$$a = \frac{k}{\rho C_p} \tag{7.199}$$

其他各节点的差分格式可用类似的方法导出，从而可获得一组差分方程。采用 Gauss-Seidel 迭代法求解，计算所用的程序框图见图 7.54 所示。

7.10.2　小型 ESR 钢锭的模拟计算结果

1. 计算条件

根据前面提出的计算方法，本研究对 11 种工艺进行模拟计算。计算条件如表 7.14 所示。其中熔化速度与渣温的对应关系式根据回归方程式(7.14)确定。计算所用的几何条件为：结晶器直径 140mm，钢锭直径 135mm，高 350mm，

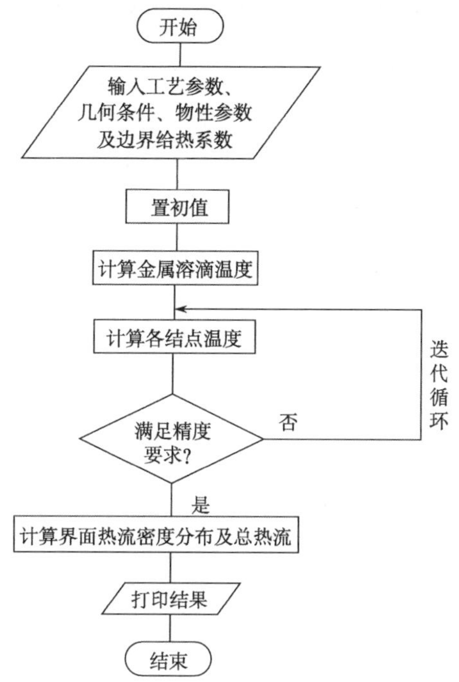

图 7.54　ESR 稳态数模程序流程图

电极直径 80mm。渣量为 3.5kg，渣池深度 90mm。所用钢种为 45 碳素结构钢，液相线温度 T_l为 1490℃，固相线温度 T_s为 1360℃。

2. 计算结果的实验验证

表 7.14 中序号 3、6、8、10 和 11 均取自实验结果[3]。图 7.55 比较计算了得到的凝固前沿液相和固相线位置与硫印实验得到的金属熔池形状。由图可见两者之间基本吻合。

3. 模拟计算结果

表 7.15 给出了 11 种工艺条件下正常重熔期模拟计算得到的金属熔池形状尺寸。其中 $z_{p,l}$和 $z_{p,s}$分别表示钢锭中心金属熔池最深点的液相线和固相线位置离渣-金属界面的距离，即表示了熔池的深度。而 $z_{m,l}$和 $z_{m,s}$则分别表示钢锭侧面熔池圆柱部分液相线和固相线距离渣-金属界面的尺寸，表征了熔池圆柱部分的高度。

表 7.14 ESR 钢锭温度场模拟的计算条件

序号	渣系	渣温/℃	电极熔化速度/(kg/min)
1	L-4	1880	1.149
2	L-4	1900	1.194
3	L-4	1987	1.394
4	L-4	2050	1.539
5	J-3	1800	0.996
6	J-3	1880	1.149
7	J-3	1950	1.309
8	ANF-6	1835	1.064
9	ANF-6	1880	1.149
10	ANF-6	1909	1.215
11	ANF-6	1931	1.267

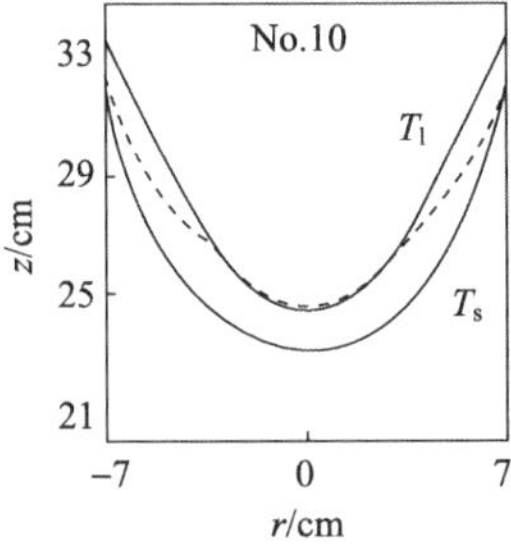

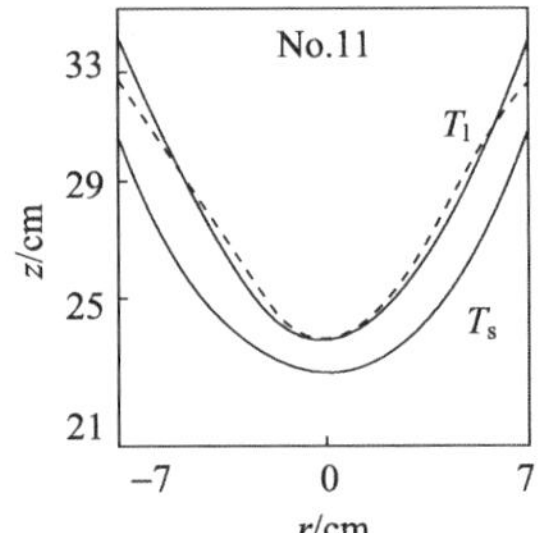

图 7.55 电渣钢锭金属熔池形状计算与实测的比较

——计算；----实测

表 7.15 金属熔池形状的模拟结果

序号	$z_{p,l}$/cm	$z_{p,s}$/cm	$z_{m,l}$/cm	$z_{m,s}$/cm
1	6.18	7.63	0.86	1.67
2	6.57	8.06	1.05	1.86
3	7.80	9.51	1.63	2.59
4	8.68	10.53	2.02	2.99
5	5.25	6.42	0.69	1.29
6	6.57	7.93	1.22	1.88
7	7.60	9.12	1.59	2.34
8	8.02	9.26	2.67	3.41
9	9.25	10.56	3.50	4.31
10	10.02	11.36	3.74	4.77
11	10.31	11.73	3.92	4.88

由图 7.56 可见，当渣系一定时，金属熔池形状取决于电极的熔化速度，两者之间基本呈线性关系。对于 L-4 渣，将计算结果回归可以得到如下关系式：

$$z_{p,l}=6.23m_e-1.03,\quad \gamma=0.999 \tag{7.200}$$

$$z_{p,s}=7.36m_e-0.77,\quad \gamma=0.999 \tag{7.201}$$

$$z_{m,l}=2.94m_e-2.48,\quad \gamma=0.999 \tag{7.202}$$

$$z_{m,s}=3.41m_e-2.22,\quad \gamma=0.998 \tag{7.203}$$

当熔化速度一定时，采用不同渣系重熔，其熔池形状有很大区别。从表 7.14 和表 7.15 可见，当熔化速度均为 1.149kg/min 时，L-4、J-3 和 ANF-6 渣的液相线深度分别为 6.17cm、6.57cm 和 9.25cm。这说明渣系对金属熔池形状有很大影响。高 CaF_2 的 ANF-6 渣比低 CaF_2 的 L-4 和 J-3 渣具有更深的熔池。这一发现与前面章节关于渣系对重熔过程影响的讨论结果是一致的。

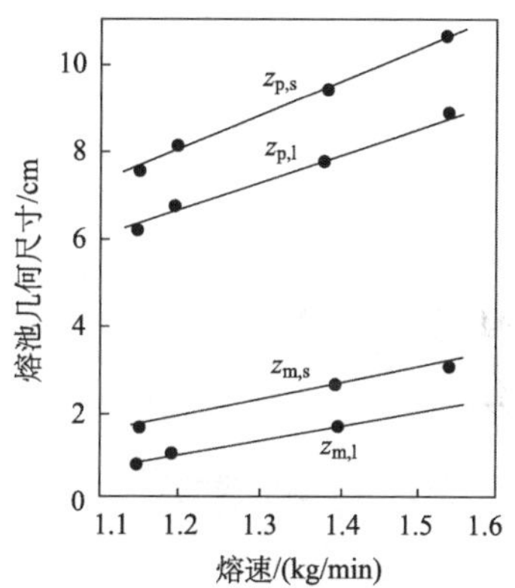

图 7.56　计算得到的熔池几何尺寸与电极熔化速度的关系(L-4 渣)

作为例子，图 7.57 和图 7.58 分别为表 7.14 中工况 1、3 和 4 渣-金属界面的热流密度分布和温度分布。图 7.59 为钢锭侧面的热流密度分布。由此可见，随着渣温和熔化速度的提高，渣-金属界面的温度和热流密度、钢锭侧表面的热流密度都相应增加。对工况 3 渣-金属界面的热流密度和温度进行回归得到以下方程：

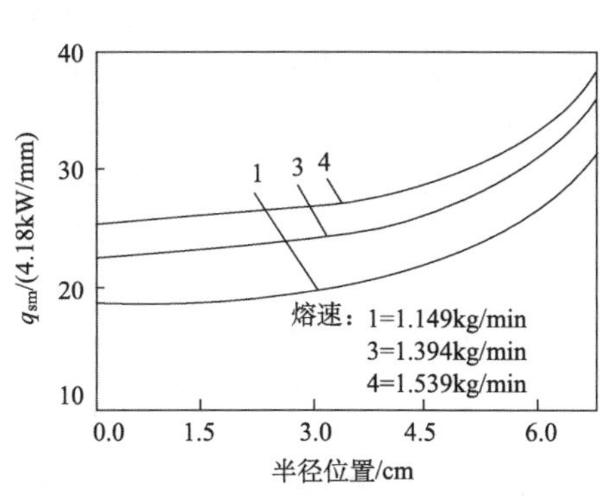

图 7.57　计算得到的渣-金属界面的热流密度分布(L-4 渣)

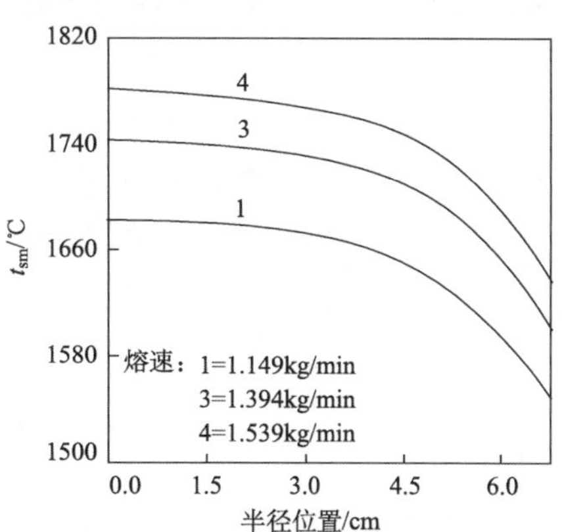

图 7.58　计算得到的渣-金属界面的温度分布(L-4 渣)

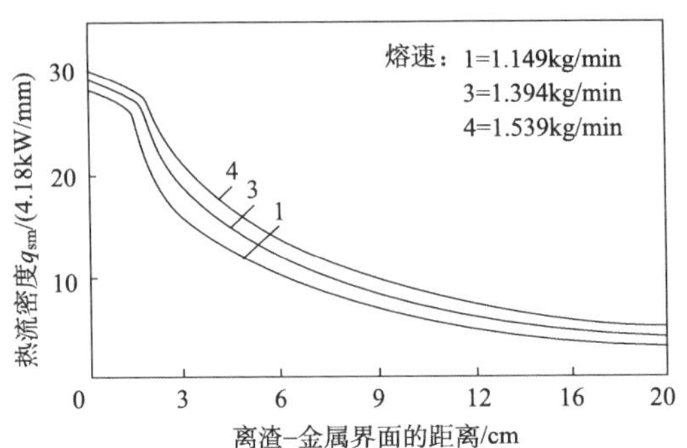

图 7.59 计算得到的锭表面热流密度在高度方向的分布(L-4 渣)

$$q_{sm}=22.2+0.273r^2, \quad \gamma=0.972 \tag{7.204}$$

$$T_{sm}=1753.0-2.874r^2, \quad \gamma=0.972 \tag{7.205}$$

由此可见，渣金界面的热流密度和温度在径向呈抛物线分布。

7.11 大型工业电渣炉重熔过程钢锭凝固的模拟计算

7.11.1 渣池温度和熔化速度的计算[45]

前述的模型将渣池温度和熔化速度作为模型的已知条件。由于这两个参数随着工艺参数和电渣炉的特性变化而异，所以大多数情况下渣温是未知数。即使通过实验测定某一特定条件下渣温，也无法知道当工艺参数变化后的渣温。而熔化速度虽然比较容易测定，有的电渣炉带有测量装置。但大多数国内电渣炉无此设备，而且在工艺制定时一般难以获知熔速的确切数值。为此，本节通过渣池热平衡计算来确定这两个参数

如图 5.16 所示，当过程处于准稳态后，渣池的热平衡方程为

$$Q_T=Q_{se}+Q_{sw}+Q_{sm}+Q_s+Q_d \tag{7.206}$$

式中每一项热量的计算如下。

(1)渣池的发热量：

$$Q_T=IU_s \tag{7.207}$$

(2)电极熔化吸收的热量。

当电极的熔化速度已知时，则

$$Q_{se}=m_e[C_{p,s}(T_s-T_0)+C_{p,s}(T_l-T_s)+\Delta H]-Q_e \tag{7.208}$$

当熔化速度为未知时，则

$$Q_{se}=A_e h_{se}(T_{sl}-T_l) \tag{7.209}$$

式中：h_{se}可根据已知熔化速度的实验数据推算得到。

(3)渣池的径向热损失：

$$Q_{sw}=A_{se}h_{sw}(T_{sl}-T_w) \tag{7.210}$$

(4) 渣-金属界面的传热量：

$$Q_{sw}=h_{sm}\int_0^{r_i}(T_{sl}-T_{sm})2\pi r\mathrm{d}r \tag{7.211}$$

式中：渣-金属界面的温度分布 T_{sm}用迭代法由模型计算得到。

(5) 渣池表面的辐射热量。

Q_s和 Q_{se}的计算方法可见 7.7 节。

(6)熔滴吸收的热量：

$$Q_d=m_e C_{p,l}(T_{dp}-T_l) \tag{7.212}$$

式中：熔滴温度 T_{dp}的方法可见 7.8.5 节。

根据以上热平衡方程可计算出渣池温度和熔化速度，计算分两种情况。

(1) 当已知熔化速度以及其他工艺参数时，求渣温 T_{sl}

$$T_{sl}=\frac{Q_T-(Q_{se}+Q_a+Q_d)+A_{sw}h_{sw}T_w+2\pi h_{sm}\int_0^{r_i}T_{sm}r\mathrm{d}r}{A_{sw}h_{sw}+A_{sm}h_{sm}} \tag{7.213}$$

并由此还可进一步计算出渣池与电极之间的传热系数，即

$$h_{se}=\frac{Q_{se}}{A_e(T_{sl}-T_l)} \tag{7.214}$$

(2) 当熔化速度未知时，可根据上述已经求得的 h_{se}，分别求出渣温 T_{sl}和熔速 $\dot{m}_e$：

$$T_{sl}=\frac{Q_T-Q_s-Q_d+A_e h_e T_l+A_{sw}h_{sw}T_w+2\pi h_{sm}\int_0^{r_i}T_{sm}r\mathrm{d}r}{A_e h_{se}+A_{sw}h_{sw}+A_{sm}h_{sm}} \tag{7.215}$$

$$\dot{m}_e=\frac{A_e h_{se}(T_{sl}-T_l)+Q_{se}}{C_{p,s}(T_s-T_0)+C_{p,m}(T_l-T_s)+\Delta H} \tag{7.216}$$

7.11.2 模型的求解

数学模型其他描述与 7.10 节相同，温度场采用数值方法求解。首先将微分方程离散化，然后假定渣-金属界面的温度分布 $T_{sm}(r)$，再用 Gauss-Seidel 迭代法求解温度场，再用新的 $T_{sm}(r)$重新计算直至 $T_{sm}(r)$满足精度要求。整个计算过程如图 7.60 所示。

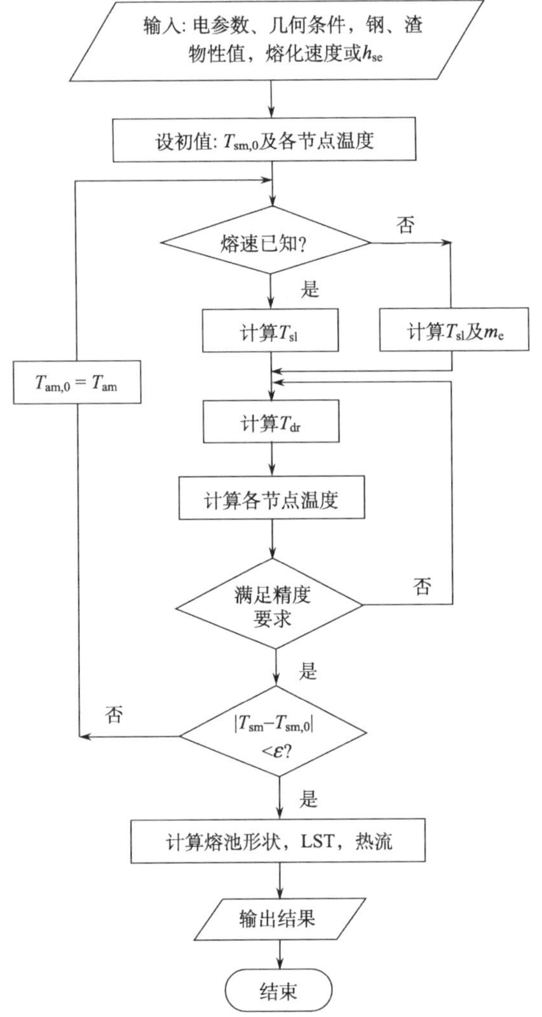

图 7.60　模型求解的程序流程图

7.11.3　Mn18Cr18N 电渣钢锭温度场的模拟计算结果

表 7.16 列出了四种 Mn18Cr18N 的电渣重熔工艺。这四种工艺条件下钢锭和金属熔池形状如图 7.61 和图 7.62 所示。表 7.17 列出了相应的计算结果。

表 7.16　Mn18Cr18N 电渣重熔工艺参数

编号	D_e /mm	D_m /mm	渣深 /mm	渣系	锭高 /mm	I/kA	U_s/V	$\dot{m}_e$ /(kg/min)
I-1	430	760	230	ANF-6	1000	17.5	67	12.67
I-2	530	760	230	ANF-6	1000	20.0	54	10.31②
I-3	645	960	222	ANF-6	1000	20.0	55	15.60
I-4	680	870	200	4/3/3①	1000	21.0	58	11.83

注：① 40%CaF_2-30%Al_2O_3-30%CaO；

②计算值

表 7.17　Mn18Cr18N 电渣锭模拟计算结果

编号	渣温/℃	z_p/mm	z_m/mm	LST/s	Q_{sm}/kW	Q_{se}/kW	Q_{sw}/kW	Q_a/kW	Q_d/kW
I-1	1748.5	658	17	738	216	177.6	643	116.0	23.5
I-2	1712.8	522	8	695	201	157.0	623	80.0	21.7
I-3	1557.7	683	5	1677	150	218.7	619	91.5	22.1
I-4	1799.0	585	15	835	269	165.8	680	90.7	18.3

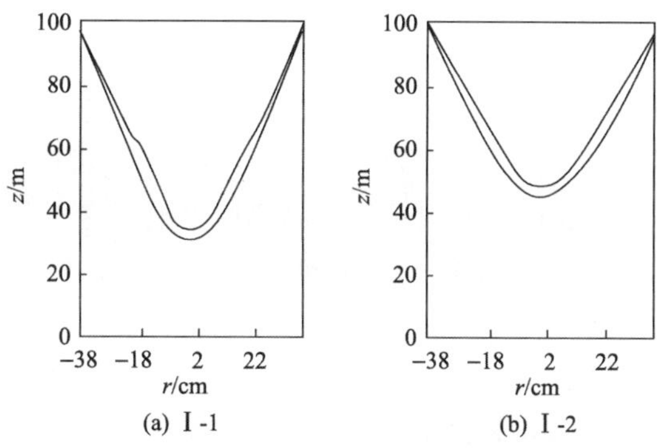

图 7.61　计算得到的金属熔池形状

从计算结果可知，由于Ⅰ-1具有较大的渣池输入功率，因而渣池温度较高，熔池深度特别是熔池圆柱部分尺寸比Ⅰ-2要大。这样从表面质量考虑，第一种重熔工艺要比第二种合理。第三种工艺Ⅰ-3由于结晶器直径较大，相对应的输入功率较小，因而渣的温度低；由于该钢种熔点低，因而仍能保持一定熔速；但熔池较小，特别是熔池圆柱部分高度太小，因而不能获得表面质量好的钢锭。第四种工艺Ⅰ-4由于渣温高，熔速适中，熔池形状合理，而且这种钢锭的尺寸有利于后步的锻造加工，因而是比较理想的锭型。另外，由于此钢中熔点较低，导

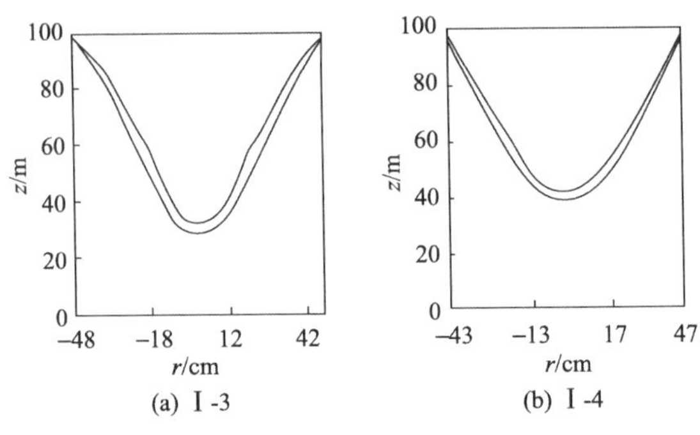

图 7.62　计算得到的金属熔池形状

热差，因而其熔速较大，金属熔池也相应较深。

7.11.4　供电制度对钢锭温度场的影响

结晶器以直径 760mm、电极直径 430mm、采用 ANF-6 渣系、渣池深度为 230mm 为例，计算了不同的供电制度下钢锭的温度分布。

电流与渣池电压的对应关系是根据某厂电渣炉电气特性分析得到的。图 7.63 表示了供电制度对渣池温度和熔化速度的影响。由于某厂电渣炉电气特性表现为当电流为 17.5kA 左右时渣池输入功率达到最大值，因而对应渣池温度和熔化速度也在此处达到最大值。超过此电流后，随电流的增加，渣温和熔速急剧下降，因此供电制度的选择非常重要。图 7.64 是通过模型计算得到的不同电参数下的金属熔池深度。表现为电流超过临界值后熔池深度以及金属圆柱部分的高度不断减小。z_m的减小意味着表面质量的恶化。因此，为了获得良好的钢锭表面必须选择合理的电参数。

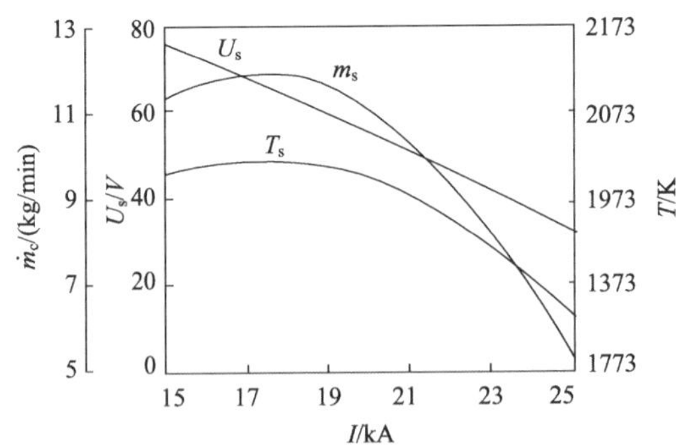

图 7.63　供电制度对渣温和熔速的影响

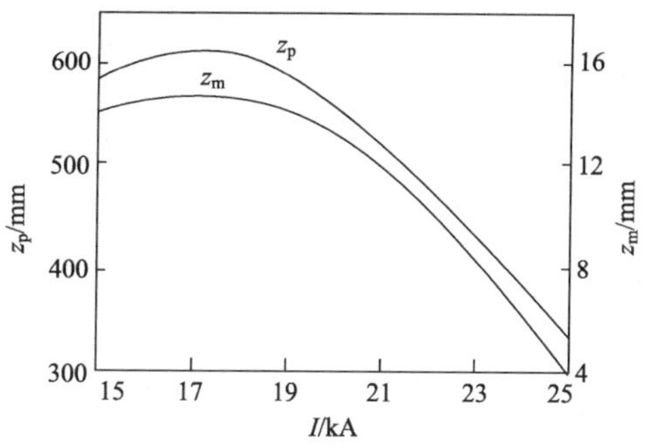

图 7.64　供电制度对金属熔池深度的影响

7.11.5　熔化速度和局部凝固时间的关系

局部凝固时间 LST 是评定合金显微结构的重要判据。通常 LST 越小，则合金越均匀，显微偏析越小。在正常重熔阶段，LST 沿轴向变化很小，但沿径向则差异较大，为了比较不同工艺条件下 LST 的大小，本节取半径方向上 LST 的几何平均值作为比较不同条件下钢锭显微组织的判据。通常在结晶器直径一定时，LST 主要取决于熔化速度大小。图 7.65 为直径 760mm 的结晶器，Mn18Cr18N 钢锭在不同熔速下 LST 的大小。由图可知，在低熔速范围，随着熔速的增加，LST 快速降低，当达到一定熔速后继续增加熔速，LST 反而增大，为了获得高质量的结晶组织，要合理选择熔化速度使 LST 达到最小值。

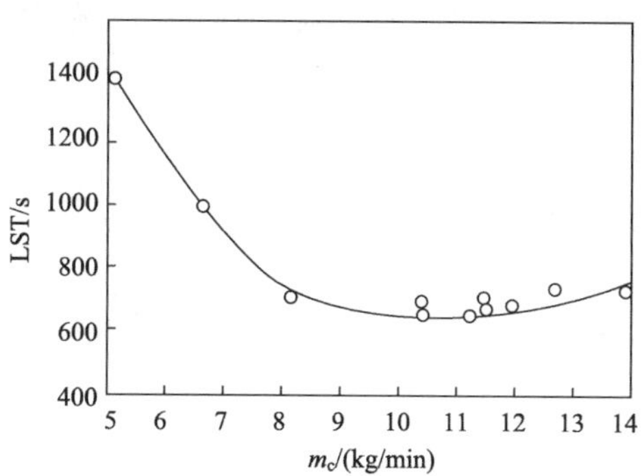

图 7.65　局部凝固时间与熔化速度的关系

ANF-6，D_m=760mm，D=430mm

另外，结晶器直径对 LST 有很大影响，直径为 960mm 结晶器的 LST 比直径 760mm 的要大一倍以上。因此大锭的结晶质量较小锭差。在满足热锻加工尺寸的前提下以较小直径的锭为好。

7.12 ESR钢锭热应力分布的数值模拟

在电渣重熔过程中，存在较大的残余应力或残余变形，甚至发生热裂，是熔铸钢锭尤其是大型熔铸钢锭中普遍存在的缺陷。这些缺陷严重影响了铸件的质量和使用寿命，也限制了熔铸工艺的推广[46,47]。这两种缺陷都直接和电渣重熔钢锭中应力的产生与发展有关。因此，了解熔铸钢锭中应力场的分布对电渣熔铸工艺的选择和熔铸钢锭质量的提高具有重要意义。电渣熔铸工艺和设备都较为复杂，实验测量研究钢锭中应力场十分繁难，成本也高，数值模拟技术在这里有很显著的优势。

7.12.1 应力场数学模型的描述[48]

1. 模型的假设

根据电渣重熔实际情况，如果对钢锭应力采用纯弹性分析，必然会使非弹性区应力的描述失真严重，又因材料的非线性问题，所以采用热-弹-塑性模型对钢锭热应力进行分析。在建立模型时做以下假设：

(1) 材料满足小变形理论；

(2) 钢锭子午面上处于轴对称应力状态；

(3) 用 Mises 屈服准则描述钢的屈服极限[49]；

(4) 用 Prandtl Reuss 塑性流动增量理论描述塑性状态下钢的应力和应变的增量关系[50]。

2. 模型的数学描述

建立热-弹-塑性模型时，应遵循以下原则：

(1) 钢锭再弹性状态下，应力应变关系满足胡克定律，即

$$\{\sigma\}=[D]_{\mathrm{e}}\{\varepsilon\} \tag{7.217}$$

(2) 钢锭在塑性状态下，应力应变增量关系则服从 Mises 准则，其数学表达式为

$$\bar{\sigma}=H\left(\int \mathrm{d}\bar{\varepsilon}_{\mathrm{p}}\right) \tag{7.218}$$

增量形式为

$$\mathrm{d}\bar{\sigma}=H\,\mathrm{d}\bar{\varepsilon}_{\mathrm{p}} \tag{7.219}$$

(3) Prandtl Reuss 塑性流动增量理论数学表达式为

$$d\{\varepsilon\}_p = d\bar{\varepsilon}_p \frac{\partial \bar{\sigma}}{\partial \{\sigma\}} \tag{7.220}$$

基于上述数学规律，又考虑到温度变化引起的应变增量，热-弹-塑性模型增量关系的应力应变数学表达式如下[51]。

弹性区域：

$$\Delta\{\bar{\sigma}\} = [D]_e(\Delta\{\varepsilon\} - \Delta\{\varepsilon_0\}) \tag{7.221}$$

塑性区域：

$$\Delta\{\bar{\sigma}\} = [D]_{ep}(\Delta\{\varepsilon\} - \Delta\{\varepsilon_0\}) + \Delta\{\varepsilon_0\} \tag{7.222}$$

式中

$$\Delta\{\varepsilon_0\} = \left(\{\alpha\} + \frac{d\,[D]_e^{-1}}{dT}\{\sigma\}\right)\Delta T \tag{7.223}$$

$$\Delta\{\varepsilon_0\} = \frac{[D]_e \dfrac{\partial \bar{\sigma}}{\partial\{\sigma\}} \dfrac{\partial H}{\partial T}\Delta T}{H'_T + \left\{\dfrac{\partial \bar{\sigma}}{\partial\{\sigma\}}\right\}^T [D]_e \dfrac{\partial \bar{\sigma}}{\partial\{\sigma\}}} \tag{7.224}$$

式中：注脚 0 表示原始状态。

上面各式中的符号意义如下：T 为温度,℃；$\{\sigma\}$为应力矩阵；$[D]_e$ 为弹性矩阵；$\{\varepsilon\}$为应变矩阵；$\bar{\sigma}$ 为等效应力；$d\bar{\varepsilon}_p$ 为等效塑性应变增量；H'为材料硬化系数；$[D]_{ep}$为弹塑性矩阵；α 为热膨胀系数，1/℃；$d\{\varepsilon\}_p$ 为三维方向塑性流动应变增量；H 为屈服应力对等效塑性应变增量的依赖关系。

3. 计算中所用的数据

本模型计算所用数据取自文献[51]。通过有限点的不同温度下的力学性能，采用线性插值方法计算其他温度下的力学性能。

4. 模型的求解

在弹塑性状态下，钢的应力-应变关系是非线性的，受力状态复杂，本书采用增量变刚度有限元法求解。关于 ESR 钢锭温度场 7.11 节中已有论述。

5. 模型的验证

由于工艺条件和测试手段的限制，目前还不能直接由现场钢锭上测定应力应变状态来验证数模的准确程度。因此本节采用文献[52]的模拟实验数据进行验证。模拟实验采用表面贴有高温应变片的圆柱形钢锭在一定温度下加热后用冷风强制冷却造成温度梯度，测得其表面温度分布和应变分布与数学模型计算值的对照。如图 7.66 所示，计算值与实验数据吻合较好。

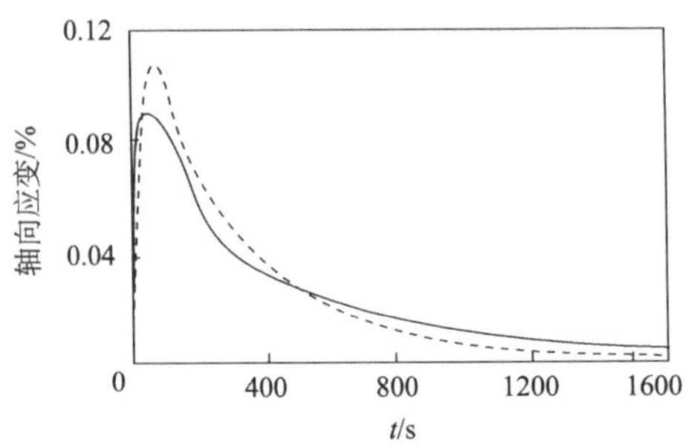

图 7.66 实验值与模型解的比较

7.12.2 Mn18Cr18N 电渣重熔钢锭模拟分析

1. 工艺条件

模型参数取自工厂两种实际工艺进行模拟计算，如表 7.18 所示。

表 7.18 Mn18Cr18N 电渣钢锭工艺参数

工艺	电极直径/mm	结晶器直径/mm	渣池高度/mm	钢锭高度/mm	电流/kA	渣池电压/V	熔速/(kg/min)	渣系
B	530	760	230	988	20	54	10.31	ANF-6
C	430	760	230	988	17.5	67	12.67	ANF-6

注：ANF-6 表示 70%CaF_2-30%Al_2O_3渣

2. 计算结果与分析

图 7.67 和图 7.68 是 Mn18Cr18N 钢锭表面沿轴向的温度分布和等效应力分布。由此可以看出，随着沿钢锭表面自下而上温度的升高，等效应力逐步降低，因此在钢锭底部的等效应力较大。同时可以看出，在距钢锭底部 300mm 以下 C 工艺等效应力比 B 工艺的高。

图 7.69 是距钢锭底部 228mm 处横断面上等效应力分布。由此看出，随着钢锭温度自内向外的降低，等效应力逐步升高，而且 C 工艺的等效应力比 B 工艺的小。

图 7.70 是钢锭表面沿轴向等效应力与屈服极限的比值。由图可以看出，虽然在钢锭中部 C 工艺的比值较 B 工艺低，但是两工艺的比值在此较小，均不会接近屈服极限。由前面分析可知，钢锭的下部等效应力较高，才有可能接近或达到屈服极限。而由图 7.70 可见，在钢锭下部其比值 C 工艺比 B 工艺的高，等效应力几乎接近屈服极限，因此从应力角度来看执行 C 工艺较 B 工艺差。

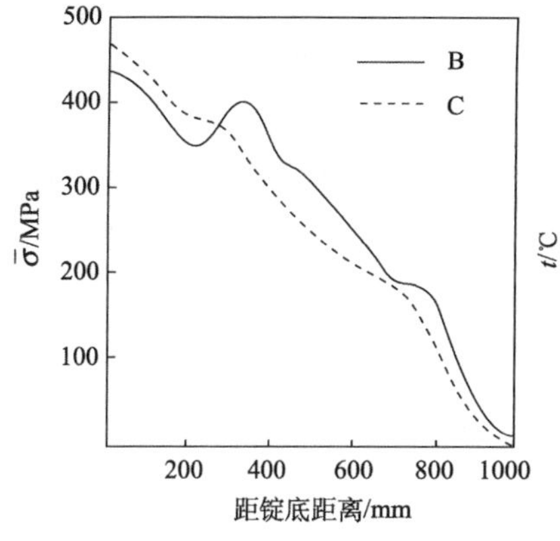

图 7.67　钢锭表面沿轴向温度分布

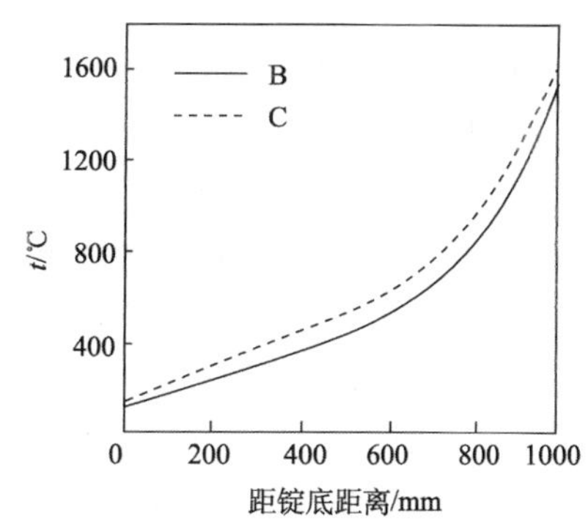

图 7.68　钢锭表面沿轴向等效应力分布

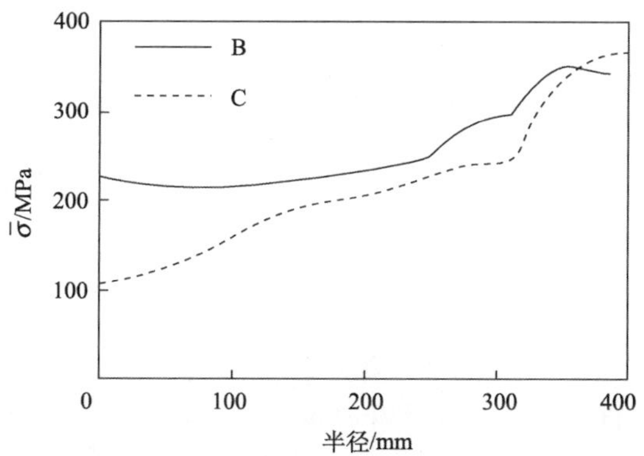

图 7.69　距底部 228mm 横断面上等效应力分布

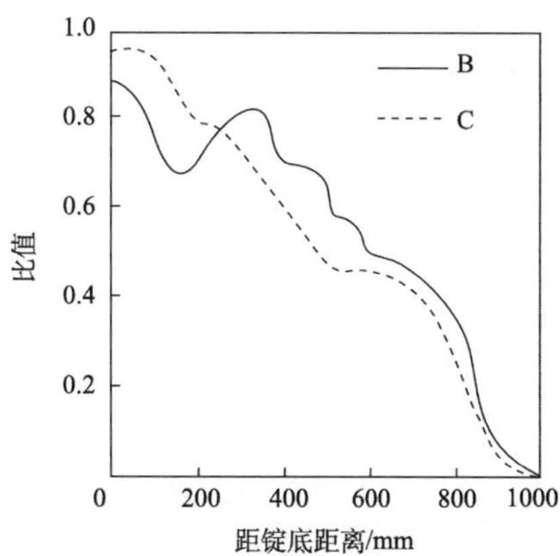

图 7.70　钢锭表面等效应力与屈服极限比值

7.12.3　小结

（1）电渣重熔过程的温度分布特点决定了其钢锭的应力分布由上向下、由内向外应力值逐渐增大。因此，钢锭下部表面受到的热应力值最大。在本研究的两种工艺条件下锭底表面的等效应力分别为439MPa和471MPa。

（2）Mn18Cr18N电渣钢锭的热应力，一般低于其屈服极限，故正常情况下不会产生裂纹。但如果工艺参数选择不当，特别是熔化速度较大时，钢锭底部其应力值会接近其屈服极限，有产生裂纹的可能性。因此，在对于Φ760mm的结晶器，熔化速度的适宜值为10～2kg/min。

参 考 文 献

[1] 姜周华，姜兴渭. 电渣重熔过程渣面以上辐射传热的理论计算. 东北工学院学报，1991，12(2)：188～193.

[2] 李正邦. 电渣熔铸. 北京：冶金工业出版社. 1981：13.

[3] 姜周华，姜兴渭，梁连科，等. 电渣重熔过程传热特性的实验研究. 东北工学院学报，1988，9(2)：184～189.

[4] 赵林，金东国，姜周华，等. Mn18Cr18N护环钢电渣重熔工艺的研究. 大型铸锻件，1997，19(3)：22～27.

[5] Hoyle G. Electroslag Processes Principle and Practice. London：Applied Science Publishers，1983：83.

[6] 梁连科，车荫昌，杨怀，等. 冶金热力学及动力学. 沈阳：东北工学院出版社，1990：181.

[7] Campbell J. Fluid flow and droplet formation in the electroslag remelting process. International Journal of Metals，1970，22(7)：23～35.

[8] Pocklington D N. Small-scale study of bifilar electroslag refining，Part I：Current paths and control characteristics. Journal of the Iron and Steel Institute，1973，211(11)：758～764.

[9] Kreyenberg J，Schwerdtfeger K. Stirring velocities and temperature field in the slag during electroslag remelting. Archiv Fuer Das Eisenhuettenwesen，1979，50(1)：1～6.

[10] Schwerdtfeger K. Some aspects on the kinetics of reactions occurring in the ESR process. Proceedings of 5th International Conference on Vaccum Metallurgy and Electroslag Remelting Processes. Germany，Leybold-Heraeus GmbH，1976：133.

[11] Dilawari A H，Szekely J. Heat transfer and fluid flow phenomena in electroslag refining Metallurgical Transactions B，1978，9(2)：77～87.

[12] Choudhary M，Szekely J. The modeling of pool profiles，temperature profiles and velocity fields in ESR systems. Metallurgical Transactions B，1980，11(9)：439～453.

[13] Choudhary M，Szekely J. The velocity field in the molten slag region of ESR systems：A comparison of measurements in a model system with theoretical predictions. Metallurgical Transactions B，1982，13(3)：35～43.

[14] Choudhary M, Szekely J. Modeling of fluid flow and heat transfer in industrial-scale ESR system. Ironmaking and Steelmaking, 1981, 8(5): 225～232.

[15] Szekely J, Choudhary M, Woodruff S. Mathematical models physical models and plant scale measurements on ESR systems. 39th Electric Furnace Conference Proceedings. Warrendale: Iron & Steel Society of AIME, 1982: 72.

[16] Kreyenberg J, Tacke K H, Schwerdtfeger K. Prediction of melting rate of the electrode in ESR. Archiv Fur Das Eisenhuttenwesen, 1984, 55(8): 369～371.

[17] Medina S F, Andres M P. Electrical field in the resistivity medium(slag) of the ESR process: Influence on ingot production and quality. Ironmaking and Steelmaking, 1987, 14(3): 110～121.

[18] Choudhary M. A study of heat transfer and fluid flow in the electroslag refining process. Cambridge: Massachusetts Institute of Technology, 1980.

[19] Dilawari A H, Szekely J. Calculation of current-voltage relationships and heat-generation patterns in electroslag refining process. Ironmaking and Steelmaking, 1977, 4(5): 308～312.

[20] 川上正博，永田和宏，山村稔ら. ESR操業中のスラグとメタルプール中の温度および電位分布の測定と发熱量分布. 铁と鋼，1977，63(13)：2162～2171.

[21] 姜周华，姜兴渭. 电渣重熔系统渣池发热分布的数学模型. 东北工学院学报，1988，9(1)：63～69.

[22] 冯慈璋. 电磁场. 北京：人民教育出版社，1979.

[23] 姜周华. 电渣重熔过程传热特性的数学模型及实验分析. 沈阳：东北工学院硕士学位论文，1986.

[24] 王云志. 炉渣物理性质对电渣重熔系统电耗的影响. 沈阳：东北工学院硕士学位论文，1985.

[25] Mellberg P O. Temperature Distribution, Heat flow and Solidification Conditions in Electroslag Remelting. Stockholm: The Royal Institute of Technology, 1975.

[26] 尧军平，徐俊杰. 电渣熔铸过程渣池流场的模拟研究. 铸造，2007，56(7)：712～715.

[27] 刘福斌，姜周华，臧喜民，等. 电渣重熔过程渣池流场的数学模拟. 东北大学学报(自然科学版)，2009，30(7)：1013～1017.

[28] 魏季和，任永莉. 电渣重熔体系内熔渣流场的数学模拟. 金属学报，1994，30(11)：481～490.

[29] Launder B E, Spading D B. Mathematical Models of Turbulence. London: Academic Press, 1972.

[30] Mitchell A, Joshi S, Cameron J. Electrode temperature gradients in the electroslag process. Metallurgical and Materials Transactions B, 1971, 2(2): 561～567.

[31] 姜兴渭. 电渣重熔过程热平衡计算公式的推导及其应用. 特钢通讯，1980，(1)：1.

[32] Tacke K H, Schwerdtfeger K. Melting of ESR electrodes. Archiv Fur Das Eisenhuttenwesen, 1981, 52(4): 137～142.

[33] 钱滨江. 简明传热手册. 北京：高等教育出版社，1983：10.
[34] Keene B J，Mills K C. Total normal emissivity of slays used in electroslag remelting. Archiv Fur Das Eisenhuttenwesen，1981，52(8)：311.
[35] 小口正男，旦部佑二郎，深山三朗ら. 小型ESR炉におけるスラゲとメタルの温度分布. 铁と鋼，1977，63(13)：2152～2161.
[36] Ballantyne A S，Mitchell A. Modeling of ingot thermal fields in consumable electrode remelting processes. Ironmaking and Steelmaking，1977，4(4)：222～239.
[37] Yo K O，Adasczik C B，Sutton W H. Heat transfer characteristics in an industrial scale ESR system. Proceedings of 7th International Conference on Vaccum Metallurgy. Tokyo，1982：1503.
[38] Jeanfil C L，Klein H J. Experimental and modeling results in a pilot-scale ESR. 39th Electric Furnace Conference Proceedings. Warrendale：Iron & Steel Soc of AIME，1982：97.
[39] 姜周华. 钢锭边界传热系数的理论计算//辽宁省首届青年学术年会论文集. 沈阳：东北工学院出版社，1992：166.
[40] 梁连科，王云志. 用水冷铜管法测定固态电渣导热系数. 东北工学院学报，1985，31(4)：40～47.
[41] McAdams W H. Heat Transmission. New York：McGraw-Hill Book Company. 1988：311.
[42] Mitchell A，Joshi S. The thermal characteristic of electroslag process. Metallurgical Transactions，1973，4(3)：631～642.
[43] 陈家祥. 炼钢常用图表数据手册. 北京：冶金工业出版社，1984：246.
[44] 姜周华，姜兴渭. 电渣重熔边界总传热系数的测算//首届全国青年冶金学术交流会论文集. 北京：冶金工业出版社，1990：209.
[45] 姜周华，张颖，刘喜海，等. 电渣重熔Mn18Cr18N钢锭温度场的数学模型. 东北大学学报，1977，18(S1)：132.
[46] Eremin E N，Zherebtsov S N，Gritsevich V N. Using cast electroslag blanks instead of forging in flange production. Chemical and Petroleum Engineering，2003，39（7）：496～498.
[47] Moon Y H，Kang B H，Chester V T. Thermal and mechanical properties of electroslag cast steel of hot working tools. Journal of Mechanical Science and Technology，2005，19：496～504.
[48] 王书奎，姜周华，刘喜海，等. 电渣重熔钢锭热应力状态的数值模拟. 东北大学学报，1998，19(S1)：154-156.
[49] 谢贻权，何福保. 弹性和塑性理论及有限单元法. 北京：机械工业出版社，1981：217.
[50] 王祖诚，汪家才. 弹性和塑性理论及有限单元法. 北京：冶金工业出版社，1983：211.
[51] 王书奎. 电渣重熔钢锭温度场和应力场的数值模拟. 沈阳：东北大学硕士学位论文，1996.
[52] 阎小林，宁宝林. 连铸热应力状态的数学模拟. 东北工学院学报，1989，10(1)：91-97.

第 8 章　电渣重熔过程数学模型的新进展

8.1　电渣重熔过程熔滴形成及滴落行为

电渣重熔过程中，电流通过渣池产生大量的焦耳热，这使得渣池保持高温状态，并让浸在熔渣中的自耗电极末端持续熔化，在正常状态下，自耗电极是逐层熔化的，熔化后的金属液沿锥面汇聚到电极下方尖端部位形成熔滴，当熔滴积蓄到一定体积后就从电极上分离而进入渣池中[1]。在熔滴形成及滴落过程中，金属液和渣液充分接触，其接触面积和时间远大于熔滴在渣池中穿行的时间，这说明电极熔化端部是进行渣金反应及自耗电极中非金属夹杂物去除的主要区域[2]，因此，自耗电极的熔化及熔滴的形成、滴落过程直接关系到冶金质量和冶金效率，是对电渣重熔研究的核心问题之一。由于电极的熔化是在高温渣液中进行的，无法直接观测，所以只能通过数值模拟的方法或是物理模拟方法进行研究。

8.1.1　电渣重熔过程熔滴滴落行为的数值模拟

1. 国内外研究现状

饶磊等[3]通过软件建立了电渣重熔过程自耗电极的熔化模型。考察了一系列工艺参数对熔滴形成过程的影响。考察了电渣熔铸中自耗电极的熔化过程，模拟再现了自耗电极在高温渣池内的传热熔化及在重力和渣-金属界面张力的共同作用下逐渐形成熔滴的过程。他们选取了电渣熔铸过程的主要阶段，即电极的稳定熔铸阶段，此期间熔铸过程的各项参数已基本稳定。考虑到每滴金属熔滴的滴落过程是反复进行的，该研究选取了电极熔化过程中相邻两个熔滴滴落之间的一个阶段进行研究，动态模拟了一滴熔滴从酝酿到长大再到即将与自耗电极分离的过程，并以此来反映电极熔化的全过程。

李宝宽等[4,5]利用 Fluent 商业软件，基于 VOF 多相流模型对电渣重熔过程渣金两相流场进行了模拟计算。以电渣重熔渣池、钢液为研究对象，通过大量的模拟数据对电极插入深度、熔化速度、电极端头形状对渣池流场的影响进行了分析。研究认为：熔炼初期，金属电极从两端开始熔化并以小熔滴的形式掉落，随后电极中部也开始产生小熔滴，最终在中心处形成一个大熔滴掉落，此后进入稳定熔炼期。将电极端部为圆头和平头的两种情况进行对比得知，其熔滴更小，向中心汇聚速度更快且在电极上分布更加均匀；当电极插入较浅时，熔滴穿过渣层时间更长，熔滴的精炼也更加充分。

Kharicha 等运用先进的三维 VOF 模型并耦合 MHD 模型对 Φ420mm 的平端面自耗电极的熔化过程熔滴形成进行了模拟[6~8]，本模型可以预测在渣池中由金属液滴的影响而导致的电场和磁场分布，并应用于工业规模用自耗电极的熔化过程，假定熔炼过程电极熔速及施加电流保持恒定。本研究对动量、能量和电磁场进行了完全耦合计算，采用 VOF 方法来对界面追踪，利用电势方程来模拟电场和磁场，指出在电磁场和相分布间具有复杂的相互关系并将产生强烈的三维流动，这是在二维数学模型中难以研究的。目前已经发表的电渣重熔过程的数值模拟基本是运用二维模型进行研究的[9~11]。

固体电极端头假定为平面状且相变化、电极熔化及金属凝固过程忽略不考虑。电流分布根据瞬时相分布而进行动态计算，随后，在每个时间步对电磁力及焦耳热进行重新计算。同时，经计算，熔滴的直径为 1～15mm，由于熔滴滴落时的拖拽及电磁力的影响，熔滴滴落时会在渣池中产生强烈的湍流效应。由 MHD 力及熔滴的影响而引起渣-金属界面产生的非轴对称的移动会进一步于金属熔池中产生湍流流动。

他们在另一项工作中[12]，通过软件建立了一个完整电渣重熔过程的二维模型。考察了不同的电极初始温度对电极熔化过程的影响。对自耗电极熔化过程的热状态及对电极末端形貌的影响进行了数值模拟，首先计算了电极平端面熔化时所需的热量。结果表明，为了保持熔速恒定，供给电极的热量必须连续不断地变化。随电极进给速度的不同，电极熔化速度也随之不同。随后，利用全电渣重熔模型研究了自耗电极的熔炼过程。研究发现，电极的热状态对电极熔化末端形貌影响很大。

Kharicha 等[13]还运用三维的 MHD 模型耦合 VOF 模型进行相(钢、渣)分布的模拟计算，在电极的熔炼过程可以发展为平端面也可以发展为抛物线形端面，这里假设其为平端面，电流的计算是通过瞬时相分布进行动态计算的，随后电磁力及焦耳热在每个时间步进行重新计算。研究的主要目的是在某特定熔速下模拟小直径电极末端熔滴形成过程，给出不同的熔渣与金属间的界面张力对熔滴滴落情况的影响。研究指出，随着界面张力的增加，电极熔化末端熔滴形成源头数量增加，有利于形成细小尺寸的熔滴。

2. 熔滴滴落行为数值模拟

上述研究者已经对电渣过程的熔滴行为进行了一些研究，但在研究过程中，电极端部的形状基本都是预设的，电极端头形状不能随着熔炼过程的进行而发生变化。另外，熔滴的滴落是通过设定一定的质量流而建立起来的，而并非真实的渣池温度所对应的电极熔化速度。范金席在上述研究基础上，开展了熔滴行为的研究，电极形状不再预设而固定，熔速由滴落的熔滴进行计算[14]。

研究采用 VOF 方法处理熔滴与熔渣的相互作用，再耦合电磁场方程、能量方程及流动方程，建立电渣重熔过程电极熔化及熔池形状的数学模型。先根据稳态电磁场方程、能量方程、流动方程建立电渣重熔过程稳态数学模型，计算得到渣池温度场和流场，将其作为电极熔化模型及熔池形状模型的初始条件。以电极熔化模型计算得到的电极熔速，作为熔池模型的速度入口边界条件，计算得到考虑熔滴效应时的熔池形状。整个过程利用商业 Fluent 软件自带的 VOF 模型、熔化与凝固模型、标准 κ-ε 湍流模型并耦合自编程实现的电磁场模型，对电极熔化与熔池进行模拟计算。

1) VOF 控制方程

VOF 模型通过求解一个控制方程，处理两种甚至多种互不相溶流体的流动现象，利用不同流体的体积分数来追踪互不相溶流体的交界面。VOF 模型中对于第 q 相的体积分数控制方程如下：

$$\frac{1}{\rho_q}\left[\frac{\partial}{\partial\tau}(\alpha_q\rho_q)+\nabla\cdot(\alpha_q\rho_q v_q)\right]=\sum_{p=1}^{n}(\dot{m}_{pq}-\dot{m}_{qp}) \tag{8.1}$$

$$\sum_{q}^{n}\alpha_q=1 \tag{8.2}$$

对于一个控制体积，若

$$\alpha_q=1 \tag{8.3}$$

代表控制体积中充满了 q 相。若

$$0<\alpha_q<1 \tag{8.4}$$

代表在控制体积中存在 q 相与其他相的交界面。若

$$\alpha_q=0 \tag{8.5}$$

则代表控制体积中不存在第 q 相。

式中：ρ_q为第 q 相密度，kg/m；α_q为第 q 相体积分数；v_q 为第 q 相的速度矢量大小，m/s；$\dot{m}_{pq}$为第 p 相向第 q 相转移的质量，kg。

对于 VOF 模型，不单独求解每一相的动量方程、能量方程，而是求解混合相的动量方程与能量方程，混合相的物性参数为所有相的平均值，如

$$\rho_{\text{mix}}=\sum_{q}^{n}\alpha_q\rho_q \tag{8.6}$$

式中：ρ_{mix}为混合相的密度，kg/m。

在 VOF 模型下，每相之间的相互作用力作为动量方程的源项，相互作用力为

$$F = \sum_{\text{pairs}ij,\ i<j} \sigma_{ij} \frac{\alpha_i \rho_i \kappa_j \nabla a_j + \alpha_j \rho_j \kappa_i \nabla a_i}{0.5(\rho_i + \rho_j)} \tag{8.7}$$

式中：σ_{ij}为 i 相和 j 相的界面张力，N/m；α_i 为第 i 相的体积分数；ρ_i 为第 i 相的密度，kg/m^3；κ_j 为第 i 相的界面曲率。

2）熔滴的行为

对于大电极，熔滴的大小可由下面公式给出：

$$r_d = \left(\frac{2.04\sigma}{g\Delta\rho}\right)^{1/2} \tag{8.8}$$

式中：$\Delta\rho$ 为金属和熔渣的密度差，kg/m^3；

对于小电极，有

$$r_d = \left(\frac{1.5\sigma r_e}{g\Delta\rho}\right)^{1/3} \tag{8.9}$$

假定渣静止，熔滴为严格的球形，则熔滴运动过程可由下面公式给出：

$$\frac{4}{3}\pi r_d^3(\rho_d + \rho)\frac{dU}{dt} = \frac{4}{3}\pi r_d^3 \Delta\rho g - C_D \pi r_d^2 \rho \frac{U^2}{2} \tag{8.10}$$

式中：ρ_d为熔滴的密度，kg/m^3；ρ 为渣的密度，kg/m^3；C_D为阻力系数；U 为熔滴的运动速度，m/s。

由渣到熔滴的传热特性可认为由单一的传热系数 h 及电极端部和渣-金属界面之间渣的平均温度 T_B来描述。对于单个熔滴的热平衡，可写成

$$\frac{4}{3}\pi r_d^3 \rho_d C_{p,d} \frac{dT_s}{dt} = 4\pi r_d^2 h(T_B - T_d) \tag{8.11}$$

初始条件：$t=0$，$T_d = T_{me}$。其中，T_d 是熔滴的温度；T_{me}是电极的熔化温度。传热系数由下面关系式估算：

$$\frac{hD_d}{k} = 0.8\,(D_d U_{av} \rho/\mu)^{1/2}\,(C_p L/k)^{1/3} \tag{8.12}$$

式中：ρ 为渣的密度，kg/m^3；μ 为渣的黏度，Pa・s；k 为渣的导热系数，W/(m・K)；C_p 为比热容，J/(kg・K)；U_{av}为熔滴穿过渣池的平均速度，m/s。

由式(8.12)得熔滴的最终温度为

$$T_{dp} = T_B - (T_B - T_{me})\,e^{-st} \tag{8.13}$$

式中

$$s = \frac{3h}{r_d \rho_d \cdot C_{p,d}} \tag{8.14}$$

熔滴吸收的热量为

$$Q = \dot{m}_e C_{p,1}(T_{dp} - T_1) \tag{8.15}$$

$$Q_d = \frac{Q}{2\pi R_e} \tag{8.16}$$

式中：Q 为熔滴吸收的热量，W；$\dot{m}_e$ 为电极熔化速度，kg/s；$C_{p,l}$为钢的液相比热容，J/(kg · K)；T_{dp}为熔滴的最终温度，K；T_l为钢的液相线温度，K。

3）实体模型

电渣过程熔滴行为的数值模拟总共包括稳态模型、电极熔化模型、熔池模型。每个模型关注的重点部分不同，所以每个模型仅取相关部分。由于本模型所涉及的物理场较多，受计算机计算能力限制，为了简化模型，取二维实体模型。

4）材料物性参数与工艺参数

模拟采用的工艺参数如表 8.1 所示。

表 8.1　模拟的工艺参数

工艺参数	参数值	工艺参数	参数值
渣池深度/mm	70	电极长度/mm	320
插入深度/mm	20	钢锭高度/mm	360
电极直径/mm	70	炉口电压/V	30
结晶器直径/mm	140	电流/A	2500

模拟所采用的钢，渣物性参数如表 8.2 所示。空气采用 Fluent 材料库中空气的物性参数。

表 8.2　钢、渣的物性参数

工艺参数	参考值	工艺参数	参考值
熔渣密度/(kg/m^3)	2850	钢锭密度/(kg/m^3)	7200
熔渣比热容/(kJ/(kg · K))	1404	钢锭比热容/(kJ/(kg · K))	502
熔渣导热系数/(W/(m · K))	10.45	熔池比热容/(kJ/(kg · K))	753
熔渣黏度/(kg/(m · s))	0.01	钢锭导热系数/(W/(m · K))	31.9
熔渣黑度	0.6	熔池导热系数/(W/(m · K))	15.1
熔渣体积膨胀系数/K^{-1}	0.0001	金属固相线/ K	1723
熔渣电导率/(Ω^{-1} · m^{-1})[50]	见式(8.17)	金属液相线/ K	1693
钢液黏度/(kg/(m · s))	0.006	金属凝固潜热/(kJ/kg)	247000

熔渣电导率：

$$\sigma = \begin{cases} 274.5 & T \leqslant 1823.0 \\ 0.39T - 436.47 & 1823.0 < T < 2053.0 \\ 364.2 & T \geqslant 2053 \end{cases} \tag{8.17}$$

式中：σ 为熔渣的电导率。

5）电极熔化模型的计算结果

图 8.1 为熔滴的形成过程。由图可知，电极在焦耳热作用下，大约在 0.31s 时电极底部两侧开始熔化，熔化形成的钢液在电磁力的作用下向电极中心运动；大约经过 0.04s，在电极下端形成微小熔滴；在 0.43s 后，微小的熔滴形成一定厚度的液膜；随着钢液的增多，液膜逐渐向电极中心运动。这时液膜厚度为 0.8mm 左右。液膜在向电极中心运动的过程中逐渐形成两个较大的熔滴源。在 1.05s 左右形成两个较大的熔滴源。在随后运动中，两个较大的熔滴源逐渐合并成一个大的熔滴源。随着熔化的钢液越来越多，熔滴越聚越大，当重力、浮力和电磁力的合力大于界面张力时，熔滴滴落。电极从开始熔化到熔滴滴落，整个过程持续 1.60s。之后在电极中心处每隔一段时间形成熔滴并滴落。熔滴在滴落的过程中一定程度上对渣池的温度场及流场产生影响。

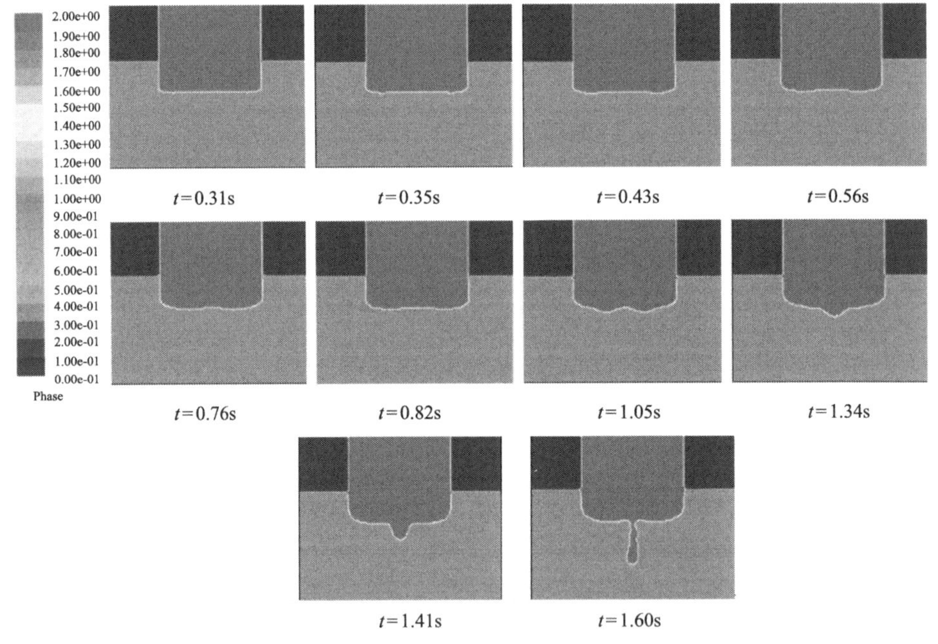

图 8.1　熔滴形成过程

熔滴的滴落过程如图 8.2 所示。由图可知，熔滴在脱离自耗电极之前逐渐被拉长，其过程与 Kharicha 等[6,13]的研究发现相似。这里将其解释如下：熔滴在其滴落过程中将承受两个力作用，其一是体积力、包括重力、电磁力及热浮力等；另一个力是表面力，如界面张力、压力、黏滞力等。相比于熔滴的内部，在熔滴的表面将承受更多的界面张力及黏滞力，因此，在熔滴滴落前其内部的速度

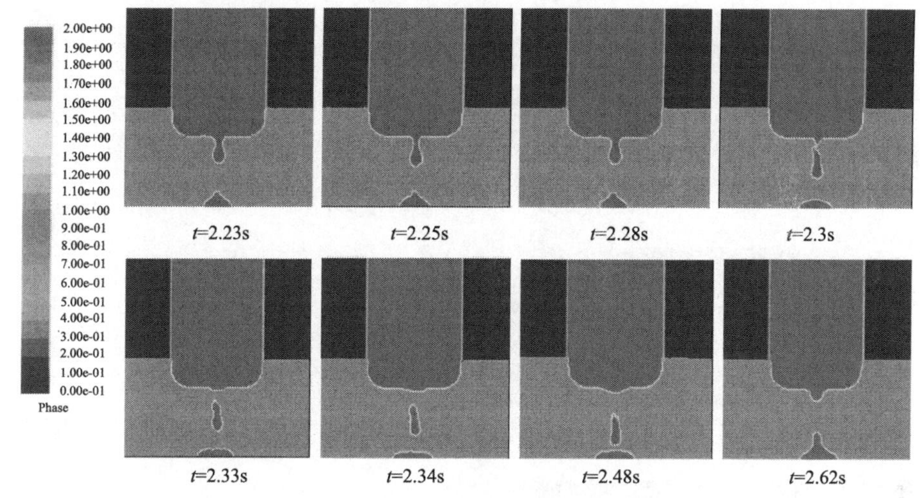

图 8.2　熔滴滴落过程

要低于流体表面的速度，这会导致整个熔滴中的速度分布不均匀。这种现象随着流体的流动将明显增加，最终，在熔滴滴落前逐渐被拉长，如图 8.2 所示。

根据计算得到的熔滴信息如表 8.3 所示。

表 8.3　熔滴信息

参数	数值
熔滴直径，$2r_d$/m	0.0106
熔滴在渣中停留时间，τ/s	0.22
最终速度，v_{va}/(m/s)	0.32
熔滴过热，$(T_{dp}-T_l)$/K	77

其结果与文献[15]利用公式计算结果基本一致。

6）熔滴对温度场和速度场的影响

图 8.3 是熔滴滴落过程渣池温度场及速度场变化。由图可知，在整个熔滴滴落过程中，虽然渣池最高温度变化不大，但是渣池温度分布变化很大。

熔滴下落的过程中，温度降低，且把高温区推向结晶器附近。最终使结晶器附近电极底部两侧区域温度最高，且高温区也是漩涡中心。电极轴心线附近温度较低，同时该区域速度也较大。

熔滴对渣池速度场分布的影响不是太大，但是对速度大小有较大影响。熔滴滴落之前，其表面附近的熔渣速度显著增大，从 10^{-3} 数量级增大到 10^{-2} 数量级。这样显著增大了渣与熔滴之间的传热和传质效率。而且电极底部两侧附近的速度

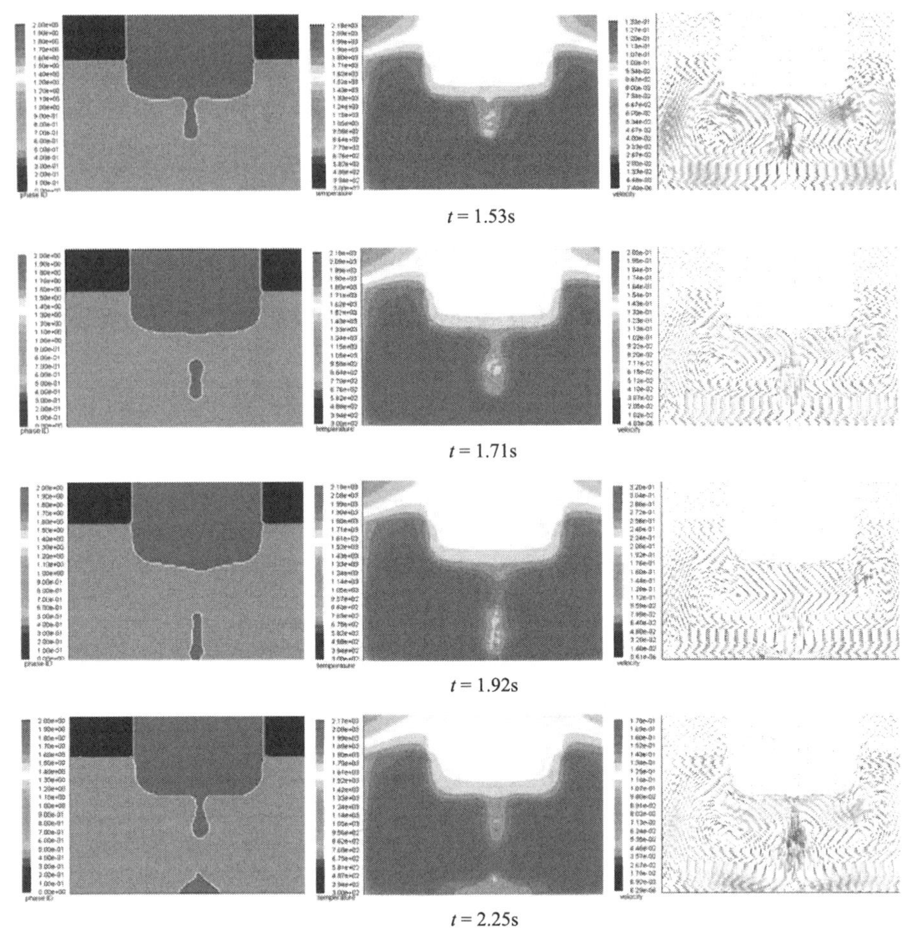

图 8.3 熔滴滴落过程渣池温度场及速度场变化

也有所增大，从 5.6×10^{-2}m/s 增大到 6.67×10^{-2}m/s，且漩涡中心的速度有所减小。也就是说熔滴滴落引起了漩涡强度增加，起到了搅拌熔池的作用。当熔滴滴落后，也就是 $t=1.71$s 时，熔滴尾部的熔渣，由于熔滴滴落，其速度大约达到 4.1×10^{-2}m/s，相比没有熔滴经过时速度大大增加，这时由于熔滴滴落时产生黏性力，黏性力引起了熔滴附近熔渣速度的增加。其他区域的速度也有所增加。当熔滴到达渣-金属界面时，也就是 $t=1.92$s 时，渣-金属界面附近的熔渣速度有所增加，其最大速度大约为 6.4×10^{-2}m/s，熔滴尾部的熔渣速度约为 6.4×10^{-2}m/s，相比 $t=1.71$s 时，速度有所增加。电极底部侧面速度减小到熔滴落之前的水平附近。这是因为此时滴落的熔滴对电极底部两侧区域的影响减小，当下个熔滴形成时，电极底部两侧区域的速度又恢复到 $t=1.53$s 时的附近。

由此可见，熔滴对渣池速度有影响，但是其影响也只是在熔滴附近，离熔滴较远的区域影响程度较小。熔滴的这种性质，有利于熔渣和熔滴之间的能量及质量传递，最终影响产品的最终质量。无论熔滴滴落与否，渣池速度分布不变，而且尽管考虑熔滴影响，渣池速度增加也不会太大，因此可认为对渣池速度分布起主要作用的还是电磁力。

7）不同充填比对熔滴行为的影响

图 8.4 表示相同结晶器条件下不同电极直径的电极熔化情况，结晶器直径为 140mm。由图可知，当在输入功率相同，其他条件不变的情况下，充填比为 0.5～0.7。熔炼开始时，电极形成两个熔滴源，随着熔炼达到平稳，两个熔滴源逐渐合并，形成一个较大的熔滴源。电极端头形貌逐渐由倒锥角形向弧形过渡，且充填比越大，弧度越大。当充填比为 0.8 时，电极从熔炼开始到熔炼平稳，一直为三个熔滴源。电极端头形貌从熔炼开始到熔炼平稳，端部一直保持水平面。

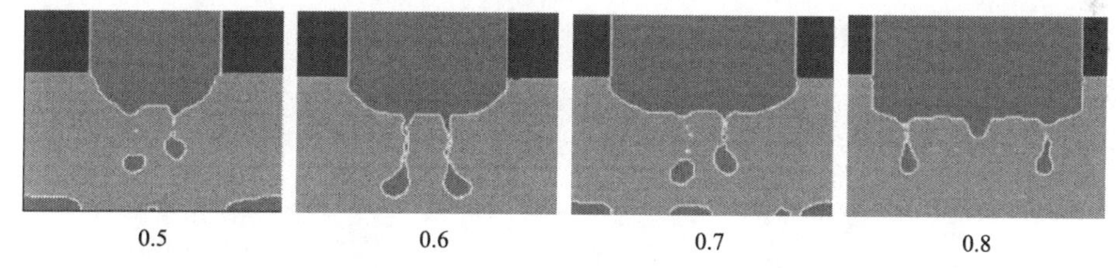

图 8.4　不同充填比下的电极熔化情况

根据模拟，测量不同填充比下熔滴直径。结果如表 8.4 所示。

表 8.4　不同充填比下熔滴的平均直径

充填比	平均熔滴直径/mm
0.5	11.55
0.6	11.90
0.7	11.58
0.8	8.71

图 8.5 为数值计算所得熔滴直径随充填比的变化关系图。从图中可以看出，无论数值模拟还是物理模拟，两者的变化趋势一致，即当填充比小于 0.6 时，随着填充比增大，熔滴尺寸增大；在填充比为 0.6 附近达到最大，随后随着充填比的增加，熔滴直径减小。这也说明了数值模拟结果的合理性。

8）不同界面张力对熔滴行为的影响

图 8.6 表示熔滴尺寸随熔渣界面张力的变化。根据模拟结果，可以计算不同

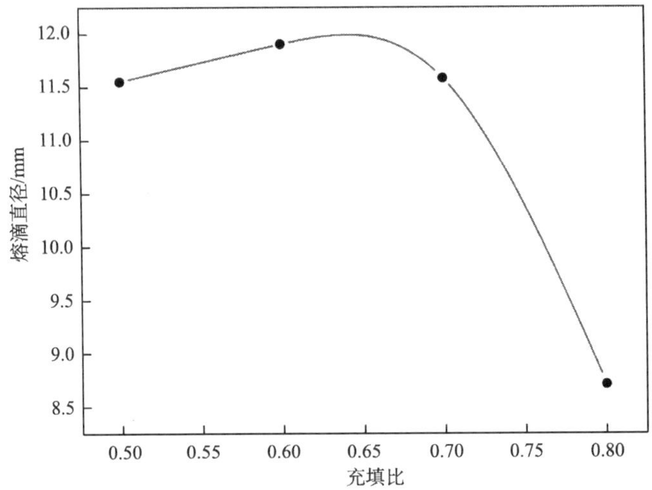

图 8.5　数值计算得到的熔滴直径随充填比变化

界面张力下的熔滴尺寸。

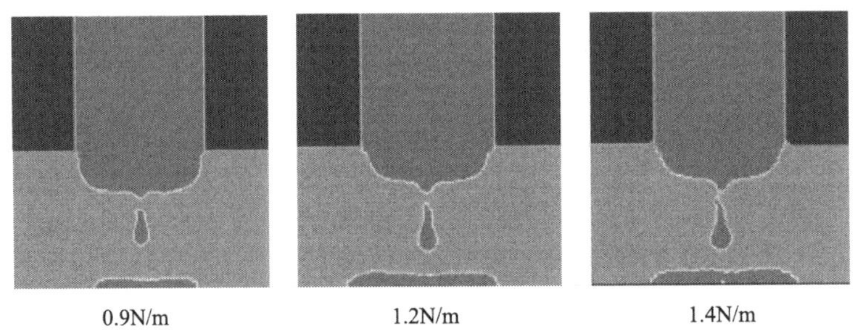

图 8.6　熔滴尺寸随界面张力的变化

在一定条件下，可以采用式(8.18)计算不同表面张力下的熔滴直径。熔滴直径的模拟值与式(8.18)的计算值如表 8.5 所示。

$$M=\frac{\sigma\pi r}{gf} \tag{8.18}$$

式中：M 为熔滴质量，kg；σ 为钢渣界面张力，N/m；r 为电极半径，m；g 为重力加速度，m/s^2；f 为修正系数。

式(8.18)仅反映有限工艺参数对熔滴质量的影响。对于没有反映的工艺参数，无论是否在其使用范围内，该公式计算的值都与真实值之间差别不大。

表 8.5　不同界面张力下熔滴直径

界面张力/(N/m)	模拟计算熔滴平均直径/mm	公式计算熔滴平均直径/mm
0.9	10.56	10.68
1.2	11.48	11.75
1.4	12.27	12.37

不论模拟值还是公式计算值，熔滴直径都随着表面张力的增加而增加，说明了模拟结果的合理性。

9）熔池形状的模拟计算

一般数值模拟电渣重熔的金属熔池，不考虑或近似考虑熔滴引起的热量及动量传递。而在本模型中，利用 VOF 模型较为合理地考虑熔滴带来的热量及动量传递。下面以电压为 30V 的熔池计算结果说明。图 8.7 为是否考虑熔滴时的熔池形状。

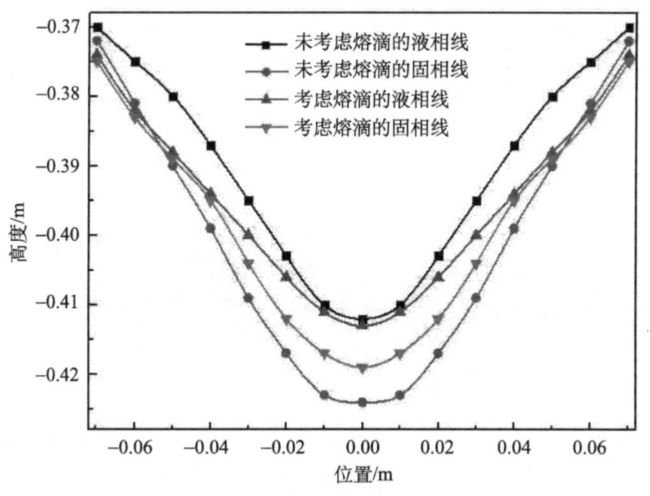

图 8.7　是否考虑熔滴的两相区

由图 8.7 可知，考虑虑熔滴后，金属熔池变深，大约从 30mm 加深到 33mm；两相区变窄，从 22mm 减小到 6mm。这是因为滴落的熔滴加大了渣池向金属熔池的热量传递，由于钢锭的凝固速度一定，轴向的热量传递增加不大，所以熔池加深，但幅度不大。而其余的热量只能通过径向传向结晶器，所以靠近结晶器附近的两相区变窄。

Dong 等[16]对电渣重熔过程进行了数值模拟，综合考虑熔速及两相区宽度，把局部凝固时间的概念应用在电渣冶金过程中，通过计算式(8.19)，评估钢锭枝晶间距离，预测钢锭的凝固质量。

$$LST = (z_s - z_l)/v_c \tag{8.19}$$

式中：LST 为局部凝固时间，s；z_s为固相线位置，m；z_l为液相线位置，m；v_c为铸锭上涨速度，m/s。

图 8.8 表示电渣重熔过程局部凝固时间。由图可以看出，考虑熔滴效应后，结晶器附近的两相区局部凝固时间减少，钢锭结晶得到改善；位于钢锭中心位置的两相区，较未考虑熔滴影响的局部凝固时间要少 100s 左右。因此，如果通过传统方法模拟熔池形状，预测钢锭的凝固质量存在较大偏差。这也说明熔池模型在预测钢锭凝固质量方面具有一定价值。

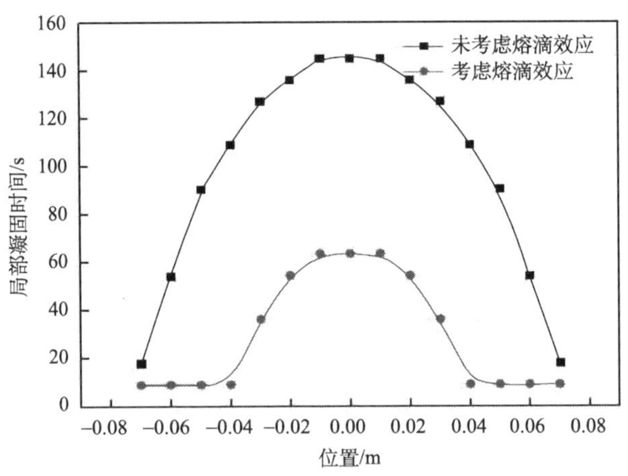

图 8.8　是否考虑熔滴效应时的局部凝固时间

10）不同熔速对熔池形状的影响

熔滴的大小、滴落频率、熔滴源的数量，都影响渣-金属界面的热量及动量传递，从而影响熔池形状。然而电极熔速包含这三种信息，因此结合 VOF 模型，可以较准确地模拟电渣重熔过程中熔滴对金属熔池的影响。

根据电极熔化模型模拟结果可知不同电压下的熔速，其值如表 8.6 所示。

表 8.6　不同电压下的熔速

v_1(30V)/(kg/min)	v_2(35V)/(kg/min)	v_3(40V)/(kg/min)
0.68	0.86	1.47

图 8.9 表示不同熔速下的熔池形状，又根据式(8.19)计算出不同熔速下的局部凝固时间，如图 8.10 所示。从图中可以看出，在其他条件不变的情况下，由于冷却水的强制冷却作用，在结晶器附近局部凝固时间较短。在距结晶器壁 3cm

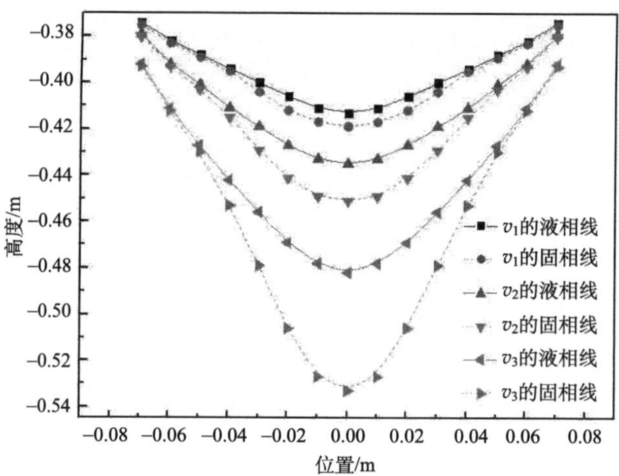

图 8.9　不同熔化速度下的熔池形状

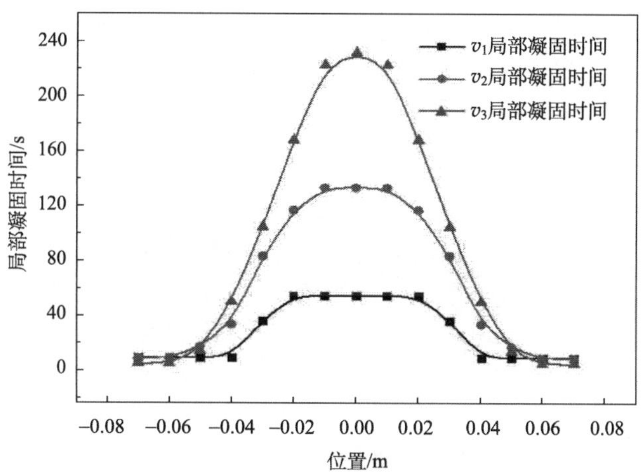

图 8.10　不同熔速下局部凝固时间

处，冷却强度开始减弱，两相区变宽，冷却速度减慢；在钢锭中心部位，两相区最宽，局部凝固时间最长。根据图 8.10 可知，在钢锭中心，局部凝固时间随着熔速的增大而增大，结晶质量变差。因此要保证钢锭的结晶质量，要么加大冷却，改善凝固条件；要么就选择合适的熔速，获得相对满意的结晶质量。

8.1.2　电渣重熔过程熔滴滴落行为的物理模拟

在电渣重熔过程中，杂质元素主要通过电极熔化末端熔滴形成阶段的金属液滴表面及熔滴滴落渣池过程不断更新表面来去除[17]；同时，渣-滴界面可以明显影响电渣过程的物理化学反应。从工艺优化出发，研究电极末端熔滴形成及其在熔渣中的滴落行为尤为重要，然而，在工业生产实践条件下，由于熔炼体系处于高温、不透明的状态且有水冷结晶器存在，直接观察电极末端熔滴形成和滴落行为显得不大可能，因此，运用透明的熔炼体系来物理模拟电渣重熔过程是一种有效的辅助手段。Campbell[18]和 Makroupoulos[19]分别利用共晶透明的 LiCl-KCl 熔盐作为熔渣来重熔由低熔点合金（Pb，Cu，Zn，Al）制成的自耗电极；Kojima[20]、Gammal[21]和傅杰等[22]利用一定浓度的 NaOH 或 NaCl 溶液作为熔渣来重熔由低熔点合金(Pb，Sn，Bi，Cd)制成的自耗电极。目前，已对电渣重熔过程熔滴的形成及滴落机制、熔滴的尺寸及形状进行了研究，而这些往往受很多因素影响，如熔渣成分、渣池高度[3]、界面张力[13,23]、电极端头形状[18,24,25]、供电参数[20]、电流形式和频率[18,21,26]。

1. 实验装置及方法

图 8.11 为本研究中用以物理模拟电渣重熔过程电极熔化末端熔滴形成及滴落行为的装置简图，共包含八大模块：①以接触式自耦调压器提供熔炼电源；②数显电流表和电压表测定回路电参数；③以玻璃烧杯模拟结晶器；④自耗电极系用玻璃管浇注的低熔点(Pb，Sn，Bi，Cd)合金，即伍德合金；⑤以 0.1221mol/L 的 NaCl 溶液模拟熔渣；⑥以 Mo 板模拟电渣重熔过程熔池表面；⑦以高速摄像机观察电极末端熔滴形成及滴落行为；⑧定滑轮系统用于连续缓慢地调整伍德

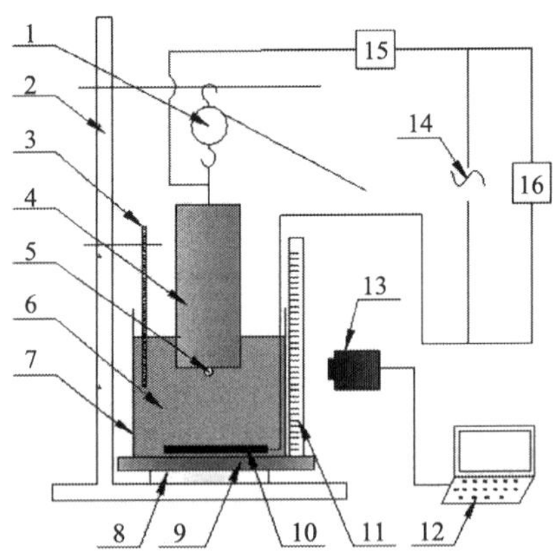

图 8.11 电渣重熔过程的物理模拟装置简图

1-定滑轮；2-绝缘支撑；3-温度计；4-电极；5-熔滴；6-渣池；7-石英烧杯；8-支撑台；9-铜板；10-相片；11-刻度尺；12-计算机；13-高速相机；14-自耦调压器；15-电流表；16-电压表

合金棒在导电液中的插入深度以获得稳定的熔炼过程。

实验过程中，体系的几何参数及物理性能具体详述如表 8.7 所示：

表 8.7　物理模拟过程几何及物理参数

参数	值
熔炼电压 /V	15
自耗电极长度/mm	60
自耗电极插入深度/mm	25
渣池深度/mm	70
NaCl 溶液浓度/(mol/L)	0.1221
NaCl 溶液电导率/(S/m)	1.47[17]
电流频率/Hz	50
结晶器直径/mm	80
充填比	0.50～0.81

实验过程中，首先按照表 8.7 的参数进行原料准备、系统调整，随后利用加热设备将系统预热至 60℃，关闭加热设备并接通供电回路，电流通过具有一定电导率的 NaCl 溶液产生焦耳热使溶液继续升温并熔化自耗电极。当熔滴自电极末端滴落时，利用高速摄像机拍摄熔滴形成及滴落行为，并用数显电流表、电压表记录熔炼过程回路电参数变化。同时，利用舀勺收集自电极末端滴落的熔滴并利用电子天平称量熔滴滴重，计算熔滴尺寸。

2. 实验结果及讨论

1）电极熔化末端熔滴形成及滴落行为

图 8.12 为利用高速摄像机拍摄的实验过程中某熔滴的形成及滴落过程。在电极末端熔滴形成阶段共有四个主要力的作用：由于伍德合金与 NaCl 溶液的密度差所产生的浮力、促使熔滴脱离电极末端的熔滴重力、促使熔滴停留在电极末端的界面张力、熔滴所受的洛伦兹力，其与热浮力一起控制着液态渣池及熔池的流动，进而影响熔滴的滴落轨迹。随着电极末端已熔化金属液的逐渐汇聚，形成熔滴，随后熔滴不断长大、拉长，当促使其下落的合力大于电极对其的约束力时，熔滴便会自电极末端滴落。

本实验对电极熔化末端熔滴形成及滴落行为进行了研究。对于熔滴的形成和滴落过程，可以分为如下两个阶段：①熔滴平稳地长大并被拉长直至熔滴的重力平衡渣-滴间界面张力；②熔滴所受平衡力被打破产生颈缩现象，颈缩的产生导致熔滴脱离电极末端进入渣池，其过程如图 8.12 所示。

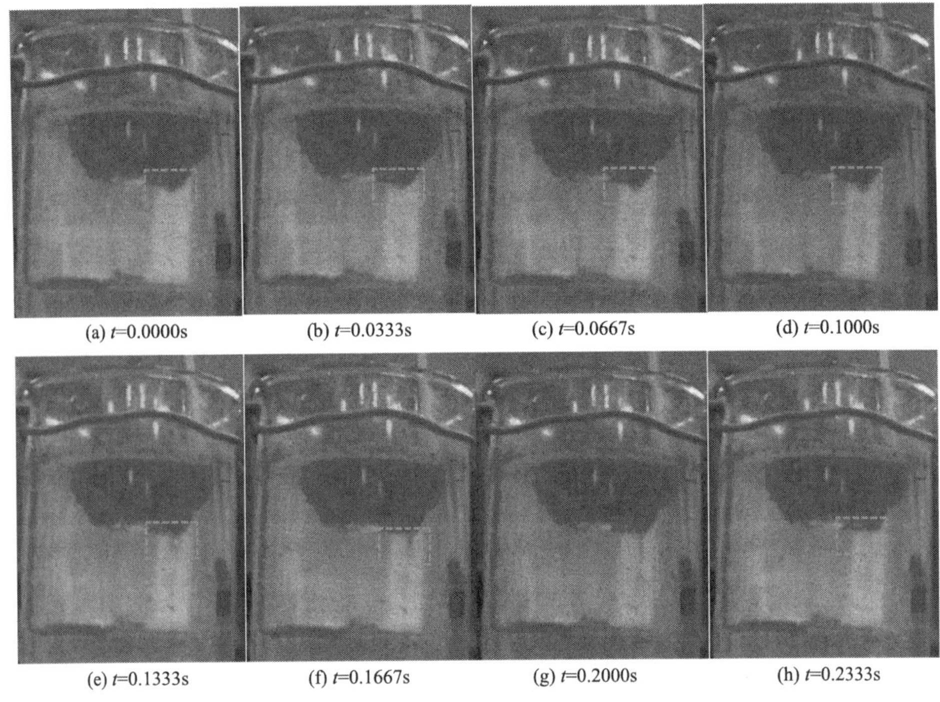

图 8.12　熔滴的形成及滴落过程

通过模拟实验可知，不同充填比条件下，自耗电极熔化末端的形貌亦有所不同。

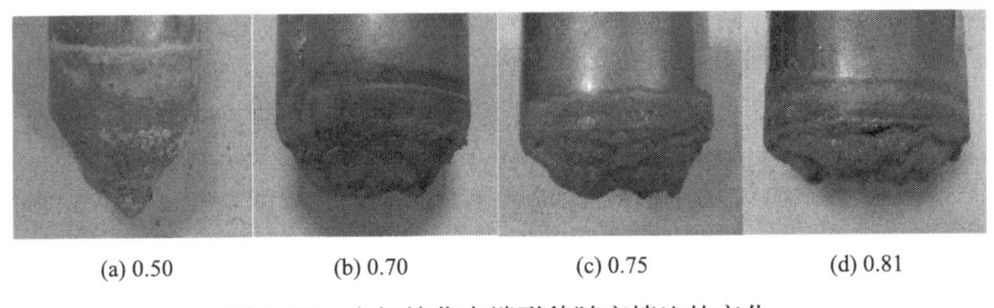

图 8.13　电极熔化末端形貌随充填比的变化

由图 8.13 及以往经验可知，随着充填比的增大，电极熔化末端形貌由圆锥形或抛物线形向扁平形过渡。Kharicha 等[12]指出，熔化电极的热状态对电极末端形貌具有重要影响，随着充填比的改变，熔化电极的热状态也随之改变。当充填比较小时，熔滴主要从电极端部中心区滴落；而当充填比较大时，熔滴则多由电极端头边缘滴落。

在电极熔化过程中，电极端头处产生气泡并出现大量黑色絮状物质，由于本实验所用 NaCl 溶液的浓度相对较小且为 0.1221mol/L，产生的絮状物质一部分随气泡一起沿埋入溶液的自耗电极表面浮向 NaCl 溶液表面，一部分悬浮于溶液中并慢慢沉聚在金属熔池表面，所观察到的现象与文献报道基本一致[22]。上述现象可解释为：由于电极端头下溶液可能局部过热使水分蒸发，或者由于电极金属与电解质溶液间发生化学反应，在电极末端产生气泡；由于滴落熔滴温度高，化学活泼性大，可能与电解质溶液中的 Cl^-、O^{2-}、OH^- 等作用，形成氢氧化物或氯氧化物，这也许就是黑色絮状物的来源。本研究过程中并未发现在电极末端的电弧放电现象，但却偶尔观察到在熔滴滴落至 Mo 板时发生了电弧放电，这可能与本实验过程中的熔炼电压及熔炼电流相对较小有关，偶尔观察到的电弧放电现象可能是由于伴随着熔滴滴落至回路一极(Mo 板)时，位于 Mo 板表面的微小气泡导致熔滴与电解质溶液间产生了电弧放电，并发出“啪”响声。

2) 熔炼过程各参数随充填比的变化

当熔滴在电极末端缓慢形成时，在悬滴及电极间由于界面张力的存在而处于动态平衡，不同研究者分别给出了渣-滴间界面张力与熔滴尺寸关系，如式(8.150)[18]与式(8.151) [20]所示：

$$r_p = \left[\frac{2.04\sigma}{(\rho_m - \rho_s)\cdot g}\right]^{1/2} \tag{8.20}$$

$$d_p = \left[\frac{\sigma\cdot H}{(\rho_m - \rho_s)\cdot g}\right]^{1/2} \tag{8.21}$$

式中：σ 为伍德合金与 NaCl 溶液的界面张力；ρ_m 和 ρ_s 分别表示金属液滴和 NaCl 溶液的密度；g 为重力加速度；H 为修正系数。本研究中，$\rho_m=10\text{g/cm}^3$，$\rho_s=1.01\text{g/cm}^3$，$H=1.1\sim3.3$[20]，$\sigma=507.22\text{mN/m}$ ($\sigma_{\text{wood alloy}}=430\text{mN/m}$[20]，$\sigma_{\text{NaCl}}=77.22\text{mN/m}$) 。将以上数据代入式(8.20)和式(8.21)，可分别计算得出理论上所形成熔滴的尺寸。经式(8.20)计算得 $d=6.93\text{mm}$，经式(8.21)计算得 $d=2.55\sim4.41\text{mm}$。

由图 8.14 可知，本实验中所测得熔滴的尺寸介于式(8.150)和式(8.151)的计算结果之间，且熔滴直径与充填比呈开口向下的抛物线关系，即当充填比小于 0.60 时，随着充填比的增加，熔滴直径随之增大；当充填比大于 0.60 时，随着充填比的增加，熔滴直径随之减小。

熔滴滴落频率(即每分钟熔滴滴落的个数)随充填比变化的关系如图 8.15 所示。

结果表明，随着充填比的增大，熔滴滴落频率也逐渐增大。在电渣重熔过程中，随着充填比的增大，电极直径增大，则渣池表面的辐射热损失减少，相反却增加了电极末端的热量传递。同时，由于电极直径的增加减少了电流作用于自耗电极所产生的电压降损失，使得电渣重熔过程的有效热增加，进而提高其热效

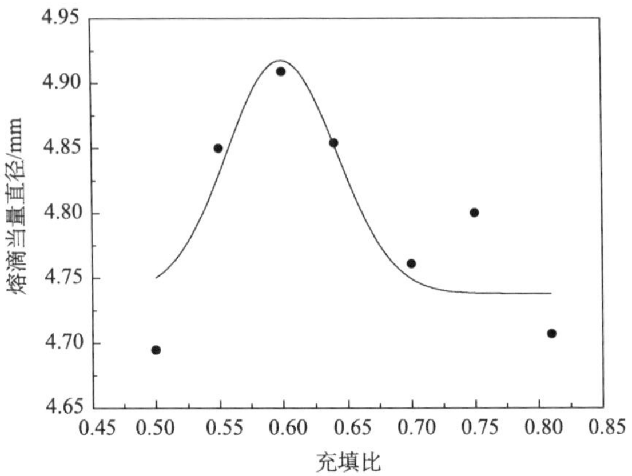

图 8.14　熔滴当量直径随充填比的变化

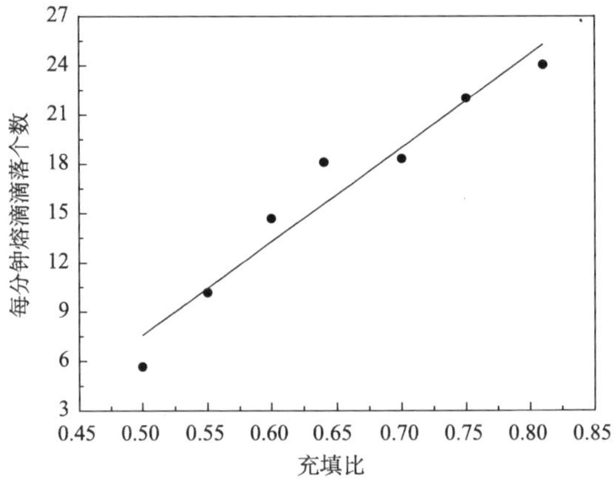

图 8.15　熔滴滴落频率随充填比变化的关系

率，而这又将明显影响电极的熔化速率。

在使用小充填比进行冶炼时，电极端头呈圆锥状，熔滴通过锥体尖端滴入熔池中心，渣池高温区集中在中部，在体系对称轴处电流密度很大而热交换很小，导致能量利用率急剧降低；而采用大充填比冶炼时，由于电极直径的增加和电流的集肤效应，自耗电极端部呈扁平状，电极下端的速度及湍流程度加强并将有利于传热，且在电极熔化末端发现更多的熔滴滴落源[9]，滴落源的增加将导致落点分散，渣池温度较为均匀，同时也增加了熔滴的滴落频率。

为了考察熔滴滴落过程中回路电流的变化，在充填比为 0.50 时，通过高速摄像机(250 帧/s)拍摄观察到相邻两熔滴滴落过程中回路电流的变化情况，如图 8.16 所示。

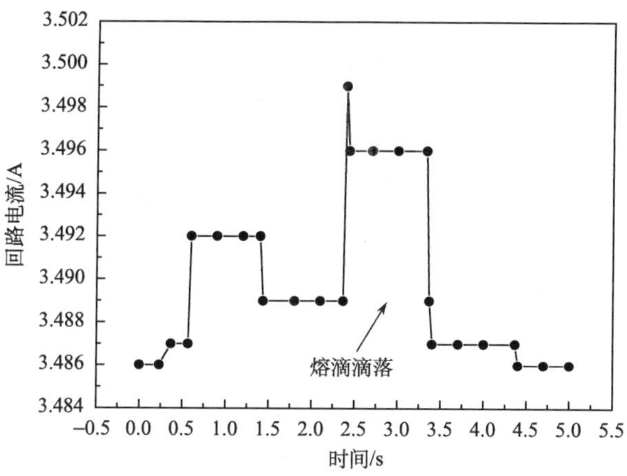

图 8.16　熔滴滴落前后回路电流变化

由图 8.16 可知，在熔滴滴落过程中，当熔滴在电极末端汇聚形成并被拉长时，回路电流急剧增大，而当熔滴发生颈缩继而脱离电极末端穿过渣池滴入熔池时，回路电流又急剧减小并维持在熔滴滴落前的平稳水平。随着第二滴熔滴的形成及滴落前后，回路电流同样先发生急剧增大后又瞬间降低，随着熔滴的滴落，不断地重复发生这一现象。

分析认为，当电极端部熔化的液态金属在电极末端慢慢汇聚并形成熔滴时，随着熔滴的不断汇聚和长大，在重力的作用下不断拉长。在此过程中，引起电极表面积增大及电极至熔池表面的极间距减小并导致回路电阻减小，因此，回路电流急剧增大；而在熔滴脱离电极末端穿过渣池落入金属熔池的过程中，电极表面积及两极间距又回到了平稳状态，故电流同样恢复至平稳状态。如此便出现了随着熔滴的不断滴落回路电流周期性地发生这一现象。Kharicha 等[6,23]指出，熔滴形成并脱离电极末端的时间为 0.25～1s，而图 8.16 中回路电流急剧变化的尖峰正好证明了这一点。

傅杰等用样勺截取电渣重熔过程中在渣池内正在过渡中的熔滴，发现掉落的熔滴尺寸有大有小，其中大熔滴的质量也比在电极末端形成的熔滴质量小。他们认为熔滴滴落前的小电弧放电造成的机械冲击、电动力的径向分力以及溶滴滴落后电极与熔滴间的电弧放电等力的作用会导致熔滴破碎，从而导致熔滴质量比电极末端的熔滴质量小，并产生了一些弥散的小金属液滴[22]。

拉巴布、肖泽强通过将蜡棒放置在加热的酒精或乙腈溶液中的相似性实验来模拟电渣重熔熔滴的滴落过程[27]。得到了液滴的形成过程以及锥度对液滴形成的影响。并结合此现象建立了液滴形成过程的数学模型，与模拟实验结果吻合很好。

8.2 电渣液态浇注新工艺数学模型

第二代液态电渣冶金技术的最基本特征是采用导电结晶器技术，导电结晶器是由乌克兰巴顿电焊研究所最先开发的[28]。关于导电结晶器技术和电渣液态浇注新工艺见 6.3 节。

8.2.1 电渣液态浇注实心钢锭

以生产实心钢锭的连铸式液态电渣技术为对象进行研究，结合乌克兰巴顿电焊研究所的实验，设计了两种连铸式液态电渣供电回路系统的实验方案[29]，编号为 ESCC LM-Ⅰ和 ESCC LM-Ⅱ。供电回路系统方案 ESCC LM-Ⅰ如图 8.17(a)所示，采用结晶器导电技术，上、下结晶器之间为绝缘层，电流在上导电结晶器、渣池、金属熔池、钢锭、底水箱、电源和短网之间形成回路；供电回路系统方案 ESCC LM-Ⅱ如图 8.17(b)所示，采用导电环供电，电流在导电环、渣池、金属熔池、铸锭、底水箱、电源和短网之间形成回路。

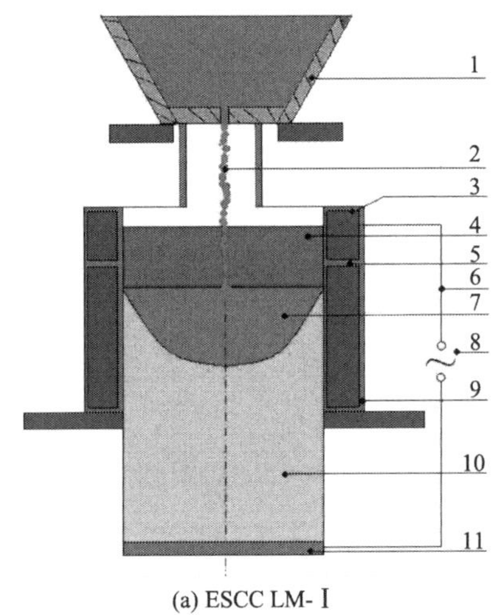

(a) ESCC LM-Ⅰ

1-中间包；2-钢水；3-上导电结晶器；4-熔渣；5-绝缘层；6-短网；7-熔池；8-熔炼变压器；9-下结晶器；10-钢锭；11-底水箱

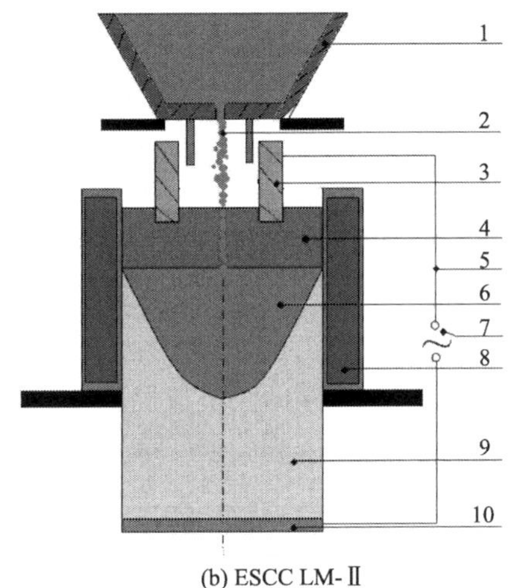

(b) ESCC LM-Ⅱ

1-中间包；2-钢水；3-石墨导电环；4-熔渣；5-短网；6-熔池；7-熔炼变压器；8-结晶器；9-钢锭；10-底水箱

图 8.17 连铸式液态电渣供电回路设计方案

通过改变供电回路系统的导电位置控制电流在渣池和熔池中的分布，从而对熔池的形状和钢锭的内部质量进行控制，因此供电回路系统的设计很关键。

对于钢锭内热源 q_i 的处理，金属液相区为液态金属带入的钢液过热热量，固液两相区为液态金属的潜热。在金属液相区，假定液态金属带入的热量在其内部按温度均匀释放；在固液两相区，假定金属凝固潜热在其内部按温度均匀释放，即

$$q_i = \begin{cases} -\dfrac{v_z \rho \Delta H_l}{T_c - T_l} \dfrac{\partial T}{\partial z}, & T > T_l \\ -\dfrac{v_z \rho \Delta H_m}{T_l - T_s} \dfrac{\partial T}{\partial z}, & T_s \leqslant T \leqslant T_l \end{cases} \tag{8.22}$$

式中：T_c 为液态金属浇注温度，K；T_l 为金属液相线温度，K；T_s 为金属固相线温度，K。

1. ESCC LM-I 方案的边界条件

连铸式液态电渣体系的几何形状为中心对称的圆柱体，因此，选取实际模型的 1/4 创建 ANSYS 模型，这样既可以保证计算结果，又极大地节约了计算时间。采用自由网格划分，精度等级为默认值，根据敏感度的不同，网格线的疏密也不同，网格为六面体。建立的模型及其网格化的结果如图 8.18 所示。选定的计算单元为 SOLID69 热电单元，该单元为直接耦合单元，自由度是温度和电势。

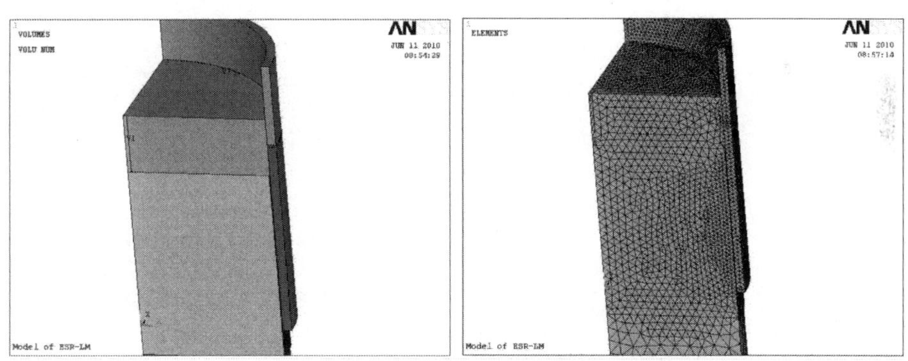

图 8.18　连铸式液态电渣模型及有限元网格

在柱坐标下，ESCC LM-Ⅰ方案的几何形状如图 8.19 所示，z 轴为钢锭的中心线，r 轴为半径方向。其基本组成为导电结晶器、绝缘层、下结晶器、二冷区、底水箱。电压施加位置为 $z=z1$ 和 $z=z8$ 处。具体的参数值如表 8.8 所示。

(1) 导电结晶器的上表面与水冷电缆相连，其表面电位与水冷电缆电位相同。当 $z = z1$，$r2 \leqslant r \leqslant r3$ 时，有

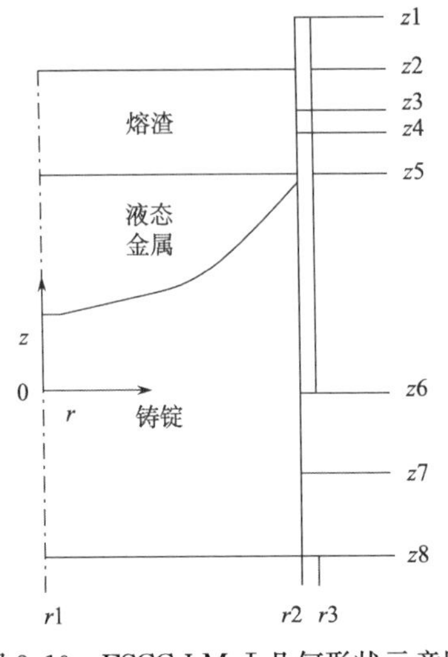

图 8.19　ESCC LM-Ⅰ几何形状示意图

$$\varphi=\varphi_0 \tag{8.23}$$

(2) 底水箱与电源的另一极用水冷电缆连接，其下表面处于同一电位。当 $z=z8$，$r1\leqslant r\leqslant r2$ 时，有

$$\varphi=\varphi_1 \tag{8.24}$$

为了使短网的感抗尽量减小，提高电效率，本研究采用低频(1～5 Hz)电源。无论正负极的改变如何，在电阻确定的情况下，其电压降是一定的。在忽略电磁作用的情况下，根据焦耳定律，导电结晶器的电位正负对发热无影响。因此本节将正、负电位分别施加在导电结晶器和底水箱上。具体的参数值如表 8.8 所示。

表 8.8　ESCC LM-Ⅰ工艺的几何参数　　(单位：mm)

位置	参数值
结晶器内径	1000
钢锭长度	2000～2600
渣池深度	180～220
绝缘厚度	5～10
导电结晶器高度	240～300
下结晶器高度	600～900
结晶器壁厚度	20～30
二冷区高度	200～400

本模型计算的流程如图 8.20 所示。首先，建立模拟对象的实体模型；然后将模型中涉及的材料赋予性质，并对模型网格化，网格化要根据各个区域对于计算过程的重要程度分别划分，对计算过程影响大的，如渣池、渣-金属界面、渣皮等处的网格尺寸要小。网格化完成以后，将计算的边界条件和初始条件加载到模型；最后进行热电耦合运算。如果结果不收敛，检查网格划分的精细程度及加载的边界条件是否正确。计算收敛后进入后处理查看和分析模拟结果。

2. ESCC LM-I 方案的研究结果

渣池的发热符合焦耳定律，向渣池施加一定电压后，渣池由于渣电阻的作用产生电流，引起发热。电压的高低、渣池电阻的大小，决定了电流密度的分布，

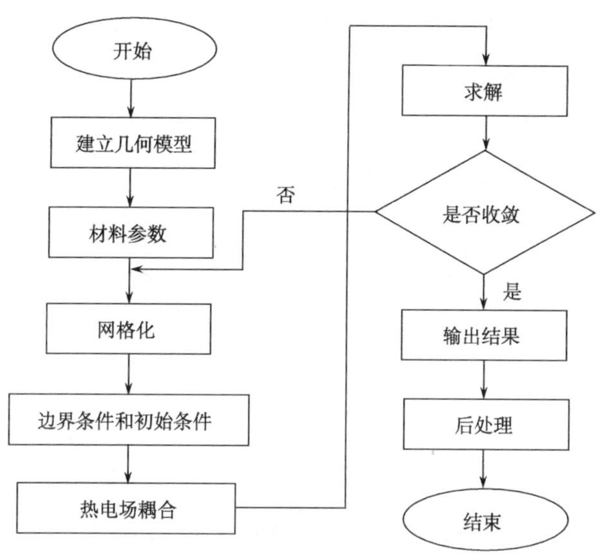

图 8.20　模型计算流程图

进而决定了产生热量的大小。电场分布情况和结晶器的冷却、向空气散热及液态金属的吸热共同决定了渣池的温度场分布。电场电位和电流密度分布及其变化规律可以说明温度场分布的原因。研究电压、电流的分布规律可以指导生产过程中的电制度。当渣池深度为 200mm、施加体系上的有效电压为 45V 时，连铸式液态电渣重熔过程达到稳定状态，连铸式液态电渣体系的渣池三维电位分布如图 8.21所示，渣池三维电流密度分布如图 8.22 所示。

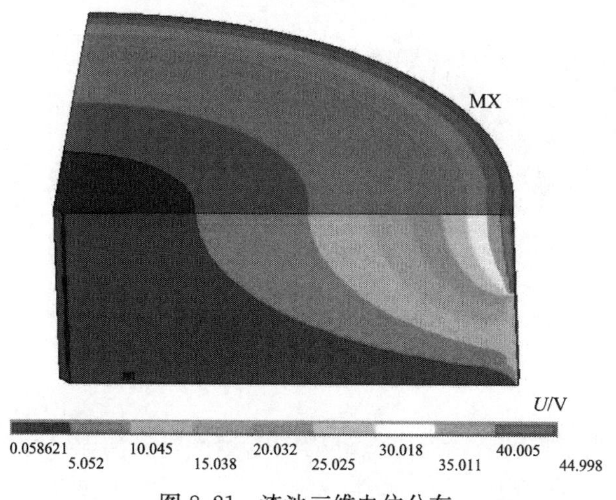

图 8.21　渣池三维电位分布

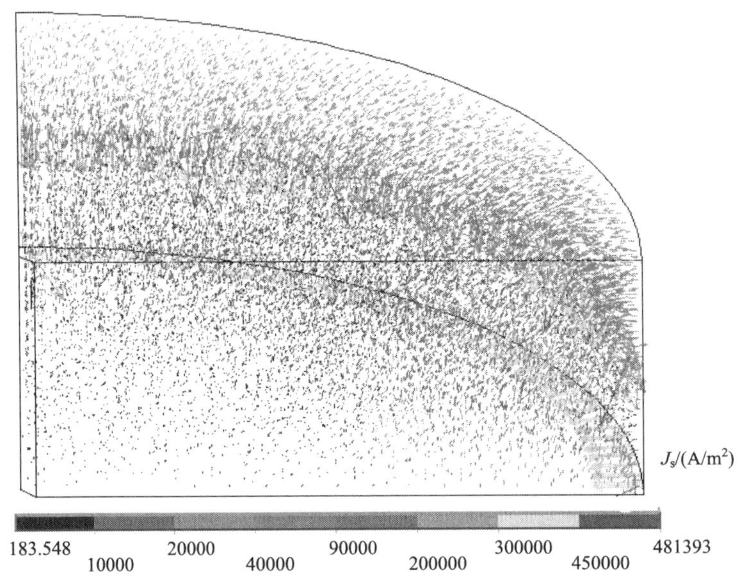

图 8.22　渣池三维电流密度分布

由图可以看出，距结晶器越近电位梯度越大，其中绝缘位置附近电位梯度最大，电流密度也最大，最大值为 4.81×10^5 A/m^2，因此，此区域的发热密度也远远大于其他区域。向渣池中心延伸，渣池的电位梯度逐渐减小，电流密度也逐渐减小且分段均匀分布，其值在 $183.54\sim3\times10^4$ A/m^2。电位和电流密度分布很好地解释了图 8.23 所示的焦耳热分布情况，即周边特别是绝缘附近焦耳热密度大，分析范围：$z2\leqslant z\leqslant z5$，$r1\leqslant r\leqslant r2$。

图 8.23　渣池焦耳热分布

图 8.23 给出了连铸式液态电渣过程中电流流过渣池时产生的焦耳热分布状况。图中的数值表示单元单位体积生成的焦耳热。由图可见，发热区域主要靠近结晶器侧，这里电流和电压大，产生的焦耳热也大。中心区域的发热小，这区别

于传统电渣重熔发热主要集中于电极端部、中心发热大的状况。渣池的温度场主要是由渣池的发热密度、结晶器换热、大气吸热和渣池辐射综合作用决定的，与发热密度对应渣池的温度场也应该是中间温度低，四周温度高。

本次计算中，在绝缘位置附近电极端部产生的焦耳热最高，这是因为此处的电流密度最高(图 8.22)。尽管此处的电导率比较大，但是焦耳热与电流密度的平方成正比，与电导率成反比，并且在恒功率情况下，随着重熔电流的增大，单位体积所产生的焦耳热的最大值增大。

从图 8.24 可以看出，金属熔池总体呈抛物线状。随着距渣-金属界面的距离增大，金属熔池变得更尖。这是由于距渣-金属界面越近，受渣池周围发热的支配作用越大；渣池的发热作用和结晶器冷却作用逐渐持平，这样金属熔池的中心和周围温度均较高；随着距渣-金属界面距离的进一步增大，结晶器在周围的冷却作用在凝固体系中占据了支配地位，这样金属熔池的形状呈中间温度高、四周低的抛物线状。同时，固液两相区呈现出离中心越远，宽度越窄的特点。这是由于离中心越远，结晶器换热的影响越大，宽度越窄。

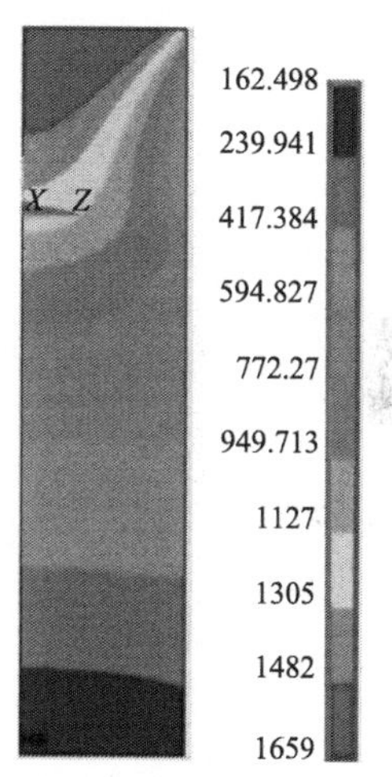

图 8.24　铸坯温度场分布

从图 8.25 和图 8.26 可以看出，模拟的金属熔池最大深度为 484mm，最大两相区宽度为 75.9mm。从铸锭中心到铸锭侧面，两相区宽度呈先增大后减小的趋势，并且距离铸锭边缘越近，两相区的距离减小越快。因为在连铸式液态电渣浇注过程中，渣池不断向金属熔池传导热量，浇注的钢水连续向金属熔池带入物理热，而结晶器的冷却作用不断带走金属的热量，多个因素的综合作用决定了金属熔池的抛物线形状。在冷却条件确定的情况下，随着渣池的发热增大或钢水浇注温度提高，金属熔池获得的热量增加，它的宽度和深度也会随之加大。

连铸式液态电渣的金属熔池要浅平一些，而这主要是结晶器导电导致渣池周围发热密度较高引起的。较浅的熔池深度有利于得到轴向结晶组织和良好的表面质量。文献[36]指出，当金属熔池深度和结晶器直径之比小于 1/2 时，按照结晶理论，结晶方向的轴向性大，轴向结晶比径向结晶的冶金质量好。而较浅的两相区，使得局部凝固时间缩短，有利于减少偏析，获得好的内部质量。电渣重熔过程铸坯的温度场分布是决定钢锭质量最重要的因素，直接决定了钢锭的凝固结晶质量。

对模型的结果进行验证，需要采集现场的数据。一般情况下，采用硫印法来显示金属熔池形状，但考虑到连铸式液态电渣产品直径太大，进行剖分的难度太

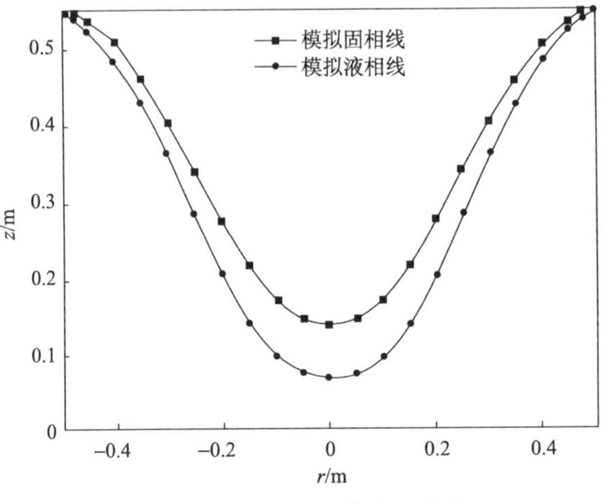

图 8.25　模拟金属熔池的形状

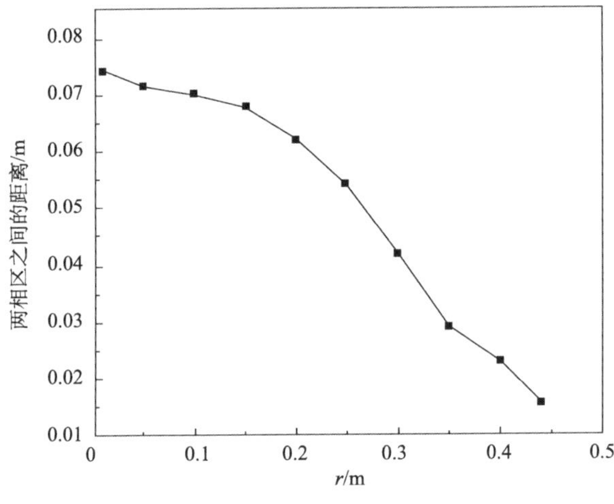

图 8.26　两相区在半径方向的深度变化

大，且由于渣池的搅拌作用，硫印也很难达到预期效果。采用金属棒插入法也可以得到金属熔池的形状，但现场热试过程中，从浇注中包到结晶器是封闭的，因此，金属棒直接插入的办法在本实验中不可行。本实验的方法是，在现场生产 Φ1000mm 实心锭的连铸式液态电渣过程使用红外枪对抽出二次冷却区域的钢锭进行测温，将测得的温度和模拟温度与验证模型对比。在钢锭拉出二冷区 1500mm 时，测量从二冷区到距离二冷区 1000mm 钢锭的温度，每隔 100mm 测量一次，每个点多次测量取平均值，如图 8.27 所示。

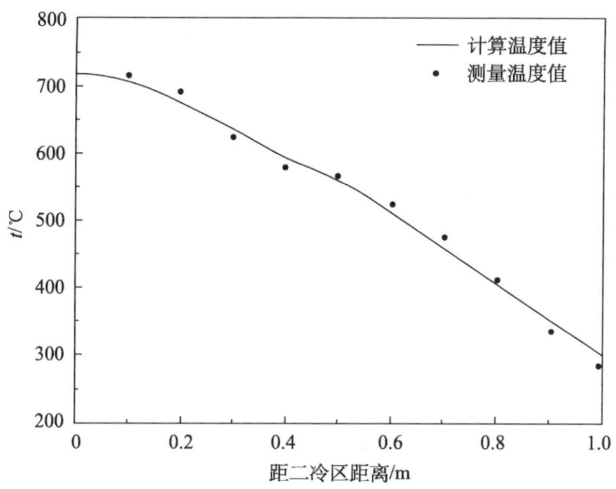

图 8.27　抽锭 1300 mm 时二冷区下部钢锭表面温度

3. ESCC LM-Ⅱ方案的边界条件

ESCC LM-Ⅱ的特点：液态金属导电，水冷石墨导电环导电，渣池发热和精炼。根据此工艺特点和设备图，建立 ESCC LM-Ⅱ的三维有限元模型并网格化。建立模型采用自底向上的建模方法，总体坐标系选择笛卡儿坐标系。采用自由网格划分，精度等级为默认值；根据敏感度的不同，网格线的疏密也不同；网格为四面体。选定的计算单元为 SOLID69 热电单元，该单元为直接耦合单元，自由度为温度和电势。建立的模型及其网格化的结果如图 8.28 所示。

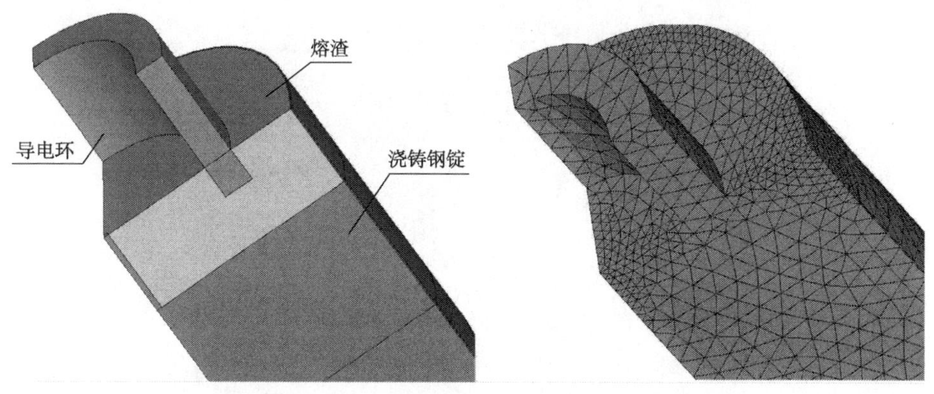

图 8.28　ESCC LM-Ⅱ模型及有限元网格

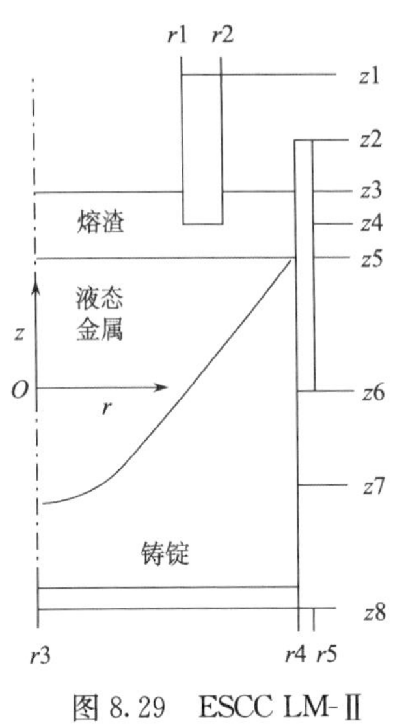

图 8.29 ESCC LM-Ⅱ几何形状示意图

模拟过程：结晶器直径为 1000mm，其高度为 800mm，浇注钢液为含 0.45%C 的钢，所用熔渣为 40%CaF_2-25%Al_2O_3-20%CaO-10%SiO_2-5%MgO。

在柱坐标下，ESCC LM-Ⅱ方案的几何形状如图 8.29 所示，z 轴为钢锭的中心线，r 轴为半径方向。其基本组成为导电环、结晶器、二冷区、底水箱。电压施加在位置 $z=z1$ 和 $z=z8$ 处。由图可以看出，ESCC LM-Ⅱ工艺与 ESCC LM-Ⅰ工艺的主要区别在于无导电结晶器，有非自耗石墨导电环。导电环的边界条件计算如下。

(1) 非自耗导电环上端表面，即 $z=z1$，$r1\leqslant r\leqslant r2$ 处为同一电位：

$$\varphi=\varphi_0 \tag{8.25}$$

(2) 钢锭底部，即 $z=z7$，$r3\leqslant r\leqslant r4$ 处为同一电位：

$$\varphi=\varphi_1 \tag{8.26}$$

4. ESCC LM-Ⅱ方案的研究结果[30]

施加相应的边界条件后，模拟计算所得的渣池电位、电流密度结果如图 8.30和图 8.31 所示。

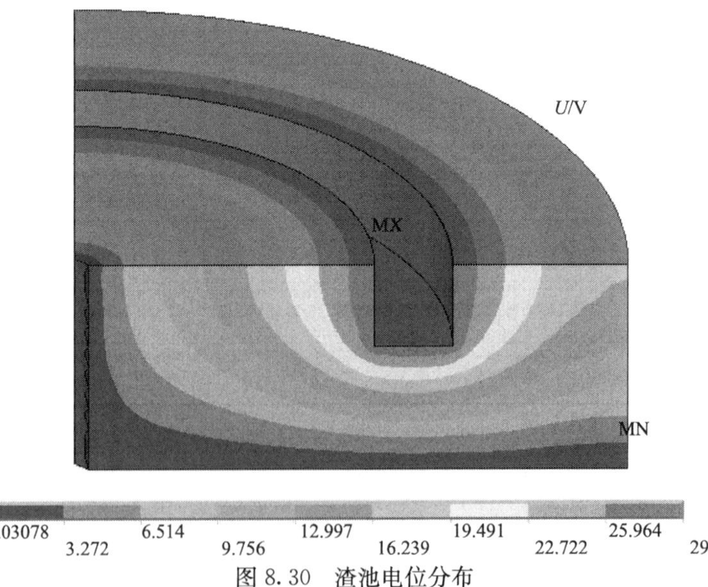

图 8.30 渣池电位分布

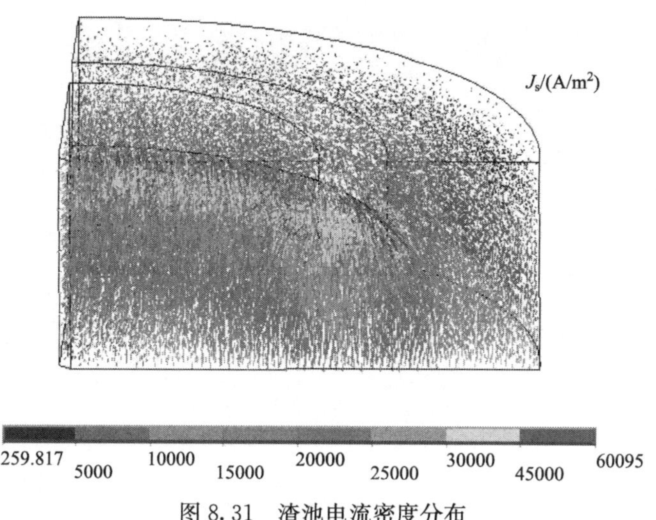

图 8.31　渣池电流密度分布

当体系施加电压为 30V 时，渣池电位及电流密度的分布特征分别如图 8.30 和图 8.31 所示。由图可以看出，整个石墨导电环基本处于同一电位且电位降主要发生在渣池区域。导电环附近的渣池电位较高，电位等值线密度较大。距离导电环越远，渣池的电位和电流密度越小。从导电环末端至渣-金属界面的渣池部分，电位梯度等值线最密。电流密度随着电位的分布和渣池电阻变化而变化，图中所示的电流密度分布和电压分布基本一致。电流密度的最大值出现在石墨导电环端部与渣池的交界界面处并达到 $6.0095\times10^4\ A/m^2$，电流密度于渣-金属界面中心区域取得最小值，为 $259.817A/m^2$。导电环下部及内部的渣池，由于电位梯度及电流密度均较大且距离冷却位置较远，应该出现一个高温区域。

渣池的电位和电流密度分布决定了焦耳热的分布状况，如图 8.32 所示。伴随着在石墨导电环的端部与渣池的接触处电流密度获得最大值，此处的焦耳热密度也远高于其他区域，其最大值可达 $2.72\times10^7 J/m^3$。导电环端部到渣-金属界面的垂直距离内为一个较大的发热区域。边缘渣池的温度低，电阻率低，电位等值线稀疏，电流密度小，焦耳热密度小。电位和电流密度的分布决定了渣池的焦耳热密度，焦耳热密度和冷却条件决定了渣池的温度场。值得注意的是，钢流上半部分发热密度也较大，这是因为钢流的电压是由与之相接触的渣池电压决定的，而钢的电阻比渣池的电阻小，功率 $P=U^2/r$ 较大，导致了局部区域的焦耳热密度比较大。

当浇注温度为 1590℃，连铸式液态电渣浇铸达到稳态时，其渣池的温度分布如图 8.33 所示。由图可知，渣池中的高温区域位于石墨导电环与渣-金属界面之间，且最高温度可达 2279 K。同时，与结晶器导电方案不同，使用导电环供

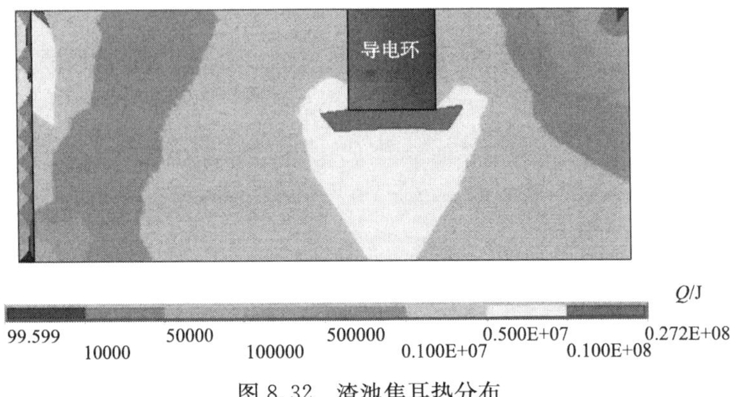

图 8.32　渣池焦耳热分布

电的渣池温度场分布为渣池中心区域高，随着向结晶器方向径向距离的增加温度降低。这是因为在渣池中心区域所产生焦耳热集中且辐射冷却条件弱，而靠近结晶器区域的渣池，由于结晶器中的强制水冷却而降低了渣池温度。

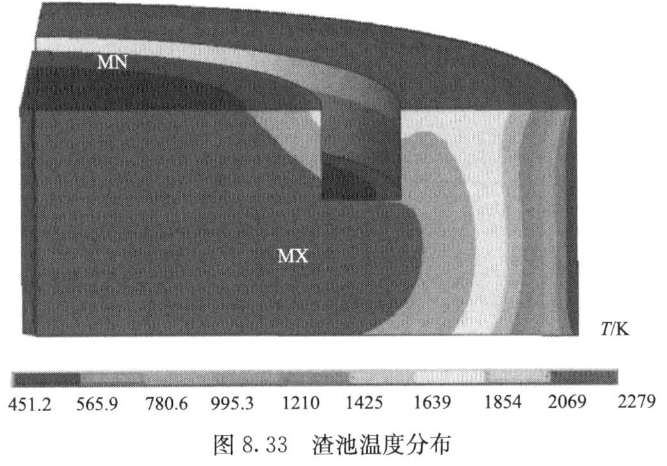

图 8.33　渣池温度分布

熔池的温度分布对于控制钢锭凝固至关重要，本研究中当浇注温度为1590℃，连铸式液态电渣浇铸达到稳态时，其体系的温度分布如图 8.34 所示。

由图可知，其熔池的温度分布与传统固定结晶器电渣重熔类似。可以看出，ESCC LM-Ⅱ方案的温度由于导电环的供电，整个系统的温度场分布不同于ESCC LM-Ⅰ。导电环内部和下方区域为高温区，金属熔池呈抛物线形。在垂直方向，导电环的温度随着与渣池距离的缩小而升高；渣池温度先升高再降低，金属温度逐渐变低；铸锭抽出结晶器后，铸锭的温度有一个回热的过程，靠近底部底水箱的冷却作用导致等温线较平。水平方向上，向结晶器方向靠近的过程中，等温线变密，出结晶器后由于回热的作用，等温线稀疏。

8.2.2　电渣液态浇注空心钢锭

1. 电渣液态浇注空心锭的边界条件

液态电渣浇注技术的核心是采用导电结晶器技术。标准的电渣重熔工艺电流从自耗电极通过液态渣进入重熔钢锭，而结晶器保持中性或跟重熔钢锭电势相同。由于采用了导电结晶器，液态电渣浇注与传统电渣重熔过程不同，可以有多种方式让电流经过渣池，如结晶器—重熔锭、结晶器—结晶器、电极—结晶器/重熔锭等。这种导电方式改变了传统电渣重熔过程中温度参数与电效率之间的特定关系，大大增强了控制渣池和熔池之间热量分配的能力。本节拟研究两种不同导电

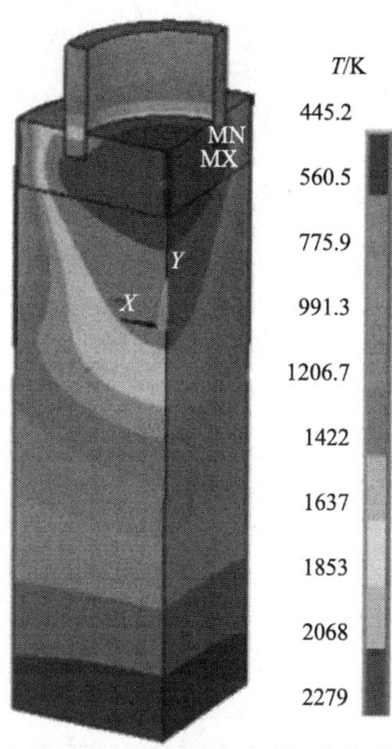

图 8.34　连铸式液态电渣模型温度场

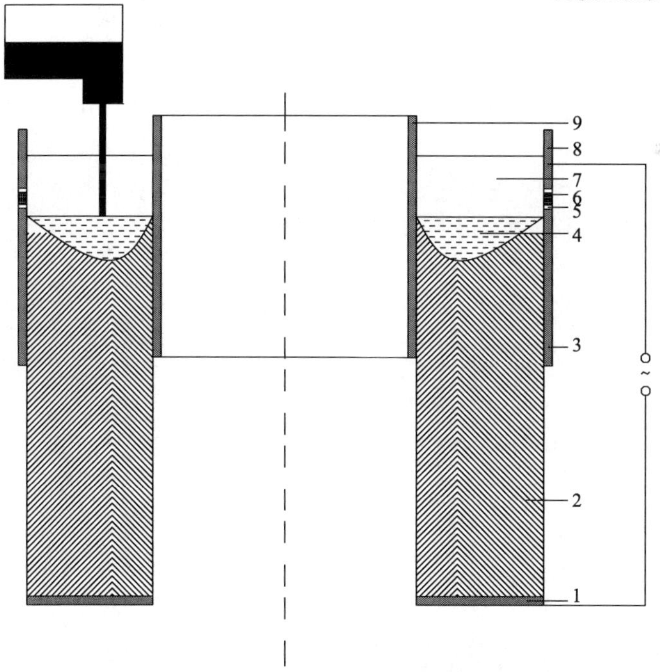

图 8.35　ESCHI LM-A 方案示意图

1-底水箱；2-钢锭；3-外结晶器；4-金属熔池；5-绝缘层；6-分离区；7-渣池；8-导电结晶器；9-内结晶器

路径的液态电渣浇注空心钢锭技术，即结晶器—重熔锭、结晶器—结晶器，分别标记为 ESCHI LM-A[31]、ESCHI LM-B[32]，如图 8.35 和图 8.36 所示。通过对不同导电路径的液态电渣浇注空心钢锭过程进行数学建模，模拟分析了导电路径对液态电渣浇注过程的影响。

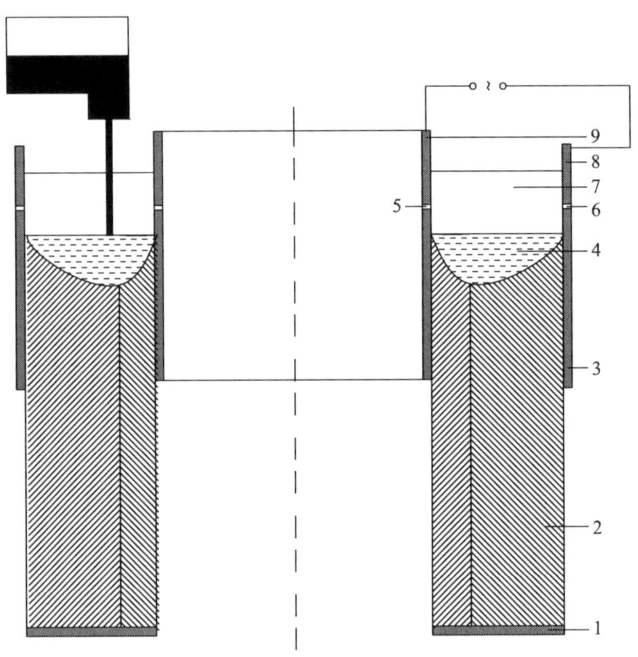

图 8.36　ESCHI LM-B 方案示意图

1-底水箱；2-钢锭；3-外结晶器；4-金属熔池；5、6-绝缘层；7-渣池；8-导电结晶器；9-内结晶器

针对 ESCHI LM-A 方案：

(1) 当 $r=R_o$，$z_5<z<z_6$ 时，有

$$\phi=\phi_1 \tag{8.27}$$

(2) 当 $z=z_0$，$R_i<r<R_o$ 时，有

$$\phi=\phi_0 \tag{8.28}$$

针对于 ESCHI LM-B 方案：

(1) 当 $r=R_o$，$z_5<z<z_6$ 时，有

$$\phi=\phi_1 \tag{8.29}$$

(2) 当 $r=R_i$，$z_5<z<z_6$ 时，有

$$\phi=\phi_0 \tag{8.30}$$

对于液态电渣浇注空心钢锭的数值模拟，所关注的只是渣池与钢锭的电场、

磁场、温度场及流场，故实体模型仅取相关结构，即渣池和钢锭。液态电渣浇注空心钢锭的数值模拟牵涉热电磁流多场求解，受限于计算机的计算能力，目前的商业软件很难做到热电磁流多场直接耦合求解，为此本模拟采用商业软件 ANSYS 加 CFX 进行顺序耦合求解。由于 ANSYS 软件采用有限元法求解，而 CFX 软件采用有限体积法求解，所以本模拟必须建立三维实体模型进行计算。考虑到系统的轴对称性，为了简化计算，取 0.15°的薄片建立三维有限元模型，其网格划分如图 8.37 所示。

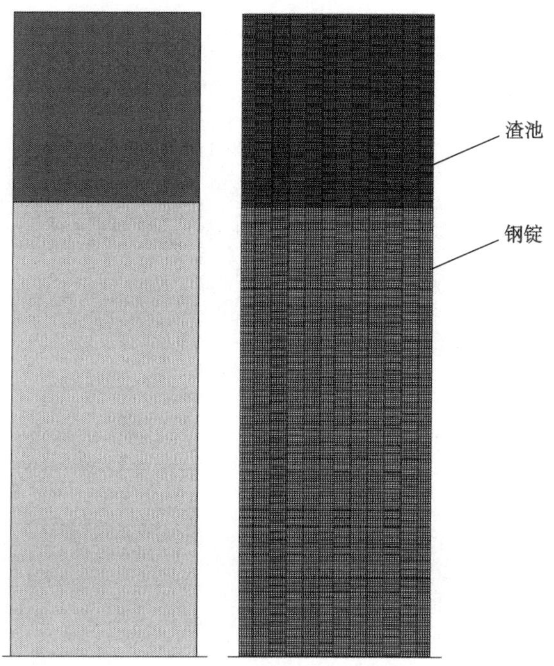

图 8.37　电渣浇注空心钢锭有限元实体模型

本研究所利用的工艺参数如表 8.9 所示。

表 8.9　工艺参数

工艺参数	参数值
渣池深度/mm	200
结晶器内径 d/mm	1400
结晶器外径 D/mm	1800
结晶器高度/mm	900
导电体浸入深度/mm	120

续表

工艺参数	参数值
钢锭高度/mm	2000
浇注速度/(mm/min)	10
浇注温度/K	1873
ESCHI · LM-A 炉口电压/V	48
ESCHI · LM-B 炉口电压/V	55
ESCHI · LM-A 电流/A	55000
ESCHI · LM-B 电流/A	48000

本模拟总体思路是：首先，用 ANSYS 软件进行热电分析，得到整个系统的发热率以及电流密度分布；然后，将电流密度作为载荷进行 ANSYS 电磁分析，得到整个系统的电磁力分布；最后，将发热率与电磁力作为载荷进行 CFX 热流分析，输出计算结果。模拟流程如图 8.38 所示。

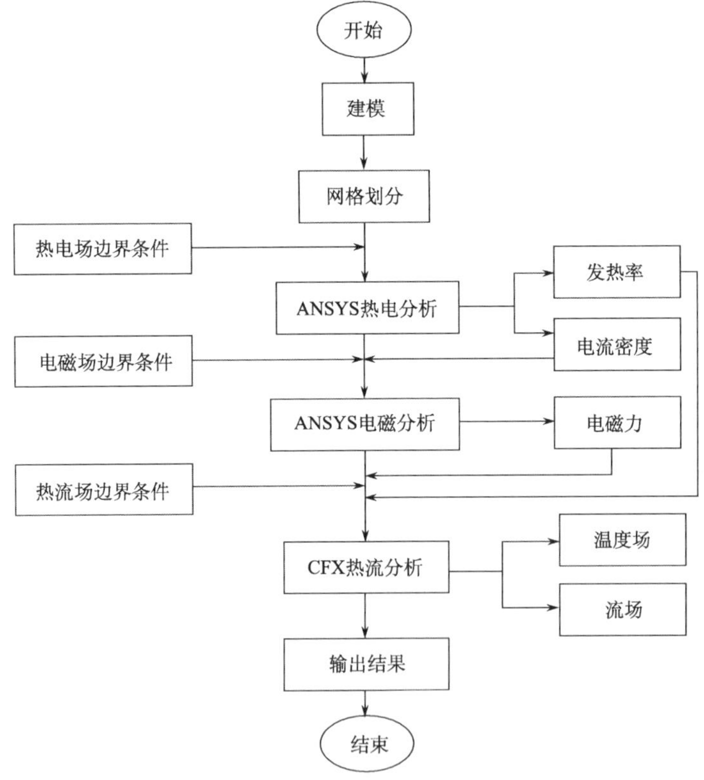

图 8.38　液态电渣浇注空心钢锭数值模拟流程

2. ESCHI LM-A 方案的研究结果

ESCHI LM-A 采用的导电路径为结晶器—重熔锭，由于其导电路径与传统电渣重熔不同，因而也决定了液态电渣浇注空心钢锭过程的电磁场、流场以及温度场与传统电渣重熔有很大的不同。

渣池内的电位分布、电流密度分布、焦耳热分布、电磁力分布及其变化规律是研究液态电渣浇注空心钢锭体系流场和温度场的基础。

图 8.39 为液态电渣浇注空心钢锭渣池中电位分布图。从图中可以看出，在图中右侧中下部，即导电体下端部区域存在较大的电位梯度。与传统电渣重熔相比，导电体下端部相当于电极末端角部，导电体下端部电位梯度分布计算结果与文献报道[33]传统电渣重熔过程中电极末端角部电位梯度较大相一致。沿半径方向，离导电体越远，电位梯度越小，电位分布越均匀，其中渣池表面与内结晶器壁形成的角部区域是电位梯度最小的区域。渣-金属界面附近区域电位梯度也较小，其电位与钢锭接近，约为 0V。由此可见，液态电渣浇注空心钢锭系统的电位降主要分布在渣池区域，也就意味着渣池是液态电渣浇注空心钢锭系统的主要热源。

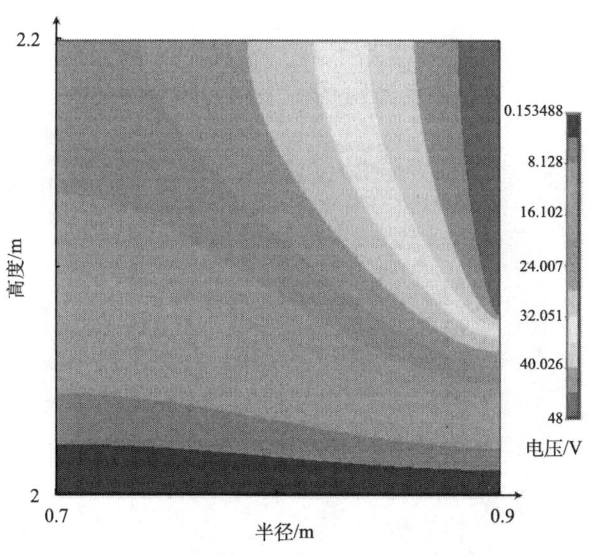

图 8.39　渣池电位分布

图 8.40 为液态电渣浇注空心钢锭渣池中电流密度分布图。从图中可以看出，导电体下端部区域电流密度最大，其最大值可达 $1.89\times10^5\ A/m^2$，而其他区域电流密度分布较均匀，其值约为 $5\times10^4\ A/m^2$。渣池表面与内结晶器壁形成的角

区是电流密度最小的区域，最小值为 478.7A/m^2。沿半径方向，离导电体越远，电流密度越小，其变化规律与渣池电位梯度变化相一致。

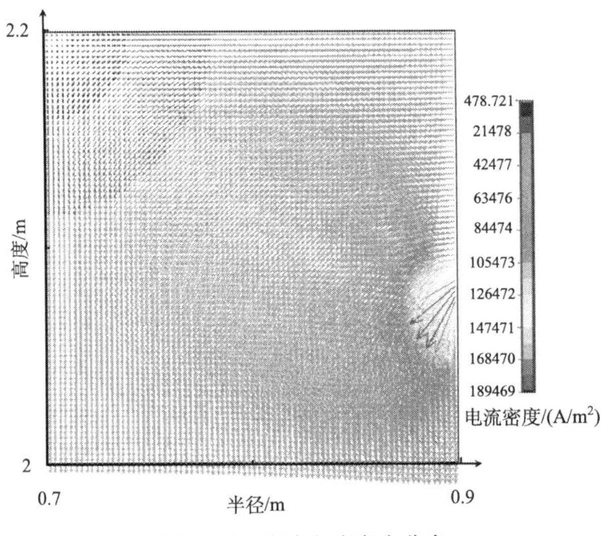

图 8.40　渣池电流密度分布

图 8.41 是液态电渣浇注空心钢锭渣池中焦耳热的分布图，图中的数值表示的是单位体积生成的焦耳热。从图中可以看出，焦耳热主要分布在导电体下端部区域，渣池其他区域产生的焦耳热比较少，这种分布特征与渣池电流密度的分布相一致。与传统电渣重熔焦耳热主要分布在渣池中心相比，液态电渣浇注空心钢

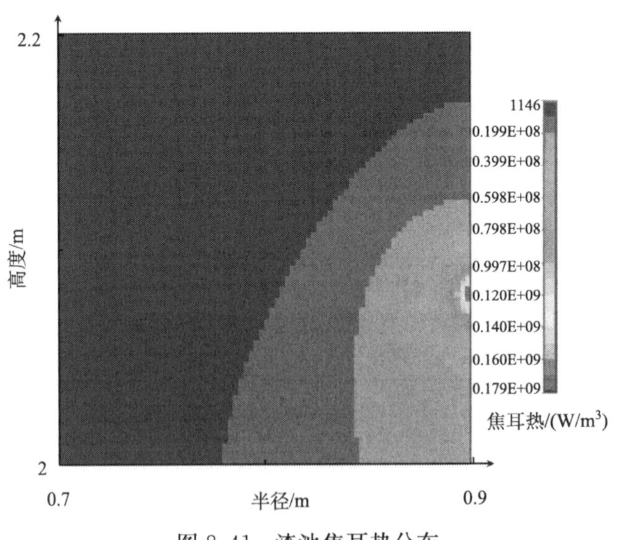

图 8.41　渣池焦耳热分布

锭的焦耳热主要分布在导电体下端部区域，这种焦耳热密度分布的差异性有利于改善空心钢锭的外表面质量；另外，由于靠近内结晶器壁附近焦耳热密度较小，产生的热量少，不利于钢锭内表面质量的控制。渣池焦耳热主要分布在导电体下端部区域，而非渣池中心，这种分布特点有利于改善金属熔池形状，进而提高铸锭的内部凝固质量。

图 8.42 为液态电渣浇注空心钢锭渣池中磁感应强度的分布图，图中磁感应强度方向垂直纸面向外。从图中可以看出，磁感应强度的方向与电流密度的方向符合右手螺旋定律，而且在导电体下端部区域磁感应强度较大，在内结晶器壁附近区域以及靠近渣池表面区域磁感应强度较小。对于半径为 R 的均匀圆柱导体，导体内部的磁感应强度为

$$B=\frac{\mu_0 I_0 r}{2\pi R^2} \tag{8.31}$$

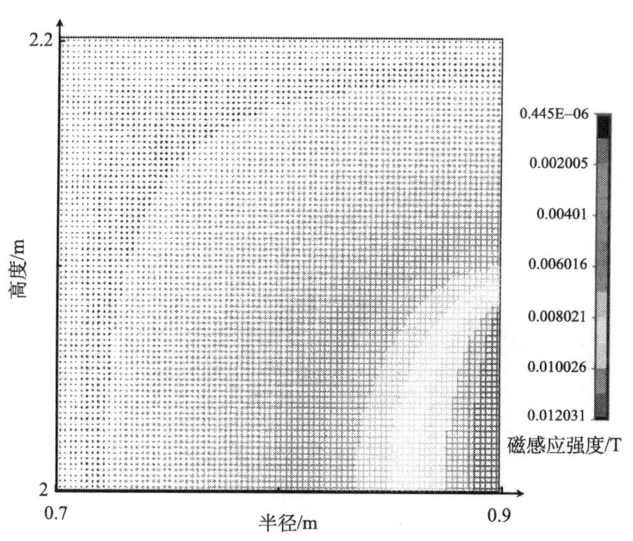

图 8.42　渣池磁感应强度分布

式中：μ_0 为磁导率，H/m；I_0 为总电流，A；r 为距离轴心线的距离，m；R 为导体半径，m。

由式(8.31)可知，磁感应强度正比于电流密度和距离体系轴心线的距离。由于导电体下端部区域电流密度最大，所以磁感应强度在导电体下端部区域达到最大值，而在体系轴心线位置磁感应强度较小。在环形渣池区域，由于径向分量电流密度产生的磁场强度会相互抵消，且靠近渣池表面区域电流密度的轴向分量较小，所以靠近渣池表面处磁场强度很小。

在渣池的外侧面，即 $r=R_o$ 时，由式(8.31)可计算渣池外表面的磁感应强度 B，经计算 $B=0.012037$ T，与模拟结果接近。

图 8.43 为液态电渣浇注空心钢锭渣池中电磁力的分布图。从图中可以看出，电磁力的方向与电流密度和磁感应强度的方向符合左手定律。从整体上看，电磁力的方向在渣池中的分布是向内且向上的，即电磁力有一个轴向分量和一个径向分量。径向分量使渣池的熔渣向内结晶器壁方向流动，而轴向分量使熔渣流向渣池表面。靠近导电体下端部区域电磁力相对较大，方向为向内且向上；渣池表面区域与内结晶器壁附近区域电磁力相对较小。由于电磁力的这种分布特征，在向内且向上的电磁力作用下，熔渣有向顺时针方向流动的趋势。

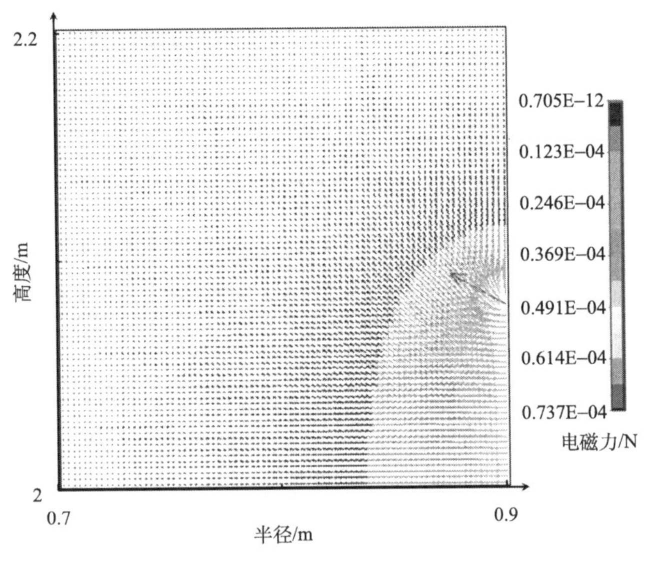

图 8.43　渣池电磁力分布

渣池内的温度分布情况，对渣-金属界面以及渣-气界面发生的物理化学反应、金属熔池形状、渣皮厚度及其均匀性都具有重要的影响，从而对重熔金属的成分控制、纯净度、结晶组织及铸坯表面质量均会起重要作用。

图 8.44 为液态电渣浇注空心钢锭渣池中速度分布图。从图中可以看出，渣池中出现了两个明显的漩涡。在内结晶器壁附近，熔渣趋于逆时针方向旋转，该逆时针漩涡相对较大，占据了渣池的大部分区域；在外结晶器壁附近靠近渣池表面区域，熔渣渣趋于顺时针方向旋转，该顺时针漩涡相对较小。根据计算结果，渣池中熔渣流动速度变化范围为 0～0.068m/s，与 Choudhary 和 Szekely[34] 报道的传统电渣重熔渣池速度分布范围很接近。熔渣最大流速出现在内结晶器壁附近，涡心处速度最小，外结晶器壁与渣-金属界面构成的角部区域熔渣的流速也

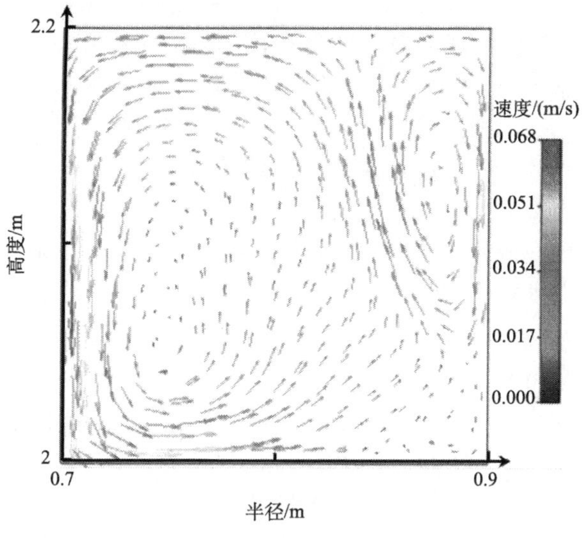

图 8.44　渣池速度场分布

相对较小。熔渣流动速度较小的区域，渣池对流换热能力较弱，导致该区域温度梯度较大，温度分布不均匀。

液态电渣浇注空心钢锭渣池内速度场分布由电磁力和浮力共同影响，计算得到两个漩涡。本次计算中，逆时针环流所占比例较大，顺时针环流所占比例相对较小。

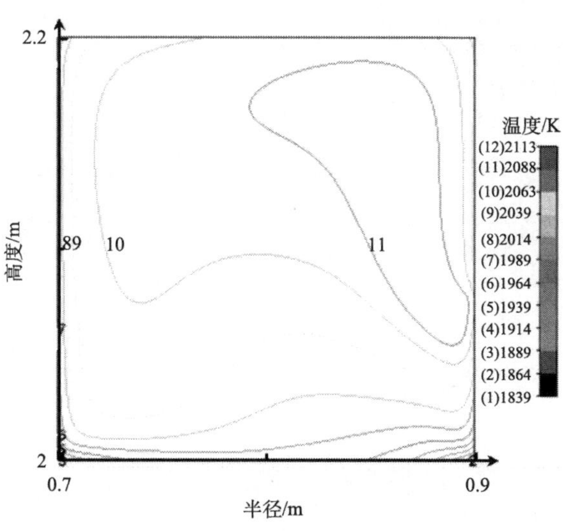

图 8.45　渣池温度场分布

图 8.45 为液态电渣浇注空心钢锭渣池中温度的分布图。从图中可以看出，渣池大部分区域温度分布较均匀，这是由于渣池中电磁力与浮力的相互作用导致了熔渣强烈的湍流运动。在内、外结晶器壁附近区域，熔渣的温度梯度较大，这与内、外水冷结晶器的强烈冷却作用有关。渣池的高温区出现在外结晶器壁附近，最高温度达到 2113K，这与文献报道的传统电渣重熔渣池最高温度结果接近。渣池高温区出现的位置与渣池焦耳热较大值所在的位置一致，同时由于渣池逆时针的环流作用使渣池高温区向上偏移，接近渣池表面区域。渣池温度分布的结果表明，渣池温度的不均匀分布，主要由电流密度分布及熔渣流速分布的不均匀性所致，其次则是受渣池冷却条件的影响。

与传统电渣重熔渣池温度分布相比，液态电渣浇注空心钢锭渣池高温区域明显偏上且靠近渣池表面区域，导致渣池表面温度较高。渣池表面最高温度接近 2073K，与 Dilawari 和 Szekely[35] 报道的渣池表面最高温度 1850K 相比有很大的差别，这是由于渣池表面没有自耗电极对熔渣流动的阻挡，在浮力的作用下，渣池表面发生强烈的湍流，源源不断地将高温熔渣带到渣池表面区域。

图 8.46 为液态电渣浇注空心钢锭渣池中熔渣有效导热系数与原子导热系数比值的分布图。从图中可以看出，渣池中大部分熔渣的有效导热系数比原子导热系数大很多，且湍流剧烈的位置，有效导热系数与原子导热系数的比值相应地也很大，最大比值达到 42，对应的有效导热系数最大值为 439W/(m·K)。渣池中内、外结晶器壁附近区域熔渣的有效导热系数与原子导热系数比值相对较小，其可能原因是结晶器壁附近熔渣做无滑移流动而存在层流边界层，且该区域熔渣的流线很直，湍流不剧烈。

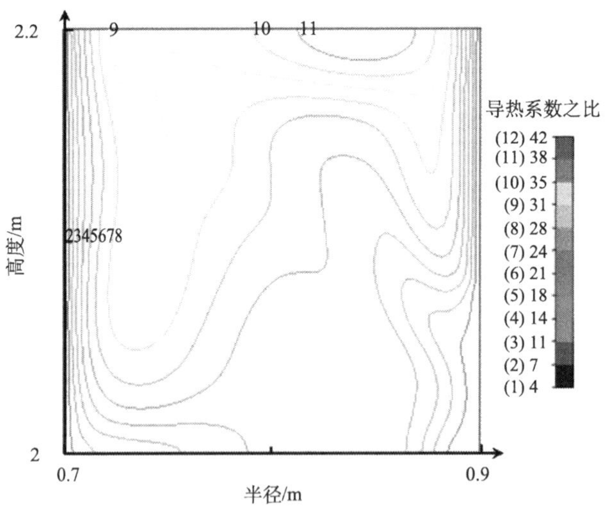

图 8.46　熔渣有效导热系数与原子导热系数比值分布图

液态电渣浇注空心钢锭过程的金属熔池形状和大小直接影响钢锭的结晶及表面质量，从而影响钢锭的质量。

金属熔池的形状和大小与浇注工艺参数有密切的联系。在合理的工艺参数下，金属熔池底部呈浅平状，晶体的生长方向接近于轴向，具有良好的结晶组织。另外，金属熔池应具有圆柱部分，即钢锭侧面的凝固点在渣-金属界面以下一定距离，这样熔池在上升过程中金属液体有一定的过热度，且明显高于熔渣的熔化温度，渣池中凝固的渣皮会部分重新熔化，使渣皮薄而均匀，金属在这层渣皮的包覆中凝固，钢锭表面十分光洁。因此金属熔池是否具有圆柱部分是能否获得光滑电渣锭表面的基本判据。Hoyle[36]推荐圆柱部分至少要有 1cm 高。

图 8.47 是液态电渣浇注空心钢锭金属熔池温度分布图。从图中可以看出，金属熔池温度分布呈浅平状，且钢锭内表面温度较钢锭外表面温度要高，金属熔池温度分布具有非对称性。金属熔池温度分布的这种特征，一方面是因为渣-金属界面向金属熔池传递的热量具有不对称性；另一方面是因为钢锭外表面散热面积较内表面大，导致外表面温度较低。金属熔池最高温度为 1980K，比浇注温度 1873K 高 107K，是由液态金属与高温熔渣接触过程中，熔渣向液态金属传递热量所致。较高的金属熔池温度使渣-金属界面钢渣物理化学反应具有良好的热力学与动力学条件，促进了有害杂质和非金属夹杂物的去除。另外，较高的金属熔池温度也使钢锭表面包覆的渣皮薄而均匀，有利于获得表面光滑的电渣锭。

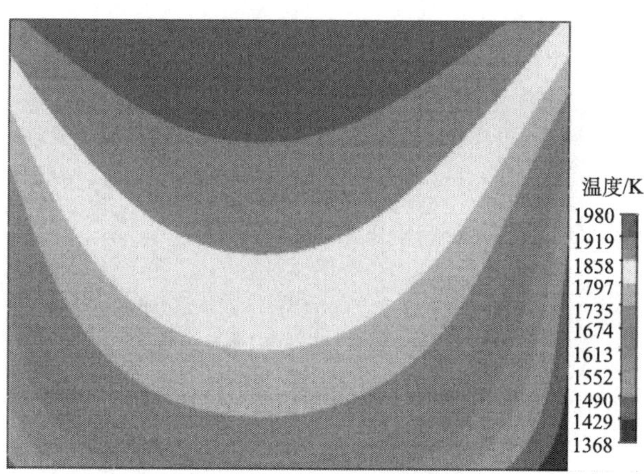

图 8.47　金属熔池温度分布

图 8.48 为液态电渣浇注空心钢锭金属熔池形状。从图中可以看出，金属熔池呈现出浅平状，且离钢锭中心越远金属熔池深度越浅，固液两相区也越浅。这种分布特征一方面是由于液态电渣浇注空心钢锭使用了导电结晶器技术，使其导电路径与传统电渣重熔不同，相应地，渣池高温区的出现位置也与传统电渣重熔

不同，其高温区位于外结晶器壁附近区域，远离渣-金属界面正上方，使其向金属熔池中心传递的热量比传统电渣重熔小，避免了深 V 形金属熔池形状的出现，而趋向于浅平状；另一方面，渣-金属界面中心温度较高，向金属熔池中心传递的热量较多，且钢锭内、外表面散热能力强，钢锭中心散热能力弱，综合导致了金属熔池中心温度最高，熔池深度最大。本计算金属熔池最大深度为 15cm。金属熔池最小圆柱段位于钢锭外表面，其最小值为 2cm，能够获得表面光滑的金属钢锭。由于液态电渣浇注空心钢锭金属熔池形状呈浅平状，根据结晶理论，结晶方向的轴向性大，有利于获得良好的结晶组织，冶金质量好。

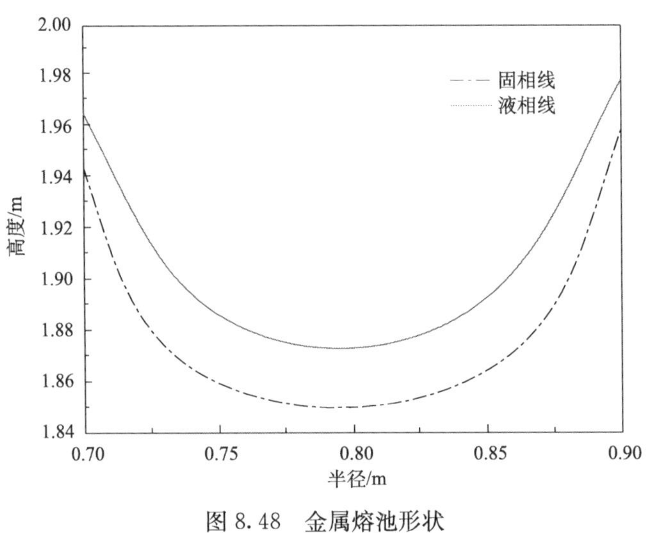

图 8.48　金属熔池形状

3. ESCHI LM-B 方案的研究结果

ESCHI LM-B 采用外结晶器—内结晶器的导电路径，由于其导电路径与 ESCHI LM-A 不同，因而也决定了其电磁场、流场以及温度场与 ESCHI LM-A 有很大的区别。

图 8.49 为液态电渣浇注空心钢锭渣池中电位分布图。从图中可以看出，渣池上半部分区域电位梯度较大，且比较均匀；渣池下半部分区域电位梯度较小。电位梯度的这种分布特征使渣池上半部分电流密度较大，单位体积焦耳热较高，导致熔渣高温区出现在该区域。

图 8.50 为液态电渣浇注空心钢锭渣池中电流密度分布图。从图中可以看出，在整个渣池区域，渣池上下部分电流密度分布特征明显不同：渣池上部分区域电流密度较大，且电流密度方向沿径向；渣池下部分区域电流密度较小，且电流密度方向沿轴向。电流密度最大值在导电体下端部，最大值为 $1.47\times10^{5}\,A/m^{2}$；

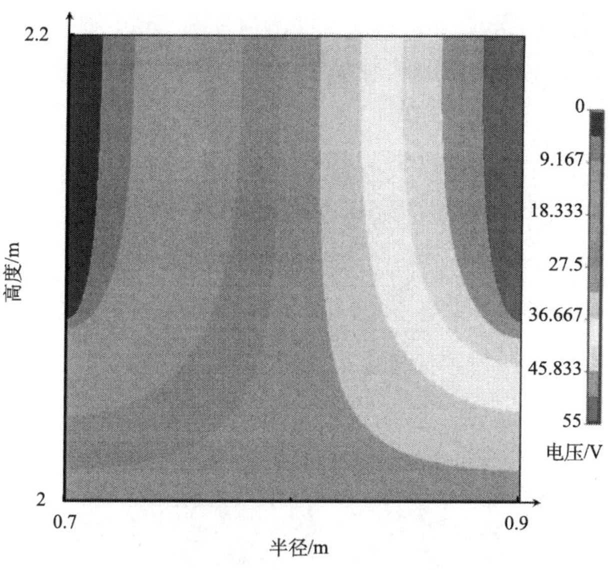

图 8.49　渣池电位分布

电流密度最小值在渣-金属界面中心区域，最小值为 698.342A/m²。因为渣-金属界面金属熔池的电阻率小，电流在渣池下端区域先穿过渣-金属界面到金属熔池，之后又返回到渣池，导致渣-金属界面中心区域电流密度很小。

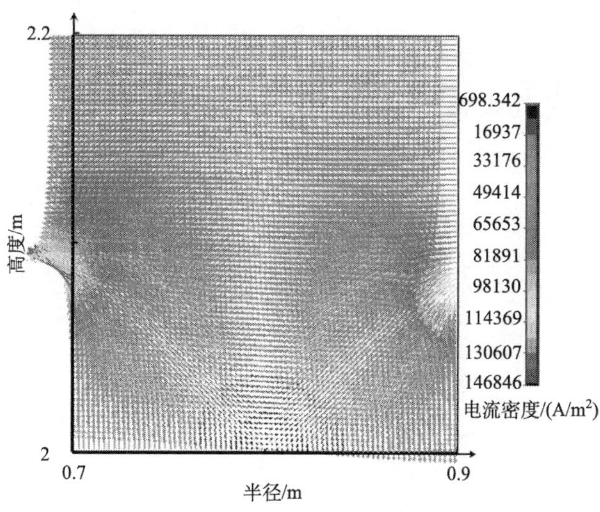

图 8.50　渣池电流密度分布

图 8.51 是液态电渣浇注空心钢锭渣池中焦耳热的分布图，图中的数值表示的是单位体积生成的焦耳热。从图中可以看出，焦耳热主要分布在渣池上部区

域，尤其是导电体下端部焦耳热最大；在渣池下部区域，焦耳热很小，其中最小值位于渣-金属界面。焦耳热的这种分布特征与电流密度的分布是一致的。焦耳热最大值远离渣-金属界面有利于形成浅平状的金属熔池。

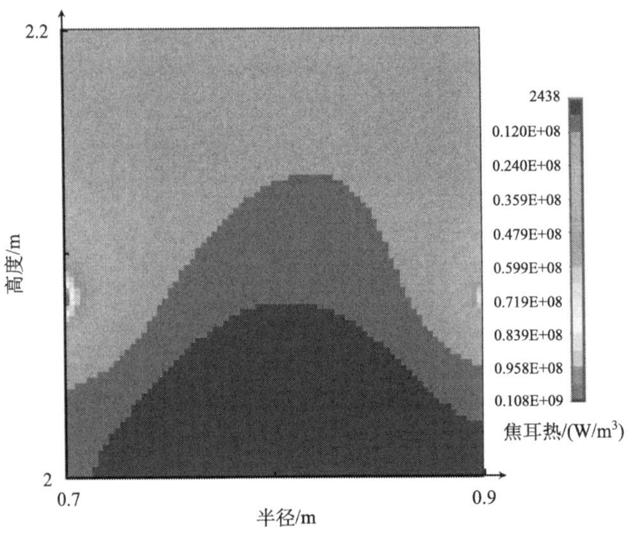

图 8.51　渣池焦耳热分布

图 8.52 为液态电渣浇注空心钢锭渣池中磁感应强度的分布图，图中磁感应强度方向垂直纸面向里。从图中可以看出，渣池上部分区域磁感应强度较大，且

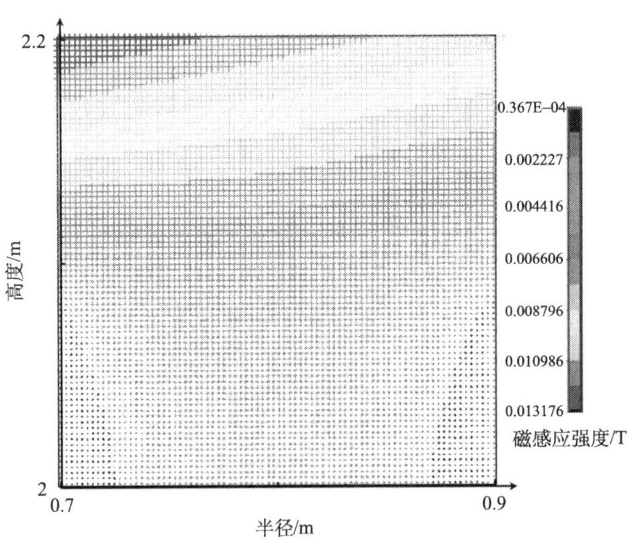

图 8.52　渣池磁感应强度分布

沿径向离内结晶器越远，磁感应强度越小；在渣池下部分区域，磁感应强度很小。渣池区域的磁感应强度主要是由流经内导电体的电流产生的，内导电体的电流密度随着高度的增加而增大，导致在同一半径位置磁感应强度也随着高度的增加而增大。内结晶器壁附近磁感应强度在高度方向的变化趋势能说明这一点。

在本计算中，在渣池表面靠近内结晶器壁位置磁感应强度 B 最大，最大值为 0.013176T，经理论计算该处磁感应强度 B 为 0.013280T，与模拟结果接近。

图 8.53 为液态电渣浇注空心钢锭渣池中电磁力的分布图。从图中可以看出，电磁力的方向与电流密度和磁感应强度的方向符合左手定律。从整体上看，电磁力的方向呈轴向，且分为上下两部分，渣池上部分电磁力较大，而渣池下部分电磁力较小。电磁力的这种分布特征与电流密度分布及磁感应强度的分布是相对应的。在渣池上部区域，沿径向且离内结晶器壁越近，电磁力越大，最大值为 0.983×10^{-5}N。电磁力的这种分布特征使熔渣有趋于逆时针方向流动。

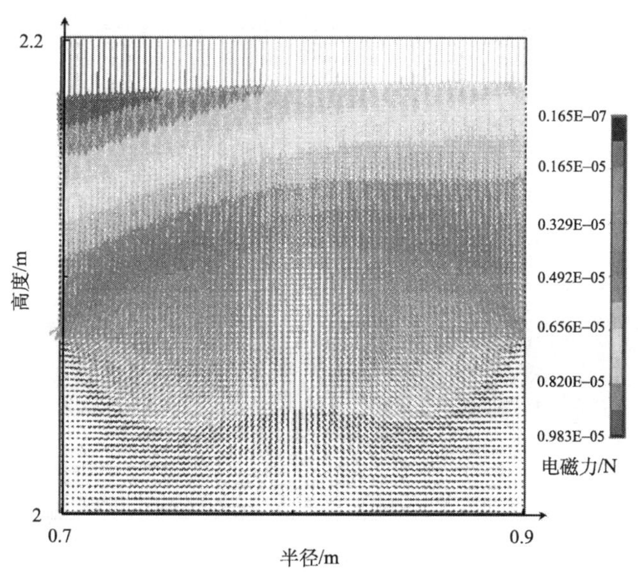

图 8.53　渣池电磁力分布

图 8.54 为液态电渣浇注空心钢锭渣池中速度场的分布图。从图中可以看出，在渣池中出现了两个明显的漩涡，且两个漩涡基本上位于渣池的上半部分区域。在内结晶器壁附近，熔渣趋于逆时针方向旋转，该逆时针漩涡相对较大，占据了渣池的大部分区域；在外结晶器壁附近区域，熔渣趋于顺时针方向旋转，该顺时针漩涡相对较小。根据计算结果，渣池中熔渣流动速度变化范围为 0～0.072m/s。熔渣最大流速出现在内结晶器壁附近，涡心处速度最小，渣池下半部区域熔渣的流速也较小。熔渣流动速度较小的区域，渣池对流换热能力较弱，导致该区域温

度梯度较大，温度分布不均匀。

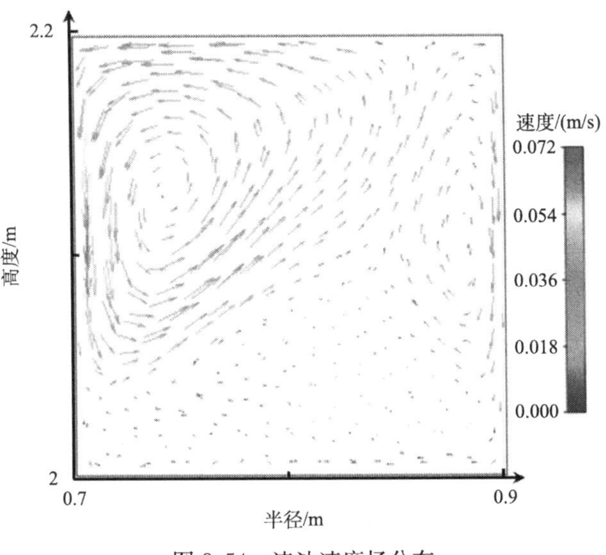

图 8.54　渣池速度场分布

图 8.55 为液态电渣浇注空心钢锭渣池中温度场的分布图。从图中可以看出，渣池上半部分区域温度较高且分布相当均匀，而渣池下半部分温度较低且温度梯度很大，温度分布不均匀。渣池温度的这种分布特征是由于在渣池上半部分电磁力与浮力的相互作用导致了熔渣强烈的湍流运动；而在渣池下半部分电磁力很

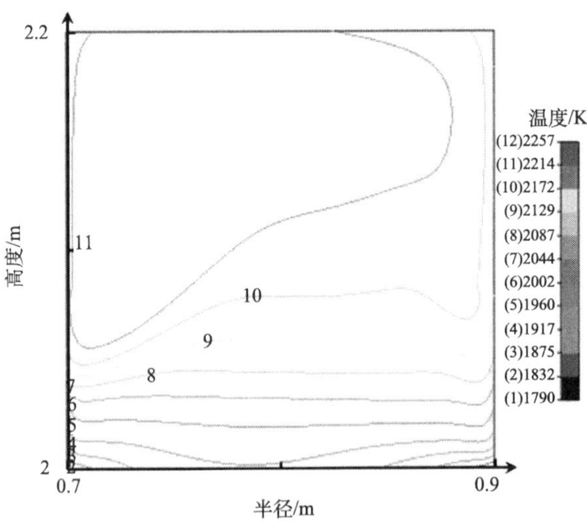

图 8.55　渣池温度场分布

小，浮力也很小，熔渣流动不剧烈，对流换热效果不明显。渣池温度上半部分高、下半部分低，与渣池中的焦耳热分布不均匀有密切的联系。

图 8.56 为液态电渣浇注空心钢锭渣池中熔渣有效导热系数与原子导热系数比值的分布图。从图中可以看出，渣池中大部分熔渣的有效导热系数比原子导热系数大很多，且湍流剧烈的位置，有效导热系数与原子导热系数比值相应地也很大，最大比值达到 55，对应有效导热系数最大值为 577.5W/(m·K)，这是由渣池中浮力与电磁力共同作用造成熔渣强烈的湍流运动所引起到。渣池中内、外结晶器壁附近区域熔渣的有效导热系数与原子导热系数比值相对较小，其可能原因是结晶器壁附近熔渣做无滑移流动而存在层流边界层，且该区域熔渣的流线很直，湍流不剧烈。

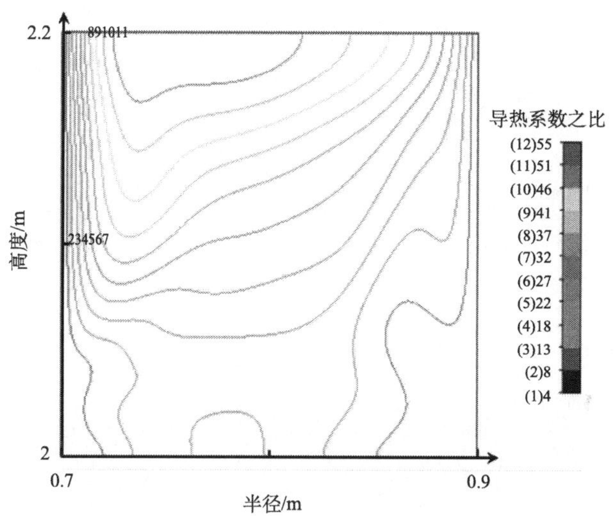

图 8.56　熔渣有效导热系数与原子导热系数比值分布图

图 8.57 是液态电渣浇注空心钢锭金属熔池温度分布图。从图中可以看出，金属熔池温度分布呈浅平状，且钢锭内表面温度较钢锭外表面温度要高，金属熔池温度分布具有非对称性。温度分布的这种特征，一方面是因为渣-金属界面向金属熔池传递的热量具有不对称性；另一方面是因为钢锭外表面散热面积较内表面大，导致外表面温度较低。金属熔池最高温度为 1956K，比浇注温度 1873K 高 83K，是由液态金属与高温熔渣接触过程中向液态金属传递热量所致。较高的金属熔池温度使渣-金属界面钢渣物理化学反应具有良好的热力学与动力学条件，促进了有害杂质和非金属夹杂物的去除。另外较高的金属熔池温度也使钢锭表面包覆的渣皮薄而均匀，有利于获得表面光滑的电渣锭。

图 8.58 为 ESCHI LM-B 方案下液态电渣浇注空心钢锭金属熔池形状。由图

图 8.57　金属熔池温度分布

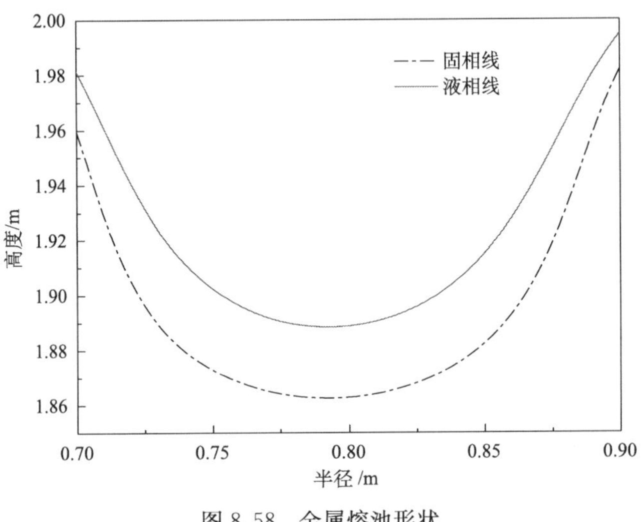

图 8.58　金属熔池形状

可见，此方案下金属熔池的形状与采用 ESCHI LM-A 方案下的计算结果大致相似，不同的是：采用 ESCHI LM-B 方案所得金属熔池的最大深度为 14cm，且金属熔池最小圆柱段位于钢锭外表面，其最小值为 2cm。

4. ESCHI LM-A 与 ESCHI LM-B 方案的比较[37]

通过对不同导电路径的 ESCHI LM-A 与 ESCHI LM-B 液态电渣浇注空心钢锭系统进行数值模拟，在相同的物性参数以及工艺参数条件下，得到了不同的模拟结果。下面从渣池温度、金属熔池形状、电效率三个方面对 ESCHI LM-A 与

ESCHI LM-B 进行比较分析，以期得到较好的工艺方案。

(1) 渣池温度。

ESCHI LM-A 的渣池温度相对来说较均匀，而 ESCHI LM-B 的渣池温度明显分为上下两部分，分布不均匀。ESCHI LM-A 的最高温度位于外结晶器壁附近，最高温度为 2113K；ESCHI LM-B 的最高温度位于内结晶器壁附近，最高温度为 2257K，比 ESCHI LM-A 高 144K。虽然渣池温度较高有利于一系列冶金物理化学反应的进行，但是过高的渣池温度一方面增大渣池表面的热辐射以及结晶器冷却水带走的热量；另一方面更容易侵蚀导电结晶器的内衬以及绝缘层，经济上不划算。

(2) 金属熔池形状。

ESCHI LM-A 与 ESCHI LM-B 的最大熔池深度很接近，金属熔池形状也很相似，都呈浅平状，但是 ESCHI LM-A 的浅平形状更明显。ESCHI LM-A 金属熔池结晶方向的轴向性更大，有利于获得良好的结晶组织，冶金质量好。

(3) 电效率。

ESCHI LM-A 与 ESCHI LM-B 的渣池高温区都远离渣池中心，位于结晶器壁附近，使得渣池冷却水带走的热量较传统电渣重熔要高。另外，ESCHI LM-A 与 ESCHI LM-B 的渣池表面温度都较高，过高的渣池表面温度使辐射热损失增大，尤其是 ESCHI LM-B。经计算，ESCHI LM-A 渣池表面辐射的能量占渣池总能量的 19.8%；ESCHI LM-B 渣池表面辐射的能量占渣池总能量的 22.0%。

综上所述，ESCHI LM-A 比 ESCHI LM-B 工艺更合理。

8.2.3 导电结晶器加热 ESS LM 制备复合轧辊

复合轧辊是一种新型的轧辊，由于它能较好地解决单种材料轧辊强度和韧性之间的矛盾，满足轧钢设备日益大型化、高速化、自动化和恶劣工作条件的要求，所以受到轧钢行业的极大重视[38~40]。液态金属电渣浇注(electroslag casting with liquid metal，ESS LM)，是众多制备复合轧辊方法中较为典型的一种[41~43]。

ESS LM 是基于传统电渣冶金技术而发展起来的一种新技术，由乌克兰基辅的 Elmet-Roll、巴顿电焊研究所的 Meodvar 教授及其团队于 20 世纪 90 年代发明的[28]。

然而，截至目前，对于采用导电结晶器技术进行 ESS LM 法制备复合轧辊的数值模拟研究还比较少。

如图 8.59 为 ESS LM 法制备复合轧辊的几何模型示意图。复合过程是在一个铜质水冷导电结晶器中进行的。将被复合的锻造、铸造或者用过的旧辊放在结晶器中心，再将其他容器中预先熔化好的熔渣倒入辊芯与结晶器之间的间隙中，输入电能，随后将一定成分的复合层钢液同样倒入辊芯与结晶器之间的间隙中，熔渣中产生的焦耳热将辊芯表面熔化进而与复合层钢液相互作用、扩散并完成复合过程。其通电回路为：变压器→导电结晶器→渣池→辊芯→变压器。该项技术允许复合直径从 100 mm 到 1800 mm 甚至更大的圆锭外表面，并作为轧钢厂轧辊，复合层的厚度可以从 15～20 mm 到 100 mm，甚至更大。

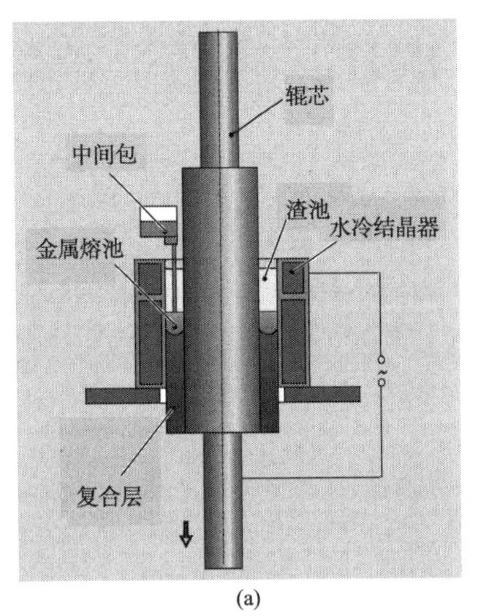

(a)

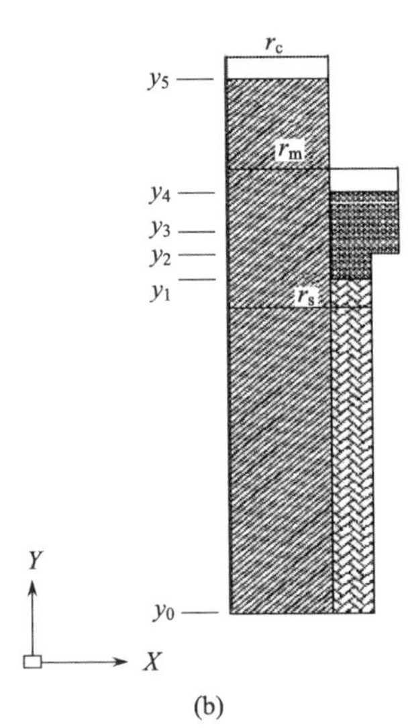

(b)

图 8.59 ESS LM 制备复合轧辊的实体模型及二维简图

图 8.59(b)所示为所建立的 ESS LM 制备复合轧辊过程的二维准稳态模型示意图。以整个模型区域为电场、磁场及温度场的计算区域，而渣池区作为流场的计算区域进行模拟计算。将笛卡儿坐标系的原点设在辊坯对称轴的下端部角点，以径向为 X 方向，轴向为 Y 方向并以拉坯方向为 Y 轴负方向。

熔炼电压及浇注温度是 ESS LM 法制备复合轧辊过程中的重要参数，它们不仅关系到辊坯能否从结晶器中顺利拉出，还会对辊坯的凝固传热过程造成重要影响，进而影响预制辊芯与外层高速钢的液固结合质量。

接下来，以 36V 熔炼电压、50mm 厚的复合层及 1860K 的浇注温度为例，分析 ESS LM 法制备复合轧辊的基本过程。

由图 8.60(a)可知，在导电结晶器下端部区域(相当于传统电渣重熔的电极末端角部)存在较大的电位梯度，与文献[33]报道的传统电渣重熔电极末端角部的电位梯度类似。沿半径方向，离导电结晶器越远则电位梯度越小，电位分布越均匀。

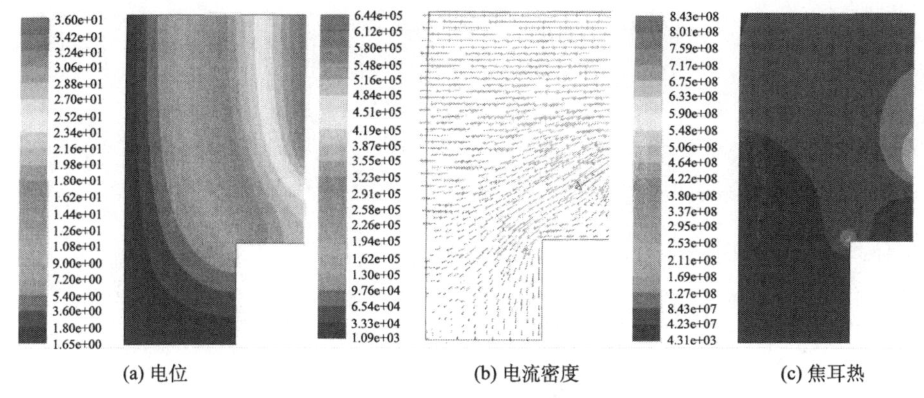

(a) 电位　(b) 电流密度　(c) 焦耳热

图 8.60　渣池中相关物理量的分布

由图 8.60(b)可知，导电结晶器下端区域电流密度最大，可达 6.44×10^5 A/m^2，而其他区域电流密度分布较为均匀。沿半径方向，离导电结晶器越远，电流密度越小，而在渣-金属界面中间区域电流密度达最小值，其变化规律与渣池电位梯度变化相一致。图 8.60(c)所示为渣池区焦耳热分布图，图中数值表示的是单位体积生成的焦耳热。从图中可以看出，焦耳热主要分布在导电结晶器下部区域，最大值可达 8.43×10^8 J/m^3，同时在结晶器收缩段处有所集中，渣池中其他区域产生的焦耳热比较少，这种分布特征与渣池电流密度的分布相一致。与传统电渣重熔焦耳热主要分布在渣池中心相比，ESS LM 法制备复合轧辊的焦耳热主要分布在导电结晶器下端部区域，这种焦耳热分布的差异性，有利于改善复合轧辊的外表面质量，同时将改善渣池区的温度分布，将在下面述及。

由图 8.61 对辊芯与渣池接触界面及渣-金属界面的电位分布分析可知，在两个接触界面处电位均很小，且在渣-金属界面的中间部位达到最小值，约为 0V。由此可见，ESS LM 法制备复合轧辊系统的电位降主要分布在渣池区域，也就意味着渣池是 ESS LM 法制备复合轧辊系统的主要热源。

图 8.62(a)所示为渣池中电磁力分布图，从整体上看，电磁力的方向在渣池中的分布是向内且向上的，即电磁力具有一个轴向分量和一个径向分量。靠近导电结晶器下端部及收缩段区域的电磁力较大，渣池表面区域及靠近辊芯、渣-金属界面侧的电磁力较小。基于渣池中电磁力的分布规律，在渣池区形成如图 8.62(b)所示的速度分布。

由图 8.62(b)可知，在靠近辊芯表面的渣池区具有一逆时针漩涡且占据了渣池的大部分区域，而在近结晶器壁一侧的渣池区则具有一相对微弱的顺时针漩涡。计算结果显示，渣池区的速度为从 0 到 0.052m/s，且最大速度值在渣池靠

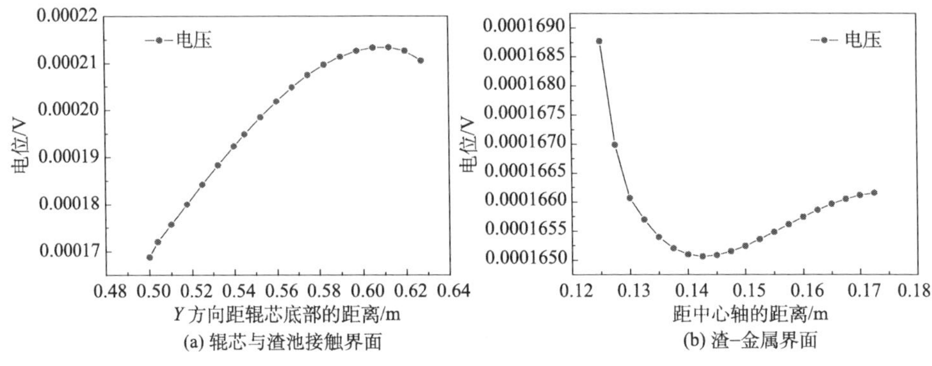

(a) 辊芯与渣池接触界面　　(b) 渣-金属界面

图 8.61　不同界面的电位分布

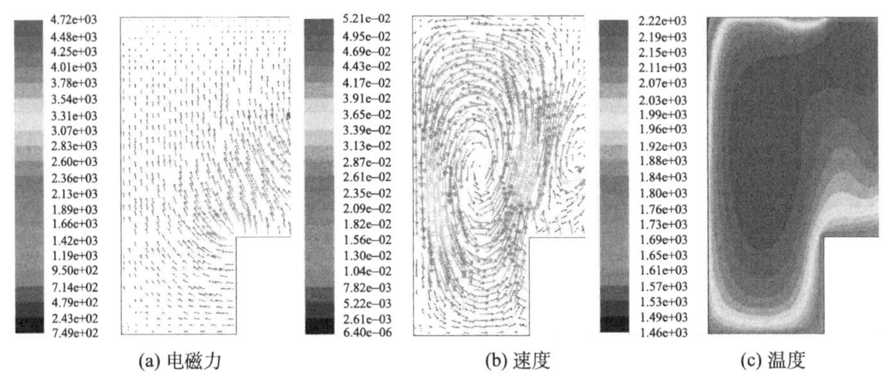

(a) 电磁力　　(b) 速度　　(c) 温度

图 8.62　渣池中相关物理量的分布

近辊芯侧获得，而最小速度则出现在漩涡的中心区。已知，在渣池低速流动区的传热相对于高速流动区的传热要弱很多，因此受渣池焦耳热分布及速度分布的影响获得了如图 8.62(c)所示的渣池温度场分布。由图 8.62(c)可知，渣池中的高温区出现在渣池流动漩涡的中心区，且随着流速的增大相应区域的温度梯度也增大。同时，相对于传统电渣重熔过程渣池高温区位于渣池中心而言，ESS LM 工艺制备复合轧辊过程中渣池高温区则位于渣池上方，将有效减少热量通过渣-金属界面向金属熔池的传递，从而减少金属熔池的体积，有利于形成浅平状的金属熔池，改善钢锭的凝固组织。

基于渣池的温度分布及 ESS LM 系统的传热特性，复合轧辊的温度分布如图 8.63 所示。

由图 8.63 可知，其体系最高温度为 2223.88K，并出现在渣池区，而在金属熔池的最高温度为 1827.35K。随着辊芯的位置不同，其温度分布规律与文献报道[44,88]相似，可以分为预热区、快速加热区、双金属复合区及冷却凝固区，与采用非自耗石墨电极加热渣池制备复合轧辊的 ESS LM 不同的是，同一轴向位置处轧辊辊芯在距离其表面同一深度的温度分布不存在波动，而是十分均匀，这与渣池的温度分布密切相关。

基于复合轧辊体系的温度分布，工作层金属熔池的固液相线形状如图 8.64 所示。

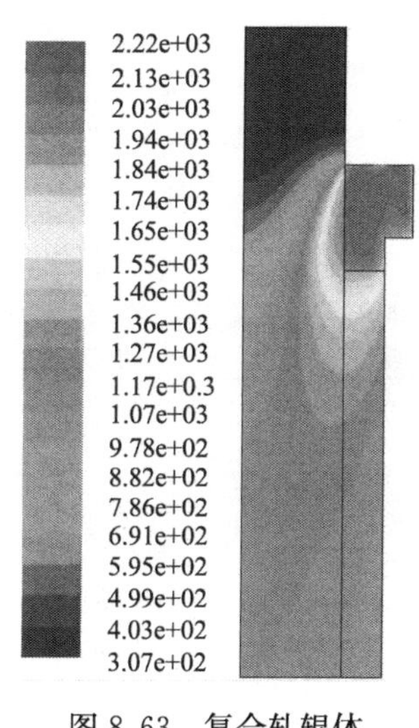

图 8.63　复合轧辊体系的温度分布

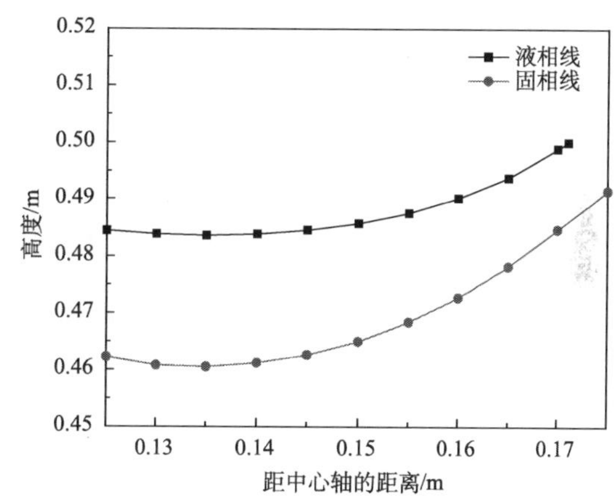

图 8.64　金属熔池的固液相线分布

由图 8.64 可知，金属熔池的最大深度为 16.43mm。与传统电渣重熔相比，ESS LM 过程金属熔池比较浅平，而且由于自渣池向金属熔池热传递的不对称性及工作层内外表面的传热不均匀性导致工作层金属熔池的温度分布在同一水平方向呈现出内部温度高、外部温度低的特点，金属熔池的最深点位于工作层靠近辊芯一侧。本研究表明，与传统电渣重熔相比，正是由于导电结晶器的运用，使得渣池中的高温区位于其上半部分而在渣池下部的温度相对较低，这样就减少了自渣池向金属熔池的热量传递，因而引起熔池过热度的降低并获得“浅平状”的金属熔池。

研究指出[45]，辊芯及工作层金属的结合机制以扩散结合[46]为主，伴随着少量的熔合结合[47]。在两者接触区域，工作层金属与辊芯相互接触并实现元素的扩散。但金属熔池较大的过热度将会引起接触区域辊芯表面的温度升高，致使其超过液相线温度而与工作层金属引起成分的熔融混合，这将是不利于形成具有良好质量的结合界面。在本研究中，浅平的金属熔池伴随着一个较低的过热度，将有利于辊芯与工作层金属于接触区域进行充分的冶金扩散并形成良好的结合界面。

对于“浅平状”的金属熔池，“浅”可实现快速凝固，则化学元素的有效分凝系数趋于1，凝固后化学元素分布均匀。金属熔池呈“浅平状”，则凝固结晶方向与纵向几乎平行，即生长出的柱状晶方向为纵向，有利于提高复合层钢坯各物理和力学性质的各向同性。

1. 熔炼电压的影响

建立复合层厚度为50mm、浇铸温度为1860K的数学模型，考察不同熔炼电压对复合轧辊制备过程的温度场的影响。

图8.65为不同熔炼电压下ESS LM法制备复合轧辊过程辊坯的温度场分布。由此可知，随着熔炼电压的提高，复合轧辊的整体温度具有一定的提升，这是由于随着熔炼电压的提高，渣池区的电位降增加，而电流密度、焦耳热密度等提高，所以引起渣池温度的提高并因传热变化而引起相应辊芯及工作层的温度提高。

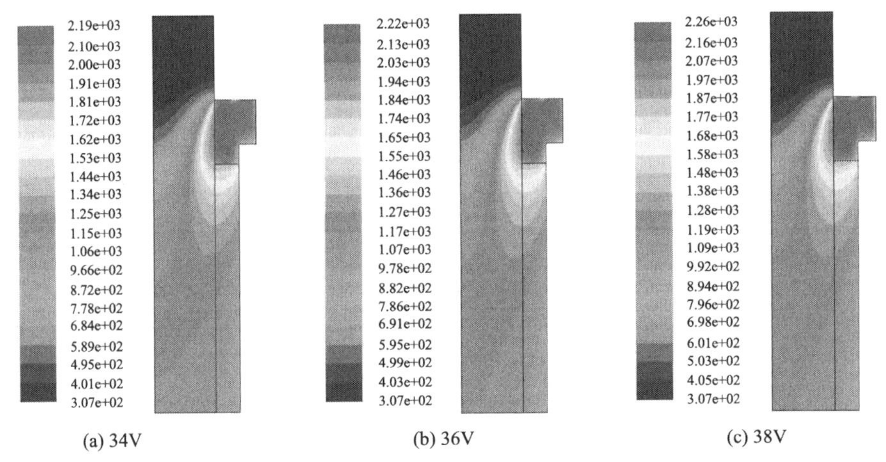

图8.65　不同熔炼电压下复合轧辊的温度分布

图8.66表示在不同熔炼电压下工作层渣-金属界面温度分布。

由图8.66可知，金属熔池的温度分布呈浅平状且轧辊外表面温度比内表面温度低，金属熔池温度分布具有非对称性。随着熔炼电压由34V提升到38V，熔池中的最高温度则由1801.8K提升到1851.3K，相比于传统电渣重熔工艺，ESS LM工艺制备复合轧辊过程金属熔池的过热度明显降低。这不仅因为采用了导电结晶器的ESS LM工艺使得渣池的高温区相对于传统电渣重熔而言远离渣-金属界面，其向金属熔池中心传递的热量比传统电渣重熔少，还由于渣池中心没

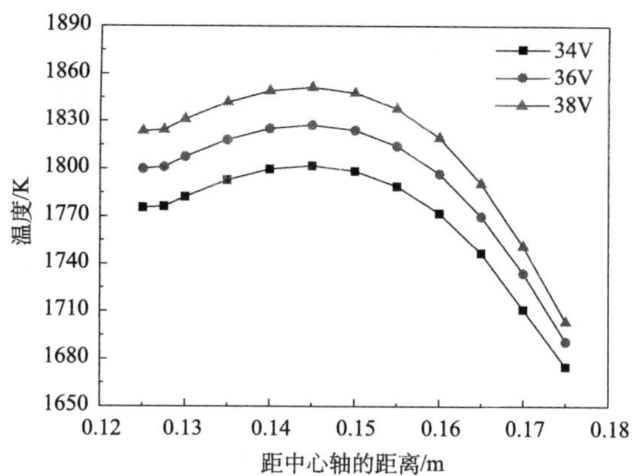

图 8.66　不同熔炼电压下渣-金属界面温度分布

有自耗电极，热量不会随着过热的金属熔滴进入金属熔池。

2. 工作层厚度的影响

建立熔炼电压 36V、浇铸温度为 1860K 的数学模型，考察不同复合层厚度对复合轧辊制备过程温度场的影响。

不同工作层厚度下复合轧辊系统的温度分布如图 8.67 所示。

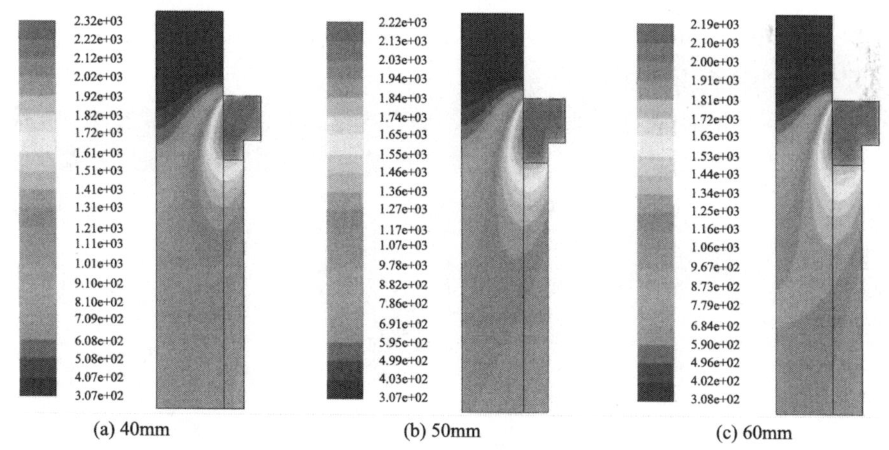

图 8.67　不同复合层厚度下的复合轧辊温度分布

由图 8.68 可知，在相同的熔炼电压及浇注温度下，随着复合层厚度由 40mm 增加到 60mm，金属熔池的温度由 1831.6K 减少到 1826.3K，其熔池中的温度分布同样具有内侧温度高、外侧温度低的非对称性。

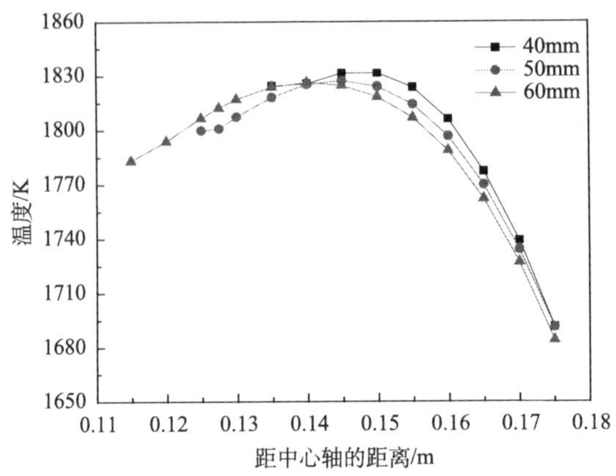

图 8.68　不同复合层厚度下渣-金属界面温度分布

综合分析可知，随着工作层厚度的增加，在结晶器尺寸及渣池高度一定时，渣池渣量将随之增加，在同等熔炼电压下，渣池的总电位降相同，因而渣池区的电流密度及焦耳热密度相应有所降低，故导致复合轧辊系统的温度降低。

3. 浇注温度的影响

建立熔炼电压为 36V、复合层厚度为 50mm 的数学模型，考察不同浇铸温度对复合轧辊制备过程的温度场的影响。

由图 8.69 可知，随着浇注温度由 1840 K 增加到 1880 K，金属熔池的最高温度由 1822.7K 增加到 1831.8K，温度略有提高，而辊芯与复合层接触界面温

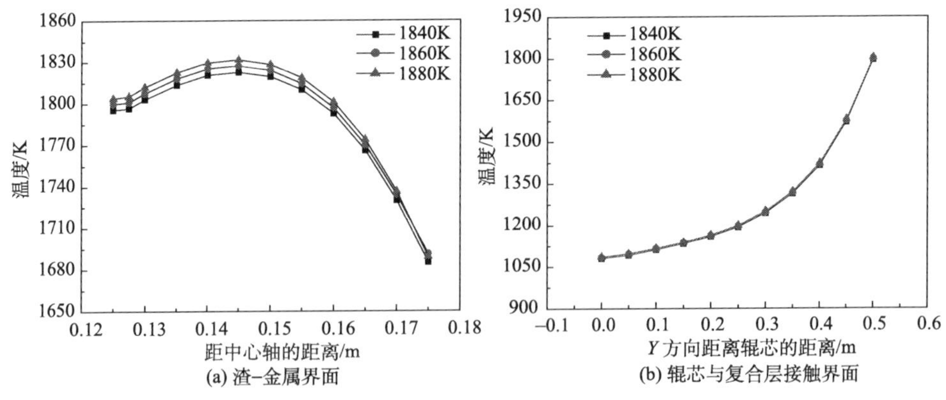

图 8.69　不同熔炼电压下的温度分布

度仅发生微弱变化。这主要是因为浇注钢液穿过渣池的时间很短，约为 0.03s，因此液态钢水的热量几乎全部带入金属熔池，而 ESS LM 法制备复合轧辊过程中，按复合层厚度 50mm、抽锭速度 10mm/min 计算可得，钢液的浇注速度仅为 3.7kg/min，由 Cr5 钢的比热容 680J/(kg · K)，在钢液浇注温度相差 20K 时，每分钟浇注钢水带入金属熔池的热量相差 5.03×10^4J，不足以引起熔池内钢液温度的明显变化。

8.3　电渣连铸新工艺数学模型

8.3.1　双极串联电渣连铸小方坯[48]

东北大学钢铁冶金研究所在结合电渣重熔和连铸技术优点的基础上开发出电渣连铸技术，其基本原理如图 8.70 所示。与传统电渣重熔技术相比较，电渣连铸技术主要有以下几点创新。

(1) 在传统电渣重熔过程中，电极熔化速度直接影响钢锭结晶时的局部凝固时间，增加熔化速度导致钢锭凝固速度增大，温度梯度减小，若增加温度梯度处于支配地位，增加熔化速度导致局部凝固速度 v_r减小，则 d_L增大。将双极串联技术与 T 形结晶器结合，使电渣重熔过程中高温区位置从电极端部与金属熔池之间上移到两金属电极间，金属熔池远离高温区，大大减弱了金属熔池深度与熔速之间的关系。

(2) 采用放射线液面检测技术将 T 形结晶器成功运用于电渣重熔过程中，打破了金属电极直径必须小于钢锭直径的传统规律。

(3) 将 T 形结晶器、双极串联、钢水液面检测技术、连续自动拉坯几项技术成功组合，为电渣重熔技术领域带来一次创新性技术变革。

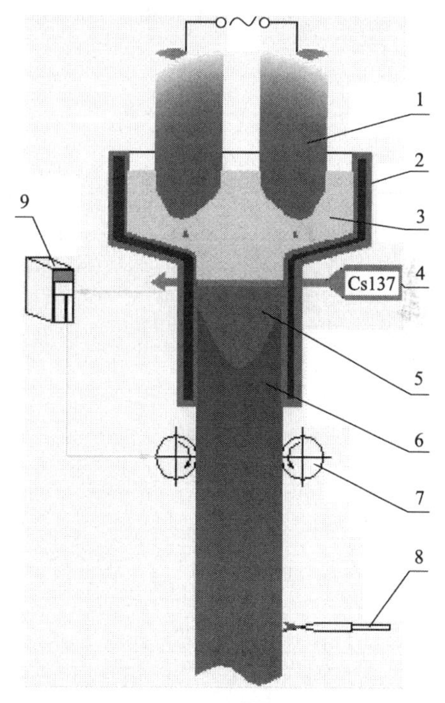

图 8.70　电渣连铸技术原理

1-自耗电极；2-水冷 T 型结晶器；3-渣池；4-金属液面检测装置；5-金属熔池；6-重熔方坯；7-拉坯机构；8-切割装置；9-计算机控制系统

电渣连铸技术的主要技术参数包括重熔供电制度、渣系及渣量、金属液面的控制位置、拉速、冷却制度等技术参数。以上参数的合理搭配是良好铸坯表面及内部质量的关键保证。

1. 工艺条件

该连铸式电渣炉的技术特征为双极串联、液位自动检测、连续拉坯。该数值模拟的技术条件为：

(1) T形结晶器 Φ260mm×90mm×90mm；

(2) 拉坯速度 10～100mm/min；

(3) 电极为 120mm×60mm×2800mm 方坯，钢种为 W9M3Cr4V；

(4) 渣系为 40%CaF_2-30%Al_2O_3-30%CaO；

(5) 电极间距离为 25mm；

(6) 电极埋入渣池深度为 35mm。

2. 数学模型的边界条件

电极为两支矩形坯，假设电极布置为中心对称。为使电渣连铸体系模型中各物理量表达清楚，采用主视图和侧视图表达法，如图 8.71 所示。

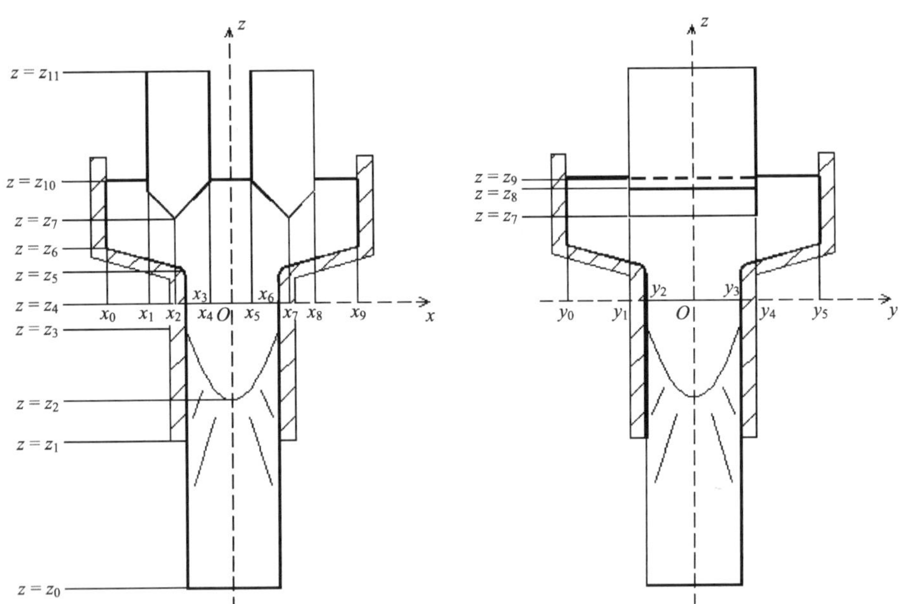

图 8.71　ESCC 几何形状示意图

电位分布的边界条件如下。

(1) 电极Ⅰ末端表面认为处于同一电位。

当$\frac{x}{a}+\frac{z}{c}=1(x_1\leqslant x\leqslant x_2，y_1\leqslant y\leqslant y_4，z_7\leqslant z\leqslant z_8)$，$\frac{x}{a}+\frac{z}{c}=1(x_2\leqslant x\leqslant x_4，y_1\leqslant y\leqslant y_4，z_7\leqslant z\leqslant z_9)$(式中 a、c 分别为电极端部斜面与 x 轴和 z 轴的相交的截距)时，有

$$\varphi=\varphi_1 \tag{8.32}$$

(2) 电极Ⅱ末端表面认为处于同一电位。

当$\frac{x}{a}+\frac{z}{c}=1(x_7\leqslant x\leqslant x_8，y_1\leqslant y\leqslant y_4，z_7\leqslant z\leqslant z_8)$，$\frac{x}{a}+\frac{z}{c}=1\ |\ (x_5\leqslant x\leqslant x_7，y_1\leqslant y\leqslant y_4，z_7\leqslant z\leqslant z_9)$(式中 a、c 分别为电极端部斜面与 x 轴和 z 轴的相交的截距)时，有

$$\varphi=\varphi_2 \tag{8.33}$$

温度场边界条件如下。

(1) 渣池以上电极表面部分。

当 $x=x_1(y_1\leqslant y\leqslant y_4，z_{10}\leqslant z\leqslant z_{11})$，$x=x_4(y_1\leqslant y\leqslant y_4，z_{10}\leqslant z\leqslant z_{11})$，$y=y_1(x_1\leqslant x\leqslant x_4，z_{10}\leqslant z\leqslant z_{11})$，$y=y_4(x_1\leqslant x\leqslant x_4，z_{10}\leqslant z\leqslant z_{11})$，$x=x_5(y_1\leqslant y\leqslant y_4，z_{10}\leqslant z\leqslant z_{11})$，$x=x_8(y_1\leqslant y\leqslant y_4，z_{10}\leqslant z\leqslant z_{11})$，$y=y_1(x_5\leqslant x\leqslant x_8，z_{10}\leqslant z\leqslant z_{11})$，$y=y_4(x_5\leqslant x\leqslant x_8，z_{10}\leqslant z\leqslant z_{11})$时，有

$$q_{eR}+q_{ec}=h_{e\sum}(t_w-t_f) \tag{8.34}$$

式中

$$h_{e\sum}=h_{ec}+h_{eR} \tag{8.35}$$

其中：h_{ec}为电极的对流给热系数；h_{eR}为电极的辐射给热系数。

① 电极的对流给热系数 h_{ec}，由于电极表面的对流给热属于湍流，所以

$$Nu_m=C\ (Gr\cdot Pr)_m^n \tag{8.36}$$

式中：Nu_m为努塞尔数；Gr 为格拉晓夫数；Pr 为普朗特准数；C，m，n 为常数，由实验测得。

$$h_{ec}=\frac{Nu_m\lambda}{L} \tag{8.37}$$

式中：λ 为导热系数，W/(m·K)；L 为定形尺寸，m。

② 电极的辐射给热系数 h_{eR}：

$$h_{eR}=\varepsilon_w C_0\left[\left(\frac{T_w}{100}\right)^4-\left(\frac{T_f}{100}\right)^4\right]/(t_w-t_f) \tag{8.38}$$

式中：ε_w为电极侧面的黑度；C_0为黑体的辐射系数，W/(m^2·K^4)；

(2) 埋入渣池中电极末端温度。

当$\frac{x}{a}+\frac{z}{c}=1(x_1\leqslant x\leqslant x_2,\ y_1\leqslant y\leqslant y_4,\ z_7\leqslant z\leqslant z_8)$，$\frac{x}{a}+\frac{z}{c}=1(x_2\leqslant x\leqslant x_4,\ y_1\leqslant y\leqslant y_4,\ z_7\leqslant z\leqslant z_9)$，$\frac{x}{a}+\frac{z}{c}=1(x_7\leqslant x\leqslant x_8,\ y_1\leqslant y\leqslant y_4,\ z_7\leqslant z\leqslant z_8)$，$\frac{x}{a}+\frac{z}{c}=1(x_5\leqslant x\leqslant x_7,\ y_1\leqslant y\leqslant y_4,\ z_7\leqslant z\leqslant z_9)$时

$$T=T_{\mathrm{m,\ e}} \tag{8.39}$$

(3) 渣池上表面。

$[0\leqslant(x^2+y^2)^{1/2}\leqslant x_9]$\{不包括$[(x_1\leqslant x\leqslant x_4,\ y_1\leqslant y\leqslant y_4)\cup(x_5\leqslant x\leqslant x_8,\ y_1\leqslant y\leqslant y_4)]$，$z=z_{10}$\}

$$q_{\mathrm{sR}}+q_{\mathrm{sc}}=h_{\mathrm{s}\sum}(t_{\mathrm{w}}-t_{\mathrm{f}}) \tag{8.40}$$

式中

$$h_{\mathrm{s}\sum}=h_{\mathrm{sc}}+h_{\mathrm{sR}} \tag{8.41}$$

其中：h_{sc}为电极的对流给热系数；h_{sR}为电极的辐射给热系数。

① 渣池上表面辐射给热系数为

$$h_{\mathrm{sR}}=\frac{Q_{\mathrm{sR}}}{(t_{\mathrm{w}}-t_{\mathrm{f}})F} \tag{8.42}$$

式中：Q_{SR}为渣池表面的辐射热损失，W；F 为渣池表面积，m^2。

② 渣池上表面对流给热系数为

$$h_{\mathrm{sc}}=\frac{\lambda Nu}{L} \tag{8.43}$$

式中：λ 为导热系数，W/(m·K)；Nu 为努塞尔数；L 为定形尺寸，m。

(4) 渣池侧表面。

当$(x^2+y^2)^{1/2}=x_9(z_6\leqslant z\leqslant z_{10})$，$z=\pm\sqrt{x^2+y^2}\,\frac{z_6-z_5}{x_9-x_6}+z_6-z_4-x_9\frac{z_6-z_5}{x_9-x_6}(z_5\leqslant z\leqslant z_6)$，$x=x_3(y_2\leqslant y\leqslant y_3,\ z_4\leqslant z\leqslant z_5)$，$x=x_6(y_2\leqslant y\leqslant y_3,\ z_4\leqslant z\leqslant z_5)$，$y=y_2(x_3\leqslant x\leqslant y_6,\ z_4\leqslant z\leqslant z_5)$，$y=y_3(x_3\leqslant x\leqslant y_6,\ z_4\leqslant z\leqslant z_5)$时，有

$$q_{\mathrm{slw}}=h_{\mathrm{slw}}(t_{\mathrm{w}}-t_{\mathrm{f}}) \tag{8.44}$$

在电渣连铸过程中，渣池到结晶器冷却水之间的传热包括以下几个部分：固态渣皮、结晶器壁、结晶器内部的水垢和冷却水。

这样，从液态渣表面到冷却水间的总传热系数可表示为

$$h_{\mathrm{slw}}=\frac{1}{\frac{\delta_{\mathrm{s}}}{\lambda_{\mathrm{s}}}+\frac{\delta_{\mathrm{m}}}{\lambda_{\mathrm{m}}}+\frac{1}{h_{\mathrm{d}}}+\frac{1}{h_{\mathrm{w}}}} \tag{8.45}$$

式中：δ 为距离，m；h 为传热系数，W/(m^2 · K)；λ 为导热系数，W/(m · K)；下标 sl 为液态渣；w 为冷却水；s 为渣皮；m 为结晶器；d 为水垢。

(5)结晶器内铸坯侧表面。

当 $x=x_3(y_2\leqslant y\leqslant y_3，z_1\leqslant z\leqslant z_4)$，$x=x_6(y_2\leqslant y\leqslant y_3，z_1\leqslant z\leqslant z_4)$，$y=y_2(x_3\leqslant x\leqslant y_6，z_1\leqslant z\leqslant z_4)$，$y=y_3(x_3\leqslant x\leqslant y_6，z_1\leqslant z\leqslant z_4)$时，有

$$h_{\mathrm{iw}}=\frac{q_{\mathrm{iw}}}{t_{\mathrm{w}}-t_{\mathrm{f}}} \tag{8.46}$$

(6) 结晶器外铸坯侧表面。

当 $x=x_3(y_2\leqslant y\leqslant y_3，z_0\leqslant z\leqslant z_1)$，$x=x_6(y_2\leqslant y\leqslant y_3，z_0\leqslant z\leqslant z_1)$，$y=y_2(x_3\leqslant x\leqslant y_6，z_0\leqslant z\leqslant z_1)$，$y=y_3(x_3\leqslant x\leqslant y_6，z_0\leqslant z\leqslant z_1)$时，有

$$q_{\mathrm{iR}}+q_{\mathrm{ic}}=h_{\mathrm{i}\sum}(t_{\mathrm{w}}-t_{\mathrm{f}}) \tag{8.47}$$

式中

$$h_{\mathrm{i}\sum}=h_{\mathrm{ic}}+h_{\mathrm{iR}} \tag{8.48}$$

式中：h_{ic}为铸坯侧表面的对流给热系数；h_{iR}为铸坯侧表面的辐射给热系数。

① 铸坯侧表面的对流给热系数。

由于结晶器外铸坯侧表面对流给热属于湍流，所以

$$Nu_m=C\ (Gr\cdot Pr)_m^n \tag{8.49}$$

式中：Nu_m为努塞尔数；Gr 为格拉晓夫数；Pr 为普朗特准数。

$$h_{\mathrm{ic}}=\frac{Nu_m\lambda}{L} \tag{8.50}$$

式中：λ 为导热系数，W/(m · K)；L 为定形尺寸，m。

② 铸坯侧表面的辐射给热系数为

$$h_{\mathrm{iR}}=\varepsilon_{\mathrm{w}}C_0\left[\left(\frac{T_{\mathrm{w}}}{100}\right)^4-\left(\frac{T_{\mathrm{f}}}{100}\right)^4\right]/(t_{\mathrm{w}}-t_{\mathrm{f}}) \tag{8.51}$$

式中：ε_{w}为铸坯侧面的黑度；C_0为黑体的辐射系数，W/(m · K^4)。

3. 数学模拟结果

图 8.72 是渣池的电位场分布图，图 8.73 是渣池中的电流密度矢量图。由图 8.72和图 8.73 可以看出，在两电极之间存在较大的电位梯度，因此此区域电流密度最大，温度也最高。在渣池上表面与结晶器壁形成的角区、结晶器圆柱体的下角区域和长方体的下角区域电位梯度最小，其电流密度最小，从而导致这些

区域温度较低。

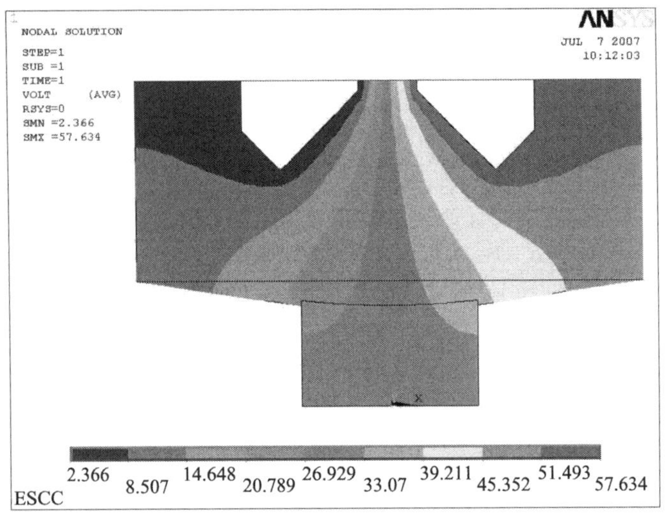

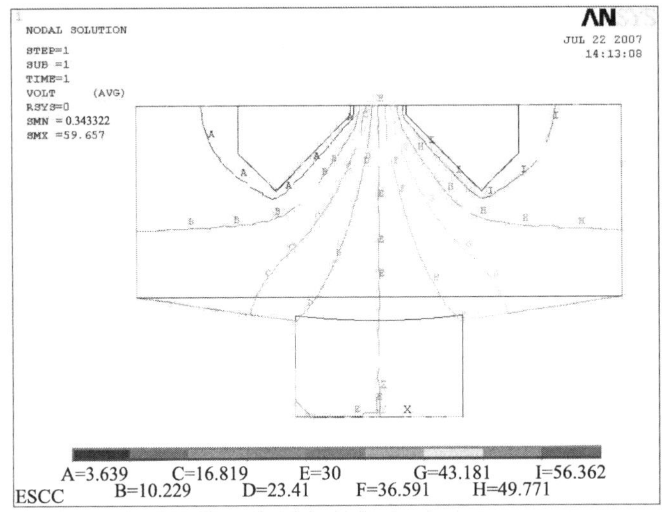

图 8.72　渣池的电位场分布

图 8.74 是渣池温度分布图。由图可以看出，在渣池中两电极之间温度最高，此区域的温度梯度也最大，这是热源集中区，最大温度为 2030℃左右。在渣池上表面与结晶器壁形成的角区、结晶器圆柱体的下角区域和长方体的下角区域温度较低，这是大气冷却和强制冷却水的作用所导致的。渣池内温度场的分布与电场的分布非常吻合。

双极串联电渣连铸和单极电渣炉的渣池温度场分布是不同的。单极电渣炉的电流密度和温度最大的区域在电极下部，而双极串联的电流密度和热场的高温区

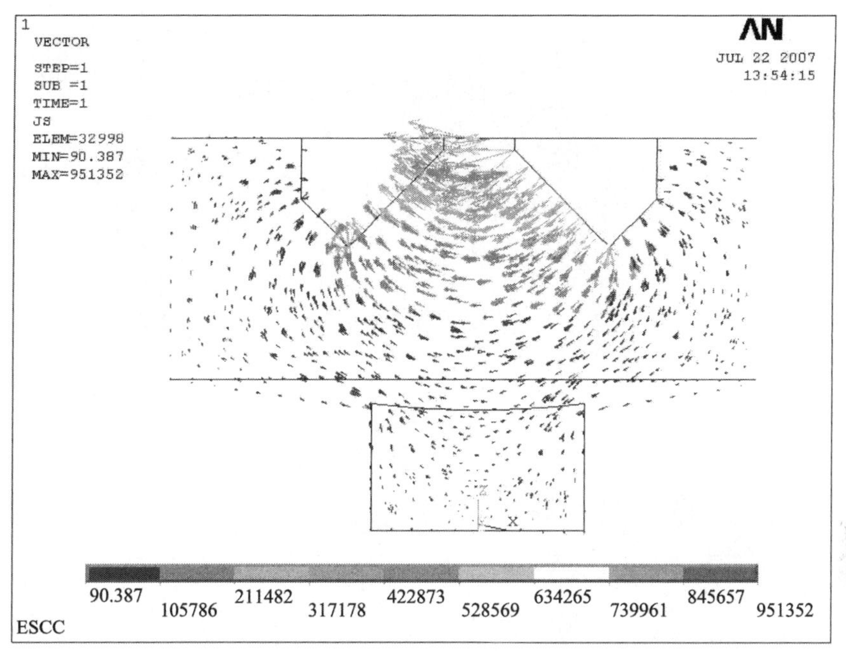

图 8.73　渣池中的电流密度矢量图

在两电极中间。这正是在电渣连铸中采用双极串联代替传统单电极导电，可以将电极熔化速度提高的原因。

为了确定更加合理的供电制度，分别模拟了电压为 60V，二次电流为 3200A、3500A、3800A、4100A、4400A 和 4700A 时的熔池形状。熔池深度如表 8.10 和图 8.75 所示。根据初步模拟计算结果，最后选定合适的供电制度进行实验。

表 8.10　不同二次电流下的熔池深度

二次电流/A	3200	3500	3800	4100	4400	4700
液相线深度/mm	58	65	68	72	76	78
固相线深度/mm	72	77	80	82	86	89

由图 8.75 可见，当渣系一定时，金属熔池形状取决于二次电流的大小，两者之间基本呈线性关系。当二次电流变大时，熔池深度随之变大。说明渣池输入功率直接影响钢锭表面质量。

8.3.2　导电结晶器电渣连铸新工艺及数学模型

近年，随着导电结晶器技术的出现，电渣快速重熔和电渣连铸技术得到迅速发展。电渣连铸以渣池为发热体，结晶器和底水箱为散热机构。通常电渣炉为圆

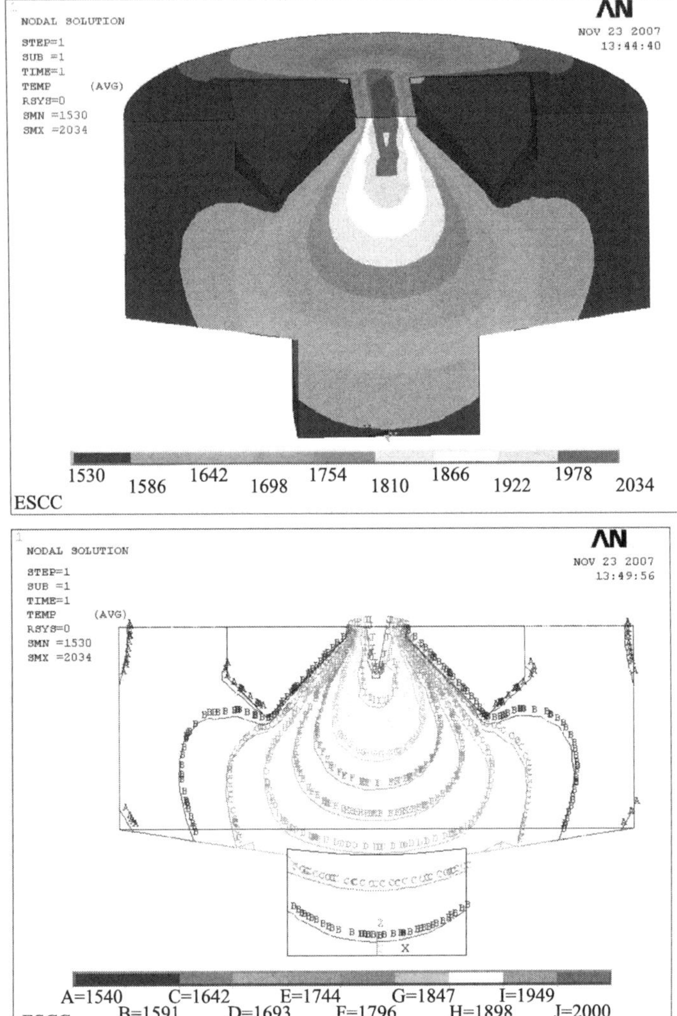

图 8.74　渣池温度分布

柱状体腔，电渣连铸系统示意图、等效电路图、渣池及金属熔池示意图如图 8.76 所示。

1. 模型参数及计算方法

本节模拟工作实验以国内某厂电渣连铸工业炉为依托，采用 50%～70% CaF_2、20%～30% Al_2O_3、50%～70% CaO、≤10%SiO_2渣系对钢进行重熔，渣量为 140kg。

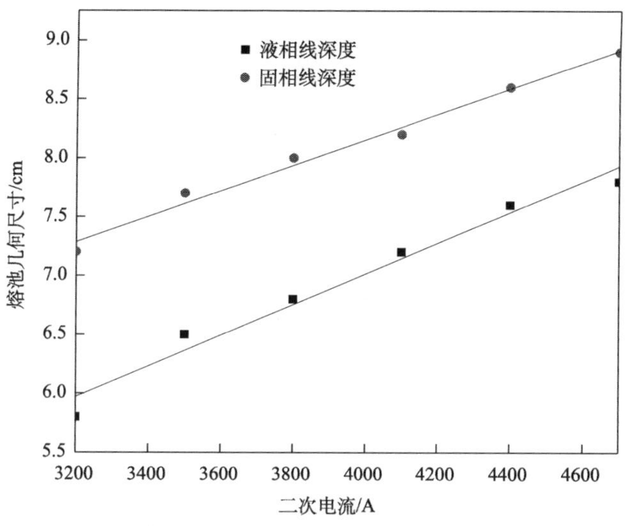

图 8.75　模拟熔池几何尺寸与二次电流的关系

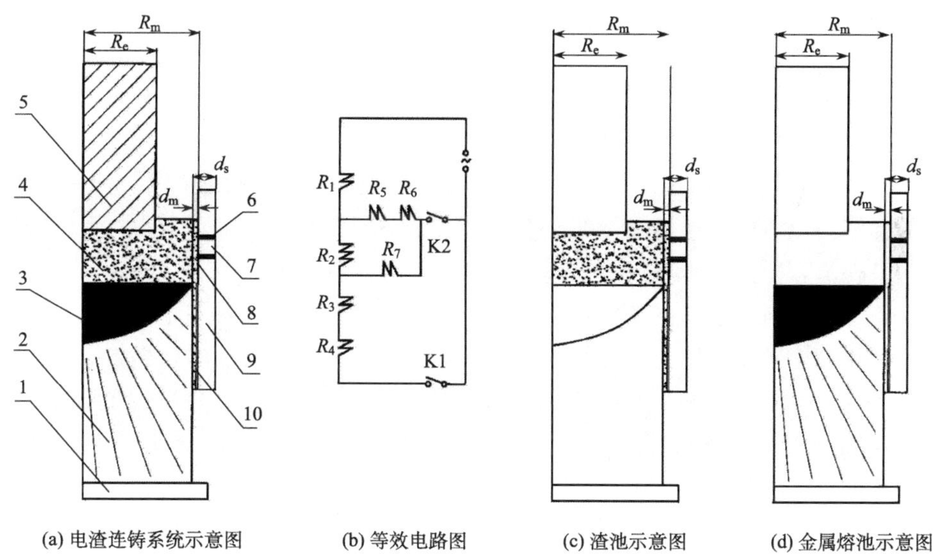

图 8.76　电渣连铸体系、电渣连铸电路图、渣池及其金属熔池示意图

1-底水箱；2-固态合金锭；3-液态金属；4-熔渣；5-自耗电极；
6-绝缘体；7-导电元件；8-渣壳；9-结晶器；10-气隙

有关工艺参数，如电极和结晶器直径、电极端部锥角、重熔电流、渣池深度、电极埋入深度等均由现场测定，如表 8.11 所示。模型中重熔电流为重熔体系进入准稳态时工作电流。

表 8.11 模型各参数的值

符号	物理意义	参数值
R_e/m	电极半径	0.25
R_m/m	结晶器内径	0.3
h_s/m	渣池深度	0. 2
h_l/m	电极插入深度(不包括端部锥角高度)	0.02
α/(°)	端部锥角角度	0
I/A	重熔电流	17500
c_1	k-ε 模型常数	1.43
c_2	k-ε 模型常数	1.92
c_d	湍流动能耗散率	0.09
δ_k	k 的普朗特准数	1.00
δ_ε	k 的普朗特准数	1.30

运用所建的三维电渣连铸数学模型，研究电渣连铸过程中的电场、磁场、流场和温度场的分布状况。讨论电渣连铸工艺参数对各场的影响。与实验结果相对照，来验证所建模型的可靠性。

ANSYS 软件特有的多场耦合功能使得在模拟电渣连铸过程的渣池与熔池时更为便利。电渣连铸模型及网络划分结果如图 8.77 所示，模拟计算电渣连铸过程的结构流程图如图 8.78 所示。

首先输入电渣连铸的三维物理模型，应用映射原则划分有限元网格。根据电渣连铸工艺中的重熔电流，计算电流密度的分布；将电流密度的计算结果代入磁场，耦合计算电磁力和焦耳热的在渣池中的分布；最后把电磁力和焦耳热的计算结果作为体积力和体积生热代入流场中，耦合计算速度、温度的分布，直至收敛。

在 ANSYS 中旋流只适用于轴对称问题，在旋流问题中各个量在 θ 方向上没有变化。旋流分量通过旋向动量方程计算得到，并且在旋向上没有压力梯度。在 ANSYS 中通过设定松弛因子来求解旋向动量方程。

紊流模型在实际需要而没有被激活时，计算得到的速度值偏大。本节在计算分析渣池内熔渣流动时激活紊流模型，应用标准 k-ε 模型。考虑了热膨胀引起的浮力项，热流耦合中采用 SIMPLE 算法，控制方程采用 TDMA 求解。

电渣重熔过程数学模型对质量预测程序计算程序如图 8.78 所示。

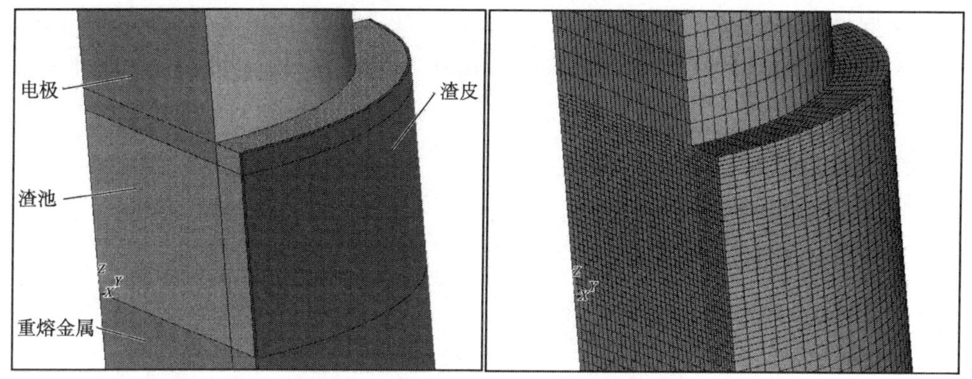

图 8.77　电渣连铸模型及有限元网格

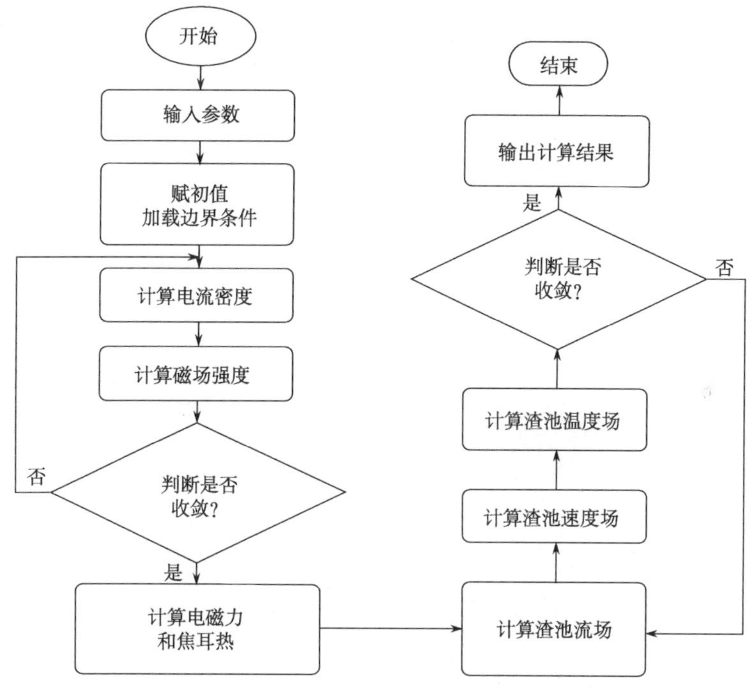

图 8.78　计算程序流程图

2. 模型的研究结果

导电结晶器侧向导电环和底水箱同时导电时，电渣连铸过程的渣池三维电流密度分布场如图 8.79 所示。从图中可以看出，除了电极角部与导电结晶器导电环之间，其他区域电流密度较均匀，其值在 56087A/m^2，小于未使用导电结晶器电渣重熔过程中此处的电流密度(82506A/m^2)；而电极角部与导电结晶器导电段之间电流密度最大，可达 1.56×105 A/m²，大于未使用导电结晶器电渣重熔过程中此处的电流密度(1.19×105 A/m²)，且大部分电流的方向指向导电结晶器导电段。所以，此区域的发热密度将远大于其他区域。但电极下部及电极角部附近的渣池仍是自耗电极熔化的主要热源区。

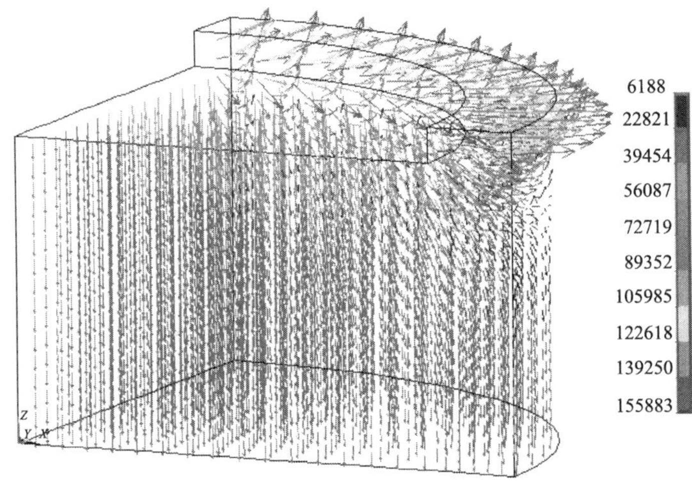

图 8.79　渣池三维电流密度分布

图 8.80 描述了在重熔电流为 17.5kA，渣池高度为 200mm 状况下，导电结晶器侧向导电环和底水箱同时导电时，电渣连铸过程中渣池中磁感应强度的分布

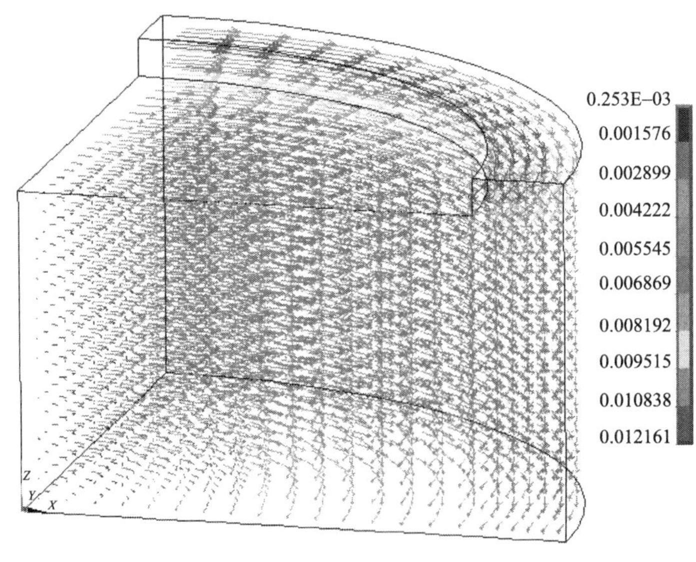

图 8.80　三维磁感应强度分布

状况。使用导电结晶器侧向分流时，部分电流由自耗电极流向导电结晶器导电段，径向发散的电流形成的磁场相抵消，轴向的电流产生的磁感应强度的方向与电流密度的方向仍符合右手螺旋定律，而且在电极角部磁感应强度较大，在体系轴心线上磁感应强度较小。由于轴向的电流密度小于未使用导电结晶器时的电流密度，故此时，磁感应强度小于未使用导电结晶器时的磁感应强度。磁感应强度在电极端部角处达到最大值，而在体系轴心线位置和渣池边缘位置磁感应强度较小。

图 8.81 描述了在重熔电流为 17.5kA，渣池高度为 200mm 状况下，导电结晶器侧向导电环和底水箱同时导电时，电渣连铸过程中渣池中电磁力的分布状况。由图可见，电磁力的方向与电流密度和磁感应强度的方向符合左手定律。电磁力在渣池区域的分布是向内向下的。

与传统电渣重熔有所不同，由于导电结晶器的作用，在电极末端与结晶器导电段之间的径向电流增加，使导电结晶器渣池中此处的熔渣受到向下作用的电磁力增大，抵消了部分由于温度差异产生的浮力。靠近电极端部角处电磁力相对较大，在渣-金属界面附近电流密度较小，从而导致渣-金属界面附近的电磁力也较小。在渣池轴线上仍形成一定的压力梯度，从而向内向下的电磁力推动熔渣沿对称轴趋于逆时针方向流动。

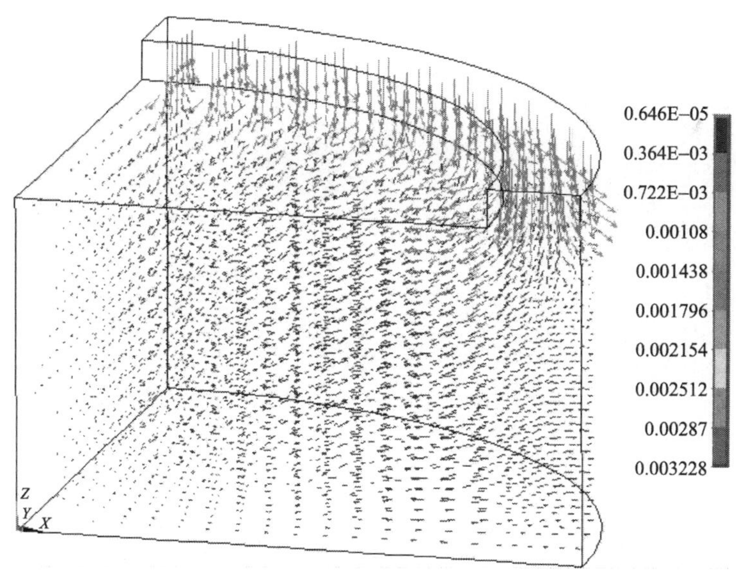

图 8.81　渣池电磁力分布

图 8.82 表示的是导电结晶器侧向导电环和底水箱同时导电时，电流流过渣池时产生的焦耳热分布状况。由图可以看出，不同于传统的电渣重熔，导电结晶

器电渣重熔时的焦耳热主要产生在电极角部和结晶器导电段附近的渣池。这两处的局部发热量最高，渣池区其他部分产生的焦耳热比较少。

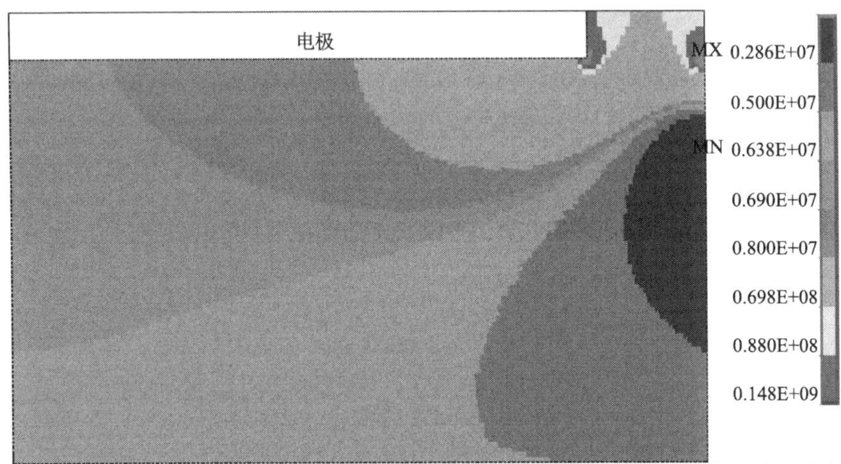

图 8.82　导电结晶器电渣重熔渣池焦耳热分布

导电结晶器导电环和底水箱同时导电时，电渣连铸过程中渣池速度场分布如图 8.83 所示，渣池温度场分布如图 8.84 所示。

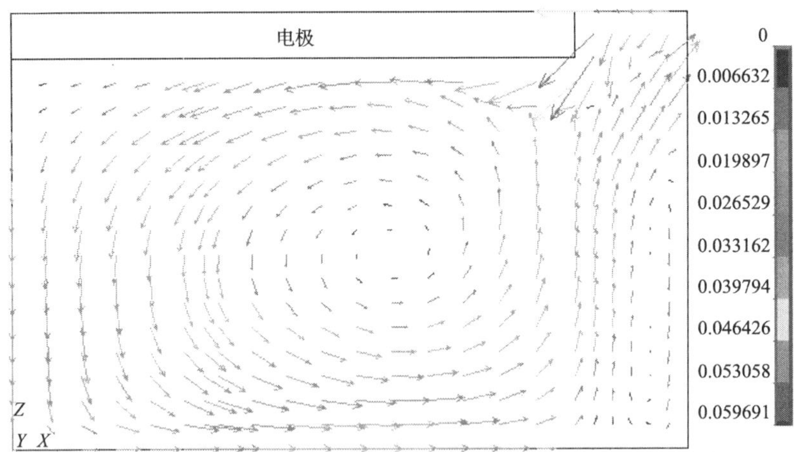

图 8.83　ESR 渣池流场速度矢量分布图

由图 8.83 可见，两个漩涡出现在渣池中对称轴的一侧。在结晶器壁和靠近渣-金属界面区域($R_e \leqslant r \leqslant R_m$)，熔渣趋于顺时针方向旋转，此区域流动范围小于未使用导电结晶器电渣重熔渣池内顺时针旋转区域；在电极下方熔渣趋于逆时

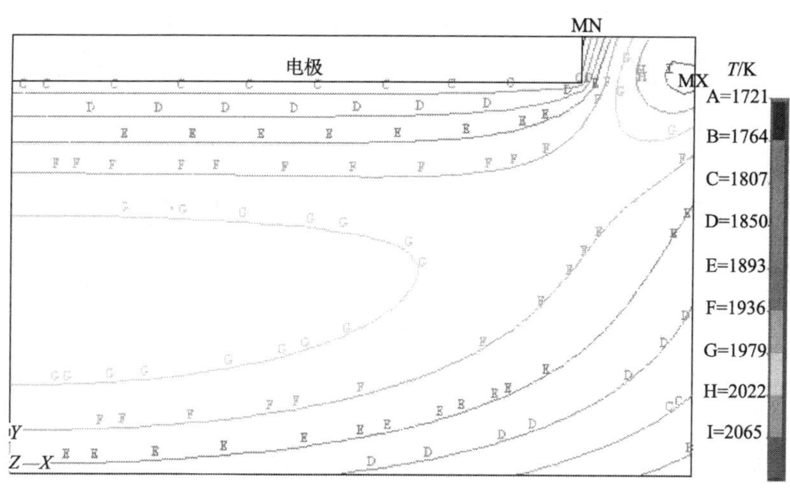

图 8.84　渣池温度场分布

针方向。计算的渣池中流动速度变化范围为 0～0.06m/s，且最大流速出现在电极附近，涡心处速度最小。最大流速小于未使用导电结晶器时电渣重熔渣池的最大流速(0～0.08m/s)。

从图 8.84 渣池温度场分布可以看出，渣池中出现两个“高温区”：一个“高温区”出现在电极端部下方，温度为 1979K 左右，低于传统电渣重熔此区域的温度(2052K 左右)；另一个“高温区”出现在结晶器壁上的导电块附近的渣池，温度为 2065K 左右。

比较分析导电结晶器电渣重熔与传统电渣重熔的电场、磁场、流场和温度场可知，两者温度场的差异，主要由电流密度分布的不同而引起的局部发热量和流场的差异所决定。导电结晶器电渣重熔，可以控制渣池内的电流分配，在电极至结晶器导电段的电流密度比传统电渣重熔大，导致发热量增加，在电极正下方和导电段附近的渣池之间的温度场更加均匀，热梯度变小，产生的热浮力也减弱，电磁力的支配作用显著增大。而结晶器壁附近，热梯度仍非常大，产生的热浮力也很大，此处渣池仍呈顺时针旋转，区域小于传统电渣重熔时渣池顺时针旋转区域。

而导电结晶器的渣池局部发热密度最高处为电极角部和结晶器壁附近，电极端部下方仍存在“高温区”。此外，由于轴向发热量的降低，渣池-金属熔池界面温度降低(图 8.85)，使金属熔池过热度降低，温度分布较均匀，由于金属熔池过热度低且熔池变浅平，有利于提高电渣锭的结晶质量。

电渣连铸铸锭顶部温度分布如图 8.86 所示。文献[49]测量出金属熔滴的显热使铸锭顶部中心存在 150～250℃的过热度，铸锭顶部中心温度在 1600～

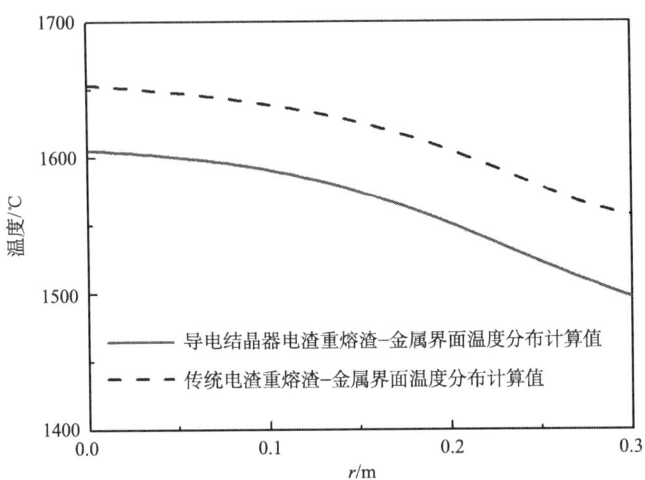

图 8.85　传统电渣重熔和导电结晶器电渣重熔渣-金属界面温度分布

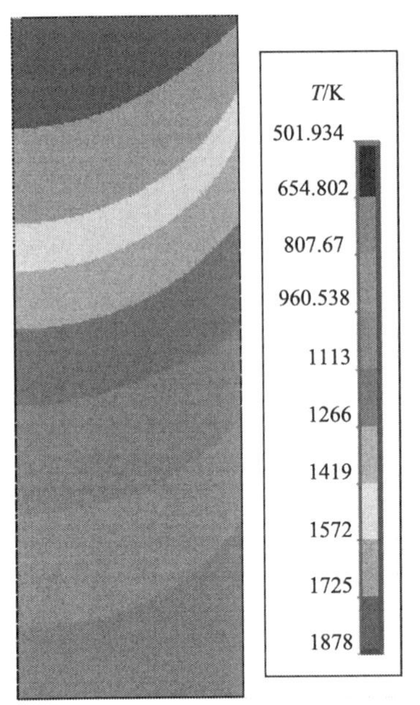

图 8.86　ESCC 铸锭温度场分布

1650℃。本模型计算顶部中心的温度为1610℃，与众多文献所报道的结果一致。

图 8.87 为电渣连铸铸锭预测和测量的熔池形状，金属熔池的测量采用金属棒直接插入法测量。

金属熔池呈现出抛物线形状，离中心越远熔池深度越浅。原因是电极熔化端部的电流密度大，从而发热量大，温度高，致使电极熔化端部下方渣池中存在一个“高温区间”，加之金属熔滴落入熔池带入的热量。渣池及其以下的凝固系统传热的结果必然导致凝固系统中心温度高。凝固体系处在水冷结晶器和底水箱冷却环境中，离中心越远，传热越快，温度越低，熔池深度越浅，故熔池呈现出中心深、周围浅的抛物面特点。同时，固液两相区呈现出离中心越远，宽度越窄的特点。这是由于离中心越远，金属凝固速度越快，故宽度越来越窄。

图 8.88 为在电渣连铸 12Cr1MoVG 合金(直径 D=600mm)的条件下，合金的中心线局部凝固时间与熔速的关系。预测计算提出该锭存在一个与最短的 LST 对应的熔速，在 700～750kg/h 处，对应的铸锭中心局部凝固时间约为 1198s，凝固速度(抽锭速度)为 5mm/min。为同时获得适当的渣温，操作可以在

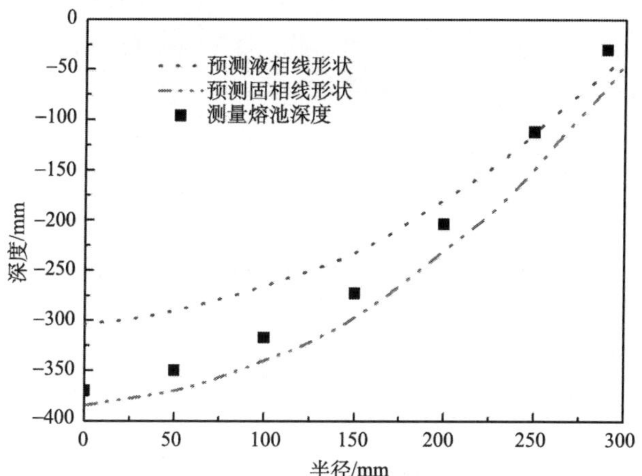

图 8.87　电渣连铸铸锭预测和观测的熔池形状

这一熔速附近一定范围内选择工艺操作参数，使锭表面和内部质量达到某种最佳配合。

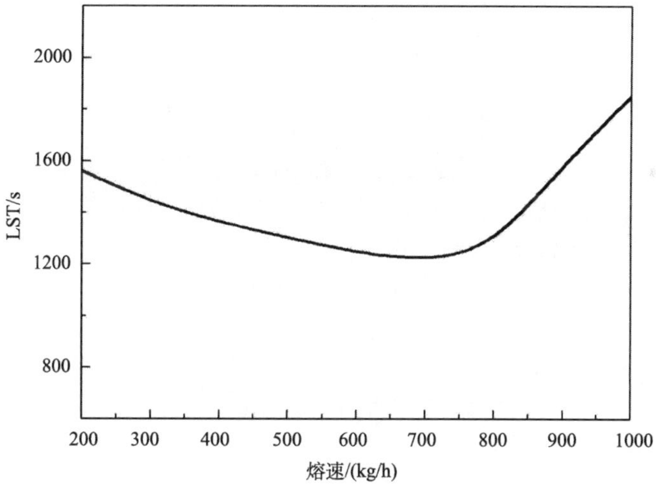

图 8.88　电渣连铸熔速 V 与中心线局部凝固时间(LST)关系

8.4　电渣重熔板坯新工艺数学模型[50]

电渣重熔板坯的质量控制包括板坯的内部质量控制和表面质量控制两个方面。实际生产中，电渣重熔板坯的常见内部质量问题有白点和偏析，常见表面质量问题有波纹、重皮、漏渣和表面凹陷等缺陷。这些缺陷的产生严重影响了电渣重熔板坯的成材率，增加了成产成本。因此，采用合理的数学模型优化工艺制度，对板坯的质量进行控制是非常有必要的。

8.4.1　模型边界和有限元模型

电渣重熔过程的数值模拟主要目的是获得渣池和钢锭电场、磁场、流场和温度场的分布，所以在模拟的过程中取渣池和钢锭作为模拟对象。模型图如图 8.89 和图 8.90 所示。

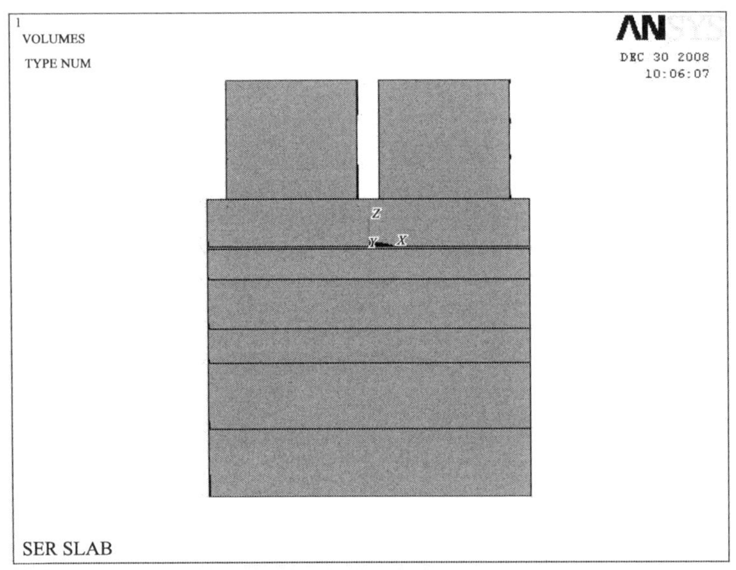

图 8.89　双极串联法生产板坯的实体模型图

电位分布的边界条件如下。

(1) 电极Ⅰ末端表面认为处于同一电位，即

$$\varphi=\varphi_1 \tag{8.52}$$

(2) 电极Ⅱ末端表面认为处于同一电位，即

$$\varphi=\varphi_2 \tag{8.53}$$

温度场边界条件如下。

(1) 渣池以上电极表面部分：

$$q_{eR}+q_{ec}=h_{e\sum}(t_w-t_f) \tag{8.54}$$

$$h_{e\sum}=h_{ec}+h_{eR} \tag{8.55}$$

式中：h_{ec} 为电极的对流给热系数，W/(m^2 · K)；h_{eR} 为电极的辐射给热系数，

W/(m² · K)。

（2）埋入渣池中电极末端温度：

$$T = T_{m,e} \tag{8.56}$$

式中，$T_{m,e}$为电极液相线温度，K。

（3）渣池上表面：

$$q_{sR} + q_{sc} = h_{s\sum}(t_w - t_f) \tag{8.57}$$

$$h_{s\sum} = h_{sc} + h_{sR} \tag{8.58}$$

式中：h_{sc}为渣池上表面的对流给热系数，W/(m² · K)；h_{sR}为渣池上表面的辐射给热系数，W/(m² · K)。

① 渣池上表面辐射给热系数为

$$h_{sR} = \frac{Q_{sR}}{(t_w - t_f)F} \tag{8.59}$$

式中：Q_{sR}为渣池表面的辐射热损失，W；F为渣池表面积，m²。

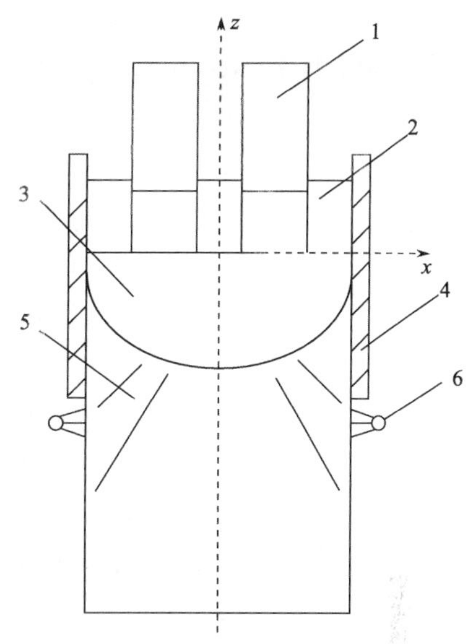

图 8.90　物理模型示意图

1-自耗电极；2-渣池；3-金属熔池；4-结晶器；5-铸锭；6-二次冷却装置

② 渣池上表面对流给热系数

$$h_{sc} = \frac{\lambda Nu}{L} \tag{8.60}$$

式中：λ 为导热系数，W/(m · K)；Nu 为努塞尔数；L 为定形尺寸，m。

（4）渣池侧表面：

$$q_{slw} = h_{slw}(t_w - t_f) \tag{8.61}$$

在大型板坯电渣重熔过程中，渣池到结晶器冷却水之间的传热包括以下几个部分：固态渣皮、结晶器壁、结晶器内部的水垢和冷却水。

这样，从液态渣表面到冷却水间的总传热系数可表示为

$$h_{slw} = \frac{1}{\dfrac{\delta_s}{\lambda_s} + \dfrac{\delta_m}{\lambda_m} + \dfrac{1}{h_d} + \dfrac{1}{h_w}} \tag{8.62}$$

式中：δ 为距离，m；h 为传热系数，W/(m² · K)；λ 为导热系数，W/(m · K)。下标：sl 为液态渣；w 为冷却水；s 为渣皮；m 为结晶器；d 为水垢。

（5）结晶器内铸坯侧表面：

$$h_{iw} = \frac{q_{iw}}{t_w - t_f} \tag{8.63}$$

（6）二次冷却处铸坯侧表面：

$$q_{iaR} + q_{iac} = h_{ia\sum}(t_w - t_f) \tag{8.64}$$

$$h_{\mathrm{ia}\sum}=h_{\mathrm{iac}}+h_{\mathrm{iaR}} \tag{8.65}$$

式中：h_{iac}为二次冷却处铸坯侧表面的对流给热系数，$\mathrm{W/(m^2 \cdot K)}$；h_{iaR}为二次冷却处铸坯侧表面的辐射给热系数，$\mathrm{W/(m^2 \cdot K)}$。

(7) 二次冷却以下铸坯侧表面：

$$q_{\mathrm{iR}}+q_{\mathrm{ic}}=h_{\mathrm{i}\sum}(t_{\mathrm{w}}-t_{\mathrm{f}}) \tag{8.66}$$

$$h_{\mathrm{i}\sum}=h_{\mathrm{ic}}+h_{\mathrm{iR}} \tag{8.67}$$

式中：h_{ic}为二次冷却以下铸坯侧表面的对流给热系数，$\mathrm{W/(m^2 \cdot K)}$；h_{iR}为二次冷却以下铸坯侧表面的辐射给热系数，$\mathrm{W/(m^2 \cdot K)}$。

① 二次冷却以下铸坯侧表面的对流给热系数。

由于二次冷却以下铸坯侧表面对流给热属于湍流，所以

$$Nu_m=C\ (Gr \cdot Pr)_m^n \tag{8.68}$$

式中：Nu_m为努塞尔数；Gr 为格拉晓夫数；Pr 为普朗特准数。

$$h_{\mathrm{ic}}=\frac{Nu_m\lambda}{L} \tag{8.69}$$

其中：λ 为导热系数，$\mathrm{W/(m \cdot K)}$；L 为定型尺寸，m。

② 二次冷却以下铸坯侧表面的辐射给热系数：

$$h_{\mathrm{iR}}=\varepsilon_{\mathrm{w}}C_0\left[\left(\frac{T_{\mathrm{w}}}{100}\right)^4-\left(\frac{T_{\mathrm{f}}}{100}\right)^4\right]/(t_{\mathrm{w}}-t_{\mathrm{f}}) \tag{8.70}$$

式中：ε_{w}为铸坯侧面的黑度；C_0为黑体的辐射系数，$\mathrm{W/(m^2 \cdot K)}$。

(8) 铸坯底表面：

$$q_{\mathrm{b}}=h_{\mathrm{b}}(t_{\mathrm{w}}-t_{\mathrm{f}}) \tag{8.71}$$

8.4.2 数学模型的研究结果

通过通用后处理器查看模型计算结果。图 8.91 所示为大型板坯电渣重熔模型温度场结果。

1. 渣池的电场和温度场结果

图 8.92 和图 8.93 是渣池的电位场分布图，图 8.94 是渣池中的电流密度矢量图。由图 8.93 和图 8.94 可以看出，在两电极之间存在较大的电位梯度，因此此区域电流密度最大，温度也最高。在渣池上表面与结晶器壁形成的角区电位梯度最小，其电流密度最小，从而导致该区域温度较低。

图 8.95 和图 8.96 是渣池温度分布图。由图可以看出，在渣池中两电极之间温度最高，此区域的温度梯度也最大，这是热源集中区，最大温度为 1930℃左右。在渣池上表面与结晶器壁形成的角区温度较低，这是大气冷却和强制冷却水

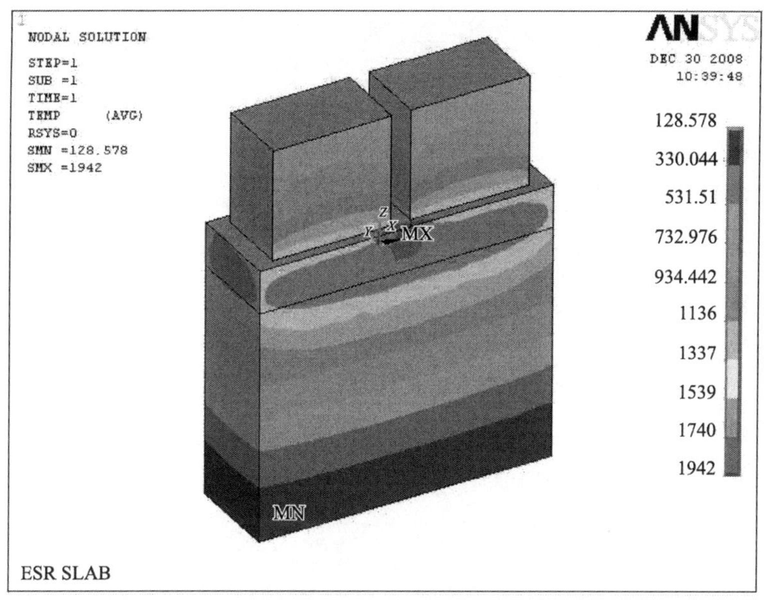

图 8.91　大型板坯电渣重熔模型温度场

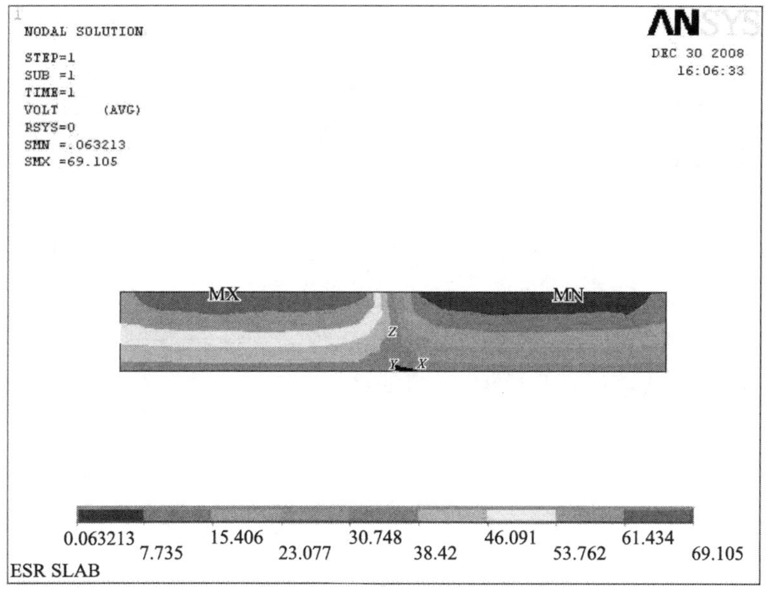

图 8.92　渣池的电位场分布

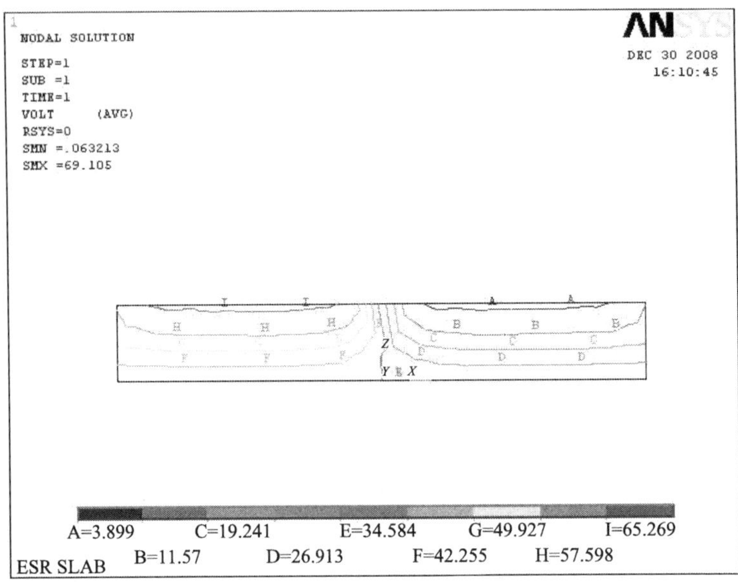

图 8.93　渣池的电位场分布

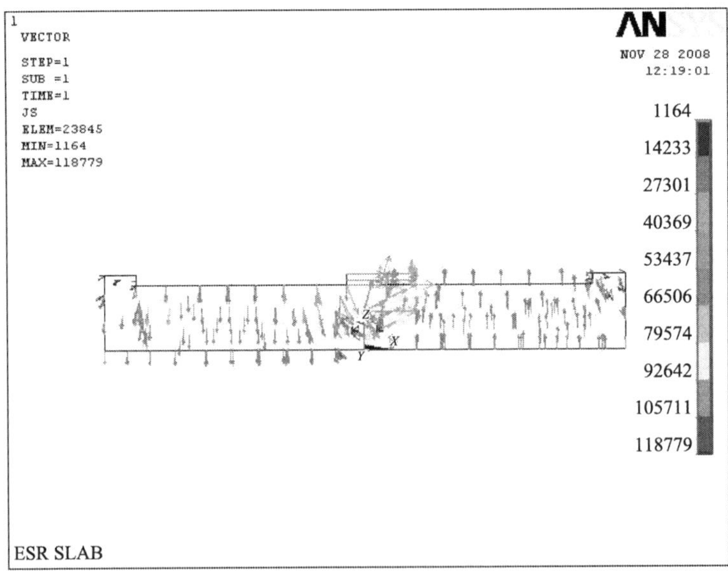

图 8.94　渣池中的电流密度矢量图

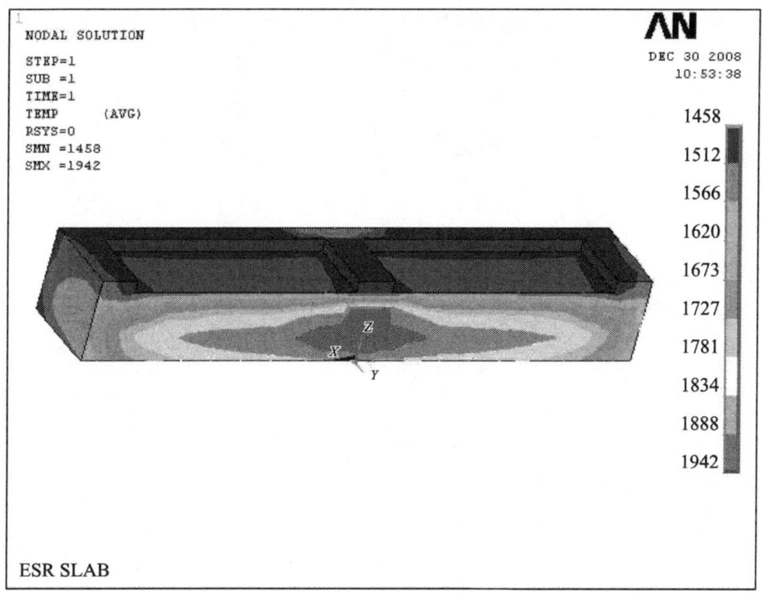

图 8.95　渣池温度分布

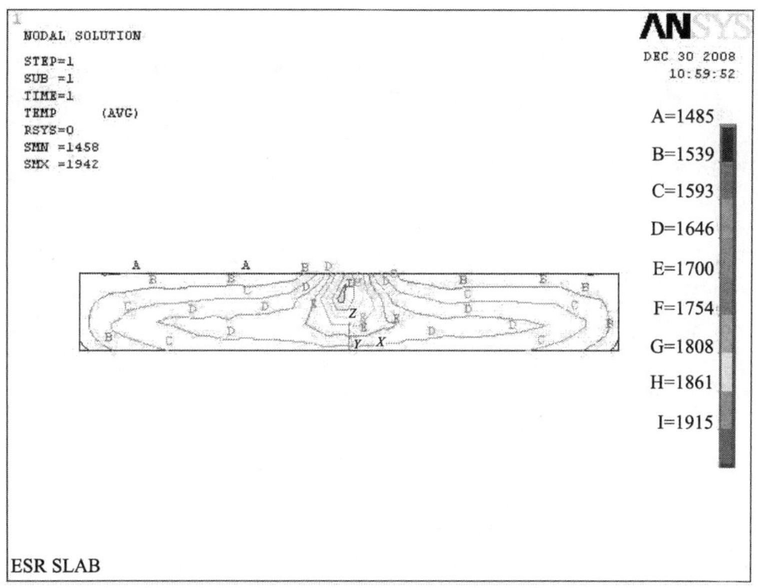

图 8.96　渣池温度分布

的作用所导致的。渣池内温度场的分布与电场的分布非常吻合。

双极串联大型板坯电渣重熔和单极电渣炉的渣池温度场分布是不同的。单极电渣炉的电流密度和温度最大的区域在电极下部，而双极串联的电流密度和热场的高温区却在两电极中间。这正是在大型板坯电渣重熔中采用双极串联代替传统单电极导电，可以保证电渣重熔大型板坯锭内部质量的原因。

2. 模型验证

为更好地修正模型、提高模拟结果的准确性，特采用压力容器钢16Mn(HIC)、电压80V、电流30000A进行电渣重熔大型板坯实验。

正常情况下，人们测定金属熔池形状的方法，是冶炼时向渣池加入大比重的FeS颗粒或金属钨微粒等示踪剂，将冶炼后的电渣锭纵向车成半个钢锭断面，经低倍处理后，显示熔池的形状。由于加入示踪剂时渣池的搅拌力很大，示踪剂在熔池中分布弥散，界面显现较模糊，不够清晰，而且对于电渣重熔大型板坯来讲，由于铸锭较大，不易后续加工。所以本实验选用“金属丝直接插入法”的熔池深度检测方法。文献[51]证明此方法不仅简易可行，而且比较准确。

当电渣重熔开始充填时，停电测量。快速将事先准备好的金属丝沿着垂直于结晶器宽面的中心处金属棒刻好的11个点位置，同时测量各点位置的熔池深度(图8.97)。由于有熔渣包着插入溶池，所以很容易测量出包括渣厚的熔池深度，得到各测点的溶池深度，溶池形状就可以绘制出来。

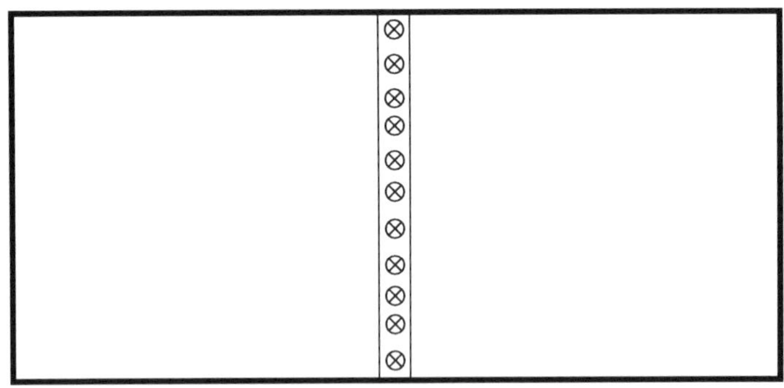

图8.97　熔池形状测量方法示意图

图8.98为模拟得到的在铸坯宽面中心位置处熔池形状剖面图。从图中可以看出，金属熔池具有一定的圆柱段，熔池形状较浅平。为了更形象地描述熔池形状，把大于液相线温度的所有点提出，如图8.99所示。模拟得到铸锭窄面的液相线和渣-金属界面的最大距离为429mm，固相线和渣-金属界面的最大距离为472mm，而实测液相线和渣-金属界面的最大距离为425mm。由图8.100可以看

出模拟熔池形状和实测熔池形状吻合较好，验证了模拟结果的可靠性，图 8.100 中的实测线为所测得的 11 个点位置熔池深度的连线。

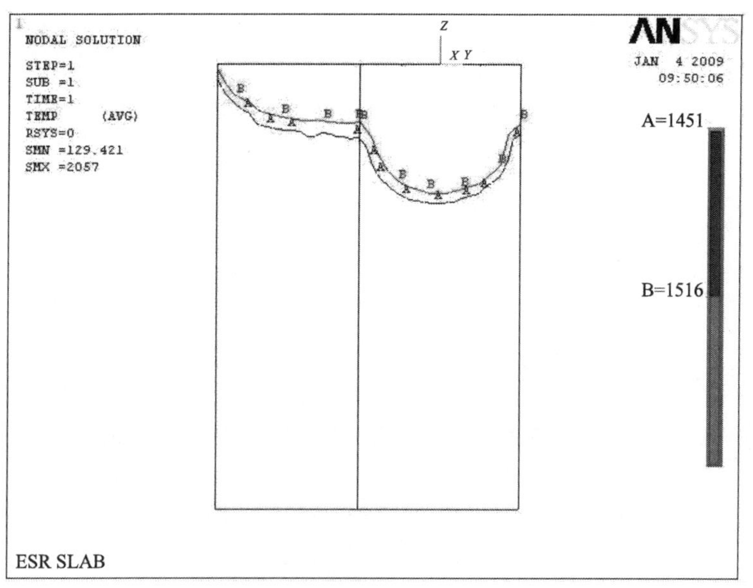

图 8.98　模拟得到的熔池形状

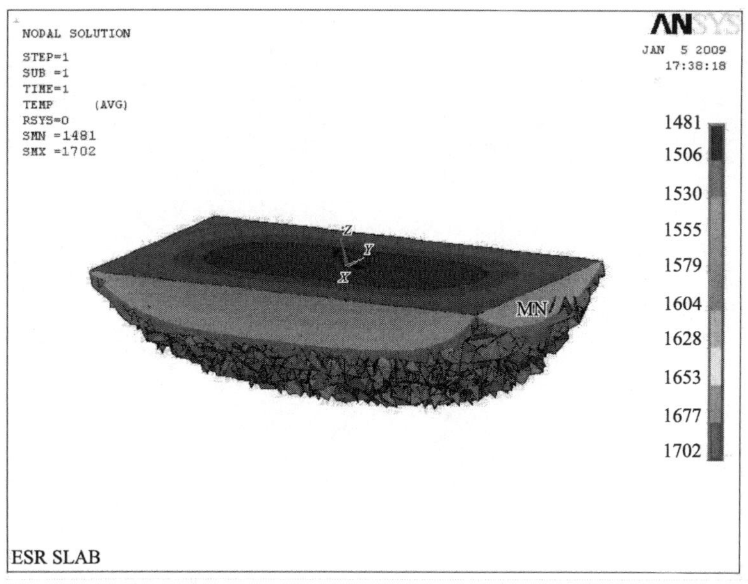

图 8.99　模拟得到的熔池形状

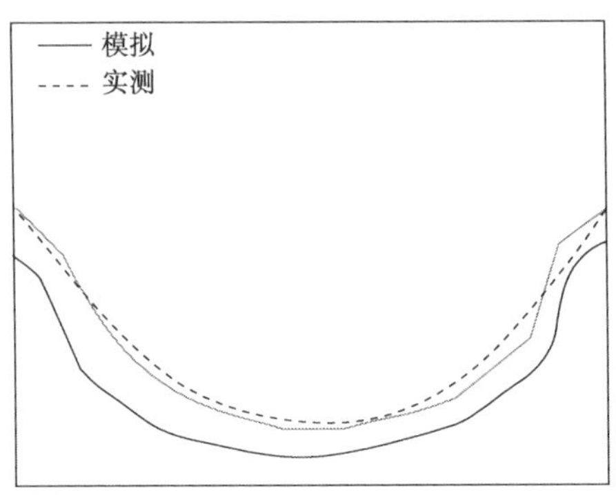

图 8.100　宽面中心位置铸坯窄面金属熔池形状模拟与实测的比较

8.4.3　功率对金属熔池的影响

为了确定更加合理的供电制度，分别模拟了电压为 80V，二次电流为 25000A、28000A、30000A、32000A 和 35000A 时的熔池形状。熔池深度如表 8.12 和图 8.101所示。根据初步模拟计算结果，最后选定合适的供电制度进行实验。

表 8.12　不同二次电流下的熔池深度

二次电流/A	25000	28000	30000	32000	35000
液相线深度/mm	358	408	429	457	496
固相线深度/mm	415	444	472	500	528

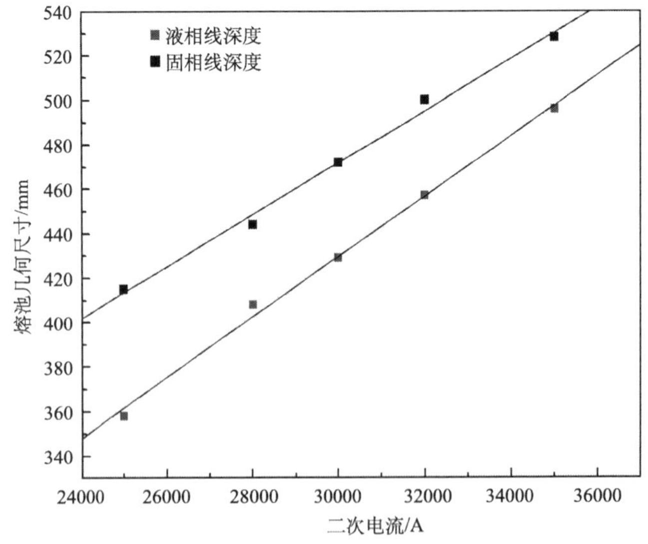

图 8.101　模拟熔池几何尺寸与二次电流的关系

由图 8.101 可见，当渣系一定时，金属熔池形状取决于二次电流的大小，两者之间基本呈线性关系。当二次电流变大时，熔池深度随之变大。

8.5　电渣重熔空心钢锭新工艺数学模型

8.5.1　电渣重熔空心锭有限元模型及参数[52]

用 ANSYS 商业模拟软件进行有限元模型的建立。对于电渣重熔空心钢锭的数值模拟，主要研究渣池与钢锭的电场、磁场、温度场以及流场的分布，故实体模型取渣池和钢锭为研究对象。电渣重熔空心钢锭的数值模拟牵涉热电磁流多场求解，受限于计算机的计算能力，目前的商业软件很难做到热电磁流多场直接耦合求解，为此本模拟采用商业软件 ANSYS 加 CFX 进行顺序耦合求解。由于 ANSYS 软件采用有限元法求解，而 CFX 软件采用有限体积法求解，所以本模拟必须建立三维实体模型进行计算。考虑到系统的轴对称性，为了简化计算，取 1/4 三维有限元模型，如图 8.102 所示。

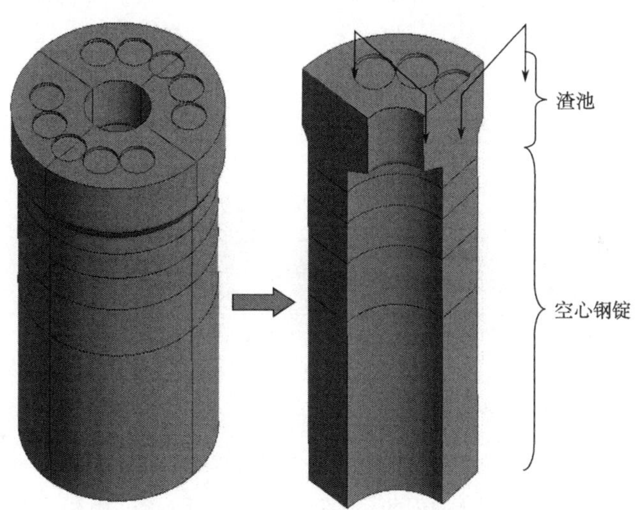

图 8.102　ESR 有限元模型示意图及简化模型

模拟中用的渣料为 CaF_2-CaO-Al_2O_3-SiO_2-MgO 渣系，所用的钢为 Mn18Cr18N 钢，主要物性参数如表 8.13～表 8.15 所示。

表 8.13　1Mn18Cr18N 的化学成分　(单位:%)

C	Mn	Cr	N	Si	S	P	Ni	V	Al
0.083	19.466	19.222	0.684	0.431	0.0023	0.169	0.254	0.061	0.118

使用 Thermol-Calc 软件计算出双 18 护环钢的液相线温度为 1649K，固相线温度为 1580K。

表 8.14 电极、渣和钢锭的物性参数

参数	数值
电极半径/m	0.08
电极个数	10
钢锭外径/m	0.45
钢锭内径/m	0.25
渣池质量/kg	360
重熔电流/A	21000
重熔速度/(kg/h)	1100
频率/Hz	50
渣的密度/(kg/m^3)	2524(1573K)
渣的热力学膨胀系数/K^{-1}	2.5×10^{-4}
渣的比热容/(J/(kg·K))	1200
炉渣导热系数/(W/(m·K))	55
炉渣电导率/($\Omega^{-1}\cdot m^{-1}$)	250

表 8.15 不同温度下渣的黏度

温度/K	1623	1673	1723	1773	1823
黏度/(Pa·s)	0.0369	0.0225	0.0202	0.0180	0.00178

8.5.2 不同工艺参数对结果的影响

在电渣重熔空心钢锭生产过程中，各种工艺参数均会对空心钢锭的质量产生一定的影响。本章利用数值模拟的方法，改变渣池的深度、电极插入深度、电极数目和不同供电方式，找出这些工艺参数对空心钢锭质量的影响。本节模型进行数值模拟所用电压为 66V，频率为 50Hz。

1. *渣池深度*

单位体积渣池的输入功率是电渣重熔过程中的一个重要参数，它关系到重熔过程中渣池的温度、能耗的高低以及铸锭的表面质量。在结晶器形状和输入功率一定的情况下，渣池深度的改变会导致单位体积熔渣输入功率的改变。在电渣重熔的过程中，渣池中能量的损耗占到总输入能量的 40%～50%，且渣池深度增加能量损耗也会增加，所以找出最佳的渣池深度是非常必要的。本节在保持输入功率不变的情况下，改变渣池的深度，考察其对渣池电磁场、流场、温度场和铸锭温度场的影响。具体的工艺参数如表 8.16 所示。

表 8.16　不同渣高的工艺参数

渣池深度/mm	电极布置方式	电极插入深度/mm	结晶器供电方式
90	十电极	10	不导电
120	十电极	10	不导电
150	十电极	10	不导电

图 8.103 示出了不同渣高下渣池中的电流密度分布情况。由图可见，外电极角部电流密度最大，其他区域电流密度较均匀。这是因为电极与渣池接触的地方电流密度最大，当电流流到渣池结晶器下方时，截面积减小，导致电流密度显著增加。比较不同渣高的渣池中电流密度可以发现，当渣高从 90mm 到 120mm 再到 150mm 时，渣池中电流密度的最大值逐渐减小，从 121.422kA/m^2 到

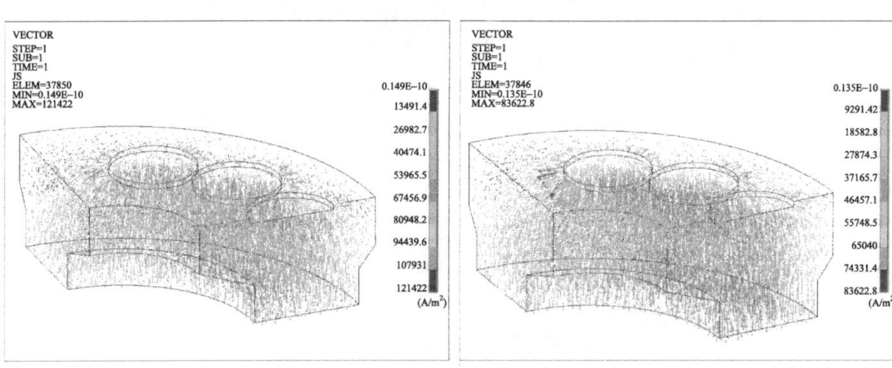

(a) 渣高: 90mm　(b) 渣高: 120mm

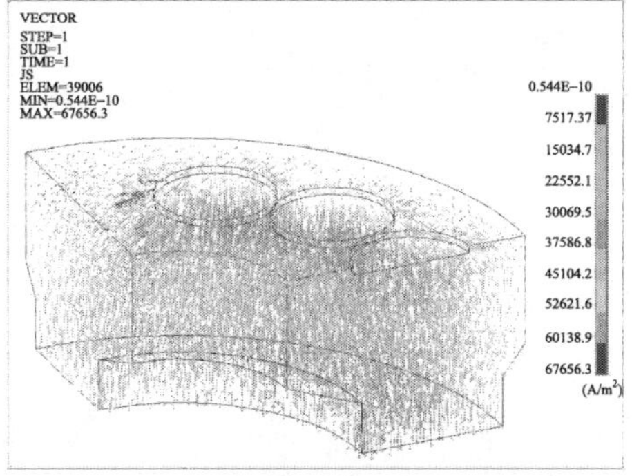

(c) 渣高: 150mm

图 8.103　不同渣高下的电流密度分布

83.6228kA/m^{2}再到67.6563kA/m^2。这是因为在总功率不变的前提下，渣高增加，熔渣产生的电阻随之增加，因此单位体积上的电流密度也随之减小。

图8.104为不同渣高的渣池中焦耳热的分布情况。图中的数值表示的是单位体积生成的焦耳热。电渣重熔过程中，熔渣最重要的作用就是产生热量熔化电极。焦耳热与电渣的电流密度成正比，与电导率成反比。从图中可以看出，焦耳热较大值出现在电极端部和靠近内结晶器的T形拐角处，渣池区其他部分产生的焦耳热比较少，与渣池电流密度的分布相一致。当渣高为90mm时，焦耳热最大值高达80.2MW/m^3；渣高为120mm时，焦耳热最大值达到56MW/m^3；渣高为150mm时，焦耳热最大值为38.1MW/m^3。由此可见，随着渣高的增加，焦耳热最大值逐渐减小。

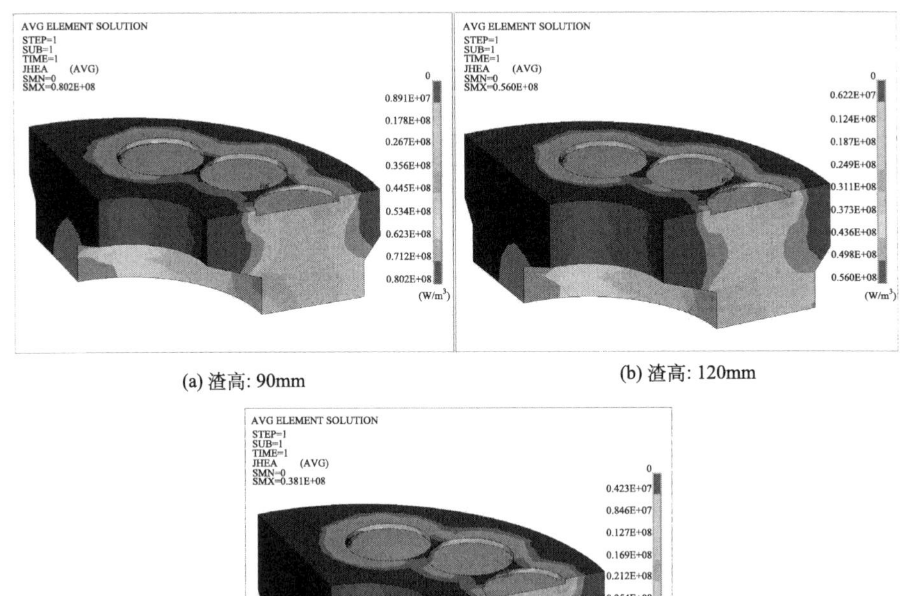

(a) 渣高: 90mm　　(b) 渣高: 120mm

(c) 渣高: 150 mm

图8.104　不同渣高下的焦耳热分布

图8.105是不同渣高下的磁感应强度的分布情况。磁感应强度正比于电流密度和距离体系轴心线的距离。由于电极角部附近电流密度最大，所以磁感应强度在电极外端部角处达到最大值。在环形渣池区域，由于径向分量电流密度产生的磁场强度会相互抵消，且靠近渣池表面区域电流密度的轴向分量较小，

所以靠近渣池表面处磁场强度很小。与电流密度的变化趋势相同，随渣量的增加，磁感应强度的最大值不断减小。当渣高从 90mm 到 120mm 再到 150mm 时，渣池中磁感应强度的最大值逐渐减小，从 0.02387T 到 0.01745T 再到 0.013795T。

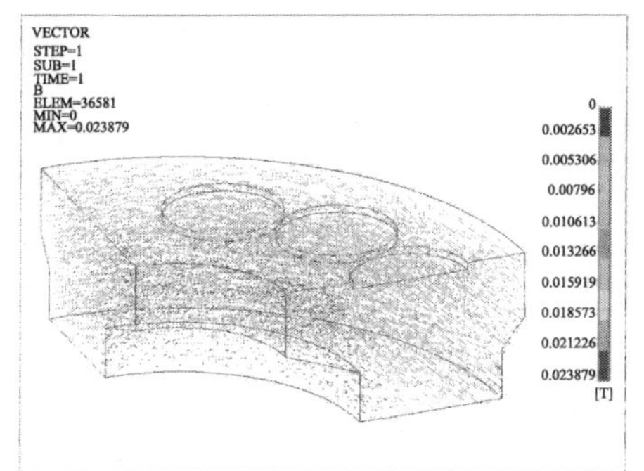

(a) 渣高: 90mm

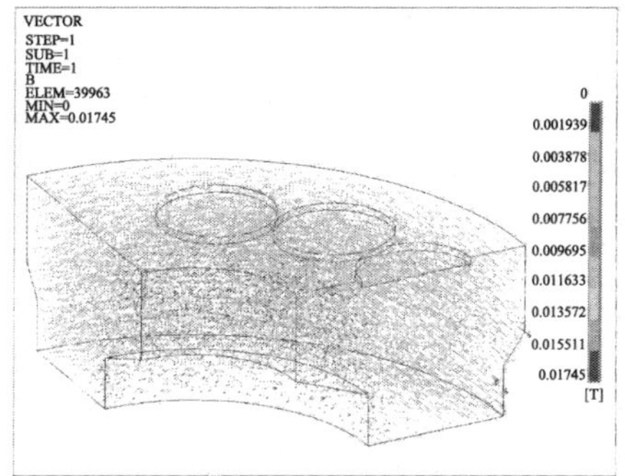

(b) 渣高: 120mm

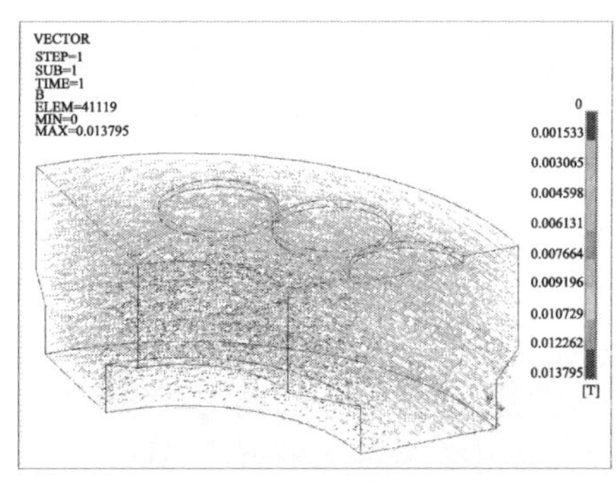

(c) 渣高: 150mm

图 8.105　不同渣高下的磁感应强度分布

图 8.106 为不同渣高下渣池中电磁力的分布情况。由于电磁力、电流密度和磁感应强度符合左手定则，所以电磁力在渣中的方向为向内向下。这也就说明电磁力有一个轴向分量和一个径向分量，径向分量使渣池的熔渣向轴线方向流动，而轴向分量使熔渣向金属熔池流动。电磁力最大值出现在电极角部区域。由于渣-金属界面附近电流密度较小，所以渣-金属界面附近的电磁力也较小。在渣池轴线上形成一定的压力梯度，从而向内向下的电磁力推动熔渣沿对称轴趋于逆时针方向流动。当渣高从 90mm 到 120mm 再到 150mm 时，渣池中电磁力的最大值逐渐减小，从 0.006082N 到 0.002771N 再到 0.001967N。因为渣高增加，电流密度和磁感应强度减小，而电磁力与磁感应强度成正比，所以电磁力也随渣高的增加而减小。

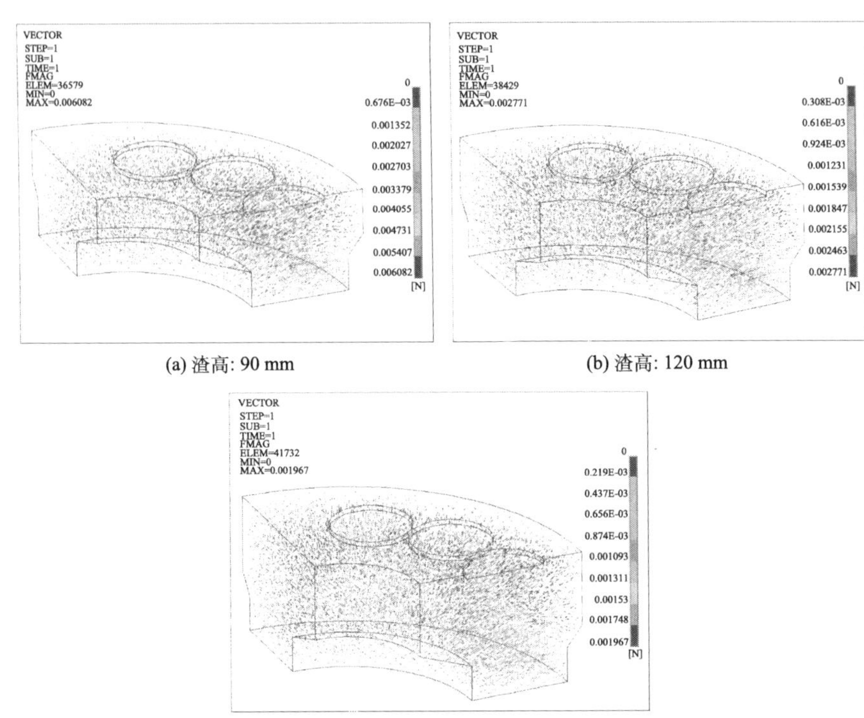

(a) 渣高: 90 mm　　(b) 渣高: 120 mm

(c) 渣高: 150 mm

图 8.106　不同渣高下的电磁力分布图

图 8.107 为电渣重熔系统不同渣高下的温度场分布图。从图中可以看出，电极的不均匀分布，导致了渣池中温度分布的不均匀性。在内、外结晶器壁附近区域，熔渣的温度梯度较大，这与内、外水冷结晶器的强烈冷却作用有关。且由于电磁力在渣池中逆时针的环流作用使渣池高温区向上偏移，接近渣池表面区域。渣池温度最大值在电极正下方，且 B—B 面上的温度大于 A—A 面上的温度。渣高为 90mm 时，熔渣的最高温度约为 2312K；渣高为 120mm 时，熔渣的最高温度约为 2064K；渣高为 150mm 时，熔渣的最高温度约为 1892K。由此可见，随着渣高增高，熔渣的最高温度降低。这是由于渣高增高，渣与结晶器接触的部分增多，在结晶器的强冷却条件下，使得渣池温度降低。

图 8.108 分别是渣高为 90mm、120mm 和 150mm 时渣池的速度场分布图。从图中可以看出，当渣高为 90mm 时，渣池中熔渣的最大速度为 0.332m/s；当渣高为 120mm 时，渣池中熔渣的最大速度为 0.292m/s；渣高为 150mm 时，渣池中熔渣的最大速度为 0.287m/s。由此可见，随着渣高的增高，渣池中熔渣的最大速度逐渐降低。这主要是由于渣高为 90 mm 时，渣量相对较小，在电磁力和浮力的作用下，熔渣的运动速度较大。

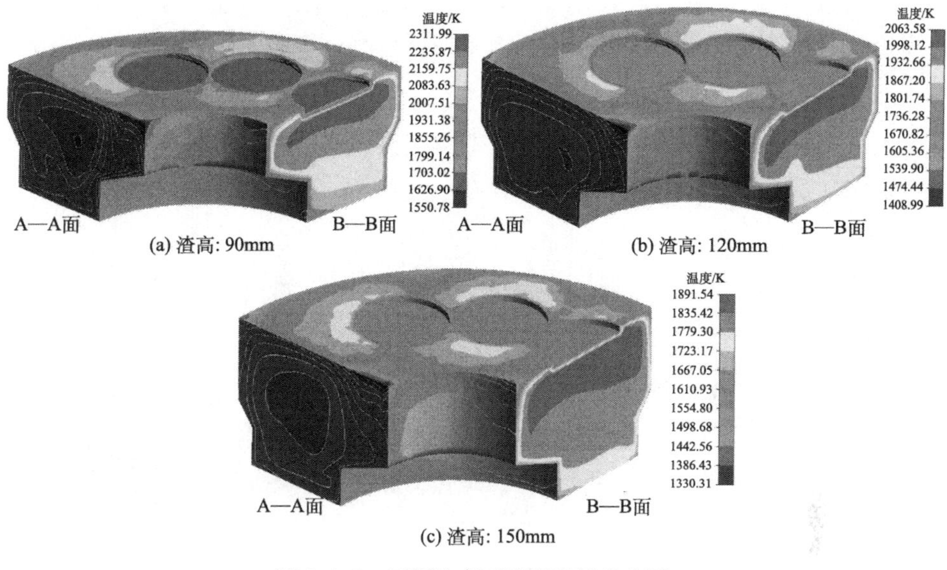

(a) 渣高: 90mm　(b) 渣高: 120mm　(c) 渣高: 150mm

图 8.107　不同渣高下的温度场分布图

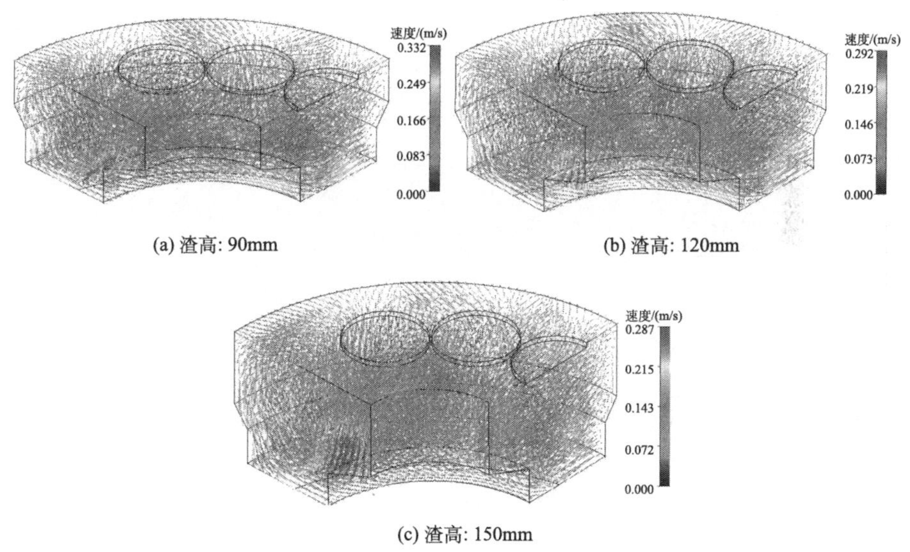

(a) 渣高: 90mm　(b) 渣高: 120mm　(c) 渣高: 150mm

图 8.108　不同渣高下的速度场分布图

图 8.109(a)、(b)、(c)分别是渣高为 90mm、120mm 和 150mm 时铸锭的温度分布图。从图中可以看出，B—B 界面一侧的高温区要大于 A—A 面的高温区。当渣高为 90mm 时，铸锭的最高温度为 2085.5K；当渣高为 120mm 时，铸锭的

最高温度为 1873.7K；当渣高为 150mm 时，铸锭的最高温度为 1753.5K。由此可得出结论，随着渣高的增加，铸锭温度逐渐减小，即渣高增高，渣-金属界面的温度降低。

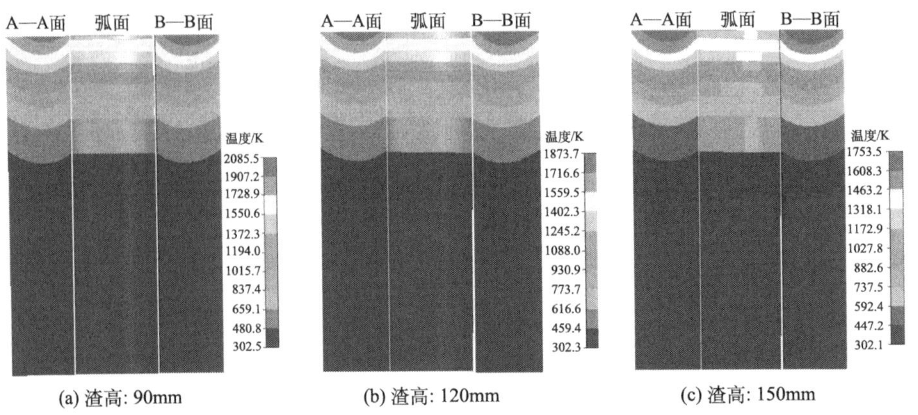

图 8.109　不同渣高下铸锭的温度分布

图 8.110 直观地显示出了不同渣高时金属熔池的形状：渣高 90mm 时，金属熔池液相线深度为 73mm，固相线深度为 87mm；渣高 120mm 时，金属熔池液相线深度为 60mm，固相线深度为 75mm；渣高 150mm 时，金属熔池液相线深度为 40mm，固相线深度为 55mm。由此可见，渣高减小，金属熔池变深。

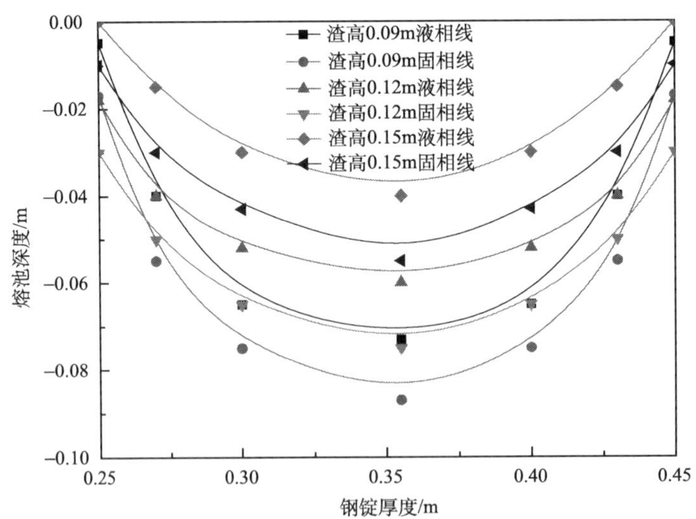

图 8.110　纵截面的金属熔池形状

图 8.111 为不同渣量对金属熔池形状的影响。由图可知，渣池每加深 30mm，金属熔池变浅 10～25mm。虽然金属熔池越浅平越好，但 150mm 时的熔池深度太浅，不利于良好表面质量的形成，所以本节认为取渣池高度为 120mm 最好。

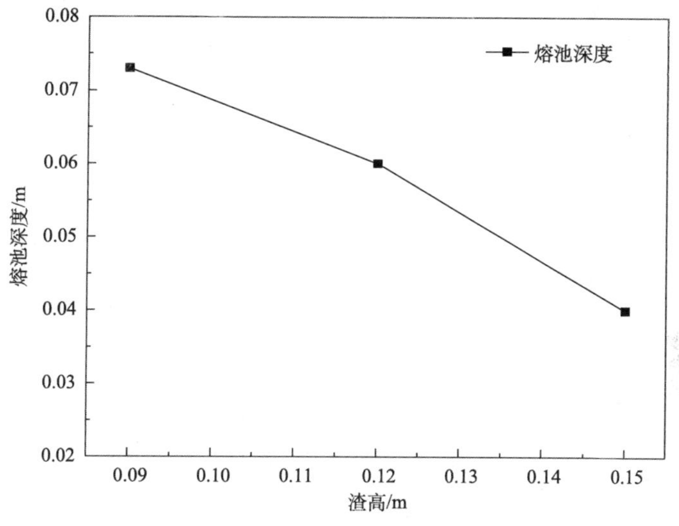

图 8.111　渣高对金属熔池形状的影响

2. 电极插入深度

研究在渣池深度为 120mm、电极直径为 160mm，十电极布置方式，通过改变电压来改变电极插入深度，进而确定电极插入深度对金属熔池形状的影响。对于大型电渣炉，本节中电压与电极插入深度的关系按表 8.17 计算。

表 8.17　电压与电极插入深度的对应值

电压/V	电极插入深度/mm
66	10
65	20
64	30

图 8.112 直观地显示出了不同插入深度时金属熔池的形状：电极插入深度为 10mm 时，金属熔池液相线深度为 60mm，固相线深度为 75mm；电极插入深度为 20mm 时，金属熔池液相线深度为 65mm，固相线深度为 77mm；电极插入深度为 30mm 时，金属熔池液相线深度为 70mm，固相线深度为 87mm。由此可

见，插入深度增加，金属熔池变深。

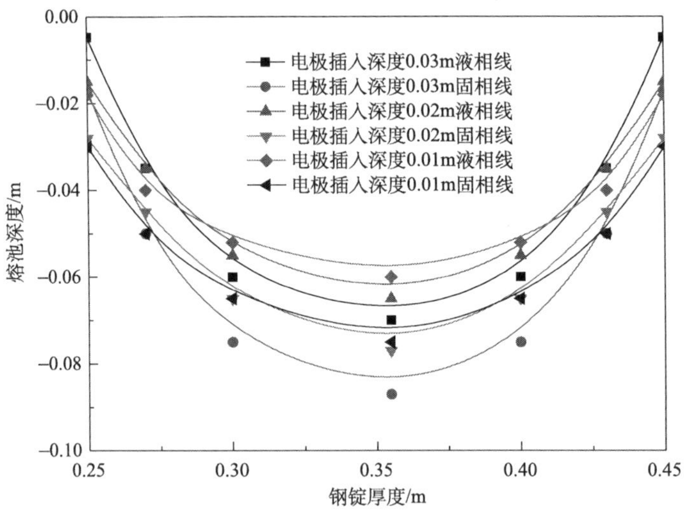

图 8.112　纵截面的金属熔池形状

图 8.113 为不同插入深度对金属熔池形状的影响规律。由图可知，随电极插入深度的增加，熔池深度也随之加深。

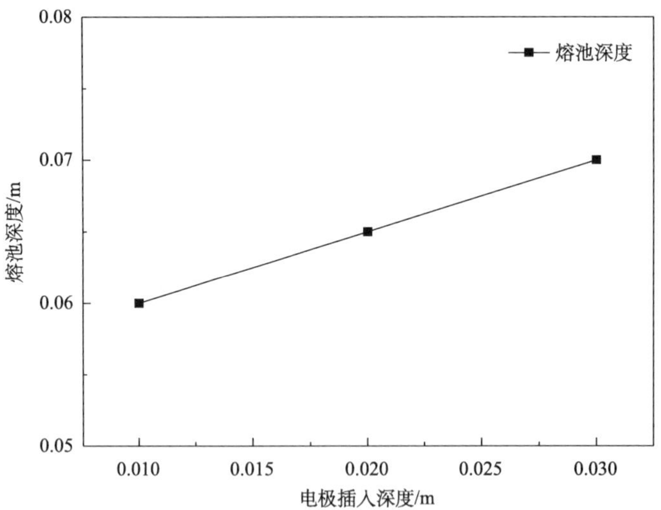

图 8.113　不同插入深度对金属熔池形状的影响规律

3. 供电方式

研究在向电渣重熔系统内输入 1400kW 功率、渣池深度为 120mm、电极插入深度为 10mm、电极直径为 160mm 时，采用不同供电方式对金属熔池形状的影响。

图 8.114 为金属熔池深度。由图可以看出，金属熔池呈现出抛物线形状，越靠近两侧的结晶器壁，金属熔池深度越浅。固液两相区的宽度也呈现出越靠近两侧的结晶器壁，宽度越窄的规律，这是由于空心钢锭受到两侧内外结晶器同时的冷却作用，所以越靠近两侧的结晶器壁，钢锭凝固越快。采用导电结晶器的情况下，金属熔池最大深度为 47 mm；采用非导电结晶器的情况下，金属熔池最大深度为 60 mm。采用导电结晶器情况下的熔池形状比非导电结晶器情况下的金属熔池形状更为浅平，有利于形成良好的表面质量。

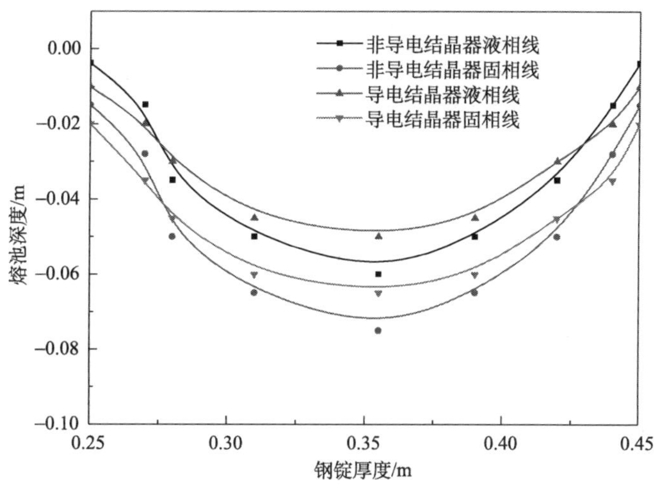

图 8.114　不同导电方式下的金属熔池深度

图 8.115 为 A—A 面和 B—B 面的金属熔池形状。由于本研究的模型为 1/4 对称模型，所以截取两个不同的截面 A—A 和 B—B 面的金属熔池形状进行对比。由于 A—A 面上方没有自耗电极，而 B—B 面上方与自耗电极直接接触，渣池温度相对较高，导致 B—B 面上的金属熔池更深；同时采用导电结晶器的情况下，渣池的 A—A 面和 B—B 面的金属熔池形状均比非导电结晶器工况下的金属熔池形状更加浅平，如图 8.115(a)和(b)所示。这也证实了采用导电结晶器均可使空心钢锭各个截面金属熔池形状更加浅平，对提高钢锭的凝固质量和表面质量非常有利。

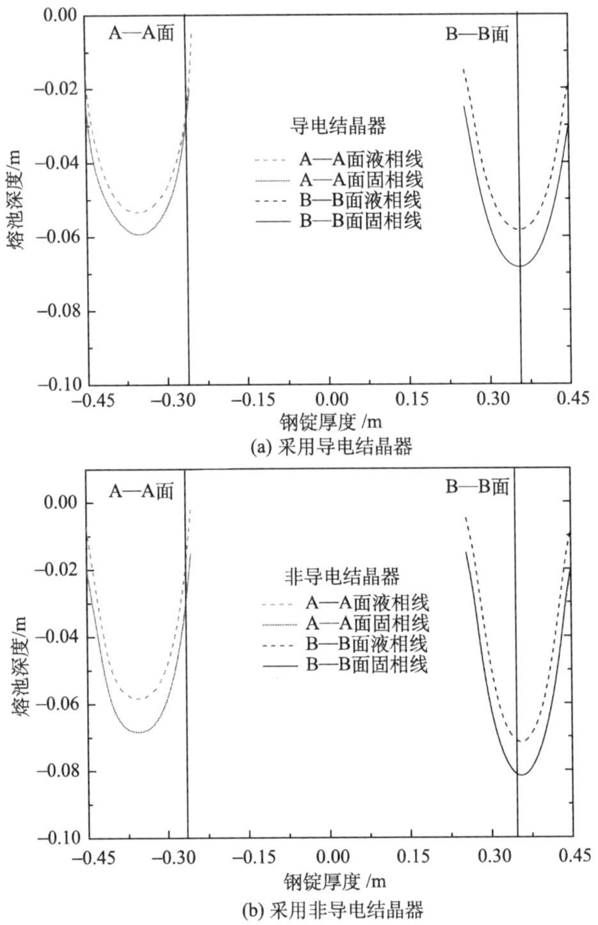

图 8.115　A—A 和 B—B 面的金属熔池形状

参 考 文 献

[1] 李正邦. 电渣熔铸. 北京：国防工业出版社，1981.

[2] 姜周华. 电渣冶金的物理化学及传输现象. 沈阳：东北大学出版社，2000.

[3] 饶磊，张莹，耿茂鹏. 工艺参数对电渣熔铸熔滴形成过程的影响研究. 铸造技术，2010，31(2)：154～157.

[4] 李宝宽，王博. 电渣重熔过程渣/金界面行为的模拟. 材料与冶金学报，2012，11(4)：268～273.

[5] Wang Q，He Z，Li B K，et al. A general coupled mathematical model of electromagnetic phenomena，two-phase flow，and heat transfer in electroslag remelting process including conducting in the mold. Metallurgical and Materials Transactions B，2014，45(6)：

2425～2441.

[6] Kharicha A, Ludwig A, Wu M. 3D simulation of the melting during an industrial scale electro-slag remelting process. Proceedings of the 2011 International Symposium on Liquid Metal Processing and Casting. Nancy, 2011: 41～48.

[7] Kharicha A, Ludwig A. Influence of an imposed vertical current on the droplet formation during a melting process. The 7th International Conference on Multiphase Flow (ICMF). Tampa, 2010: 1～4.

[8] Kharicha A, Ludwig A, Wu M. On melting of electrodes during electro-slag remelting. ISIJ International, 2014, 54(7): 1621～1628.

[9] Jardy A, Ablitzer D, Wadier J F. Magnetohydronamic and thermal behavior of electroslag remelting slags. Metallurgical Transactions B, 1991; 22(1): 111～120.

[10] Kharicha A, Schützenhöfer W, Ludwig A, et al. On the importance of electric currents flowing directly into the mould during an ESR process. Steel Research International, 2008, 79(8): 632～636.

[11] Weber V, Jardy A, Dussoubs, B, et al. A comprehensive model of the electroslag remelting process: Description and validation. Metallurgical and Materials Transactions B, 2010, 40(3): 271～280.

[12] Kharicha A, Ludwig A, Wu M. Thermal state of the electrode during the electroslag remelting process. Proceedings of the 2011 International Symposium on Liquid Metal Processing & Casting. Nancy, 2011: 73～80.

[13] Kharicha A, Ludwig A, Wu M. Droplet formation in small electroslag remelting processes. Proceedings of the 2011 International Symposium on Liquid Metal Processing & Casting. Nancy, 2011: 113～120.

[14] 范金席. 电渣重熔过程熔滴行为的数值模拟. 沈阳：东北大学硕士学位论文，2014.

[15] Dilawari A H, Szekely J. Heat transfer and fluid flow phenomena in electroslag refining. Metallurgical Transactions B, 1978, 9(2): 77～87.

[16] Dong Y W, Jiang Z H, Li Z B. Mathmatical model for electroslag remelting process. ISIJ International, 2007, 14(5): 7～12.

[17] Klyuev M M, Shpitsberg V M. Removal and formation of non-metallic inclusions in metal produced by electro-slag remelting. Stalhl(in English), 1969, 2(2): 168～171.

[18] Campbell J. Fluid flow and droplet formation in the electroslag remelting process. International Journal of Metals, 1970, 22(7): 23～35.

[19] Makropoulos K, Winterhager H. Effect of electromagnetic fields on drop formation in the electroslag-remelting process. Archiv Fuer Das Eisenhuettenwesen, 1976; 47 (4): 211～216.

[20] Kojima Y, Kato M, Toyoda T, et al. A model study on the melting phenomena of consumable electrode in electroslag remelting process. Proceedings of the Fourth International Symposium on Electroslag Remelting Processes. Tokyo: The Iron and Steel Institute of Ja-

pan，1973：35～44.

[21] Gammal T El，Hagen Von I，Mullenberg R. The role played by the electric current on metal droplet formation in the ESR process. Proceedings of the Fourth International Symposium on Electroslag Remelting Processes. Tokyo：The Iron and Steel Institute of Japan，1973：45～54.

[22] 傅杰，陈恩普，朱觉. 电渣重熔过程中渣池内的电弧放电现象. 金属学报，1965，8(1)：8～16.

[23] Kharicha A，Ludwig A，Wu M. Simulation of the melting of a flat electrode during an electro-slag remelting process. Ladle and Vacuum Treatment. Düsseldorf，2011：1～5.

[24] Korousic B. Drop formation in the electroslag remelting process. Archiv Fuer Das Eisenhuettenwesen，1976，47(5)：283～288.

[25] Murgas M，Chaus A S，Pokusa A，et al. The electroslag remelting of high-speed steel using a magnetic field. ISIJ International，2000，40(10)：980～986.

[26] Kharicha A，Wu M，Ludwig A，et al. Influence of the frequency of the applied AC current on the electroslag remelting process. CFD Modeling and Simulation in Materials Processing. Florida，2012：139～146.

[27] 拉巴布，肖泽强. 锥顶液滴形成机理的研究. 化工冶金，1988，9(4)：79～85.

[28] Medovar L B，Tsykulenko A K，Saenko V Y，et al. New electroslag technologies. Proceedings of Medovar Memorial Symposium. Kyiv：Elmet-Roll Medovar Group Company，2001：49.

[29] 邓鑫. 连铸式液态电渣浇注工艺开发及数学模拟研究. 沈阳：东北大学博士学位论文，2013.

[30] Dong Y W，Jiang Z H，Medovar L，et al. Temperature distribution of electroslag casting with liquid metal using current conductive ring. Steel Research International，2013，84(10)：1011～1017.

[31] 郑立春，董艳伍，姜周华，等. 电渣液态浇注空心钢锭的数值模拟. 东北大学学报(自然科学版)，2012，33(8)：1162～1166.

[32] Dong Y W，Li Z B，Jiang Z H，et al. Mathematical modelling of producing hollow ingot by electroslag casting with liquid metal. Ironmaking and Steelmaking，2013，40(2)：153～158.

[33] 刘福斌. 电渣连铸过程的数学模拟及铸坯质量控制. 沈阳：东北大学博士学位论文，2009.

[34] Choudhary M，Szekely J. Modeling of fluid flow and heat transfer in industrial-scale ESR system. Ironmaking and Steelmaking，1981，8(5)：225～232.

[35] Dilawari A H，Szekely J. A mathematical model of slag and metal flow in the ESR process. Metallurgical Transactions B，1977，8(2)：227～236.

[36] Hoyle G. Electroslag Process Principle and Practice. London and New York：Applied Science Publishers，1983.

[37] 郑立春. 液态电渣浇注空心钢锭的数值模拟. 沈阳：东北大学硕士学位论文，2011.

[38] Kudo T, Kawashima S, Kurahashi R. Development of monoblock type high-carbon high-alloyed rolls for hot-rolling mills. ISIJ International, 1992, 32(11): 1190~1193.

[39] Hashimoto M, Otomo S, Yoshida K, et al. Development of high-performance roll by continuous pouring process for cladding. ISIJ International, 1992, 32(11): 1202~1210.

[40] Kang Y J, Oh J C, Lee H C, et al. Effects of carbon and chromium additions on the wear resistance and surface roughness of cast high-speed steel rolls. Metallurgical and Materials Transactions A, 2001, 32A(10): 2515~2525.

[41] Medovar B I, Medovar L B, Tsykulenko A K, et al. Electroslag processes without consumable electrodes. Proceedings of the International Symposium on Liquid Metal Processing and Casting. Santa Fe, 1997.

[42] Dong Y W, Zhang X F, Jiang Z H, et al. Mathematical modeling of electroslag casting with liquid metal. Proceedings of the 2011 International Symposium on Liquid Metal Processing & Casting. Nancy, 2011: 105~112.

[43] 李万明，姜周华，耿鑫，等. 电渣液态浇注新工艺制备高质量低成本复合轧辊. 特殊钢，2012, 33(6): 12~15.

[44] Rao L, Wang S J, Zhao J H, et al. Experimental and simulation studies on fabricating GCr15/40Cr bimetallic compound rollers using electroslag surfacing with liquid metal method. International Journal of Iron and Steel Research, 2014, 21(9): 869~877.

[45] 李万明，姜周华，董艳伍，等. 复合轧辊界面理论研究的现状. 材料与冶金学报，2011, 10(S1): 77~80.

[46] Takeuchi E, Zene M. Novel continuous casting progress for clad steel slabs with level DC magnetic field. Ironmaking and Steelmaking, 1997, 24(3): 257~263.

[47] Sano Y, Hattori T, Haga M. Characteristics of high-carbon high speed steel rolls for hot strip mill. ISIJ International, 1992, 32(11): 1194~1201.

[48] 臧喜民. 电渣连铸技术的开发及工艺研究. 沈阳：东北大学博士学位论文，2007.

[49] Joshi S V. Thesis, University of British Columbia, 1971.

[50] 耿鑫. 大型板坯电渣重熔工艺及质量控制研究. 沈阳：东北大学博士学位论文，2009.

[51] 侯少良. 电渣重熔金属熔池深度的实用测定方法. 上海金属，2004, 26(11): 59~60.

[52] 景馨. 电渣重熔空心钢锭过程的数值模拟. 沈阳：东北大学硕士学位论文，2014.

第 9 章　电渣锭常见质量问题

电渣产品以其优良的冶金反应条件及特殊的结晶方式有着其他炼钢方法所不能替代的优越性。但是，由于电渣设备、工艺以及操作等不合理会导致电渣产品存在一些常见的质量问题，尤其是电渣锭的大型化，其问题更加突出。因此，如何有效地控制大型电渣产品的内、外部质量就显得尤为重要。

9.1　电渣锭的表面质量

9.1.1　电渣重熔钢锭表面的主要缺陷[1]

1. 波纹或者褶皱

当自耗电极的熔化速度不够大时或功率不足时，会在铸锭圆周方向上出现波纹，并常伴有渣皮过厚。对于截面尺寸较小的铸锭，主要发生在铸锭下部；对于截面尺寸较大的铸锭，则整支铸锭从上至下都有，如图 9.1 所示。

图 9.1　铸锭下部典型表面质量

另外，控制参数不合理，靠近电渣锭外表面位置功率供给不足，在重熔某些黏度相对较大、流动性较差的钢种时，电渣锭表面容易出现较大的褶皱，如图 9.2 所示。

图 9.2　电渣锭表面严重的褶皱缺陷

2. 重皮或漏渣

重皮或漏渣主要在铸锭中上部，当渣-金属界面温度过高时出现，抽锭式电渣重熔操作时容易发生，如图 9.3 所示。主要原因为：重熔后期，渣-金属界面温度过高从而导致渣皮破裂或完全熔化，钢液或渣液从中流出；渣系熔点较低，渣系的塑性及强度较差，在结晶器移动过程中，由于受到滑动摩擦力而破裂；结晶器锥度较小，铸锭与结晶器间隙过大，结晶器对铸锭冷却不良；充填比过大，自耗电极与结晶器距离较小，在靠近结晶器侧，滴落的熔滴带入大量热量；另

图 9.3　典型铸坯重皮、漏渣缺陷

外，渣量过小导致渣池温度升高，也易出现重皮或漏渣。

3. 凹陷或铸锭不饱满

这类缺陷在渣系中 Al_2O_3 含量较高时出现，与结晶器接触的渣皮中几乎全为高熔点的纯 Al_2O_3，如图 9.4 所示。

图 9.4　典型铸坯凹陷缺陷

4. 渣沟

根据电渣锭成型原理，金属液面在上升过程中，如果已凝固渣皮重新熔化不足，会造成该处渣皮偏厚，凝固的金属坯壳平面就会低于下部已形成的锭体表面，表现为锭体内凹；反之，如果已凝固渣皮重新熔化过度，则会造成渣皮偏薄，凝固的金属坯壳平面就会高出其下部已形成的锭体平面，表现为锭体外凸。一旦发生上述情况，锭体表面就会形成渣沟。典型的锭体表面渣沟现象如图 9.5[2]所示。

9.1.2　影响电渣锭表面质量的因素

影响电渣锭表面质量的因素较多，既包括供电工艺因素，也包括基本工艺参数的选择因素，还包括一些控制目标因素。

1. 渣系对电渣锭表面质量的影响

不同成分的渣系性能不同，在电渣重熔时对电渣锭表面质量会产生不同的影响。渣系对电渣重熔过程的影响是多方面的，既有对铸锭洁净度质量的影响，也

图 9.5　锭体表面渣沟

有对生产电耗和生产效率的影响，更有对电渣锭表面质量的影响。渣系对电渣锭表面质量的影响主要体现在熔点、黏度和过程稳定性上，因为这些性质不仅影响初始渣皮的形成，而且与电渣锭成型过程中渣皮重新熔化的效果直接相关，并最终体现在渣皮厚度的变化上。

渣皮厚度是影响电渣重熔锭表面质量的重要因素之一。当渣皮厚度保持不变或变化很小时，锭表面成型较好且光滑；当锭表面的某一部分渣皮厚度发生剧变时，则在该部位发生渣沟、重皮和漏渣等铸锭表面缺陷。

在抽锭式电渣重熔过程中，由于铸锭与结晶器相对移动容易产生渣池中温度场的波动，这种温度场的频繁变化将对渣皮厚度的均匀性产生不利影响，这就要求在抽锭式电渣重熔过程中使用具有适当低的黏度及良好的黏度稳定性的渣系。渣系黏度低而稳定性好的渣，可获得厚度均匀的渣皮，从而有利于钢锭表面质量的提高。反之，渣黏度随温度变化产生突变，当渣池中温度场变化时，渣皮就会突然增厚或变薄，锭表面则易出现渣沟、波纹、重皮和漏渣等表面缺陷。

在抽锭式电渣重熔生产过程中，结晶器与铸锭做相对移动，固态渣皮承受来自结晶器壁和钢锭表面两方面的摩擦阻力。在这个阻力作用下，渣皮容易发生脆性断裂，使钢液或渣液从熔池中流出，形成重皮、漏渣等表面缺陷，导致铸锭表面质量恶化。因此，要求固态渣皮在高温下应有合适的摩擦系数、强度及塑性。

梁连科[3]给出了渣系成分对含 CaF_2 渣系与结晶器间静摩擦力和动摩擦力的影响。结果指出，当 SiO_2 含量增加时，摩擦阻力减少；当 Al_2O_3 含量增加时，摩擦阻力增大。

于仁波[4]等指出，渣的组成和岩相结构对渣的高温力学性能有较大影响，当渣中加入适当的 Al_2O_3 和 MgO 后，渣中存在高硬度、高熔点矿相，如尖晶石和黄长石。这类矿物在高温下(1200℃)不易变形，可在渣中起强化作用，提高渣的强度；同时，渣中这些强化相的分布形态也很重要，只有当它们均匀分布且尺寸较细时，才能使渣强度提高。同时于仁波还指出，当向渣中加入 SiO_2时，容易生成易发生塑性变形的矿物、非晶质矿物和低熔物相，这些物相在高温应力作用下，容易产生变形或软化，从而提高渣的塑性变形能力。而且 SiO_2可以抑制其他矿物的长大，使一些高硬度质点以细小形式弥散分布在基体中，改善了渣的高温强度和塑性。

2. 输入功率对铸坯表面质量的影响

熔池的输入功率不足，导致渣池温度偏低，将影响自耗电极熔化速度和渣皮的厚度及其均匀性。为保证电渣过程顺利进行并获得良好的表面质量，输入系统的功率往往有一个最低限值。而功率则最终体现在电流和电压的参数设置上，在同样的功率情况下，电流和电压对铸锭表面质量的影响也不尽相同。电渣重熔过程中，电流对铸坯表面质量的影响是复杂的。一般认为，电流、电压过低，熔渣温度降低，渣皮过厚造成钢锭表面凸凹不平。电流电压的波动都会引起铸坯表面质量的变化，但电流与电压相比，一般电压对铸坯表面质量的影响更为明显，这一点在图 5.19 的数据中可以明显地看出。

3. 电极直径(充填比)对铸坯表面质量的影响

在传统电渣重熔中，一般认为，大充填比重熔，电极末端的形状由圆锥形向平面(甚至凹面)转变。由于渣面辐射热损失减少，在渣池中向电极的传热比例增加，再加上渣池电流分布和温度分布的均匀化，在相同熔速下，熔池上部圆柱段高度明显增加，熔池形状变得浅平，有利于表面质量和结晶质量的改善。然而在大型电渣重熔过程中，大充填比重熔导致自耗电极与结晶器距离较小，在靠近结晶器侧，滴落的熔滴带入大量热量，易出现重皮或漏渣等表面缺陷。因此 Schumann 和 Ellebrecht[5]指出，在抽锭式操作中，建议采用比固定式电渣重熔更小的充填比。

4. 熔速对铸锭表面质量的影响

熔速作为金属熔池形成的直接要素，对其形状及深度具有重要影响。当熔速偏低时，熔化的金属液对金属熔池填充不足，导致金属液面无法充分展开，造成熔池无圆柱段，或虽然形成圆柱段，但其高度不够，结晶器壁的静压力小，使得结晶器壁上的渣皮熔化量不足，就有可能产生渣沟、波纹等表面质量缺陷。

9.1.3 提高铸锭表面质量的措施

(1) 在保证电渣锭内部质量和生产顺行的前提下，适当提高熔速，避免低熔速持续时间较长。

(2) 采用有载无级调压的变压器，熔炼过程中及时调整电压，减轻电网波动产生的电压、电流不稳定现象对熔速的影响，保持熔速稳定。

(3) 优化渣系，使渣系熔点靠近低共熔点，黏度适中，选用优质原料，实施合理的脱氧制度，使渣系在生产过程中相对稳定。

(4) 采用合适的充填比，减少渣池的径向散热，提高电效率和热效率，一般面积充填比推荐为 0.55～0.65。

(5) 控制合理的进出水温度，有利于铸锭表面质量的提高。

(6) 强化工艺参数的稳定控制，最好采用全自动控制系统，以避免人为因素的干扰。

9.2　铸锭的内部质量

9.2.1　元素偏析

1. 元素偏析倾向

与其他方法生产的钢锭相比，电渣重熔电渣锭的元素偏析倾向大大降低。图 9.6为传统浇铸法和电渣重熔法制备的 H13 铸锭内部 Cr 和 Mo 元素的偏析情况，从结果可以看出，电渣重熔的元素偏析明显减轻。

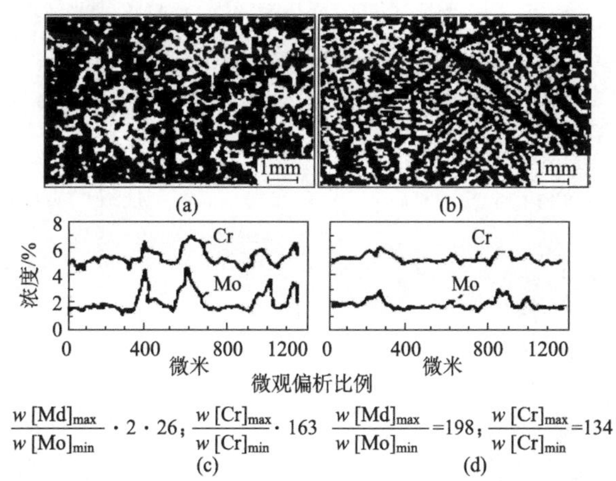

图 9.6　传统浇注法与电渣重熔制备的铸锭元素偏析情况

但是在电渣重熔大型钢锭时，元素的偏析程度明显增加，这主要是由于结晶器中的冷却水冷却能力有限，对电渣锭中心区域作用较弱，造成钢液的局部凝固时间大幅度提高，从而增加了元素的偏析程度。尤其是所重熔材料中含有较多的易偏析元素，并有一定碳含量存在时，就比较容易出现大颗粒的碳化物偏析。电渣重熔高速钢、模具钢、轴承钢等产品时，就非常容易出现碳化物的液析，从而加大元素的偏析程度，尤其是显微偏析程度。这些大颗粒的碳化物在后期的加工及热处理过程中也不能完全消除。另外，在电渣重熔含 Nb 的高温合金时，由于 Nb 的偏析，铸锭中容易出现含有 Nb 元素的脆性 Laves 相，从而影响合金的性能。因此，凝固环节对元素的偏析程度进行有效控制是至关重要的。

在电渣重熔大型板坯锭时，由于板坯端面尺寸大，也非常容易产生元素偏析。例如，新日铁八幡厂在电渣重熔厚度为 510mm 的板坯时发现，熔速快时，铸锭冷却速度不足，易出现类似于连铸坯中“V”形偏析的带状偏析。

文献[6]指出低熔化率和深渣池操作都有利于降低金属熔池深度和液态金属的运动，利用低熔化率的方法可以显著降低偏析，但当熔速过低时锭表面会出现波纹等严重的表面缺陷。利用深渣池操作可降低偏析的程度，但不能完全去除，另外会导致电耗显著增加。

八幡厂采用二次喷雾冷却来加强冷却效果的方法去除偏析，实践证明利用此方法抑制偏析效果显著。图 9.7 和图 9.8 是采用二次冷却板坯前后的纵剖面低倍组织图，从图中可以看出，对铸坯采用二次冷却后，熔池深度及两相区宽度都有大幅度下降。

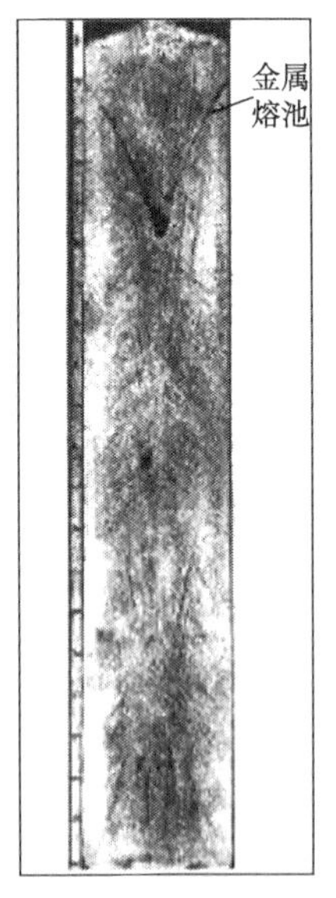

图 9.7 八幡厂没有采用二次喷雾冷却 510mm 板坯的纵剖面低倍图

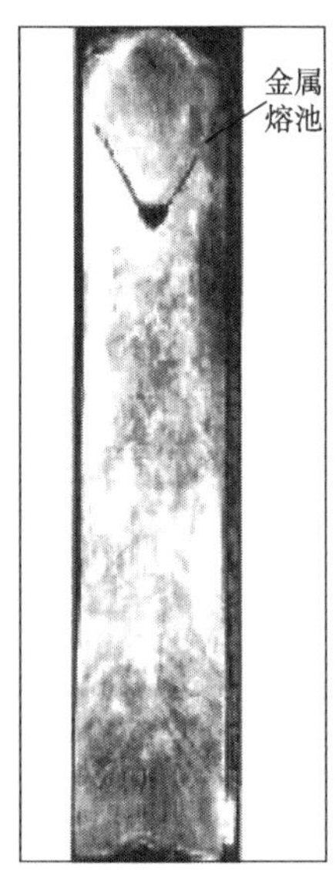

图 9.8 八幡厂采用二次喷雾冷却 510mm 板坯的纵剖面低倍图

从实验结果来看，除了个别元素的某些位置达到宏观偏析率在 0.86～1.12，大部分元素的偏析率都能够控制在 0.95～1.05。

2. 元素偏析的控制

一般对电渣锭的元素偏析控制普遍采用降低自耗电极熔速的方法，以期控制金属熔池的形状和尺寸，达到降低元素偏析的目的。事实上，铸锭中元素的偏析程度与铸锭凝固时的局部凝固时间密切相关。

图 9.9 是直径近 1000mm 的铸锭表面到铸锭中心局部凝固时间的数值计算结果。从图中可以看出，铸锭表面的局部凝固时间最短，铸锭中心最长，而局部凝固时间越长，元素偏析的倾向性越大，随着钢锭高度越高，底水箱对中心的冷却能力也会减弱，会增加铸锭中心的局部凝固时间。铸锭表面到中心的局部凝固时间变化如图 9.10 所示。

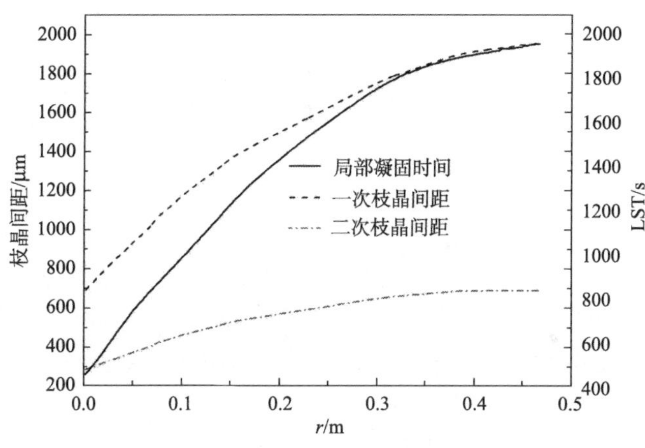

图 9.9　局部凝固时间与枝晶间距的关系

然而，单纯地降低熔速并不能很好地解决元素偏析问题。对于重熔特定尺寸的合金，合理的工艺参数是非常必要的。熔速过高则会产生斑点，如图 9.11 所示；熔速过低则会产生大量的凝固白点缺陷，钢锭底部更为严重，如图 9.12 所示。

研究[7]表明，较低熔速下所形成的相对浅平的静止熔池，有利于 Nb 元素在枝晶间的富集，而在相对较高熔速时，熔池处于紊流状态下，具有较好的搅拌条件，从而促使成分更加均匀。图 5.11 和图 5.12 分别展示了电渣重熔 300mm 和 508mm 直径的钢锭时，熔速与局部凝固时间的关系。从图中可以看出，在熔速较低时，局部凝固时间随着熔速的增加而降低，而当局部凝固时间达到最低的极值后，随着熔速增加，局部凝固时间开始增加。

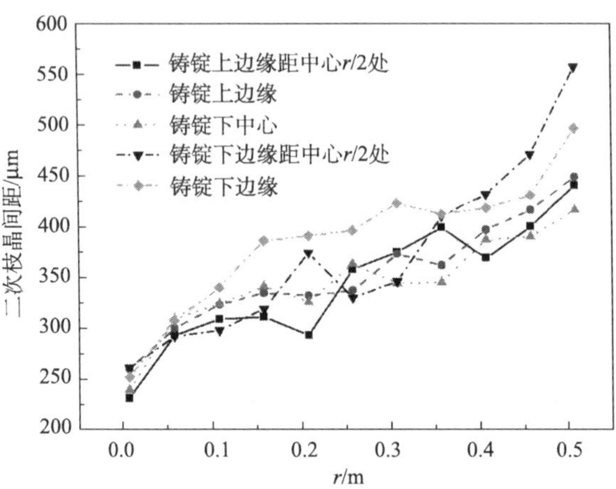

图 9.10　二次枝晶间距沿半径方向上的变化

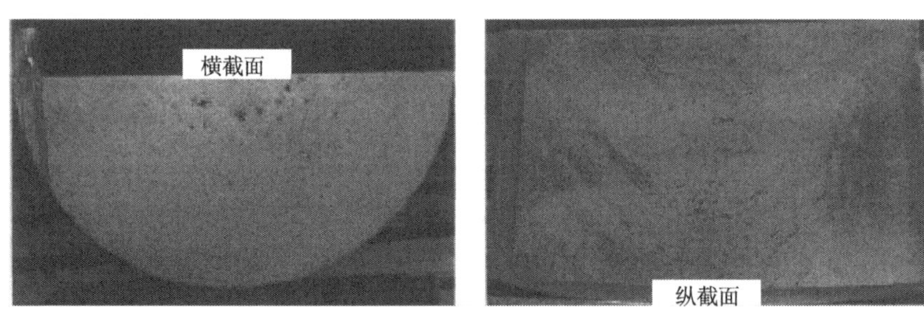

图 9.11　过高熔速时 710mm 直径的 718 合金钢锭截面和纵向剖面所出现的斑点

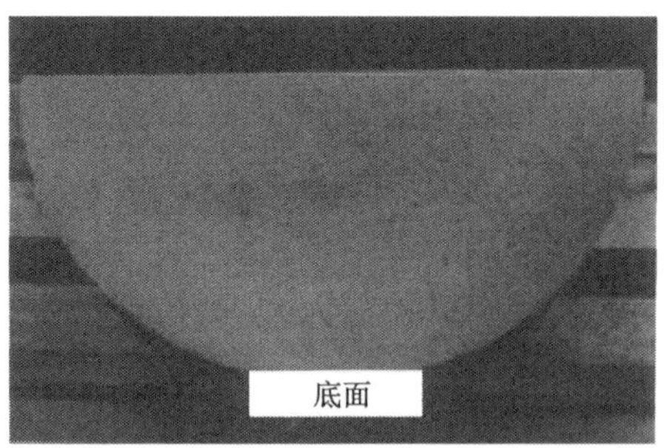

图 9.12　过低熔速时 710mm 直径的 718 合金钢锭底部所出现的凝固白点

从以上结果可知，控制电渣锭元素的偏析实质上是要控制局部凝固时间，而局部凝固时间的控制需要从多个方面综合入手，包括熔速、供电工艺参数、冷却条件等。

9.2.2　夹渣或者富集性夹杂缺陷

1. 缺陷的形式及原因分析

电渣锭夹渣或者富集性夹杂缺陷主要有以下几种形式：重熔过程电极崩块带来的夹渣、工艺参数设定不合理、外来固体渣进入熔池而产生的夹渣、夹杂物在钢锭亚表层的大量富集。

(1)重熔过程电极崩块带来的夹渣。这种缺陷主要发生于高速钢重熔上，由于高速钢自身导热系数低，在凝固和重熔过程中产生很大的组织应力和热应力，所以电极在重熔过程中极易产生脆断崩裂。如果断裂后进入渣池的电极块较大，则很容易在经过渣池进入熔池时裹渣，被裹进熔池的渣壳随着熔池逐层凝固而嵌于组织内部，形成夹渣。崩块夹渣容易在钢锭组织内部形成异质组织，在进行锻造和轧制过程中产生裂纹，而且崩块现象多发生在重熔初期，亦产生在钢锭大头部位。

(2)由于工艺参数设定不合理。如果在电渣重熔过程电流和电压设定过低，导致重熔过程渣池过热度和熔池温度偏低，钢液和熔渣黏度大、流动性变差，这样不利于夹杂物及固体渣块的上浮。重熔过程中如果有固态渣块进入渣池，一是这些渣块不易熔化，二是渣块很容易随金属液滴一起被带进熔池。那么所带进的渣块就不易上浮，而是和黏稠的钢液一起凝固在组织中，造成钢锭亚表层及内部夹渣。这种夹渣一般没有异质金属组织，因此在锻造和轧制过程中不易产生开裂而很难被发现。通常这种夹渣出现面积较大，危害很大。

(3)电极凝固缩孔产生的夹渣。模铸是制备电渣重熔用自耗电极最传统的方法。在模铸时，由于液态金属的凝固收缩，往往会在凝固冒口端形成一个较深的大缩孔，并且浇注用保护渣也容易残留其中。在电渣重熔时，其中的保护渣脱落进入金属熔池，随着熔池凝固，保护渣不能完成上浮而残留其中，就形成了最终的电渣锭夹渣缺陷。

(4)电渣补缩产生的夹渣。大型电渣重熔后期往往要进行补缩操作，在补缩操作后期，液态熔渣容易被最终钢锭凝固时的缩孔吸入钢中而夹渣。

(5)钢锭的亚表层夹渣或者夹杂。亚表层夹渣缺陷主要产生在距离钢锭大头300mm 范围内。其产生原因主要是重熔采用液渣启动，开始倒渣时黏附于结晶器内表面的大片固体渣块在熔炼过程中落下，穿过渣池进入熔池后没有足够的热量使其熔化，从而使渣块随钢液一起凝固在钢锭中，形成亚表层夹渣。亚表层夹杂缺陷的产生主要是由于靠近结晶器内壁部分液态金属的流动性相对较差，而液态金属熔池中的夹杂物在钢液流动作用下容易富集于该区域，从而形成最终的电渣锭亚表层夹杂缺陷。

2. 缺陷的控制

通过对上述钢锭缺陷的分析，特提出以下几种可能起到效果的控制方法。

(1) 制定合理的工艺参数。根据钢种的特点制定合理的工艺参数，避免重熔热应力较大的钢种时容易出现的短时大应力集中，并且在重熔过程中要控制供电工艺参数的稳定性，避免发生大的波动。

(2) 用测温仪进行电极温度监控[8]。电极在制备过程中，存在马氏体转变，产生巨大的组织应力，采用电极预热后再重熔，使电极在 M_s 点以上停留一定时间进行组织转变，尽量减少马氏体转变的影响，并且电极热态使用，可以减少重熔初期电极和熔渣的温差，进一步减缓热应变。另外，也可以采用自耗电极事先进行去应力退火后再使用的方法，也会起到很好的效果。

(3) 优化电渣重熔补缩工艺。采用理论与实践经验相结合的方法，根据重熔锭型、渣系、钢种特点，制定出合理的电渣重熔补缩工艺。

(4) 渣系选择及夹杂物控制。电渣重熔过程的夹杂物具有一定的遗传效应，即自耗电极中夹杂物较多时，电渣重熔过程后，仍然会有较多的夹杂物残留到电渣锭中，如果自耗电极本身夹杂物较少，则电渣锭中夹杂物也会相对较少。因此，应该充分利用精炼手段，将自耗电极中夹杂物控制得尽量少。另外，要根据钢种的特点选择合适的渣系，渣系应具有合适的熔点、黏度、电导率、表面张力及较强的吸收非金属夹杂物的能力。

(5) 液渣启动问题。对于采用液渣启动操作的电渣重熔过程，液态熔渣倒入结晶器后，要注意观察结晶器内壁有无挂渣，如果有可以采用工具将其处理到液态渣池中，避免重熔过程中结晶器内壁的挂渣瞬间落下而进入金属熔池。

9.2.3 疏松和缩孔

1. 疏松和缩孔的形成

与普通模铸和连铸钢坯相比，电渣钢锭是非常致密的，经过电渣重熔后，钢锭的致密度与没有经过电渣重熔时相比，可以提高 0.33%～1.37%[9]。即使如此，电渣钢锭有时也有一定的疏松问题。疏松主要是由于钢锭形成过程中，随着温度降低，在枝晶与枝晶间位置，由于液态金属收缩和凝固收缩所造成的收缩空隙，当空隙较小时即为疏松。当电渣锭直径在 300mm 以下时，由于冷却水的强制冷却作用，铸锭的疏松倾向很小，大多数产品几乎都不存在疏松，熔炼稍大直径的钢锭，其液析、一般疏松、中心疏松评级均可以做到小于 0.5 级。但是当熔炼钢锭直径达到 800～900mm，甚至更大直径的钢锭时，其疏松级别便有所提高。图 9.13 是电渣重熔 1000mm 直径钢锭纵向截面的部分低倍组织。从图中可以明显看出，越是靠近铸锭的中心区域，其疏松情况越严重。当疏松严重到一定的程度时，就可以出现缩孔，图 9.14 所示为大型电渣锭中心区域所出现的宏观缩孔。从图中可以看出，铸锭中心的局部区域既存在聚集性的小缩孔，也存在分散的缩孔，这些缩孔的存在往往会成为夹杂物和气体聚集的地方，影响材料的力学性能。

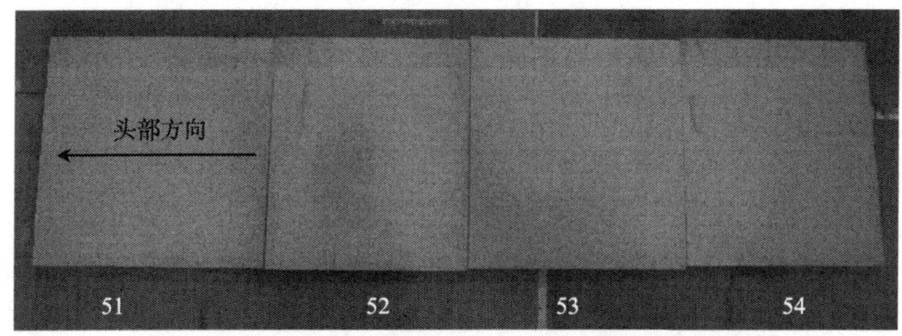

图 9.13　电渣重熔 1000mm 直径钢锭的低倍组织

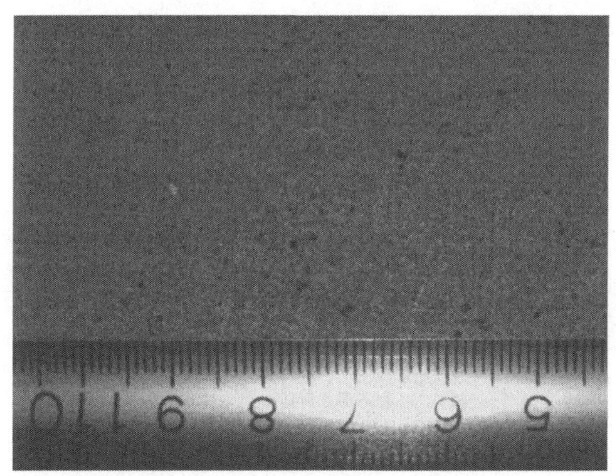

图 9.14　大型电渣锭中的宏观缩孔

2. 疏松和缩孔的控制

事实上，疏松和缩孔的控制基本思想与元素偏析控制的基本思想类似，主要是改变液态金属的凝固条件，控制液态金属的局部凝固时间。影响电渣钢锭疏松和缩孔的因素主要包括供电工艺参数、冷却条件、重熔材料本身属性及锭型尺寸等。而重熔材料收缩属性是由其本身所决定的，这个因素是无法在重熔过程中改变的，图 9.15 为钢种对缩孔的影响[10]。

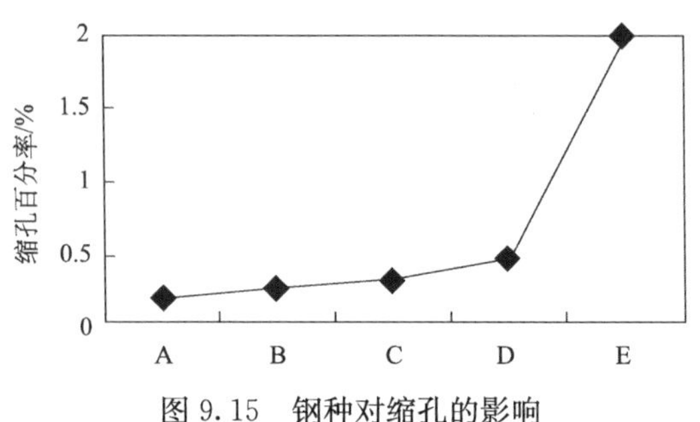

图 9.15 钢种对缩孔的影响

A：高优质碳素钢，B：优质碳素钢，C：压力容器钢，
D：普通碳素钢，E：低合金结构钢

一般来说，液态金属从高温降至室温的过程要经历液态、凝固混合和固体三种收缩。但最终的缩孔大小主要是从液态和凝固收缩决定的，固态条件下的收缩对疏松和缩孔的影响不大。对于普通浇注过程，缩孔与钢液收缩可以用如下关系表示[11]：

$$\varepsilon_V = \alpha_{体液}(t_1 - t_2) + \varepsilon_{体凝} - 1.5\alpha_{体固}(t_s - t_0)$$

式中：ε_V 为缩孔的相对体积，%；$\alpha_{体液}$ 为液体金属的体收缩系数，%/℃；t_1 为浇温；t_2 为液相点温度；t_s 为固相点温度；t_0 为室温；$\alpha_{体固}$ 为固体金属的体收缩系数，%/℃；$\varepsilon_{体凝}$ 为凝固时的体收缩系数，即从液体变成固体时的体收缩值。

由上述公式可看出，液态金属的体收缩系数及其凝固时的收缩系数越大，所形成的缩孔倾向越大。对电渣重熔过程而言，对疏松和缩孔的控制主要还是控制铸锭两相区的宽度，提高液态金属的冷却速度，缩短其局部凝固时间，从而快速凝固，并借助于电渣重熔顺序凝固的特点，由液态金属补充凝固收缩空隙，降低疏松和缩孔形成的可能性。

图 9.16 为碳含量和合金元素对钢凝固收缩的影响。碳含量增加，凝固过程中体积收缩显著增加，合金元素 Al、Si、Cr、Mn 也增加凝固体积收缩，而 Ni 和 W 增加体积收缩减少。在电渣后期补缩期间要根据钢种的收缩特性调整补缩工艺以减少电渣锭头部缩孔。

9.2.4 气孔

1. 电渣锭中的气孔

在某些情况下，将电渣钢锭在横截面方向上切开，可以发现一些钢锭中存在气孔，当气孔较少时，这些气孔通常存在于电渣锭皮下的位置，并沿着电渣锭的圆周分布，如图 9.17 所示。由于电渣重熔过程中，结晶器中冷却水的强制冷却

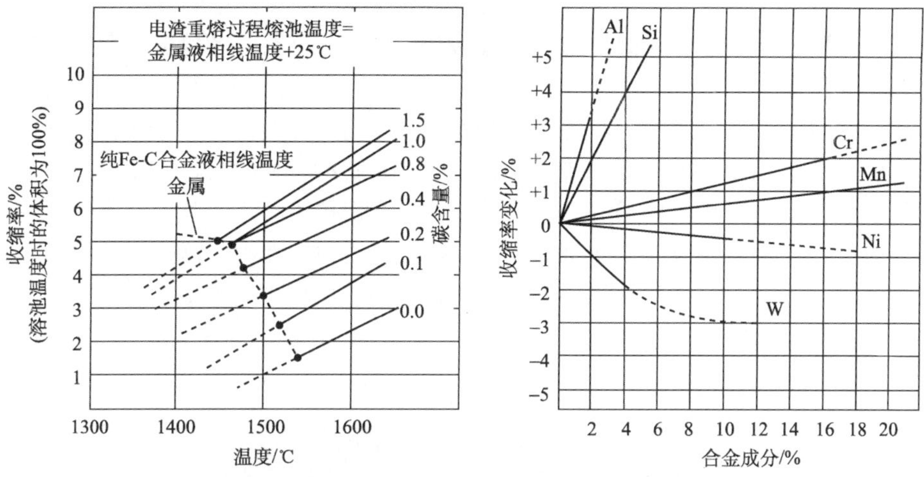

图 9.16　碳含量和合金元素对钢的凝固收缩的影响

作用，在靠近结晶器内壁处会存在一定厚度的激冷层，即钢锭表面会较早地凝固成一层坯壳，而钢液中存在的气体只能向外和向上扩散，而向外扩散被坯壳阻断，虽然有一部分能够通过向上扩散跑掉，但电渣重熔过程冷却速度较快，有一些没有来得及扩散出去的气体就会在钢中形成气孔，并且这些气孔一旦形成，就只能沿着电渣锭的纵向发展，最终导致某些气孔长度可达到 20cm 以上。

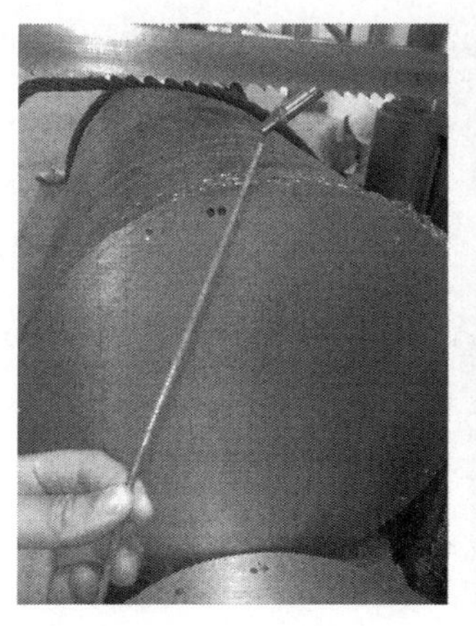
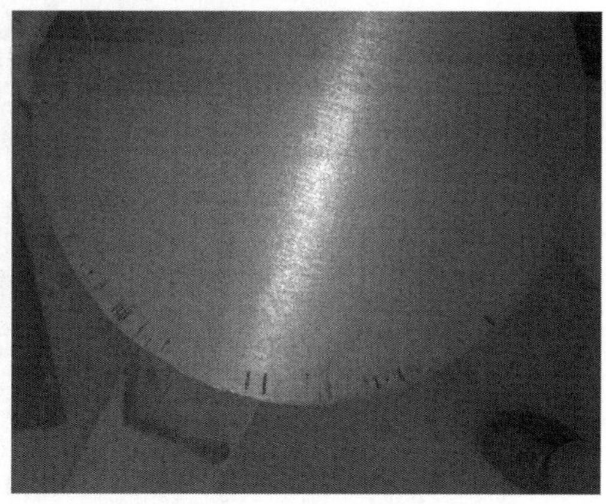

图 9.17　电渣钢锭中沿着圆周方向分布的气孔

而在某些情况下，可以发现电渣锭底部存在大面积的气孔，如图 9.18 所示，这些气孔在后续钢锭锻造加工过程中会成为裂纹发源地而导致开裂。这种钢锭中出现气孔的现象往往发生在南方地区的企业。分析其原因可以有以下几个方面：

①南方地区大气湿度大，在重熔时，大量的水气进入钢中，这一点可以从前人的研究中得到证实，即水气比单质氢在高温熔渣中具有更大的溶解度；②电渣重熔过程中使用了含有较多易结合氢化合物的渣料，尤其是含有较多 CaO 的渣料，渣料烘烤是否彻底以及渣料在使用时是否再次吸潮都是钢锭中出现气孔的重要原因；③电渣炉进水温度过低，造成结晶器内壁和底水箱上面结露；④工艺参数是否合理；⑤是否采用了保护气氛熔炼操作。采用保护气氛熔炼时，如果使用的原料中存在很多的水分及含氢化合物，在保护气氛密封操作时，这些气体更不容易从钢中排出，因此，使用同样的原料条件，保护气氛比大气重熔条件下更容易出现气孔。但是，在大气湿度较大，原料条件较好的情况下，干燥的保护气氛则有利于钢中气孔的预防。

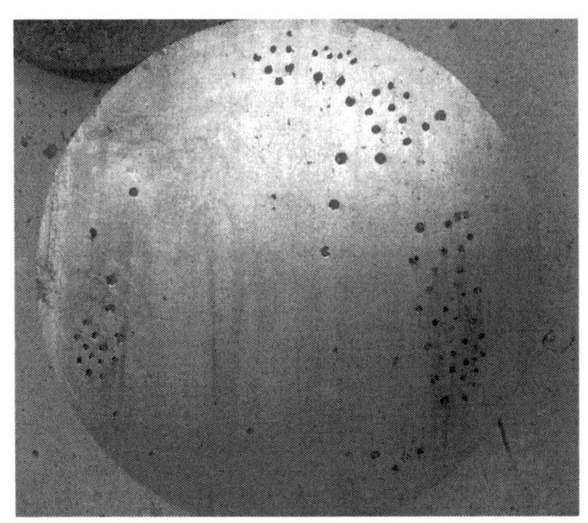

图 9.18　电渣锭底部出现大面积的气孔

2. 电渣锭中气孔的预防措施

通过上述电渣锭中形成气孔的原因分析，初步得到了气孔形成的原因及影响因素，因此，不难找到钢中气孔的解决措施：

(1) 提高冷却水的进水温度，使其低于大气的露点；

(2) 电渣炉用渣料改为预熔渣；

(3) 提高渣料烘烤时间、渣料在热态下直接使用；

(4) 电极预热使用；

(5) 保护气氛，如干燥的惰性气体或干燥空气；

(6) 提高渣料中石灰的品位，降低其灼烧减量；

(7) 采用不含石灰的渣系。

9.2.5　氢含量过高

在电渣重熔过程中，氢含量对其产品性能的影响极为敏感，要求其锭中氢含量越低越好。

1. 电渣过程氢的来源

电渣重熔钢锭中氢的来源很复杂，研究认为电渣锭中氢含量主要与自耗电极中的原始氢含量、电渣重熔用渣料带入的水分及其水合物和电渣重熔过程中气氛中的水分有关。

1）自耗电极中的原始氢含量

櫟井明等[12]用不同氢含量的自耗电极进行电渣重熔实验时指出：高氢含量(如 0.00031%)自耗电极经电渣重熔后其钢锭中氢含量低，而极低氢含量的自耗电极经电渣重熔后其氢含量提高。李慧等[13]通过实验也验证了高氢含量的自耗电极经电渣重熔后其钢锭中氢含量会下降的观点，实验测定了 22Mn-13Cr-5Ni-0.25 N 奥氏体钢电渣重熔前后氢含量变化，发现其氢含量从 0.0006%降至 0.00031%。Rohde 和 Lohr[14]在电渣重熔直径为 1340mm 的电渣锭时发现，采用严格烘烤后的渣料在保护气氛下进行电渣重熔，锭中氢含量与自耗电极中的原始氢含量几乎完全相等，其实验结果如表 9.1 所示。

表 9.1　不同钢种的电极 ESR 锭中氢含量　　(单位:%)

钢种	电极中	金属熔池中	锭中
轧辊用钢	2.3	2.3	2.3
轧辊用钢	1.9	1.9	1.8
Ca1.5Ni	1.6	1.6	1.7
CrMo55	1.5	1.5	—
Ca1.5Ni	1.2	1.2	1.2

从以上的资料可以看出，虽然各个研究者的研究结果有所不同，但其结论大致是相同的，即自耗电极中的原始氢大部分被保留在电渣锭中。

2）电渣重熔用渣料带入水分引起的电渣锭增氢

电渣重熔用渣料若烘烤不严格，就会带入大量的水分，如渣料中的石灰通常含有 4%～6%的水分。Chuiko[15] 等通过实验和理论分析认为，电渣重熔用渣料组分所带入的水分是电渣锭中氢的主要来源之一。

櫟井明等通过实验得出以下结论，实验结果如图 9.19 所示。

从图中可以看出，用经过 800～900℃烘烤后的渣料进行重熔时(其锭中氢含

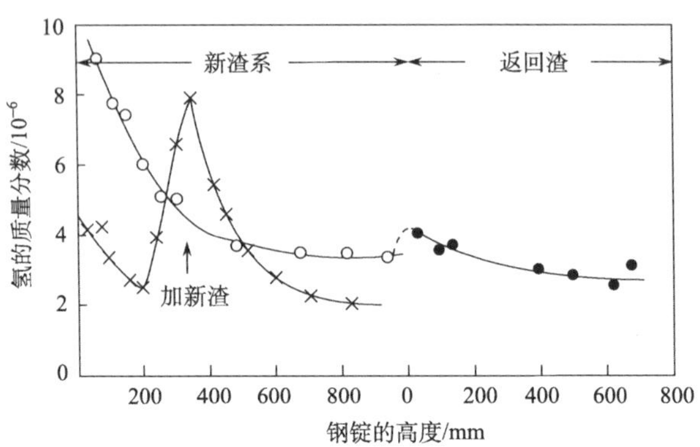

图 9.19　ESR 过程中氢含量的变化

量用“○”表示)，在锭高 500mm 的前钢锭中氢含量很高，但随着重熔过程的进行，氢含量降低很快，当锭高为 500mm 时，氢含量达到较低值，且保持基本不变。当用返回渣进行重熔时(其锭中氢含量用“●”表示)，开始时氢含量有少许提高，但后来其含量降低得很快，并达到一个较低的平衡值。当用经烘烤后的新渣重熔到锭高约 200mm 时，向炉内加入未经烘烤的新渣(其锭中氢含量用“×”表示)，此时，钢锭中氢含量急剧增加，随着电渣重熔的进行，氢含量不断下降，并最终达到一平衡值。

3) 电渣重熔过程气氛中水分的影响

气氛中的水蒸气吸附在渣层表面，进而渗透过渣层，又扩散入金属熔池，造成钢锭增氢。在电渣重熔初期，由炉料带入的水分引起的钢锭增氢很快降低，而后钢锭中氢含量进入较低的稳定态，此时钢锭中氢含量主要受重熔过程中气氛中的 $p(H_2O)$控制，经研究，对于一定的钢种、一定的渣系，其锭中氢浓度与气氛中$\sqrt{p(H_2O)}$成正比，如图 9.20 所示(图中 f 为重熔速度)。

2. 降低电渣锭中氢含量的手段

由上述可知，电渣重熔钢锭中的氢主要来源于三个方面，即自耗电极中的原始氢、渣料带入的水分及其水合物和电渣重熔过程气氛中的水分，所以为了有效地控制电渣锭中的氢含量，必须从上述三个方面着手。

1) 降低自耗电极中的原始氢含量

通过如 VD 真空脱气精炼、RH 循环脱气处理等炉外脱气精炼手段，可有效地降低自耗电极中的原始氢含量。经研究表明，在 VD 处理过程中，延长高真空度(≤66.7Pa)下的处理时间(20min 以上)，加大 Ar 气搅拌量，可脱除钢中[H]至 0.00015%以下。在 RH 生产中，要在钢水中获得较低的氢含量，则必须在很

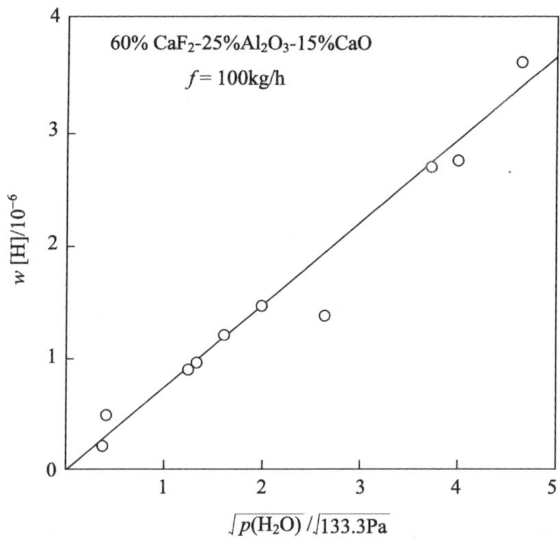

图 9.20　在 ESR 过程中水分压

高真空度下，脱氢效果才显得好些。在一定的真空压力下，钢水经过 3～4 次循环，脱氢效率可达 50％左右。

另外要防止电极表面生锈，因为锈中的氢氧化物在高温状态下分解，使金属熔池增氢。锈厚 0.01mm 可能使渣池增氢将近 0.0001％。一旦生锈，必须将锈除尽。总之必须保证自耗电极中的氢含量在电渣锭准许的范围内。

2）降低重熔用渣料组分所带入的水分

要降低渣料带入的水分，就必须对重熔用渣料进行严格的烘烤，一般情况下建议萤石、氧化铝、镁砂、硅石的烘烤温度≥700℃，保温时间≥8h；石灰烘烤温度≥850℃，保温时间≥10h，使用时温度≥200℃。应该指出的是，目前尚缺少一个对不同渣组成的科学的渣料烘烤制度。对于氢含量要求很高的钢种最好采取返回渣和液渣启动的方式进行重熔，这样可以有效地降低电渣锭氢含量。但因为返回次数增多，渣子的破碎困难，去除夹杂物能力下降，重熔效果明显不佳，所以返回渣仅可用三次，每次配入量分别为 60％、40 ％、30 ％。另外，在采用液渣启动的方式进行电渣重熔时，要注意在倒渣过程中产生的熔渣增氢。

3）降低重熔过程中气氛中的水分

一般采取经干燥处理后的气氛保护下进行电渣重熔的方法来控制气氛中的水分。气体干燥处理方式可以采用使气体通过干燥吸附剂或冷冻去水的方式来减少气氛中的水分，干燥的气体再输入到渣池上方。

9.2.6 氧含量过高

电渣重熔过程一般在大气下进行，就钢中氧含量而言，电渣重熔钢远比真空电弧重熔钢等经过真空处理的钢高。因此，如何能有效地控制电渣重熔钢中的氧含量就显得尤为重要。

1. 电渣重熔过程中氧的来源

电渣重熔钢锭中氧的来源很复杂，电渣锭中氧含量主要与自耗电极中的原始氧含量、自耗电极表面生成的氧化铁皮、造渣材料中带入的不稳定氧化物和直接从大气中通过熔渣转移到金属熔池的氧有关。

1）自耗电极中的原始氧含量

周德光等[16]用不同氧含量的自耗电极进行电渣重熔实验时指出：高氧含量($w[O]>0.0030\%$)的自耗电极经电渣重熔后其钢锭中氧含量可降至 0.0015%；而极低氧含量($w[O]<0.0010\%$)的自耗电极经电渣重熔后其氧含量有所提高。

王昌生等[17]通过实验也验证了低氧含量的自耗电极经电渣重熔后其钢锭中氧含量会上升的观点，实验测定了 GCr15 轴承钢电渣重熔前后氧含量变化，自耗电极的 w[O]采用了 0.0010%和 0.000587%两个等级，重熔钢中 w[O]没有明显差异，大体都能达到 0.0010%左右的水平。

从以上资料可以看出，虽然各个研究者的研究结果有所不同，但其结论大致是相同的，即电渣钢氧含量与自耗电极原始氧含量有关。用高氧含量自耗电极重熔，电渣过程是一个降氧净化过程；而用低氧含量自耗电极重熔，电渣过程是一个增氧沾污过程。

2）在电极制造和重熔时渣池上方自耗电极表面生成的氧化铁皮

在电渣重熔过程中，自耗电极表面的氧化铁皮在重熔时进入渣池，增加了重熔炉渣中氧化铁的浓度，从而增加了钢中的氧含量。刘胜国等[18]通过实验比较了电极表面经过剥皮处理及未经剥皮处理的电渣锭氧含量。其结果可以看出，电极表面经剥皮处理后，有利于获得头部氧含量较低的钢锭，而对钢锭尾部氧含量无太大影响。

一般情况下的电渣重熔过程，重熔时渣面上方温度分布不均匀，自上而下接近渣面温度不断升高，自电极表面到结晶器内壁温度逐渐降低(温差最高可达200℃)。这种温度分布不均匀使得结晶器内的气体沿图 9.21 所示箭头方向流动，使电极不断氧化。

3）造渣材料中带入的不稳定氧化物

一般而言，在电渣重熔渣系中，FeO、Cr_2O_3、MnO、SiO_2等氧化物被视为渣中的不稳定氧化物，在高温情况下会引起钢液中活泼合金元素的氧化，因而这些氧化物的含量将受到严格限制。

周德光等在其工作中又进一步指出，重熔金属液中的溶解氧与熔渣之间保持平衡关系。在其实验条件下，渣中 FeO 的质量分数波动在 0.4%～0.8%，用离子-分子共存模型计算出渣中 FeO 的活度 a(FeO)为 0.0085～0.0155，与之平衡时钢液中的 w[O]为(16.4～35.5)×10^{-4}%。由此，该文作者指出，影响电渣钢中氧含量的决定性因素是渣中的 a(FeO)。

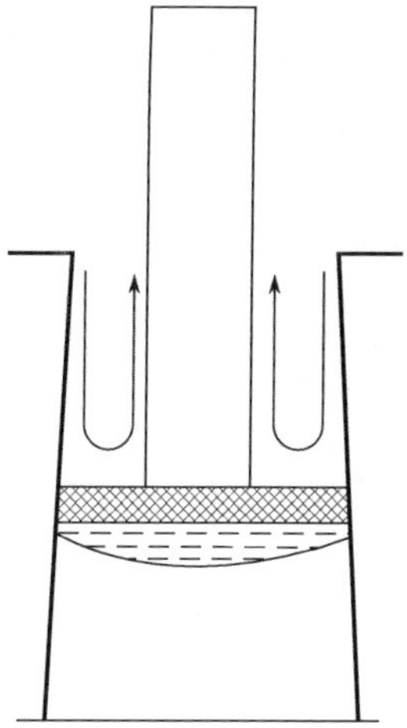

图 9.21　结晶器内气体流动情况

2. 降低电渣锭中氧含量的手段

电渣重熔钢锭中的氧主要来源于四个方面，即自耗电极中的原始氧、在自耗电极制造和重熔时表面生成的氧化铁皮、渣料带入的不稳定氧化物和电渣重熔过程气氛中的氧，所以为了有效地控制电渣锭中的氧含量，可以采取以下措施：

(1) 降低自耗电极中的原始氧含量；

(2) 去除电极制造和重熔时自耗电极表面生成的氧化铁皮；

(3) 降低造渣材料中带入的不稳定氧化物；

(4) 采用惰性气体保护，降低电渣重熔过程中气氛中的氧分压；

(5) 在重熔过程中采用合理的脱氧制度，对炉渣进行脱氧。

参考文献

[1] 耿鑫，姜周华. 电渣重熔大型板坯的质量控制. 材料与冶金学报，2011，10(S1)：86～94.

[2] 薛帅斌，郭宏磊. 舞钢板坯电渣钢锭表面渣沟现象浅析. 宽厚板，2014，20(5)：42～44.

[3] 梁连科. 冶金热力学及动力学. 沈阳：东北工学院出版社，1990.

[4] 于仁波，张祖贤，毛裕文. CaF_2-CaO-MgO-Al_2O_3-SiO_2 电渣渣系高温力学性能的研究. 钢铁研究学报，1991，3(1)：17～23.

[5] Schumann R, Ellebrecht C. Metallurgical and process problems related to electroslag remelting of forging ingot large than 40 inch diameter and 150 inch length in single electrode technique. Proceedings of 5th International Symposium on Electroslag Remelting Technology. Pittsburgh，1974：180.

[6] Hagiwara I, Takahashi T. On the formation of string ghost in killed steel ingot. Tetsu-to-Hagané，1967，53(1)：27～37.

[7] Evans D G, Fahrmann M. A study of the electro-slag re-melting parameters on the structural integrity of large diameter alloy 718 ESR ingot. Proceedings of the 10th International Symposium on Superalloys. Pennsylvania，2004：507～515.

[8] 夏向阳. 高速钢电渣锭夹渣缺陷的控制. 河北冶金，2008，30(1)：44～46.
[9] 李正邦. 电渣冶金的理论与实践. 北京：冶金工业出版社，2010.
[10] 赵彦灵. 钢锭疏松、缩孔的因素分析及对策. 宽厚板，2000，6(3)：14～17.
[11] 蔡开科. 浇注与凝固. 北京：冶金工业出版社，1987.
[12] 櫟井明，笹島保敏，坂田直起. ESR 処理中の水素ピックアップおよび酸化の主要因子について. 鉄と鋼，1977，63(13)：2181～2190.
[13] 李慧，张静武. 电渣重熔对奥氏体钢低温韧性的影响. 钢铁研究学报，2001，13(3)：68～70.
[14] Rohde L，Lohr D. Operational results of the 50 ton ESR plant of Thyssen Heinrichs. Proceedings of the 5th International Conference on Vacuum Metallurgy and Electroslag Remelting Processes. Munich，1976：177.
[15] Chuiko N M，Borodulin，V G，Moshkevich E I，et al. Behavior of hydrogen in electroslag remelting. Metallurgist (English Translation of Metallurgy)，1977，21(7)：454～457.
[16] 周德光，徐君浩. 轴承钢电渣重熔过程中氧的控制及作用研究. 钢铁，1998，33(3)：13～17.
[17] 王昌生，刘胜国. 降低电渣重熔 GCr15 钢的氧含量. 特殊钢，1997，18(3)：31～35.
[18] 刘胜国，徐明德，刘凤霞，等. 高碳铬轴承钢电渣重熔过程中的氧及其控制. 特殊钢，1993，14(3)：45～48.